U0163636

本书受国家社科基金重点项目（项目编号：15AZD038）
河北大学宋史研究中心建设经费资助

中国传统科学技术思想史研究

北宋卷

吕变庭◎著

科学出版社
北　京

内 容 简 介

北宋是中国古代科学技术思想发展的高峰，涌现出了一大批杰出的科学思想家，既有像沈括那样的百科全书式科学家，也有像唐慎微那样学问技艺各有专长的科学家。尤其是随着新儒学的兴起，"自然之学"已经成为众多士大夫追求的知识目标，由此催生了北宋盛极一时的"求理"思潮。本书重点阐释了安定学派、图书学派、荆公学派、横渠学派、百源学派、洛学及蜀学等诸家科技思想的内容、特点和历史地位，同时梳理了以苏颂、沈括、钱乙、李诫等为代表的北宋科学思想发展演变的历史脉络。

本书语言通俗易懂，适合对中国科技思想史有兴趣的大学生和研究生参阅。

图书在版编目（CIP）数据

中国传统科学技术思想史研究. 北宋卷 / 吕变庭著. —北京：科学出版社，2022.11
ISBN 978-7-03-073654-3

Ⅰ. ①中⋯ Ⅱ. ①吕⋯ Ⅲ. ①科学技术-思想史-研究-中国-北宋
Ⅳ. ①N092

中国版本图书馆 CIP 数据核字（2022）第 207622 号

责任编辑：王　媛 / 责任校对：杨　赛
责任印制：赵　博 / 封面设计：楠竹文化

科学出版社 出版
北京东黄城根北街 16 号
邮政编码：100717
http://www.sciencep.com

北京厚诚则铭印刷科技有限公司印刷
科学出版社发行　各地新华书店经销
*
2022 年 11 月第　一　版　开本：787×1092　1/16
2025 年 1 月第二次印刷　印张：26 1/4
字数：568 000
定价：228.00 元
（如有印装质量问题，我社负责调换）

目　　录

绪　论

一、科技思想史的概念及其特点

何谓科技思想史？科技思想实际上是由两个问题整合而成的，即科学思想和技术思想，有的科技史家也笼统地称为"科技思想"。"科学"这个术语有广义与狭义之分，从狭义的角度讲，科学特指近代欧洲的自然科学，故美国威斯康星大学的科学史教授林德伯格在《西方科学的起源》一书中专门增加了一个副标题——"公元前六百年至公元一千四百五十年宗教、哲学和社会建制大背景下的欧洲科学传统"。这个题目至少有两层含义：一是所谓"科学"就是指西历1450年以后欧洲出现的科学理论、实验方法、机构组织、评价体系等一整套东西，借此任鸿隽①、冯友兰②认为中国古代根本就不存在科学；二是从连续性的视野看，欧洲的近代科学有个历史的传承过程，欧洲科技传统的源头在古希腊。那么，古希腊的科技传统又是什么？吴国盛认为，以演绎逻辑为特征的理性学问就是古希腊的科技传统③，是启迪欧洲近代科学的思想火花。因此，从广义的角度说，科学又可分为两义：其一是知识体系和文化形态④，而这种知识体系和文化形态是历史的和具体的，如中国古代的科学多与哲学和宗教混合成一体，我们如若研究中国古代的科学，就必须对它进行认真的和复杂的剥离工作；其二是一种要求逻辑严密、理性至上的科学主义精神，是一种以演绎逻辑为特征的理性学问⑤。任鸿隽先生曾十分强调科学精神对于科学的重要性，他说："于学术思想上求科学，而遗其精神，犹非能知科学之本者也"⑥，因为"今夫宇宙之间，凡事业之出于人为者，莫不以人志为之先导。科学者，望之似神奇，极之尽造化，而实则生人理性之所蕴积而发越者也"⑦。从这个视角看，程颢所言："吾学虽有所受，天理二字却是自家体贴出来"⑧，其"自家体贴"的精神就是一种科学精神。当然，科学本身的最重要特征却是一种以演绎逻辑为特征的理性学问，正如亚里士多德所言：

---

① 任鸿隽：《说中国无科学的原因》，《科学》杂志创刊号，1915年。

② 冯友兰：《为什么中国没有科学——对中国哲学的历史及其后果的一种解释》，《国际伦理学杂志（英文）》，1922年。

③ 吴国盛：《科学与人文》，文池主编：《在北大听讲座（第五辑）——思想的灵光》，北京：新世界出版社，2002年，第94页。

④ 徐宗良：《科学与价值关系的再认识》，《光明日报》2005年6月21日。

⑤ 袁征：《二十世纪中国史学理论的重要创见——顾颉刚的层累造史理论及其在历史研究中的作用》，《漆侠先生纪念文集》编委会编：《漆侠先生纪念文集》，保定：河北大学出版社，2002年，第33页。

⑥ 任鸿隽：《科学精神论》，中国科学社编：《科学通论》，上海：中国科学社，1934年，第2页。

⑦ 任鸿隽：《科学精神论》，中国科学社编：《科学通论》，第3页。

⑧ （宋）程颢、程颐：《二程外书》卷12《传闻杂记》，上海：上海古籍出版社，1995年，第56页。

"科学就是对普遍者和那出于必然的事物的把握。"①陈独秀亦说："科学者何？吾人对于事物之概念，综合客观之现象，诉之主观之理性而不矛盾之谓也。"②毫无疑问，以演绎逻辑为特征的理性学问源于古希腊，而这种传统后来为笛卡儿所继承并加以人文化，所以他提出了"我思故我在"的著名论题。笛卡儿这个论题的科学指针非常清楚地转向了内在，而爱因斯坦也十分强调科学的这个特征。就此而言，人们把"科学"翻译为"格知学"是适当的。③"格物致知"是宋代理学家发挥《礼记》传统学说的最重要思想内容之一，而这个思想的实质就是一种理解型的科学，就是一个"理"，二程说："万物皆只是一个天理。"④所以理学家反复倡导的"天理"可以具体分为"科学"与"人文"两个层面，而北宋的理学家之思想中都或多或少地包含着"科学思想"的因素，甚至是可以相通的科学思想因素，这几乎是不容置疑的事实了。因此之故，人们才把周敦颐、程颢、程颐、张载和邵雍的思想看成是一体的，并合称为北宋理学五子。

但是，近代科学还有一层意思，那就是培根的传统，即力量型的科学，也称技术科学。马克思指出："工艺学会揭示出人对自然的能动关系，人的生活的直接生产过程，以及人的社会生活条件和由此产生的精神观念的直接生产过程。"⑤其中由工艺学本身所"产生的精神观念"就叫作"技术思想"。所以，培根的《新工具论》（1620）非常清楚地表明"科学技术"就是一种工具。由此而言，科学和技术是统一的，有的人主要从技术的层面来理解科学，如徐宗良先生就认为科学是一种"社会活动"⑥，是人类借以控制自然界的一种物质力量（即技术实践），其在人类社会发展史中的主要表现是对实验的高度重视。相反，有的人则从科学的层面来理解技术，如说"科学知识是关于技术作用对象的认识"⑦，就是一例。如果说近代科学的第一层意思是强调认识自然界的话，那么其第二层意思强调的就应当是改造自然界了。所以从这两个方面看，不仅中国古代没有科学，就连古希腊恐怕也很难说有科学了。其实科学的本义就是两个字：知识；而哲学的本义则是对知识的热爱。如果科学是一种知识体系，那么，对科学的热爱就是哲学。因此，古希腊把科学看作是自然哲学的一个组成部分，甚至到近代的牛顿仍把他的经典力学著作命名为《自然哲学的数学原理》（1687），而道尔顿的著作则名为《化学哲学新体系》等。可见，把科学看作是自然哲学之一部分的观念多么根深蒂固！基于这一点，现在研究科技思想史的学者便将科学划分成内史与外史两类，其中内史（Internal history）把科学当作一种知识及其建立在此基础上的科技思想，因而它重点研究知识的积累历史；而外史（External history）则把科学看作是一种物质力量及其建立在此基础上的科技思想，因而它重点研究

---

① ［古希腊］亚里士多德：《尼各马科伦理学》，苗力田译，北京：中国人民大学出版社，2003 年，第 124 页。

② 陈独秀：《警告青年》，《青年杂志》1915 年第 1 卷第 1 号。

③ 席泽宗：《科学史十论》，上海：复旦大学出版社，2003 年，第 98 页。

④ 《河南程氏遗书》卷 2 上《元丰己未吕叔东见二先生语》，（宋）程颢、程颐著，王孝鱼点校：《二程集》上册，北京：中华书局，1981 年，第 30 页。

⑤ 《马克思恩格斯全集》第 23 卷，北京：人民出版社，1958 年，第 410 页。

⑥ 徐宗良：《科学与价值关系的再认识》，《光明日报》2005 年 6 月 21 日。

⑦ 河北医科大学自然辩证法教研室编：《自然辩证法》，河北医科大学研究生教材，内部试用本。

科学与社会相互作用的过程。不过，根据科学技术在古代历史发展中的特点来看，研究古代科技思想史应当以内史为主，也就是说古代科技思想的发展主要是一种知识积累的过程。故罗素认为，一切确切的知识都属于科学①，查尔默斯更进一步认为，科学就是"一个历史地演化的知识体"②。从这种意义上说，中国古代不仅有科学，而且还形成了自己独特的科技传统。日本学者山田庆儿就曾说过："或许中国人是没能产生出近代科学，但中国还是有中国的科学的。"③故李约瑟在阐释他对中国古代科技思想史的认识时，很认真地对读者讲了下面一段话：

> 期于极少的时间，得知古代与中世的中国科学思想较之古代希腊与中世欧洲的科学思想究有若何差异。就此等研究者来说，首先了解中国自然主义中极端有机的与非机械的性质。此类思想最初发现于公元前4世纪时的道家（3章3节）、墨家（4章）以及阴阳学派的自然哲学家（6章3节）。后来完成中国中世纪的世界观的体系与定式。原有论题的清新则由佛学的效用而增进并图12世纪的新儒学而获致确定性的综合。④

什么是"确定性的综合"？李约瑟没有作具体的说明和解释，但他对宋代的科技思想显然怀有一种非同寻常的崇敬之情，他说："在这一时期武功不利，且屡为北蛮诸邦所困，但帝国的文化和科学却达到了前所未有的高峰"，而"每当人们在中国的文献中查考任何一种具体的科技史料时，往往会发现它的主焦点就在宋代"。⑤从纵向看，宋代的科技和文化的确是个性鲜明，极富中国传统文化的魅力，但无论是"确定性的综合"，还是"前所未有的高峰"，都只讲了一个维度，尚缺少那种历史的震撼力，所以，我们在评价宋代科学和文化的历史地位时，还需要换一个角度。在这里，为了行文的一致性，仍以外国学者的述说为例。日本学者内藤湖南更进一步断言："唐代是中世的结束，而宋代则是近世的开始。"⑥美国学者刘子健说："11到12世纪，中国历史长河中出现了一场令人瞩目的转折……这场转折，不仅为中国历史之关节所在，而且是世界历史的重要个案。"⑦尽管人们对内藤湖南的看法尚有疑议，但作为一种声音，其对史学界的影响是不能低估的。毕竟这是一种横向比较，同时它又是对欧洲中心论的一种挑战，是对中国传统文化的一种张扬。

史学界普遍承认，与唐代相比，宋代已经呈现出许多新的文化因素。⑧而正是这些新

① ［英］罗素：《西方哲学史》上，北京：商务印书馆，1976年，第12页。

② ［英］A. F. 查尔默斯：《科学究竟是什么？——对科学的性质和地位及其方法的评价》，查汝强、江枫、邱仁宗译，北京：商务印书馆，1982年，第44页。

③ ［日］山田庆儿：《模式·认识·制造——中国科学的思想风土》，《古代东亚哲学与科技文化——山田庆儿论文集》，沈阳：辽宁教育出版社，1996年，第74页。

④ ［英］李约瑟：《中国古代科学思想史·作者小引》，陈立夫等译，南昌：江西人民出版社，1999年，第1页。

⑤ ［英］李约瑟：《中国科学技术史》第1卷第1分册，北京：科学出版社，1975年，第284、287页。

⑥ ［日］内藤湖南：《概括的唐宋时代观》，黄约瑟译，刘俊文主编：《日本学者研究中国史论著选译》第1卷，北京：中华书局，1992年，第10页。

⑦ ［美］刘子健：《中国转向内在：两宋之际的文化内向》，赵冬梅译，南京：江苏人民出版社，2002年，第1页。

⑧ 李华瑞：《20世纪中日"唐宋变革"观研究述评》，《史学理论研究》2003年第4期。

的文化因素的增长，才使北宋成为一个具有承前启后之特点的社会变革时代，至于"新"在何处？美国学者刘子健先生总结了 10 个方面的"新"：大城市的兴起、蓬勃的城市化、手工业技术的进步（用李约瑟的话说就是"宋代把唐代所设想的许多东西都变成为现实"）①、纸币的使用、文官制度的成熟、文官地位达于高峰、法律受到尊崇、教育得到普及、文学艺术的种种成就及新儒家对古代遗产的重构等。②把所有这些"新"因素一一揭示出来，显然是本书所做不到的。但其在科技思想方面所达到的历史高度，却是本书所要探讨的问题。为了叙述的方便，笔者有必要先把宋代，尤其是北宋，在科技思想方面所凸显出来的那些特征性的东西在此作一简单说明。

1. 用新的"范式"来解释和说明中国古代传统的"天人关系"

中国科技思想的经典范式源于《周易》，这是毫无疑问的。有人说："科学是人类的认知结构模式之一"③，库恩甚至把"范式"转换看作是科学革命的基本条件。而按照李约瑟的观点，《周易》所开创的范式结构由一系列概念群组成，他称《周易》是"涵蕴万有的概念之库"，就中世纪的中国科学家来说，"差不多任何自然现象都可以指归于它"。④但进入近世以后，情况就发生了变化，特别是城市化的经济运动打破了原有的小农生活格局，与城市化相关的商户的经济地位获得了空前的提高，而区域性市场和货币的发展就成为宋代商业发展的两个重要标志。⑤随着商业经济的发展，建筑其上的政治、科学、思想等领域也必然随之发生变化。而发生在北宋初期的疑古惑经思潮正是这种经济变革在思想文化领域内的客观反映，故有人将它称为"启明时代"⑥。席泽宗先生说："被胡适称为'中国文艺复兴时期'的宋代，也是中国传统科学走向近代化的第一次尝试。这时，完全、彻底抛弃了天道、地道、人道这些陈旧的概念，而以'理'来诠释世界。"⑦

诚然，"理"作为一个哲学概念，早在战国时期的哲学著作中就出现了，如《庄子》卷 15《秋水篇》有"语大义之方，论万物之理"的说法，《荀子》卷 3《非十二子篇》又提出了"务事理"的命题。但从阐释学的角度看，在北宋之前，"理"既没有成为思想家们解释宇宙万物的先验认识论概念，也没有成为构建其思想大厦的最高本体范畴，故李约瑟的《中国古代科学思想史》只将"阴阳"和"五行"看作是"中国科学之基本观念"，因而，在他的视野里，中国古代的科学思想发展到汉代就停滞不前了。实际上，北宋理学的兴起，不仅在于其重新确立了儒学的权威，而且更重要的是它突破汉唐的传统思维范式，并用"理"这个新的思想范畴来重新解释世界和认识世界。正是在这层意义上，李泽厚先生说："北宋'理学家中并不缺乏科学倾向'。"⑧

---

① ［英］李约瑟：《中国科学技术史》第 1 卷第 1 分册，第 284 页。

② ［美］刘子健：《中国转向内在：两宋之际的文化内向》，赵冬梅译，第 1 页。

③ 倪南：《易学与科学简论》，《自然辩证法通讯》2002 年第 1 期。

④ ［英］李约瑟：《中国古代科学思想史》，陈立夫等译，第 395 页。

⑤ 漆侠：《中国经济通史·宋代经济卷》下，北京：经济日报出版社，1999 年，第 1060 页。

⑥ 韩钟文：《中国儒学史（宋元卷）》，广州：广东教育出版社，1998 年，第 99 页。

⑦ 席泽宗：《科学史十论》，第 111 页。

⑧ 李泽厚：《宋明理学片论》，《中国社会科学》1982 年第 1 期。

而就思想史本身来说，北宋理学家之所以能突破汉唐的传统思维范式，并使"理"获得本体论的地位，是因为儒、释、道三教出现了融合的历史趋势，在这种大的发展趋势下，先是周敦颐的《太极图说》试图将道教宇宙观纳入到他的理学思想之内，接着二程进一步把道解释为形而上之理，至此，"道"与"理"在北宋理学家的思想范畴里便内在地合二为一了。如张立文先生说："二程把'天理'作为世界万物的本原，可说是受佛教三论宗、华严宗的启发。"[①]而邵伯温在谈到邵雍的思想来源时亦说：其"以老子为知《易》之体，以孟子为知《易》之用。论文中子，谓佛为西方之圣人，不以为过。于佛老之学，口未尝言，知之而不言也"[②]。由此可见，北宋理学从整体上存在着对佛老之学的借鉴与吸收，这个事实是肯定无疑的。此外，佛教在中国化的历史过程中，亦对"理"这个概念作了很重要的发挥，如禅宗初祖菩提达摩倡导理入和行入的定慧双修法，所谓"理入"即"藉教悟宗，深信含生同一真性，客尘障故，令舍伪归真，凝住壁观，无自无他，凡圣等一，坚住不移，不随他教，与道冥符，寂然无为"[③]，而"理入"的宗教前提则是一切众生都有自性清净心，二程将此改名为"理"。"行入"分抱怨行、随缘行、无所求行和称法行四种，其"称法行"的根本即证得自性清净心，用宗密的话说就是"欲成佛者，必须洞明粗细本末，方能去末归本，返照心源"[④]。以此为前提，二程更提出"理与心一"[⑤]和"心是理，理是心"[⑥]的思想命题，进而他们对唐及北宋初的"心迹异同论"作出了"心迹一也"[⑦]的著名论断。可见，北宋理学与禅宗的基本精神是一致的。

2. 科技思想走向平民化的趋势日益增强

中国古代学术的载体，主要有两种，即王官和士民。西周之前，学术的主要载体是王官，包括祝官和史官，其中祝官担负着传承科学技术知识的责任，如《尧典》所记之羲和就是祝官，他专门掌管历算及占卜，是道家与阴阳家的思想来源[⑧]，后来所出现的天文、象数、阴阳、谶纬、方技、术数，都是根据这种祝官演化而成的[⑨]，他们对科学知识拥有"主权"，而且是"学术为王官所专有"[⑩]，即"士之子恒为士，农之子恒为农"[⑪]。司马迁把这种"世世相传"的王官亦称作"畴人"[⑫]，南朝宋裴骃《史记集解》引如淳的话说："家业世世相传为畴。律，年二十三传之畴官，各从其父学。"[⑬]西周之后，王权被诸侯所

① 张立文：《宋明理学研究》，北京：中国人民大学出版社，1985 年，第 37 页。
② （宋）邵伯温撰，李剑雄、刘德权点校：《邵氏闻见录》卷 19，北京：中华书局，1983 年，第 215 页。
③ （北魏）菩提达摩：《大乘入道四行》，释永信编：《菩提心经》，北京：光明日报出版社，2013 年，第 14 页。
④ （唐）宗密：《华严原人论·会通本末第四》，石俊等编：《中国佛教思想资料选编》第 2 卷第 2 册，北京：中华书局，1989 年，第 394 页。
⑤ 《河南程氏遗书》卷 5，（宋）程颢、程颐著，王孝鱼点校：《二程集》上册，第 76 页。
⑥ 《河南程氏遗书》卷 13《亥八月见先生于洛所闻》，（宋）程颢、程颐著，王孝鱼点校：《二程集》上册，第 139 页。
⑦ 《河南程氏遗书》卷 1《端伯传师说》，（宋）程颢、程颐著，王孝鱼点校：《二程集》上册，第 3 页。
⑧ 《汉书》卷 30《艺文志》，北京：中华书局，1962 年，第 1732 页。
⑨ 王治心：《中国学术体系》，福州：福建协和大学，1934 年，第 22—23 页。
⑩ 王治心：《中国学术体系》，第 26 页。
⑪ 徐元诰撰，王树民、沈长云点校：《国语集解》，北京：中华书局，2002 年，第 220—221 页。
⑫ 《史记》卷 26《历书》，北京：中华书局，1959 年，第 1258 页。
⑬ 《史记》卷 26《历书》，第 1259 页。

颠覆，王官的"主权"丧失，继之而起的是士民的出现，如《春秋谷梁传》成公元年载："古者有四民，有士民，有商民，有农民，有工民。"其"士民"即"学习道艺者"，同时，由士民创办的私学亦凸现于世，故《春秋左传》昭公十七年有"天子失官，学在四夷"之说。于是，"竹帛下庶人"，其"民以昭苏，不为徒役；九流自此作，世卿自此堕"。①借此，士民中那些聪明特达者则各领风骚，别树一帜，遂形成百家争鸣的"子学"时代。此时，"官师既分，处士横议，诸子纷纷著书立说，而文字始有私家之言"②。

宋代的社会转型与学术繁荣跟东周的情形非常相似。

内藤湖南在界定宋代的社会性质时，非常强调其人民由贵族的奴隶身份转变为人民"拥有土地所有权"这个特点③，因为它至少从形式上说明人们在社会经济方面具有了一定的平等机会。而整个北宋的社会现实就是"世族没落，平民式的家族抬头"④。据陈义彦先生统计，《宋史》立传的 1935 人中布衣入仕者占 55.12%⑤，这正是宋代"自五季以来取士不问家世"⑥和"一切考诸试篇"⑦的生动体现。与此相应，宋朝统治者在"崇文抑武"方略的助力下，于科举之外，更推行奖励科技创造的积极举措，如水工高超、木工高宣、造船务匠项绾等曾受到过政府奖励，所以《宋史·兵志》载：当时"吏民献器械法式者甚众"⑧。而宋代科技思想走向平民化的主要原因大概有三个：一是蓬勃的城市化运动，使很多"民户"（指"官户"以外的广大人户）转而从事手工业生产劳动，由此造成一些技术密集型行业的迅猛发展，如棉纺织、雕版印刷、军器制造等，据王曾瑜先生考证，宋代至少有 56 种户名，其中各种手工业户名为 25 种，几乎占当时各种户名的一半⑨；二是商业竞争必然导致对科技人才的需求，而这种社会需求在客观上刺激了科技思想的平民化走势。在宋代，由于许多商人不仅是商品经营者，而且同时还是生产者或生产管理者，这就要求他们必须具备一定的科学素质。因为若使产品具有竞争力，就必然不断提高其产品的科技含量，并以此来刺激广大人民群众的消费需求，对此，漆侠先生讲过下面一段话，他说：宋代的"一些民窑为了使产品畅销，自己立于不败之地，就必须不断地改进自己的技术，更新自己的产品。诸如耀州窑、定窑和景德窑在技术上产品上就富有创造和更新。特别要指出的，一定要吸收先进的技术充实自己。仿造就是吸收先进技术、充实自己的一项极其重要的做法。……从仿造中创造了新技术的景德镇窑就是一例。民窑之

①　章炳麟：《检论·订孔》上，鸿雁编著：《北大国学课》，北京：中国华侨出版社，2014 年，第 200 页。

②　（清）章学诚：《文史通义》卷 1《经解上》，上海：上海古籍出版社，2015 年，第 27 页。

③　[日] 内藤湖南：《概括的唐宋时代观》，黄约瑟译，刘俊文主编：《日本学者研究中国史论著选译》第 1 卷，第 14 页。

④　全汉昇：《略论宋代经济的进步》，《大陆杂志》1964 年第 28 卷，第 2 册，第 26 页。

⑤　陈义彦：《以布衣入仕情形分析北宋布衣阶层的社会流动》，《思与言》1971 年第 4 期。

⑥　（宋）郑樵：《通志》卷 25《氏族略第一》，济南：山东画报出版社，2004 年，第 1 页。

⑦　（宋）李焘：《续资治通鉴长编》卷 133 "仁宗庆历元年八月丁亥"条，上海：上海古籍出版社，1985 年，第 1209 页。

⑧　《宋史》卷 197《兵十一》，北京：中华书局，1977 年，第 4914 页。

⑨　王曾瑜：《宋朝户口分类制度略论》，邓广铭、漆侠主编：《中日宋史研讨会中方论文选编》，保定：河北大学出版社，1991 年，第 4—8 页。

比官窑更富有生命力，这也是一个很重要的原因"①；三是私学的兴起为平民接受科学知识创造了条件。唐代曾规定不得使百姓任立私学，宋代则基本上取消了这方面的限制，故其私学教育非常发达。与官学相比，私学在课程设置方面具有更多的灵活性和自主性，这就为宋代培育科技思想创造了良好的环境条件。如北宋初年胡瑗在苏州兴办私学，以"经义"和"治事"为体，他第一次将"治事"（包括堰水、历算等具体科学门类）提高到与"经义"平等的地位，这对科学知识在民间的普及起到了积极作用，而北宋理学家张载、程颢、李觏等都曾以私学为业。

3. 实验科学没有成为理论科学发展的基础

近代科学有两个支撑，即由古希腊创始的以逻辑思维为特征的理论科学和以观察与实验为特色的实验科学。尽管从形式上看，中国的古代科技传统与欧洲古代的科技传统存在着很大的差异，但是从本质上讲中国古代的科技传统更接近于近代科技的发展理念，那就是对实验科学的重视。中国古代科技的传统就是以实验科学为特色的，我们虽不能说中国古代的科技传统同古希腊的科技传统一样是欧洲近代科学的重要来源，可事实上中国古代的三大发明正是从宋代才开始传入西方的，其中指南针约于 1180 年经阿拉伯传入欧洲，火药在 13 世纪中期经印度传入阿拉伯，然后再经阿拉伯传至欧洲，至于印刷术则于 13—14 世纪由波斯人传入阿拉伯和欧洲，而火药、指南针和印刷术都是实验科学的结晶。也就是说，火药、指南针和印刷术都完成于北宋，同时又是从两宋开始外传，因此我们不能排除欧洲近代科学有受到中国古代传统科学影响的可能。马克思曾把火药、指南针和印刷术称作是"预告资产阶级社会到来的三大发明"，因为"火药把骑士阶层炸得粉碎，指南针打开世界市场并建立殖民地，而印刷术变成新教的工具"。②可见，北宋不仅继承了我国古代实验科学的传统，而且还把中国古代的实验科学推向了高峰，沈括则成为这个高峰的标志。从严格的意义上说，近代实验科学不是指在不可控制的偶然因素起重要作用时所作的观察或测试，而是一种受控实验，即它具有受控性。依据这样的条件，沈括所作的磁偏角实验，就是一种严格意义上的受控实验，从这个角度说沈括是中国实验科学之父并不过分。可惜，这个科技传统没有能够被延续下去。

除了沈括，北宋的多数实验都是非控实验③，所以他们对自然现象的解释仍停留在《周易》的文本水平上，缺乏科学性和实证性。因而北宋的理论科学，如天文学、物理学、气象学、地学等，虽然从理论上讲都取得了相当高的成就，但由于缺少实证性而又极大地限制了北宋理论科学的发展。

① 漆侠：《中国经济通史·宋代经济卷》下，第 779—780 页。
② 《马克思恩格斯全集》第 47 卷，北京：人民出版社，1965 年，第 42 页。
③ 即相对于上文的"受控实验"而言。

二、对北宋之前科技思想发展的历史回顾

（一）中国古代科技思想范型的形成

同欧洲近代科学的源头在古希腊一样，中国古代科学的源头在春秋战国时期。从学理上讲，《周易》为中国古代科技思想之源，因为《周易》规定了中国科学发展的纲领和基本脉络，同时又确立了中国古代科技思想的基本范型，并且在近两千年的封建时代它一直就起着规范与评价的作用，这是中国古代科学文化的典型特征。其最能说明这一点的是《周易·说卦》开首的那段话：

> 昔者圣人之作《易》也，幽赞于神明而生蓍，参天两地而倚数，观变于阴阳而立卦，发挥于刚柔而生爻，和顺于道德而理于义，穷理尽性以至于命。昔者圣人之作《易》也，将以顺性命之理，是以立天之道曰阴与阳，立地之道曰柔与刚，立人之道曰仁与义，兼三才而两之，故《易》六画而成卦；分阴分阳，迭用柔刚，故《易》六位而成章。①

上面一段大致从三个层面规定了中国古代科学的内涵：其一，审美的层面或称诗性的层面，它是中国古代科学所追求的最高目标，而用《周易》的话说就是"立天之道"；其二，经世与格物的层面，它是中国古代科学的内容，是与人类社会生活最为贴近的部分，而用《周易》的话说就是"立地之道"；其三，人文关怀的层面，它是中国古代科学的终极目的，它从精神道德的角度来强化人的生存质量问题，这是一个颇具现代意味的话题，而这个话题的实质和核心就是"立人之道"。

但作为中国古代科学的思维模式，其最具解释效力的范型是阴与阳。《周易·系辞上》说："一阴一阳之谓道"②，这是中国古代科学的思维模式的基本量纲。

五行这个范型初见于《尚书》。其《洪范》篇云："一曰水，二曰火，三曰木，四曰金，五曰土，水曰润下，火曰炎上，木曰曲直，金曰从革，土爱稼穑。润下作咸，炎上作苦，曲直作酸，从革作辛，稼穑作甘。"③结合《管子·五行》及邹衍的五行观，我们可以断定：至少到战国时期，我国已经形成五行生克制化的科技思想和范型了。

中国古代科技思想的第三个范型"气"也最早出现于春秋战国时期。《国语·周语》载："夫天地之气，不失其序"④，《管子·内业》篇又说："凡物之精，比则为生。下生五谷，上为列星。流于天地之间，谓之鬼神；藏于胸中，谓之圣人。是故此气，杲乎如登于天，杳乎如入于渊，淖乎如在于海，卒乎如在于己。"⑤这就是说，气是自然万物及人类思维运动变化的根源。

---

① 《周易·说卦》，陈成国点校：《四书五经》上，长沙：岳麓书社，2014年，第206页。

② 《周易·系辞上》，陈成国点校：《四书五经》上，第196页。

③ 《尚书·洪范》，陈成国点校：《四书五经》上，第246页。

④ 徐元诰撰，王树民、沈长云点校：《国语集解》，第26页。

⑤ （春秋）管仲：《管子》卷16《内业》，《百子全书》第2册，长沙：岳麓书社，1993年，第1372页。

（二）中国古代科技思想范型的发展和充实

秦汉时期进入了中国古代科技思想范型的发展和充实的历史阶段。在这个历史阶段，一方面人们开始应用阴阳的范型于科学研究之中，并用来解释自然现象之间的内在联系，如刘徽在《九章算术》序言里说："徽幼习《九章》，长再详览，观阴阳之割裂，总算术之根源，探赜之暇，遂悟其意"①，其"观阴阳之割裂"主要就是指《九章算术》所蕴含的思想范型；另一方面，由于秦始皇焚书以后，大量的先秦典籍丢失，而为了保持中国传统文化的连续性，汉儒一改先秦思想自由的学风，遂在"独尊儒术"的一统思想下皆转向于注疏先秦原典的学术之路，后人把这种学术现象称作"汉学"。当然，汉学还有一个非常重要的方面就是穷究天人之道。而围绕着天人之道，汉代思想家形成了阵线分明的两派：其一是董仲舒的"天人感应"说及由此引发且逞一时之盛的"卦气说"，这派思想的盛行固然有其特殊的政治背景，但还要看到它确实对中国古代科技思想的发展产生了广泛的影响和作用。如数术学不仅在汉代十分兴盛，而且还确立了它在整个中国古代科技思想史中的基础地位；又如方士们为了树立对自然现象的解释权威，他们又设定了"元气"、"太始"、"太初"、"五际"（是一种用历日干支关系推演人事的学说）、"三统"等范型，如董仲舒《春秋繁露·王道第六》篇云："王正则元气和顺"②，这可能是"元气"一词最早的记录。其二是王充继承荀况"明于天人之分"③的思想，针对"天人感应"说而倡导"天地含气之自然"④及万物"种类相产"⑤的实学观点。以此为前提，王充进一步丰富和发展了先秦以来的范型思想，其中最有代表性的创见，就是他首次提出"实知"说。《论衡·知实篇》云："凡论事者，违实不引效验，则虽甘义繁说，众不见信"⑥，同时他还提出了"以心原物"⑦的科学命题。而为了解释"心"的创造性特征，王充又独创了"元精"这个范畴，他说："天禀元气，人受元精。"⑧之后，在王充实证思想的影响下，张衡创制了具有划时代意义的"地动仪"和"浑象仪"，从而把汉代的科学技术提升至一个新的历史高度。

三、中国古代科技思想范型的成熟与科学技术发展的第一个高峰

中国古代的科技思想范型在三国两晋南北朝时进入成熟期，其解释力也达到了旧范型

---

① （三国魏）刘徽：《九章算术注·序》，郭书春、刘钝校点：《算经十书（一）》，沈阳：辽宁教育出版社，1998年，第1页。
② （汉）董仲舒：《春秋繁露》卷4《王道第六》，上海：上海古籍出版社，1989年，第25页。
③ （战国）荀况：《荀子》卷17《天论》，《百子全书》第1册，第187页。
④ （汉）王充：《论衡》卷11《谈天篇》，《百子全书》第4册，第3320页。
⑤ （汉）王充：《论衡》卷3《物势篇》，《百子全书》第4册，第3239页。
⑥ （汉）王充：《论衡》卷26《知实篇》，《百子全书》第4册，第3475页。
⑦ （汉）王充：《论衡》卷23《薄葬篇》，《百子全书》第4册，第3443页。同篇王充分析墨学不传的原因说："夫以耳目论，则以虚象为言；虚象效，则以实事为非。是故是非者，不徒耳目，必开心意。墨议不以心而原物，苟信闻见，则虽效验章明，犹为失实；失实之议难以教。虽得愚民之欲，不合知者之心，丧物索用，无益于世。此盖墨术所以不传也。"
⑧ （汉）王充：《论衡》卷13《超奇篇》，《百子全书》第4册，第3352页。

所能达到的极限。比如，在天文学方面，北齐民间天文学家张子信"因避葛荣乱。隐于海岛中，积三十许年"而发现了"日月五星差变之数"①，所谓"差变之数"即太阳和五星视运动的不均匀性，有人称"他的发现差不多埋下了一场天文学革命的种子"②；在数学方面，刘徽的"割圆术"及祖冲之的圆周率，都达到了当时世界的最高水平；在地学方面，裴秀第一次明确地确立了中国古代地图的绘制理论，郦道元的《水经注》赋予了地理描述以时间的深度，而成书于梁代的《地镜图》则被科学史家看成是利用指示植物找矿或生物地球化学找矿理论的开山之作；在声学方面，荀勖计算出了相当准确的管口校正数，何承天则第一次打破了五度相生的陈规，促使乐律研究向着"等程"的方向发展；在农学方面，贾思勰的《齐民要术》标志着我国古代农学体系的形成，等等。尤其是玄学思潮的兴起，从自然观上进一步扩大了人们的眼界，并极大地提升了人们的思辨能力。而范缜的"神灭论"思想无疑地显示了这个时期科技思想所具有的历史高度。

与汉代相比，这个时期并没有形成稳定的大一统局面，但南北分裂对科学的发展似乎没有造成太大影响，相反，科学范型倒是按照其相对独立的发展规律进入了一个空前发达的历史阶段。由此可以证明，民族交融应当是科技思想发展的一个重要动力。

佛教传入中国，虽然在短时期内对儒、道两教的存在构成威胁，因而引起儒、道对佛教的反抗和拒斥，但从长远的观点看，佛教促使中国古代的科学范型发生转化和重构，实为唐宋的社会变革创造了条件。故李约瑟从四个方面说明佛教对中国古代科技思想的发展产生了影响：其一，六世纪出版的《立世阿毗昙论》中所说，主要是关于日、月的转动；其二，中国人认识"化石"的性质比欧洲人早很多；其三，有一种关于宇宙的"循环说"，说世界经过一次大灾祸，海陆翻覆，万物毁灭之后，又再生而恢复原状，这就是佛家所说的"成、住、坏、空"；其四，动物的"转生"或"化身"。③

道教在沉寂了一段历史时期后，不仅到东汉末年重又抬头，而且经过黄巾起义的清整，其又以一种"神仙道派"的面目出现在魏晋的历史舞台上。据说，曹操迷信仙术，故"招引四方之术士"，其要者有："上党王真，陇西封君达，甘陵甘始，鲁女生，谯国华佗字元化，东郭延年、冷寿光、唐云，河南卜式、张貂，汝南费长房、蓟子训、鲜奴辜，魏国军吏河南赵胜卿，阳城郗俭字孟节，卢江左慈字元放。"④尽管人们对曹操"招引四方之术士"的目的存在各种各样的疑问，但曹操在客观上推动了道教由原始的说教向理论化的经典方向转进，特别是某些方士通过经典和方术秘诀的传承而逐渐形成团体，这个时候的道教与科学实践的关系越来越密切，并进一步成为中国古代科技思想的主要来源之一。其实，道教自晋代以后就开始分化为两派，一派以葛洪为代表，称"丹鼎派"；一派以李宽为代表，称"符水派"。由于"丹鼎派"的炼丹实践在士族阶层产生了深刻的影响，因而成为道教的主流，以至于唐朝皇帝都把它尊奉为国教。而葛洪的《抱朴子》及素有"山中

① 《隋书》卷20《天文志》，北京：中华书局，1973年，第561页。

② 王鸿生：《中国历史中的技术与科学——从远古到1990》，北京：中国人民大学出版社，1991年，第90页。

③ [英]李约瑟：《中国科学史要略》，李乔译，台北：华冈出版部，1972年，第14页。

④ （西晋）张华：《博物志》卷5《方士》，《百子全书》第5册，第4294页。

宰相"之称的陶弘景所著《神农本草经集注》，都是这一时期的科学名著，所以李约瑟把道教称作是"宗教的、诗学的、魔术的、科学的、民主的和政治革命的一种学派"①。

四、中国古代科技思想范型的危机

李约瑟在论及中国古代科技思想范型的局限性时说："据我所能看到的而言，这些理论起初对中国的科技思想倒是有益的而不是有害的，而且肯定决不比支配欧洲中古代思想的亚里士多德式的元素理论更坏。当然，象征的相互联系变得越繁复和怪诞，则整个体系离开对自然界的观察就越远。到了宋代（11 世纪），它对当时开展起来的伟大的科学运动大概已在起着一种确属有害的影响了。"②实际上，以阴阳五行为核心的中国古代科技思想范型体系早在唐代就已出现了僵化的趋势。其主要表现就是人们硬将科学附会阴阳五行，尤其是在科学家的理论研究中出现了空前的解释性真空，即当他们遇到旧的思想范型不能解释新问题时，不是突破旧范型建立新的解释性范型，而是把新问题的可解域死死地限制在旧的范型之内。如唐代的潮汐学专家卢肇用浑天法来解释海潮现象，他说："浑天之法著，阴阳之运不差；阴阳之运不差，万物之理皆得；万物之理皆得，其海潮之出入，欲不尽著，将安适乎？"③当时浑天说已经漏洞百出，阴阳作为科技思想的范型也已僵化，而卢肇仍然用这样陈旧的理论来解释自然现象，难怪沈括在《补笔谈》里批评他"极无理"④；又如僧一行是唐代著名的科学家之一，他领导了世界上第一次用科学方法进行的子午线实测，创立了不等间距二次内插法，同时他制定的《大衍历》也是当时最好的历法，等等。可惜，他的创造性思维牢牢地为"阴阳、五行之学"所限，其最典型的例子就是他把五行看作历数的基础。据考，一行《大衍历》的"通法"即来自《周易》的"大衍之数"，且又用"五行生数"和"五行成数"加以推演，以至于弄到极其荒谬可笑的地步。此外，他用"人伦之化"⑤的道德意识来消解"浑天说"与"盖天说"之间所存在的矛盾，这种把科学问题道德化乃至政治化的做法，给中国古代科技思想的发展带来了非常有害的后果。正如李申先生所说："这是一个科学的危机时期，发现旧理论的错误，正是建立新理论的起点，但一行止步不前了。"⑥

而越在这个时候，就越能显示出哲学对科技思想发展的拉动作用。从这个角度讲，科学也是哲学，如 1874 年日本学者西周（1829—1897）就曾把"science"翻译成科学和哲学。⑦麦考利说：科学"是一门永不停顿的哲学，永远不会满足、永远不会达到完美的地

① ［英］李约瑟：《中国科学史要略》，李乔译，第 14 页。
② ［英］李约瑟：《中国科学技术史》第 2 卷，第 289 页。
③ （清）翟均廉：《海潮赋》，《海塘录》卷 18《艺文一》，郑翰献主编：《钱塘江文献集成》第 2 册，杭州：杭州出版社，2014 年，第 258 页。
④ （宋）沈括：《梦溪笔谈·补笔谈》卷 2《象数》，长沙：岳麓书社，1998 年，第 253 页。
⑤ 《新唐书》卷 31《天文一》，北京：中华书局，1975 年，第 816 页。
⑥ 李申：《中国古代哲学与自然科学（隋唐至清代之部）》，北京：中国社会科学出版社，1993 年，第 195 页。
⑦ 席泽宗：《科学史十论》，第 97 页。

步。它的规律就是进步"①。前面说过，传统的阴阳五行范型发展到唐代已经暴露出许多问题，特别是在解释方面已明显不适应时代的发展要求了，所以针对这些问题唐代的自然哲学家试图在新的语境中重建一种与"阴阳五行之学"不同的解释体系，其典型代表是刘禹锡。刘禹锡在《天论》中完全抛弃了阴阳五行的话语体系和思维范型，代之而来的是"理""势""数""能"等一系列新的解释性范式，提出"天与人交相胜"（或称"天人相胜"及"天人相分"）的命题，开北宋一代思想变革的先河。

五、区分中国古代科技思想史研究中的几种关系

我们在具体研究中国古代科技思想史（包括北宋科技思想史）的过程中，往往会遇到各种各样的问题，其中究竟应当如何把握和处理科学与哲学的关系、科学与技术的关系以及中国古代科学与欧洲近现代科学的关系等问题，是涉及科技思想史研究全局的问题，故此，我们在这里就不能不加以适当的界定与讨论。

1. 科学与哲学的关系问题

从历史上看，在人类文明的初期（或称前科学时代），科学尚包含在哲学之内，那时科学作为一门学问还没有从哲学体系中分化出来，因而她本身还没有自己的独立性。这是因为当时的人类知识对象仅仅以观察自然为特色，人类还没有足够的能力反观自身，并形成关于人的学问。故哲学的希腊文原意是"爱智慧"，"智慧"者何？亚里士多德说："智慧既是理智也是科学，在高尚的科学中它居于首位。"②这说明哲学和科学从根源上讲就是密不可分的。

因此，在古希腊时期，亚里士多德的整个哲学体系可以分成三大部分：形而上学、物理学和逻辑学。按照中文的说法，形而上学是"在物理学之后"的意思，它研究本体论的问题；与形而上学相对应，物理学是关于自然的知识体系，它研究物质论的问题。如此看来，形而上学和物理学就有了时间的先后性问题，在时间上，物理学在前，形而上学在后，而这种先后性除了表明两者之间的历史联系外，还有没有思想史的意义呢？恩格斯在批评自然科学家鄙视哲学对自然科学的支配作用时说：哲学是"一种建立在通晓思维的历史和成就的基础上的理论思维的形式"③。在这里，"思维的历史"即是思想的历史，而思维的成就当然包括科学的成果在内，所以，在恩格斯看来，历史性的思想实际上就是哲学。如果我们把哲学与科学都看成是人类把握世界的基本方式，那么，不仅哲学是一种历史性的思想，而且科学也是一种历史性的思想。从这个角度讲，科技思想史可以归结为哲学思想史，而这个结论在欧洲的前科学时代尤其适用。

上面的结论适用于中国古代的文化情形吗？同古希腊的知识体系相仿，中国古代亦没有跟哲学相分离的科学，牟宗三先生说："科学家之玄学大半都是哲学家之问题。故科学

---

① [英] J.D.贝尔纳：《科学的社会功能》，陈体芳译，北京：商务印书馆，1982年，第41—42页。

② [古希腊] 亚里士多德：《尼各马科伦理学》，苗力田译，第125页。

③ [德] 恩格斯：《自然辩证法》，于光远等译，北京：人民出版社，1984年，第68页。

与哲学在西方始终是纠缠于一起。然则其所以有科学与哲学者非无故矣。故欲使中国有科学，当亦不外乎此。作中国哲学史及提倡科学的人不可不注意及之。"①尽管北宋取得了世界瞩目的科技成就，但北宋的科学仍然没有从哲学的知识体系中分化出来。不过，与古希腊的知识体系不同，由于中国古代哲学的表现形式较多，因而科学的载体就显得复杂多样了，如道家、墨家、阴阳家等哲学学派都程度不同地把科学作为其整个知识体系的重要组成部分。拿道家来说，《老子》就曾经说过这样的话："为学日益，务欲进其所能，益其所习。为道日损，务欲反虚无也。"在这段话里，"学"与"道"便构成了一对关系范畴，而冯友兰先生把这对关系范畴解释为"科学"与"哲学"的对立。他说："为学是求一种知识，为道是求一种境界。"②然而，不管"为学"还是"为道"，都不过是在道家哲学体系之内有所分别的两种学问，各自却不相独立。实际上，《周易·系辞上》早已对科学与哲学作了区分："形而上者谓之道，形而下者谓之器。"③而"道"与"器"的关系则是北宋道学所探求的基本理论问题之一，可见，对科学与哲学的这种区别，确实给了北宋道学以积极的影响。如张载把"气"之全体称为"道"，他说："太和所谓道，中涵浮沈、升降、动静、相感之性，是生絪缊、相荡、胜负、屈伸之始。"④这段话就是在本体论的意义上来讨论哲学问题，是形而上之学。接着，张载又说：

> 地纯阴凝聚于中，天浮阳运旋于外，此天地之常体也。恒星不动，纯系乎天，与浮阳运旋而不穷者也；日月五星逆天而行，并包乎地者也。地在气中，虽顺天左旋，其所系辰象随之，稍迟则反移徙而右尔，间有缓速不齐者，七政之性殊也。月阴精，反乎阳者也，故其右行最速；日为阳精，然其质本阴，故其右行虽缓，亦不纯系乎天，如恒星不动。金水附日前后进退而行者，其理精深，存乎物感可知矣。⑤

与前一段话不同，这段话是在宇宙论（或为物质论）的意义上来探讨天体运行的现象即科学的问题，是形而下之学。虽然，张载对天体运行的现象还没有脱离开日常经验的束缚，但他对水星进动现象的揣测却是十分了不起的。由此可知，北宋时期的科学仍依附在道学的羽翼之下，而北宋的科技思想亦就不能不寓于其科学与道学的互动关系之中。

有一种观点认为，科学以整个世界为对象，从而形成关于整个世界的科学思想，而哲学是以科学所提供的关于整个世界的思想为对象，并在此基础上形成理解和协调与世界关系的世界观理论。从近代史的角度看，上述的说法并没有错。可惜，这种说法却没有考虑到古代历史的特定文化背景，即那个时候原始的哲学与原始的科学往往在内容上是混而不分和互渗的。因此，在这种历史条件下，哲学的对象也就是科学的对象，反过来，科学的对象也就是哲学的对象。所以，从严格的意义上，真正把北宋的哲学思想跟科技思想彻底地划分清楚，应是一件非常困难的事情。当然，这种科学与哲学混而不分的现实也是北宋

① 牟宗三著，王岳川编：《牟宗三学术文化随笔》，北京：中国青年出版社，1996年，第257页。
② 冯友兰：《新知言》，上海：上海书店出版社，1946年，第4页。
③ 《周易·系辞上》，陈戍国点校：《四书五经》上，第195页。
④ （宋）张载：《正蒙·太和篇》，（宋）张载著，章锡琛点校：《张载集》，北京：中华书局，1978年，第7页。
⑤ （宋）张载：《正蒙·太和篇》，（宋）张载著，章锡琛点校：《张载集》，第10—11页。

道学家的著作里为什么包含着那么丰富的科技思想之根由。

2. 科学与技术的关系问题

大凡否认中国古代有科学者，似乎都忘记了这样一个客观事实，那就是中国古代具有深厚的技术传统，因而古代中国可堪称是世界上技术最为发达的文明古国。据此，我们不禁要问：技术可以完全脱离科学而独立发展吗？当然不能。科学学的创始人普赖斯曾把科学与技术的关系比作是一对舞伴，两者构成一个统一的整体。马克思在《经济学手稿（1861—1863）》一书中多次谈到资本主义生产条件下科学与技术的关系问题。在马克思看来，在资本主义生产方式出现之前，科学只是以十分有限的知识和经验的形式出现，是跟生产劳动本身联系在一起的。然而，资本主义使"生产过程成了科学的应用，而科学反过来成了生产过程的因素即所谓职能"①。进而马克思将劳动工具称之为"科学思想的客体化"②。可见，中国古代的技术发明和创造诸如北宋的水运仪象台、针灸铜人、活字印刷术等亦理应是一种客体化的科学思想。

按照东汉班固的划分标准，中国古代的技术门类大致可分作十种：第一种，"阴阳者，顺时而发，推刑德，随斗击，因五胜，假鬼神而为助者也"；第二种，"技巧者，习手足，便器械，积机关，以立攻守之胜者也"；第三种，"天文者，序二十八宿，步五星日月，以纪吉凶之象，圣王所以参政也"；第四种，"历谱者，序四时之位，正分至之节，会日月五星之辰，以考寒暑杀生之实"；第五种，"五行者，五常之形气也"；第六种，"蓍龟者，圣人之所用也"；第七种，"杂占者，纪百事之象，候善恶之征"；第八种，"形法者，大举九州之势以立城郭室舍形，人及六畜骨法之度数、器物之形容以求其声气贵贱吉凶"；第九种，"医经者，原人血脉经络骨髓阴阳表里，以起百病之本，死生之分，而用度箴石汤火所施，调百药齐和之所宜"；第十种，"经方者，本草石之寒温，量疾病之浅深，假药味之滋，因气感之宜，辩五苦六辛，致水火之齐，以通闭解结，反之于平"。③当然，因古今话语的不同，汉书所说的术类，如果用现代的学科体系来对照，它则归分为天文、军事、医药、建筑和预测五大类。而这五类属于技术性的学科，在北宋皆有长足的发展，并且还都取得了辉煌的成就。由于这些技术成就渗透着浓重的科学思想和科学精神，因此，我们通过考察这些技术成果，就能把当时整个社会的科学发展水平和人文价值层面揭示出来。

另外，西汉初期，社会上还有一种对科学与技术之社会地位的规范性认识，我们不能不加以认真地对待。那就是把科学与技术纳入了"道"的体系和框架之内，于是出现了"道本"与"道末"的区别。如贾谊说："道者，所从接物也，其本者谓之虚，其末者谓之术。虚者，言其精微也，平素而无设施也；术也者，所从制物也，动静之数也。凡此皆道也。"④接着，贾谊又特别地对"术"作了规定，并重申了"六术"即"六艺"（《书》《诗》

---

① 《马克思恩格斯全集》第47卷，北京：人民出版社，1979年，第570页。
② 《马克思恩格斯全集》第46卷，第469页。
③ 《汉书》卷30《艺文志》，第1760—1778页。
④ （汉）贾谊：《新书》卷8《道术》，《百子全书》第1册，第370页。

《易》《春秋》《礼》《乐》）的主张。①可见，在贾谊的话语和观念里还没有歧视"技艺"的意思。而对"技艺"的地位，《礼记·乐记》有"德成而上，艺成而下"②的说法，本来这是一句很普通的话，而且《礼记·王制》还给了技术类人才以较高的官位，其《王制》规定："凡执技以事上者，祝史、射御、医卜及百工。"③将"百工"跟"祝史"平等对待，这说明当时德与艺并没有尊卑之区分。然而，在汉武帝"独尊儒术"以后，经学取代了子学，因而经学家自东汉的郑玄开始，都对《礼记·乐记》中的话作了推演性的解释，于是在子学时代仅仅表现为堂上和堂下之分的德艺关系转而变成了经学时代的尊卑关系，如唐人张守节为《史记·乐书》所作的"正义"云："上谓堂上也，德成谓人君，礼乐德成则为君，故居堂上，南面尊之也"，而"下，堂下也，艺成谓乐师伎艺虽成，唯识礼乐之末，故在堂下，北面，卑之也"。④在这样的认识域内，唐代便出现了歧视技术官的倾向和趋势⑤，如技术官不能入士流、限制技术官的正常升迁等，而这种制度性的缺陷对北宋的科学发展造成了一定的消极影响。当然，北宋科学与社会的文化制度在扬弃唐代科学与社会文化制度时，既有继承和恢复，也有否定和变革。例如，宋人虽然对技术官和士官在制度实践方面作了较为严格的区分，但在理论上却是有意识地向子学时代回归，从而使科学和技术在道德的外壳里重新建立起统一的关系。如欧阳修说："匠之心也，本乎大巧；工之事也，作于圣人。因从绳而取谕，彰治材而有伦。学在其中，辨盖舆之异状；艺成而下，明凿枘之殊陈。"⑥其中"匠之心也，本乎大巧"讲的是技术层面的问题，而"工之事也，作于圣人"则是就科学层面来立言的，两者虽有所不同，但却共处于"大匠"这个统一体中。所以，科学与技术是相辅相成的关系，应当承认，这种认识代表着北宋在德艺关系方面的一种新气象。不过，如果说欧阳修旨在通过《大匠诲人以规矩赋》来表明技艺对于社会发展之重要性的话，那么，楼钥的《建宁府紫芝书院记》则是以高昂的姿态开始向子学时代回归了，他说："谓艺成而下，圣人以游言之，疑其为可轻，是不然。所谓艺者，非如今之技艺，乃礼、乐、射、御、书、数，古所谓六艺是也……君子未有不兼此而能为全德者。"⑦之后，南宋学者易祓更明确地说："虽艺成而下，实有形而上者之道充之。"⑧另一位学者王与之也说："道隐于六艺之中，不可以指言，故总而名之曰道艺。"⑨在这里，道是哲学，属于普遍性的东西，而艺则是技术，属于特殊性的东西。在艺与道之

---

①　（汉）贾谊：《新书》卷 8《六术》，《百子全书》第 1 册，第 372 页。

②　《礼记·乐记》，陈成国点校：《四书五经》上，第 571 页。

③　《礼记·王制》，陈成国点校：《四书五经》上，第 481 页。

④　《史记》卷 24《乐书》，第 1205 页。

⑤　包伟民：《宋代技术官制度述略》，《漆侠先生纪念文集》编委会编：《漆侠先生纪念文集》，第 219 页。

⑥　（宋）欧阳修：《居士外集》卷 24《大匠诲人以规矩赋》，《欧阳修全集》上，上海：世界书局，1936 年，第 548 页。

⑦　（宋）楼钥：《建宁府紫芝书院记》，曾枣庄、刘琳主编：《全宋文》卷 5966《楼钥》，上海：上海辞书出版社；合肥：安徽教育出版社，2006 年，第 375 页。

⑧　（宋）易祓：《周官总义》卷 7《地官司徒第二》，《景印文渊阁四库全书》第 92 册，台北：台湾商务印书馆，1986 年，第 356 页。

⑨　（宋）王与之：《周礼订义》卷 16《易氏》，《景印文渊阁四库全书》第 93 册，第 265 页。

间所"隐"的和"不可指言"的部分，虽然不专指科技思想，但它本身包含着一定的科技思想却是无可置疑的。故此，明人倪元璐说："儒者之智不如伎士矣。"[①]因为伎士较儒者具有更加丰富的科技思想，如北宋的易学家刘牧、军事学家曾公亮和丁度以及医学家唐慎微等都是十分鲜明的例子。

3. 科学与反科学的关系问题

科学与反科学是贯穿于人类科技思想史始终的问题，同时也是科技思想史存在与发展的一对基本矛盾。这是因为：

第一，科学作为一门学问脱胎于宗教，而科学本身就是在同原始宗教的矛盾斗争中逐渐独立出来的。冯友兰先生曾说："宗教及科学，在近代常立于反对底地位，但在古代社会中，原始底宗教，与原始底科学，往往混而不分。先秦诸子中底阴阳家，继承中国古代底原始底宗教，及原始底科学。"[②]李约瑟亦说："今日道家思想在中国人的思想中所占的地位，至少和儒家同样的重要，道家极端独特又有趣地糅合了哲学与宗教，以及原始的科学与魔术。"[③]当然，科学的发展在特定的历史阶段无法离开宗教的支撑，这是问题的一个方面；另一方面，由于宗教在本质上是反科学的，所以，宗教的这个特点就决定了它很难与科学发展长期共存。实际上，宗教及科学的对立绝不是近代才有的，中国古代无神论与有神论的冲突和斗争从本质看就是宗教与科学相互对立的表现形式，而无神论与有神论的冲突和斗争大概从春秋战国时代开始都始终没有停止过，而北宋则是中国古代无神论与有神论的冲突和斗争最为尖锐和激烈的历史时期之一。从无神论一脉说，公孟子是中国古代第一个提出"无鬼神"观的思想家[④]，可惜他本人没有著作流传下来。东汉的战斗无神论者王充为了论证形神关系而提出了"人之死犹火之灭"[⑤]的命题，后来范缜在《神灭论》一书中，针对王充命题的理论缺陷和当时佛教徒对无神论的恶意攻击，进一步提出"形质神用"的命题，从而把无神论推向一个新的历史高度。唐代的无神论开始从形神关系转移到天人关系方面来，如刘禹锡依据汉唐自然科学的发展状况，在荀子"明于天人之分"[⑥]的前提下，特别突出地提出了"万物之所以为无穷者，交相胜而已矣，还相用而已矣，天与人，万物之尤者耳"[⑦]的观点。进入北宋以后，一方面，天人关系依然是科学与反科学之间矛盾斗争的主题，出现了像张载那样卓越的"气"的"天人观"；另一方面，伴随着"风水术"在北宋的泛滥，反对世俗迷信自然也就成为此期无神论与有神论斗争的主要内容之一，在这方面，涌现出了欧阳修、余靖、王安石等诸多优秀的无神论者和科技思想家。

① （宋）倪元璐：《儿易外仪》卷2《易则》，北京：中华书局，1985年，第16页。

② 冯友兰：《新原道》，重庆：商务印书馆，1946年，第68页。

③ ［英］李约瑟：《中国古代科学思想史》，陈立夫等译，第38页。

④ 牙含章、王友三主编：《中国无神论史》上册，北京：中国社会科学出版社，1992年，"导言"第7页。

⑤ （汉）王充：《论衡》卷20《论死篇》，《百子全书》第4册，第3421页。

⑥ （战国）荀况撰，（唐）杨倞注：《荀子》卷11《天论》，《宋本荀子》第3册，北京：国家图书馆出版社，2017年，第33页。

⑦ （唐）刘禹锡：《刘禹锡集》卷5《天论上》，上海：上海人民出版社，1975年，第51页。

第二，科学作为一种上层建筑的形式，它必然会同特定时代的政治、法律、道德等其他上层建筑形式发生相互作用，由于科学代表着进步的方面和认识运动的客观真理，所以它不能不遭受到来自落后势力方面的阻挠与抵抗。在古代中国，"天人合一"是古代社会上层建筑的基本指导思想，故历代帝王都把敬天祭祖看成一件极其重要的国家大事。何谓天？天的概念至少有两层意思：一是境界说，如孟子云："尽其性者，知其性也；知其性，则知天矣。"①在此，天就是一种境界。二是神灵说，如董仲舒说："天者，百神之君也，王者之所最尊也，以最尊天之故。故易始岁更纪，即以其初郊，郊必以正月上辛者，言以所最尊，首一岁之事，每更纪者以郊，郊祭首之，先贤之义，尊天之道也。"②又说："事各顺于名，名各顺于天，天人之际，合而为一，同而通理，动而相益，顺而相受，谓之德道。"③这里所说的"天"是有意志的天，是既可以降祥瑞也可以发怒威的天，故此，董仲舒才告诫人们说："观天人相与之际，甚可畏也！"④从学理上讲，"天人合一"与"天人之分"是在天人关系问题上两个相互对立的方面，其中"天人合一"属于保守的和肯定的方面，而"天人之分"则属于革新的和否定的方面；从功能和性质上讲，中国古代的"天人之分"观更多地包含着科学的成分，而"天人合一"观则更多地包含着反科学的成分。当然，我们这样说，丝毫不否认它本身亦存在着一定的合理的和科学的因素，况且它确实曾对中国古代的社会发展和进步起过积极的作用，甚至在特定的历史时期，"天人合一"所起的作用还要大于"天人之分"所起的作用。但是，北宋理学家对待"天人合一"和"天人之分"的态度却因人而异，情况比较特殊和复杂，不能一概而论。如张载、王安石、程颐和沈括的学术思想中就存在着"天人合一"和"天人之分"两种成分，所以我们在讨论他们的科技思想时就需要具体问题具体分析，但从北宋的整个学术发展史来看，"天人合一"观仍然是学术发展的主流，如周敦颐、程颢、邵雍等都以"天人合一"观作为他们立论的基础。不过，北宋理学家所讲的"天人合一"，多近于孟子的"天道说"或"境界说"，即他们认为，天是道的体现和外化，而天道作为一种人生境界则完全可以通过修炼的手段来达到，故程颐说："道未始有天人之别，但在天则为天道，在地则为地道，在人则为人道。⑤"黄裳亦说："道者天也，合而言之也，故'率性之谓道'。教者仁也，散而言之也，故'修道之谓教'。率性而为己，修道以为天下。不为天下后世计，则道无事乎修矣。"⑥也许是北宋道学家太注重修道的重要性了，所以他们以修道来压抑和排斥技术之学，如游酢说："道者，天也，故言志；德者，地也，故言据；仁者，人也，故言依。至于游于艺则所以闲邪也，盖士志于道，苟未至于纵心则必有息游之学焉。"⑦把科学

① 《孟子·尽心上》，陈成国点校：《四书五经》上，第126页。
② （汉）董仲舒：《春秋繁露》卷15《郊义》，第82页。
③ （汉）董仲舒：《春秋繁露》卷10《深察名号》，第60页。
④ 《汉书》卷56《董仲舒传》，第2498页。
⑤ 《河南程氏遗书》卷22上《伊川杂录》，（宋）程颢、程颐著，王孝鱼点校：《二程集》上册，第282页。
⑥ （宋）黄裳：《杂说》，曾枣庄、刘琳主编：《全宋文》卷2258《黄裳》，第220页。
⑦ （宋）游酢：《游酢文集》卷1《论语杂解》，延吉：延边大学出版社，1998年，第104页。

与技术看成是"闲邪"之学或"玩物丧志"之学①，而看不到科学与技术是推动社会发展的重要力量，这恰恰就是北宋道学家的思想特点之一。但这是不是说北宋的道学家就是纯粹以反科学为己任了呢？当然不能这样说。事实上，不要说别的，就是二程的学术体系本身亦包含着不少科学的思想或者说近于科学的思想。因此，我们应当历史地和一分为二地对待北宋道学与科学的关系，应当尊重北宋道学家所体现出来的那种"自家体贴天理"的自主意识和创新精神，而这种自主意识和创新精神正是北宋科技思想不断向前发展的内在动力。

六、国内外研究现状及尚待解决的问题

（一）国外研究现状

科技思想史特别是科学思想史作为一门独立的学科形成于 20 世纪 20 年代，以 1913 年《Isis》杂志的创刊为标志，其创始人是比利时的科学史家萨顿（George Sarton）。1928 年 8 月，由 Aldo Mieli（意大利，1879—1950）、George Sarton（1884—1956）、Abel Rey（法国，1873—1940）、Henry Sigerist（法国，1891—1957）、Charles Singer（英国，1876—1960）等人在奥斯陆发起成立了国际科学史研究院。此后，科学史的研究逐步走向了正规，涌现出一大批国际知名的科学史家。而科学思想史学派的领袖人物柯瓦雷（1892—1964），则是继萨顿之后的又一位对科学史研究产生了巨大影响的人物，他一生写了很多科学史著作，其代表作有《从封闭世界到无限宇宙》《牛顿研究》《伽利略研究》等，在柯瓦雷看来，科学史应当是哲学思想与科学思想相互作用的历史，其中科学发展既跟科学思想紧密关联，同时也跟科学进步有关的非科学思想密切相关，所以，他将科学思想看作是科学发展的灵魂，从而使科技史研究具有了很强的思想魅力。当然，相比较而言，国外研究中国科技思想最有成就的专家应是英国剑桥大学的李约瑟（1900—1995），他花费半生心血编纂了《中国科学技术史》，其中就包含有《科学思想史》（第二卷）。从某种意义上说，李约瑟对中国古代科学史的研究是柯瓦雷治史方法的一种具体化和个案化，所以，他亦是以哲学思想与科学思想甚至非科学思想的相互作用为线索来撰写中国古代思想的演进史。此外，李约瑟在撰写《中国科学技术史》的过程中，通过国际性合作，为世界各国培养了一大批杰出的中国科技思想史专家，如卜正民（加拿大）、梅里亚斯基（波兰）、迪特·库恩（德国）、钱存训（美籍华人）等。

在日本，对中国科技史的研究始自 19 世纪中叶，当时的研究领域主要集中在数学、天文学和医学三个方面，其代表人物有三上义夫、富士川游等。进入 20 世纪 70 年代以后，由于受李约瑟学术成就的影响（1974—1980 年，日本学者翻译出版了李约瑟的 11 卷本《中国科学技术史》），以山田庆儿为标志，日本学界出现了一批专门以研究中国古代科

---

① （宋）谢良佐：《上蔡语录》卷 2，《景印文渊阁四库全书》第 698 册，第 588 页。

技思想史为职业的专家和学者，如村上嘉实、石田秀实、坂出祥伸、寺地遵、东条荣喜、小林清市等。山田庆儿具有科学的素养和史学的功底，故他把自己的中国科学史研究主要定位在科学思想史和科学社会史这两个方面，并取得了丰硕的成果，其主要著作有《模式·认识·制造——中国科学的思想风土》《朱子的自然学》《中国医学的思想风土——黄帝内经》《中国古代科学史论》等。为了与日本新时期研究中国科学史的发展趋势相适应，山田庆儿提出了他的治史原则是："中国科学史的研究不是通过对个别的学科史或学说史的研究来完成，而应该把它看作是一个人文活动的科学历史来看待。"①

在美国，中国科技思想史的研究亦成绩斐然。众所周知，20 世纪 20 年代末成立了国际科学史学会，其总部就设在美国，这对于推动美国的世界科技史研究工作无疑具有重要的现实意义。作为一项跨世纪的学术工程，李约瑟《中国科学技术史》第 7 卷是专门破解"李约瑟之谜"的，而从科技史的角度看，第 7 卷主要就是通过分析中国古代科学、技术与医学发展的经济和社会背景来具体解读中国官僚封建制度的历史内涵，故它吸纳了不少美国的中国史研究专家，如黄仁宇、卜德和卜鲁等。其中，黄仁宇采用"大历史观"（macro-history）将中国封建社会分割为三大帝国（秦汉、隋唐与元明清），然后以此为根基来建构西方视野下的东方社会发展模式。卜德更把宋代理学翻译成"新儒学"（Neo-Confucianism），以示宋代学术的独特价值和地位。受此大环境的熏染，美国的一些专业科学家亦纷纷把他们的研究目光聚焦在中国古代的科学思想方面，如美国物理学家卡普拉在 1975 年出版了《物理学之"道"——近代物理学与东方神秘主义》一书，在这部著作里，卡普拉应用和综合了中国道家之阐释学的一系列概念，并以《易经》的哲学思想为平台，建构了一座颇具个性色彩的新的世界文化大厦。而著名的华裔科学家杨振宁教授则在最近几年紧紧围绕着"李约瑟之谜"发表了许多观点和看法，如他说："《易经》倡导'天人合一'的理念，将自然与人归为一理，使得中国文化没有产生自然科学研究需要的推演法，阻碍了近代科学在中国的启蒙。"②此论一出，即刻引起国人的激烈争论与反思，从而有助于把中国科学思想史的研究引向深入。此外，尤利坦的《中国传统的物理学和自然观》一文通过透视老子、邹衍、沈括、朱熹这些思想家一脉相承的思想特质，得出结论说："当今科学发展的某些方面所显露出来的统一整体的世界观的特征并非同中国传统无关。完整地理解宇宙有机体的统一性、自然性、有序性、和谐性和相关性是中国自然哲学和科学千年探索的目标。"③又说："现代物理学家的研究方向同中国古代思想家们的某些思想如此相近，表明中国古典哲学中包含着今日科学思想中的许多萌芽。"④这些见解确实振聋发聩，无一不给国人以强烈的震撼力。当然，美国的许多历史学家亦不甘寂寞，他们纷纷著书立说，发表他们对中国思想史的观点和看法，如包弼德的《唐宋转型的反思——以思想的变化为主》、田浩的《宋代思想史的再思考》、刘子健的《中国转向内在——两宋

①　［日］川原秀城：《日本的中国科学史研究》，胡宝华译，《中国史研究动态》2003 年第 7 期。
②　白烨选编：《2004 年中国文坛纪事》，武汉：长江文艺出版社，2005 年，第 13 页。
③　［美］R. A. 尤利坦：《中国传统的物理学和自然观》，《美国物理学杂志》1975 年第 43 卷第 2 期，第 292 页。
④　［美］R. A. 尤利坦：《中国传统的物理学和自然观》，《美国物理学杂志》1975 年第 43 卷第 2 期，第 292 页。

之际的文化内向》等，这些著作各从不同的侧面，揭示了中国古代尤其是宋代思想发展史的个性特征和内在规律，给学人以新的感悟和思想启迪。

不过，从目前国外的研究成果看，学者对中国古代科技思想史的理解还存在着一定差异：如李约瑟认为中国古代科技思想源于公元前 4 世纪时的道家、墨家及阴阳学家，中国中世纪形成体系与定式，而到 12 世纪的宋代获得确定性的综合（参见《中国古代科学思想史》作者小引）。因此，他主要是从阴阳、五行、八卦等思想范畴对中国古代的科技思想作了宏观的梳理，虽然李约瑟给予宋代科技思想以很高的评价，但他没有展开，也没有作专题研究。与李约瑟不同，日本的寺地遵先生则把科技思想理解为"科学家的自然观和研究方法的发展历史"，在他的影响下日本科学史界侧重于对宋代科技思想的微观分析和余英时专题研究，成绩斐然。不过，这种研究倾向由于缺乏宏观的把握，所以宋代科技思想发展的内在连续性和系统性不能够被充分地展现出来。

（二）国内研究现状

我国科技思想史的研究起始于"五四运动"之后，当时由于受西方科学的影响，一批留学归国人员开始用现代的科学知识整理和研究不同学科领域中的历史题材，他们应当是中国科学史事业的开拓者[1]，其代表人物有竺可桢、梁思成、章鸿钊、钱宝琮、刘仙洲、陈邦贤等。而仅就科技思想史的研究来说，已故的化学家王琎（1888—1966）和科技史家钱宝琮（1892—1974）两位先生是中国古代科技思想史研究方面最重要的开拓者，如王琎在 1922 年的《科学》杂志上发表《中国之科学思想》一文，第一次从社会和士人"不知其自身有独立之资格"的视点探讨了中国科学不振的原因。而《宋元时期数学与道学的关系》一文是钱宝琮先生阐释宋代科技思想发展的代表作之一。该文讨论了"道学中与自然科学研究有关系的两点——'格物致知'说和象数神秘主义思想"[2]，可称为我国研究宋代科技思想史的承前启后之作，他的学生如杜石然、薄树人等都是在他的引导下走入中国科技思想史的研究领域的，并做出了一定成绩。20 世纪 90 年代中国科技思想史研究进入了活跃期，出现了一大批较有影响的著作，如董英哲的《中国科学思想史》（1990）、袁运开和周瀚光主编的《中国科学思想史》上（1998）、席泽宗主编的《中国科学技术史·科学思想卷》（2000）等。这些著作从不同的角度阐释了中国科技思想史的发展理路，并在许多方面进一步补充和发展了李约瑟的观点，极大地丰富了中国科技思想史的研究内容，可惜他们都是通史而不是断代史，因而在阐述每个具体时代的科技思想发展过程时，不免有所遗漏，所以中国科技思想史的断代研究还有很大的拓展空间。

在北宋科学家思想的个案研究方面，竺可桢于 1922 年发表《北宋沈括对于地学之贡献与纪述》一文，它第一次系统地评述了沈括在地理学、地质学和气象学上的贡献，奠定了沈括科技思想研究的基础。其后，张荫麟先生的《沈括编年事辑》（1936）、胡道静于

---

[1]　席泽宗：《科学史八讲》，台北：联经出版公司，1994 年，第 20 页。

[2]　钱宝琮：《宋元时期数学与道学的关系》，中国科学院自然科学史研究所编：《钱宝琮科学史论文选集》，北京：科学出版社，1983 年，第 581 页。

1957 年出版的《新校正梦溪笔谈》等，这些研究成果为《梦溪笔谈》成为一门国际显学创造了条件。相对于沈括的研究，对于苏颂的科技思想研究则略显薄弱，人们主要从技术的角度来研究和复制苏颂创制的"水运仪象台"，但对其科技思想的诠释还不够。好在邓广铭先生曾为苏颂写了小传，翁福清先生的《苏颂生平事迹研究》一文、管成学等的《苏颂与〈新仪象法要〉研究》著作等等，这些考证性的研究成果为进一步研究苏颂的科技思想提供了可靠的史料依据。

此外，邓广铭先生和漆侠先生，对北宋科技思想研究也提出了纲领性的创见。如邓广铭先生在《论宋学的博大精深——北宋篇》中指出："北宋王朝并不把科学技术视为奇技淫巧而采取鄙视和压抑政策……（故）北宋政权对于思想、文化、学术界的活动、研究，是任其各自自由发展而极少加以政治干预的。"①这无疑是理解北宋科技思想为什么达到中国古代历史最高峰的关键。而漆侠先生在《宋学在北宋的形成和发展》一文中提出"宋学是对探索古代经典的一个巨大变革"②的命题，对于进一步把握宋代科技思想的发展历史具有重大的理论指导意义。

从宏观上看，北宋科技思想的发展具有独特的思想文化背景，如中国传统的"天人合一"思想到北宋出现了很大的变革，其中"天人之分"的问题就十分突出。在这方面，李泽厚的《宋明理学片论》及葛兆光的《中国思想史》不约而同地走到了一起，尽管他们没有明确说明"天人之分"与北宋科技思想发展的内在关系，但是他们却给我们提供了一种新的研究北宋科技思想发展的历史维度。

在台湾，宋学研究主要集中在对理学内质的诠释上，在这个大前提下，一些理学家的科技思想被不同程度地揭示了出来。如钱穆的《宋明理学概述》、宋晞的《宋代学术与宋学精神》、叶鸿洒的《北宋儒者的自然观》和《北宋科技发展之研究》等。

（三）本书所要解决的主要问题

综合国内外关于北宋科技思想史的研究状况，目前存在的主要问题是：

第一，对道学与科学的关系问题，学界尚存在着严重分歧，而分歧的焦点是是否承认道学对北宋科技思想发展的积极作用。否定派以大陆学者杜石然为代表③，肯定派则以台湾学者沈清松为代表④。而究竟如何解决这个问题，便是本书的研究内容之一。

第二，如何看待研究中国科技思想史方法的多样性问题。目前研究科技思想的方法主要有：马克思主义的社会史方法，实证主义的编年史方法及思想史学派的概念分析方法。科学史的创始人萨顿就是用实证主义的编年史方法来写科技思想史的，这种方法的特点是把科技思想史看作是最新理论在过去渐次出现的大事年表，是运用某种最近被确定为正确的科学方法对过去的真理和谬误所作的不断检阅的过程，但它的缺点是任何人都无法有充

---

① 邓广铭：《邓广铭全集》第 7 卷《史论·中国古代史》，石家庄：河北教育出版社，2005 年，第 434 页。
② 漆侠：《漆侠全集》第 12 卷《宋学在北宋的形成和发展》，保定：河北大学出版社，2009 年，第 561 页。
③ 杜石然：《数学·历史·社会》，沈阳：辽宁教育出版社，2003 年。
④ 参见沈清松：《儒学与科技——过去的检讨与未来的展望》，北京：中华书局，1991 年。

分的理由选择历史资料，而只能得到杂乱无章的不得要领的历史[①]；思想史学派的概念分析方法的特点是主张研究原始文献，他们甚至把哲学史研究中对概念的发生学分析技术带进了科技思想史的研究之中，他们认为科学本质上是对真理的理论探求，科学的进步体现在概念的进化上，它有着内在的和自主的发展逻辑，所以这种方法的缺点就是过于强调概念的发展演化。有学者抱怨现在的思想史过于概念化，其方法论的原因就在于此。马克思主义的社会史方法为我们所熟知，也是我们治史的主导方法，在这里无需多言。不过，席泽宗先生最近有种提法，他赞同《简明不列颠百科全书·科学史》对"科学思想"的定义，认为科技思想史确实"需力求确切地以当时的概念体系为背景"[②]，力求对每一历史时期的科技思想，尽量作客观的叙述。他主张把马克思主义的社会史方法与实证主义的编年史方法结合起来，只有这样才能构成一部完整的科技思想史。笔者认为这种方法是最有效的。

第三，如何看待"唐宋变革"与近代科学革命的关系问题。日本学者内藤湖南在《概括的唐宋时代观》中说："唐代是中世的结束，而宋代则是近世的开始。"[③]基于这种认识，日本学者宇野哲人的《中国近世儒学史》就是从北宋开始的。在国内，自 20 世纪 30 年代起即有学者开始接受内藤湖南的看法，最典型的例子就是贾丰臻先生所著《中国理学史》之第四编《近世理学史》[④]的起点是北宋的周敦颐，最近北京大学的陈来教授也写了一部书，名为《中国近世思想史研究》[⑤]，其"近世"的起点也是北宋，显然是受日本学者的影响。假如我们接受了这一概念，那么就不得不去思考下面的问题，即近代科学革命为什么发生在欧洲而不是中国？换言之，北宋的科学进步和社会变革为什么不能引发科技思想革命？本书不可能彻底解决该问题，但它却是本书的重要内容之一。

---

① 吴国盛：《走向科技思想史研究》，《自然辩证法研究》1994 年第 2 期。
② 席泽宗：《古新星新表与科学史探索》，西安：陕西师范大学出版社，2002 年，第 718 页。
③ ［日］内藤湖南：《概括的唐宋时代观》，黄约瑟译，刘俊文主编：《日本学者研究中国史论著选译》第 1 卷《通论》，第 13 页。
④ 贾丰臻：《中国理学史》，上海：商务印书馆，1937 年。
⑤ 陈来：《中国近世思想史研究》，北京：商务印书馆，2003 年。

第一章　宋学的形成与宋代科技思想的初兴

北宋从唐代继承了两个思想传统，一个是"天人合一"的科学范型，一个是在唐代不占主导地位的"天人之分"（即"天与人交相胜"）的科学范型。北宋在新的历史条件下，面临着如何将传统的"天人合一"的科学范型转化为"天人之分"（即"天与人交相胜"）的科学范型。按美国科技思想史家库恩的说法，这种"范型"的转换就是"科学革命"。

虽然在唐代中后期，以韩愈和刘禹锡为代表的自然哲学家开始了思想范型转换的努力，但他们所进行的只不过是一种移植性的"革新"，即他们不是从传统思想范型的内部来进行变革，而是僵硬地以一种思想范型简单地取代另一思想范型，故而他们不可能真正地建立起一种全新的科学解释体系。"科学革命"首先是一个历史的积累过程，同时又是一个局部质变的过程，这两个过程是统一的和不可分割的。而宋初三先生对传统科技思想范型的改造就是一种局部变革，是发生在传统科技思想范型内部的一种质变。

本章的目的和任务主要就是探讨宋初的这种思想变革是如何发生的？"天人之分"（即"天与人交相胜"）的科学范型又是如何历史地成为宋初科技思想发展的主流的？

第一节　安定学派及其科技思想

北宋的科技思想变革是从"疑古惑经"开始的，而安定学派成为宋代"疑古惑经"派的重要代表。如果用"否定之否定"来指征宋明科技思想的发展历史，那么宋初开始的"疑古惑经"思潮就是"否定经学"的开始。而欧阳修的《易童子问》应是宋代第一篇"疑古惑经"之文，欧阳修说："童子问曰：'《系辞》非圣人之作乎？'曰：'何独《系辞》焉，《文言》《说卦》以下，皆非圣人之作，而众说淆乱，亦非一人之言也。'"[①]其后庆历进士刘敞著《七经小传》，而"始异诸儒之说"[②]，据四库馆臣称，刘敞著述的特点是"皆改易经字以就己说"，故"盖好以己意改经，变先儒淳实之风者，实自敞始"。[③]可见，"以己意改经"便成为宋学的一大特征，也是其真精神。

当然，宋学的真精神还有第二个方面，即建设与创新。在宋学的建设与创新方面，宋初的胡瑗做得最好。因此，《宋元学案》将他列为宋代理学第一人是有道理的。胡瑗在中

---

① 李之亮笺注：《欧阳修集编年笺注》卷 78，成都：巴蜀书社，2007 年，第 4 册，第 533 页。

② （宋）吴曾：《能改斋漫录》卷 2《事始》"注疏之学"条，上海：上海古籍出版社，1979 年，第 28 页。

③ （清）永瑢等：《四库全书总目》卷 33 "七经小传"条，北京：中华书局，2003 年，第 270 页。

国古代教育史上不仅首创"经义斋"（社会科学）和"治事斋"（自然科学）分科教学模式，而且在中国古代科技思想史上第一个明确地提出"盖变易之道，天人之理也"[1]的命题。陈振孙说胡瑗治易"文义皆坦明"[2]，实为宋代易理派之先。尤其是胡瑗的《学政条约》对后世的科学教育影响极其深远，所以陈青之先生说："为北宋开通风气，作育人材，而能以身作则，终身于教育生活的，当推安定胡翼之先生。"[3]《宋元学案·安定学案》亦云："宋世学术之盛，安定、泰山为之先河。"[4]笔者认为给胡瑗这样定位是适当的，毫无过誉之处。

一、宋初的"疑古惑经"思潮与安定学派的产生

（一）宋初"疑古惑经"思潮形成的历史原因

中国古代的典籍汗牛充栋，不可胜数，但儒学的核心典籍却只有"五经"（即《易》《书》《诗》《礼》《春秋》）。中国封建社会的历史绵延了两千余年，经过无数次的滤过作用，为何最终剩下"五经"，并使之成为中国古代的思维范式，这是一个大的历史课题，对它作深入的研究显然已经超出了本书的范围，非吾所能及。但是无论如何，有一点是清楚的，那就是人类历史的三次大分工，对中国和欧洲所造成的结果并不一样，其中商业与手工业的分工在欧洲比较发达，因而后来欧洲形成了典型的商业社会。相反，在中国古代，农业经济在人们的社会生活中始终占据着绝对的优势，这使得商业活动倍受限制和歧视，所以与商业社会相适应的理论在中国古代并没有出现。可见，"五经"现象是农业社会发展的必然产物。

从历史上看，西汉是中国古代社会农业经济最为发达的时期之一，尤其从汉初经历文景时代至于汉武帝即位之初 70 年间，农耕经济空前发展，以至于出现了每石"粟至十余钱"[5]的"殷富"景象。正是在这样的历史背景下，汉武帝采纳董仲舒"罢黜百家，独尊儒术"的建议，立五经博士，在中国古代历史上第一次把"五经"与取仕结合起来，而为了限制末业的发展，汉武帝非常坚决地剥夺了商人仕宦为吏的资格和机会，从而形成了具有中国特色的官僚选拔制度。与此相适应，汉代经学获得畸形发展。宋人郭雍说："大抵自汉以来，学者以利禄为心，明经只欲取青紫而已"[6]，这可谓鞭辟近里之言。

两汉经学分为"今文经"与"古文经"两派，所谓"今文经"就是用隶书写的经文来教授生徒，五经博士是这一派的官名。而"古文经"则是用籀文、蝌蚪文或小篆写的，西汉初年朝廷未将它立为博士，没有取仕机会。直到西汉末年，由于王莽的政治需要才使古

---

① （宋）胡瑗：《周易口义·发题》，《景印文渊阁四库全书》第 8 册，第 171 页。

② （宋）陈振孙：《直斋书录解题》卷 1《周易口义》，《景印文渊阁四库全书》第 674 册，第 534 页。

③ 陈青之：《中国教育史》，《民国丛书》第 1 编第 48 册，上海：上海书店出版社，1989 年，第 237 页。

④ （清）黄宗羲原著，（清）全祖望补修，陈金生、梁运华点校：《宋元学案》卷 1《安定学案》，北京：中华书局，1986 年，第 23 页。

⑤ 《史记》卷 25《律书》，第 1242 页。

⑥ （宋）郭雍：《郭氏传家易说·自序》，《景印文渊阁四库全书》第 13 册，第 3 页。

文与今文同立博士。之后，"古文经"取代"今文经"而成为儒生入仕的通途。就性质来说，"今文经"的特点是重五经之"微言大义"，而"古文经"的特点则是重言辞的考辨。故乾嘉学派把汉学看成是宋学的对立物①，其"汉学"就是指重言辞考辨的"古文经"。从这层意义上说，宋学是对西汉"今文经"的一种文化复兴。因为曹魏政权确立了"九品中正"的选官制度，经学失去了原有价值，所以"今文经"在两晋南北朝时期一蹶不振，全面溃灭。而"古文经"由于南朝政府的提倡则有所保留和发展，史称"南学"。后来隋唐公认"南学"为经，且唐朝科举重"进士科"，而"明经科"只是"帖括之学"，根本不讲什么经义，故以《九经正义》为标志。汉代的古文经学发展到唐代实际上已走到了它的末路。②

然而，汉学的另一支即"今文经"的基本精神在唐代却获得了复兴和张扬，并且人们还用它来消解和缓冲发生在唐中期以后的佛教对儒学的种种发难与撞击。据考，佛教对儒学的发难始于东晋，当时儒佛因跪拜服装问题而发生冲突，结果儒学失败。③自此，佛教成为贵族门阀统治的一种点缀，且它的势力在南朝时达到鼎盛，当然这也是佛教对儒教取得全面胜利的历史时期。尤其是唐代初期，佛教完成了中国化的历史过程，其标志就是天台宗、华严宗、唯识宗和禅宗的出现。与禅宗相比较，其他三个佛教宗派推论烦琐，字涩词艰，成佛很难，在形式上类于汉学之"古文经"。而禅宗产生的社会基础是庶民势力的增长，故它的教义也只能适应这个社会阶层的客观需要，成佛的程式不求艰难烦琐，只讲直截了当、单刀直入，所以禅宗以顿悟为旨，不立文字，即要求专靠精神的领悟来把握佛教义理，这在形式上类于汉学之"今文经"。仅此而论，宋学的理论来源至少有两个方向：一个是汉学之"今文经"，一个是类于汉学"今文经"的禅宗。

首先，唐末农民起义彻底消灭了贵族阶级的统治势力，但代之而起的却是军阀统治，史学界将它称为"武人政治"。在这段历史时期里，"武人政治"把君臣一伦给破坏殆尽了，故有论者云："五季为国，不四、三传辄易姓，其臣子视事君犹佣者焉，主易则他役，习以为常。"④欧阳修在撰写《新五代史》时称："呜呼……甚矣，五代之际，君君臣臣父父子子之道乖，而宗庙、朝廷，人鬼皆失其序，斯可谓乱世者欤！自古未之有也。"⑤故宋初的历史任务就是恢复已被武人政治所毁坏的纲常伦理，重树子学的权威。然而，宋初统治者依靠什么力量来支撑它的政权体系呢？贵族势力早已被摧毁，而军阀势力又是其试图打击和削弱的对象，剩下的就只有寒族庶民这一个社会阶层了。而宋朝特别是宋太宗为了取得寒族庶民对其政权的支持，不仅开科举，而且加大了科举取仕的比重，并在考试

---

① 邓广铭：《略谈宋学——附说当前国内宋史研究情况》，邓广铭、徐规等主编：《宋史研究论文集》，杭州：浙江人民出版社，1987年，第3页。

② 范文澜：《中国经学史的演变——延安新哲学年会讲演提纲》，《红色档案——延安时期文献档案汇编》编委会编：《红色档案——延安时期文献档案汇编·中国文化》第2卷第3期，西安：陕西人民出版社，2014年，第464页。

③ 范文澜：《中国经学史的演变——延安新哲学年会讲演提纲》，《红色档案——延安时期文献档案汇编》编委会编：《红色档案——延安时期文献档案汇编·中国文化》第2卷第3期，第464页。

④ 《宋史》卷262"论日"，第9083页。

⑤ 《新五代史》卷16《唐废帝家人传》，北京：中华书局，1974年，第173页。

程序上废除了唐代的"行卷"（实为荐举制的残余）。如从建隆元年（960）到开宝八年（975），宋朝取进士共计 173 人[1]，这跟"大抵千人得第者百一二"[2]的唐代进士相比，已经发生了很大的变化。终宋一代，登科总数达 45640 人，约为唐代登科总数的 7 倍。而为了形成全社会尊儒敬士的良好风尚，宋朝把国家户口分成官户（即品官之家）与民户两类，其官户比例仅占总户数的千分之一二左右。由于"取士不问家世"，且"一切以程文为去留"，故品官之家如非世代登科，一旦失去官位即与"民户"无异。所以，北宋科举制的发达和寒族之士的大量存在就成为宋学产生的物质基础。

其次，把对经学知识的检讨与对科学精神的追求历史地结合起来，于是就形成了北宋初期的"疑古惑经"社会思潮。同任何社会现象都有其必然性一样，宋初"疑古惑经"社会思潮的出现也不是偶然的。北宋初建，宋太祖和赵普曾多次在一起探讨过"欲息天下之兵，为国家建长久之计"的问题，而他们最后议定的方案是：其一，"惟稍夺其权，制其钱谷，收其精兵"[3]；其二，"选儒臣干事者百余，分治大藩"[4]。宋太祖一方面稍夺藩镇的兵权，另一方面则选儒臣"分治大藩"，那么，宋太祖看重"儒臣"的什么？当然是"儒臣"之特有的知识财富。所以，宋太祖狠下决心，"宰相须用读书人"[5]，而且是用懂"学术"（儒学和经术的简称）的读书人。这就为以后北宋科举取士定下了基调。同时，宋太祖还勒石禁中，"誓不杀大臣、言官"[6]，而《宋史》卷 379《曹勋传》、《建炎以来系年要录》卷 4、《宋史全文》卷 16 上《宋高宗一》、《日知录》卷 15《宋朝家法》等文献也都载有同样的话。但南宋初人笔记《避暑漫抄》[7]却作"不得杀士大夫及上书言事人"[8]。在这里，不管是"大臣"还是"士大夫"，他们实际上都是"品官之家"，而宋朝家法所保护的不是"品官"本身，而是由"品官"带给他们的"言事权"及其"感激论天下事"[9]的各种言论与"疑古惑经"的锋芒。[10]如宋初"三先生"和李觏、欧阳修等人继承中唐以来"回到儒家及抵制佛教"[11]的思想传统，积极响应由韩愈所发起的儒学复兴运动，给宋初文坛带来了新的生机与活力。

众所周知，韩愈是开辟儒家汉学向宋学转型的先驱，钱穆称："治宋学当何自始？

---

① （宋）李埴：《皇宋十朝纲要》，台北：文海出版社，1981 年，第 9—10 页。

② （唐）杜佑：《通典》卷 15《选举三》，长沙：岳麓书社，1995 年，第 183 页。

③ （宋）李焘：《续资治通鉴长编》卷 2 "太祖建隆二年秋七月戊辰"条，第 18 页。

④ （宋）李焘：《续资治通鉴长编》卷 13 "太祖开宝五年十二月乙卯"条，第 113 页。

⑤ （宋）李焘：《续资治通鉴长编》卷 7 "太祖乾德四年五月甲戌"条，第 65 页。

⑥ （宋）王明清：《挥麈录·后录》卷 1《太祖暂不杀大臣言官》，上海：上海书店出版社，2001 年，第 54 页。

⑦ 对此书及其作者，学界争议较大。如李成晴认为《避暑漫抄》是伪书，见氏著《陆游〈避暑漫抄〉系伪书考》，《浙江学刊》2015 第 2 期。又孔凡礼强调《避暑漫抄》的作者不是陆游，见氏著《〈避暑漫抄〉非陆游撰辑》，《文史知识》1990 年第 10 期。本书则沿用顾宏义"南宋初人"之说，见氏著《细说宋太祖》，上海：上海人民出版社，2014 年，第 328 页。

⑧ （宋）陆游：《避暑漫抄》，《全宋笔记》第 5 编第 8 册，郑州：大象出版社，2012 年，第 140 页；林鲤主编：《中国皇帝全书》馆藏本 3，北京：九州出版社，1997 年，第 1961 页。

⑨ 《宋史》卷 314《范仲淹传》，第 10268 页。

⑩ （元）马端临：《文献通考》卷 31《选举考四》，北京：中华书局，1986 年，第 293 页。

⑪ 张君劢：《新儒家思想史》，台北：弘文馆出版社，1986 年，第 25 页。

曰：必始于唐，而昌黎韩氏为之率。"①他的《原道》一文则成为这个转型的标志。韩愈说得好："愈之所志于古者，不惟其辞之好，好其道焉尔。"②在他看来，"吾所谓道也，非向所谓老与佛之道也。尧以是传之舜，舜以是传之禹，禹以是传之汤，汤以是传之文、武、周公，文、武、周公传之孔子，孔子传之孟轲；轲之死不得其传也"③。这就是说，儒家道统起于尧舜而终于孟子，孟子之后则"不得其传"。所以，韩愈以绍续儒统自居。然而，由于唐代的政治条件仍不适宜新思想的生长，故韩愈复兴儒学的宏愿并没有变成现实。宋代则不同，宋太祖不仅立有尊儒右文之家法，而且宋朝还通过台谏制度来具体实施和贯彻宋儒自由议论的文化政策。对此，苏轼曾说："然观其委任台谏之一端，则是圣人过防之至计。历观秦、汉以及五代，谏争而死，盖数百人。而自建隆以来，未尝罪一言者，纵有薄责，旋即超升，许以风闻，而无官长，风采所系，不问尊卑，言及乘舆，则天子改容，事关廊庙，则宰相待罪。"④在有了这样的政策保障措施之后，剩下的问题就是看宋代儒士如何去利用这一政治空间了。从阐释学的角度讲，汉之"今文经"的精神更有利于思想之自由发挥，故宋初的学者发动了一场声势不小的疑古惑经运动。这场运动本身从历史上看大致可分作两个阶段：

第一个阶段是疑古和疑传，这里的"传"为狭义的《公羊》《谷梁》《春秋》三传，这一派侧重于"修《春秋》，为后王法"⑤的"内圣外王"派，其中心问题是如何阐释孔子"《春秋》救世之宗旨"⑥，其代表人物唐有啖助、赵匡和陆淳，宋初有孙复、石介、刘敞等。啖助（724—770）、赵匡（约761—779）、陆淳（？—805）三人略早于韩愈（768—824）。《旧唐书》卷189下《陆质传》说他"有经学，尤深于《春秋》，少师事赵匡，匡师啖助"⑦。可见，啖、赵、陆不仅为师徒关系，而且他们的治经方法亦趋一致，即他们共同开创了"舍传求经"的经学新方法。宋人陈振孙说："汉儒以来，言《春秋》者，惟宗《三传》，《三传》之外，能卓然有见于千载之后者，自啖氏始，不可没也。"⑧而宋初孙复作《春秋尊王发微》，即远师陆淳。另据《宋史》卷202《艺文志一》著录，宋人有关《春秋》的著述在200种以上，而仅仅在宋初学者刘敞之前，所列宋人《春秋》传注就达17种184卷，其中叶清臣1种10卷、孙复2种13卷、李尧俞1种2卷、王沿1种15卷、章拱之1种25卷、王哲2种17卷、丁副2种21卷、朱定序1种5卷、杜谔1种26卷、胡瑗1种5卷、刘敞4种45卷。据此可知，宋初儒学复兴确以《春秋》经传之精华为主。当然，这一派重社会实践，崇尚实际，讲求社会效益，因而他们"把对经学的研究

① 钱穆：《中国近三百年学术史》，刘梦溪主编：《中国现代学术经典·钱宾四卷》上，石家庄：河北教育出版社，1999年，第6页。
② （唐）韩愈著，马其昶校注，马茂元整理：《韩昌黎文集校注》，上海：上海古籍出版社，2014年，第196页。
③ （唐）韩愈：《原道》，《唐宋八大家散文》，武汉：长江文艺出版社，2015年，第5页。
④ （宋）苏轼著，孔凡礼点校：《苏轼文集》卷25《上神宗皇帝书》，北京：中华书局，1986年，第740页。
⑤ （唐）陆淳：《春秋集传纂例》卷1《春秋宗指议第一》，《景印文渊阁四库全书》第146册，第380页。
⑥ （唐）陆淳：《春秋集传纂例》卷1《春秋宗指议第一》，《景印文渊阁四库全书》第146册，第379页。
⑦ 《旧唐书》卷189下《陆质传》，北京：中华书局，1975年，第4977页。
⑧ （宋）陈振孙著，徐小蛮、顾美华点校：《直斋书录解题》卷3《春秋类》，上海：上海古籍出版社，1987年，第57页。

同现实生活（包括经济、政治生活诸方面）联系起来，强调对社会生活的改善"①，这便构成了宋学的重要内容和鲜明特色。

第二个阶段是变古和疑经，疑古必然导致变古，而疑传必然导致疑经。宋代学者吴曾说："国史云：'庆历以前，学者尚文辞，多守章句注疏之学。至刘原父为《七经小传》，始异诸儒之说。王荆公修《经义》，盖本于原父云。'"②王应麟在评价北宋的变古和疑经思潮时亦讲过下面一段话，他说：

> 自汉儒至于庆历间，谈经者守训故而不凿。《七经小传》出而稍尚新奇矣，至《三经义》行，视汉儒之学若土梗。古之讲经者，执卷而口说，未尝有讲义也。元丰间，陆农师在经筵始进讲义。自时厥后，上而经筵，下而学校，皆为支离曼衍之词，说者徒以资口耳，听者不复相问难，道愈散而习愈薄矣！陆务观曰：'唐及国初，学者不敢议孔安国、郑康成，况圣人乎！自庆历后，诸儒发明经旨，非前人所及，然排《系辞》，毁《周礼》，疑《孟子》，讥《书》之《胤征》、《顾命》，黜《诗》之《序》。不难于议经，况传注乎！'斯言可以箴谈经者之膏肓。③

据此，清代学者皮锡瑞将这段历史时期称为"经学变古时代"。此间，从范仲淹和"宋初三先生"到刘敞，他们通过回归"元典"，发新见，创新义，而改变了"修辞者不求大才，明经者不问大旨"④的学风，从而开辟了经学历史的"变古时代"。尽管学界对刘敞在北宋"经学变古"时期的地位还有不同的说法，但《七经小传》一反汉唐章句注疏之学，多以己意而论断经义，却是事实，难怪朱熹曾赞美说"《七经小传》甚好"⑤。之后，王安石更把《三经新义》颁布于学官，同时在熙宁变法时"罢诗赋及明经诸科，以经义、论、策试进士"⑥，至此，宋儒以"义理之学"代替了汉唐的"注疏之学"，并"视汉儒之学若土梗"⑦。所以，从疑传到疑经是宋代思想界的一个大飞跃，是由古代精神向近代精神转变的关键。如果说孙复的《春秋尊王发微》是宋初疑古和疑传思潮的代表作，那么，刘敞的《七经小传》和王安石的《三经新义》就是变古和疑经思潮的代表作。此外，"排《系辞》，毁《周礼》"及"黜《诗》之《序》"主要是指欧阳修，"疑《孟子》"则有李觏，可见变古运动是宋初经学发展所取得的最高成果，这是问题的一方面。另一方面，我们还要看到在宋初经学取得辉煌成就的同时，还存在着一定的灰色区域，那就是对私习天文者的压抑。由于中国古代的天人合一观念往往被打上很深的"天人感应"烙印，如《周

---

① 漆侠：《宋学的发展和演变》，石家庄：河北人民出版社，2002年，第13页。

② （宋）吴曾：《能改斋漫录》卷2《章始》"注疏之学"条，第28页。

③ （宋）王应麟著，（清）阎若璩、何焯、全祖望注，栾保群、田松青校点：《困学纪闻》卷8《经说》，上海：上海古籍出版社，2015年，第291页。

④ （宋）范仲淹：《范文正公文集》卷79《奏上时务书》，（清）范能濬编集，薛正兴校点：《范仲淹全集》上册，南京：凤凰出版社，2004年，第176页。

⑤ （清）永瑢等：《四库全书总目》卷33"七经小传"条，第270页。

⑥ 《宋史》卷15《神宗纪二》，第278页。

⑦ （宋）王应麟著，（清）阎若璩、何焯、全祖望注，栾保群、田松青校点：《困学纪闻》卷8《经说》，第291页。

易·贲卦·象传》云:"观乎天文,以察时变。"①其"时变"就是人类社会历史的变化,故"天象观察可以预卜人间吉凶福祸,从而为统治者提出趋吉避凶的措施"②。因此,天文学具有很强的国家垄断性,而北宋时期更是如此。如宋太宗因不是以"子"的身份来继承皇位,深感自己统治根基不稳,故他对天文人才进行"一台"性管制,"令诸州大索明知天文术数者传送阙下,敢藏匿者弃市,募告者赏钱三十万"③,太平兴国二年(977)又诏"其天文、相术、六壬、遁甲、三命及它阴阳书,限诏到一月送官"④。结果诸道所送天文相术人才有 351 名,其中仅"六十有八隶司天台"⑤,其余皆"黥面流海岛"⑥。所以,从整体上看,北宋初期之天文学人才多集中在国家天文台,它在客观上有利于历法的修订和大型观天仪器的制造;但从创新的角度看,缺乏自主创新却成为制约和束缚北宋天文学向更高层次发展的最重要因素。在中国古代,天文数术是基础学科,由于它的主要传承方式是靠家传或私学,所以宋代的这一政策对天文学的发展带来了严重的后果。钱宝琮曾痛心地说:唐宋两代"于纯粹数学略有贡献者,惟唐初之王孝通,北宋之沈括、贾宪,寥寥数人而已。除立于学官之十部算书外,见于《隋志》之数学著述,大都失传于唐。其见于《唐志》者复亡于宋。元丰七年(1084)印行官本《算经十书》时,祖暅《缀术》及《夏侯阳算经》并佚,他书则残缺错误,不能复唐初之旧观矣。昔人称天算为绝学,良有以也"⑦。因此,宋初经学的变革与自然科学的发展是极不对称的,而这种不对称的现实使得当人们要把"理"的思维结构与范型导入科学自身之中时,不能不感到其可行性之艰难。有学者认为宋代"超越欧洲之中古之发展而步入近世期"⑧,其"近世期"只是部分地具有欧洲近代社会的一些特征,并不是真正意义上的"近世期",最能说明这一点的就是欧洲近代革命是从天文学变革开始的,接着是近代科学向古希腊的回归。而宋代的所谓近世则从经学革命开始,接着是思想文化向"子学"的回归,至于真正的科学却没有了回归之处,故最终只能用"子学"来代替科学,这就是宋代为什么不能发生科学革命的重要原因之一。

(二)安定学派的产生

安定学派的产生跟范仲淹的积极推动直接相关。朱熹说:"祖宗以来,名相如李文靖、王文正诸公,只恁地善,亦不得。至范文正时便大厉明节,振作士气。"⑨作为泰山同

① 《周易·贲卦·象传》,陈成国点校:《四书五经》上,第 160 页。
② 席宗泽:《科学史十论》,第 135 页。
③ (宋)李焘:《续资治通鉴长编》卷 17"开宝九年十一月庚午"条,第 147 页。
④ (宋)李焘:《续资治通鉴长编》卷 18"太宗太平兴国二年冬十月丙子"条,第 158 页。
⑤ (宋)李焘:《续资治通鉴长编》卷 18"太平兴国二年十二月丁巳"条,第 158 页。
⑥ (宋)李焘:《续资治通鉴长编》卷 18"太平兴国二年十二月丁巳"条,第 158 页。
⑦ 中国科学院自然科学史研究所编:《钱宝琮科学史论文选集》,第 319 页。
⑧ 韩钟文:《中国儒学史(宋元卷)》,第 100 页。
⑨ (宋)黎靖德编,王星贤点校:《朱子语类》卷 129《本朝三·自国初至熙宁人物》,北京:中华书局,1986年,第 3086 页。

学的胡瑗、孙复和石介"三先生"都具有"攻苦食淡"①的大历之气，在他们身上体现着宋学的基本精神素养，而胡瑗最典型，他学成下山，弃利禄，趣经学而"教授吴中"②。这种人格魅力恰与范仲淹所倡导的"士当先天下之忧而忧，后天下之乐而乐"的"先觉"意识一致，所以范仲淹举胡瑗为苏州郡学教授，收到了双赢之效。一赢在于胡瑗由私学转向官学，为安定学派的产生奠定了政治基础；二赢在于范仲淹借胡瑗之力而"豁醒内圣"之学的本质，并深深地启发了程颐。全祖望说："小程子（即程颐）入太学，安定方居师席，一见异之。讲堂之所得，不已盛哉！"③

从思想史的角度看，范仲淹对胡瑗的影响主要体现在两个方面：第一，以《易》学为独立思想的物质载体。《宋史》本传称他"泛通六经"而"长于《易》"，胡瑗也以讲《易》为特色，甚至他在为宋仁宗讲解《周易》时深刻发挥了其"大凡居上者，不可常损下以益己"④的思想，大有为帝师的气魄。据漆侠先生考证，胡瑗对《易》之阐释多与范仲淹相同⑤，即可证明范仲淹对胡瑗《易》学思想的影响。第二，通过庆历新政的兴学运动进一步奠定了胡瑗一代宗师的地位，尤其是在范仲淹的推动下，宋仁宗把胡瑗的"苏州教法"编成《学政条约》颁行全国，其所发挥的作用是历史性的。所以明孝宗弘治元年（1488）程敏政上奏说："自秦汉以来，师道之立，未有过瑗者"⑥，到嘉靖九年（1530）明世宗便令胡瑗从祀孔庙⑦。

胡瑗"出其门者无虑数千余人"⑧，而知名者有程颐、徐仲车及滕元发等。这些弟子不仅经学造诣深厚，而且注重科学，其实践精神极强。如程颐提出"有气化生之后而种生者"⑨的科技思想，刘彝善治水⑩，罗适"尝有与苏文忠公论水利，凡兴复者五十有五"⑪等。因此，经世致用是安定学派的总特征。

二、胡瑗"明体达用"的科技思想

（一）胡瑗的生平简介

胡瑗（993—1059），字翼之，原籍陕西安定堡，故学界称其为"安定先生"，他所创立的学术流派也称作"安定学派"。但他其实是泰州海陵（今江苏如皋）人，后又因他与

---

① （清）黄宗羲原著，（清）全祖望补修，陈金生、梁运华点校：《宋元学案》卷1《安定学案》，第24页。
② （清）黄宗羲原著，（清）全祖望补修，陈金生、梁运华点校：《宋元学案》卷1《安定学案》，第24页。
③ （清）黄宗羲原著，（清）全祖望补修，陈金生、梁运华点校：《宋元学案》卷1《安定学案》，第23—24页。
④ （宋）胡瑗：《周易口义》卷7《下经·损》，《景印文渊阁四库全书》第8册，第354页。
⑤ 漆侠：《宋学的发展和演变》，第284页。
⑥ （明）程敏政：《考正祀典疏》，杨镜如编著：《苏州府学志》上，苏州：苏州大学出版社，2013年，第317页。
⑦ （清）文庆、李宗昉等纂修，郭亚南等校点：《钦定国子监志》上，北京：北京古籍出版社，2000年，第99—100页。
⑧ （清）黄宗羲原著，（清）全祖望补修，陈金生、梁运华点校：《宋元学案》卷1《安定学案》，第24页。
⑨ 《河南程氏遗书》卷18《伊川先生语四·刘元承手编》，（宋）程颢、程颐著，王孝鱼点校：《二程集》上册，第199页。
⑩ （清）黄宗羲原著，（清）全祖望补修，陈金生、梁运华点校：《宋元学案》卷1《安定学案》，第47页。
⑪ （清）黄宗羲原著，（清）全祖望补修，陈金生、梁运华点校：《宋元学案》卷1《安定学案》，第60页。

孙复、石介一起在山东泰山刻苦攻读，所以史学界又有"泰山三先生"之说。山东是中国儒家文化的发祥地，而宋学的发端亦恰巧由"泰山三先生"始，这是颇耐人寻味的事情。而且胡瑗在泰山"攻苦食淡，终夜不寝，一坐十年不归"①，可谓"好学也已"②，而按孔子的理解，"好学"有四个标准，也即四句话："食无求饱，居无求安，敏于事而慎于言，就有道而正焉。"③朱熹则特别强调："必就有道之人，以正其是非，则可谓好学矣。"④而胡瑗"家贫无以自给"⑤，本来他"十三通五经"⑥，后又在泰山"就有道而正焉"，故《宋史》把他归入《儒林传》而不是《道学传》是很有道理的。

同时，《宋史》从胡瑗学成归来在今浙江湖州市吴兴区开办私学始为之立传，说"以经术教授吴中"。景祐二年（1035），范仲淹奏准开设苏州郡学，"延瑗为教授，瑗以经术首居师席，英才杂沓，自远而至，厥后登科名者甚众"⑦。这是胡瑗教育生涯的一次重大转折，他由私学而转向官学，其学术思想也随之日彰，"天下郡县学莫盛于宋，然其始则亦由于吴中。盖范文正公以宅建学，延安定胡先生为之师，文教之事自此兴焉"⑧。胡瑗教育生涯第二次重大转折发生在湖州，庆历二年（1042），湖州知事滕宗谅奏请建立湖州州学，并由胡瑗主持其学。《浙江通志》记其事说："宋宝元二年，知州滕宗谅请于朝，改建于州治西，赐名州学，赐田五百亩，以赡生徒，延安定胡瑗主教事，作堂规五等，分经义、治事等十八斋，斋规亦五等，于时胡学之盛闻四方，诏取其法，行之太学。"⑨所谓"诏取其法"之法即胡瑗所创之"分斋教学法"，也称"湖州教法"，在某种意义上说，它是我国古代教育理念的一次革命。胡瑗教育生涯的第三次重大转折则发生在国子太学，因国子太学为中央机构，地高位尊，其声名之广博，自是地方机构所不能比，而在此地立足也实在不易，据载："先生在太学，其初人未信服。使其徒之已仕者盛侨、顾临辈分置执事，又令孙觉说《孟子》，中部士人稍稍从游。日升堂讲《易》，音韵高朗，旨意明白，众皆大服。《五经》异论，弟子记之，目为《胡氏口义》。"⑩自五代以来，士心向仕，"风俗偷薄"⑪，人们甚是势力，并不拿胡瑗之学当回事，故他不得不"使其徒之已仕者盛侨、顾临辈分置执事"，这实在是一种知识的悲哀，一种精神的颓废，所以胡瑗教育精神的实质就是要改变这种腐朽的学风，以振儒学，他"解经至有要义，恳恳为诸生言其所以治己

① （清）黄宗羲原著，（清）全祖望补修，陈金生、梁运华点校：《宋元学案》卷1《安定学案》，第24页。
② 《论语·学而》，陈戍国点校：《四书五经》上，第18页。
③ 《论语·学而》，陈戍国点校：《四书五经》上，第18页。
④ （宋）朱熹集注：《论语》，北京：首都经济贸易大学出版社，2007年，第6页。
⑤ （清）黄宗羲原著，（清）全祖望补修，陈金生、梁运华点校：《宋元学案》卷1《安定学案》，第24页。
⑥ （清）黄宗羲原著，（清）全祖望补修，陈金生、梁运华点校：《宋元学案》卷1《安定学案》，第24页。
⑦ 《苏州府志》卷26《学校》，北京：中华书局，1986年，第47页。
⑧ （元）郑元祐：《侨吴集》卷7《吴县儒学门铭》，《北京图书馆古籍珍本丛刊》，北京：书目文献出版社，2000年影印本，集部，第95册，第761页。
⑨ （清）嵇曾筠等修：《浙江通志》卷26《学校》"湖州府儒学"条，《景印文渊阁四库全书》第519册，第693—694页。
⑩ （清）黄宗羲原著，（清）全祖望补修，陈金生、梁运华点校：《宋元学案》卷1《安定学案》，第28页。
⑪ （清）黄宗羲原著，（清）全祖望补修，陈金生、梁运华点校：《宋元学案》卷1《安定学案》，第28页、第25页。

而后治乎人者。学徒千数，日月刮劘为文章，皆传经义，必以理胜；信其师说，敦尚行实，后为大学，四方归之①。胡瑗由此开启了宋代理学"明体达用"②之门，胡瑗的学生刘彝总结其师的教育要旨说：

> 臣师胡瑗，以道德仁义教东南诸生，时王安石方在场屋中，修进士业。臣闻圣人之道，有体有用有文。……国家累朝取士，不以体用为本，而尚声律浮华之词，是以风俗偷薄。臣师当宝元明道之间，尤病其失，遂以明体达用之学授诸生。夙夜勤瘁，二十余年。……故今学者明夫圣人体用，以为政教之本，皆臣师之功，非安石比也。③

刘彝的话足以让我们能深刻地体悟到宋学精神的本色。在这里，刘彝并没有扬胡抑王的意思，因为王安石本人也有"叹慕之不足"④之语，而胡瑗的道德人格及体（指《六经》）用（指《六经》的实际应用）不二的精神风范必将流韵千古，斯人哉："独鸣道德惊此民，民之闻者源源来。高冠大带满门下，奋如百蛰乘春雷。"⑤

胡瑗的著述颇丰，但大都已佚。而保留在《四库全书》中的《周易口义》与《洪范口义》是我们研究其科技思想的主要资料，此外尚有《安定言行录》传世。在北宋科技思想史上，胡瑗是第一个从学校教育的角度提出"明体达用"的理学家。他以"敦尚行实"为教育的最高目标，首创"经义"与"治事"的"分斋教学法"，强调学生需具备一定的技术实践能力和应用科学素质，并使之真正成为国家的有用之才。这在当时的历史条件下，无疑是对"德高艺轻"传统观念的一种冲击和挑战，是一种全新的教学模式和育人理念。尤为可贵的是，胡瑗在《周易口义》一书中，用"自然而然"和"天地之间者惟万物"的观点，去重新审视易学的思想价值和科学意义，从而推动了宋代科技思想研究水平的提高和科学文化事业的进步，并使他由此而成为影响北宋科技发展的最重要的历史人物之一。

（二）"自然而然"的自然观

"自然而然"是《周易口义》自然观的核心概念，而胡瑗对这个概念作了全新的解释，他说：

> 天地之道，生成之理，自然而然也……盖天地之道，生成之理，有全体而化者，有久大而化者，有骤然而化者，千变万化皆有形象，而人莫能究其实，但知其自然而然也。⑥

"自然而然"这个概念在胡瑗科技思想中究竟具有何种意义，美国科学史家科恩曾征引培根的一句话如下，也许它有助于我们的判断。引文说：

① （宋）蔡襄：《端明集》卷37《太常博士致仕胡君墓之志》，《景印文渊阁四库全书》第1090册，第654页。
② （清）黄宗羲原著，（清）全祖望补修，陈金生、梁运华点校：《宋元学案》卷1《安定学案》，第25页。
③ （清）黄宗羲原著，（清）全祖望补修，陈金生、梁运华点校：《宋元学案》卷1《安定学案》，第25页。
④ （宋）王安石著，宁波等校点：《王安石全集》卷13《古诗·寄赠胡先生》，长春：吉林人民出版社，1996年，第129页。
⑤ （宋）王安石著，宁波等校点：《王安石全集》卷13《古诗·寄赠胡先生》，第129页。
⑥ （宋）胡瑗：《周易口义·系辞上》，《景印文渊阁四库全书》第8册，第452页。

人类主宰事物完全依靠技术和科学，因为我们不能对自然发号施令，只能顺应自然。①

这句话表明了培根和科恩共同的态度，在他们看来，科学技术与自然之间是一种"顺应"的关系，这是因为"天地之道，生成之理"是不可逆的自然过程，如太阳系的形成，地球生命的出现等。与培根相比，胡瑗的认识尚暴露出一定的局限性，如他说自然界"千变万化皆有形象而人莫能究其实"，但胡瑗的本意并不是要否定科学技术的社会作用，而是在尊重客观规律的前提下，更好地发挥人的主观能动性，胡瑗说："道者，自然之谓也。"②这句话说得再明白不过了，胡瑗所说的"自然"其实就是规律的代名词。按照他的理解，道"以数言之，则谓之一；以体言之，则谓之无；以开物通务言之，则谓之通；以微妙不测言之，则谓之神；以应机变化言之，则谓之易；总五常言之，则谓之道也"③。如果我们从本质和现象的层次来考察，那"道"就是"本质"，而"千变万化皆有形象"之"形象"就是"现象"。宇宙演化当然有一个"现象"的序列，对于这个序列，胡瑗的看法是：

大始者，是阴阳始判万物未生之时也。乾者，天之用也。夫乾以天阳之气在于上，故万物莫不始其气而生，莫不假其气而成。得其生者，春英、夏华、秋实、冬藏；承其气而成者，则胎生、卵化、蠕飞、动跃。是乾知大始，起于无形而入于有形也。④

用现代的科学理论解释，"大始"应为"场"，而"气"为"实物"，而"大始"与"气"的关系就是"场"与"实物"的关系。那么，"大始"与"气"如何生成宇宙万物呢？胡瑗说："夫乾之生物本于一气，其道简略不言，而四时自行不劳，而万物自遂，是自然而然者也。坤以简能者，夫坤之生物，假天之气其道亦简略，其用省默而已，不假烦劳而物自生，不假施为而物自遂，是自然而然者也。"⑤又说："夫独阳不能自生，独阴不能自成，是必阴阳相须，然后可以生成万物。"⑥

图 1-1 用图式来表达其宇宙的生成序列则为：

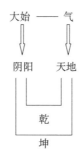

图 1-1　胡瑗的宇宙生成序列图式

①　[美] I. 伯纳德·科恩：《科学革命史》，杨爱华等译，北京：军事科学出版社，1992 年，第 151 页。
②　（宋）胡瑗：《周易口义·系辞上》，《景印文渊阁四库全书》第 8 册，第 466 页。
③　（宋）胡瑗：《周易口义·系辞上》，《景印文渊阁四库全书》第 8 册，第 466 页。
④　（宋）胡瑗：《周易口义·系辞上》，《景印文渊阁四库全书》第 8 册，第 453 页。
⑤　（宋）胡瑗：《周易口义·系辞上》，《景印文渊阁四库全书》第 8 册，第 453 页。
⑥　（宋）胡瑗：《周易口义·系辞上》，《景印文渊阁四库全书》第 8 册，第 466 页。

从图 1-1 来看，在这个序列里，"大始"与"气"的相互作用形成天地阴阳，亦可称为"乾"与"坤"。至于乾坤与万物的关系，胡瑗作了下面的解释："乾体在上，坤道在下。万物始于无形而乾能知，其时下降而生之。坤道在于下，而能承阳之气，以作成万物之形状，其道凝静，不须烦劳，故乾言易知，坤言简能也"[①]，而"天地为乾坤之象，乾坤为天地之用。天地尊卑既分，则乾坤之位因而可以制定也。然则首言天地尊卑者，盖万事之理、万品之类皆自乾坤为始，故先言天地尊卑也"[②]。而所谓"万事之理、万品之类皆自乾坤为始"可作两面看，即一面是由"无形"而"有形"，也就是说"阴阳相须"以"作成万物之形状"，此时尚无秩序可言；另一面则是从"作成万物之形状"到"天地尊卑既分"，此时不仅已有秩序，而且"人事万物之情皆在其中"[③]。在胡瑗看来，自然秩序和社会秩序的形成是很艰难的，他说：

> 夫天地气交而生万物，万物始生必至艰而多难，由艰难而后生成，盈天地之间，亦犹君臣之道始交，将以共定天下，亦必先艰难而后至于昌盛。[④]

所以，"天地尊卑"是一个自然而然的过程，而由此衍生出来的"君臣之道"也是自然而然的。我们不禁要问，胡瑗为什么如此痴迷于建立这种"自然而然"的自然哲学观呢？

首先，唐末五代给宋朝造成的社会危机是多方面的，而最主要的社会危机还在于儒家传统道德秩序的丧失。这种丧失对新的道德秩序的重建或儒家传统道德的恢复构成了极大的思想阻力，因为既然儒家传统道德的丧失和重建如此随意，那它还有什么合理性可言呢！秦汉以降，以夷乱华的思想根源就在于佛教的传入和佛教教义向日常社会生活的渗透，因此始于春秋时期的"夷夏之辨"又在宋初复活。这是因为如何处理北宋和西夏及北宋和契丹辽的国家间关系，是北宋初、中期最突出的社会现实问题。西夏和契丹辽虽然是两个具有不同文化特质的民族，但他们两国都具有很深的佛教根基，佛教文化在民间非常盛行，如辽塔几乎遍布"五京"各地，佛典在西夏非常深入人心，所以佛教已经成为国民的普遍信奉。故为了保持儒学的纯粹性，"宋初三先生"的共同思想特点便是弘扬儒学而贬斥佛教。如石介《怪说》重申"中国"对"四夷"的"尊严"，并由此而重建儒学对佛教的"正统"地位。[⑤]他认为佛教"灭君臣之道，绝父子之情，弃道德，悖礼乐，裂五常"[⑥]，当然在被排斥之列。而孙复更撰《春秋尊王发微》，重申"尊王（儒学传统）攘夷（佛教教义）"之说。在他看来，孔子作《春秋》就是严夷夏之防的，所以他给予齐桓公以很高的评价，他说："威公图伯，内帅诸侯，外攘夷狄，讨逆诛乱，以救中国，经营驰

---

① （宋）胡瑗：《周易口义·系辞上》，《景印文渊阁四库全书》第 8 册，第 453—454 页。

② （宋）胡瑗：《周易口义·系辞上》，《景印文渊阁四库全书》第 8 册，第 450 页。

③ （宋）胡瑗：《周易口义·系辞上》，《景印文渊阁四库全书》第 8 册，第 451 页。

④ （宋）胡瑗：《周易口义》卷 2《上经·屯》，《景印文渊阁四库全书》第 8 册，第 202 页。

⑤ （宋）石介：《徂徕石先生全集》卷 5《怪说上》，《北京图书馆古籍珍本丛刊》，集部，第 85 册《宋别集类》，第 661 页。

⑥ （宋）石介：《徂徕石先生全集》卷 5《怪说上》，《北京图书馆古籍珍本丛刊》，集部，第 85 册《宋别集类》，第 661 页。

骤，出入上下三十年，劳亦至矣。"①而威公之后则"天下之政，中国之事，皆荆蛮迭制之"②。基于这种认识，孙复也极力声讨佛教"绝灭仁义，屏弃礼乐"③的异端邪说。同石介、孙复一样，胡瑗也贬斥佛教异端，但他不是谩骂，而是利用与改造，漆侠先生曾说："晁迥通过对佛道的探索而提出对儒佛道三家的看法，这是宋代儒生士大夫最早地向佛道探索的先驱者。胡瑗继承和发展了这一学风，而且向更广阔的领域探索，值得在此重提。"④在胡瑗看来，"既然'天尊地卑'是'自然之道'，人事间的一切也都是从这一自然之道衍生出来的，于是贫富贵贱等级名分等所有一切都是自然而然的"⑤，推而广之，恢复那被佛教异端破坏掉的"君臣之道"和"礼仪之制"也是"自然而然"的、合理的、不容置疑的。

其次，一种规范尤其是道德规范的重建，遇到的最大麻烦应是如何利用文本的问题，因为宋初刮起的那股"疑古"或"疑经"之风，使人们对宋初所流行的各种经学文本产生了怀疑。而当新的经学文本不能及时弥合人们心中已经开裂的这道缝隙时，最有可能出现的灾难就是整个社会都陷入信仰危机之中，而这种危机一旦形成则足以把宋朝业已建立起来的一切社会制度掀个底朝天。所以只有唤起人们对宋朝政府的认同感，才能最终摆脱危机，走向亨通。而胡瑗在阐释经学的各种文本时，敢于舍弃汉唐之章句训诂学，反求先秦"元典"，自发议论，如孙复的《春秋尊王发微》、胡瑗的《春秋口义》、苏辙的《春秋传》等都是那个时期"舍传求经"思潮的代表作，故韩钟文称其为"'亚近代'时期来临之际思想文化的'启明时代'"⑥。而胡瑗在《周易口义》中对诸卦有以下见解：

（1）蒙，即蒙昧之称也，"凡义理有未通，性识有未明，皆谓之蒙"。又"言若人之幼稚，其心未有所知，故曰蒙也"。⑦

（2）需，"需者，饮食之道也。夫需又为濡润之义，物在蒙稚必得云雨以濡润之，人在蒙稚必得饮食以濡润之，以养成其体也"⑧。

（3）讼，"饮食之道也，饮食必有讼……讼者，上下不和，物情违戾，所以致也"⑨。而"天之运行则左旋而西，水之流行则无不东流，以天与水所行既相违悖，则不相得，是讼之象也"⑩。

（4）比，"比者，相亲，比之义也"⑪。

---

① （宋）孙复：《春秋尊王发微》卷5，《景印文渊阁四库全书》第147册，第48页。
② （宋）孙复：《春秋尊王发微》卷10，《景印文渊阁四库全书》第147册，第102页。
③ （宋）孙复：《儒辱》，曾枣庄、刘琳主编，四川大学古籍整理研究所编：《全宋文》卷401《孙复》，成都：巴蜀书社，1990年，第264页。
④ 漆侠：《宋学的发展和演变》，第252页。
⑤ 漆侠：《宋学的发展和演变》，第244页。
⑥ 韩钟文：《中国儒学史（宋元卷）》，第99页。
⑦ （宋）胡瑗：《周易口义》卷2《上经·蒙》，《景印文渊阁四库全书》第8册，第207页。
⑧ （宋）胡瑗：《周易口义》卷2《上经·需》，《景印文渊阁四库全书》第8册，第213页。
⑨ （宋）胡瑗：《周易口义》卷2《上经·讼》，《景印文渊阁四库全书》第8册，第218页。
⑩ （宋）胡瑗：《周易口义》卷2《上经·讼》，《景印文渊阁四库全书》第8册，第219页。
⑪ （宋）胡瑗：《周易口义》卷2《上经·比》，《景印文渊阁四库全书》第8册，第226页。

（5）否，"天地各复其本而阴阳不相交，则万物皆闭塞而不生，此否之道也"①，"夫人情莫不欲安、欲逸、欲富、欲寿，否之时则不得其安，不得其逸，不得其富，不得其寿，是岂人之常道乎？"②

（6）同人，"物不可以终否，故受之以同人，夫天下否塞之久，人人皆欲其亨通，是必君子同志以兴天下之治，则天下之人同心而归之，故曰同人"③。

（7）大有，"君子推仁义之心以及于人，行忠恕之道以同于物，则天下之人皆同心而归，是大有于天下也。然则大有者，大有于众也"④。

从胡瑗思想的内在逻辑讲，这是他科技思想的一个独立单元，由"蒙"而"同人"，而"大有"，其思想的归宿就在于"大有于天下"。但"大有于天下"的前提是"大有于众"，这个思想对宋代"疑经惑古"运动实在是太重要了，因为它解决了"疑经惑古"到底是"君本"还是"民本"的性质问题。胡瑗说："盖国以民为本，本既不立，则国何由而治哉？"⑤又说："益者，损上以益下，损君以益民，明圣人之志，在于民也。然损下益上，则谓之损者，盖既损民之财，又损君之德也。损上益下，则谓之益者，盖既益民之财，而又益君之德也。"⑥据《宋元学案》载，胡瑗在为宋仁宗讲解《周易》时，就"专以损上益下、损下益上为说"⑦。

（三）"天地之间者惟万物"的科学观

胡瑗对科学宇宙的结构特点有他自己独到的见解，他在释"屯"卦时提到了下面的问题：

> 屯有二义，一为"屯难"，"刚柔始交而难生是也"；二为"盈"，《序卦》云：有天地然后万物生焉，盈天地之间者惟万物，故受之以屯。"⑧

对"屯"作"盈"释，当是胡瑗的一大发明。实际上，胡瑗已把"屯"理解为包容万物的宇宙空间，即宇宙学意义上的物理宇宙，而不是哲学意义上的心理宇宙，所谓"盈天地之间者惟万物，故受之以屯"是也。而在"屯"中，有两种物质同时存在，即"道体"和"一元之气"。"道体"为何物？胡瑗说："道者自然之谓也……以体言之则谓之无"⑨，把"无"作"道体"讲，有没有科学依据？按照传统的解释，"无"是代表由精神性的"道"产生的混沌未分的物质整体⑩，李泽厚则认为："只有'无''虚''道'，表面上似乎

---

① （宋）胡瑗：《周易口义》卷2《上经·否》，《景印文渊阁四库全书》第8册，第244页。
② （宋）胡瑗：《周易口义》卷2《上经·否》，《景印文渊阁四库全书》第8册，第244页。
③ （宋）胡瑗：《周易口义》卷2《上经·同人》，《景印文渊阁四库全书》第8册，第247页。
④ （宋）胡瑗：《周易口义》卷2《上经·大有》，《景印文渊阁四库全书》第8册，第250页。
⑤ （宋）胡瑗：《周易口义》卷5《上经·剥》，《景印文渊阁四库全书》8册，第286页。
⑥ （宋）胡瑗：《周易口义》卷7《下经·损》，《景印文渊阁四库全书》第8册，第354页。
⑦ （清）黄宗羲原著，（清）全祖望补修，陈金生、梁运华点校：《宋元学案》卷1《安定学案》，第29页。
⑧ （宋）胡瑗：《周易口义》卷2《上经·屯》，《景印文渊阁四库全书》第8册，第202—203页。
⑨ （宋）胡瑗：《周易口义·系辞上》，《景印文渊阁四库全书》第8册，第466页。
⑩ 肖萐父、李锦全主编：《中国哲学史》上卷，北京：人民出版社，1982年，第112页。

只是某种空洞的逻辑否定或混沌整体，实际上却恰恰优胜于、超越于任何'有''实''器'。因为它才是全体、根源、真理、存在。"①不仅如此，来自某些物理学家的新近解释，更把"无"确定为宇宙的物理边界，因而"无"具有了活生生的物理含义。当然，在没有新的科学证据证明"无"作为一种物质实体而存在之前，上述的各种推断似乎都有一定道理，但既然说它们都属于传统的解释，就不可能不具有时代的局限性。2004 年 2 月 12 日，《科技日报》发表了一篇科普文章，名为《宇宙"暗"主宰？》。文章说，65 年前，科学家通过天文观测和演算发现，在宇宙中存在着神秘的不可视的暗物质；1998 年，天文学家证实暗能量的存在。物质为什么会有"明"与"暗"之分，因为普通物质与光发生相互作用，而暗物质不与光发生作用，更不发光。所以，人类只有通过万有引力才能发现暗物质的存在。据研究，"暗物质"可能有中微子（热暗物质）和重粒子（冷暗物质）组成。科学家通过各种观测与计算证实："暗能量在宇宙中占主导地位，约达到 73%，暗物质占近 23%，普通物质仅约占 4%。"②这样我们便对胡瑗所讲的"道体"有了另外的解释，尽管他当时并没有自觉地意识到这一点。"道体"是什么？"道体"其实就是"暗物质"，因为人类看不到它的真实形象，故称作"无"。与"无"相对的是"一元之气"，胡瑗说："乾以一元之气始生万物，万物皆资始于一元，然后得其亨通，故于春则芽者，萌者，尽达至夏则繁盛，是乾以一元之气始生于物，而物得其亨通也。"③从这种意义上说，地上的各种动植物是天的"形"。可见，由"一元之气"所化生是宇宙中的有形物质，也就是"普通物质"。用图 1-2 表示如下：

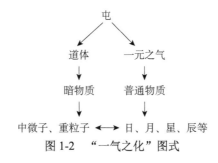

图 1-2　"一气之化"图式

在图 1-2 中，对于暗物质与普通物质的相互关系，胡瑗也认识到了。他说："大始，起于无形而入于有形也"④，又说"千变万化皆有形象，而人莫能究其实"⑤，老子主张"有生于无"，的确很抽象，远不如胡瑗来得具体而生动，由于宋代科学技术发展水平的限制，他在当时还不可能预见"暗物质"的存在，但他能在自己的知识层次上，把"道体"与"一元之气"区别开来，这已经是一个很大的学术贡献了。

此外，胡瑗还是北宋一位著名的声律学家。《宋史》本传载："景祐初，更定雅乐，诏

---

① 李泽厚：《中国古代思想史论》，北京：人民出版社，1986 年，第 89 页。
② 宋士贤等主编：《工科物理教程》下，北京：国防工业出版社，2005 年，第 343 页。
③ （宋）胡瑗：《周易口义》卷 1《上经·乾》，《景印文渊阁四库全书》第 8 册，第 189 页。
④ （宋）胡瑗：《周易口义·系辞上》，《景印文渊阁四库全书》第 8 册，第 453 页。
⑤ （宋）胡瑗：《周易口义·系辞上》，《景印文渊阁四库全书》第 8 册，第 452 页。

求知音者。范仲淹荐瑗，白衣对崇政殿。与镇东军节度推官阮逸同较钟律，分造钟磬各一镈（即悬挂钟磬的架子）。以一黍之广为分，以制尺，律径三分四厘六毫四丝，围十分三厘九毫三丝。又以大黍累尺，小黍实龠。丁度等以为非古制，罢之。"[1]关于胡瑗的乐论，后来他整理为《景祐乐府奏议》进献朝廷。《四库全书总目》卷38《皇祐新乐图记》提要云："是书上卷具载律吕、黍尺、四量、权衡之法，皆以横黍起度，故乐声失之于高，中下二卷考定钟磬、晋鼓及三牲鼎、鸾刀制度，则精核可取之。"[2]在我国，十二律的制定是很古老的，而《国语》卷13《周语下》已出现"十二律"的名称，即黄钟（c）、大吕（#c）、太簇（d）、夹钟（#d）、姑洗（e）、仲吕（f）、蕤宾（#f）、林钟（g）、夷则（#g）、南吕（a）、无射（#a）、应钟（b）。其中所谓"律"是为构成一定调高的音阶序列而制定的尺度，古人有"纪之以三，平之以六，成于十二"[3]的说法，"纪之以三"即从一个被认为基音的弦（或管）的长度出发，把它三等分，"平之以六"即用"纪之以三"算出的六律和六吕，六律指黄钟（c）、太簇（d）、姑洗（e）、蕤宾（#f）、夷则（#g）、无射（#a），六吕则指大吕（#c）、夹钟（#d）、仲吕（f）、林钟（g）、南吕（a）、应钟（b），两律之间及两吕之间为全音关系。可见，"十二律"的关键是"律"的计算，而胡瑗考定的"十二律"结果为：

黄钟（c）—— 长9寸，空径3分4厘6毫

大吕（#c）—— 长8寸4分2厘半，空径3分4厘6豪

太簇（d）—— 长8寸，空径3分4厘6毫

夹钟（#d）—— 长7寸4分9厘强，空径3分4厘6毫

姑洗（e）—— 长7寸1分1厘强，空径3分4厘6毫

仲吕（f）—— 长6寸6分6厘强，空径3分4厘6毫

蕤宾（#f）—— 长6寸3分2厘强，空径3分4厘6毫

林钟（g）—— 长6寸，空径3分4厘6毫

夷则（#g）—— 长5寸6分2厘强，空径3分

南吕（a）—— 长5寸3分3厘强，空径3分

无射（#a）—— 长4寸9分9厘强，空径2分8厘

应钟（b）——长4寸7分4厘强，空径2分6厘[4]

从胡瑗对"十二律"的贡献言，他前不若南北朝时期的何承天，后不比明代的朱载堉。但中国古代"十二律"的发展是一个过程，就这个过程来说，胡瑗无疑是其中的一个环节。他继承《管子·地员》的律学传统，把声学知识与数学知识结合起来，试图给出"十二律"音的准确值，据《宋史》卷127《乐志二》载阮逸的话说："臣等所造钟磬皆禀于冯元、宋祁，其分方定律又出于胡瑗算术。"[5]"胡瑗算术"实即"黍尺为法"[6]，即

① 《宋史》卷432《胡瑗传》，第12837页。
② （清）永瑢等：《四库全书总目》卷38《经部·乐类》"皇祐新乐图记"条，第320—321页。
③ 徐元诰撰，王树民、沈长云点校：《国语集解》，第113页。
④ （宋）胡瑗、阮逸：《皇祐新乐图记》卷上《皇祐律号图第二》，《景印文渊阁四库全书》第211册，第6页。
⑤ 《宋史》卷127《乐志二》，第2959页。
⑥ 《宋史》卷127《乐志二》，第2959页。

"阮逸、胡瑗钟律法黍尺"①。应当承认"黍尺为法"在宋代已经落后，而用此法来解决"十二律"中律数与转调的矛盾关系，在实践上是不会有结果的。故《宋史·乐志二》载：

> （至和）二年（1055），潭州上浏阳县所得古钟，送太常。初，李照斥王朴乐音高，乃作新乐，下其声。太常歌工病其太浊，歌不成声，私略铸工，使减铜齐，而声稍清，歌乃协。然照卒莫之辨。又朴所制编钟皆侧垂，照、瑗皆非之。及照将铸钟，给铜于铸泻务，得古编钟一，工人不敢毁，乃藏于太常……叩其声，与朴钟夷则清声合，而其形侧垂。瑗后改铸，正其钮，使下垂，叩之弇郁而不扬。其镈钟又长甬而震掉，声不和。②

宋人对于"十二律"之"正音"和"不和音"（即不和谐音）的意识是很强烈的。而胡瑗已经有"依律大小，则声不能谐"③的认识，所以他的律学实践就是要解决"声不能谐"的难题。如他所说：

> 今之镈钟则古之镛钟，所以和众乐也。一十二钟大小高下当尽如黄钟，唯于厚薄中定清浊之声，则声器宏大可以和于众乐，苟十二钟大小高下各依本律，则至应钟声器微小，……器微小，则在县参差，观者不能齐肃，声微小则混于众乐，听者不能和平。故今皇祐新钟大小高下皆如黄钟，但于厚薄中以定十二律声也。④

胡瑗把"应钟"作为律音和谐与否的关键，这在赫尔姆霍兹谐和与不谐和理论诞生之前，可说是抓住了问题的实质，只是他还没有科学的方法将它提升到一个更高的理论层次。

（四）"敦尚行实"的方法论

从学术的角度讲，胡瑗"疑经惑古"之思维方法对于启迪宋代的"自由精神"⑤颇有帮助和教益。但从科学的角度看，它没有充分应用当时较为先进的科学技术成果去发现传统与现实之间不相适应的方面，进而运用新的科学事实去补充和修正固有的思维习惯，相反，他在新的社会历史条件下，依然去追求或复活那本该早已被淘汰掉的古老思想和观念，结果它不仅从总体上局限了北宋科技思想的发展空间，而且更束缚了科研主体的自主性和创造性。如"五行说"，李约瑟先生认为："到了宋代（公元11世纪），五行学说对那个时代所发展的伟大科学运动，显然给予了一种不良的影响。"⑥而胡瑗《洪范口义》仍将"五行观"作为他最重要的逻辑方法之一，这可能跟他反求先秦"元典"的思维定势有关。《尚书·洪范》提出了"五行"的生序：

---

① 《宋史》卷127《乐志二》，第2959页。
② 《宋史》卷127《乐志二》，第2970页。
③ 《宋史》卷127《乐志二》，第2970页。
④ （宋）胡瑗、阮逸：《皇祐新乐图记》卷中《皇祐镈钟图第六》，《景印文渊阁四库全书》第211册，第12—13页。
⑤ 韩钟文：《中国儒学史（宋元卷）》，第95页。
⑥ ［英］李约瑟：《中国古代科学思想史》，陈立夫等译，第335页。

一曰水，二曰火，三曰木，四曰金，五曰土。①

李约瑟先生把这个顺序称作"五行产生的一种演进顺序"，也称"太初创始之序"。②但胡瑗似乎在《洪范口义》中所要阐释的并不在五行的"生序"本身，而是试图从中凸显出五行的方法论意义。他说：

> 夫润万物莫如水，燥万物莫如火，木可揉而曲直，金可范而成器，土则兼载四者，而生殖其中也。故人之饮食必待水火而烹饪，宫室必待金木而斫朴，土稼穑之利欲百谷之生，未有不在乎土也。故五行万物人用之由出也。③

在这里，为"人用之"的方法论功能是十分明确的。更进一步，胡瑗又创造性地解释到：

> 一曰水、五曰土，何也？此以生数成数言之也。按《易·系辞》曰：天一地二、天三地四、天五地六、天七地八、天九地十，此即是五行生成之数，天一生水、地二生火、天三生木、地四生金、天五生土，此其生数也。地六成水、天七成火、地八成木、天九成金、地十成土，阴阳各有匹偶而数得成焉，谓之成数，故五行始于水、终之于土是其义也。④

这段话，胡瑗解释得特别有意思，也特别有创意。其特别之处在于他说了一句其他人还不曾说出来的话，即"阴阳各有匹配而数得成焉"。为了更好地说明胡瑗释义中所包含的深刻内容，笔者在此有必要将其改作下面的图式（图1-3）：

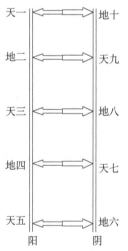

天一 ⇄ 地十
地二 ⇄ 天九
天三 ⇄ 地八
地四 ⇄ 天七
天五 ⇄ 地六
阳　　　阴

图1-3　"阴阳各有匹配而数得成焉"图式

图1-3的图式很容易让我们想到沃森和克里克于1953年所提出的"DNA双螺旋结

---

① 《尚书·洪范》，陈戍国点校：《四书五经》上，第247页。
② ［英］李约瑟：《中国古代科学思想史》，陈立夫等译，第320—321页。
③ （宋）胡瑗：《洪范口义》卷上《洪范》，《景印文渊阁四库全书》第54册，第458—459页。
④ （宋）胡瑗：《洪范口义》卷上《洪范》，《景印文渊阁四库全书》第54册，第455—456页。

构"，其特点是：① DNA 是由两条反向平行的多核苷酸链以右手螺旋方式围绕同一个中心轴构成的双螺旋结构；② 其分子内部的碱基通过氢键相互配对连接，即 A（腺嘌呤）与 T（胸腺嘧啶）通过形成两个氢键配对，G（鸟嘌呤）与 C（胞嘧啶）通过形成三个氢键配对。其简式如图 1-4 所示：

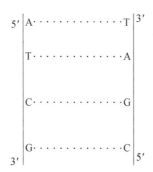

图 1-4　DNA 反向平行的多核苷酸链图式

　　如果我们把胡瑗所给出的"五行"生序看成是一个不断合成的链条，那么"阳"序列由"天一"到"地四"与"阴"序列由"地六"至"天九"，恰好也是呈"反向平行"连接。事实上，"DNA 双螺旋结构"中四对碱基之间的相互连接的氢键的总和等于"10"，而这个"10"与"地十"之间究竟有无关系，目前尚难论断。但有一点可以肯定，那就是"DNA 双螺旋结构"只是生命科学的规律，而"五行"生序则是宇宙万物形成的总纲，因而它具有一般方法论的意义。正因如此，所以"DNA 双螺旋结构"的正确性是可以验证的，而"五行"生序有无普适性就不好通过科学手段去加以证实，也无法证伪。故有人说："阴阳、五行作为理解、阐释自然事物的一种理论，它的有效条件比较宽松。但若不经常以它应用的有效性、可靠性、可重复性、清晰性等较严密的要求加以检验，这理论就会失去它的实在意义。从证伪的观点来看，阴阳、五行理论极难证伪，也就难以具体地辨认出它的'有效范围'。从这点看，它们与近代科学体系不相洽。也使得应用这些理论时难于自觉其不足。"①

　　而胡瑗在方法论方面的最大贡献就是提出"敦尚行实"②的思想。这个思想包含两个方面的内容：其一是"广其闻见"，胡瑗说："学者只守一乡则滞于一曲，则隘吝卑陋，必游四方，尽见人情物态，南北风俗，山川气象，以广其闻见，则为有益于学者矣"③；其二是"分斋分科教法"，《宋元学案·附录》述："先生初为直讲，有旨专掌一学之政，遂推诚教育多士。亦甄别人物，故好尚经术者，好谈兵战者，好文艺者，好尚节义者，使之以类群居讲习。"④"以类群居"可分两大类，第一类是"经义斋"，该斋的主要内容是"讲明六经"⑤；第二类是"治事斋"，该斋的主要内容则"一人各治一事，又兼摄一事，

① 黄生财：《从中国古代思想观念谈李约瑟命题》，《自然辩证法通讯》1999 年第 6 期。
② （宋）蔡襄：《端明集》卷 37《太常博士致胡君墓志》，《景印文渊阁四库全书》第 1090 册，第 654 页。
③ 郑福田等主编：《永乐大典》第 3 卷《关中游》，呼和浩特：内蒙古大学出版社，1998 年，第 1622 页。
④ （清）黄宗羲原著，（清）全祖望补修，陈金生、梁运华点校：《宋元学案》卷 1《安定学案》，第 28 页。
⑤ （清）黄宗羲原著，（清）全祖望补修，陈金生、梁运华点校：《宋元学案》卷 1《安定学案》，第 24 页。

如治民以安其生，讲武以御其寇，堰水以利田，算历以明数是也"①。此法不要说在宋代是伟大的创举，即使在今天，恐怕也是非常先进的教学理念，它的教学宗旨就是让每一位学生都有一技之长，立身为民，学以致用。

再有，"大中之道"的中庸法。胡瑗说：

> 皇大极，中也。圣人之治天下，建立万事当用大中之道，所谓道者，何哉？即无偏、无党、无反、无侧。

> 盖皇极者，万事之所祖，无所不利，故不言数，以此观之，包括九畴，总兼万事，未有不本于皇极而行也，故处于中焉。②

何谓"皇极"？邵伯温《系述》云："至大之谓皇，至中之谓极"③，王植也说："皇极者，君极，极至也，德之至也。"④由此，我们联想到《四库全书总目》对《洪范口义》的评价是："其说惟发明天人合一之旨。"⑤而《潜夫论》卷8《本训第三十二》载："天本诸阳，地本诸阴，人本中和，三才异务，相待而成，各循其道，和气乃臻，机衡乃平。"⑥在这里，"人本中和"同"大中之道"可以直接沟通，也就是说，胡瑗在"天人合一"这个平衡木上更倾向于"人"这一边，而不是"天"那一边。在胡瑗看来，"人本中和"正是天地之"机衡乃平"的直接结果。他说："阴阳乖，则风雨暴；和气隔塞，天灾流行，民则疾疠矣。"⑦诚然，"和气隔塞"有自然方面的原因，但诸如战争、暴敛、黑色政治等，哪一个不是造成人间灾难的社会因素，故胡瑗说：

> 恶与弱，皆不好德者也。好德者，由乎中道也。恶与弱皆过乎中道与不及中道也。恶者，嚣而无所不至；弱者，懦怯而终无所立也。⑧

为了根治"恶"与"弱"，国家就要实行变法，如在经济上，他主张赋税征收要"量时之丰约，酌民之厚薄，使天下之人乐从而易于输纳，可谓得节之道"⑨，在政治上则君"以阴居阴，处不失正，是能正一心以正朝廷"⑩，这是"皇极之道行也"⑪的前提，也是胡瑗"内圣型"政治的核心，故胡瑗之学实"开伊洛之先"⑫。

---

① （清）黄宗羲原著，（清）全祖望补修，陈金生、梁运华点校：《宋元学案》卷1《安定学案》，第24页。
② （宋）胡瑗：《洪范口义》卷上，《景印文渊阁四库全书》第54册，第455—456页。
③ （宋）邵伯温：《皇极经世系述》，（宋）邵雍著，郭彧、于天宝点校：《皇极经世书》附录，上海：上海古籍出版社，2017年，第1247页。
④ （清）王植：《皇极经世书解》卷1，郑志斌主编：《四库全书·术数类集成·六壬术》第3册，北京：大众文艺出版社，2009年，第589页。
⑤ （清）永瑢等：《四库全书总目》卷11《经部·书类一》"洪范口义"条，第90页。
⑥ （汉）王符：《潜夫论》卷8《本训第三十二》，《百子全书》第1册，长沙：岳麓书社，1993年，第837页。
⑦ （宋）胡瑗：《洪范口义》下卷，《景印文渊阁四库全书》第54册，第481页。
⑧ （宋）胡瑗：《洪范口义》下卷，《景印文渊阁四库全书》第54册，第482页。
⑨ （宋）胡瑗：《周易口义》卷10《下经·节》，《景印文渊阁四库全书》第8册，第428页。
⑩ （宋）胡瑗：《周易口义》卷4《上经·临》，《景印文渊阁四库全书》第8册，第272页。
⑪ （宋）胡瑗：《洪范口义》卷上，《景印文渊阁四库全书》第54册，第455页。
⑫ （清）黄宗羲原著，（清）全祖望补修，陈金生、梁运华点校：《宋元学案》卷1《安定学案》，第30页。

三、安定学派对宋代科技思想发展的影响

安定学派对宋代科技思想发展的意义主要在于胡瑗开创了一条新的治学途径，而这条途径双管齐下，既可通经史也可达科技，史称"湖州教法"。其要旨是：

> 立经义治事二斋。入经义斋的资格，是其人必须心性疏通，有器局可任大事者，教材是讲明《六经》。治事斋的办法是一人各治一事，又须兼摄一事，如治民以安其生，讲武以御其寇，堰水以利田，算历以明数等，这是很科学的……①

在这种教学理念的指导下，胡瑗的传人大都具有科学文化素质，"其在外明体达用之学，教于四方之民者，殆数十辈"②，影响所及遍于大江南北，且通过一传、再传、续传而流播两宋。据《宋元学案》载，胡瑗门人在学业有成后，或自立门户，或兼容他派者至少有14家，计：程颐，伊川学案；范尧夫、赵君锡，高平学案；吕希哲，荥阳学案；吕希纯，范吕诸儒学案；汪澥，荆公新学略；欧阳修，庐陵学案；饶子仪，泰山学案；管师常、管师复、陈饴范，古灵四先生学案；朱光庭，刘李诸儒学案；郑伯熊，周许诸儒学案；杜旟，丽泽诸儒学案；杜游，沧州诸儒学案；吴儆，岳麓诸儒学案；汪深，象山学案。由于宋代的科技思想范型还没有完全建立起来，同时旧的科技思想范型仍然没有彻底地退出学术舞台，所以在宋人的著作中要想分清哪些是传统的经史范畴，哪些是科技思想范畴，十分困难。胡道静先生说："我国历史上土生土长的科学见解，必然是和阴阳、五行的学说有着血缘关系的。"③在胡瑗的传人中，其科学研究做得最好、成就最突出的当推刘彝、饶子仪等人。

刘彝字执中，闽县人。他善治水，宋神宗时和宋哲宗时两度除都水丞。其知处州时，"训斥尚鬼之俗，易巫为医"④。"易巫为医"是刘彝科技思想的具体体现，他是实实在在的无神论者。

饶子仪字元礼，临川人。他从胡瑗受经，"星历诸书，莫不洞究"⑤，后被诏为临川郡"怀才抱艺、养素丘园之士"⑥，著有《周易解》《论语解》等。

陈高字可忠，仙游人。少游湖学，尤深于《易》。"政和中，始建医学，除太医学司业。"⑦

黄百家说："盖就先生之教法，穷经以博古，治事以通今，成就人才，最为的当。自后濂、洛之学兴，立宗旨以为学的"⑧，而朱熹在濂、洛之学的基础上综合众家所长构建了一个庞大缜密的理学体系，并把中国古代的有机自然观推向高峰。

---

① 夏君虞：《宋学概要》下编，《民国丛书》第 2 编第 6 册，第 81—82 页。
② （清）黄宗羲原著，（清）全祖望补修，陈金生、梁运华点校：《宋元学案》卷 1《安定学案》，第 25 页。
③ 胡道静：《中国古代典籍十讲》，上海：复旦大学出版社，2004 年，第 389 页。
④ （清）黄宗羲原著，（清）全祖望补修，陈金生、梁运华点校：《宋元学案》卷 1《安定学案》，第 47 页。
⑤ （清）黄宗羲原著，（清）全祖望补修，陈金生、梁运华点校：《宋元学案》卷 2《泰山学案》，第 117 页。
⑥ （清）黄宗羲原著，（清）全祖望补修，陈金生、梁运华点校：《宋元学案》卷 2《泰山学案》，第 117 页。
⑦ （清）黄宗羲原著，（清）全祖望补修，陈金生、梁运华点校：《宋元学案》卷 1《安定学案》，第 57 页。
⑧ （清）黄宗羲原著，（清）全祖望补修，陈金生、梁运华点校：《宋元学案》卷 1《安定学案》，第 55—56 页。

第二节 图书学派的易科技思想及其影响

关于北宋道学与科技思想的关系，学界存在着三种不同的观点和态度：第一种以钱宝琮和杜石然为代表的否定派[①]；第二种以台湾学者沈清松为代表的肯定派[②]；第三种以朱伯崑先生为代表的易科技派[③]。笔者认为第三派观点最能反映北宋道学的科技思想特征，同时也最能体现北宋道学的精神实质。

在朱伯崑先生看来，易科技思想可分成两大流派：义理学派和象数学派。而对北宋科技思维影响最显著的易科技思想应当是象数学派，如北宋的科学家沈括、苏颂等都钻研过《周易》，而且他们都从象数中汲取智慧，或受其启发。[④]其中宋代象数学派以刘牧所创立的图书派影响最大，而图书派所包含的易科技思想亦最有特点，所以研究北宋科技思想史就不能跳过图书派，更不能隔开刘牧这个人物。

一、刘牧的《易数钩隐图》及其易科学思想

（一）刘牧的生平简介

刘牧，字长民，或字先之，其生卒年不详。至于刘牧为何有两字？《四库全书总目提要》的说法是："未详孰是，或有两字也。"[⑤]而不少学者对这个疑问都很在意，因为它直接关系着刘牧在宋学中的地位问题。其实，宋人早已把刘长民与刘先之分作两个人来看待，如王安石在《荆湖北路转运判官尚书屯田郎中刘君墓志铭》一文中称："其先杭州临安县人。君曾大父讳彦琛，为吴越王将，有功，刺衢州，葬西安，于是刘氏又为西安人。"[⑥]此刘牧仅仅是个官僚，根本没有易学之修养，且该刘牧生于大中祥符四年（1011），与《续资治通鉴长编》所载"牧善言边事，真宗时尝献阵图、兵略"[⑦]的史实不符，故四库馆阁在《直斋书录解题》"易数钩隐图"目下云："黎献之《序》称'字长民'，而《志》（指王安石所撰墓志铭）称'字先之'，其果一人耶，抑二人耶？"[⑧]又，晁公武《郡斋读书志》和陈振孙《直斋书录解题》说，刘牧字长民，著有《刘长民易解》15卷和《易数钩隐图》3卷等书，为彭城（今江苏铜山县）人。显而易见，临安县或西安籍

---

① 参见杜石然：《数学·历史·社会》，沈阳：辽宁教育出版社，2003年。
② 参见沈清松：《儒学与科技——过去的检讨与未来的展望》，北京：中华书局，1991年。
③ 朱伯崑：《易学与中国传统科技思维（大纲）》，《自然辩证法研究》1996年第5期。
④ 朱伯崑：《易学与中国传统科技思维（大纲）》，《自然辩证法研究》1996年第5期。
⑤ （宋）永瑢等：《四库全书总目》卷2《经部二》"易数钩隐图"条，第5页。
⑥ （宋）王安石著，唐武标校：《王文公文集》卷95《荆湖北路转运判官尚书屯田郎中刘君墓志铭》，上海：上海人民出版社，1974年，第980页。
⑦ （宋）李焘：《续资治通鉴长编》卷103"天圣三年十一月庚子"条，第919页。
⑧ （宋）陈振孙著，徐小蛮、顾美华点校：《直斋书录解题》卷1《易类》，第9页。

的刘牧跟彭城籍的刘牧本是两个不同的历史人物。而从宋人易学著述中多引有刘长民解读易学的言论看，笔者认为，刘牧字长民一说是正确的，如宋人冯椅《厚斋易学》凡 27见，其中多有"刘长民曰"这样的话，宋人朱元昇《三易备遗》亦有两见，其中卷 1《河图洛书》云："若夫关子明以四十五数为《洛书》，以五十五数为《河图》，与刘长民所述不同。朱子文公黜长民之说，而是子明。愚也。本夫子之辞而符长民，非曰敢自异于先生长者，亦惟其是而已耳。"[①]另，宋咸在《王刘易辨》一书的《自序》中说："近世刘牧，既为《钩隐图》以画象数，尽刊王文，直以己意代之。"[②]按：宋咸系天圣二年（1024）进士，此年临安县或西安籍的刘牧（即刘先之）才 14 岁，故他不可能是《钩隐图》的作者。而《易数钩隐图》一书已被学术界公认为是宋代"图书一派"的奠基之作，该书"皆易之数也。凡五十五图，并遗事九"[③]，《四库全书简明目录》卷 1《易类》在比较刘牧易学与邵子易学的异同时亦说："其说出于陈抟，与邵子先天之学异派同源，惟以九数为河图，十数为洛书，与邵子异。宋人易数以此书为首。"[④]考《易数钩隐图》的整体结构和主题，它以太极、两仪、四象、八卦为基本骨架，以大衍之数、天地之数为基本内容，深刻地揭示了宋代易学的宇宙发生和演化原理，尤其是他通过"黑白点图"强化了河图、洛书为《周易》之源泉这个观点。

关于刘牧的生活年代，学界也有两说：朱伯崑先生的"北宋中期说"[⑤]和郭彧先生的"北宋初年说"[⑥]。这两说的矛盾焦点实际上根源于对两个刘牧的不同判断，朱先生所说的刘牧是临安县或西安籍的刘牧，而郭先生所说的刘牧却是彭城籍的刘牧。究竟谁是谁非，王风在《刘牧的学术渊源及其学术创新》一文中用大量证据说明彭城籍的刘牧才是真正具有学术价值的刘牧。[⑦]他根据陈振孙《直斋书录解题》及李觏《删定易图序论》的相关记载推断，彭城籍的刘牧卒于庆历元年（1041）前，而《宋会要辑稿》有刘长民于天圣四年（1026）二月十三日"为如京使"[⑧]的记载。由此可证，易学家刘牧大约生活在北宋初期。

学界一致认为，刘牧同陈抟之间有一种很深的学术承继关系，如《四库全书总目》载："（刘）牧之学出于种放，放出于陈抟，其源流与邵子之出于穆李者同。"[⑨]穆即穆修，李即李溉，依照南宋人朱震所编撰的图书学传承谱系，刘牧是李溉的三传弟子，大概跟邵雍和二程同时，但实际上刘牧的年龄比周敦颐还要大，所以对朱震的这个谱系，陈振孙

① （宋）朱元昇：《三易备遗》卷 1《河图洛书》，（清）纳兰性德辑：《通志堂经解》2，扬州：江苏广陵古籍刻印社，1996 年，第 145 页。

② （宋）宋咸：《王刘易辨·自序》，曾枣庄、刘琳主编，四川大学古籍整理研究所编：《全宋文》卷 413《宋咸》，成都：巴蜀书社，1990 年，第 453 页。

③ （宋）晁公武撰，孙猛校证：《郡斋读书志校证》卷 1，上海：上海古籍出版社，1990 年，第 34 页。

④ （清）永瑢等：《四库全书简明目录》卷 1《经部一·易类》，上海：上海科学技术文献出版社，2016 年，第 2 页。

⑤ 朱伯崑：《易学哲学史》，北京：北京大学出版社，1988 年，第 27 页。

⑥ 郭彧：《〈易数钩隐图〉作者等问题辨》，《周易研究》2003 年第 2 期。

⑦ 王风：《刘牧的学术渊源及其学术创新》，《道学研究》2005 年第 2 辑。

⑧ （清）徐松辑，刘琳等校点：《宋会要辑稿》职官 61 之 7，上海：上海古籍出版社，2014 年，第 4692 页。

⑨ （清）永瑢等：《四库全书总目》卷 2《经部二》"易数钩隐图"条，第 5 页。

《直斋书录解题》提出了质疑："世或言刘牧之学出于谔昌（即李溉的三传弟子），而谔昌之学亦出种放，未知信否？"[①] 当然，晁公武《郡斋读书志》曾载：刘牧死后，其弟子吴秘于庆历初"献其书于朝，优诏奖之"[②]。朝廷所奖者何？刘牧的河图与洛书学说是也。《四库全书总目》云：

> 汉儒言易多主象数，至宋而象数之中复歧出图书一派，牧在邵子之前，其首倡者也。[③]

可见，刘牧首倡图书学之功深得朝廷的褒奖。照宋代学者的说法，图书学本出于陈抟，《周易·系辞上》说："河出图，洛出书，圣人则之。"[④]这就是中国易科技思想史中最早的图书问题，尽管后来的易学家对这个问题提出了种种解决的方案，但直到刘牧之前，图书问题始终停留在"天降祥瑞"的文化层面，并没有人能够将其变成一个科学问题或者把它组合成一个具有科学意义的数理集。不过，西汉的经学家刘歆也曾提出了另外一种解释：即用天地之数和五行之数解剖河图、洛书，以此为前提，刘歆创造了"天地五行生成配合图"，并成为图书学的基本图式，也是以"以数明理"为特征之易科技思想的肇端。可惜，刘歆之后，他的"天地五行生成配合图"只被易学家用作"天降祥瑞"观的一个注脚，而没有将它发展成一种新的思想学说，更没有把它独立为一门具有中国传统思维特色的图书学。所以，刘牧在中国古代科技思想史上第一次从理性的角度否定了"龙马图"（即构架"天降祥瑞"说的"九宫图"）的符箓思想，并把刘歆"天地五行生成配合图"所提出的"交易""生成""配合"等概念加以逻辑化和系统化，从而"完成了从太极，到两仪，到四象，再到八卦、九畴的推演过程，给所谓天降神图以理性解释"[⑤]。

（二）"象由数设"的宇宙生成观

在欧洲科技思想史上，有两种理解或解释自然的方式，一种是"实体构成主义"，另一种则是"形式主义"[⑥]前者把气、火、水等物质实在看成是自然界产生的原初形态和终极原因，而后者认为组成自然界的实体固然重要，但最基本的还应是探求各实体之间的构成方式，也就是说自然界如何将物质实体结构为系统和整体。在古希腊的毕达哥拉斯看来，数是宇宙结构的基本形式，后来经过柏拉图的整合，形式主义遂成为西方科技思想的一个重要流派。在中国，虽然易学家们没有能从《周易》象数思想中衍生出形式主义，但这种倾向却是存在的，其代表人物就是刘牧。刘牧在《易数钩隐图序》中说：

> 夫易者，阴阳气交之谓也。若夫阴阳未交，则四象未立，八卦未分，则万物安从而生哉？是故两仪变易而生四象，四象变易而生八卦，重卦六十四卦，于是乎天下之

---

① （宋）陈振孙：《直斋书录解题》，《景印文渊阁四库全书》第 674 册，第 8 页。
② （宋）晁公武撰，孙猛校证：《郡斋读书志校证》卷 1，第 33 页。
③ （清）永瑢等：《四库全书总目》卷 2 "易数钩隐图" 条，第 5 页。
④ 《周易·系辞上》，陈成国点校：《四书五经》上，第 200 页。
⑤ 王风：《刘牧的学术渊源及其学术创新》，《道学研究》2005 年第 2 辑。
⑥ 吴国盛：《科学的历程》，北京：北京大学出版社，2002 年，第 20 页。

能事毕矣。夫卦者，圣人设之观于象也。象者，形上之应。原其本，则形由象生，象由数设，舍其数则无以见四象所由之宗矣。①

在这段话里，包含着如下几层关系：一是数与气的关系，二是数与象的关系，三是仪与象的关系。其中第一层关系是本体论的关系，第二层关系是逻辑关系，第三层关系则是体用关系。在刘牧看来，从本体论的意义上讲，气在数先，而且气是产生数的根源，其具体的生成过程是：由太极而两仪，两仪而四象，但四象的性质不能自己规定自己，而是必须由数来规定其运动变化的性质。所以他说："易有太极，是生两仪。太极者，一气也。天地未分之前，元气混而为一，一气所判，是曰两仪"②，"天一，地二，天三，地四，此四象生数也。至于天五，则居中而主乎变化，不知何物也。强名曰中和之气，不知所以然而然也。交接乎天地之气，成就乎五行之质，弥纶错综，无所不周"③。可见，气是产生万物的根本动力，是推动天地五行周流变化的原因。也许正因为这样，他才没有深入地去研究"气"本身的问题，就这一点而言，他同王充、张载等人所主张的气一元论还是有着很大差异的，不能同日而语。其实，刘牧思想的重心并不在于数与气的关系问题，而是在于数与象的关系问题。在刘牧的思想体系里，象是内容，而数是形式。不过，我们不能用简单的决定论程式来处理刘牧所讲的象与数的关系问题，因为两者不是决定与被决定的本体论关系，而是虽有先后却是地位平等的逻辑关系。如刘牧说："四象生数也"，这是强调"象"对于"数"的先在性，但同时他又说："天地之数既设，则象从而定也"④，而这里强调的则是"数"对于"象"的主导性。因此，刘牧说："形由象生，象由数设"⑤，其"象生形"与"象生数"便逻辑性地具有了同等意义。实际上，刘牧所说的"象"应看成是"数"与"形"的统一体，所以他说："两仪变易而生四象，四象变易而生八卦。"何为"变易"？刘牧自己没有解释，但从"四象"过渡到"八卦"的最重要环节显然只能是"数"与"形"的变化。恩格斯在《反杜林论》一文中说："数和形的概念不是从其他任何地方，而是从现实世界中得来的"，"纯数学的对象是现实世界的空间形式和数量关系，所以是非常现实的材料"。⑥以此论之，刘牧所讲的"象"就是一种现实的数学对象，是现实世界的有机组成部分，而"数"和"形"是从现实世界中抽象出来的思维创造物，但"从现实世界抽象出来的规律，在一定的发展阶段上就和现实世界脱离，并且作为某种独立的东西，作为世界必须适应的外来的规律而与现实世界相对立"⑦。这样，我们在刘牧的思想体系里就看到了两个世界的生成过程：物理世界和思维世界。而要想弄清楚物理世界和思维世界在刘牧思想体系中的确实地位，就必须分辨仪与象的关系问题，因为这是一个问题的两个方面。"仪"即两仪，它是由太极生成物理世界的分化点，其在自然界的进化过

① （宋）刘牧：《易数钩隐图序》，《易学象数图说四种》，北京：华龄出版社，2015 年，第 8 页。
② （宋）刘牧：《易数钩隐图》卷上《太极生两仪第二》，《易学象数图说四种》，第 10 页。
③ （宋）刘牧：《易数钩隐图》卷上《太极生两仪第二》，《易学象数图说四种》，第 10 页。
④ （宋）刘牧：《易数钩隐图》卷上《地四右生天九第八》，《易学象数图说四种》，第 13 页。
⑤ （宋）刘牧：《易数钩隐图序》，《易学象数图说四种》，第 8 页。
⑥ 《马克思恩格斯选集》第 3 卷，北京：人民出版社，1973 年，第 77 页。
⑦ 《马克思恩格斯选集》第 3 卷，第 78 页。

程中占有十分重要的地位。刘牧说："太极者，一气也。天地未分之前，元气混而为一，一气所判，是曰两仪"①，故"两仪则二气始分，天地则形象斯著，以其始分两体之仪"②，"夫气之上者轻清，气之下者重浊。轻清而圆者，天之象也。重浊而方者，地之象也。兹乃上下未交之时，但分其仪象耳。若二气交，则天一下而生水，地二上而生火，此则形之始也。五行既备，而生动植焉，所谓在天成象、在地成形也。则知两仪乃天地之象，天地乃两仪之体尔"③。在这里，所谓"天地乃两仪之体"实质上就是说天地乃两仪的客观外化，是外在的东西，它的表现形式是形体（即有形之物），刘牧说："四象也。且金、木、水、火有形之物。"④而两仪则是天地的逻辑内化，是内在的东西，它的表现形式是象数。在刘牧看来，象数在功能上表现为"两仪"的用，所以他说："且夫五十有五，天地之极数也。大衍之数（即《系辞上》说'大衍之数五十，其用四十有九'），天地之用数也。"⑤至于"大衍之数"为什么称"天地之用数"？刘牧列出了如下几种说法：

京房说："五十者谓十日、十二辰、二十八宿也。凡五十其一不用者，天之生气将欲以虚求实，故用四十九焉。"⑥

马季长说："易有太极，谓北辰。北辰生两仪，两仪生日月，日月生四时，四时生五行，五行生十二月，十二月生二十四气。"⑦

荀爽说："卦各有六爻，六八四十八，加乾、坤二用，凡五十。"⑧

刘牧自己说："盖由天五为变化之始，散在五行之位，故中无定象。又天一居尊而不动，以用天德也。天一者，象之始也，有生之宗也，为造化之主。"⑨

尽管人们对"大衍之数"的解释存在着很大的主观随意性，但刘牧通过各种抽象的"式图"方式将人类思维的抽象特征凸显了出来，尤其是宋代易学家试图借助于特定的"式图"构架去认知物理世界的生成和变化，这一点集中体现了刘牧易科技思想的实质。因为在刘牧的图书学体系里，数不仅使天与地统一了起来，而且使时间与空间以及物质世界与思维世界都统一了起来，所以他才理直气壮地说：

> 天一与地六合而生水，地二与天七合而生火，天三与地八合而生木，地四与天九合而生金，天五与地十合而生土，此则五行之质，各禀一阴一阳之气耳。至于动物、植物，又合五行之气而生也。⑩

刘牧在《十日生五行》一节中又进一步说：

① （宋）刘牧：《易数钩隐图》卷上《太极生两仪第二》，《易学象数图说四种》，第10页。
② （宋）刘牧：《易数钩隐图》卷上《太极生两仪第二》，《易学象数图说四种》，第10页。
③ （宋）刘牧：《易数钩隐图》卷上《太极生两仪第二》，《易学象数图说四种》，第10页。
④ （宋）刘牧：《易数钩隐图》卷上《两仪生四象第九》，《易学象数图说四种》，第14页。
⑤ （宋）刘牧：《易数钩隐图》卷上《大衍之数第十五》，《易学象数图说四种》，第18页。
⑥ （宋）刘牧：《易数钩隐图》卷上《其用四十有九第十六》，《易学象数图说四种》，第19页。
⑦ （宋）刘牧：《易数钩隐图》卷上《其用四十有九第十六》，《易学象数图说四种》，第19页。
⑧ （宋）刘牧：《易数钩隐图》卷上《其用四十有九第十六》，《易学象数图说四种》，第19页。
⑨ （宋）刘牧：《易数钩隐图》卷上《其用四十有九第十六》，《易学象数图说四种》，第19—20页。
⑩ （宋）刘牧：《易数钩隐图》卷上《坤独阴第二十七》，《易学象数图说四种》，第25页。

　　天一、地六、地二、天七、天三、地八、地四、天九、天五、地十，合而生水、火、木、金、土。十日者，刚日也。相生者，金生水，水生木，木生火，火生土，土生金也。相克者，金克木，木克土，土克水，水克火，火克金也。①

　　这就是刘牧最终所要表达的宇宙观，它给人们展示了一幅以数为枢纽而生克不已的宇宙世界图景。在这个世界图景里，刘牧用生数和成数两个概念比较系统地论证了物质世界的形成和变化过程，其中一、二、三、四为生数，六、七、八、九为成数，两者的关系是由生数产生成数，如四象之生数产生四象之成数，而五行之生数产生五行之成数。所以生数和成数的角色随着其作用对象的不同而不断发生转换，当其相对于四象来说就称之为"象"，而当其相对于五行来说则称之为"形"。但是，我们绝不能由此认为，在刘牧的思维世界里，象的地位高于形的地位。②因为象虽然逻辑地处于五行之前，并且他还提出了"形由象生"的命题，但是天地在时间上却先于四象而生，即"两仪生四象"，理由是天地乃两仪之体，而天地是有形之物，刘牧就曾很肯定地说："两仪乃天地之象，天地乃两仪之体"③；又说："天地之数既设，则象从而定也。"④也就是说天地通过数而外化为两仪，两仪再通过数而外化为四象。可见，在自然界的生成与演化次序中，形在象先，而不是相反。因此，刘牧宇宙观的突出之点就在于他赋予了数五以能动的意义，即"五能包四象，四象皆五之用也"⑤。故"谓天一、地二、天三、地四，止有四象，未著乎形体，故曰形而上者谓之道也。天五运乎变化，上驾天一，下生地六，水之数也；下驾地二，上生天七，火之数也；右驾天三，左生地八，木之数也；左驾地四，右生天九，金之数也。……此则已著乎形数，故曰：形而下者之谓器"⑥。在这里，我们还应当注意一个问题，即刘牧在具体阐释世界万物的运动变化过程时，实际上已经涉及了二因说，而所谓二因说就是指古希腊哲学家亚里士多德所讲的质料因与形式因。列宁在《亚里士多德〈形而上学〉一书摘要》里说：所谓质料（hule）因就是"事物所由产生的，并在事物内始终存在着的那东西"⑦，用列宁的话说就是"构成了一个物体而本身继续存在着的东西"⑧，即构成事物的具体材料，如木头是桌子的质料，砖块是楼房的质料，而在刘牧看来，五行是整个物质世界的质料，因此他反对孔颖达"金木水火为四象"的观点，而主张金木水火为有形之物⑨；所谓形式因则有两种内涵；一是指内在的必然性方面，它是物质世界的本质，它表现为比例、组合、结构等；二是外在的偶然性方面，也就是形状，即物质表现于外的那个样子。而在通常情况下，形式因指的是内在的必然性方面。但是，"事物由于获

---

① （宋）刘牧：《易数钩隐图》卷下《十日生五行并相生第五十五》，《易学象数图说四种》，第44页。
② 王风：《刘牧的学术渊源及其学术创新》，《道学研究》2005年第2辑。
③ （宋）刘牧：《易数钩隐图》卷上《太极生两仪第二》，《易学象数图说四种》，第10页。
④ （宋）刘牧：《易数钩隐图》卷上《地四右生天九第八》，《易学象数图说四种》，第13页。
⑤ （宋）刘牧：《易数钩隐图》卷上《大衍之数第十五》，《易学象数图说四种》，第18页。
⑥ （宋）刘牧：《易数钩隐图》卷中《七日来复第四十六》，《易学象数图说四种》，第37页。
⑦ ［古希腊］亚里士多德：《物理学》第二章《本因》，北京：商务印书馆，1997年，第50页。
⑧ 《列宁全集》第38卷，北京：人民出版社，1986年，第418页。
⑨ （宋）刘牧：《易数钩隐图》卷上《两仪生四象第九》，《易学象数图说四种》，第14页。

得了形式便增加了现实性，没有形式的质料只不过是潜能而已"①。所以质料与形式跟潜能与现实相联系，物质世界从潜能到现实的过程也就是其质料获得形式的过程，而宇宙万物本身就是一个不断从质料到形式、从潜能到现实的运动发展过程，可见，物质的运动正体现在潜能的质料向现实的形式的转变之中。从这个角度讲，形式是积极主动的，只要那里有质料和形式的"参合"，那里就必然会产生运动。刘牧不是亚里士多德，但刘牧的"式图"宇宙模式只有用亚里士多德的"二因说"才能解释清楚。对此，我们可以分作两个相互联系的层面看，第一个层面展现的是宇宙万物由潜能向现实转化的过程，刘牧说："太极者，一气也。天地未分之前，元气混而为一，一气所判，是曰两仪"②；他又说："万物之本有生于无，著生于微。万物成形，必以微"③，而"有生于无"是老子提出来的著名命题，学界对于这个命题尽管存在着不同的看法，但刘牧认为"无"是一种"微"，却是很有见地的观点。因为"无"既然是一种"微"状态，那么这种"微"状态就可理解为"潜能"，而且也只有把它理解为"潜能"才能在理论上说得通。由此看来，"气混而为一"即为"潜能的质料"，而"两仪"就是"现实的形式"。所以，刘牧说："易有太极，是生两仪，两仪生四象，四象生八卦。八卦成列，象在其中矣"④，按照上面的理解，这段话可作这样的解释：太极本身既是潜能又是质料，生是质料和形式、潜能和现实的统一体，而两仪则既是现实又是形式，依次类推，整个宇宙就是"一个从质料到形式，从潜能到现实的统一过程，它构成一个从低到高逐渐上升（也可看作是由微到著的过程，引者注）的等级阶梯式的体系，其中高一级的事物就是低一级的事物的形式，低一级的事物就是高一级事物的质料"⑤。这么看来，西方的思维方式跟中国的传统思维方式并非格格不入，两者具有通约性，所以就刘牧的宇宙生成思想与古希腊的形而上学暗合或两者可共置于同一个解释系统里这一点来看，北宋确实可称作是一个理性时代。

（三）"图数之学"对易科技思想的发展与张扬

有一种观点认为：《左传》曾说"有形而后有象，有象而后有数"，其形、象、数的次序即成为中国传统象数学的基本原则，而刘牧根据宋初易科学发展的实际把《左传》的形、象、数次序调整为数、象、形的次序，即"形由象生，象由数设"，以此为基础，他建立了一个先天象数学体系。⑥正如前面所言，笔者不同意这个看法。理由是：第一，刘牧肯定了数与象相符合的客观性，他说："数与象合位，将卦偶不盈不缩，符于自然，非人智所能设之也"⑦，所以这里所说的"设"就完全排除了人类知性之所为，故"象由数设"之"设"就只能是物质世界自身的一种分化能力，既然是物质世界自身的分化能力，

① [英]罗素：《西方哲学史》上卷，北京：商务印书馆，1991年，第217页。
② （宋）刘牧：《易数钩隐图》卷上《太极生两仪第二》，《易学象数图说四种》，第10页。
③ （宋）刘牧：《易数钩隐图》卷中《七日来复第四十六·论中》，《易学象数图说四种》，第36页。
④ （宋）刘牧：《易数钩隐图》卷中《离生姤卦第四十四》，《易学象数图说四种》，第33页。
⑤ 陈修斋等：《欧洲哲学史稿》，武汉：湖北人民出版社，1984年，第61页。
⑥ 王风：《刘牧的学术渊源及其学术创新》，《道学研究》2005年第2辑。
⑦ （宋）刘牧：《易数钩隐图》卷下《龙图龟书·论下》，《易学象数图说四种》，第47页。

那么就应当是先有物质世界，然后才有物质世界的分化作用，可见刘牧易科技思想的突出之点并不在于其强调象数的先在性，而是在于他赋予了象数以能动性。第二，数的能动性不是无条件的，而是数只有跟天地相配合才能发挥它的能动作用，刘牧说："易有太极，是生两仪"①，这里的两仪即是指"天地"，那为什么《易传》称两仪而不称天地呢？刘牧的解释是："盖以两仪则二气始分，天地则形象斯著，以其始分两体之仪，故谓之两仪也"②，按照物质世界"由微至著"的演变规律，有天地然后才有象数，刘牧说："夫太极生两仪，两仪既分，天始生一，肇其有数也。"③可见，天地在时间上先于象数，之后天地与数象结合便生成了宇宙万物，其具体生成过程已见前述。

不过，笔者需要强调的是，"若二气交，则天一下而生水"④一句话，讲的正是天地生成过程中的"微"状态。用刘牧自己的话说，就是"五行之体，水最微为一"⑤。先有"为一"，然后才有火二、木三、金四、土五，因此五行如果不能跟"一、二、三、四、五"这五个"生数"相结合，它就无法实现其向产生世界万物的彼岸的跨越；再者，"大衍之数"不是产生天地与四象的原因，而是天地与四象相互联系和相互作用的结果，李零先生认为："'大衍之数'实际上是一种十进制的'数位组合'。"⑥由此可见，当"数"作为形式因而成为物质世界的本质时，它便完全地被人类化了，而作为人类思维的创造物，数显然是后起的。

从科技思想的角度说，科学的本质特征就是运用一定的知识范畴或概念、定理等思维形式来反映物质世界运动变化的内在必然性。虽然以直观思维为基础的易科学与以逻辑思维为基础的希腊科学在对自然界的解释方面存在着较大的差异，但两者把概念作为科学认识的前提却是共同的和一致的。在这方面，刘牧的易科技思想表现得尤其突出。归纳起来，刘牧在易科技思想研究方面的主要贡献有三点：

第一，提出了"位点"的概念。刘牧在谈到他撰写《易数钩隐图》的目的时说："夫注疏之家，至于分经析义，妙尽精研，及乎解释天地错综之数，则语惟简略，与《系辞》不偶，所以学者难以晓其义也。今采摭天地奇偶之数，自太极生两仪而下，至于复卦，凡五十五位，点之成图。于逐图下各释其义，庶览之者易晓耳。"⑦尽管刘牧之后，宋代的易学家并没有很好地理解"位点"这个概念，甚至其末流近于游戏，但刘牧却是十分认真地来思考和应用"位点"来说明物质世界及人类自身的发展变化的。在刘牧的视野中，"位点"包含着两种意义：一是"位点"即位置之义，如刘牧说："且夫七、八、九、六之数，以四位合而数之，故老阳四九则三十六也，少阳四七则二十八也，老阴四六则二十四

---

① （宋）刘牧：《易数钩隐图》卷上《太极生两仪第二》，《易学象数图说四种》，第10页。
② （宋）刘牧：《易数钩隐图》卷上《太极生两仪第二》，《易学象数图说四种》，第10页。
③ （宋）刘牧：《易数钩隐图》卷上《其用四十有九第十六》，《易学象数图说四种》，第19页。
④ （宋）刘牧：《易数钩隐图》卷上《太极生两仪第二》，《易学象数图说四种》，第10页。
⑤ （宋）刘牧：《易数钩隐图》卷中《七日来复第四十六·论中》，《易学象数图说四种》，第36页。
⑥ 李零：《"式"与中国古代的宇宙模式》，《中国文化》1991年第1期，第17页。
⑦ （宋）刘牧：《易数钩隐图序》，《易学象数图说四种》，第8页。

也，少阴四八则三十二也。"①在此，位就是位置，由于位置的变化而使四个数两两组合，从而产生了不同的结果。单纯从表面上看，数的位置变化对实际生活并没有多大意义。其实不然，因为易学的最终目的不是数字游戏，而是要"以通神明之德，以类万物之情"②。在自然界中，位置的移动和变化可引起事物形状或性质的变化，反过来，事物形状或性质的变化又可通过其位置的变动而体现出来。如人与大猩猩血红蛋白分子的 α-肽链，有 140 个氨基酸的位置排列完全一致，不同的却只有一个，即第 23 个位置上，人是谷氨酸，而大猩猩则是天门冬氨酸。③在自然界中，有许多物质由于其组成元素所处位置的不同而呈现顺式和反式两种不同的几何结构，如顺、反 1，2-二溴乙烯的几何异构体，而手性分子（具有左、右手性质的分子称为手性分子）的化学结构在空间位置上则正好相反等等。众所周知，核酸是生物遗传和变异的物质基础，而组成 DNA 分子的碱基虽只有 4 种，但其排列顺序可以千差万别，且因 DNA 分子内储存着生命的遗传信息，故它决定了自然界生物的多样性。从这层意义上说，每一个位点都包含着至少一个特殊的信息，而开展对生物分子位点的研究就成为当今生物学发展的主要方向。可惜，由于时代的局限性，刘牧当时还不可能将他的图数学同生命现象联系起来。莱布尼茨以 19 世纪的科学发展为背景，竟然从邵雍的"先天卦序图"中看到了里面所包含的二进制信息。这个事实提示我们，对待刘牧的图数学绝不能就图数而论图数，因为那样就不可避免地会失去或遮蔽掉其中所蕴藏着的文化信息。二是"位点"即秩序之义，刘牧说：

> 数之所起，起于阴阳，阴阳往来，在于日道。十一月冬至，以及夏至，当为阳来。正月为春，木位也，日南极，阳来而阴往。冬，水位也，当以一阳生为水数。五月夏至，日北极，阴进而阳退。夏，火位也，当以一阴生为火数。但阴不名奇数，必六月二阴生为火数也。是故易称乾贞于十一月，坤贞于六月，来而皆左行。由此冬至以至夏至，当为阳来也。正月为春，木位也，三阳已生，故三为木数。夏至以及于冬至，为阴进。八月为秋，金位也，四阴以生，故四为金数。三月春之季，土位五阳以生，故五为土数。④

从历史上看，北宋初建之时，面临着如何从"五代之衰乱"⑤的阴影中走出来的问题，当然新王朝的建立也需要一个更加理性化的"位点"，用葛兆光先生的话说，即需要"确立自己的合法性"⑥，而对各封建王朝来说，其最大的合法性就是顺应五行流转之位，《晋书·天文志》引《蜀记》的话说：

> （魏）明帝问黄权曰："天下鼎立，何地为正？"

---

① （宋）刘牧：《易数钩隐图》卷上《七八九六合数第二十一》，《易学象数图说四种》，第 22 页。

② 《周易·系辞下》，陈戍国点校：《四书五经》上，第 201 页。

③ 俞佩琛：《达尔文主义遇到的新问题》，《自然杂志》1982 年第 1 期。

④ （宋）刘牧：《易数钩隐图》卷中《七日来复第四十六·论中》，《易学象数图说四种》，第 36 页。

⑤ 《宋史》卷 98《礼一》，第 2421 页。

⑥ 葛兆光：《中国思想史》第 2 卷《七世纪至十九世纪中国的知识、思想与信仰》，上海：复旦大学出版社，2001 年，第 171 页。

答曰："当验天文，往者荧惑守心而文帝崩，吴、蜀无事，此其征也。"①

这里所谓"正"实际上就是指其能体现其合法性的"位点"，对此，说它是愚弄百姓也好，自我麻醉也罢，总而言之，这是历代封建帝王的一种普遍心理。因此，"天子有灵台者，所以观祲象，察气之妖祥也"②。"灵台"其实就是通天之地，既然如此，那些帝王自然非垄断它不可，故太平兴国二年（977），宋太宗诏令禁止私习天文③，而宋初象数学所要论证的恰恰是北宋皇帝之所求，所以《河图》《洛书》被宋人重新发现，并迅速发展成为一种学术潮流，实有其深刻的政治根源。据宋代星象家的推演，宋朝的天位以五行的流转次序来看是为火，由此五行之火就获得了神圣不可侵犯的地位，以至于当苏颂把他制造好的浑天仪象命名为"水运仪象台"后，竟然遭到某些朝中大臣的强烈反对，理由是："宋以火德王天下，所造浑仪其名'水运'，甚非吉兆。"④

第二，对"河图""洛书"作了准科学化处理，使其从纯粹的星占学中解放出来，并重新以图书学的面目来再现它的科学价值和知识意义。河图、洛书是先秦"日者"占筮的产物，虽然河图、洛书不是原《周易》书中所有而是汉代以后的易学家增补的，但它却反映了中国古代数理由二进制向十进制转变的历史趋势，是"日者"从方圆（即《周易·系辞上》所说："筮之德圆而神，卦之德方以知"）两用菱形布局的"四四一十六"卦中衍生出来的一个科学成果。可惜，直到刘牧之前，河图、洛书始终跟占卦粘贴在一起，其科学性被深深地掩盖在"神道设教"之下，不得光明。而刘牧的可贵之处就在于他对河图、洛书作了新的解释，在他看来，"见乃谓之象，形乃谓之器"⑤，不仅对阴阳五行是适用的，而且对河图、洛书也是适用的，他说：

> 见乃谓之象，《河图》所以示其象也。形乃谓之器，《洛书》所以陈其形也。本乎天者亲上，本乎地者亲下，故曰：河以通乾出天，洛以流坤吐地。易者，韫道与器，所以圣人兼之而作。《易经》云：河出图，洛出书，圣人则之，斯之谓矣。且夫《河图》之数，惟四十有五，盖不显土数也。不显土数者，以《河图》陈八卦之象，若其土数，则入乎形数矣，是兼其用而不显其成数也。《洛书》则五十五数，所以成变化而著形器者也。故《河图》陈四象而不言五行，《洛书》演五行而不述四象。⑥

这样，河图、洛书就被刘牧纳入到了象、形的范畴之内，从而把河图、洛书真正地变成了科学研究的对象，而不独为占筮所垄断。其中所谓"洛书演五行而不述四象"是就"形而下"的层面来说的，故"形而下"在易学家的思维世界里是指人们所生活的物质世界，它具有直接的现实性，因而它的外在形态就是"器"。而所谓"河图陈四象（如东、

---

① 《晋书》卷13《天文志》，北京：中华书局，1974年，第362页。

② （汉）郑玄笺，唐孔颖达疏：《毛诗注疏》卷23《大雅·皇矣八章章十二句》，《景印文渊阁四库全书》第69册，第737页。

③ （宋）李焘：《续资治通鉴长编》卷18"太平兴国二年十月丙子"条，第158页。

④ （清）徐松辑，刘琳等校点：《宋会要辑稿》运历2之13，第2712页。

⑤ 《周易·系辞上》，陈成国点校：《四书五经》上，第199页。

⑥ （宋）刘牧：《易数钩隐图》卷中《七日来复第四十六·论中》，《易学象数图说四种》，第37页。

南、西、北，引者注）而不言五行"则是就"形而上"的层面来说的，故"形而上"在易学家的思维世界里是指人们所生活的潜在物质世界，它不具有直接的现实性，其"见乃谓之象"之"见"应理解为物质从潜能转化到现实的过程，因而它的表现形式就是"象"。于是，刘牧的"河图陈四象而不言五行"就成为宋代科技思想发展的基本理论前提，其实早在西汉时刘向就将易学分成两支：阴阳说与五行说。而五行说主要跟占术相联系，他们用于占验时日的工具是各种演式，如九宫、太乙、六壬等。钱宝琮先生说："刘牧撰写《易数钩隐图》以九宫数为'河图'。"[1]而黄克剑先生认为刘牧的"河图"图象就是从明堂九室的建筑形式中抽象出来的。[2]所以，在此基础之上，刘牧把"河图"理解为一种形式因。也许因为这个缘故，后来的邵雍以及清代的胡煦才将其称作"先天之象"。与此相应，洛书是为后天易。在刘牧的图书学思想体系里，洛书可分成"五行生数"和"五行成数"两个部分，本来五行在宋代之前主要用于占算，它本身给科学留下的空间并不多，但刘牧通过河图而将五行说中的占算因素统统吸收了过去，使之成为一种纯粹的思维形式。而洛书则仅仅保留下其技术性的积极因素，于是它就变成了宋代技术科学发展的指南，所以就洛书的性质而言，它的实用价值大于河图。从表面上看，生数1、2、3、4、5与成数6、7、8、9、10，在排序时似乎随意性较大，其实不然，因为生数和成数需要"演五行而不述四象"，所以刘牧说：

> 一曰水，二曰火，三曰木，四曰金，五曰土。则与龙图五行之数之位不偶者，何也？答曰：此谓陈其生数也。且虽则陈其生数，乃是已交之数也。下篇分土王四季，则备其成数矣。且夫洛书九畴惟出于五行之数，故先陈其已交之生数，然后以土数足之，乃可见其成数也。[3]

刘牧在《易数钩隐图》中所给出的洛书如图1-5所示：

2，7（火）

3，8（木）5，10（土）4，9（金）

1，6（水）

图1-5　天地之数生合五行图（即刘牧的"洛书"）

在这个数图中，其生数与成数的组合规律是：1与6配水，位居北方（古人以上南、下北为方位之约定，跟我们今天的约定正好相反）；2与7配火，位于南方；3与8配木，位于东方；4与9配金，位于西方；5与10配土，位于中央。按照《洪范》五行的位序"水、火、木、金、土"，其"天地生成数图"的结构与布局关系是："天五运乎变化，上驾天一，下生地六，水之数也；下驾地二，上生天七，火之数也；右驾天三，左生地八，木之数也；左驾地四，右生天九，金之数也。地十应五而居中，土之数也。"[4]在刘牧看来，只

① 中国科学院自然科学史研究所编：《钱宝琮科学史论文选集》，第585页。
② 黄克剑：《〈周易〉"经"、"传"与儒、道、阴阳家学缘探要》，《中国文化》1995年第2期，注32。
③ （宋）刘牧：《易数钩隐图》卷下《洛书五行成数第五十四》，《易学象数说四种》，第43页。
④ （宋）刘牧：《易数钩隐图》卷中《七日来复第四十六·论中》，《易学象数说四种》，第37页。

有这样的结构布局，才能著形数而成"器"，才能构成生动丰富的物质世界。由于"土王四季，则备其成数"，故通过"土"，从 1，6 水开始左旋可生成相生的关系，即水生木、木生火、火生土、土生金、金生水，如此循环，周而复始。同理，从 1，6 水开始右旋则有隔代相克的法则，如水克火、火克金、金克木、木克土、土克水。但在刘牧的"洛书"里，其五行的相克关系寓于相生关系之中，所以，突出五行的相生关系就构成了刘牧易科技思想的核心。刘牧明确地说："洛书九畴惟出于五行之数"①，且洛书为九畴之母，九畴为洛书之子。易学家叶继业也认为："大禹作九畴，乃是根据洛书而成。"②从历史上看，大禹作九畴而取得了治水的成功，显见洛书对治理国家的重要性。刘牧生活的时代恰好是宋初百废待兴的时期，社会、经济、政治、思想等各方面尚待秩序化和规范化，尤其需要"奉天承运"及其"天地生成数图"理论的支持，故聂崇义不失时机地提出：宋朝"以火德上承正统，膺五行之王气"③，而刘牧在解释"天地生成数图"时也格外强调"洛书九畴惟出于五行之数"的意义，这恐怕不是偶然的巧合，它应是回荡于当时整个士大夫阶层中的一种很响亮的呼声，刘牧只不过是把它加以理论化和系统化而已。当然，用现在的眼光回过头去看，刘牧的图书学思想不仅具有特定的政治功能，而且也有着积极的科学价值，如他说："人之生也，外济五行之利，内具五行之性。五行者，木、火、土、金、水也。木性仁，火性礼，土性信，金性义，水性智，是故圆首方足，最灵于天地之间者，蕴性是也。"④元代学者张理曾说："河图四正之体也，以×交十*则四正，四隅者，洛书九宫之文也，顺而左还者，天之圆，浑仪历象之所由制；逆而右布者，地之方，封建井牧之所由启。以圆函方〇、以方局圆〇，则范围天地之化而过，曲成万物而不遗矣。唯人者天地之德，阴阳之交，鬼神之会，×行之秀气也。身半以上同乎天，身半以下同乎地，头圆足方……是知易即我心，我心即易。"⑤这就是说人亦体现着"方圆图"的结构变化，所以有人认为："'方圆图'的原理，主为日地关系……它说明的则是生命的基本规律，属物质存在的最基本范畴。'圆方图'原理，主为天地关系。曲成万物，它说明生命在宏观世界中的整体性和复杂性，是物质变化的最基本素材。"⑥

　　第三，以点（即●和○两个符号）画图，使人类的知识解释学尤其是陈述自然科学的原理趋于直观化，它实际上已经开启了近代科学的一种捷径，是中国古代科学发展到宋代之后所出现的一次重大思想飞跃。考刘牧的《易数钩隐图》，其中共有 53 个点画图，可见，刘牧在创造这些点画图时，他是自主的和认真的，也许他在做这项工作时，根本没有意识到它的科学价值和科学意义，但他用最直观和最简单的符号来说明最深刻和最复杂的自然现象，其思维意图是清晰的，而他给近现代科学发展所带来的方便也是不言而喻的。

---

①　（宋）刘牧：《易数钩隐图》卷下《洛书五行成数第五十四》，《易学象数图说四种》，第 43 页。

②　叶继业：《易理述要》，台北：黎明文化事业股份有限公司，1988 年，第 184 页。

③　（宋）李焘：《续资治通鉴长编》卷 4"乾德元年十二月乙亥"条，第 43 页。

④　（宋）刘牧：《易数钩隐图》卷上《人禀五行第三十三》，《易学象数图说四种》，第 27 页。

⑤　（元）张理：《易象图说内篇序》，《道藏》第 3 册，北京：文物出版社；上海：上海书店出版社；天津：天津古籍出版社，1988 年，第 222—223 页。

⑥　江国樑：《周易原理与古代科技——八卦的剖析及其实际应用》，厦门：鹭江出版社，1990 年，第 386 页。

如化学分子式就主要是用点画图的形式来表现的，人类的遗传系谱也是用点画图形式来说明的，等等。由于自然现象的复杂性和多样性，光靠点画图也不能解决所有问题，所以刘牧在应用点画图时没有忘记文字释义，因此，把点画图跟文字释义结合起来去深入而具体地说明运动变化发展的物质世界，就构成了刘牧著述的特点，而它在某种程度上可以看作是近现代科学著作诞生的真正雏形。

（四）"合而生"的科学思维特征

《周易》的概念和范畴主导着中国古人的思维世界，它甚至渗透到国民日常生活的各个方面，因而成为人们认识自然界与人类自身的基本范式。然而，由于易学家对《周易》这个文本的解读存在着历史与个体差异，所以面对同一个对象人们可能就会出现五花八门的属于自我意会性的书写与解说。从这种意义上讲，把自我意会性的书写与解说作为阐释易学家思想的出发点或者切入口，人们就能看到其丰富的学术个性，就能看到其历史的真实和思想的光辉。刘牧的科学思维渊源于易学，但他有自己的语言和个性化的概念，其中"合而生"就是具有个性化的基本概念和思维方法之一。

什么叫"合而生"？刘牧说："五行之物，则各含一阴一阳之气而生也。所以天一与地六合而生水，地二与天七合而生火，天三与地八合而生木，地四与天九合而生金，天五与地十合而生土，此则五行之质，各禀一阴一阳之气耳。"①可见，所谓"合"即是指阴阳的相互作用和相互影响，"生"指孕育或产生出新的事物，是事物一种存在状态向另外一种存在状态的转变或过渡。在刘牧的视野里，不仅自然界是"合而生"的产物，而且人类也是"合而生"的结果。他说："所谓兼三才而两之，盖圣人重卦之义也，非八纯卦之谓也。三才，则天、地、人之谓也。两之，则重之谓也。上二画为天，中二画为人，下二画为地，以人合天地之气生，故分天地之气而居中也。"②在这里，我们必须强调两点：其一，"合而生"不是一个静态的概念，它所展示出来的应当是事物产生和发展的过程，如刘牧认为物质世界开始于太极或者说是气，而气本身却是阴与阳的结合体，然后就像细胞分裂似的产生了两仪，即天地，接着天地"合而生"五行，五行"合而生"万物；其二，"合而生"作为事物产生和发展的过程，它的运动变化不是直线式的而是呈曲线状，因而人们就可以找到它的切点，可以将它分成阶段。首先，刘牧用天数与地数相合而生成五行，那么，天数和地数究竟包含着什么道理呢？刘牧说："天一，地二，天三，地四，此四象生数也"③，而这生数就是天地"未交之时"④的状态，换言之，就是指物质的生发阶段；而在天五的作用下，天地的生数进而转变为成数，刘牧解释说："《经》虽云四象生八卦，然须三、五之变易，备七、八、九、六之成数，而后能生八卦而定位矣。"⑤故"二

① （宋）刘牧：《易数钩隐图》卷上《坤独阴第二十七》，《易学象数图说四种》，第25页。
② （宋）刘牧：《易数钩隐图》卷中《三才第四十五》，《易学象数图说四种》，第34页。
③ （宋）刘牧：《易数钩隐图》卷上《天五第三》，《易学象数图说四种》，第10页。
④ （宋）刘牧：《易数钩隐图》卷上《太极生两仪第二》，《易学象数图说四种》，第10页。
⑤ （宋）刘牧：《易数钩隐图》卷上《天五第三》，《易学象数图说四种》，第10页。

气交，则天一下而生水，地二上而生火，此则形之始也"①。显而易见，这个"成数"就是指天地"参合"后的状态，换言之，就是指物质的成形阶段。

而为了说明事物"合而生"的过程，刘牧在他的思想体系里又引入了"分"的概念。刘牧说：

> 且夫四正之卦，所以分四时十二月之位，兼乾、坤、艮、巽者，所以通其变化。因而重之，所以效其变化之用也。观其变化之道，义有所宗。故其复卦生于坎中，动于震上，交于坤，变二震、二兑、二乾而终。自复至乾之六月，斯则阳爻上生之义也。姤卦生于离中，消于巽下，交于乾，变二巽、二艮、二坤而终。自姤至于坤之六月，斯则阴爻下生之义也。自复至坤凡十二卦，主十二月。卦主十二月，中分二十四气，爻分七十二候，以周其日月之数。是故离、坎分天地，子午以东为阳，子午以西为阴。若夫更错以他卦之象，则总三百八十四爻，所以极三才之道。②

在《易数钩隐图遗论九事》卷2《重六十四卦推荡诀》中，刘牧进一步给出了十二个月与十二辟卦的关系。一般而言，天开于子，地辟于丑，人生于寅。此外，依照分宫卦象图的规则，乾坎艮震为阳四宫，巽离坤兑为阴四宫。所以，十一月为子，在十二辟卦中属复卦，其经过六个阶段的演变，阳气逐渐上升到巳之乾卦，即四月；五月为午，在十二辟卦中属姤卦，由于它已进入阴四宫的演变，其阴气取得主导地位，直到亥之坤卦，即十月。在中国古代，"四时时令将一年十二月四分、八分、十二分、二十四分，是属于四分、八分、十二分的系统"③，其划分的依据都源自中国古老的"四分时制"，而刘牧的"分"显然是继承了中国古代的这种分时思想，他用"四分法"将每个月四等分，并分别以杂卦名之，如十一月四分为"中孚、蹇、未济、颐"，十二月分"升、睽、谦、屯"，正月分"渐、益、小过、蒙"，二月分"解、晋、随、需"，三月分"革、蛊、讼、豫"，四月分"小畜、比、师、旅"，五月分"咸、井、家人、大有"，六月分"履、涣、丰、鼎"，七月分"损、同人、节、恒"，八月分"贲、大畜、萃、巽"，九月分"困、明夷、无妄、归妹"，十月分"大过、噬嗑、既济、艮"。④四分法是人类科技思想发展史上最基本的分类方法之一，如四方（东、南、西、北）、四季（春、夏、秋、冬）、四象（青龙、朱雀、白虎、玄武）、四角（左上、右下、右上、左下）、四则（乘、除、加、减）、四声（平、上、去、入）等。不过，刘牧在阐释"分"的概念时，不自觉地陷入了下面的两难境地：一方面，刘牧把"水火未济"看作六十四卦序的最后，其意是说宇宙生命永远没有结束，它本身具有无限性；但是另一方面，刘牧又认为地球上的物种存在着定数，其生物资源也是有限的，因而就形成了一个逻辑悖论。他说："是以既济九三、九五失上下之节，戒小人之勿用也。未济九四、六五得君臣之道，有君子之光者也。大哉！圣人之教

---

① （宋）刘牧：《易数钩隐图》卷上《太极生两仪第二》，《易学象数图说四种》，第10页。
② （宋）刘牧：《易数钩隐图》卷中《坎生复卦第四十三》，《易学象数图说四种》，第33页。
③ 李零：《"式"与中国古代的宇宙模式》，《中国文化》1991年第1期。
④ （宋）刘牧：《易数钩隐图》卷下《重六十四卦推荡诀第二》图，《易学象数图说四种》，第49页。

也。既济则思示济之患，在未济则明慎居安以俟乎时，所以未济之始承既济之终。既济之终，已濡其首，未济之始，尾必濡矣。首尾相濡，终始迭变，循环不息，与二仪并。"①这段话的意思是说，地球生命的无限繁衍绝不是无条件的，它以某个基数为底线，这个底线用孔颖达的话说就是"阴阳总合万有一千五百二十，当万物之数也"②，刘牧亦持此论。那么，这个"万物之数"究竟应该怎样理解？学界可能有各种各样的说法，但笔者认为，孔颖达、刘牧等先贤，他们在此绝不是从生物统计的意义上来立言的，因为地球上的生物到底有多少种？恐怕今天还没有一个人能说得清楚，更何况远在唐宋时期的学者。实际上，刘牧等人如此强调"万物之数"，其目的无非就是要求人们应有一种生态理念，从方法论的角度把生物资源的无限性与有限性结合起来，警惕因"小人"不戒而造成天地关系的"上下失节"，即生态的失衡，以致给整个人类的生存带来不可挽回的灾难性后果。

进一步说，孔颖达、刘牧等人的"合"观念，从本质上看应是对阴阳对待思维的一种概括和总结。以此为前提，就在宋初历史地形成了以奇偶二数和圆方二形两元互补为特征的象数思维方法。刘牧说："乾画，奇也。坤画，偶也。且乾、坤之位分，则奇偶之列（阙）阴阳之位序矣。"③又说："夫三画所以成卦者，取天地自然奇偶之数也。乾之三画而分三位者，为天之奇数三，故画三位也。地之偶数三，亦画三位也。余六卦者，皆乾、坤之子，其体则一，故亦三位之设耳。"④在刘牧看来，天地万物都是由奇偶二数组成的，而奇偶二数作为矛盾着的两个方面，普遍地存在于事物的产生和发展过程之中，"独阴、独阳且不能生物，必俟一阴一阳合，然后运其妙用，而成变化"⑤。尤其是刘牧把事物的矛盾运动看成是事物本身固有的特点，认为"天地养万物以静为心，不为而物自为，不生而物自生"⑥。在《易数钩隐图》卷上《太极第一》里，刘牧把太极画成一个含有阴阳的圆，象征天，而"河图""洛书"则都画作方形，象征地和万物，刘牧这样做的用意除了一般地延续中国古老的天圆地方即"轻清而圆者，天之象也。重浊而方者，地之象也"⑦的观念外，在他的思想体系里，似乎还有一种功能，那就是用它来说明地动现象。从历史上看，汉代的《易纬》最早提出了"天左旋，地右转"的命题，而刘牧十分明确地把地球公转一周看成是四季形成的原因，他说："若夫建子之月，天轮左动，地轴右转，一气交感，生于万物。明年冬至，各反其本。本者，心也。以二气言之，则是阳进而阴退也。夏至阳气复于巳，冬至阴气复于亥，故谓之反本。"⑧在这里，所谓"天轮左动"应是指地球围绕太阳的公转，它的转动方向由于是自西向东，所以可看作是"左动"，而"地轴右转"则应是地球以自己体内一直线为轴的旋转，它的运转方向在南北极上空所见是不同

①　（宋）刘牧：《易数钩隐图遗论九事·卦终未济第七》，《易学象数图说四种》，第54页。

②　（唐）孔颖达：《周易正义》，北京：中国书店，1987年影印本，第8页；刘牧：《易数钩隐图》卷中《七日来复第四十六·论下》，《易学象数图说四种》，第38页。

③　（宋）刘牧：《易数钩隐图》卷上《乾画三位第二十二》《坤画三位第二十三》，《易学象数图说四种》，第23页。

④　（宋）刘牧：《易数钩隐图》卷中《三才第四十五》，《易学象数图说四种》，第34页。

⑤　（宋）刘牧：《易数钩隐图》卷上《坤独阴第二十七》，《易学象数图说四种》，第24页。

⑥　（宋）刘牧：《易数钩隐图遗论九事·复见天地之心第六·论下》，《易学象数图说四种》，第53页。

⑦　（宋）刘牧：《易数钩隐图》卷上《太极生两仪第二》，《易学象数图说四种》，第10页。

⑧　（宋）刘牧：《易数钩隐图遗论九事·复见天地之心第六·论上》，《易学象数图说四种》，第53页。

的，其中从北极上空看，地球作逆时针（即左转）转动；相反，从南极上空看，地球则作顺时针（即右转）转动。当然，刘牧在当时的历史条件下，不可能亲自到南极去实地考察地球的自转方向，他的"地轴右转"说完全是一种推测。虽是推测，但他正确地解释了一年四季的形成原因，对于推动宋代天文学的发展毕竟具有极其重要的理论价值和现实意义。

二、图书学派对北宋科技思想发展的影响

刘牧是北宋图书学派的真正创始人，他的思想在宋仁宗时期就已造成了广泛的社会影响。在他的影响之下，有不少年轻学者对易学中的图数问题发生了兴趣，有的甚至由此而成为北宋图书学的巨擘，如邵雍即是一例。还有的学者以刘牧的学说为底本，颠倒而立，形成与刘牧意见相左的一派学说，如李觏就是这个方面的典型代表。下面就以邵雍和李觏为例来具体探讨刘牧的图书学思想在宋学发展中的地位及其对北宋科技文化发展的实际作用和影响。

（一）刘牧图书学思想对邵雍学术的影响

在宋代理学史上，人们普遍认为邵雍的学术直接承接于李之才，其实际情况要比书本上所载复杂得多。因为中国古人太注重"一脉相承"的师承谱系了，所以有时人们竟忽略了学术本身的发展规律，学术不是一座孤岛，也不是一个人或师生几个人把门关起来所能成就的事业，而是人类特殊的思想文化现象，任何人的思想无不是诸多学派和个人相互吸纳、相互渗透和相互作用的产物和结果。邵雍亦复如此，张岷在述及邵雍的学术渊源时曾说："先生少事北海李之才挺之，挺之闻道于汶阳穆修伯长，伯长以上虽有其传，未之详也。"[①]前面说过，南宋朱震所编撰的易学传承谱系并不可靠，他说：

> 陈抟以《先天图》传种放，放传穆修，穆修传李之才，之才传邵雍。放以《河图》《洛书》传李溉，溉传许坚，许坚传范谔昌，谔昌传刘牧。[②]

朱震这个谱系说穆修的学术直接来源于种放，而张岷则说不可知。朱震又说刘牧之学远绪李溉，而陈振孙《直斋书录解题》则"或言刘牧之学出于谔昌，而谔昌之学亦出种放，未知信否？"经郭彧、王风等先生考证，刘牧卒于庆历之前，当其学说在宋仁宗朝盛行时，邵雍不过 30 岁左右，甚至被后人称作理学鼻祖的周敦颐也不过 20 多岁，所以"他们接触到刘牧的图书学，乃至受到图书学的影响，几乎是不可避免的"[③]。《宋史·邵雍传》说：

> 北海李之才摄共城令，闻雍好学，尝造其庐，谓曰：'子亦闻物理性命之学乎？'雍对曰："幸受教。"乃事之才，受《河图》、《洛书》、宓羲八卦六十四卦图像。

---

① （宋）张岷：《邵雍行状略》，（明）徐必达辑：《邵子全书》附录，明徐必达刻本。
② 《宋史》卷 435《朱震传》，第 12908 页。
③ 王风：《刘牧的学术渊源及其学术创新》，《道学研究》2005 年第 2 辑。

之才之传，远有端绪，而雍探赜索隐，妙悟神契，洞彻蕴奥，汪洋浩博，多其所自得者。①

其中邵雍所受之"河图""洛书"，很可能就是刘牧所传之图书学。理由如下：

第一，在形与象的关系问题上，邵雍与刘牧的观点十分接近。刘牧在《易数钩隐图》中曾说"形由象生，象由数设"，与此相关，邵雍在《皇极经世书·观物外篇上》里提出了一种貌似异于刘牧的新论点。邵雍说："象起于形，数起于质。"②所谓"质"即象表现出来的高、下、明、暗、鼓、舞、通、塞等可以用数来表示的性质。③而刘牧"象由数设"的基本内涵也是指用天地生成数来表示世界万物的性质，用刘牧的话说就是"四象附土数而成质"④，两者的意指大同小异。另外，在邵雍和刘牧看来，"形由象生"或"象起于形"都仅仅是宇宙万物发展的一个阶段，"象"并不是宇宙万物生成的最初原因。刘牧说："太极无数与象。今以二仪之气，混而为一以画之"⑤，然后"太极生两仪（即天地）"，接着天地产生了"生数"与"成数"，"天地之数既设，则象从而定也"⑥，象既定则"著乎形数"，故曰："地六而下谓之器也。"⑦如果把刘牧的思想加以凝炼，就变成了邵雍的学说："太极不动，性也。发则神，神则数，数则象，象则器。"⑧可见，刘牧跟邵雍在宇宙万物的生成序列上亦大同小异。而出现这种雷同情况从逻辑上讲则有两种可能：要么两者来源于同一学者，要么后者吸纳了前者的思想精华。根据朱震的谱系，刘牧与邵雍的学术渊源不同，所以最大的可能是作为晚辈的邵雍吸收了作为长辈的刘牧的象数思想。

第二，李觏在《删定易图序论》中有两处把刘牧跟邵雍对举，从文本的语言背景分析，邵雍的象数学思想确实受到了刘牧的影响。李觏的《删定易图序论》完成于庆历七年（1047），此时刘牧已经故去，但社会上乐于治其图书学的人为数不少，用李觏的话说就是"世有治《易》根于刘牧者"，说明刘牧的学说在当时颇有社会声势，有鉴于此，李觏乃"购牧所为易图五十五首"。⑨由于刘牧是前辈，且其思想的影响力亦较大，故李觏对他的批判就毫无情面，并称其"大惧诖误学子，坏斁世教"⑩。相反，李觏对待同时代的邵雍则要客气得多，如《删定易图序论》之"论三"问道："康伯（即邵雍）以为太极，刘氏以为天一，何如？"李觏答曰："太极与虚一相当，则一非太极而何也！"⑪在这里，李觏肯定了刘牧与邵雍思想的一致性，后面紧接着李觏又对邵雍的"无不可以无明，必因于

① 《宋史》卷 427《邵雍传》，第 12726 页。
② （宋）邵雍著，郭彧、于天宝点校：《皇极经世书》卷 12《观物外篇上》，第 1209 页。
③ （宋）邵雍撰，李一忻点校，王从心整理：《皇极经世》卷 64《观物外篇下》，北京：九州出版社，2003 年，第 593 页。
④ （宋）刘牧：《易数钩隐图》卷中《七日来复第四十六·论中》，《易学象数图说四种》，第 37 页。
⑤ （宋）刘牧：《易数钩隐图》卷上《太极第一》，《易学象数图说四种》，第 9 页。
⑥ （宋）刘牧：《易数钩隐图》卷上《地四右生天九第八》，《易学象数图说四种》，第 13 页。
⑦ （宋）刘牧：《易数钩隐图》卷中《七日来复第四十六·论中》，《易学象数图说四种》，第 37 页。
⑧ （宋）邵雍撰，李一忻点校，王从心整理：《皇极经世》卷 64《观物外篇下》，第 593 页。
⑨ （宋）李觏撰，王国轩校点：《李觏集》卷 4《删定易图序论》，北京：中华书局，1981 年，第 52 页。
⑩ （宋）李觏撰，王国轩校点：《李觏集》卷 4《删定易图序论》，第 52 页。
⑪ （宋）李觏撰，王国轩校点：《李觏集》卷 4《删定易图序论》，第 60 页。

有"注（"以谓太极其气已兆，非'无'之谓"）提出了批评，他说："噫！其气虽兆，然比天地之有容体可见，则是无也。"①在此，虽也是批评，但语气却要缓和得多，在一般情况下，这恐怕也是人们处理社会关系和学术问题的共同手法。

第三，从方法论的角度看，邵雍借鉴了刘牧的"四分法"，从而使刘牧的"四分法"在原有的基础上得到了进一步扩展。刘牧的图书学思想对北宋学界的影响是多方面的，既有自然观方面的，也有方法论方面的。毋庸置疑，"四分法"是刘牧学术的特色之一，如刘牧把"少阴、少阳、老阴、老阳"称之为"四象"②，而王植《皇极经世全书解》卷首附有邵雍所作的《伏羲始画八卦图》，其两仪生四象之四象为"太阴""少阳""少阴""太阳"，邵雍《观物内篇》又将四象称之为"阳、阴、刚、柔"，进而他把"太阴""少阳""少阴""太阳"称作"天之四象"，把"太柔""少刚""太刚""少柔"称作"地之四象"。以此为前提，邵雍独创了以"元、会、运、世"为特征的"四分时间系统"。尽管这个时间系统并没有实验和观察的实证数据，里面虚构的成分较多，但它毕竟在当时的历史条件下给我们展现了一幅社会与自然界事物运动发展变化的整体图景，其内在的科学价值不应否定。

第四，《四库全书总目提要》在评述邵雍学术与后传者的关系时说："方技之家，各挟一术，邵子不必尽用《易》，泌（指邵学的后继者祝泌）亦不必尽用邵子，无庸以异同疑也。"③而刘牧与邵雍的学术关系就像邵雍同祝泌的学术关系一样，亦"无庸以异同疑也"，也就是说我们考察刘牧思想对邵雍学术的影响，并不要求其外在体征的相像，而是看其血脉中究竟流动着多少共同的遗传因子。刘牧与邵雍都不是心学家，但他们却都把"心"抬举到了"创始者"的神圣地位。如刘牧说："阳复为天地之心者也"④，"易曰：雷在地中，动息也。复见天地心，反本也"⑤。而邵雍在《观物外篇》里说："先天之学，心法也。故《图》皆自中起，万化万事，生乎心也。"⑥同篇又说："心为太极。"⑦以及"天地之心者，生万物之本也"⑧。可见，两人都讲"天地之心"，且举"天地之心"的内涵亦基本相同，显而易见，它们两者之间肯定存在影响与被影响的关系。

总之，刘牧著作对邵雍先天象数学思想形成的影响是客观存在的，据考，邵雍的《皇极经世书》原本早已不知去向，清代学者何梦瑶在《皇极经世易知》自序中说：欲求《皇极经世书》原本难矣。而我们今天所见之版本多经邵伯温、蔡元定等人的增补，由于邵雍学术本身艰涩难懂，给其在社会上流传造成了很大的障碍。与此不同，刘牧的图书学简明易懂，以图解易，所以在北宋中后期乃至整个南宋时期其易学成为一门显学，当世的学者

① （宋）李觏撰，王国轩校点：《李觏集》卷4《删定易图序论》，第60页。
② （宋）刘牧：《易数钩隐图》卷上《两仪生四象第九》，《易学象数图说四种》，第14页。
③ （清）永瑢等：《四库全书总目》卷108《子部·术数类》"观物篇解"条，第917页。
④ （宋）刘牧：《易数钩隐图遗论九事·复见天地之心第六·论下》，《易学象数图说四种》，第53页。
⑤ （宋）刘牧：《易数钩隐图遗论九事·复见天地之心第六·论下》，《易学象数图说四种》，第53页。
⑥ （宋）邵雍著，郭彧、于天宝点校：《皇极经世书》卷12《观物外篇下》，第1228页。
⑦ （宋）邵雍著，郭彧、于天宝点校：《皇极经世书》卷12《观物外篇上》，第1214页。
⑧ （宋）邵雍著，郭彧、于天宝点校：《皇极经世书》卷12《观物外篇下》，第1240页。

如李觏、宋咸、阮逸等都曾撰文批评刘牧的学说，而坊间更是流传着多种《易数钩隐图》的版本。说实在的，像刘牧这样引起当时社会如此广泛影响的学者在北宋初期并不多见。雷思齐云："自图南五传而至刘长民，增至五十五图，名以《钩隐》。师友自相推许，更为唱述，各于易间有注释，曰《卦德论》，曰《室中语》，曰《记师说》，曰《指归》，曰《精微》，曰《通神》，亦总谓《周易新注》，每欲自神其事及迹。"[①]而实际情形是刘牧的学说不仅仅在师友之间唱述，否则，它就不会产生那么广泛的社会效应了，看来《四库全书总目提要》所说"至宋而象数之中复歧出图书一派，牧在邵子之前，其首倡者也"，绝非虚言。

（二）刘牧图书学思想对李觏学术的影响

刘牧的图书学从传统易学的意义上说，具有一定的叛逆性，学术个性非常鲜明。如自汉代孔安国之后，易学的主流派始终认为，从数 1 至 10 成"河图"，而从数 1 至 9 则为"洛书"，可是到刘牧这里一反常态，反"洛书"为"河图"，倒"河图"为"洛书"，也许是刘牧太个性了，且其说颇"与诸儒旧说不合"[②]，故惹来了许多学者的非议与责难，以斥其说。而在这派学者中，以李觏《删定易图序论》最具代表性。

李觏辩难刘牧是因为刘牧的学说诱导学子"疲心于无用之说"[③]，所以在他看来，《易图·五十五首》其说"犹不出乎河图、洛书、八卦三者之内，彼五十二皆疣赘也"[④]，故"删其图而存之者三焉，所谓河图也，洛书也，八卦也"[⑤]。综观《删定易图序论》是从六个方面来辩论刘牧图书之学的，他说："于其序解之中，撮举而是正之。诸所触类，亦复详说。成六论，庶乎人事修而王道明也。"[⑥]其"六论"共包括 14 个问题，即：①"刘氏之说河图、洛书同出于伏羲之世，何如？"②"敢问河图之数与位，其条理何如？"③"刘氏之辩，其过焉在？"④"刘氏谓圣人以河图七、八、九、六而画八卦，而吾子之意乃取洛书，何也？"⑤"《说卦》称劳乎坎，谓万物闭藏纳受为劳也。成言乎艮，谓万物之所终也。今吾子之言似不类者，何也？"⑥"刘氏谓三画象三才，为不详《系辞》之义，则以《乾》之三画为天之奇数三，一、三、五皆阳也。《坤》之三画为地之耦数三，六、八、十皆阴也。独阳独阴，无韫三才之道者，何如？"⑦"大衍之数五十，诸儒异论，何如？"⑧"虚其一者，康伯以为太极，刘氏以为天一，何如？"⑨"刘氏谓《坎》生《复卦》，《离》生《姤》卦，何如？"⑩"刘氏之说七日来复，不取《易纬》六日七分，何如？"⑪"临'至于八月有凶'，诸儒之论，孰为得失？"⑫"《易纬》以六十卦，

① （清）朱彝尊：《经义考》卷 16《易数钩隐图》引雷思齐语，《景印文渊阁四库全书》第 677 册，第 172—173 页。

② （宋）朱熹：《易学启蒙》卷 1，《朱子全书》第 1 册，上海：上海古籍出版社；合肥：安徽教育出版社，2002 年，第 211 页。

③ （宋）李觏撰，王国轩校点：《李觏集》卷 3《易论十三篇·易论第一》，第 27 页。

④ （宋）李觏撰，王国轩校点：《李觏集》卷 4《删定易图序论》，第 52 页。

⑤ （宋）李觏撰，王国轩校点：《李觏集》卷 4《删定易图序论》，第 52 页。

⑥ （宋）李觏撰，王国轩校点：《李觏集》卷 4《删定易图序论》，第 52 页。

主三百六十五日四分日之一，信乎？"⑬"敢问元亨利贞何谓也？"⑭"敢问五行相生则吉，相克则凶，信乎？"①概括起来，这 14 个问题可归结为 3 个基本问题，而这 3 个基本问题就成为了刘牧与李觏易学思想分歧与冲突的焦点。

第一个基本分歧：自然主义与功利主义的对立。之前的科技思想家在人与自然的关系问题上就存在着两种相互对立的观点：凡是以自然为中心，认为人的主观意志应当符合和顺从自然界发展规律的观点，就叫自然主义；相反，凡是以人为中心，认为自然界没有能动性因而自然界应当符合和顺从人的主观目的的观点，就叫功利主义。刘牧认为："天地养万物以静为心，不为而物自为，不生而物自生，寂然不动，此乾、坤之心也。然则易者，易也，刚柔相易，运行而不殆也。阳为之主焉。阴进则阳减，阳复则阴剥，昼复则夜往，夜至则昼复，无时而不易也。圣人以是观其变化也，生杀也。往而复之，复之无差焉。故或谓阳复为天地之心者也，然天地之心与物而见也，将求之而不可得也。子曰：天下何思何虑？天下殊涂而同归，一致而百虑。圣人之无心与天地一者也，以物为之心也。"②所谓"圣人之无心"实际上就是让人的意志去符合和顺从自然界的客观情势，即"以物为之心"，从这个角度讲，自然主义必然会滑向悲观主义，但它讲求人与自然的和谐，却有着积极的科学价值。在李觏看来，刘牧"谓存亡得丧，一出自然"之说未免太消极了些，检验一个人的成败不是看他说得有多好，关键是看他做得效果怎么样，他说：禹、稷、契等就其功绩而言，"其迹殊，其所以为心一也。统而论之，谓之有功可也"③，而李觏一方面认为"唯君子为能法乾之德，而天下治矣！"④所谓"乾之德"，即"制夫田以饱之，任妇功以暖之，轻税敛以富之，恤刑罚以生之，此其元也。冠以成之，昏以亲之，讲学以材之，摒接以交之，此其亨也。四民有业，百官有职，能者居上，否者在下，此其利也。用善不复疑，去恶不复悔，令一出而不反，事一行而不改，此其贞也"⑤。另一方面，受刘牧"性命之理"思想的影响⑥，李觏从理论上用天道来证明人事⑦，所以李觏又强调"人受命于天，固超然异于群生"⑧，而"得天之灵，贵于物也"⑨，所以人类的种种活动无非是"为天之所为也"⑩。可见，李觏不是个彻底的功利主义者，因为他的思想最终还是被打上自然主义的烙印。

第二个基本分歧：在河图与洛书的性质问题上，是由河图而生八卦还是由河图与洛书相须相成而生卦的观点对立。关于河图与洛书的功能与性质的定位，刘牧与李觏存在着不同的认识和看法，首先，刘牧是主张由河图而生八卦的，他说："《经》虽云四象（刘牧认

①（宋）李觏撰，王国轩点校：《李觏集》卷 4《删定易图序论》，第 53—65 页。
②（宋）刘牧：《易数钩隐图遗论九事·复见天地之心第六·论下》，《易学象数图说四种》，第 53 页。
③（宋）李觏撰，王国轩点校：《李觏集》卷 4《易论第十一》，第 47 页。
④（宋）李觏撰，王国轩点校：《李觏集》卷 4《删定易图序论·论五》，第 65 页。
⑤（宋）李觏撰，王国轩点校：《李觏集》卷 4《删定易图序论·论五》，第 65 页。
⑥ 余敦康：《内圣外王的贯通——北宋易学的现代阐释》，上海：学林出版社，1997 年，第 15 页。
⑦ 余敦康：《内圣外王的贯通——北宋易学的现代阐释》，第 11 页。
⑧（宋）李觏撰，王国轩点校：《李觏集》卷 4《删定易图序论·论六》，第 66 页。
⑨（宋）李觏撰，王国轩点校：《李觏集》卷 4《删定易图序论·论六》，第 66 页。
⑩（宋）李觏撰，王国轩点校：《李觏集》卷 4《删定易图序论·论六》，第 66 页。

为河图为象）生八卦，然须三、五之变易，备七、八、九、六之成数，而后能生八卦而定位矣"①，李觏反驳道："且阴阳会合而后能生，今以天五驾天一、天三，乃是二阳相合，安能生六生八哉？……况所谓五者，乃次第当五，非有五物也，其一与六合之类，皆隔五者，盖以一、二、三、四、五主五方，而六、七、八、九、十合之，周而复始，必然之数，非有取于天五也。"②究竟李觏的批评有没有道理？我们不妨再重温一下刘牧的原话，看看他到底想表达一种什么样的思想信息，他说："天一，地二，天三，地四，此四象生数也。至于天五，则居中而主乎变化，不知何物也。强名曰中和之气，不知所以然而然也。交接乎天地之气，成就乎五行之质，弥纶错综，无所不周。"③而存在于"五"之内部的这个说不清道不明的东西究竟是什么？依今天的科学看，刘牧所讲的"五"其实就是事物内部的驱动因子，就是促使事物发展变化的"活性酶"，所以李觏的理解并不符合刘牧的本意。其次，刘牧把河图称为"象"，把洛书称作"形"，而在李觏看来，刘牧用象与形的关系来区分河图与洛书的性质，是不能自圆其说的，因为"刘氏以河、洛图书合而为一，但以《河图》无十，而谓水、火、木、金不得土数，未能成形，乃谓之象。至于《洛书》有十，水、火、木、金，附于土而成形矣，则谓之形。以此为异耳……其下文又引水六、金九、火七、木八而生八卦，于此则通取《洛书》之形矣。噫！何其自相违也？"④李觏说："河图之数，二气未会……则五行有象且有形矣。象与形相因之物也"⑤，把河图和洛书看成"相因之物"即矛盾着的两个方面，既对立又统一，它克服了刘牧在这个问题上的片面性，对图书学的发展具有积极的作用。

第三个基本分歧：功利学与图象学的对立。一定的社会存在决定着一定的与其相对应的思想意识，决定着一个人可能持有何种生活态度。从整体上看，宋初的社会存在呈现出由破转向立的积极态势，特别是为了"博求俊乂"⑥，"以文化成天下"⑦，宋初的皇帝遂广开言路，修文刊典，积极推行功利激进的文治政策，因此，北宋经过几十年的建设与发展，社会财富迅猛增加，物质文化和精神文化日益繁荣，恰如周必大在跋《文苑英华》后之所言："臣伏睹太宗皇帝，丁时太平，以文化成天下，既得诸国图籍，聚名士于朝，诏修三大书，曰《太平御览》、曰《册府元龟》、曰《文苑英华》，各一千卷。今二书闽、蜀已刊，惟《文苑英华》士大夫绝无而仅有。盖所集止唐文章，如南北朝间存一二。是时印本绝少，虽韩、柳、元、白之文，尚未甚传，其他如陈子昂、张说、张九龄、李翱等诸名士文集，世犹罕见"⑧，而宋太祖为了适应商业经济的发展，首定《商税则例》，另据统计，北宋政府在前60年的财政收入一直很高，特别是仅天禧五年（1021）就高达1.5亿

---

① （宋）刘牧：《易数钩隐图》卷上《天五第三》，《易学象数图说四种》，第10页。
② （宋）李觏撰，王国轩校点：《李觏集》卷4《删定易图序论·论一》，第55页。
③ （宋）刘牧：《易数钩隐图》卷上《天五第三》，《易学象数图说四种》，第10页。
④ （宋）李觏撰，王国轩校点：《李觏集》卷4《删定易图序论·论一》，第54页。
⑤ （宋）李觏撰，王国轩校点：《李觏集》卷4《删定易图序论·论一》，第55页。
⑥ （宋）李焘：《续资治通鉴长编》卷18"太平兴国二年正月丙寅"条，第148页。
⑦ （元）马端临：《文献通考》卷248《经籍考七十五》，北京：中华书局，1986年，第1956页。
⑧ （元）马端临：《文献通考》卷248《经籍考七十五》，第1956页。

贯。①与此同时，租佃制生产关系在全国的主要地区亦已取得统治地位。②但是就在北宋经济这种繁荣现象的背后，由其"崇文抑武"之策所形成的潜在危机亦逐渐开始显露出来，故欧阳修不无感慨地说："国家自数十年来，士君子务以恭谨静慎为贤。及其弊也，循默苟且，颓惰宽弛，习成风俗，不以为非。至于百职不修，纪纲废坏，时方无事，固未觉其害也。"③又，范仲淹针对内忧外患的时局，在给宋仁宗的奏折中进一步指出："我国家革五代之乱，富有四海，垂八十年矣，纲纪制度日削月浸。官壅于下，民困于外，夷狄骄盛，寇盗横炽，不可不更张以救之。"④于是各种各样的"更张以救之"的学说纷至沓来，而从这样的认识角度看问题，毫无疑问，无论义理派还是图书派，都是一种具有针对性的革弊主张，只是两者各有侧重而已。如刘牧说："人虽至愚，其于外也，日知由五行之用。其于内也，或蒙其性而不循。五常之教者，可不哀哉"⑤，又说："天地养万物以静为心"⑥，"故有以求之不至矣，无以求之亦不至矣。是以大圣人无而有之，行乎其中矣"⑦。可见，刘牧融合了释、道的思想精华，主张"无为而治"，这就是象数派所包含的政治功能和宣教意义。而当北宋进入社会弊病丛生的历史时期，刘牧的弟子吴秘把《易数钩隐图》奉献给朝廷，宋仁宗"优诏奖之"，于是"言数者皆宗之"⑧，这种文化现象的出现绝不是偶然的；与此相反，李觏主张"有为而治"，他在实践上重视经世，鼓动事功，在理论上排斥释道，宏扬儒学明体达用之旨，他说："救弊之术，莫大乎通变。"⑨刘牧讲"寂然不动"，李觏则言"通变"，"变"与"不变"泾渭分明，指征北宋易学研究的两种不同方向；然其价值评价却不那么简单和分明，实在难分轩轾。因为在"究天人之际"的文化传统之下，两者不可避免地要各自向对方的思想中寻找互补和互渗。如李觏对待刘牧的学说就不是简单的否定，而是既有克服又有保留，它生动地体现着学术发展的独特规律和科技思想进步的历史法则。

第三节　山外派的心学思想及其科学价值

人是自然界长期发展的产物，是社会运动的结果。在人类思想进化史上，科学是"一

① ［美］费正清（John King Fairbank）：《中国：传统与变迁》，张沛译，北京：世界知识出版社，2002年，第145页。
② 陈振：《宋史》，上海：上海人民出版社，2003年，第98页。
③ （宋）欧阳修：《论包拯除三司使上书》，曾枣庄、刘琳主编，四川大学古籍整理研究所编：《全宋文》卷688《欧阳修二六》，成都：巴蜀书社，1990年，第607页。
④ 《范文正公政府奏议文集》卷上《答手诏条陈十事》，（清）范能濬编，薛正兴校点：《范仲淹全集》上册，第474页。
⑤ （宋）刘牧：《易数钩隐图》卷上《人禀五行第三十三》，《易学象数图说四种》，第27页。
⑥ （宋）刘牧：《易数钩隐图遗论九事·复见天地之心第六·论下》，《易学象数图说四种》，第53页。
⑦ （宋）刘牧：《易数钩隐图遗论九事·复见天地之心第六·论下》，《易学象数图说四种》，第53页。
⑧ （宋）晁公武撰，孙猛校证：《郡斋读书志校证》卷1上《刘长民易十五卷》，第33页。
⑨ （宋）李觏撰，王国轩校点：《李觏集》卷3《易论十三篇·易论第一》，第28—29页。

个历史地演化的知识体"①，科学与宗教并非从来都水火不相容。实际上，在宗教神学的思维世界里，人的力量尽管采用了超人的形式，但它毕竟是从"对待"的角度来追问自然界形成的原因，因而宗教本身无法摆脱与科学知识的联系，如古印度的知识包括五个既相互区别又相互联系的方面：因明（逻辑学）、声明（语言文字学）、工巧明（包括营农工业，商估工业，事王工业，书、算、计度、数、印工业，占相工业，咒术工业，营造工业，生成工业，成熟工业，音乐工业等）、医方明（医学）和内明（佛学）。而佛教自东汉传入中国之后，很快便与中国传统文化相结合，东汉末年和三国时期佛教始与道术融合，两晋南北朝时佛教又进一步与玄学结合，到唐代则逐渐形成了具有中国特点的佛教理论，如宗密、湛然、知礼等"佛祖"，以述为作，赋己意于佛典，尤其是各佛教宗派按照中国的学术习惯编撰出他们自己的传承谱系——祖统，以与整个社会的门阀现实相适应。而当时的许多高僧本身就出身于高门大族，他们为了维护自己的贵族地位必然会通过对宗教这一上层建筑的经营来取得新的权势。然而，到唐中叶以后，成批的"寒素"之士进入官品贵族，这些新兴的官品贵族与旧的门阀贵族之间的矛盾迅速激化，如韩愈就是一位由"布衣之士"而进入官品贵族上层的新官僚，同时他也是一位反佛勇士，作为反佛斗争的思想成果——道统说，韩愈用其开启了宋学的思想闸河。此外，经过唐会昌五年（845）之灭佛运动的打击，佛教各宗派的门阀势力遭受了重创，而北宋佛教正是在这样的历史前提下，通过佛儒互融的方式把中国佛学推向了一个新的历史高峰，而释智圆则是北宋初期激发佛儒互融现象的一个重要代表人物。

一、释智圆心学思想产生的文化背景

释智圆（976—1022），字无外，俗家姓徐，浙江钱塘人。从小出家，八岁受具足戒，21岁师从奉先寺的源清学习天台三观（即假、空、中道）。可惜两年之后，源清故去，智圆则隐居在西湖孤山玛瑙院，杜门乐道，注经述典，遂成为天台宗山外派的核心人物。智圆的朋友不多，其邻友林逋可能是与他相交往最密切的一个士者了，故《佛祖统记》说他"离群索居"，具有超逸之风。而这种生活方式虽然限制了他的社会交往，但却利于他养成独立思考的学术个性。智圆好读书，他"于讲佛经外，好读周、孔、杨、孟书，往往学为古文，以宗其道。又爱吟五七言诗，以乐其性情"②。因而他的精神世界是丰富多彩的，其异常活跃的大脑始终保持着高度的兴奋状态，所以他仅以短短23个春秋便完成了至少26部佛教著作，成为天台宗历史上著述最丰的佛学家之一。当然，在他的众多著述里，尤以《文殊般若经疏》《遗教经疏》《般若心经疏》《瑞应经疏》《四十二章经疏》《普贤行经疏》《无量义经疏》《不思议法门经疏》《佛说阿弥陀经疏》《首楞严经疏》最为突出，故佛学史家称其为"十本疏主"。在北宋初期儒释合流已见端倪的文化背景之下，释智圆取

---

① ［英］A. F. 查尔默斯：《科学究竟是什么？——对科学的性质和地位及其方法的评价》，查汝强、江枫、邱仁宗译，第44页。

② （宋）释智圆：《闲居编》卷首《自序》，《续藏经》第1辑第2编第6套第1册，台北：新文丰出版公司，1976年，第54页。

义折中儒释，自号"中庸子"，并自称"宗儒述孟轲，好道注《阴符》，虚堂踞高台，往往谈浮图"①，提出"修身以儒，治心以释"②的主张，独步一时，难怪陈寅恪先生称其"似亦于宋代新儒家为先觉"③。尤为可贵的是，释智圆抱病疏经，殚见洽闻，他以"十本疏"和"二中"（即《中庸》《中论》）为基础，构建了一个庞大的佛教心学思想体系，在宋学的百花园里大放异彩，是古代北宋科技思想发展史最为绚丽的奇葩之一。

宋太宗和宋真宗两朝，北宋的政治形势从整体上渐趋稳定，各种社会矛盾也有所缓和，如宋真宗景德元年（1004）北宋与辽订立"澶渊之盟"，此后宋辽之间维持了百余年的和平关系，为北宋赢得了振兴文教、发展经济的大好时机。五代时周世宗因寺院与皇族的经济矛盾而曾废除寺院、禁私度僧尼，由于终唐及五代这两个历史时段的演进，佛教已经形成十分雄厚的社会基础，北宋的开国皇帝当然不会看不到这关乎时局与命运的思想支点，所以宋太祖于建隆元年（960）诏令修废寺、造佛像、印行开宝大藏经。宋太宗太平兴国七年（982）更在东京设译经院，宋真宗则亲撰《崇释论》，认为儒释两教"迹异而道同"，由于宋真宗的大力倡导与推崇，佛教遂进入了北宋历史发展的最好时期，据天禧五年（1021）统计，当时全国入度僧尼达 458 854 人，创历史之最高记录。④如果从地域文化的视角看，那么北宋初期的佛教文化已出现南方转盛并向几个地区集中的局面，如天禧五年北宋各地的僧尼分布以两浙、福建、川峡和江南四地最为密集，总数为 263 837 人⑤，约占当年北宋整个僧尼人数的 57.5%，时任越州（今绍兴）知州的高绅说："瓯越之民，僧俗相半！"⑥此话可能有点过于绝对，但它足以证明南方佛教事业之兴旺发达的状况了。

伴随着南方僧尼数量的不断增加，社会对佛教经典的需求量越来越大，而单纯依靠梵僧译经已经远远不能适应形势发展的客观需要了。于是，太平兴国七年天息灾上书请求政府在京城精选神童 50 人（后实际受业仅 10 人）入传法院学习梵语，以此来培养自己的翻译人才，所以从真宗大中祥符元年（1008）始北宋就出现了由官方组织汉僧惟净会同梵僧共译佛经的现象，尽管从质量上看北宋所译之经比不上唐朝，但是北宋的高僧继承了魏晋以来中国佛教"以述为作"的传统，他们创作了不少具有中国特色的佛教经典，极大地丰富了北宋佛学的思想宝库。如释智圆仅述疏类的著作就 26 种多，而"以述为作"也就形成他的学术特色。

另外，就北宋初期的译经内容来讲，佛教医学仍是其关注的重点对象之一。而在隋朝，由智𫖮实际创立的天台宗就很重视佛教医学的研究与普及，甚至智𫖮大师还开创了最具佛教医学特色的"禅定疗法"。在智𫖮看来，"禅定疗法"可分为 6 类："止""气""息"

---

① （宋）释智圆：《闲居编》卷 48《潜夫咏》，《续藏经》第 1 辑第 2 编第 6 套第 1 册，第 201 页。
② （宋）释智圆：《闲居编》卷 19《中庸子传上》，《续藏经》第 1 辑第 2 编第 6 套第 1 册，第 110 页。
③ 陈寅恪：《金明馆丛稿二编》，上海：上海古籍出版社，1980 年，第 284 页。
④ （清）徐松辑，刘琳等校点：《宋会要辑稿》道释 1 之 13，第 9979 页。
⑤ 参见程民生：《宋代地域文化》，开封：河南大学出版社，1997 年，第 260 页。
⑥ （宋）苏轼：《苏东坡文集》卷 22《海月辩公真赞》，张春林编：《苏轼全集》上，北京：中国文史出版社，1999 年，第 715 页。

"假想""观心""方术"。①在此，笔者想要强调的是，佛教虽然对"外学"有所限制，但佛教并不是一般地反对或者禁止"外学"。众所周知，北宋是个功利色彩十分浓厚的时代，在这个大的经济文化背景下，社会各个阶层多少都有趋于世俗化的倾向，佛教僧徒岂能例外！其最突出的史例就是佛教寺院也做高利贷（宋人亦称长生库）的营生，即使很多士人反对也无济于事，他们依然故我，我行我素，因为《行事钞》"十诵"曾规定："以佛塔物出息，佛言：听之。"②这就为僧徒经营高利贷披上了合法的外衣，所以身为高僧的居简也无可奈何地说："僧者，佛祖所自出，今也，货殖、贤不肖无禁。"③可见，在佛教界中连被陆游斥之为"鄙恶"④的买卖都有人去做，就更不必说一般僧众通过像行医卖药、刻板印刷、建塔筑桥等这些技术性劳动手段来赚取报酬的利益行为了。据有关史料记载，宋初的医疗队伍中活跃着不少懂医术的僧徒，如《宋史·方技上》载："沙门洪蕴，本姓蓝，潭州长沙人。……年十三，诣郡之开福寺沙门智岊，求出家，习方技之书，后游京师，以医术知名。太祖召见，赐紫方袍，号广利大师。太平兴国中，诏购医方，洪蕴录古方数十以献。真宗在蜀邸，洪蕴尝以方药谒见。咸平初，补右街首座，累转左街副僧录。洪蕴尤工诊切，每先岁时言人生死，无不应。汤剂精至，贵戚大臣有疾者，多诏遣诊疗。"⑤又"有庐山僧法坚，亦以善医著名，久游京师，尝赐紫方袍，号广济大师，后还山"⑥。由此看来，佛教医学的发展要想挣脱那只看不见的手（即经济利益）的支配和控制，不是那么容易。

在造纸、印刷方面，僧徒的技术优势更加明显，他们在造纸、印刷两个方面都发挥着生力军作用。如宋初的"大藏经"（泛指佛教一切经典）雕刻有"益州刻本"或称"开封板"，从宋太祖开宝四年（971）到宋太宗太平兴国八年（983），历时13年，计有1716部，5048卷。⑦在这场声势空前的刻经浪潮推动下，南方凡寺院较为集中的地方，亦纷纷组织人力和物力雕刻经文。诸如释永安于开宝七年（974）在杭州报恩寺"以华严李论为会要，因将合经，募人雕板，印而施行"⑧，20世纪60年代中期人们在浙江瑞安慧光塔发现了北宋明道二年（1033）雕刻的《大悲心陀罗尼经》，等等。至于这些经卷所使用的纸材，据考，《大悲心陀罗尼经》用的是楮皮纸，而"益州刻本"（在开封印经院印刷）的"大藏经"则用的是桑皮纸，苏易简《纸谱》载："蜀中多以麻为纸，有玉屑、屑骨之号。

① （隋）智顗：《摩诃止观》卷8上，［日］高楠顺次郎、渡边海旭等监修：《大正新修大藏经》第46册，台北：新文丰出版公司，1983年，第108页。

② 《四分律删繁补阙行事钞》，《大正新修大藏经》第40册，第57页。

③ （宋）居简：《北磵集》卷10《夷禅师碑阴》，《禅门逸书》初编第5册，台北：明文书局，1981年，第158页。

④ （宋）陆游撰，刘文忠评注：《老学庵笔记》卷6，北京：学苑出版社，1998年，第212页。

⑤ 《宋史》卷461《方技上》，第13510页。

⑥ 《宋史》卷461《方技上》，第13511页。

⑦ 方豪：《宋代佛教对中国印刷及造纸之贡献》，宋史座谈会编：《宋史研究集》第7辑，台北：编译馆，1974年，第157页。

⑧ （宋）赞宁撰，范祥雍点校：《宋高僧传》卷28《大宋杭州报恩寺永安传十一》，上海：上海古籍出版社，2014年，第648页。

江浙间多以嫩竹为纸。北土以桑皮为纸。"①明朝人董穀在《续澉水志》中更载有一种"金粟山藏经纸"，他说：

> 大悲阁内贮《大藏经》两函，万余卷也。其字卷卷相同，殆类一手所书；其纸幅幅有小红印，曰"金粟山藏经纸"。间有元丰年号，五百年前物矣。其纸内外皆蜡，无纹理，与倭纸相类，造法今已不传，想即古所谓白麻者也。当时澉镇通番，或买自倭国，而加蜡与？日渐被人盗去，四十年而殆尽，今无矣！计在当时，糜费不知几何，谅非宋初盛时不能为也。②

当然，在宋初的整个社会里，由于统治者的提倡，寺院建筑非常兴盛。如宋太祖开宝八年（975），"新隆兴寺成，凡五百六十二区"③；宋太宗雍熙二年（985）建成的启圣禅院，"六年而功毕，所费巨数千万计，殿宇凡九百余间，皆以琉璃瓦覆之"④，其于端拱二年（989）所建开宝寺浮图高 11 级，"上下三百六十尺，所费亿万计，前后逾八年。癸亥，工毕，巨丽精巧，近代所无"⑤；章献太后为真宗所营之崇福院，"制度宏丽，甲冠江淮，虽京师诸寺有所不及"⑥。据孔平仲说："景德中天下二万五千寺，今（指宋仁宗后期）三万九千寺。"⑦甚至谢泌在描写福州的诗句中就有"城里三山千簇寺，夜间七塔万支灯"⑧，这种过度的寺院建设，给国家财政造成了沉重负担，遂引起朝中大臣的极度不安和恐慌，故王禹偁上奏说："国家度人众矣，造寺多矣，计其费耗，何止亿万？"甚至他还极端地把僧侣称之为"民蠹"。⑨

如果说宋初滥造寺院是弊大于利的话，那么僧人建造与人方便的道路桥梁就是功德无量的善义之举了。因为路有两种用途：为寺僧的利益和为公众的利益。若属前者，就不免有"剥敛民财"之嫌⑩，如江苏省太仓县的广孝寺桥（宋大中祥符年间修造）、溧水县所修的万寿桥（宋皇祐年间修建）等都主要是为了僧众的利益，也许由于这个缘故，我国古代的正史才极少有记载僧徒修桥的事迹；但就公众利益而言，修路毕竟是举善和积德之民政，是流芳千古的功业和善缘，所以有必要一提。

在农业经济方面，僧徒于北宋社会亦颇多贡献。寺院在古代社会属于特殊的经济单

---

① （宋）苏易简：《文房四谱》卷 4《纸谱》，《景印文渊阁四库全书》第 843 册，第 42 页。

② （明）董穀：《续澉水志》，周嘉胄撰，马斯定点校：《装潢志》（外三种），杭州：浙江人民美术出版社，2016年，第 38 页。

③ （宋）李焘：《续资治通鉴长编》卷 16"太祖开宝八年十一月庚辰"条，第 136 页。

④ （宋）钱若水撰，燕永成点校：《宋太宗实录》卷 33《起雍熙二年四月尽八月》，兰州：甘肃人民出版社，2005 年，第 74 页。

⑤ （宋）李焘：《续资治通鉴长编》卷 30"太宗端拱二年八月丁巳"条，第 264 页。

⑥ （宋）张舜民：《画墁记》卷 7《郴行录》，顾宏义、李文整理标校：《宋代日记丛编》，上海：上海书店出版社，2013 年，第 603 页。

⑦ （宋）孔平仲撰，王根林校点：《孔氏谈苑》卷 2，《历代笔记小说大观·归田录》（外五种），上海：上海古籍出版社，2012 年，第 140 页。

⑧ （宋）谢泌：《长乐集总序》，《舆地纪胜》卷 128《福州》引，北京：中华书局，1992 年，第 3677 页。

⑨ （宋）李焘：《续资治通鉴长编》卷 42"至道三年十二月甲寅"条，第 347 页。

⑩ （宋）罗大经撰，孙雪霄校点：《鹤林玉露》甲编卷 3《救荒》，上海：上海古籍出版社，2012 年，第 33 页。

位，僧徒在宋神宗熙宁四年（1071）之前享有一定程度的免役特权，自给自足性质比较突出，如宋太宗时很多俗家弟子为了逃避徭役而遁入佛门，"东南之俗，连村跨邑去为僧者。盖慵稼穑而避徭役耳"[①]。尤其是寺院不仅从事农田耕种，而且也因地制宜，积极从事经济作物的种植，大力开展多种经营。如宋初的洛阳普明寺有"千叶肉红花"[②]，僧徒因此花而赢利，当"此花初出时，人有欲阅者，人税十数钱"[③]；福建因气候湿润多雨，种植茶叶具有得天独厚之条件，故出于闽中的茶叶"尤天下之所嗜"[④]，特别是在建安北苑成为官茶园之后，种茶便成为寺院最重要的经营活动之一，而当韩琦在品尝了禅智寺所植茶叶后，写下"摘焙试烹啜，甘邑零露溥"[⑤]的著名诗句。有道是"天下名山僧占多"[⑥]，《论语·雍也》篇也说："知者乐山，仁者乐水。"[⑦]而山水之乐当然首先在于其自然价值，但名山之为"名"却主要不在于它的自然价值，而是在于它的人文价值，如名人的墨迹及寺院和道观等，所以从这层意义上说，应是僧侣寺院的长期开发才真正成就了山水的名望，如五台山、九华山、普陀山、峨眉山等。在古印度，寺院的本义即是"山林"，可见寺院的发展壮大离不开山水的支撑，而寺院欲走自养之路，也只有到远离尘世的山水之间才能找到立足之地。尤其是寺田耕种需要灌溉，故僧侣对泉水的开发利用就构成其农业经济的重要组成部分。[⑧]

综上所述，我们不难发现，北宋初期的佛教徒在"外学"方面也颇为主动，这种社会状况不仅对北宋的经济、科学、思想和文化发展起到了积极的促进作用，而且对于佛教事业本身的进步也起到了解构性的作用。因为一般的佛教史家把宋代看作是中国佛教发展的衰落期，其实我们对北宋佛教的整体发展态势应客观地和历史地去作两面观：一面是从"内学"（以心为主）的角度看，佛教之"内学"在北宋不仅已为理学所吸收，而且佛教的内化功能亦慢慢地为宋代理学所取代；另一面是从"外学"的角度看，佛教之"外学"（即身体以外的自然界和人类活动）则明显地突出了其自身的文化优势，比如中国台湾学者方豪就曾说：劝募造桥最有办法的还是僧徒。[⑨]因此，我们若把这些称之为社会存在的现实因素综合起来加以系统地思考和把握，那么建立在其上的社会意识形式就不能不带有解构性（即"内学"的消弱与"外学"的显现同时并存的文化现象）的特征，科技思想是

---

① （宋）江少虞：《宋朝事实类苑》卷 2《祖宗圣训·太宗皇帝》，上海：上海古籍出版社，1981 年，第 23 页。

② （宋）欧阳修：《欧阳文忠公文集》卷 12《洛阳牡丹记·花释名》，张春林编：《欧阳修全集》，北京：中国文史出版社，1999 年，第 911 页。

③ （宋）欧阳修：《欧阳文忠公文集》卷 12《洛阳牡丹记·花释名》，张春林编：《欧阳修全集》，第 911 页。

④ （宋）黄裳：《茶法》，曾枣庄、刘琳主编：《全宋文》卷 2255《黄裳一一》，第 169 页。

⑤ （宋）韩琦撰，李之亮、徐正英笺注：《安阳集编年笺注》卷 1《答袁陟节推游禅智寺》，成都：巴蜀书社，2000 年，第 28 页。

⑥ （清）李渔：《庐山简寂观对联》，《李渔全集》第 1 卷《笠翁一家言文集》，杭州：浙江古籍出版社，1991 年，第 299 页。

⑦ 《论语·雍也》，陈成国点校：《四书五经》上，第 27 页。

⑧ 参见方豪：《宋代佛教对泉源之开发与维护》，宋史座谈会编：《宋史研究集》第 11 辑，台北：编译馆，1979 年，第 99—124 页。

⑨ 方豪：《宋代僧徒对造桥的贡献》，宋史座谈会编：《宋史研究集》第 13 辑，台北：编译馆，1981 年，第 244 页。

一种社会意识形式，而科技活动本身则是"外学"的重要组成部分，所以在这种社会背景下出现的释智圆及其心学思想也就不能不表现出这种由"内学"向"外学"转变的时代特征。

二、释智圆的科技思想及其价值

佛教是古印度的文明成果，同古埃及、巴比伦和中国的文明一样，印度佛教在长期的历史进化过程中形成了一套系统的自然观、科学观和方法论，无可否认，印度佛教在传入中国以后，便逐渐地与中国的儒教和道教发生"溶血"现象，而这种"溶血"本身可看成是佛教去印度化与中国化的有机统一。佛教从东汉传入到唐代，并形成中国的特色，实际上是完成了佛教的中国化过程，而伴随着佛教中国化进程的结束，中国佛教也步入了其发展的高峰，所以中国佛教进入北宋后就必然会给人造成一种萧条的印象。从经济学的角度看，萧条与复苏是一个事物发展过程中前后相接的两个阶段，而就北宋佛教演进的具体情况来说，它则表现为"内学"萧条而"外学"复苏的特征。所以，我们在阐释释智圆的心学思想时，绝不能撇开这个总的时代特征而去孤立地看待释智圆的科技思想问题。

（一）"理即佛者"与"理故即中"的自然观

在佛教史上，有所谓"内学"和"外学"之分。其中"内学"亦称"内明"，专指佛法本身或者佛教专门知识，包括般若学、中观学、律学等；"外学"则是指除佛法以外的其他知识，包括大五明（内明、因明、声明、医方明及工巧明）和小五明（数学、诗学、词藻学、音韵学及戏剧学）。由于北宋的佛、儒、道渐趋统一，因而佛教的"内学"便出现了理学化的倾向，这一点在释智圆的自然观方面表现得尤为突出。

而从本体论的意义上来阐释理与佛的关系，把理看成是世界的本原，应是释智圆自然观的根本特点。在释智圆的各种著述中，他对理虽然作了各种各样的规定，但是理的本体性地位始终没有被动摇。他说：

> 一理即佛，二名字即佛，三观行即佛，四相似即佛，五分真即佛，六究竟即佛。凡圣不滥故六初后皆是故即，理即佛者，一念心即如来藏理，如故即空，藏故即假，理故即中。三智一心本来具足。非适今也，名理即佛。名字即佛者，理虽即是自用不知，以未闻三谛不识佛法，如牛羊眼不识方隅，或从知识，或从经卷。闻如上说，于名字中通达解了，知一切法皆是佛法名，名字即佛。观行即是佛者，若但闻名口说，如虫食木，偶得成字，是虫不知是字非字，既不通达，宁是菩萨，必须心观明了。理慧相应，所行如所言，所言如所行，言行相应名，观行即佛。相似即佛者，愈观愈明，愈止愈寂，粗垢自落，六根互□□□。证如铃似金，贵实珠，形色相似，名相似即佛。分真即佛者，因相似观入初住位，破无明见佛性，开秘藏显真如，如发心终等觉，或普门示现于九界利生，或八相成道。以佛身度物，名分真即佛。究竟即佛者，从等觉心转入妙观，智光圆满不可复增，或暗灭尽度无可断，唯佛与佛乃能知

之，名究竟即佛。①

从"理"到"究竟"的历史体现了宇宙万物由低级向高级演进的法则，而由"理"进而到"名字"是宇宙分化的第一步，也是最关键的一步。"理"或"佛"作为世界的本原，它有许多不同的称谓，如释智圆有时把它称作"无"，有时也称作"心"。如他说："夫涅槃无方，佛性无体，而菩萨见之谓之假，二乘见之谓之空，凡夫日用而不知，故如来之道鲜矣。"②又说："一理者，万法虽差心性常一，故云一理。所以亦异者，义趣别也。此则理体虽同义异名异，如理有遍照义，故立观智之名，理有遍摄义故立慈氏之称，名义虽异，只是一理故云不离于理也。"③在释智圆看来，"理"包罗万象，无所不有。而为了把纷繁复杂的宇宙万物条分缕析，佛教教义将宇宙万物分成界（现象）和谛（本质）两个层面。其关系是：作为现象的界是变动不居的，而作为本质的谛却是恒定不移的，大千世界只不过是谛的外现，谛统摄界。所以释智圆说："十法界二谛三谛之理者以谛摄界义有总别。总则十界咸空、假、中，别则九界为俗，佛界为真，此二谛也。六界为俗，二乘为真，菩萨双照，佛界即中。又六界通为四圣之境，即因缘所生法也。二乘即空，菩萨即假，佛界即中，此三谛也。"④在中国佛教史上，慧思是最早提出"十如是"的佛学家，他所依据的是《添品妙法莲花经·方便品第二》中的一段经文。其文曰："佛所成就第一希有难解之法，唯佛与佛乃能究尽诸法实相，所谓诸法如是相、如是性、如是体、如是力、如是作、如是因、如是缘、如是果、如是报、如是本末究竟等"⑤，慧思认为这十项即为摄一切法实相，并且具有圆满意义的主旨，进而提出了"十如宾相"的实相理论。后来实相理论为智顗大师所继承和发展，并创立了"十界互具"说。互具，实际上是法华经诸法实相说的基底。所以"十界"中的每界都内具其他的九界，因此得与九界平等相即。同时，十法界本身还具有"空、假、中"的含义，智顗大师在《法华玄义》卷2上说："若十数依法界者，能依从所依，即习空界也；十界界隔者，即假界也；十数皆法界者，即中界也。欲会易解，如此分别。得意为言，空即假即中，无一二三。"⑥可见，释智圆的"界谛观"之"界观"无疑地是对智顗"十界互具"说的继承，而"谛观"则被赋予了新意。

首先，从功能上说，释智圆把宇宙万物分为"俗谛"和"真谛"两类。所谓"俗谛"即人类对自然界已知部分的认识和把握，用释智圆的话说就是"思议境智"；所谓"真谛"则是人类对自然界未知部分的探索和描述，用释智圆的话说就是"不思议境智"⑦。在这里，释智圆特别强调宇宙万物的自我运动和自我发展。他说："谓境自是境，智自是智，不相因也。此是自生者，若云境自是境者，境不因智照是境自生。若云智自是智，智

① （宋）释智圆：《佛说阿弥陀经疏》，《大正新修大藏经》第37册经疏部五，第351页。
② （宋）释智圆：《闲居编》卷3《涅槃玄义发源机要记序》，《续藏经》第1辑第2编第6套第1册，第68页。
③ （宋）释智圆：《请观音经疏阐义钞》卷1，《大正新修大藏经》第39册经疏部七，第980页。
④ （宋）释智圆：《维摩经略疏垂裕记》卷2，《大正新修大藏经》第38册经疏部六，第734页。
⑤ 《添品妙法莲花经》卷1《方便品第二》，《大正新修大藏经》第9册，第138页。
⑥ （隋）智顗：《妙法莲华经玄义》卷2，《大正新修大藏经》第33册经疏部一，第693页。
⑦ （宋）释智圆：《请观音经疏阐义钞》卷1，《大正新修大藏经》第39册，第977页。

不因境发，是智自生。"①说"境不因智照是境自生"突出了物质世界（即境）的客观性和其不依赖于人的意识（即智）而存在的独立性，是符合客观物质世界的发展规律的，是释智圆自然观的精华。然而，释智圆在强调物质世界的独立性时却主观地认为人类的意识也不依赖物质世界（即"智不因境发"）而"自生"，就缺乏科学根据了。因为人类的意识一旦离开物质世界，它就成了无源之水和无本之木。

其次，物质世界的运动变化是一个过程，释智圆把这个过程分成了"生"和"灭"两个阶段。他说：

> 初约真俗中俱名大也。初明真谛，遍荡相著故，大故云大若虚空，次明俗谛，体具三千故，大故云其性广博。后名中谛，遮照不二故，大故云又名不思议等。不因小相者，虚空绝待非对小名大也。二约真、俗、中俱名灭也，初约真谛自行名灭，灭凡夫生死故云灭，二十五有灭二乘涅槃故，云及虚伪物；次约俗谛化他明灭，则随类现形灭彼三惑故，云得二十五三昧也。二十五三昧如圣行品说，后明中谛，灭真灭俗故，云生灭灭已，生即是俗，灭即是真，二边俱灭故云灭已。②

"俗"是指物质现象的变动不居，而物质现象都是由有形体的实物所构成，故曰"随类现形"，曰"虚伪物"，因为凡有形体的实物存在都是短暂的和幻灭的，所以世界万物总是通过"自行名灭"（即新陈代谢）而延续其存在，从这个角度看，"灭"是客观事物阶段性的"中顿"，是为下一个阶段的"生"而作准备。事实上，释智圆已经注意到，事物每经历一次"灭"的"中顿"，其自身就必然会获得一次超越或称"过越"，而事物通过一次次的"生灭"来不断地实现自我超越、自我发展，这是释智圆科技思想的最大特点，也是其自然观中最有价值的一个亮点。他说：

> 三约真俗中俱名度者，度以过越为义，三谛无著悉是过越。咸得度名，不著于俗故云度于不度，不著于真故云又度于度，又度此彼下约中谛明度也。不著双照故云度，此彼之彼岸不著双遮故，云亦度非彼非此等，此即生死俗，彼即涅槃真。③

在这里，"度"有"过渡"和"超越"两重意思，其"过渡"的意思是说事物的"灭"并不是消亡，而是由一个事物过渡到了另一个事物，或在一个事物的发展过程中由一个阶段过渡到了另一个阶段。而"过渡"的实质不是简单的循环和重复，而是一次超越，是一个新的起点的开始，是事物自己不断地超越自己的"真谛"。

（二）"以智照境"的反映论及其科学内容

在释智圆的思想体系里，"境"有着特殊的内涵。在他看来，"境"不是客观事物自身，而是由人类思维及其经验知识所形成的一种特定集合体，它本身是对客观事物的反映或映射，但由这些映射所构成的"境"具有不依赖于客观世界的独立性，所以释智圆说：

---

① （宋）释智圆：《请观音经疏阐义钞》卷1，《大正新修大藏经》第39册，第980页。
② （宋）释智圆：《涅槃玄义发源机要》卷1，《大正新修大藏经》第38册，第17页。
③ （宋）释智圆：《涅槃玄义发源机要》卷1，《大正新修大藏经》第38册，第17页。

"以心生六界三种世间为境。"①又说："智境照发相应者，以智照境，由境发智，境大智大故曰相应。境即法身，智即报身，应身自在者，应遍法界如境现像，形对像现故曰无能遏绝。"②在这段话里，释智圆至少表达了两层意思：一是人类的认识来源于"境"，而"境"具有客观实在性，用他的话说就是"境即法身"；二是人类意识对"境"的反映，是直观的、机械的及和照相似的反映，这就是"以智照境"和"形对像现"的含义。在西方近代哲学史上，第一个机械唯物主义哲学家霍布斯就曾认为："知识的开端乃是感觉和想象中的影像；这种影像的存在，我们凭本能就知道得很清楚。"③而霍布斯所说的"感觉和想象中的影像"在某种程度上跟释智圆的"智境"观很相近。马克思指出："霍布斯根据培根的观点论断说，如果我们的感觉是我们的一切知识的泉源，那么观念、思想、意念等等，就不外乎是多少摆脱了感性形式的实体世界的幻影。科学只能给这些幻影冠以名称。"④霍布斯在科学知识方面所具有的"唯名论"倾向恰恰就是释智圆"智境"观所表现出来的倾向。至于人类认识的"直观反映论"则是洛克知识哲学的特色，用洛克的话说就是"照应"，在他看来，人的感觉认识就像照相机的工作原理一样。他说："每一种感觉既然同作用于我们任何感觉上的能力相照应，因此，由此所生的观念一定是一个实在的观念（它不是人心底虚构，因为人心就没有产生任何简单观念的能力），一定不能不是相称的，因为它是同那种能力相照应的。"⑤对于人类认识所"照应"的对象，洛克提出了"二重经验论"，他认为，人类认识所"照应"的对象是"经验"，而经验可分成"外部经验"和"内部经验"两大类，其中"内部经验"是指心灵自己反省自身内部活动时得到的各种观念，这些观念就像海市蜃楼一样，所差只是：一个是物理的光反射，一个是心灵的境像而已。释智圆同霍布斯和洛克一样，他亦承认人类认识来源于感觉这一点，这叫"由境发智"，而"境"是物质世界的观念集合，即"以心生六界三种世间为境"。在此，释智圆不可避免地又站到了唯心论的立场上。

如果说在"智境"问题上，释智圆表现出了鲜明的"内学"性质，那么在谈到人类生活实践方面的问题时，他则表现出了更加积极的态度和强烈的兴趣，这说明他对"外学"的关注是时势所迫，由衷而发。如他说："身口意业善恶分二，变化示现名工巧。"⑥"变化示现"是人类社会存在和发展的物质基础，而对于那丰富多彩的社会生活和生产实践，释智圆当然不能熟视无睹，也不能不受其滋惠，他说："释氏子之恢廓才识者，必内贯三学，外瞻五明。戒、定、慧之谓三学也，声、医、工、咒、因之谓五明也。明者，晓解精识之谓乎！写貌传神其工巧明之至者矣。"⑦而释智圆自身对"五明"都有研究，如在声明方面，他写有《古琴诗》，诗云："良工采蝉桐，斫为绿绮琴。一奏还淳风，再奏和人

① （宋）释智圆：《请观音经疏阐义钞》卷1，《大正新修大藏经》第39册，第981页。
② （宋）释智圆：《涅槃玄义发源机要》卷1，《大正新修大藏经》第38册，第20页。
③ [英]霍布斯：《论物体》，《十六——十八世纪西欧各国哲学》，北京：商务印书馆，1975年，第66页。
④ 《马克思恩格斯全集》第2卷，第164页。
⑤ [英]洛克：《人类理解论》上册，北京：商务印书馆，1997年，第352—353页。
⑥ （宋）释智圆：《请观音经疏阐义钞》卷1，《大正新修大藏经》第39册，第980页。
⑦ （宋）释智圆：《闲居编》卷27《叙传神》，《续藏经》第1辑第2编第6套第1册，第134页。

心……冷落横闲窗，弃置岁已深。安得师襄弹，重闻大古音。"①这说明释智圆善于弹古琴，他对古典音乐有一定深度的研究，其自身的声乐素养也有较高的水准；在医方明方面，释智圆对病因病理作了比较深入的研究，如他说：

> 腹内为病者，腹属身故，意识即虑知心也。五根不利者，根应作藏，字之误也，谓五藏不利外应五根，成病恼也。此约病从内出，亦可下约病从外入。如久视久听，乃至饮食皆成病，故具论者外入，乃是病缘。入伤五脏，五脏既病，外应五根，五根亦病也。②

这些观点符合中医病因学的基本理论，是"山外派"医学思想的精髓，具有一定的科学价值。此外，释智圆还写有《病夫传》和《病赋》两篇医学专文，特别是在《病赋》一文中，他提出了四种治病的方法，他说："夫治病有四焉，谓药治、假想治、咒术治、第一义治。"③同时，他从"唯心是理"的角度出发，认为"病从心作，惟病是色"④，关于人类精神因素（即"心"）与致病的关系，《黄帝内经灵枢经·平人绝谷第三十二》载："五脏安定，血脉和则精神乃居"⑤，反之，"喜怒不节则伤脏，脏伤则病起于阴也"⑥，而《口问第二十八》更进一步总结说："悲哀忧愁则心动，心动则五脏六腑皆摇。"⑦可见，"病从心作"符合中国传统的"心身统一观"，是对中国古代病因学的科学概括与总结。现代医学理论认为，人类机体在应激状态下会出现多种生理、心理反应，牵连多个组织系统，导致诸多心身疾病。因而释智圆说："莫谈生灭与无生，谩把心神与物争。"⑧这既是一种生活境界，也是一种养生方法，正所谓"志意和"，其"五脏不受邪矣"⑨；在工巧明方面，释智圆多用诗文的形式去深刻挖掘劳动美的真内涵，大力赞颂凝聚在普通劳动者身上的那种高尚美德和优秀品质。如他在《仆夫泉记》一文中记述其仆夫植竹出泉而造福于民一事说：

> 仆夫泉在钱唐郡孤山之庐玛瑙院佛殿之西北隅，深可累尺，广不极寻，其色素，其味甘，把之弗盈，挹之易澄，供饮无赢瓶之凶浸，眭绝为机之叹，异乎哉！大中祥符九年（1016）秋九月二十二日，客有惠吾，怪竹数根，因命仆夫植之，仆夫施锸掘地及肤寸而斯泉迸流，当斯时也，自夏逮秋，天弗雨，草木多焦死，泉源皆竭。而斯泉也，独见乎润物济人之功，是不易其常性也。亦犹君子于因穷塞剥之际，弗改其道，往往修辞立诚，潜利于物者，吾感而异之，遂疏凿成沼，既由仆夫而得之，因号

---

① （宋）释智圆：《闲居编》卷38《古琴诗》，《续藏经》第1辑第2编第6套第1册，第163页。
② （宋）释智圆：《请观音经疏阐义钞》卷2，《大正新修大藏经》第39册，第988页。
③ （宋）释智圆：《闲居编》卷34《病赋》，《续藏经》第1辑第2编第6套第1册，第152页。
④ （宋）释智圆：《闲居编》卷34《病赋》，《续藏经》第1辑第2编第6套第1册，第152页。
⑤ 《黄帝内经灵枢经》卷6《平人绝谷第三十二》，陈振相、宋贵美编：《中医十大经典全录》，北京：学苑出版社，1995年，第226页。
⑥ 《黄帝内经灵枢经》卷10《百病始生第六十六》，陈振相、宋贵美编：《中医十大经典全录》，第248页。
⑦ 《黄帝内经灵枢经》卷5《口问第二十八》，陈振相、宋贵美编：《中医十大经典全录》，第209页。
⑧ （宋）释智圆：《闲居编》卷37《挽歌词其三》，《续藏经》第1辑第2编第6套第1册，第160页。
⑨ 《黄帝内经灵枢经》卷7《本脏第四十七》，陈振相、宋贵美编：《中医十大经典全录》，第226页。

仆夫泉。①

又《织妇》诗云：

> 九月风高未授衣，灯前轧轧夜鸣机。困来不觉支颐睡，鼠齿丝头四散飞。②

《孤山种桃》诗更云：

> 领童闲荷锄，埋核间群木。他人顾我笑，岂察我心曲。我欲千树桃，天天遍山谷。山椒如锦烂，山墟若霞簇。下照平湖水，上绕幽人屋。清香满邻里，浓艳蔽林麓。③

这些诗文从不同的角度探讨了人与自然的内在联系，在释智圆看来，人不仅要开发和利用自然资源，而且更要呵护自然资源，这就是《仆夫泉记》一文的中心思想和生态学价值。"月下猿声水畔山，卧听吟望只宜闲。柴门不掩无来客，时有精灵暂往还"④，人与生活在地球上的各种动物和谐相处，人类的科技发展无论在过去、现在，还是未来，都必须没有选择地把地球生命之间的相互依赖作为其进步的支点。

关于科学的本质，有人说：科学"就是追求科学本身的原动力"⑤。罗素曾将人类知识分成"感觉张本"和"物体本质"两种，在罗素看来，科学就是"感觉张本（亦作"感觉材料"）"的组合⑥，而休谟则认为科学仅仅是人类观念相契的知识形态。有人说：休谟的这个思想和见解引起了世界学术界的一种根本不安。⑦其实，释智圆早在北宋初年就提出了跟休谟相似的主张。释智圆说："契道者，谓契会真道。即入初住分证三德之时也，至此位时修性一合，无复分张，故云同归一理。理者，即向观门所契之理也。"⑧其"观门"即"感觉经验"，"理"即科学所解释的对象，因此，上述这段话从整体上来理解，可释为人类知识（道）本身是联结为一体的，所谓"无复分张"是也，而当人类的认识与其感觉经验相契合时，人类知识"同归一理"，从而也就变成了科学。虽然释智圆因受其所使用文本的局限，对科学的实质表述得尚不清晰，但他的意旨却是非常深刻的，他在这方面的深刻性甚至超过了休谟和罗素。

（三）"渐顿渐圆"与"理事互融"的辩证方法

胡适在《实验主义》一文中曾经说过："一切科学的发明，都起于实际上或思想界里

---

① （宋）释智圆：《闲居编》卷15《仆夫泉记》，《续藏经》第1辑第2编第6套第1册，第98页。

② （宋）释智圆：《闲居编》卷46《织妇》，《续藏经》第1辑第2编第6套第1册，第192页。

③ （宋）释智圆：《闲居编》卷48《孤山种桃》，《续藏经》第1辑第2编第6套第1册，第202页。

④ （宋）释智圆：《闲居编》卷45《武康溪居即事寄宝印大师其一》，《续藏经》第1辑第2编第6套第1册，第186页。

⑤ ［英］史蒂芬·霍金：《时间简史——从大爆炸到黑洞·总序》，许明贤、吴忠超译，长沙：湖南科学技术出版社，2000年。

⑥ 罗志希：《科学与玄学》，北京：商务印书馆，1999年，第20—21页。

⑦ 罗志希：《科学与玄学》，第18页。

⑧ （宋）释智圆：《请观音经疏阐义钞》卷1，《大正新修大藏经》第39册，第978—979页。

的疑惑困难。"①所以"惑"是人类认识过程的"遮蔽",而这"遮蔽"的消除和揭示就是科学前进的直接动力,当然人类认识过程中所出现的"惑"归根到底来源于人类的社会实践,来源于现实生活的客观需要。在中国佛教发展史上,天台宗是第一个对"惑"进行系统分类研究的佛教宗派。它把"惑"从整体上分为三类:见思惑,由界内三道(即天、人、修罗)所产生的认识谬误,属于情意的颠倒执着,因而不理解三界内的事理,故又称界内惑,是事惑;尘沙惑,由出了三界的界外众生(即菩萨、缘觉、声闻)所产生的困惑,也是事惑;无明惑,是仅限于菩萨所断的惑,它是遮蔽真谛法的惑,所以是理惑。而从科学方法论的角度讲,"三惑"主要反映了人类认识的三个不同层次,借用康德的话说就是感性、知性和理性。其感性相应于"见思惑",知性相应于"尘沙惑",理性相应于"无明惑"。而对于不同层次的惑,其断除和化解的方法也不相同。在释智圆看来,对属于感性层次的惑,施用"渐法";对属于知性层次的惑,施用"渐顿法"或"渐圆法";对属于理性层次的惑,则施用"顿法"。释智圆说:

> 初顿,二渐。顿即《华严》,渐即四味。菩萨对扬,五时益物。《华严》兼别正从圆说,故云圆机。初心即初住,次渐中鹿苑三藏,《法华》唯圆,中略二味,故云乃至。渐引至实,同归圆教。②

所谓"五时"即华严时、阿含时、方等时、般若时、法华涅槃时,它对应于《大般涅槃经》之乳喻(指《华严经》)、酪喻(指《阿含经》)、生酥喻(指《维摩经》《楞伽经》等)、熟酥喻(指《般若经》)、醍醐喻(指《妙法莲花经》《大般涅槃经》),代表人类认识发展和演化的五个不同阶段以及人类在每个阶段所达到的认识水平。与此相连,鹿苑是人类刚刚脱离蒙昧而进入的初期,人们的认识能力较为低下,故对有情识的众生而言就须渐次说《阿含经》《维摩经》《大般涅槃经》。由于在这个时期,佛陀采取了由浅入深、转小为大的方法,使众生渐次深悟教理,故为渐。而当众生超越了自我,进入忘我状态时,其认识能力也随之升华到说《华严经》的境界,由于在这个时期,佛陀采取了"顿悟"的方法促使众生究竟教理,故为顿。在科学实践中,"顿悟"或"直观"是基本的思维方法之一。如阿基米德发现"浮力定律",凯库勒发明苯分子的环状结构,庞加莱发现"福克斯群"和"福克斯函数"(这个理论认为不定的三元二次形式的算术变换与非欧几里得几何的变换在本质上是同一的),能斯特提出"热力学第三定律",库恩确立"范式"概念,等等,这些科学发现的共同特点是都经历了由疑惑到顿悟的认识过程。生理学家赫尔姆霍茨在总结他的科学创造经验时认为科学发现本身存在着三个阶段:疑难、长时间的思索、豁然开朗。英国心理学家奥勒斯也认为,一个科学的创造过程应当包括提出问题、提出试探性解决方案、产生顿悟及验证所得结论的正确与否等四个阶段。而爱因斯坦则非常肯定地说:"我相信直觉和灵感。"③至于顿悟思维本身的形成机制,目前学界尚没有统一的说

---

① 胡适:《问题与主义》,北京:光明日报出版社,1998年,第307页。
② (宋)释智圆:《维摩经略疏垂裕记》卷2,《大正新修大藏经》第38册,第731页。
③ [美]爱因斯坦:《爱因斯坦文集》,许良英等编译,北京:商务印书馆,2017年,第284页。

法。如认知心理学家西蒙认为，大量信息组块的储存和极迅速的检索能力是顿悟思维产生的基础。弗洛伊德又说，顿悟是人类大脑下意识活动的一种外显形式。布莱克斯利则具体地说："直觉方法乃是右脑思维的结果。"①既然顿悟与人类创造意识的关系如此密切，那么释智圆在他的有关著述中去格外关注"顿悟"思维就毫不奇怪了。他说："三教互有浅深，圆教唯深菩萨备修四教，故云从浅至深，即是渐顿之教等者，历三教偏渐至圆顿故，故名渐顿渐圆。"②所以"渐顿渐圆"是对"顿悟"思维的一种补充和进一步延伸，因为"顿悟"仅仅是人类认知过程的一个阶段，他距离问题的圆满解决尚待时日，所以"顿"还需逐渐地转变成"圆"，从科技思想的角度讲就是科学问题的最后解决。这样一来，"渐顿渐圆"实际上就是又一思维方法了，现代思维科学将它命名为"无穷逼近法"。在数学界，人们解决哥德巴赫猜想（即每个整数都可以表示为素数之和的推断，用数学式可表示为 m+n）所采用的就是这个方法，1920 年挪威数学家布龙首先证明了"9+9"，后来人们又相继证明了"7+7""6+6""4+4"，1956 年我国数学家王元证明了"1+3"，1962 年我国另一位数学家陈景润又证明了"1+2"，取得了目前在这个领域里的最好成绩，它距离"渐圆"仅隔一步之遥了。在道德实践方面，则"日取一小善，而学行之积日至月则身有三十善矣，……积之数年而不怠者，不亦几于君子乎!"③"几"即"逼近"之意。"结界"教化亦复如此，即由"一以教十，十以教百，百以教千，至于无穷，漫衍天下"④，所以，相对于"渐圆"来说，"渐顿"就具有了近似性的特征。释智圆说：

> 随机约理则不同执家，约机则不同难家，宁得称理者，以如理而解方名智，故智不称理全是邪执，如方下如方凿入于圆柄，言不相应也。不见下不见约理无得约智，俱非渐顿。⑤

在一般情况下，"执家"的目的在于积累财富，它的侧重点是"物"，而"约理"的目的则在于累积成佛因行，它的侧重点是"心"；"难家"之"难"可以通过自身的努力而加以克服，但"约机"之"约"却力求使人脱落依靠自力的心，而逐渐转向依靠佛力。在这里，释智圆似乎更加强调"外力"的作用，而中外思想史的发展历史反复证明："外力论"最终都必然要滑向宗教唯心主义和神秘主义。释智圆也不例外，如他的"约机则不同难家"思想就暴露了他的宗教唯心主义和神秘主义实质，但我们不能仅仅从宗教唯心主义和神秘主义的层面来透析释智圆的精神世界，因为只要我们揭去遮盖在释智圆身上的那层神秘主义面纱，就会看到蕴涵在他思想内层的那些合理因素和活性成分。所谓"随机约理"，在笔者看来，就是指人们发动自己的主观能动性而无限地逼近"天理"。释智圆曾这样议论说：

① ［美］托马斯·R.布莱克斯利：《右脑与创造》，傅世侠、夏佩玉译，北京：北京大学出版社，1992 年，第 21 页。
② （宋）释智圆：《涅槃玄义发源机要》卷 1，《大正新修大藏经》第 38 册，第 34 页。
③ （宋）释智圆：《闲居编》卷 20《勉学下》，《续藏经》第 1 辑第 2 编第 6 套第 1 册，第 114 页。
④ （宋）释智圆：《闲居编》卷 24《与门人书》，《续藏经》第 1 辑第 2 编第 6 套第 1 册，第 124 页。
⑤ （宋）释智圆：《涅槃玄义发源机要》卷 3，《大正新修大藏经》第 38 册，第 31 页。

夫人生而静，天之性也。感于物而动，性之欲也，物诱于外而无穷，欲动于内而无节，不能反躬，天理灭矣。是故觉王之制戒律，人为之节俾粗暴不作，则天理易复矣。故为宫而居，将行戒律必以结界始。由结界则画分其方隅，标准其物类，界相起于是，众心识于是，则凡百彝章羯磨之法可得而行也。彝章行则粗暴由是息，天理由是复，然后知佛之所以圣，法之所以大，僧之所以高。①

"天理"观是宋代理学的重要组成部分，由于过去人们习惯于以儒学为中心来解析中国古代的思想发展历程，所以构成中国古代"天理观"的很多环节都被忽略了，而释智圆的"天理观"就是被人们忽略的思想环节之一。从中国古代"天理观"的发展历史看，释智圆的"天理观"源于汉代的《乐记》。汉代《乐记》载：

人生而静，天之性也。感于物而动，性之欲也，物至知知，然后好恶形焉，好恶无节于内，知诱于外，不能反躬，天理灭矣。夫物之感人无穷，而人之好恶无节，则是物至而人化物也。人化物也者，灭天理而穷人欲者也。②

但仔细比较，汉代《乐记》中所讲的"天理观"与释智圆所讲的"天理观"在施用对象上不尽相同，两者之间最主要的差别是前者重"人化物"，而后者贵"结界"。可见，释智圆是欲借儒学之力，并试图达到振兴佛教的目的，用他的话说就是"天理易复矣"。然而，如何去"复天理"？"犹欲保残守缺"③，肯定不行。因为在释智圆看来，北宋初年之佛教，其"大界未及结，由是法度弗及行，律仪弗及修"④，所以，整个佛教事业亟待鼎新革故，拟或改弦易辙，以不断适应新的社会发展需要，故此，他才勇于担当振兴佛教之重任，"多其立事于已坠之世，行道于难行之时"⑤，"于是留意于笔削，且有扶持之志"⑥，这样便形成了他贯通《中论》与《中庸》的"天理观"。他说：

"天理湛寂，讵可以净乎、秽乎、延乎、促乎、彼乎、此乎而思量拟议者哉！然而悟之则为圣、为真、为修德、为合觉、为还源、为涅槃，迷之则为凡、为妄、为性德、为合尘、为随流、为生死，大矣哉！"⑦

"禅律为交而成结界之文，使后来者居于是所以息粗暴，反其躬而复天理焉。为益之大可胜言哉。"⑧

"夫天理寂然，曾无生灭之朕乎。妄情分动，遂见去来之迹矣。"⑨

由这几段话，我们能大概地明了释智圆"天理观"的一些基本内容。第一，"天理"

① （宋）释智圆：《闲居编》卷13《宁海军真觉界相序》，《续藏经》第1辑第2编第6套第1册，第92页。
② 《礼记·乐记》，陈戍国点校：《四书五经》上，第566页。
③ 《汉书》卷36《刘歆传》，第1970页。
④ （宋）释智圆：《闲居编》卷13《宁海军真觉界相序》，《续藏经》第1辑第2编第6套第1册，第91页。
⑤ （宋）释智圆：《闲居编》卷13《宁海军真觉界相序》，《续藏经》第1辑第2编第6套第1册，第92页。
⑥ （宋）释智圆：《闲居编》卷19《中庸子传中》，《续藏经》第1辑第2编第6套第1册，第111页。
⑦ （宋）释智圆：《闲居编》卷8《净土赞》，《续藏经》第1辑第2编第6套第1册，第78—79页。
⑧ （宋）释智圆：《闲居编》卷13《宁海军真觉界相序》，《续藏经》第1辑第2编第6套第1册，第92页。
⑨ （宋）释智圆：《闲居编》卷18《生死无好恶论》，《续藏经》第1辑第2编第6套第1册，第108页。

是先天地寄生于人心体内的一个寂然不动的客观实体,这个"天理"又可称作"大理"。第二,"天理"的特点是"无生灭",用释智圆的话说就是"中",而探讨"天理"的学问则称为"中论"。如果转换成儒家的文本,则"中论"就是"中庸"。如释智圆说:"中庸子,智圆名也……释之明中庸,未之闻也。子姑为我说之。中庸子曰:居吾语汝,释之言中庸者,龙树所谓中道义也。"①第三,由于外物的诱导,人心躁动而为之"惑",故而不能发现和觉悟"天理",怎么办呢?就要开发心智。由此可见,释智圆所说的"合觉""还源""涅槃"等概念,其实就是科学思维的基本要素。当然,我们在此需要强调的是,释智圆"天理观"的特殊之处还在于他不是简单的道德说教,而是从北宋社会的现实状况出发,主张人类世界及其宇宙万物应当被纳入到一个有秩序和合目的(即"结界")的发展轨道上来,相互依存,协调发展,这应是"由结界则画分其方隅,标准其物类"一句话的真正内涵。释智圆的"中道"思想实际上是以此为根基的。

在释智圆的心学体系里,"欲"属于"俗谛",而"俗谛"则是"结界"的起点。所以释智圆在"结界"里言"画分其方隅,标准其物类",无非是想建立一种以"秩序"为轴心的社会制度,这个社会制度的特点应当是"粗暴不作"。而释智圆把"粗暴"看成是"人欲"的最大恶果,正是他对五代以来武人跋扈,涂炭生灵之社会现实的一种认真反省和理性审视。当然,宋初的民族矛盾和阶级矛盾也在客观上加重了"粗暴"(指各种战争)现象的发生及其对社会的危害,从而使释智圆不得不关注宋初社会的"粗暴"问题,而他所思考的问题恰好适应了宋仁宗时期的统治需要,因此他的思想学说才得以大行其道。在阶级社会里,造成"粗暴"现象的最根本的原因在于其社会的物质利益关系,释智圆当然看不到这一点。所以他才将造成"粗暴"现象的社会原因归之于抽象的"人欲",即人的欲望。释智圆说:"魔本以欲而乱世人。"②故释智圆认为,人生有两种病患:一是"身病",二是为"五尘所侵"之致的"心病",如贪心、嫉妒心等。他说:

> 若生方便未断尘沙,须学无量四谛也。五分下明身病,无明下明心病,约四十二位互作浅深优劣重轻,望下为深优轻,望上为浅劣重。乃至等觉一生在,皆有二病也。故经下示妙觉无病也,等觉一品犹是无常,妙觉究竟故五并常方无两病,外内火即仁王经七火也。一鬼火,二龙火,三霹雳火,四山神火,五人火,六树火,七贼火。人火者,恶业发时身自出火,树火者,如久旱时诸木自出,今云内火即人火也。外火即余六也,又内火即病也,病侵于身如火烧物,又是身内火大不调故为病也。③

因此,若从"观心"的视角看,"心垢故众生垢",而一旦"垢心作"则无论"轻之与重悉皆是罪也"④,那么,如何祛除"垢心"呢?释智圆说:"今观善恶悉由心起,即空、假、中。一念叵得故空,理具三千故假,心性不动故中,三一互融方名妙观。"⑤所以欲祛

---

① (宋)释智圆:《闲居编》卷19《中庸子传上》,《续藏经》第1辑第2编第6套第1册,第110页。
② (宋)释智圆:《维摩经略疏垂裕记》卷5,《大正新修大藏经》第38册,第774页。
③ (宋)释智圆:《请观音经疏阐义钞》卷3,《大正新修大藏经》第39册,第995页。
④ (宋)释智圆:《维摩经略疏垂裕记》卷6,《新修大正大藏经》第38卷经疏部六,第794页。
⑤ (宋)释智圆:《维摩经略疏垂裕记》卷1,《大正新修大藏经》第38册,第722页。

"心垢"尚需从空、假、中三个方面入手，在释智圆看来，宇宙万物皆从因缘中产生，没有恒常不变的实体，这就是所谓的"空"；凡存在着的实体都具有形状、体积、规模、大小等量的规定性，这就是所谓的"假"；任何事物的存在都是"空"与"假"的统一，是一物之两体，不能偏倚其中的任何一方，空假不二，即空即假，这就是所谓的"中"。"中"即"中道""中观""中庸"之意。而"不著于空，不执于假，即曰中道"①，空、假、中同时具于一念，三即是一，一即是三，三一相互包含，你中有我，我中有你，无障无碍，是为"三一互融"。由于智顗将"十如""十法界"与"三种世间"结合起来，构筑了他的"一念三千"说（一心具十法界，十法界一一互具成百法界，且十法界又各具三种世间，为三十种世间，故百法界就具三千种世间了），所以作为智顗思想的继承者之一的释智圆就自觉地应用智顗的"一念三千"说来为他的"真心观"服务了。所谓"理具三千"，其实是"一念三千"的另一种说法，与此相对，即"有事造三千"。在这个意义上说，"三一互融"又可称作"理事互融"。②释智圆说：

> 五阴是事，佛性是理。事由理变，此事即理故云所以也。五阴是因复生智慧之因，故曰因因，问五阴是果何名因耶？答凡夫妄果望佛仍因，智慧增成者，分证究竟悉曰增成智慧。所灭者，所灭即无明，无明灭处即涅槃果，余一切法者，即界入等。……谓因果不二即理体，事理融一，故并相即不二，不可为二者，以名事分别，则不二之体不可为因果之宗。③

在这段话里，不仅包含着丰富而深刻的辩证法思想，而且释智圆用他的文本语言区分了"形而上学"与"科学"的本质差异，即形而上学的研究对象是"物自体"本身，用释智圆的话说就是"理体"，它的存在特征是"事理融一"，所以"理体"是形而上学的研究对象而不是科学的研究对象；科学的研究对象是现象界，是现象界中所存在着的丰富多彩的个体，这些生动的个体只有加以逻辑上的分门别类，并将其置于前后相继、彼此制约的因果关系之链条中，它们的存在才具有科学意义，所以说"不二之体不可为因果之宗"。

综上所述，释智圆的科技思想在宋学发展史上具有独特的理论价值。首先，他把佛儒两家的思想相互联结和贯通起来，成为启发北宋理学家的先导。关于这一点，陈寅恪、漆侠等先辈多有揭示，此不赘语；其次，释智圆认为，宇宙万物的生成和变化是有规律的，即"众生由理具此体故愿生"④，且现象界的万物变动不居、无常性，而"理体"却是稳定的、自性的和本觉的。而科学的任务就是将发生在由"理体"所支配的现象界里的这种自性的东西描写出来，然后形成一种"经验的共性"。毋庸讳言，我们所处的现象界是由相互对立着的事物或者称为有极性的事物所构成，在释智圆看来，任何事物的性质都具有"约"性（即近似性），如物质的纯与不纯以及科学观察与干扰现象等，它们对人类的认识

---

① 汤用彤：《汤用彤全集》第1卷，石家庄：河北人民出版社，2000年，第239页。
② （宋）释智圆：《维摩经略疏垂裕记》卷5，《大正新修大藏经》第38册，第775页。
③ （宋）释智圆：《涅槃玄义发源机要》卷3，《大正新修大藏经》第38册，第29页。
④ （宋）释智圆：《佛说阿弥陀经疏》，《大正新修大藏经》第37册，第352页。

能力而言，都具有模糊性和近似性。尤为重要的是，释智圆用"镜"跟"智"的关系来说明宇宙万物的存在方式，这种存在方式就是"镜像"，既物质形成一种思维镜像，现代科学已经证实，物质世界中的确存在着很多"镜像"实体，霍夫曼称之为"手性物质"，他说："在差别的王国中，很微妙的是手征性，Chirality，它来自希腊字 Cheiros。一些分子以不同的镜—像形式存在，相互关系如左右手。分子互为镜像关系的化合物，可以有许多客观性质相同（不是所有性质），像熔点、颜色等。也有一些性质不同。比如，左旋的分子与右旋的分子会产生相互作用。"①如此等等，如果我们把上述的卓越思想跟中国 11 世纪初期的社会发展状况相联系，就一定会发现释智圆当时提出的许多见解都具有独创性，这是我们应该引以为豪的。科学创造不同于一般的生产劳动，因为科学劳动的重要特征之一就是对各种自然事实和客观问题的高度专注与"真心观"，从这个角度讲，释智圆的思想中还渗透着一种积极的和进取的科学意识和精神，这种精神自然也是"山外派"留给我们的一笔宝贵的知识财富。

第四节　《武经总要》的兵学成就及其科技思想

北宋自宋太宗"雍熙北征"惨败而失去收复"燕云十六州"的信心之后，其军事形势便发生了重大的转折，即由军事进攻转为军事防守。西夏和契丹辽的扰乱与颠覆，尤使北宋的皇帝诚惶诚恐。面对来自契丹辽和西夏两大少数民族政权的军事威胁，北宋从战略上不得不依靠进一步拓展广阔陆海领域以及发展军事科学技术这两个方面来稳固自身的统治地位。据《武经总要》前集卷 21《广南东路》载，北宋对中国南部的开发已经深入到包括"九乳螺洲"在内的南海海域了，而"九乳螺洲"即今之西沙群岛，由此可见，北宋政府对经营南海国土资源的积极努力。然而，北宋之立开封为都城，在没有天堑可依托的情况下，也只有仗着大量增加兵力和改进武器这两途来安抚君心与民心了。马端临《文献通考》载："（开宝）八年（975），将平江南，颇以简稽军实为务。京师所造兵器十日一进，谓之旬课，上亲阅之，制作精绝尤为犀利。其国工之署有南北二作坊、弓弩院，诸州有作院，皆役工徒限其常课……凡诸兵器置五库以贮之，尝令试床子弩于近郊外，矢及七百步，又令别造千步弩试之，矢及三里，戎具精劲，近古未有。"②这是属于军事技术方面的基本建设，为物的投入；此外，尚有属于兵制的建设方面，属于人力的投入。按照宋太祖"守内虚外"的方略，北宋整个兵力资源（仅以正规部队为限）的配置极不平衡，据《宋史》卷 187《兵一》载，其禁军的数量从宋太祖到宋仁宗分别为 19.3 万人、35.8 万人、43.2 万人、82.6 万人，而与之相对应的厢军则分别为 18.5 万人、30.8 万人、48 万人、43.3 万人。显而易见，就军队的数量而言，北宋绝对不能说"弱"，但就其质量而言，厢

---

① ［美］洛德·霍夫曼：《相同与不同》，李荣生、王经琳等译，长春：吉林人民出版社，1998 年，第 33 页。

② （元）马端临：《文献通考》下卷 161《兵十三》，第 1403 页。

军基本上没有战斗力。所以在这种条件下，那些先进武器倘若掌握在那些本来没有战斗力的士兵手里，那它就不可能发挥其先进武器的作用。但是，北宋毕竟延续了一百多年，之后南宋又存在了一百多年，那么，我们对这种"弱而不倒"的社会现象又该如何解释呢？社会存在本身是一个非常复杂的系统，其中每个因素都可能对这个系统产生影响和作用，在一定程度上说，是武器的先进性遮盖或弥补了其军队战斗力不足的事实。因此，《武经总要》对北宋国防建设的现实意义是不言而喻的，而《武经总要》本身又是北宋留给后人的一笔极其宝贵的科学遗产，所以，我们研究北宋科技思想史就不能跳过《武经总要》。

一、官修《武经总要》的历史背景

算起来，从立国到宋仁宗庆历初年，北宋已经走过了 80 年的艰难历程。总结这段属于北宋前期的社会历史，除了在军事和外交两方面存在明显失误之外，应当承认其成绩是主要的。特别是宋太祖制定的防弊之策，切实收到了积极的社会效果。如北宋积极推行"与士大夫治天下"的政治方略，知识在特定的历史时段内受到社会的广泛尊重，尤其是政府实行对各种科技人才的奖励措施，充分地调动起了人们的科研热情，各种发明创造蜂拥而至。据不完全统计，北宋的大多数科技成就都是在前期完成的，如指南针应用于航海；从冷器时代向火器时代的转型；开雕大藏经《开宝藏》，京、蜀、浙、闽四大雕版中心的形成；宋仁宗庆历年间（1041—1048），平民毕昇创造了活字印刷术，它被史学界称为"传播世界文明之母"[1]，而马克思也把它看成是"科学复兴的手段"，是"对精神发展创造必要前提的强大杠杆"。[2]但同时，北宋"防弊之政"所固有的隐性危机在潜伏了几十年之后终于到宋真宗统治时期开始发作了，其主要症状是：官僚机构臃肿，冗员成灾，宋仁宗时期甚至出现了"州县之地不广于前，而陛下官五倍于旧"[3]的局面；宋初由于政治环境比较恶劣，其统治者为了保持社会的稳定，曾"收拾一切强悍无赖游手之徒，养之以为官兵"[4]，后来凡遇荒年就以这种办法募民为兵，"往者纷纷，来者累累"[5]，致使兵员过剩，国家军费耗资巨大，是造成北宋财政危机和战斗力低下的主要根源，更加糟糕的是由此而导致农业劳动力锐减，严重破坏了正常的农业生产；士大夫固然是北宋社会存在和发展的精神支柱，而且右文政治亦确实于北宋具有现实的合理性，但士大夫的本质特征是什么？《周礼·冬官考工记》载："坐而论道，谓之王公；作而行之，谓之士大夫"[6]，这就是说，士大夫的特征不仅在于"议论"，而且还在于"事功"，而北宋前期士大夫暴露出来的弊病却是"论议多于事功"[7]，所以，如何提高整个军队的军事素质就成了宋仁宗执

① 杨渭生：《宋代科学技术述略》，《漆侠先生纪念文集》，第 475 页。
② [德]马克思：《机器、自然力和科学的应用》，北京：人民出版社，1978 年，第 67 页。
③ （宋）宋祁：《上三冗三费疏》，曾枣庄、刘琳主编，四川大学古籍整理研究所编：《全宋文》卷 489《宋祁八》，成都：巴蜀书社，1990 年，第 194 页。
④ （宋）沈作喆：《寓简》卷 5，北京：中华书局，1985 年，第 37 页。
⑤ （宋）苏轼：《苏东坡全集》卷 56《策别厚货财二》，北京：北京燕山出版社，2009 年，第 1445 页。
⑥ 陈成国点校：《周礼·冬官考工记》，长沙：岳麓书社，1995 年，第 116 页。
⑦ 《宋史》卷 173《食货志上一》，第 4157 页。

政的当务之急。

诚然，决定战争胜负的因素是人不是物，但在特定的条件下，物（即军制与武器）也能成为决定战争胜负的关键因素。对于这一点，北宋宋真宗皇帝的体会最深。据《续资治通鉴长编》载：景德元年（1004）冬十月壬申，"契丹既陷德清，是日，率众抵澶州北直犯大阵，围合三面，轻骑由西北隅突进。李继隆等整军成列以御之，分伏劲弩控扼要害。其统军顺国王挞览有机勇，所将皆精锐，方为先锋，异其旗帜，躬出督战，威虎军头张环守床子弩，弩潜发，挞览中额陨，其徒数十百辈竞前，舆曳至寨，是夜，挞览死，敌大挫衄，退却不敢动"①。可以肯定地说，在接下来的"澶渊之盟"中，北宋"床子弩"在战争中所发挥的威力，便成为迫使契丹与北宋进行"和谈"的直接因素。尽管床子弩击中挞览带有一定的偶然性，但通过这场战役使宋真宗及其以后的北宋皇帝终于看到了"炮利"对于国家政权的重要性。常言道"弱国无外交"，这是确实不移的真理，而"弱"的根源就在于军备不振，武器不良。故王夫之在总结宋太宗时期的军备状况时说："岐沟一蹶，终宋不振，吾未知其教之与否，藉其教之，亦士戏于伍，将戏于幕，主戏于国，相率以嬉而已。呜呼！斯其所以为弱宋也欤！"②王氏说得也许有点绝对，但武备不振的确是北宋外交失利的重要原因。因此，宋真宗对"澶渊之盟"所取得的军事和外交成果颇多感慨，于是他狠了狠心，在同年十二月丙戌首次将"怀、孟、泽、潞、郑、滑等州，放强壮归农"③，景德二年（1005）春正月壬子，再"放河北诸州强壮归农，令有司市耕牛给之"④。接着，又"罢诸路行营，合镇、定两路都部署为一。乙卯，罢北面部署、铃辖、都监、使臣二百九十余员"⑤。景德三年（1006）秋七月壬寅，"减鄜延戍兵"⑥。显然，这是"澶渊之盟"后，宋真宗鉴于新的历史形势而进行的一次较大规模的裁军行动。但必须看到，这次裁军是减量不减质，如景德三年夏四月丙子，宋真宗"遂幸御龙直班院，观教阅弓刀"⑦。特别是"澶渊之盟"后，契丹辽已经不是北宋的防御重点了，随着其战略防御重点向西夏的转移，与西夏临界的河朔地区，其兵力不仅没有减少，而且还有所增加，如景德二年（1005）四月辛卯，真宗"密谕河朔长吏，凡军士数阙，自当广务招置，勿以邻敌通欢，辄怠其事"⑧。

不过，由于宋真宗在景德三年封西夏主李德明为西平王，双方始相互开榷通商，和平相处，范仲淹在回顾这段历史时说："塞垣之下，逾三十年，有耕无战，禾黍云合，甲胄尘委，养身葬死，各终天年。"⑨邵伯温亦称："本朝惟真宗咸平、景德间为盛，时北虏通

① （宋）李焘：《续资治通鉴长编》卷58"景德元年冬十月壬申"条，第499页。
② （清）王夫之著，舒士彦点校：《宋论》卷2《太宗四》，北京：中华书局，1964年，第35页。
③ 《宋史》卷7《真宗二》，第126页。
④ 《宋史》卷7《真宗二》，第127页。
⑤ 《宋史》卷7《真宗二》，第127页。
⑥ 《宋史》卷7《真宗二》，第131页。
⑦ 《宋史》卷7《真宗二》，第130页。
⑧ （宋）李焘：《续资治通鉴长编》卷59"景德二年四月辛卯"条，第514页。
⑨ （宋）范仲淹：《范文正公文集》卷10《答赵元昊书》，（清）范能濬编集，薛正兴校点：《范仲淹全集》上册，第216页。

和，兵革不用，家给人足。以洛中言之，民以车载酒食声乐，游于通衢，谓之棚车鼓笛。"①但不论"禾黍云合"还是"棚车鼓笛"，从历史辩证法的角度看，在几个政权同时并存的背景下，任何和平景象都只能是暂时的和有限的，而盲目陶醉于兆瑞呈祥以致废弛武备的行为无疑是一种慢性自杀。据史料记载，宋真宗晚年完全委政于刘皇后，自此北宋的武备与边防开始出现了"积弱"型的贫血现象。对此，那些有识之士深感忧虑，如石延年曾向刘后建议："天下不识战三十余年，请选将练兵，为二边之备。"②可惜没被采纳，只是到了"西边数警"之后，才被迫"方用延年之说，藉乡丁为兵故也"。③可惜，"延年之说"没有能够使宋仁宗避免"三川口之战"的重大失利。痛定思痛，宋仁宗在重振边备问题上已是丝毫不敢懈怠了。这是他下决心编修《武经总要》的直接原因。

所以，康定元年（1040）宋仁宗诏令天章阁待制曾公亮和工部侍郎参知政事丁度，具体负责修撰北宋第一部大型军事教科书，同时也是中国古代第一部官修的百科全书式的兵书——《武经总要》。曾公亮（999—1078），字明仲，泉州晋江人，进士出身，"为政有能声"；丁度（990—1053），字公雅，祥符（今河南开封）人，曾登服勤词学科，"强力学问"。当然，《武经总要》是由曾公亮代表朝廷领衔，丁度总领书局，由众多学者集体编修的军事著作，是北宋前期军事科学技术与军事制度及用兵得失的一次大总结。其书先后用时5年，传本共40卷，分前、后两集。前集20卷，主要论述了军事组织、选将用兵、教育训练、部队编成、行军宿营、古今阵法、通信侦察、城池攻防、火攻水战、武器装备等，其中在营阵、兵器、器械部分，每一件都配有详细而规正的插图，仅第十到第十三卷就附有250多幅插图，是全书的精华。另外，"边防"部分介绍了北宋北部、西北部及西南部等地的边疆地理，虽"道里山川以今日考之，亦多刺谬"④，但它所述之辽及西夏等民族的发展历史，不乏资料价值。后集20卷，包括"故事"15卷，"依仿兵法"，实即《通典》体例，分门别类，介绍历代战例，比较用兵得失，"使人彰往察来"；"占候"5卷，主要指军事阴阳，包括对天文、气象、灾异等自然现象的预测与判断，对于这部分内容，只要我们用批判的眼光和辩证否定的态度，去其糟粕，取其精华，就一定能发现它里面所包含着的科学价值。《四库全书总目提要》说得好：《武经总要》这部书，其"前集备一朝之制度，后集具历代之得失，亦有足资考证者"⑤。

二、《武经总要》中的科技思想及其局限性

《武经总要》主要由四部分组成：军事科学、自然科学、技术科学和人文科学。而这四部分既相互区别又相互联系，构成一个完整的兵学思想体系。在北宋乃至整个中国古代兵学发展史上，《武经总要》之所以能独树一帜，其真正的原因恐怕就在于其科技思想。

① （宋）邵伯温撰，李剑雄、刘德权点校：《邵氏闻见录》卷3，第23页。
② （宋）李焘：《续资治通鉴长编》卷127"康定元年夏四月丁亥"条，第1149页。
③ （宋）李焘：《续资治通鉴长编》卷127"康定元年夏四月丁亥"条，第1149页。
④ （清）永瑢等：《四库全书总目》卷99《子部·兵家类》"武经总要"条，第838页。
⑤ （清）永瑢等：《四库全书总目》卷99《子部·兵家类》"武经总要"条，第838页。

（一）《武经总要》中的军事科技思想

在中国古代历史上，由于《孙子兵法》是兵学之宗，故历代王朝对它都有一种特殊的需要。但是，从来还没有哪一个王朝像北宋和南宋一样更加需要《孙子兵法》，也没有哪一个少数民族政权像西夏一样自觉地学习《孙子兵法》，所以，北宋与西夏的战争绝不是一般意义上的战争。人们发现，现存西夏文《孙子兵法》残本，为曹操、李筌和杜牧三家注本，这是迄今所见到的最早的少数民族的《孙子兵法》译本，它同时也说明当时的西夏国将士正在学习和掌握中原文化中最先进的兵学思想和理论。随着北宋军队在"三川口之战"的残败，学习和研究《孙子兵法》自然成了政府和社会共同关注的焦点，如晁公武《郡斋读书志》之《王皙注孙子》载："元昊既叛，边将数败，朝廷颇访知兵者，士大夫人人言兵矣。故本朝注解孙武书者，大抵皆当时人也。"[1]可见，《武经总要》既是对宋仁宗初年"士大夫人人言兵"这种客观态势的一种回应和升华，同时又是对五代以前整个古代兵学理论和战争知识的一种凝炼与整合。如范仲淹在康定元年（1040）五月甲戌上言说：

> 兵家之用，先观虚实之势。实则避之，虚则攻之。今缘边城寨有五七分之备，而关中之备无二三分，若昊贼知我虚实，必先胁边城，不出战则深入，乘关中之虚，小城可破，大城可围，或东沮潼关，隔两川贡赋，缘边懦将不能坚守，则朝廷不得高枕矣。为今之计，莫若且严边城，使持久可守，实关内使无虚可乘，西则邠州、凤翔为环、庆、仪、渭之声援，北则同州、河中府扼郿、延之要害，东则陕府、华州据黄河、潼关之险，中则永兴为都会之府，各须屯兵三二万人，若寇至，使边城清野，不与大战，关中稍实，岂敢深入？复命五路修攻取之备，张其军声，分彼贼势，使弓马之劲无所施，牛羊之货无所售，二三年间，彼自困弱，待其众心离叛，自有间隙，则行天伐，此朝廷之上策也。[2]

范仲淹抓住了"随机应变"这个兵学的根本思想，灵活应用"避实击虚"原则于宋夏的具体军事对抗之中，体现了他对《孙子兵法》的深刻把握和理解，不失为克敌制胜的良策。《孙子兵法》之《谋攻》篇中说："将能而君不御者胜"[3]，这就是说，身为战场上的指挥官应当根据战情而不是君主的需要来制定作战方案。然而，北宋自宋太宗之后，实行"将从中御"的制度，即战争的指挥权集中于皇帝一人手里，在宋太宗看来，"布阵乃兵家大法，非常情所究，小人有轻议者，甚非所宜"[4]，这样皇帝不仅操纵着将帅的命运，而且还牢牢控制着战争的指挥权，结果导致每战不是侥幸取胜就是连连败北的残局。宋人说："阃外之事，将军裁之，所以克敌而致胜也。近代动相牵制，不许便宜。兵以奇胜，而节制以阵图；事惟变适，而指踪以宣命。勇敢无所奋，知谋无所施，是以动而奔北

① （宋）晁公武撰，孙猛校证：《郡斋读书志校证》卷14《王皙注孙子》，第634页。
② （宋）李焘：《续资治通鉴长编》卷127"康定元年五月甲戌"条，第1153页。
③ 《孙子兵法》卷上《谋攻》，《百子全书》第2册，第1125页。
④ （宋）李焘：《续资治通鉴长编》卷40"至道二年九月己卯"条，第328页。

也。"①而"事惟变适"正是战争的特点，也是取胜的关键，北宋的皇帝恰恰在这一点上犯了用兵之大忌，所以北宋在对辽及夏作战中的失败，败在君而不在将，而失败的原因就是三个字"不知变"。对此，《武经总要》在新的历史条件下重新肯定了我国古代"兵贵知变"的传统军事思想与用兵原则。如《武经总要·叙战上》说："夫兵以诈立，以利动（见利始动），以分合为变者也（或分或合，以战敌人，观其应我之形，终能为变化以取战胜也）。"②同书卷4《奇兵》又进一步说："夫奇兵者，正兵之变也；伏兵者，奇兵之别也"③，"历观前志，连百万之师，两敌相向，列阵以战，而不用奇者，未有不败亡也，故兵不奇则不胜"④，而"奇"者在于"变"，因为"势有万变"⑤。

　　当然，选将任能是取胜的重要前提，更是《武经总要》反复重申和强调的军事思想之一。《武经总要·将职》说："将者，民之司命，国家安危之主，三军之事专达焉"⑥，正因如此，宋仁宗才产生了"深惟帅领之重，恐鲜古今之学"⑦的忧虑，虽然"祖宗之法不以武人为大帅，专制一道，必以文臣为经略，以总制之"⑧，但是这种"以文制武"的现象如果走过了头，就很难保证让前线将领掌握战争的主动权。故叶适批评北宋前期的这种"以文制武"政策时说："人才（指将才）衰乏，外削中弱，以天下之大而畏人（指辽夏等北方的少数民族政权）。"⑨针对这种令皇帝难堪的学非所用的文臣统兵局面，为了变被动为主动，宋仁宗一方面兴建"武学"，另一方面就是编撰军事教科书，对在任和不在任的文臣将帅实施再培训工程，以提高他们的军事理论素质。而《武经总要》讲得很清楚，一个将才必须具备的军事理论素质是："将在军，必先知五事、六术、五权之用，与夫九变、四机之说。"⑩而"此五事、六术、五权、九变、四机者，皆良将之所要闻，而兵家之所先务也"⑪。其所谓"五事"即"道、天、地、将、法"，"道者，令民与上下同意也，故可以与之生，可以与之生，而民不畏危。天者，阴阳、寒暑、时制也。地者，远近、险易、广狭、死生也。将者，知、信、仁、勇、严也。法者，曲、制、官、道、主、用也"。⑫所谓"六术"则"制号政令，欲严以威；庆赏刑罚，欲必以信；处舍收藏，欲周以

---

①　（宋）李焘：《续资治通鉴长编》卷44"咸平二年闰三月庚寅"条，第360页。

②　（宋）曾公亮、丁度撰，浦伟忠、刘乐贤整理：《武经总要》前集卷3《叙战上》，海口：海南国际新闻出版中心，1995年，第226页。

③　（宋）曾公亮、丁度撰，浦伟忠、刘乐贤整理：《武经总要》前集卷4《奇兵》，第233页。

④　（宋）曾公亮、丁度撰，浦伟忠、刘乐贤整理：《武经总要》前集卷4《奇兵》，第233页。

⑤　（宋）曾公亮、丁度撰，浦伟忠、刘乐贤整理：《武经总要》前集卷4《奇兵》，第233页。

⑥　（宋）曾公亮、丁度撰，浦伟忠、刘乐贤整理：《武经总要》前集卷1《将职》，第202页。

⑦　（宋）曾公亮、丁度撰，浦伟忠、刘乐贤整理：《武经总要》之《仁宗皇帝御制序》，任继愈主编：《中国科学技术典籍通汇·技术卷》第5分册，郑州：河南教育出版社，1994年，第41页。

⑧　（宋）刘挚：《上哲宗论祖宗、不任武人为大帅用意深远》，（宋）刘挚撰，裴汝诚、陈晓平点校：《忠肃集》，北京：中华书局，2002年，第486页。

⑨　（宋）叶适著，刘公纯、王孝鱼、李哲夫点校：《叶适集》卷10《外稿·始议二》，北京：中华书局，2010年，第759页。

⑩　（宋）曾公亮、丁度撰，浦伟忠、刘乐贤整理：《武经总要》前集卷1《将职》，第202页。

⑪　（宋）曾公亮、丁度撰，浦伟忠、刘乐贤整理：《武经总要》前集卷1《将职》，第202页。

⑫　（宋）曾公亮、丁度撰，浦伟忠、刘乐贤整理：《武经总要》前集卷1《将职》，第202页。

固；徒举进退，欲安以重，欲疾以速；窥敌观变，欲潜以深，欲伍以参；遇敌决战，必道吾所明，无道吾所疑"①。所谓"五权"者，"无欲将而恶废，无怠胜而忘败，无威内而轻外，无见其利而不顾其害，凡虑事欲熟而用财欲泰"②。所谓"九变"者，"圮地无舍，衢地合交，绝地无留，围地则谋，死地则战，涂有所不由，军有所不击，城有所不攻，地有所不争，君命有所不受"③。所谓"四机"者，"张设轻重，在于一人，谓之气机；道狭路险，名山大塞，十夫所守，千夫不过，谓之地机；善行间谍，分散其众，使其君臣相怨，上下相咎，谓之事机；车坚舟利，士马闲习，谓之力机"④。而像"车坚舟利""君命有所不受""窥敌观变"等主张都明显地悖于"宋朝家法"，宋仁宗允许把它们公然写进教科书里，说明当时革故鼎新已是人心所向，如尹洙在庆历二年（1042）上疏请求宋仁宗"日新盛德，与民更始"⑤。后来孙沔说得更坚决，他说：朝廷若不"选贤任能，节用养兵"⑥，则"恐土崩瓦解，不可复救"⑦。尤其耐人寻味的是《武经总要》于庆历四年（1044）完成，恰逢"庆历新政"的高峰，这就不能不使人们合情理地将它们两者联系起来。

《武经总要》非常重视军队的训练。其文云："军无众寡，士无勇怯，以治则胜，以乱则负。兵不识将，将不知兵，闻鼓不进，闻金不止，虽百万之众，以之对敌，如委肉虎蹊，安能求胜哉？"⑧北宋初年，宋太祖为了防止将帅专权，颠覆宋氏江山，遂推行"更戍法"，即"将天下营兵，纵横交互，移换屯驻，不使常在一处"⑨，结果造成了"兵不识将，将不知兵"的不利局面，在这种条件下，宋朝所规定的训练制度不免流于形式，给人以"花架子"之感，根本起不到提高战斗力的效果。从这个角度讲，《武经总要》实开了王安石"将兵法"的先河。《武经总要》说："盖士有未战而震慑者，马有未驰而疫汗者，非人怯马弱，不习之过也。"⑩所以"训士之法，虽贵约乘繁，舍迂求要，欲使人心齐劝，指顾如一，然有不可得省，要须兼存。故但习其容，不可施之战间者，草教日阅是也；虽曰训习，便可勒为行阵者，讲武、教骑、教步、教弩是也。故不先日阅，是谓教而无渐；不后讲武，是谓训习而无功。斯则交相为用，而成折冲静难之具也。若夫乘三农之隙，习六师之容；顺威仪，明少长，严赏罚，陈号令；麾焉使必从，指焉使必赴，则将师者当于此求其一二而施之行事云"⑪。可见，就训练方法而言，《武经总要》主张把"日阅"（即

---

① （宋）曾公亮、丁度撰，浦伟忠、刘乐贤整理：《武经总要》前集卷1《将职》，第202页。
② （宋）曾公亮、丁度撰，浦伟忠、刘乐贤整理：《武经总要》前集卷1《将职》，第202页。
③ （宋）曾公亮、丁度撰，浦伟忠、刘乐贤整理：《武经总要》前集卷1《将职》，第202页。
④ （宋）曾公亮、丁度撰，浦伟忠、刘乐贤整理：《武经总要》前集卷1《将职》，第202页。
⑤ （宋）李焘：《续资治通鉴长编》卷137"庆历二年闰九月壬午"条，第1261页。
⑥ （宋）李焘：《续资治通鉴长编》卷139"庆历三年正月丙申"条，第1278页。
⑦ （宋）李焘：《续资治通鉴长编》卷139"庆历三年正月丙申"条，第1278页。
⑧ （宋）曾公亮、丁度撰，浦伟忠、刘乐贤整理：《武经总要》前集卷2《序论》，第206页。
⑨ （宋）富弼：《上仁宗乞选任转运守令以除盗贼》，（宋）赵汝愚编：《宋朝诸臣奏议》卷144《边防门》，上海：上海古籍出版社，1999年，第1269页。
⑩ （宋）曾公亮、丁度撰，浦伟忠、刘乐贤整理：《武经总要》前集卷2，第206页。
⑪ （宋）曾公亮、丁度撰，浦伟忠、刘乐贤整理：《武经总要》前集卷2，第206—207页。

基础训练）与"训习"（即专业训练）结合起来，循序渐进，使之朝着正规化和专业化的方向发展。它强调在"教武"的过程中，为了展现军人的威武气概和增强将士的训练信心，凡参加"讲武"的将士都要大声宣誓："今行讲武，以教人战，进退左右，一如军法。用命有常赏，不用命有常刑。可不勉之？"[①]严格地说，军训不仅是体能的训练，而且还是心理的训练，而把宣誓作为军训的一个有机组成部分，并由此来激励将士的斗志，这实际上已是一种军事性心理素质训练了。

（二）《武经总要》中的自然科技思想

军事学本身是一个十分复杂的系统工程，而作为综合性很强的"第七类科学技术部门"[②]，它的产生和发展始终不能离开自然科学的支持。特别是由于影响具体战事的因素很多，其中天文、地理及人事都有可能对战争的胜负起到关键性的作用，所以如何对这些可变因素作出科学分析，就不能不掌握一定的自然科学知识了。而《武经总要》在"采古兵法，及本朝计谋方略"[③]的同时，也吸收了不少当时先进的科技思想和自然科学知识，因而它在北宋科技发展史上的价值和地位是不能忽视的。

1. 星占学中的实用天文学思想

《武经总要》后集之"阴阳占候"部分为司天少监杨惟德等所编撰，老实说，杨惟德这个人虽以星占学为其特长，如他先后撰写了《六壬神定经》《七曜神气经》《景祐遁甲符应经》等多部星占著作，但他在星象观测和磁学研究方面却业绩不俗。据考，他首先于至和元年（1054）发现了一颗中子星[④]，这在有记录以来的人类科学发展史上是最早的；另外，宋末元初成书的《茔原总录》里提到了宋仁宗时期已经发现"地磁偏角现象"[⑤]，它比沈括《梦溪笔谈》（约1093）所记载的"地磁偏角现象"至少早50年。由此可见，杨惟德所从事的星占学是以特定的观察事实为依据的，不同于一般的江湖占星术。其实，中国古人的思维方式就是天、地、人"三位一体"的整体观或者说系统观，而系统是"由若干部分（要素）以一定结构组成的相互联系的整体"[⑥]，以此为基准，天、地、人三者之间必然存在着相互影响和相互作用的内在联系，如俄罗斯学者西尼亚科夫认为，地球上的许多空难和矿难等都跟地球物理共振现象有关，因为地球同其他行星之间不可避免地要发生相互作用。然而，问题的分歧在于人们应当如何去阐释这些联系，是用神秘的观点还是用实用的或准科学（因为当时没有真正意义上的科学）的观点？从历史上看，中国古代的天象学可分成两脉：一是研究星体本身运动变化规律的学问，即狭义的天文学；二是研究宇宙星体对地球及其人类社会生活影响的学问，即星占学。而对于星占学，我们不能笼统

---

① （宋）曾公亮、丁度撰，浦伟忠、刘乐贤整理：《武经总要》前集卷2《讲武第一》，第207页。

② 钱学森：《关于思维科学》，《自然杂志》1983年第8期。

③ （宋）晁公武撰，孙猛校证：《郡斋读书志校证》卷14《武经总要》，第643页。

④ （清）徐松辑，刘琳等校点：《宋会要辑稿》"瑞异"1之2，第2587页。

⑤ 《茔原总录》的作者学界有争议，闻人军：《考工司南：中国古代科技名物论集》，上海：上海古籍出版社，2017年，第273页。

⑥ 马丽扬：《系统论·信息论·控制论的若干问题》，北京现代管理学院内部教材，1985年，第25页。

地说好或是不好。若从沉淀的层面或者说基本的部分看，它就会呈现出客观性的特征来，因为星占家必须观察到星体所在的区域位置及其变异情况，在这个阶段它的科学性是显而易见的，如杨惟德发现中子星残骸和磁偏角现象，都属于该阶段的产物；若从稀释的层面或者说派生的部分看，它则会呈现出主观性的特征来，因为星占家要把星象的异常变化跟特定的人类活动相联系，所以他的解释就必然携带有个人的感性色彩，由此出发，则很容易滑向神秘主义和宿命论。杨惟德在《武经总要》里用很大的篇幅来描述"太乙占""六壬占法""遁甲法"的内容，对此，《四库全书总目·遁甲演义提要》说："仁宗时，尝命修《景祐乐髓新经》，述七宗二变，合古今之乐，参以六壬、遁甲。又令司天正杨惟德撰《遁甲玉函符应经》，亲为制序。故当时壬遁之学最盛，谈数者至今多援引之。自好奇者援以谈兵，遂有靖康时郭京之辈，以妖妄误国。"①看来，教导将士懂得一定的"式法"跟把"式法"教条化是不同性质的两个问题。"式法"本身是解释自然界周期运动变化规律的一种系统模型，是中国古代"人法地，地法天，天法道，道法自然"的理性化学说，正是由于这个原因，故刘大均、张岱年等学界前辈才对六壬、奇门、太乙等"式法"多有肯定。而为了实用起见，杨惟德在《武经总要》里特别选用了阿拉伯占星术的"十二宫"而不是中国古代天文学的"十二次"来与中国传统二十四节气的十二中气相关联，并用它作为"六壬占法"的客观依据，"推步占验，行之军中"。②

在这里，阿拉伯历法同中国传统历法一样，非常重视观测，因而他们在长期的观测实践中形成了一套比较完整的观测方法，其中"宫分法"就是《回回历法》的重要创造之一。回历将周天三百六十度按黄道等分三百六十，每三十度为一宫，共十二宫；而中国传统历法则按赤道等分周天三百六十度，每三十度为一次，共十二次。尽管回历之十二宫与中国古代历法之十二次所选择的参照系不同，但人们既然有意识地用十二次对译十二宫，即表明人们早已从心理上接受了十二宫这种具有星占性质的文化形式，故当十二宫自古巴比伦传入中国之后③，其名称就比较频繁地出现在各种汉译佛教典籍中，而在这种宗教文化的背景之下，如河北宣化一座辽墓墓室的顶部及河北邢台开元寺于1184年铸造的一口大铁钟上均出现了十二宫的图象，这说明当时十二宫已在社会上广为流传。况且，阿拉伯历法所采用的"宫分法"，带有一定的军国占星性质，所以北宋庆历年间（1041—1048）编撰的《武经总要》一书才选用黄道十二宫来取代中国古代天文学的"十二次"，而这个事实亦可看作是中国古代把回历十二宫用于军事天文学的端始。

2. "智虑周密，计谋百变"④的物理学和化学思想

把构成自然界各种物质运动的元素如火、水、木等加以科学的改造，并利用其内在的结构特点和化学性质，把它转化成守城或攻城的手段和方法，是《武经总要》最显著的思

① （清）永瑢等：《四库全书总目》卷109《子部·术数类二》"遁甲演义"条，第930页。
② （宋）曾公亮、丁度撰，浦伟忠、刘乐贤整理：《武经总要》之《仁宗皇帝御制序》，任继愈主编：《中国科学技术典籍通汇·技术卷》第5分册，第41页。
③ 江晓原、钮卫星：《中国天学史》，上海：上海人民出版社，2005年，第273页。
④ （宋）曾公亮、丁度撰，浦伟忠、刘乐贤整理：《武经总要》前集卷12"守城"，第341页。

想特征之一。古代战争有两种常见的攻城方法，那就是水攻与火攻，尤其是火攻，它大大加剧了战争的残酷程度。在火药发明之前，"火攻"的方法是在箭头上绑一些诸如油脂、松香、硫黄一类易燃性的物质，点燃后用弓射向敌方阵地，以达到引起敌军火灾，烧毁敌军阵地上的兵器或以烟熏敌军的目的，史书上称它为"火箭"或"燃烧箭"，但它的威力并不是太大。随着科学技术的发展，至唐代人们便初步认识到点燃硝石、硫黄、木炭三种物质的混合物，就会发生异常的燃烧现象。当时的《诸家神品丹法》《铅汞甲庚至宝集成》等书中都记载着用"伏火法"来防止硝石、硫黄、木炭混合点燃后所发生的剧烈反应，从而防止爆炸的事实。五代时期，人们开始有意识地将硝石、硫黄、木炭混合燃烧爆炸的性能应用于军事，于是"火箭"这种新式的"火药武器"就被发明出来了。而北宋初年，兵部令史冯继升、士兵出身的神卫队长唐福等则都已能熟练地制造先进的火药武器了[1]，其中"冯继升进火箭法，并实验攻城"。所谓"火箭法"就是在箭杆前端缚火药筒，点燃后利用火药燃烧向后喷出时气体本身所具有的反作用力把箭镞发射出去。同时，由于在密闭的容器内，火药燃烧时能产生大量的气体和热量，原来体积不大的固体火药，忽然受热膨胀，增加到几千倍，这样就会使容器发生爆炸。因此，不难看出，北宋初年所制造的火药武器正是利用了火药的燃烧爆炸性能原理。而把这个原理应用于兵器制造，则是北宋军事技术的一项重大发明。

尽管当时的火药武器如蒺藜火球、毒药烟球等爆炸威力还远远不够，但《武经总要》对这种军事科学发展的新动向不能不加以高度关注和重视。故曾公亮等在《武经总要》前集卷 11 和卷 12 中记载了当时流行的三个火药配方：

"毒药烟球"，其组方为"硫黄一十五两，草乌头五两，焰硝一斤十四两，巴豆五两，狼毒五两，桐油二两半，小油二两半，木炭末五两，沥青二两半，砒霜二两，黄蜡一两，竹茹一两一分，麻茹一两一分，捣合为球，贯之以麻绳一条，长一丈二尺，重半斤，为弦子。更以故纸一十二两半，麻皮十两，沥青二两半，黄蜡二两半，黄丹一两一分，炭末半斤，捣合涂傅于外。若其气熏人，则口鼻血出"。[2]

"火药法"，其组方为"晋州硫黄十四两，窝黄七两，焰硝二斤半，麻茹一两，干漆一两，砒黄一两，定粉一两，竹茹一两，黄丹一两，黄蜡半两，清油一分，桐油半两，松脂一十四两，浓油一分"。[3]

"蒺藜火球"，其组方为"硫黄一斤四两，焰硝二斤半，粗炭末五两，沥青二两半，干漆二两半，捣为末；竹茹一两一分，麻茹一两一分，剪碎，用桐油、小油各二两半，蜡二两半，熔汁和之。外傅用纸十二两半，麻一十两，黄丹一两一分，炭末半斤，以沥青二两半，黄蜡二两半，熔汁和合，周涂之"。[4]

① 《宋史》卷 197《兵十一》，第 4909—4910 页。
② （宋）曾公亮、丁度撰，浦伟忠、刘乐贤整理：《武经总要》前集卷 11 之"火攻"，第 341 页。
③ （宋）曾公亮、丁度撰，浦伟忠、刘乐贤整理：《武经总要》前集卷 12 之"守城"，第 373 页。
④ （宋）曾公亮、丁度撰，浦伟忠、刘乐贤整理：《武经总要》前集卷 12 之"守城"，第 376 页。

以上三种"火药武器"基本都是燃烧性的，而具有爆炸功能的武器被称作"霹雳火球"。其具体的制作方法是："用干竹两三节，径一寸半，无罅裂者，存节勿透，用薄瓷如铁钱三十片，和火药三四斤，裹竹为球，两头留竹寸许，球外加傅药（火药外傅药，注具火球说）。若贼穿地道攻城，我则穴地迎之，用火锥烙球，开声如霹雳，然以竹扇簸其烟焰，以熏灼敌人。"[1]从性质上说，"霹雳火球"已不再是传统的燃烧性武器，而是原始的爆炸性武器了，从某种意义上讲，它也是最原始的地雷。因此，日本兵器史家马成甫先行在其所著《火炮的起源及其流传》一书中说，从《武经总要》所提供的各种火药武器的资料中看，中国是世界上最早发明火药和首先使用火药的国家。

用先进的科学技术来武装全军将士的头脑，用尖端的火药武器来提高军队的战斗力，这既体现了时代发展的要求，同时又反映了《武经总要》的总体指导思想。

不仅硝石、硫黄、木炭的混合物能燃烧，而且石油也能燃烧。在北宋，人们根据它的燃烧性质分作民用和军用两种用途。其民用主要是制成固态石烛，用以照明；其军用，主要是制作"猛火油"，而把"油"称之为"猛"，说明其燃烧的威力非同一般。故《武经总要》载："凡敌来攻城，在大壕内及傅城上颇众，势不能过，则先用藁秸为火牛缒城下，于踏空版内放猛火油中，人皆糜烂，水不能灭。"[2]此外，在《武经总要》所给出的"毒药烟球"和"蒺藜火球"配方中，开始使用石油产品"沥青"，以控制火药的燃烧速度。这一项技术，在世界上也是最早的。

我国至迟到战国时期就发现了磁体的指极性，如《鬼谷子·谋》篇云："郑人之取玉也，载司南之车，为其不惑也。"[3]东汉时，人们把磁勺用于占卜，《论衡》卷17《是应》篇载："司南之勺，投之于地，其柢指南。"[4]后来随着航海事业的发展和军事斗争的客观需要，指向仪器逐步地从占卜转移至战争和航海的实践方面，终于导致了指南鱼（是从司南到指南针的一种过渡形式）的发明。《武经总要·乡导》篇载有指南鱼的具体制作方法："用薄铁叶剪裁，长2寸，阔5分，首尾锐如鱼形，置炭中，火烧之，候通赤（以铁钤钤鱼首，出火，以尾正对子位，蘸水盆中，没尾数分，则上以密器收之。用时置水碗于无风处，平放鱼在水面，令浮其首），当南向午也。"[5]其中"置炭中，火烧之，候通赤"是一种人工磁化法，它符合居里原理：因为当炭火超过居里点的温度（700多度）时其磁畴会变成顺磁体，但当蘸水时鱼经冷却而复成磁畴，不过由于受地磁场的作用，磁畴排列则具有了一定的方向性，即鱼被磁化，故当它浮在水面时就能自动指南。不过，为防止指南鱼退磁，人们就将做成的指南鱼放置在铁制的封闭盒子里，以此使之形成封闭磁路，益于保存。所以，从实践效果来看，指南鱼确比司南更方便，因为指南鱼不再需要特制的铜盘，而是只需要一碗水就行了，又由于水的摩擦力较固体为小，转动起来比较灵活，故指南鱼

---

① （宋）曾公亮、丁度撰，浦伟忠、刘乐贤整理：《武经总要》前集卷12之"守城"，第379页。
② （宋）曾公亮、丁度撰，浦伟忠、刘乐贤整理：《武经总要》前集卷12之"守城"，第379页。
③ 《鬼谷子》卷10《谋篇》，（清）纪昀：《四库全书精华》第3册，长春：吉林大学出版社，2009年，第144页。
④ （汉）王充：《论衡》卷17《是应篇》，《百子全书》第4册，长沙：岳麓书社，1993年，第3389页。
⑤ （宋）曾公亮、丁度撰，浦伟忠、刘乐贤整理：《武经总要》前集卷15《乡导篇》，第419页。

比司南更准确和更灵敏。因此，指南鱼对于北宋军队在紧急情况下行军打仗，无疑具有重要的向导价值和标识意义。

共振是指两个物体相互振动的物理现象，其基本原理是发声体在空气中造成的声波，亦能使另一个物体以与发声体相同的频率发生振动，而这发声体的共振就叫"共鸣"。我国古代很早就知道运用这个声学原理来制作乐器和设置"地瓮"以判断地下声音的方向和来源。如《墨子·备穴》篇记载着一种非常重要的埋缸听声侦探法：即"穿井城内，五步一井，傅城足，高地，丈五尺，下地，得泉三尺而止，令陶者为罂，容四十斗以上，固顺之以薄鞈革，置井中，使聪耳者伏罂而听之，审知穴之所在"[1]。可见，这种方法不仅应用了物体的共振现象，而且还运用了类似现代声学中的"双耳效应"。由于它是用来侦探敌军是否挖地道破城的有效方法，故《武经总要》称之为"地听"。《武经总要》载："地听，于城内八方穴地如井，各深二丈，勿及泉。令听事聪审者，以新瓮自覆于井中，坐而听之。凡贼至，去城数百步内，有穴城凿地道者，皆声闻瓮中，可以辨方向远近。若审知其处，则凿地迎之，用熏灼法。"[2]为了防止敌军夜袭营寨，《武经总要·警备法》篇中记载着一种更加简便实用的共鸣器：至夜"选聪耳少睡者，令卧枕空胡鹿。其胡鹿必以野猪皮为之，凡人马行在三十里外，东西南北，皆响闻"[3]。众所周知，当声音在地面传播时，遇到空穴，在空穴处就会产生交混回响，从而使声音放大，所以"卧枕空胡鹿"应用的就是这个声学原理。

3. 以预防中毒为急务的军事医学思想

把"毒药烟球"应用于战争，就给军事医学提出了新的更高的要求，而在曾公亮等人看来，"军行近敌地，则大将先出号令，使军士防毒"[4]，可见其防毒意识多么强烈。如《武经总要·水攻》篇说："凡水，因地而成势，谓源高于城，本高于末，则可以遏而止，可以决而流，或引而绝路，或堰以灌城，或注毒于上流，或决瓮于半济。"[5]可见，往饮水中投毒在战争条件下是经常发生的事情，因此防毒和解毒便成为军医的一项重要任务。曾公亮等在《防毒法》中提出了5种防毒办法："一谓新得敌地，勿饮其井泉，恐先置毒。二谓流泉出于敌境，恐潜于上流入毒。三谓死水不流。四谓夏潦涨霪，自溪塘而出，其色黑，及带沫如沸，或赤而味咸，或浊而味涩。五谓土境旧有恶，毒草、毒木、恶虫、恶蛇，如有含沙、水弩、有蜮之类，皆须审告之，以谨防虑。"[6]此外，他还特别提醒全军将士："凡敌人遗饮馔者，受之不得辄食。民间店卖酒肉脯盐麸豆之类，亦须审试后食之。"[7]而"毒药烟球"的出现则使防毒变得更加艰难，根据《武经总要》的记载，"毒药烟球"的有毒药物成分有草乌头、巴豆、狼毒、砒霜等，这些毒药一旦变成浓烟，则会导

① （战国）墨翟：《墨子》卷14《备穴》，《百子全书》第3册，长沙：岳麓书社，1993年，第2502页。
② （宋）曾公亮、丁度撰，浦伟忠、刘乐贤整理：《武经总要》前集卷12"守城"，第380页。
③ （宋）曾公亮、丁度撰，浦伟忠、刘乐贤整理：《武经总要》前集卷6《警备法》，第258页。
④ （宋）曾公亮、丁度撰，浦伟忠、刘乐贤整理：《武经总要》前集卷6《防毒法》，第260页。
⑤ （宋）曾公亮、丁度撰，浦伟忠、刘乐贤整理：《武经总要》前集卷11《水攻篇》，第326页。
⑥ （宋）曾公亮、丁度撰，浦伟忠、刘乐贤整理：《武经总要》前集卷6《防毒法》，第260页。
⑦ （宋）曾公亮、丁度撰，浦伟忠、刘乐贤整理：《武经总要》前集卷6《防毒法》，第260页。

致中毒者"口鼻出血"的严重后果。从中毒的途径来说,饮食中毒是通过消化道吸收,然后再经过肝的转化才进入全身血液循环,其中毒过程较缓慢,而毒气中毒则直接通过呼吸道和肺循环而进入全身血液循环,加之毒气在空气中的浓度愈高,其吸气中的分压力也愈大,从而中毒亦愈速、愈深。所以,毒气中毒对将士的危险性更大、更烈。而对于这些化学战剂,也许是因为保密的缘故,也许是因为它是北宋军事技术的一种特殊专利,反正《武经总要》没有给出具体的防范和解毒措施。于是,这也就成为北宋乃至以后军事医学发展所亟待解决的重大科研课题。

(三)《武经总要》中的技术思想

在战争中,军事技术的目的性最强,无论攻城还是守城,充分应用各种有效的工程技术手段,对于交战双方都具有极其关键的作用和意义。因此,《武经总要》用了大量篇幅来描述攻城和守城的各种技术实践,包括机械、交通、工程作业等,从这个层面讲,它无疑是一部综合性很强的军事技术百科全书。

首先,曾公亮说:"凡欲攻城,备攻具,然后行之。"①那么,究竟具体需要准备哪些"攻具"呢?归结起来,大体可分成如下几类:

一是交通技术类,以"壕桥"为代表。据《六韬·虎韬》之"军用篇"载:"渡沟堑飞桥,一间广一丈五尺,长二丈以上,著转关、辘轳、八具,以环利通索张之。"②由此可见,为攻城而制造的机动性便桥,早在战国时期就出现了。不过,从《武经总要》所提供的5种壕桥的结构来分析,北宋时期的壕桥,其技术性能显然比战国时期的飞桥进步了很多。如壕桥的宽度根据城壕和护城河的实际宽度而定,壕桥的桥座下不仅有两个大轮子,为军队攻坚减少时间成本,而且前端装有用来固定桥身的小轮,实践证明这种技术设计比用绳子固定的方法更加科学。当然,在特殊条件下,比如壕沟或护城河过宽时,则须改用折叠桥。折叠桥实际上是两座壕桥的组合,其结构有转关(销轴,用以连接两桥的桥面)与辘轳(绞车,用以控制延伸桥面的俯仰角度),故曾公亮等说:"壕桥,长短以壕为准。下施两巨轮,首贯两小轮。推进入壕,轮陷则桥平可渡。若壕阔,则用折叠桥,其制以两壕桥相接,中施转轴,用法亦如之。"③

二是攀登性机械技术类,以云梯为代表。在我国,一般认为云梯的发明者是鲁班,可惜由鲁班制造的云梯样式已无从查考。到战国时,云梯的基本结构可分成三个部分:底部装有可自由移动的车轮;梯身倚架于城墙上,能上下仰俯;梯顶端则装钩状物,既便于攀登者钩援城缘,又可防止守城者破坏云梯,一举两得。而为了进一步减少架设云梯的危险性和提高攻城的效率,唐代对战国以来的云梯作了大胆革新,其最突出的改进就是把梯身分为主梯与副梯两部分。改进后的主梯为固定式,而副梯顶端则装有一对辘轳,登城时可沿城墙壁上下滑动。在此基础上,北宋将主体改为折叠式,中间用转轴相连接,且把底部

---

① (宋)曾公亮、丁度撰,浦伟忠、刘乐贤整理:《武经总要》前集卷10《攻城法》,第295页。
② 《六韬》卷31《虎韬》。
③ (宋)曾公亮、丁度撰,浦伟忠、刘乐贤整理:《武经总要》前集卷10《攻城法》,第307页。

做成了四面环以牛皮的屏障，曾公亮等说："云梯，以大木为床，下施大轮，上立二梯，各长二丈余，中施转轴。车四面以生牛皮为屏蔽，内以人推进及城，则起飞梯于云梯之上，以窥城中，故曰云梯。"[1]同时，副梯也出现了多样化的发展趋势，如"飞梯长二三丈，首贯双轮，欲蚁附，则以轮著城推进。竹飞梯，用独竿大竹，两旁施脚涩以登。蹑头飞梯，如飞梯之制，为两层，上层用独竿竹，中施转轴，以起梯。竿首贯双轮，取其附城易起"[2]。因此，北宋时期所造之云梯，其机动性能更强。

三是侦察性的信息技术类，以望楼车为代表。知彼知己是赢得战争胜利的前提条件，《孙子兵法》云："能因敌变化而取胜者，谓之神。"[3]而为了准确掌握敌方的各种信息资料，春秋战国时期人们便发明了一种专供观察敌情用的瞭望车——巢车，《春秋左传》"成公十六年"载："楚子登巢车以望晋军。"[4]这是中国古代关于巢车的最早记载。而当时的巢车是在一四轮车（北宋增为八轮）的底座上竖一面杆子，然后再在杆上设一楼，蒙牛皮以为固，周设望孔作观敌之用。根据《武经总要》的记载，北宋望楼车与传统巢车相比，有两点明显的变化：① "望杆"增高，视野更加开阔；②望楼本身下装转轴，能够进行旋转观察。曾公亮说：凡望楼"其制，以坚木为车坐，并辕长一丈五尺。下施四轮，轮高三尺五寸。上建望竿，长四十五尺，上径八寸，下径一尺二寸，上安望楼，竿下施转轴，两傍施叉手木。系麻绳三棚，上棚二条，各长七十尺；中棚二条，各长五十尺；下棚二条，各长四十尺。带环、铁橛十条，皆下锐。凡立竿，如舟上建樯法，钉橛系绳，六面维之，令固"[5]。

四是工程作业技术类，以头车为代表。在具体的攻城实践中，对于比较坚固的城池，有时需要组织工程兵进行战时挖地道、掘城墙等必要的攻城作业，而为了给工程兵提供相对安全的作业环境，免遭敌人矢石、纵火、木檑等的伤害，北宋的工匠在传统头车的基础上，根据北宋科学技术发展的实际水平和客观需要，创造了一种组合式攻城作业车，遂成为一个多功能的攻城掩体。曾公亮等说："凡攻城者，使头车抵城，凿城为地道。"[6]其头车"身长九尺，阔七尺，前高七尺，后高八尺。以两巨木为地袱，前后梯桄各一，前桄尤要壮大。上植四柱，柱头设涎衣梁，上铺散子木为盖，中留方窍，广二尺，容人上下……凡攻城凿地道，以车蔽人。先于百步内，以矢石击当面守城人，使不能立，乃自壕外进车。用大木二条，各长一丈八尺，谓之揭竿，首插前桄下，稍压后桄，出，以土囊压竿，稍令揭车首昂起。车每进，便设绪棚续车后。遇壕，则运土杂刍藁填之，运者皆自车中及绪棚下往来，矢石不能及"[7]。而为了保险起见，北宋的头车适"添入两旁十轮及前面屏

---

① （宋）曾公亮、丁度撰，浦伟忠、刘乐贤整理：《武经总要》前集卷10《攻城法》，第309页。
② （宋）曾公亮、丁度撰，浦伟忠、刘乐贤整理：《武经总要》前集卷10《攻城法》，第309页。
③ 《孙子兵法》卷中《虚实第六》，《百子全书》第2册，长沙：岳麓书社，1993年，第1128页。
④ 《春秋左传》"成公十六年传"，陈戍国点校：《四书五经》下，第926页。
⑤ （宋）曾公亮、丁度撰，浦伟忠、刘乐贤整理：《武经总要》前集卷10《攻城法》，第313页。
⑥ （宋）曾公亮、丁度撰，浦伟忠、刘乐贤整理：《武经总要》前集卷10《攻城法》，第296页。
⑦ （宋）曾公亮、丁度撰，浦伟忠、刘乐贤整理：《武经总要》前集卷10《攻城法》，第304页。

风牌"①，这样就使战车、辊车及战棚组合在一起，构成一个严密的工事体系，能攻能守，进退自如，实在是北宋劳动人民的一项伟大创举。

其次，守城时，曾公亮等说，如果敌人来攻城，在城下则抛飞钩，若填壕则为火药，若傅城欲上则下櫑石以击之，等等。据统计，《武经总要》列举的主要守城器械达 91 种之多，其中具有代表性的器械有炮车、猛火油柜、风扇车、绞车、狼牙拍、夜叉櫑等。

第一，炮车是利用杠杆原理向攻城之敌抛射石弹的大型人力远程兵器，它相传发明于春秋战国时期，如《范蠡兵法》载有"飞石重十二斤，为机发，行二百步"②的话。东汉末，又出现了一种威力更大的炮车——霹雳车，司马光《资治通鉴》云：曹操与袁绍在官渡决战时，绍为高橹，曹操则"为霹雳车，发石以击绍，楼皆破"③。隋唐以后，炮车逐渐成为守城的重要武器。特别是由于北宋在军事战略上以防御为主，故作为攻守城的重型武器，炮车的需求量很大，因此它的生产制造也相应地达到了一个历史高度。所以，曾公亮说："凡炮，军中之利器也。攻守师行皆用之，守宜重，行宜轻，故旋风、单梢、虎蹲，师行即用之，守则皆可设也。"④

关于北宋炮车的种类，明正德版《武经总要》载有 18 种，其中用于攻城的有 2 种，用于守城的 18 种，而有详细记载的却只有 8 种。若按梢的数目计，北宋的炮车可分成单梢炮与多梢炮两大种类；若按发炮的重量分，则可分为轻型炮（石重 2 斤）、中型炮（石重 12—25 斤）和重型炮（石重 70—100 斤）三类。曾公亮说：凡炮车"大木为床，下施四轮，上建独竿，竿首施罗匡木，上置炮梢，高下约城为准，推徙往来，以逐便利"⑤。不过，从《武经总要》所描述的炮型和结构看，"梢"是炮车的主体，所以如何充分地利用梢与皮窝及炮石三者之间的关系，是解决炮车射程的关键，而不论是单梢炮还是多梢炮，其皮窝与梢都是用两组绳子相连接，其中一组固定，另一组则用铁环活套于梢端，以便将炮石抛掷出去。有人通过模拟试验证实，北宋炮车的射程至少在 500 米以上，远远超过了《武经总要》所记载之"80 步"（宋代每步 6 尺，约合今 1.4 米，故 80 步约为 112 米）的最大距离。

第二，猛火油柜是中国乃至世界上最早的火焰喷射器，因其体型笨重，故它多置于城上，是北宋守城的重要武器之一。其形制："以熟铜为柜（类似风箱，引者注，下同），下施四足，上列四卷筒（即铜管），卷筒上横施一巨筒（即唧筒），皆与柜中相通。横筒首尾大，细尾开小窍，大如黍粒，首为圆口，径寸半。柜傍开一窍，卷筒为口，口有盖，为注油处。横筒内有拶丝杖，杖首缠散麻，厚寸半，前后贯二铜束约定。尾有横拐，拐前贯圆口。入则用闲筒口，放时以杓自沙罗中挹油注柜窍中，及三斤许，筒首施火楼注火药于中，使然（发火用烙锥，因为当时还没有发明导火线，引者注）……令人自后抽杖，以力

① （宋）曾公亮、丁度撰，浦伟忠、刘乐贤整理：《武经总要》前集卷 10《攻城法》，第 305 页。
② 《汉书》卷 70《甘延寿传》注（一）引，第 3007 页。
③ （宋）司马光：《资治通鉴》卷 63《汉纪五十五》，上海：上海古籍出版社，1987 年，第 427 页。
④ （宋）曾公亮、丁度撰，浦伟忠、刘乐贤整理：《武经总要》前集卷 12《守城法》，第 373 页。
⑤ （宋）曾公亮、丁度撰，浦伟忠、刘乐贤整理：《武经总要》前集卷 12《守城法》，第 361 页。

爇之，油自火楼中出，皆成烈焰。其捏注有椀，有杓；贮油有沙罗；发火有锥；贮火有罐。有钩锥、通锥，以开通筒之壅塞；有钤以夹火；有烙铁以补漏。"①可见，北宋的猛火油柜实际上是一个以液压油缸为主结构的火焰泵。它的工作原理如下：铜管上所横置的唧筒与油柜相通，每次注油 1.5 千克左右。唧筒前部装有"火楼"，内盛引火药。发射时，用烧红的烙锥点燃"火楼"中的引火药，使火楼体内成一高温高热区，然后通过热传导进一步预热其喷油管道，紧接着再用力抽拉唧筒，向油柜中压缩空气，使猛火洞经过"火楼"喷出时，遇热点燃成烈焰，现经中国军事博物馆所造北宋"猛火油柜"模型的试验证实，它的火焰喷射距离约为 5—6 米。可见，猛火油柜是一种典型的近距离攻收火器。

　　第三，绞车是专用于反飞梯、木驴等攻城武器的一种守城兵械，它的起源目前尚有争议。一般认为，战国是绞车已经出现的确切时代，如湖北大冶铜绿山古矿中曾出土了一架战国时期的绞车，这跟战国已有绞车的记载相符合。如《六韬》之《虎韬》卷 31《军用》篇载："绞车连弩自副，以鹿车轮，陷坚阵，败强敌。"②魏晋以后，绞车的使用范围愈来愈广，不仅民用，而且军用价值也愈来愈高。据《晋书·石季龙下》载："邯郸城西石子冈上有赵简子墓，至是季龙令发之，初得炭深丈余，次得木板厚一尺，积板厚八尺，乃及泉，其水清冷非常，作绞车以牛皮囊汲之，月余而水不尽，不可发而止。"③这是绞车在社会生活中具体应用之一例。在军用方面，唐代的贡献是在传统"绞车弩"的基础上，更加强了"绞车弩"的张力和强度，使之攻守城的威力更强，故《通典·兵二》载："今有绞车弩，中七百步，攻城拔垒用之。"④而李筌在《神机制敌太白阴经》卷 4 中也说以绞车张弦开弓"所中城垒，无不摧毁，楼橹亦颠坠"⑤。到北宋时，由于各种破坏性的攻城武器质量越来越高，所以如何完整地俘获这些器械，为我所用，就成了当时军械工匠迫切需要解决的技术课题。从现有的资料分析，传统的绞车在北宋出现了两种发展趋势，第一种是在唐代"绞车弩"的基础上改进为"床子弩"；第二种是把绞车功能化为俘获敌方大型攻城器械的专业武器。《武经总要》云："绞车，合大木为床，前建二叉手，柱上为绞车，下施四卑轮，皆极壮大，力可挽二千斤。凡飞梯、木幔逼城，使善用搭索者，遥抛钩索，挂及梯幔，并力挽，令近前，即以长竿举大索钩及而绞之入城。"⑥

　　最后，除攻城与守城的技术成果外，北宋前期尚有许多其他的综合性军事技术创新，这些军事技术在《武经总要》中同样占据着十分重要的位置，是曾公亮等"士卒犹工也，兵械犹器也，器利而工善，兵精而事强"⑦军事技术科技思想的生动体现。有人说，北宋的科学技术那么强大，却无法挽回被金兵灭亡的命运，这难道不是技术的悲哀吗？然而，

---

① （宋）曾公亮、丁度撰，浦伟忠、刘乐贤整理：《武经总要》前集卷 12《守城法》，第 379 页。
② （西周）吕望：《六韬》之《虎韬》卷 31《军用》篇，《百子全书》第 2 册，第 1103 页。
③ 《晋书》卷 107《石季龙下》，第 2782 页。
④ （唐）杜佑：《通典》卷 149《兵二·法制》，第 2014 页。
⑤ （唐）李筌：《李筌的军事智慧：神机制敌太白阴经·战具类·攻城具篇》，王军译，长春：东北师范大学出版社，2012 年，第 84 页。
⑥ （宋）曾公亮、丁度撰，浦伟忠、刘乐贤整理：《武经总要》前集卷 12《守城法》，第 354 页。
⑦ （宋）曾公亮、丁度撰，浦伟忠、刘乐贤整理：《武经总要》前集卷 13《器图》，第 382 页。

后来南宋面对那么强大的蒙古兵，仍依靠其先进的军事技术和民心、士心，与之对峙了四十多年，这在当时整个世界历史上唯有南宋能够做到。仅此而言，北宋固然有很多不良的社会问题，但它的技术创新能力确实在当时世界上是第一流的，就这一点来说，北宋是我们值得骄傲的一个伟大的时代。

无论是商船还是战船，北宋所造之船都具有吃水深、抗风浪强的特点，其隔舱防水的设计更是北宋造船技术的原创，它的出现对于北宋水师建设具有重大的现实意义。据史料记载，北宋初创时宋太祖即确定了"先南后北"的统一战略，而从中国古代军事地理的客观情形看，如欲统一南方就必须在后周水师的基础上组建一支更加精良的水师部队，故宋太祖于乾德元年（963）诏令"出内府钱募诸军子弟数千人凿池于朱明门外，引蔡水注之，造楼船百艘，选卒号水虎捷，习战池中，命右神武统军陈承昭董其役"①。因此，在北宋，楼船是其水师的主要装备，也是当时规模最大的巨型战船之一。《武经总要》记载着楼船的大体结构："船上建楼三重，列女墙战格，树幡帜，开弩窗、矛穴，外施毡革御火；置炮车、檑石、铁汁，状如小垒。其长者步可以奔车驰马。若遇暴风，则人力不能制，不甚便于用。然施之水军，不可以不设，足张形势也。"②在北宋的所有战船中，只有楼船装备有"炮车"，足见它在北宋水师中的核心地位，具有"旗舰"的性质和特点。从历史上看，楼船始终是中国古代水师的代称，如汉武帝于元狩三年（前120）在长安城西南修昆明池，治楼船，"是时越欲与汉用船战逐，乃大修昆明池，列观环之。治楼船，高十余丈，旗帜加其上，甚壮"③。故唐朝诗人干脆就用"楼船"来指代魏晋时期发生的各种水战，如李白诗云："二龙争战决雌雄，赤壁楼船扫地空"④；刘禹锡更说："西晋（一作王濬）楼船下益州，金陵王气黯然收"⑤等。楼船之外，北宋的战船大致可分三类：巨型舰、中型舰和小型船。其巨型舰"每舰作五层，高百尺，置六拍竿，并高五十尺，战士八百人，旗帜加于上。每迎战，敌船若逼，则发拍竿，当者船舫皆碎"⑥；中型舰则包括斗舰、走舸、海鹘等，它们的共同特点是攻击性能强，竖牙旗、置金鼓，立女墙，有14至18位桨手，精锐其上，是北宋最主要的后卫战船群；小型船有蒙冲和游艇，因其船体较小，划行速度快，故一般用作先锋，承担突击任务。

为了使作战情报不被敌方所掌握，北宋前期即已出现了比较先进的编制密码与破译密码的技术。在战争条件下，应用编制密码以保守军事机密的科学，是谓编码学，而应用于破译密码以获取军事情报的科学，则谓破译学。北宋时期，虽然还没有现代意义上的编码学和破译学，但已经显露了编码学和破译学的雏形却是可以肯定的。针对中国唐末五代之前军事情报学中存在的缺点，曾公亮等在《武经总要》前集卷15里设计了一种被称作

① （宋）李焘：《续资治通鉴长编》卷4"太祖乾德元年夏四月庚寅"条，第33页。
② （宋）曾公亮、丁度撰，浦伟忠、刘乐贤整理：《武经总要》前集卷11《水战》，第330页。
③ 《史记》卷30《平准书第八》，第1436页。
④ （唐）李白：《赤壁歌送别》，管士光注：《李白诗集新注》，上海：上海三联书店，2014年，第166页。
⑤ （唐）刘禹锡：《西塞山怀古》，中国社会科学院文学研究所编：《唐诗选》下，北京：北京出版社，1982年，第122页。
⑥ （宋）曾公亮、丁度撰，浦伟忠、刘乐贤整理：《武经总要》前集卷11《水攻》，第329页。

"字验"的保密技术。书中说："旧法：军中咨事，若以文牒往来，须防泄露；以腹心报覆，不惟劳烦，亦防人情有时离叛"①，为此，曾公亮等特别编制了一套通讯密码表，"约军中之事，略有四十余条，以一字为暗号"②，其具体内容是：

> （1）请弓、（2）请箭、（3）请刀、（4）请甲、（5）请抢旗、（6）请锅幕、（7）请马、（8）请衣赐、（9）请粮料、（10）请草料、（11）请车牛、（12）请船、（13）请攻城守具、（14）请添兵、（15）请移营、（16）请进军、（17）请退军、（18）请固守、（19）未见贼、（20）见贼讫、（21）贼多、（22）贼少、（23）贼相敌、（24）贼添兵、（25）贼移营、（26）贼进兵、（27）贼退兵、（28）贼固守、（29）围得贼城、（30）解围城、（31）被贼围、（32）贼围解、（33）战不胜、（34）战大胜、（35）战大捷、（36）将士投降、（37）将士叛、（38）士卒病、（39）都将病、（40）战小胜。③

那么，如何破译这套军事密码呢？方法是：

> 凡偏裨将校受命攻围，临发时，以旧诗四十字，不得令字重，每字依次配一条，与大将各收一本。如有报覆事，据字于寻常书状或文牒中书之，加印记。所请得，所报知，即书本字，或亦加印记。如不允，即空印之，使众人不能晓也。④

这就是说，把上面的 40 个军事术语，全部编为数字代码，然后任意选择一首没有重复字出现的五言律诗（五言八句，恰好 40 个字）作为解码的密钥。而当军队出阵前，就授给主帅一个记有 40 个军事代码的密码本，同时再发给他一首没有重复字出现的五言律诗，如"归来卧青山，常梦游清都。漆园有傲吏，惠我在招呼。书幌神仙箓，画屏山海图。酌霞复对此，宛似入蓬壶"⑤。毫无疑问，这首诗就成了特定的解码密钥，由统兵主帅随身携带，比如，在实战中，如果统兵主帅发现敌军围城，他就可以从密码本上找到"被贼围"的代码是"31"，统兵主帅据此立刻在"五言律诗"中寻找第"31"位上的"酌"字。尔后，他可马上签发一条含有"酌"字的公文，并在其上加盖印章。等公文送达后，收到公文的将领很快按照印章下面那个字的提示，与密码本上的代码一对照，即刻明白公文的内容，然后采取相应的措施。从数学的角度讲，40 个军事术语的全排列结果为"8 159 152 847"，这在当时已经是个天文数字了，加之"五言律诗"多不胜数，所以在一般情况下，这种密码在外人手里几乎是不能被破译的。

在长期的火攻与反火攻的战争中，人们积累了不少的消防知识和经验，《武经总要》对此认真地加以系统的总结和提炼，并提出了一整套较为成熟的灭火步骤与程序，因而成为我国古代经典的消防著作之一。曾公亮等说：若"贼以火攻城，则以城上应救火之具，有托叉、火钩、火镰、柳洒子、柳罐、铁猫手、唧筒，寻常之所预备者；若攻具猛至，则

---

① （宋）曾公亮、丁度撰，浦伟忠、刘乐贤整理：《武经总要》前集卷 15《字验》，第 418 页。
② （宋）曾公亮、丁度撰，浦伟忠、刘乐贤整理：《武经总要》前集卷 15《字验》，第 418 页。
③ （宋）曾公亮、丁度撰，浦伟忠、刘乐贤整理：《武经总要》前集卷 15《字验》，第 418 页。
④ （宋）曾公亮、丁度撰，浦伟忠、刘乐贤整理：《武经总要》前集卷 15《字验》，第 418 页。
⑤ （唐）孟浩然：《与王昌龄宴黄十一》，柯宝成编著：《孟浩然全集》，武汉：崇文书局，2013 年，第 64 页。

为水袋、水囊以投沃之，一应棚楼器械，虽已涂覆，亦频举麻搭润护；若贼为火车烧城门，则下湿沙灭之，切勿以水，水加则油焰愈炽；贼若纵烟向城，则列瓮罂，以醋浆水各实五分，人覆面于上，其烟不能犯鼻目"①。尤其是在发生火情的时候，曾公亮等强调："凡城中失火，及非常警动，主将命击鼓五通。城上下吏卒，闻鼓不得辄离职掌；民不得奔走街巷"，若"城内有火发，只令本防官吏领丁徒赴救"。②这项措施尽管有贻误灭火良机之弊端，但是从长远的观点看，由专业灭火人员承担城市灭火的任务，比没有秩序地乱灭一气，其结果可能更加理想。所以，在火器时代到来之后，如何加强消防知识的宣传和教育以及如何提高全体将士的意识和灭火技能，是摆在北宋统治者面前的一项新的历史任务。

冷兵器在许多方面都有较大的改进，以适应新的军事斗争的客观需要。如就士兵的装备来说，根据《武经总要》记载，有长杆刀枪各7种，短柄刀剑3种，专用枪9种，既是兵器又作工具的复合性武器5种，斧与叉各1种，鞭、铜等特种器械12种，防护器具4种，护体甲胄5种，马甲1种，弓4种，箭4种，弓箭装具5种，弩6种，床子弩8种。由上述兵器装备的构成要素可知，"专用枪"的出现反映了传统的"矛"已经退出历史舞台，而《武经总要》所记载的枪，大概有18种形制：即双钩枪、单钩枪、捣马突枪、环子枪、素木枪等。刀和剑的结构亦作了具体改进，如从过去的狭长形改变成刀头呈前锐后斜形，并加上护手，同时去掉了扁圆大环。在冷兵器时代，最重要的攻守武器应当说是"弩"。起初，弩的发明仅仅起"延时装置"的作用，后来则增加了"瞄准装置"，其发力方式由手力改为脚力，其发射威力由一弓一箭增强到两弓两箭，至北宋前期更出现了把多张弓组合成"床子弩"的重大技术进步。据《宋史·魏丕传》记载：北宋初年，由作坊副使魏丕所创制的床子弩，其射程从"旧床子弩射止七百步"而"增造至千步"（千步约为今1500米）③，这可能是我国古代射远武器所达到的最高纪录之一。另从《武经总要》的记载看，结构最为精密的床子弩首推"三弓床弩"，又名"八牛弩"，其"张时，凡百许人"，"箭用木竿铁羽，世谓之一枪三剑箭"。④

攻守城最关键的技术基础是城防建筑，故历来为兵家所重，从春秋战国时期的墨子到唐代的李筌，他们对军事性的城郭建筑都曾提出过精辟的见解。而曾公亮等则在前人研究成果的基础上，更上一层楼，把我国古代的筑城技术又推向了一个新的历史高度。如《武经总要·守城》篇提出"外水高而城内低，土脉疏而池隍浅"是守城"五败"之一，而"得太山之下，广川之上，高不近旱而水用足，下不近水而沟防省"⑤则是"城有不可攻"的重要条件之一。其筑城营法："凡筑城为营，其城身高五尺，阔八尺；女墙高四尺，阔二尺。每百步置一战楼，五十步置一凤炮一具，每三尺置连枷棒一具，每铺更板并架城

① （宋）曾公亮、丁度撰，浦伟忠、刘乐贤整理：《武经总要》前集卷12《守城法》，第381页。
② （宋）曾公亮、丁度撰，浦伟忠、刘乐贤整理：《武经总要》前集卷12《守城法》，第381页。
③ 《宋史》卷270《魏丕传》，第9277页。
④ （宋）曾公亮、丁度撰，浦伟忠、刘乐贤整理：《武经总要》前集卷13《器图》，第386页。
⑤ （宋）曾公亮、丁度撰，浦伟忠、刘乐贤整理：《武经总要》前集卷12《守城篇》，第341页。

内，去城五十步，卓幕。城中置望竿，高七十尺。城外置羊马城一重，其外掘壕一重，其外阔三步，立木栅一重，栅外更布棘城一重，棘外陷马坑一重。"①按照李筌《神机制敌太白阴经》的规定，平陆筑城的结构比例为城墙高度（4 丈）：城基厚度（2 丈）：城顶厚度（1 丈），即 4：2：1 的比例，"假如城高五丈，则下阔二丈五尺，上阔一丈二尺五寸"②。除此而外，书中还载有另一种说法："凡城，高五丈，底阔五丈，上收二丈，尤坚固矣。"③这是曾公亮等既继承前人的经验又坚持创新和发展思想的具体体现。在曾公亮等人看来，整个平陆城的规划和布局应当设计成下面的样子：以城门为中心，"门外筑瓮城，城外凿壕，去大城约三十步，上施钓桥。壕之内岸筑羊马城，去大城约十步。凡城上皆有女墙，每十步及马面，皆上设敌棚、敌团、敌楼、瓮城（敌团，城角也。）有战棚。棚楼之上有白露屋。城门重门、闸版、凿扇，城之外四面有弩台。自敌棚至城门，常设兵守，以观候敌人"④。这样，将基础设施与防御设施有机地结合起来，就形成了一个完整的城池攻守体系。

（四）《武经总要》中的人道主义思想

战争是流血的政治，而流血就意味着人员的伤亡。所以，对于兵家来说，无论在何种情况下，同类相残都不是他们所愿意看到的结果。故曾公亮说："用兵之法，全国为上，破国次之；……全卒为上，破卒次之。此谓用谋以降敌，必不得已，始修车橹，具器械，三月而后成；踊土距闉（即城门，引者注），又三月而后已。恐伤人之甚也，故曰攻城为下。"⑤在这样的前提下，古今中外的兵家们就不得不去思考这样一个问题，战争的本质究竟是什么？有人说，战争是野蛮的沃土，但也有人说战争推动了人类文明的进步，如此等等，不一而足。当然，善良的人们肯定都不希望战争，但战争又时刻威胁着他们的和平生活与生命安全，这就是利益与道德之间的矛盾冲突在人类社会生活中的一种衍射效应，是人类战争运动的一种客观规律。以往的战争史告诉我们，决定战争胜负的关键因素是人而不是物，而赢得民心则是赢得战争的根本前提。《孟子》说"得道者多助，失道者寡助"⑥，讲得正是这个道理。一句话，《武经总要》自觉地把一定的人道原则贯穿于战争的过程之中，这充分地体现着其"至诚获神助"⑦的人文思想和以"仁爱"⑧为宗旨的战争理念。

首先，在战争中不杀俘虏、妇女和儿童。《武经总要·罚条》中明确规定："入贼（敌）境，军士擅发冢墓、焚庐舍、杀老幼及妇女"者"斩"。⑨同书卷 15《行军约束》又

① （宋）曾公亮、丁度撰，浦伟忠、刘乐贤整理：《武经总要》前集卷 6《诸家军营九说》，第 256 页。
② （唐）李筌：《李筌的军事智慧：神机制敌太白阴经·预备·筑城篇》，王军译，第 104 页。
③ （宋）曾公亮、丁度撰，浦伟忠、刘乐贤整理：《武经总要》前集卷 6《诸家军营九说》，第 342 页。
④ （宋）曾公亮、丁度撰，浦伟忠、刘乐贤整理：《武经总要》前集卷 12《守城法》，第 341—342 页。
⑤ （宋）曾公亮、丁度撰，浦伟忠、刘乐贤整理：《武经总要》前集卷 10《攻城法》，第 295 页。
⑥ 《孟子·公孙丑下》，陈成国点校：《四书五经》上，第 79 页。
⑦ （宋）曾公亮、丁度撰，浦伟忠、刘乐贤整理：《武经总要》后集卷 13《至诚获神助》，第 591 页。
⑧ （宋）曾公亮、丁度撰，浦伟忠、刘乐贤整理：《武经总要》后集卷 2《仁爱》，第 489 页。
⑨ （宋）曾公亮、丁度撰，浦伟忠、刘乐贤整理：《武经总要》前集卷 14《罚条》，第 414 页。

重申：军行所到之处，兵士不得"奸犯人妇女"①，对待俘虏则"无问逆顺，皆不辄杀"②。另，卷10《攻城法》亦载：士兵在攻城过程中，"不发掘坟墓，不杀老幼妇女，不焚庐舍……三日外不许留置在营，此军礼也"③。真正意义上的战争，是文明社会的产物。从这个角度说，"不杀老幼妇女"是文明战争的底线，而战争双方或一方，一旦突破了这个底线，那么战争的性质因此就会发生质的变化，文明战争必然走向它的反面，遂成为一场野蛮性的战争和一种非人道的虐杀。北宋是以儒学为安邦兴国之根基的，宋太祖为了纠正唐末五代以来由武人专权所造成的涂炭生灵，稳定民心浮动之社会混乱局面，他大刀阔斧地推行"防弊之政"，"以防弊之政，作立国之法"，故提倡文治就成为北宋家法的核心思想。尽管"文治"之策跟北宋的"积弱"状况有一定的内在关系，但是把"文治"的精神和理念贯彻到具体的军事斗争中，以人为本，却是北宋立军的特色之一，它对于推动人类社会的文明进程无疑有着重要的现实意义。

其次，不得虐杀伤病员，使救死扶伤成为一项基本的军事法律制度。地方军医的组织始于北宋，如宋仁宗景祐三年（1036），北宋政府在广南地区第一次为兵民设置医药，以解决兵民的就医问题。而《武经总要·养病法》说得更明确："凡军行，士卒有疾病者，阵伤者，每军先定一官，专掌药饵、驮舆及抹养之人。若非贼境，即所在寄留，责医为治，并给傔人扶养。若在贼境，即作驮（或作驴）马舆及给傔将之，随军而行。每月，本队将校亲巡医药，专知官以所疾申。大将间往临视。疾愈，则主者、傔人并厚赏。恐不用心，故赏之。如弃掷病人，并养饲失所，主者皆量事决罚。气未绝而埋瘞者，斩。庸将多不恤士，即被弃掷生埋，以此求士死力，不可得也。"④在这里，有几点需要注意：第一，"傔人"应是战争期间的专职军医，这种"傔人"可能不是专业出身，但是起码懂得一定的护理知识，而为了鼓励其尽心尽职扶养伤病员，北宋政府始有"疾愈，则主者、傔人并厚赏"的规定；第二，在制度上，北宋前期实行"更戍法"，结果造成"兵不识将，将不知兵"的被动局面，但为了贯彻"人性化"的管理原则和体现"官爱兵"的军事指导思想，《武经总要》尤其强调对于伤病员要实行"将校亲巡医药"制度，同时要求"大将间往临视"，这确实是北宋"文治"思想的光辉之点；第三，书中把"不恤士"看成是军队打败仗的根源之一，是否具备"恤士"的素质亦是判别"良将"还是"庸将"的重要标准，而对战争期间的伤病员进行人道主义的积极救治，理所当然地构成了其"恤士"原则的有机组成部分。

再次，严明群众纪律，不损害老百姓的生命财产，是《武经总要》所体现出来的又一人道主义思想。书中在《罚条》和《行军约束》等不少地方强调了不损害百姓利益的纪律，如"军行所到之处，兵士不得妄割稼穑，伐林木，杀六畜，掠财物"⑤，而在战争期

① （宋）曾公亮、丁度撰，浦伟忠、刘乐贤整理：《武经总要》前集卷15《行军约束》，第416页。
② （宋）曾公亮、丁度撰，浦伟忠、刘乐贤整理：《武经总要》前集卷15《行军约束》，第417页。
③ （宋）曾公亮、丁度撰，浦伟忠、刘乐贤整理：《武经总要》前集卷10《攻城法》，第295页。
④ （宋）曾公亮、丁度撰，浦伟忠、刘乐贤整理：《武经总要》前集卷6《养病法》，第260页。
⑤ （宋）曾公亮、丁度撰，浦伟忠、刘乐贤整理：《武经总要》前集卷15《行军约束》，第416页。

间，如发现兵士有"践禾稼、伐树木"行为者"斩"[1]，应当说，《武经总要》对兵士侵犯群众利益的行为，其惩治措施是极其严厉的。我们看到，每当北宋陷入军事危机的时候，老百姓总是给予其精神上和物质上的大力支持，这正是北宋长期以来严明群众纪律的一种积极成果，是其"得道多助"的生动体现。而北宋"弱"而不倒的根本原因也在于此。

三、《武经总要》所体现出来的科学精神

科学的本义是知识，而科学精神是科学的本质特征。这是因为科学劳动不同于一般的生产劳动，科学研究不仅是一种社会活动，而且是一种复杂的、高级的"精神生产"，人们在科学实践活动中，必然会形成具有普遍意义的科学精神，所以，所谓"科学精神"实际上就是贯穿于整个科学发展历史过程中以及全部科学活动过程中具有普遍意义的意识，是科技工作者在长期的科学实践活动中所积淀的价值观念、思维方式和行为准则等的总和。它具体体现为求实的精神、团结合作的精神和创新的精神。

战争的形势变数很多，如果没有求实和求真的思想意识，就不可能取得战争的主动权，更不可能赢得战争的胜利，故《武经总要》把"杂叙战地"与"土俗"作为其争取战争主动权的重要手段。书中说："夫顿兵之道，有地利焉：我先据胜地，则敌不能以制我；敌先居胜地，则我不能以制敌。"[2]而为了获得"胜地"的概念，就需要侦察地形，因为"不知山林、险阻、沮泽之形者，不能行军；不用乡导者，不能得地利"[3]。从《武经总要》对"乡导"的界定来看，乡导可分为人和物两个方面，作为"乡导"之人，或为"俘虏"，或为"土人"，或为"谙练行途"之士；作为"乡导"之仪器，就是"指南车"或"指南鱼"。实证是技术科学存在与发展的内在指针，在阶级社会中，应用科学技术的成果来为军事斗争的实际需要服务是人类文明社会发展的必然。而应用科学技术的成果于军事斗争的实际需要本身就是一种"求实"的过程，是科学精神的具体体现。如《武经总要·攻城法》中所说的"望楼车"即"下望城中事"[4]，就是应用技术成果来对敌方进行实际观察以判断其虚实的物质手段。在曾公亮看来，对于一位优秀的将帅而言，求真的过程就是"审"，就是对天、地、人等诸多条件的综合分析，所谓"天时审得，地形审便，车马审强，众寡审悉，士卒审谏，器械审利，居处审安，堠望审察，军用审足，进退审宜，动而不迷，举而不穷，良将之百举百胜，得此道也"[5]。

诚然，在战争中，将帅个人的素质对战争胜负具有举足轻重的作用，甚至在某种意义上说还起着决定性作用，所以曾公亮说："将者，民之司命，国家安危之主。"[6]但是，"古

---

① （宋）曾公亮、丁度撰，浦伟忠、刘乐贤整理：《武经总要》前集卷14《罚条》，第414页。
② （宋）曾公亮、丁度撰，浦伟忠、刘乐贤整理：《武经总要》前集卷9《杂叙战地土俗》，第288页。
③ （宋）曾公亮、丁度撰，浦伟忠、刘乐贤整理：《武经总要》前集卷9《杂叙战地土俗》，第288页。
④ （宋）曾公亮、丁度撰，浦伟忠、刘乐贤整理：《武经总要》前集卷10《攻城法》，第313页。
⑤ （宋）曾公亮、丁度撰，浦伟忠、刘乐贤整理：《武经总要》前集卷1《将职》，第202页。
⑥ （宋）曾公亮、丁度撰，浦伟忠、刘乐贤整理：《武经总要》前集卷1《将职》，第202页。

之良将，不以己贵而贱人，不以独见而违众"①。因为战争是兵力、武器装备、后勤保障、信息情报、战术应用等许多因素相互联系和相互制约的系统工程，而欲做到"人心齐劝，指顾如一"②，就必须依靠有利形势、协调一致的团队精神。曾公亮等说得好："夫战兵先欲团一，团一则千人同心；千人同心，则有千人之力；万人异心，则无一人之用。"③这就是一种系统效应，正如现代系统论大师贝塔朗菲所说的那样，系统是由许多组成要素保持有机统一的整体，是向着同一目的行动的集合。

尽管从总体上说，《孙子兵法》架构了中国古代兵学的体系，所以就兵学体系而言，后人确实很难有所突破和超越，但这并不是说中国古代的兵学就没有发展空间了。事实上，中国古代的历代王朝都始终没有终止军事技术的开发与研究，更没有停止对武器的结构改良和攻守城械的创新，如在技战术的实际应用、器械的创新等方面，北宋就远远地超过了汉唐，并使中国当时的军器生产走在了世界前列。如北宋前期，专门用于生产军器的南北作坊共有 51 作，其中拥有兵校、工匠总计 7900 余人④，其规模之大、分工之细，为世界各国所不及。据《武经总要·器图》载，北宋非常注意吸收北方各少数民族的先进武器如"铁链夹棒"⑤等，然后加以适当的技术改造，遂成为自己的利器。

第五节　庆历新政与李觏的科技思想

一、庆历新政所倡导的宋学精神

庆历新政是宋初中下层士大夫政治势力发展到一定阶段的必然结果。任何一个社会形态，它最理想的运行模式应当是人尽其才、地尽其用和物尽其流。如果这三者之间出现了不协调，那么社会秩序就会混乱，此时内忧就会迫使政府进行社会变革或调整，以建立起适应历史发展需要的社会运行机制。这里所说的"历史发展需要"，是指能够维系现存政权有效发挥作用的社会力量，从三国起到唐末，这个社会力量是门阀士族，但在唐末农民起义之后，门阀士族已经退出历史舞台，代之而起的是中下层地主阶级。由于在门阀士族条件下的社会运行机制跟在中下层地主阶级和士大夫条件下的社会运行机制不同，所以宋初的历史任务就是要尽快建立起适合中下层地主阶级及其士大夫利益的社会运行体系。而中下层地主阶级及其士大夫最关心的就是人能否尽其才这一点，宋太宗曾说："国家选

①　（宋）曾公亮、丁度撰，浦伟忠、刘乐贤整理：《武经总要》前集卷 1《将职》，第 203 页。
②　（宋）曾公亮、丁度撰，浦伟忠、刘乐贤整理：《武经总要》前集卷 2《序》，第 206 页。
③　（宋）曾公亮、丁度撰，浦伟忠、刘乐贤整理：《武经总要》前集卷 3《叙战上》，第 226 页。
④　张德宗：《宋代的军器生产》，邓广铭、王云海主编：《宋史研究论文集》，开封：河南大学出版社，1993 年，第 182 页。
⑤　（宋）曾公亮、丁度撰，浦伟忠、刘乐贤整理：《武经总要》前集卷 13《器图》，第 392 页。

才，最为切务"①，而"朕孜孜访问，止要求人"②，这些话确实反映了那个时代的要求。

提高学行兼优的地主阶级中下层士大夫的政治地位，是宋代文明的显著特点。但如何能真实地反映和体现读书人的执政才能，这个问题宋太宗并没有解决好。故范仲淹"奉以食四方游士"③，而"每感激论天下事，奋不顾身，一时士大夫矫厉尚风节，自仲淹倡之"④，这些"游士"思想活跃，"常患法之不变"⑤。在范仲淹看来，宋朝的"天下"应当是中下层地主阶级及其士大夫的天下，故他提拔和重用的也都是这些人中的学行兼优者。作为中下层地主阶级的代言人，范仲淹必然要把他们的政治主张作为深化改革的目标，从而使其更加有利于中下层地主阶级士大夫的利益而不是官僚贵势们的利益，这是解决宋初所面临的内忧之患的根本。宋太宗说："国家若无外忧，必有内患。外忧不过边事，皆可预防，惟奸邪无状，若为内患，深可惧也。帝王用心，常须谨此"⑥，因此，围绕着这些问题，范仲淹于庆历三年（1043）向宋仁宗皇帝上奏《答手诏条陈十事》，正式拉开了"庆历新政"的帷幕。其主要内容是：

> 一曰明黜陟。二府非有大功大善者不迁，内外须在职满三年，在京百司非选举而授，须通满五年，乃得磨勘，庶几考绩之法矣。二曰抑侥幸。罢少卿、监以上乾元节恩泽；正郎以下若监司、边任，须在职满二年，始得荫子；大臣不得荐子弟任馆阁职，任子之法无冗滥矣。三曰精贡举。进士、诸科请罢糊名法，参考履行无阙者，以名闻。进士先策论，后诗赋，诸科取兼通经义者。赐第以上，皆取诏裁。余优等免选注官，次第人守本科选。进士之法，可以循名而责实矣。四曰择长官。委中书、枢密院先选转运使、提点刑狱、大藩知州；次委两制、三司、御史台、开封府官、诸路监司举知州、通判；知州通判举知县、令。限其人数，以举主多者从中书选除。刺史、县令，可以得人矣。五曰均公田。外官廪给不均，何以求其为善耶？请均其人，第给之，使有以自养，然后可以责廉节，而不法者可诛废矣。六曰厚农桑。每岁预下诸路，风吏民言农田利害，堤堰渠塘，州县选官治之。定劝课之法以兴农利，减漕运。江南之圩田，浙西之河塘，隳废者可兴矣。⑦

应当承认，宋初那些不成体系的诏令和许多既成事实，已经给范仲淹的新政创造了非常有利的条件。如唐以前作为贵胄子弟特权象征的国子学，在宋初则开始向低级官僚及寒素子弟转移⑧，而太学也成为混杂士庶子弟的专业性高等学校；范仲淹的身边聚集着一批忧国忧民的贫寒之士，像欧阳修、李觏、胡瑗、孙复、张载等，他们的思想在一定程度上

---

① （宋）李焘：《续资治通鉴长编》卷24"太平兴国八年六月戊申"条，第208页。
② （宋）李焘：《续资治通鉴长编》卷24"太平兴国八年六月戊申"条，第208页。
③ 《宋史》卷314《范仲淹传》，第10268页。
④ 《宋史》卷314《范仲淹传》，第10268页。
⑤ （宋）陈亮：《陈亮集》卷12《策·诠选资格》，北京：中华书局，1987年，第134页。
⑥ （宋）李焘：《续资治通鉴长编》卷32"淳化二年八月丁亥"条，第1177页。
⑦ 《宋史》卷314《范仲淹传》，第10273—10274页。
⑧ 张邦炜、朱瑞熙：《论宋代国子学向太学的演变》，邓广铭、郦家驹等主编：《宋史研究论文集》，郑州：河南人民出版社，1984年；俞樟华、虞黎明、应朝华：《唐宋史记接受史》，长春：吉林人民出版社，2004年，第146页。

反映着当时整个庶民士大夫阶层求变的心态，对新政有积极的推动作用，特别是胡瑗在苏州和湖州主持州学期间，推行教学改革，为范仲淹新政积累了很多教改经验，所以新政后能够在全国范围内迅速掀起兴学热潮是有一定物质基础的；另外，宋太祖尽管对家传性的天文术数有所限制，但总的来看，宋朝对士民的科技创造活动给予了支持和鼓励，因为宋代的手工业生产的规模化程度较高，它对工匠的知识素质提出了更高的要求，故传统的学校教育内容已经远远不能适应社会生产的这种发展要求了，因此范仲淹领导的新政实际上是把久积于民间的那股新生力量转变为一次爆炸式的政治运动。

二、被称为"王安石先声"的李觏及其科技思想

宋代是一个学术昌明的时代，尤其在宋初，这个特点就更加突出了。相传宋太祖立有"不杀大臣及言事官"[①]的誓碑，且宋初的图书普及程度也有了很大提高，据《宋史·邢昺传》载：当时儒家经典"板本大备，士庶家皆有之，斯乃儒者逢辰之幸也"[②]。而李觏则是那并不"逢辰之幸"中的士者之一，后来经过政治风雨的洗礼，他终于成为"一个面向社会实际、与时代息息相关的杰出思想家"[③]。

（一）李觏的生平简介

李觏（1009—1059），字泰伯，北宋建昌军南城（今江西省南城县）人。据史载，李觏的先祖为南唐宗室，"至公（即李觏）六世祖，始挈家而籍盱城之长山"[④]。可能由于这层仕宦关系，他在科举不第的情况下便创建了"盱江书院"，以"教授自资"[⑤]，而这也是他的主要经济来源，因为"是时家破贫甚，屏居山中，去城百里，水田裁二三亩，其余高陆，故常不食者。夫人（李觏之母，其时先父已逝）刚正有计算，募僮客烧薙耕耨，与同其利。昼阅农事，夜治女功。斥卖所作，以佐财用。蚕月盖未尝寝，勤苦竭尽，以免冻馁。而觏也得出游求师友，不为家事罔其心用，卒业为成人"[⑥]。正是"夫人"的勤劳和聪慧才成就了李觏的学业。在一个人的生命历程中，少年时期的苦难反而是笔无价的财富，因为苦难的童年往往会使人更加懂得生命的意义和人生的价值，孟子云："天将降大任于斯人也，必先苦其心志，劳其筋骨，饿其体肤，空乏其身"[⑦]，而观其行，此天大概是要将大任降于李觏之身了，故他"生年二十三，身不被一命之宠，家不藏担石之谷。鸡鸣而起，诵孔子、孟轲群圣人之言，纂成文章，以康国济民为意。余力读孙吴书，学耕战法，以备朝廷犬马驱指。肤寒热，腹饥渴，颠倒而不变"[⑧]。

① 《宋史》卷379《曹勋传》，第11700页。
② 《宋史》卷431《邢昺传》，第12798页。
③ 漆侠：《宋学的发展和演变》，第259页。
④ （清）李来泰：《宋泰伯公文集原序》，《李觏集》附录3，第525页。
⑤ 《宋史》卷432《李觏传》，第12839页。
⑥ （宋）李觏撰，王国轩校点：《李觏集》卷31《先夫人墓志》，第359页。
⑦ 《孟子·告子下》，陈戌国点校：《四书五经》上，第126页。
⑧ （宋）李觏撰，王国轩校点：《李觏集》卷27《上孙寺丞书》，第296页。

　　所以，我们在解读李觏的思想文本时，一定不能舍离其"肤寒热，腹饥渴"的生活背景。当然，李觏亦曾试图改变其尴尬的生活处境，他也有过"崇先圣之遗制，攻后世之乖缺"①的宏志，而从他 24 岁作《礼论》算起，到其 34 岁第二次落第止，他所写的文章基本上都是以忧国救民为宗旨，政论性较强。如他在天圣九年（1031）因"愤吊世故，警宪邦国"而作《潜书》，明道元年（1032）则撰《富国策》《强兵策》《安民策》，提出了"强本节用"②、"本（仁义）末（诈力）相权"③和"以农政为急"④的治国主张，景祐二年（1035）更"'上酌民言，则下天上施。'故为《庆历民言》，凡三十篇"⑤。而从 35 岁开始，到 48 岁止，以《易论》的撰著为标志，李觏"因决不求仕进"⑥而使其文风为之一变，由政论文转向带有明显学术倾向的经学之文，而李觏的科技思想就集中反映在这部著作之中，他名义上"援辅嗣之注以解义"，实则使"急乎天下国家之用"⑦。从 49 岁至 51 岁，他在生命的最后三年主要以太学说书的身份来教授生徒，据说他"以夫子之道教授学者。门人升录千有余人"⑧。而此期李觏对中国古代科学文化最重要的贡献就是他在嘉祐三年（1058）作《太学议》一篇，并提出"近取唐制""量事制宜"⑨的办学原则。清人在评价其学术思想的历史地位时说："虽然，世用先生不若先生用世之为大，世代殊王，考礼则一"⑩，且"道学者孟子而后惟昌黎，昌黎以后惟泰伯，泰伯以后，名贤继起，代不乏人，则皆昌黎与泰伯绵延一线之功也"⑪，其文"媲美昌黎，嗣徽永叔，唐、宋大家之风，赖以长存"⑫。作为一个纯粹的学问家，他既没有财，也没有权，却把学问作得那样好，在中国古代历史上实在是不多见，因此后人在缅怀这位伟大的学问家时，多说一些献媚的话也是完全可以理解的。

　　（二）"物以阴阳二气之会而后有象"的自然观

　　对自然和社会秩序的探讨，是《易传》立"三才"之道的基础，故中国古代思想家大都以《易》为立论的前提。李觏说：

　　　　圣人作《易》，本以教人，而世之鄙儒，忽其常道，竞习异端。……包牺画八卦而重之，文王、周公、孔子系之辞，辅嗣之贤，从而为之注。炳如秋阳，坦如大逵。

①　（宋）李觏撰，王国轩校点：《李觏集》卷 2《礼论·序》，第 5 页。
②　（宋）李觏撰，王国轩校点：《李觏集》卷 16《富国策第一》，第 133 页。
③　（宋）李觏撰，王国轩校点：《李觏集》卷 17《强兵策第一》，第 151 页。
④　（宋）李觏撰，王国轩校点：《李觏集》卷 18《安民策第十》，第 182 页。
⑤　（宋）李觏撰，王国轩校点：《李觏集》卷 21《庆历民言·序》，第 229 页。
⑥　（宋）李觏撰，王国轩校点：《李觏集》卷 31《先夫人墓志》，第 359 页。
⑦　（宋）李觏撰，王国轩校点：《李觏集》卷 4《删定易图序论》，第 52 页。
⑧　（宋）陈次公：《门人陈次公撰先生墓志铭》，《李觏集》外集卷 3，第 485 页。
⑨　（宋）李觏撰，王国轩校点：《李觏集》卷 29《太学议》，第 333 页。
⑩　（明）傅振铎：《盱江李泰伯先生文集原叙》，《李觏集》附录 3，第 531 页。
⑪　（清）谢甘棠：《重刊盱江全集序》，《李觏集》附录 3，第 535 页。
⑫　（清）高天爵：《李泰伯先生文集原序》，《李觏集》附录 3，第 528 页。

君得之以为君，臣得之以为臣。万事之理，犹辐之于轮，靡不在其中矣。①

在这里，"辐"和"轮"可以理解为宇宙秩序和结构。那么，李觏希望的宇宙秩序和结构是什么呢？《删定易图序论》云：

厥初太极之分，天以阳高于上，地以阴卑于下。天地之气，各充所处，则五行万物何从而生？故初一则天气降于正北，次二则地气出于西南，次三则天气降于正东，次四则地气出于东南，次五则天气降于中央，次六则地气出于西北，次七则天气降于正西，次八则地气出于东北，次九则天气降于正南。天气虽降，地气虽出，而犹各居一位，未之会合，亦未能生五行矣！譬诸男未冠，女未笄，昏姻之礼未成，则何孕育之有哉？况中央八方，九位既足，而地十未出焉，天地之气诚不备也。由是一与六合于北而生水，二与七合于南而生火，三与八合于东而生木，四与九合于西而生金，加之地十以合五于中而生土，五行生而万物从之矣……夫物以阴阳二气之会而后有象，象而后有形。象者，胚胎是也；形者，耳目鼻口手足是也。②

因此，李觏把宇宙的生成分为三个层次，第一个层次是有"八方之位"③，相当于"河图"阶段，这个阶段的特点是"二气未合，品物未生"④；第二个层次是"有五行之象"⑤，相当于"洛书"阶段，这个阶段的特点是"五行成矣，万物作矣"⑥；第三个层次是"河图"与"洛书"相须而成的"八卦"阶段，这个阶段的特点是"以爻为人"⑦，"于是观阴、阳而设奇耦二画，观天、地、人而设上中下三位"⑧。如果用现代宇宙演化论言之，则"河图"阶段对应于物理和化学演化时期，而"洛书"阶段对应于生物演化时期，"八卦"阶段对应于人类社会时期。由于"河图"是宇宙演化的初始阶段，很多物质的演化过程已不可能再现，且人类又不能用物理或化学的手段去观察和实验，诸如白洞、黑洞之类，在此前提下，尤其是中国古人便应用数学推演的方法，将其演进的脉络象数化，因而构成中国传统文化的重要特征之一。而用象数来阐释宇宙演化的创意始于汉代的扬雄，他的《太玄》将《周易》之二分法改为"三分法"，并由此构筑了一个庞大的宇宙演化图式。扬雄的宇宙演化图式就带有鲜明的象数色彩，不过，李觏对太玄的数学推演方法是深信不疑的，他说："吾观于《太玄》信矣。"⑨但他反对刘牧"象由数设"⑩的观点，也就是说李觏坚持"数"仅仅是"元气演化的次序，它依附于'气'"⑪的思想。那

---

① （宋）李觏撰，王国轩校点：《李觏集》卷3《易论第一》，第27页。
② （宋）李觏撰，王国轩校点：《李觏集》卷4《删定易图序论·论一》，第54—55页。
③ （宋）李觏撰，王国轩校点：《李觏集》卷4《删定易图序论·论二》，第56页。
④ （宋）李觏撰，王国轩校点：《李觏集》卷4《删定易图序论·论二》，第56页。
⑤ （宋）李觏撰，王国轩校点：《李觏集》卷4《删定易图序论·论二》，第56页。
⑥ （宋）李觏撰，王国轩校点：《李觏集》卷4《删定易图序论·论二》，第56页。
⑦ （宋）李觏撰，王国轩校点：《李觏集》卷4《删定易图序论·论二》，第57页。
⑧ （宋）李觏撰，王国轩校点：《李觏集》卷4《删定易图序论·论二》，第57页。
⑨ （宋）李觏撰，王国轩校点：《李觏集》卷4《删定易图序论·论五》，第63页。
⑩ （宋）刘牧：《易数钩隐图序》，《易学象数图说四种》，第8页。
⑪ 葛荣晋：《中国实学思想史》上卷，北京：首都师范大学出版社，1994年，第58页。

么，李觏对《太玄》的"信"有没有道理呢？换言之，人们能不能用数学的方法来描述宇宙生成的初始状态？爱因斯坦、普利高津、霍金等不仅都承认有这种可能性，而且还曾积极地寻找过这种可能性。所以李觏的功绩不在于他本身对宇宙演化的初始条件给出了多少解，而在于他强化了这种可能性。普利高津说："科学是人与自然的一种对话，这种对话的结果不可预知。"[1]同样，"河图"也是"人与自然的一种对话"，而这种对话的结果也不可预知。

进入"洛书"阶段，物质世界的"象"便开始呈现出一定的"形"来，而"形"是什么？在李觏看来，"形"就是"元亨利贞"，就是生命世界，就是五行生克。他说：

> 若夫元以始物，亨以通物，利以宜物，贞以干物，读《易》者能言之矣。然所以始之，通之，宜之，干之，必有其状。[2]

可见，"必有其状"是物质成"形"状态的基本特征，是物质相互作用和相互贯通的条件。与王安石、苏轼、张载、邵雍等相比，这一点是李觏独有的。而为了使物质之"形"能够成为有生命的物体，李觏由"形"进一步引申出两个概念即"气"和"命"。他说：

> 窃尝论之曰：始者，其气也。通者，其形也。宜者，其命也。干者，其性也。走者得之以胎，飞者得之以卵，百谷草木得之以勾萌，此其始也。胎者不殰，卵者不殈，勾者以伸，萌者以出，此其通也。人有衣食，兽有山野，虫豸有陆，鳞介有水，此其宜也。坚者可破而不可软，炎者可灭而不可冷，流者不可使之止，植者不可使之行，此其干也。乾而不元，则物无以始，故女不孕也。元而不亨，则物无以通，故孕不育也。亨而不利，则物失其宜，故当视而盲，当听而聋也。利而不贞，则物不能干，故不孝不忠，为逆为恶也。[3]

其中"胎生者不殰，而卵生者不殈"[4]最早见于《礼记·乐记》，李觏在此"籍之以为己用"的目的则无非是想说明作为事物的"形"本身有一个"通"的过程，而在这个"通"的过程中事物有不能成形的可能性，如"殰"（动物胎未出生而死）和"殈"（鸟卵未孵成而开裂）就是两个十分明显的例子。当然，事物要想成形还需两个环节，第一个环节是先于"胎"的"孕"，"孕"的过程来源于"元"，所以任继愈先生说："事物没有元气（元），就不能有开始。"[5]故"走者得之以胎，飞者得之以卵，百谷草木得之以勾萌"，其三个"得之"的"之"都是指"气"；第二个环节是后于"胎"的"走"，"走"本身已经表示它成为活生生的生命体，这就是"命"，而"命"因其具有个性特征，故又作"宜"，

---

① ［比］伊利亚·普利高津：《确定性的终结——时间、混沌与新自然法则》，湛敏译，上海：上海科技教育出版社，1998年，第123页。

② （宋）李觏撰，王国轩校点：《李觏集》卷4《删定易图序论·论五》，第64页。

③ （宋）李觏撰，王国轩校点：《李觏集》卷4《删定易图序论·论五》，第64—65页。

④ 《礼记·乐记》，陈成国点校：《四书五经》上，第571页。

⑤ 任继愈：《中国哲学史》第3册，北京：人民出版社，1979年，第163页。

也就是说，每一种生物都本质地具有与其生活特点相对应的生存空间，而且这种空间是事物相互依存的基本条件，如果这个条件被破坏掉了，那么最终的结果会导致生命体的丢失，这是非常典型的生态平衡思想。

"八卦"为属人的阶段，而这个阶段是李觏自然观的核心。理由有三：

一是他明确地说出了"利而不贞，则物不能干，故不孝不忠，为逆为恶也"的话，而"忠"在李觏的早期作品中占据着很重要的地位。如他在《礼论第一》中说："夫礼，人道之准，世教之主也。圣人之所以治天下国家，修身正心，无他，一于礼而已矣。"①那么"礼"的核心是什么呢？在李觏看来，"礼"的核心就是"君臣关系"。他说："包牺画八卦而重之，文王、周公、孔子系之辞，辅嗣之贤，从而为之注。炳如秋阳，坦如大逵。君得之以为君，臣得之以为臣。万事之理，犹辐之于轮，靡不在其中矣。"②而当有人问他"为臣之道"的问题时，他回答说：

"夫执刚用直，进不为利，忠诚所志，鬼神享之"③，这是第一层意思；"夫君唱臣和，理之常也"④，这是第二层意思；"竭其忠信，志在立功，图国忘身"⑤，这是第三层意思；"夫忠臣之分，虽处险难，义不忘君也"⑥，这是第四层意思。

"忠君"思想在宋初恢复皇权的过程中具有极其重要的意义，因为五代时期没有了"礼制"，也没有了"皇帝的权威"，而北宋初建，宋太祖遇到的第一个问题也是第一个难题就是宋朝立国的合法性问题。宋太宗曾语重心长地说过下面一段话：

> 国之兴衰，视其威柄可知矣。五代承唐季丧乱之后，权在方镇，征伐不由朝廷，怙势内侮，故王势微弱，享国不久。太祖光宅天下，深救斯弊。暨朕篡位，亦徐图其事，思与卿等谨守法制，务振纲纪，以致太平。⑦

所以，北宋时期的各种变法主张，其中心还是"以君为本"的。

二是李觏赋予"性"以新的意义。他说："幹者，其性也。"⑧具体地说就是"去恶不复悔，令一出而不反，事一行而不改，此其贞也"⑨，因为"贞者，事之幹也"⑩。而何谓"性"？李觏的说法是"命者天之所以使民为善也，性者人之所以明于善也"⑪。"性善"本是孟子的哲学命题，孟子认为"善"是人生来都具有的一种基本性质，既然如此，求善的过程不过"反求诸己而已"⑫，但李觏不这样看，他说：

① （宋）李觏撰，王国轩校点：《李觏集》卷2《礼论第一》，第5页。
② （宋）李觏撰，王国轩校点：《李觏集》卷3《易论第一》，第27页。
③ （宋）李觏撰，王国轩校点：《李觏集》卷3《易论第三》，第31页。
④ （宋）李觏撰，王国轩校点：《李觏集》卷3《易论第三》，第32页。
⑤ （宋）李觏撰，王国轩校点：《李觏集》卷3《易论第三》，第32页。
⑥ （宋）李觏撰，王国轩校点：《李觏集》卷3《易论第三》，第33页。
⑦ （宋）李焘：《续资治通鉴长编》卷29《端拱元年》，第662页。
⑧ （宋）李觏撰，王国轩校点：《李觏集》卷4《删定易图序论·论五》，第64页。
⑨ （宋）李觏撰，王国轩校点：《李觏集》卷4《删定易图序论·论五》，第65页。
⑩ （宋）李觏撰，王国轩校点：《李觏集》卷4《删定易图序论·论五》，第65页。
⑪ （宋）李觏撰，王国轩校点：《李觏集》卷4《删定易图序论·论六》，第66页。
⑫ 《孟子·公孙丑上》，陈成国点校：《四书五经》上，第78页。

法制之作，其本在太古之时，民无所识，饥寒乱患，罔有救止，天生圣人，而授之以仁、义、智、信之性。①

李觏把"性"本身看作是一个历史过程，一个由蒙昧到文明、由恶到善的进化历史，这是李觏超出前人的地方，也是他独立思考的科学结论。既然"饥寒乱患"是野蛮或恶之源，那"善"的形成就首先得解决人的穿衣和吃饭问题，然后才可谈论教化的问题。他说：

生民之道食为大，有国者未始不闻此论也。顾罕知其本焉。不知其本而求其末，虽尽智力弗可为已。是故，土地，本也；耕获，末也。无地而责之耕，犹徒手而使战也。法制不立，土田不均，富者日长，贫者日削，虽有未耜，谷不可得而食也。食不足，心不常，虽有礼义，民不可得而教也。②

又说：

利可言乎？曰：人非利不生，曷为不可言？欲可言乎？曰：欲者人之情，曷为不可言？言而不以礼，是贪与淫，罪矣。不贪不淫而曰不可言，无乃贼人之生，反人之情，世俗之不喜儒以此。③

因此，李觏继承了墨子和司马迁"尚利"的思想，明确地主张人"焉有仁义而不利者乎"④。

三是"性不能自贤，必有习也"⑤的性成于教化思想。他说：

所谓安者，非徒饮之、食之、治之、令之而已也，必先于教化焉。⑥

文明社会之区别于野蛮社会除了物质基础的不同外，人的精神文化素质也是很重要的一个方面。"民有以生之而无以教之，未知为人子而责之以孝，未知为人弟而责之以友，未知为人臣而责之以忠，未知为人朋友交游而责之以信，未知廉之为贵而罪以贪，未知让之为美而罪以争，未知男女之别而罪以淫，未知上下之节而罪以骄"⑦，所以"人不教不善，不善则罪，罪则灾其亲、坠其祀，是身及家以不教坏也"⑧，所以"人之心不学则惽也，于是为之庠序讲习，以立师友"⑨，所以"本乎天谓之命，在乎人谓之性，非圣人则命不行，非教化则性不成。是以制民之法，足民之用，则命行矣；导民以学，节民以礼，

---

① （宋）李觏撰，王国轩校点：《李觏集》卷 2《礼论第五》，第 14—15 页。
② （宋）李觏撰，王国轩校点：《李觏集》卷 19《平土书》，第 183 页。
③ （宋）李觏撰，王国轩校点：《李觏集》卷 29《原文》，第 326 页。
④ （宋）李觏撰，王国轩校点：《李觏集》卷 29《原文》，第 326 页。
⑤ （宋）李觏撰，王国轩校点：《李觏集》卷 3《易论第四》，第 33 页。
⑥ （宋）李觏撰，王国轩校点：《李觏集》卷 18《安民策第一》，第 168 页。
⑦ （宋）李觏撰，王国轩校点：《李觏集》卷 18《安民策第一》，第 169 页。
⑧ （宋）李觏撰，王国轩校点：《李觏集》卷 22《庆历民言·复教》，第 245 页。
⑨ （宋）李觏撰，王国轩校点：《李觏集》卷 2《礼论第一》，第 6 页。

而性成矣"①。

（三）"欲殴方术之滥，则莫若立医学以教生徒"②的功用主义科学观

普利高津说："科学是人与自然的一种对话"③，又说"演化是科学必不可少的条件，事实上它就是知识本身"④。如果普利高津的话不错，那么我们就可以大胆地去声张李觏宇宙演化论中的自然科学思想了。

李觏在《删定易图序论》中讨论了"河图"和"洛书"问题，确立了"洛书生八卦"的思想。按孔疏解四象八卦之"八方"与"洛书天地交午之数"所示之方位相一致，所以李觏认为："《河图》有八方之位，《洛书》有五行之象，二者相须而卦成矣。"⑤其"洛书天地交午之数"对八卦的定位是：坎居北方，兑居西方，离居南方，震居东方，艮居东北，乾居西北，坤居西南，巽居东南。从科学史的角度讲，这是一种区域地理思想，由此而派生出"区域生态""区域气候""区域资源"等一系列区域文化现象。李觏说：

> 纯阳为《乾》，取至健也；纯阴为《坤》，取至顺也。一阳处二阴之下，刚不能屈于柔，以动出而为《震》；一阴处二阳之下，柔不能犯于刚，以入伏而为《巽》；一阳处二阴之中，上下皆弱，罔克相济，以险难而为《坎》；一阴处二阳之中，上下皆强，足以自托，以丽著而为《离》；一阳处二阴之上，刚以驳下，则止故为《艮》；一阴处二阳之上，柔以抚下，则说故为《兑》也；西北盛阴用事，而阳气尽矣，非至健莫能与之争，故《乾》位焉。争胜则阳气起，故《坎》以一阳而位乎北。坎者，险也。一阳而犯众阴，诚不为易而为险也。艮者，止也。物芽地中将出而止也，待春之谓也。自此动出乎震，絜齐乎巽。离者，明也。万物皆盛长，得明而相见也。坤厚以养成之，成而说，故取诸兑也。⑥

此段大论，显然出于《说卦传》。《说卦传》云：

> 万物出乎《震》，《震》东方也。齐乎《巽》，《巽》东南也。齐也者，言万物之絜齐也。……《坎》者，水也，正北方之卦也，劳卦也，万物之所归也，故曰劳乎《坎》。⑦

坎为水，与之相连的巽为木，清代学者江慎修说："人知水能生木，不知木亦能生水，同气相求，母生子而子养母，自然之理"⑧。北方的生态问题是水土失调，由于北方气候寒冷，人们不断伐木以取暖，故林木资源遭到严重破坏，所以川流渐涸，土地干旱，

---

① （宋）李觏撰，王国轩校点：《李觏集》卷4《删定易图序论·论六》，第66页。

② （宋）李觏撰，王国轩校点：《李觏集》卷16《富国策第四》，第140页。

③ ［比］伊利亚·普利高津：《确定性的终结——时间、混沌与新自然法则》，湛敏译，第123页。

④ ［比］伊利亚·普利高津：《确定性的终结——时间、混沌与新自然法则》，湛敏译，第123页。

⑤ （宋）李觏撰，王国轩校点：《李觏集》卷4《删定易图序论·论二》，第56页。

⑥ （宋）李觏撰，王国轩校点：《李觏集》卷4《删定易图序论·论二》，第57页。

⑦ 孙国中：《河图洛书解析》，北京：学苑出版社，1990年，第564—565页。

⑧ 江慎修：《河洛精蕴》，北京：学苑出版社，1990年，第424页。

故"坎者，险也"绝不是一句危言耸听的话。看来李觏对水利的重视实源于他对生态环境的深刻感悟。他说：

> 圣人之于水旱，不其有备哉！蕢掩规偃豬，君子以为礼。史起引漳水鸟卤生稻，梁郑国凿泾水，关中为沃野。古之贤人未有不留意者也。水官不修、川泽沟渎无有举，掌机巧趋利之民，得行其私，日侵月削，往往障塞，雨则易以溢，谓之大水，岂天乎？霁则易以涸，谓之大旱，岂天乎？如是而望有年，未之思矣。①

于农业，李觏在农田基本建设、农器制造、推广农业技术等方面，提出了许多可贵的思想。他说："民之大命，谷米也。国之所宝，租税也。天下久安矣，生人既庶矣，而谷米不益多，租税不益增者，何也？地力不尽，田不垦辟也……今者天下虽安矣，生人虽庶矣，而务本之法尚或宽弛，何者？贫民无立锥之地，而富者田连阡陌……今将救之，则莫若先行抑末之术，以殴游民，游民既归矣，然后限人占田，各有顷数，不得过制。游民既归而兼并不行，则土价必贱。土价贱，则田易可得。田易可得而无逐末之路、冗食之幸，则一心于农。一心于农，则地力可尽矣。"②同时，为强兵而兴"屯军之耕"，而对于"天下公田"，"莫若置屯官而领之。举力田之士，以为之吏。招浮寄之人，以为之卒。立其家室，艺以桑麻。三时治田，一时讲事。男耕而后食，女蚕而后衣。撮粒不取于仓，寸帛不取于府。而带甲之壮，执兵之锐，出盈野、入盈城矣。其所输粟又多于民，而亡养士之费，积之仓而已矣。此足食、足兵之良算也"③。但"圣人之于农必制器以利其用也"④，又"稼器，耒耜镃基之属"⑤，说明农具的改进对农业生产率的提高具有关键性的作用。

李觏在"殴游民"的方略中，有许多废淫伎而兴科技的正确主张。他说：

> 欲殴方术之滥，则莫若立医学以教生徒，制其员数，责以精深，治人不愈，书以为罪，其余妖妄托言祸福，一切禁绝，重以遣募，论之如法。⑥

巫医之蛊惑人心，贱视生命的劣迹，实在可恶。李觏有诗云：

> 昨日家人来，言汝苦寒热。想由卑湿地，颇失饮食节。脾官骄不治，气马瘠如绁。乃致四体烦，故当双日发。江南此疾多，理不忧颠越。顾汝仅毁齿，何力禁喘喝？寄书诘医师，有药且嚼啜。方经固灵应，病根终剪灭。但恐祟所为，尝闻里中说。兹地有魍魉，乘时相胃结。嗟哉鬼无知，何于我为孽？我本重修饰，胸中搁冰雪。祸淫虽甚苛，无所可挑抉。疑是饕餮魂，私求盘碗设。尽室唯琴书，何路致荤血？无钱顾越巫，刀剑百斩决。徒恣彼昏邪，公然敢抄撮。吾闻上帝灵，纲目匪疏

---

① （宋）李觏撰，王国轩校点：《李觏集》卷6《国用第五》，第79页。
② （宋）李觏撰，王国轩校点：《李觏集》卷16《富国策第二》，第135—136页。
③ （宋）李觏撰，王国轩校点：《李觏集》卷17《强兵策第三》，第155页。
④ （宋）李觏撰，王国轩校点：《李觏集》卷7《国用第六》，第80页。
⑤ （宋）李觏撰，王国轩校点：《李觏集》卷7《国用第六》，第80页。
⑥ （宋）李觏撰，王国轩校点：《李觏集》卷16《富国策第四》，第140页。

缺。行当悉追捕，汝苦旦夕歇。①

而对"浮屠之法"的批判则是李觏科学观的重要组成部分。浮屠即佛教，又称"缁黄"，在北方因受到黄巢起义的打击而渐趋衰落，但当时南方诸割据势力欲借南人尚佛的心理而收买人心，于是纷纷兴寺建殿，故佛教大盛。当宋朝在消灭了荆南、后蜀、南汉、南唐等南方割据势力之后，面临着恢复生产、发展经济的现实问题，但佛教徒不事生产，严重地妨害了国计民生，所以李觏从实学的立场出发，揭露了"缁黄"带给社会的十大危害：

> 男不知耕而农夫食之，女不知蚕而织妇衣之，其害一也。男则旷，女则怨，上感阴阳，下长淫滥，其害二也。幼不为黄，长不为丁，坐逃徭役，弗给公上，其害三也。俗不患贫而患不施，不患恶而患不斋，民财以殚，国用以耗，其害四也。诱人子弟，以披以削，亲老莫养，家贫莫救，其害五也。不易之田，树艺之圃，大山泽薮，跨据略尽，其害六也。营缮之功，岁月弗已，驱我贫民，夺我农时，其害七也。材木瓦石，兼收并采，市价腾踊，民无室庐，其害八也。门堂之饰，器用之华，刻画丹漆，末作以炽，其害九也。惰农之子，避吏之猾，以佣以役，所至如归，其害十也。②

（四）"度宜而行之"和"统而论之"的方法论

第一，"度宜而行之"的矛盾分析法。李觏非常重视感性认识的作用，这是他"功用主义"思想的理论基础。他说："夫心官于耳目，耳目狭而心广者，未之有也。"③人的各种感觉器官是人之为人的物质前提，正因为如此，故人的欲望与感官之间就发生了这样的矛盾，一方面"天之生人，有耳焉，则声入之矣；有目焉，则色居之矣；有鼻焉，则臭昏之矣；有口焉，则味壅之矣"④；另一方面则"耳之好声亡穷，金石不足以听也；目之好色亡穷，黼黻不足以观也；鼻之好臭亡穷，郁鬯非佳气也；口之好味亡穷，太牢非盛馔也"⑤。那么，怎样来解决这个矛盾呢？李觏想到了"法制"，而"法制"就是"礼"，他说："有温厚、断决、疏达、固守之性，而加之以节，遂成法制焉。"⑥故"以法度教民，使知尊卑之节，则民之所用虽少，自知以为足也"⑦。这里，尽管李觏的解决方案中包含着部分"愚民"的成分，但他解题的思路是对的，其应用矛盾分析法于解决实际问题的做法也是值得肯定的。

而李觏的矛盾分析法也可以概括为"祸福之机""度宜而行之"九个字。他说："兹祸福之机也。事有不可不然，亦不可必然，在度宜而行之耳。"⑧其"事有不可不然，亦不可

---

① （宋）李觏撰，王国轩校点：《李觏集》卷35《闻女子疟疾偶书二十四韵寄示》，第392页。
② （宋）李觏撰，王国轩校点：《李觏集》卷16《富国策第五》，第141页。
③ （宋）李觏撰，王国轩校点：《李觏集》卷21《庆历民言·广意》，第234页。
④ （宋）李觏撰，王国轩校点：《李觏集》卷18《安民策第四》，第173页。
⑤ （宋）李觏撰，王国轩校点：《李觏集》卷18《安民策第四》，第173页。
⑥ （宋）李觏撰，王国轩校点：《李觏集》卷2《礼论第五》，第14页。
⑦ （宋）李觏撰，王国轩校点：《李觏集》卷18《安民策第四》，第173页。
⑧ （宋）李觏撰，王国轩校点：《李觏集》卷3《易论第二》，第30页。

必然"是李觏对中国传统辩证法的高度总结，也是中国古代科技思想的一个重大进步。他用五行的生克关系，生动地阐释了此方法的深刻内涵。他说：

> 相生未必吉，相克未必凶，用之得其宜，则虽相克而吉；用之失其宜，则虽相生而凶。今夫水克于火，则燔烧可救；火克于金，则器械可铸；金克于木，则宫室可匠；木克于土，则萌芽可出；土克于水，则漂溢可防，是用之得其宜，虽相克而吉也。以水浸木则腐，以木入火则焚，以火加土则焦，以土埋金则镊，以金投水则沉，是用之失其宜，虽相生而凶也。是以《太玄》之《赞》，决在昼夜，当昼则相克亦吉，当夜则相生亦凶。《玄告》曰：五生不相殄，五克不相逆，不相殄乃能相继也，不相逆乃能相治也。相继则父子之道也，相治则君臣之宝也。今夫父之于子，能食之弗能教之，则恩害于义也。君之于臣，能赏之，又能刑之，则威克厥爱也。恩害义则家法乱，威克爱则国事修。吾故曰："相生未必吉，相克未必凶"也。①

那么，李觏倡导矛盾分析法的本质是什么？恩格斯在评价黑格尔"凡是现实的都是合理的"命题时指出："这种看法的保守性是相对的，它的革命性质是绝对的——这就是辩证哲学所承认的唯一绝对的东西。"②而李觏的矛盾分析法亦复如此，他说："持之以正，用之以中，百禄之来，弗可辞也已"③，这种"中庸"的认识很快他自己就来否定了，他在论述"常"与"权"的关系问题时非常肯定地说："事出一切，愈不可常也。"④可见，"常"是相对的，而"权"是绝对的。他说：

> 常者，道之纪也。道不以权，弗能济矣。是故权者，反常者也。事变矣，势异矣，而一本于常，犹胶柱而鼓瑟也……若夫排患解纷，量时制宜，事出一切，愈不可常也。⑤

与其说这是一段深邃的科技思想见解，倒不如说是一段十分精彩的政治宣言。据朱伯崑考，李觏在庆历七年（1047）即他39岁时著成《删定刘牧易图序论》，而此前他已完成《易论》十三篇。⑥李觏在《易图序》中有"急乎天下国家之用"的话，那么我们要问，何谓"急乎天下国家之用"？联系李觏于庆历三年（1043）所写《庆历民言》的初衷即"极当时之病"⑦，"论时政之得失"⑧。李觏是范仲淹"庆历新政"的坚定支持者，即使当"新政"推行不下去的时候，他也没有气馁，也没有退缩，他劝范仲淹"忘身后之刺讥"⑨的同时更借《南塘观鱼》而勉励自己"鳞鬣摧残几许年？水平风静得潜渊。喜无美味登君

---

① （宋）李觏撰，王国轩校点：《李觏集》卷4《删定易图序论·论六》，第65—66页。
② 《马克思恩格斯选集》第4卷，第213—214页。
③ （宋）李觏撰，王国轩校点：《李觏集》卷3《易论第十》，第46页。
④ （宋）李觏撰，王国轩校点：《李觏集》卷3《易论第八》，第41页。
⑤ （宋）李觏撰，王国轩校点：《李觏集》卷3《易论第八》，第41页。
⑥ 朱伯崑：《易学哲学史》第2卷，北京：华夏出版社，1995年，第55页。
⑦ （宋）祖无择：《祖学士无书》，《李觏集》外集卷2，第478页。
⑧ （明）左赞：《乞修李觏墓状》，《李觏集》外集卷3，第490页。
⑨ （宋）李觏撰，王国轩校点：《李觏集》卷27《寄上范参政书》，第301页。

俎，且学骊龙尽日眠”①。其实"且学骊龙尽日眠"不过是句自我调侃之辞，而"浮世因循过，流年次第新"②才是他的真心话，他相信社会改革是大势所趋，因为"夫救弊之术，莫大乎通变"③。所以"通变"就是"权"的实质和内容。而李觏"通变"的措施和原则为后来的王安石所继承和发展，如李觏"平准法"云："令远方各以其物如异时商贾所转贩者为赋，置平准于京师，都受天下委输。大农诸官，尽笼天下之货物。如此，富商大贾亡所牟大利，则反本，而万物不得腾跃。"④即成为王安石"均输法"和"市易法"的直接来源，因此王安石变法应是"流年次第新"的生动体现。

第二，"统而论之"的科学抽象法。抽象是思维对事物本质的一种反映，是人类认识的深化。列宁指出："物质的抽象，自然规律的抽象，价值的抽象等等，一句话，一切科学的（正确的、郑重的、不是荒唐的）抽象，都更深刻、更正确、更完全地反映自然。"⑤李觏则依据中国古代文化的思维特点和逻辑文本，把科学抽象的思维方法概括为"统而论之"四个字，他说：

> 时虽异矣，事虽殊矣，然事以时变者，其迹也。统而论之者，其心也。迹或万殊，而心或一揆也。若夫汤汤洪水，禹以是时而浚川；黎民阻饥，稷以是时而播种；百姓不亲，契以是时而敷五教；蛮夷猾夏，皋陶以是时而明五刑。其迹殊，其所以为心一也。统而论之，谓之有功可也。亦有因时立事，事不局于一时，可为百代常行之法者，如仁、义、忠、信之例是也。故夫子于上、下《系》所称者，十有九爻未有言其时者，盖事不局于一时也。是故时有大小。有以一世为一时者，此其大也；有以一事为一时者，此其小也。以一世为一时者，《否》《泰》之类是也，天下之人共得之也；以一事为一时者，《讼》《师》之类是也，当事之人独得之也。⑥

这段话至少包含着三层意思：第一层意思是区分了感性认识和理性认识的不同，其原话为"事以时变者，其迹也。统而论之者，其心也"，对此，漆侠先生给予了高度评价："'统而论之'就是抽象思维的概括。李觏的思想方法已经进入抽象思维领域中了。"⑦第二层意思是把"有功"（即实践）看作是检验"心一"（真理）的客观标准，因为事物的变化是多种多样的，其变化轨迹也纷繁复杂，在这种情况下，如果我们不注意把握事物的发展规律，就会被事物的杂乱现象所迷惑，即"苟不求其心之所归，而专视其迹，则散漫简

① （宋）李觏撰，王国轩校点：《李觏集》卷36《次韵答陈殿丞南塘观鱼见寄》，第439页。又据《直讲李先生年谱》云：庆历四年"上富公、范公书，作《麻姑山真君殿记》，《李子高墓表》，陈伯英墓表，《寄祖秘丞书》，《除夜感怀诗》，《南塘观鱼诗》"，（宋）陈次公：《直讲李先生年谱》，《北京图书馆藏珍本年谱丛刊》第13册，北京：北京图书馆出版社，1999年，第738页。

② （宋）李觏撰，王国轩校点：《李觏集》卷36《次韵陈殿丞除夜感怀》，第439页。

③ （宋）李觏撰，王国轩校点：《李觏集》卷3《易论第一》，第28—29页。

④ （宋）李觏撰，王国轩校点：《李觏集》卷7《国用第九》，第83页。

⑤ ［苏联］列宁：《哲学笔记》，北京：人民出版社，1993年，第142页。

⑥ （宋）李觏撰，王国轩校点：《李觏集》卷3《易论第十一》，第46—47页。

⑦ 漆侠：《宋学的发展和演变》，第268页。

策，百纽千结，岂中材之所了邪"①，就会出现"多则惑"②的后果，故李觏同意孔子"一致而百虑"③的正确主张，但这"一致而百虑"能否取得功效，最终还要接受社会实践的检验，正像禹、稷、契、皋陶所作的一样。第三层意思是划分了"感性的具体"与"思维中的具体"，所谓"感性的具体"即人们认识事物的起点，用李觏的话说就是"一事为一时"，而所谓"思维中的具体"即从具体事物中抽象出来的概念、原理和原则，用李觏的话说就是"一世为一时"，这是对事物一般规律的把握，是具体和抽象的统一。马克思非常重视从抽象到具体的科学思维方法，他说："具体之所以具体，因为它是许多规定的综合，因而是多样性的统一。因此它在思维中表现为综合的过程，表现为结果，而不是表现为起点，虽然它是现实中的起点，因而也是直观和表象的起点。"④而在李觏看来，诸如仁、义、忠、信这些道德概念就是科学抽象的结果，就是"思维中的具体"，所以这些概念不是距离现实世界越来越远了，而是越来越近了，世界著名物理学家普朗克说得好："物理世界观之愈益远离感性世界无非就是与现实世界愈益接近。"⑤

小　结

汉代确立了经学的地位，在经学的思想大框架下，人们从政治、思想、文化、科学技术等多个角度诠释了经学的价值，推动了汉唐科学思想的发展。当然，进入唐代以后，由于佛教等外来思想的影响，儒学的独尊地位一去不复返，特别是禅宗主张"理行并重"，后成为宋代理学产生的直接来源之一。从经学向理学的转变，中唐以后兴起的"疑古惑经"思潮起到了解放思想的作用。宋初，以《五经正义》为标准的汉唐注疏仍然居于主流地位，于是柳开"六经皆自晓，不看注与疏"⑥，成为宋代儒学复兴运动的开山。汉代尊奉《周易》为五经之首，而宋代胡瑗《周易口义》则断以己见，大胆改经，批判诸家注疏，诚如有学者所言："胡瑗等人凭借着高远的学术眼光和过人的胆识，让中国传统易学的面貌焕然一新，也正是在此基础上，宋代理学才得以开花结果。"⑦

易学在宋代分为"义理易学"和"象数易学"两脉，其中刘牧是"象数易学"的代表，他治《易》以讲河图、洛书而闻名，其《易数钩隐图》一书旨在批评王弼玄学义理易学中阐发数为万物本原的思想，并用数来解说卦象和物象世界，所以四库馆臣谓"汉儒言

① （宋）李觏撰，王国轩校点：《李觏集》卷3《易论第十一》，第47页。
② （宋）李觏撰，王国轩校点：《李觏集》卷3《易论第十一》，第47页。
③ （宋）李觏撰，王国轩校点：《李觏集》卷3《易论第十一》，第47页。
④ 《马克思恩格斯选集》第2卷，第103页。
⑤ ［德］普朗克：《从近代物理学来看宇宙》，何清译，北京：商务印书馆，1959年，第21页。
⑥ （宋）石介：《过魏东郊》，《徂徕石先生文集》卷2《古诗》，北京：中华书局，1984年，第20页。
⑦ 刘越峰：《论北宋疑古思潮中的"疑经"与"疑传"——以胡瑗〈周易口义〉为例》，《求索》2007年第9期，第151页。

《易》多主象数，至宋而象数之中复岐出图书一派。牧在邵子之前，其首倡者也"①。刘牧易学，在庆历时十分盛行，"言数者皆宗之"②。当然，反对者亦不乏其人，李觏就是比较有代表性的一例。在《删定易图序论》一书中，李觏认为宇宙的本原不是数而是气，因而"在王弼易学的基础之上，李觏完成了对象数、义理一体两面不同角色的新正定"③，走出了一条沿义理之学解《易》的新路径。

释智圆则融合佛教的"中道义"与儒家的"中庸之道"，提出了"夫儒释者，言异而理贯"④的主张，为宋学发展揭开了别开生面的一页。正是从这层意义上，陈寅恪称他"似亦于宋代新儒家为先觉"⑤。一般认为，宋代文强武弱，由此给了契丹、女真、党项三个少数民族崛起的机会。这仅仅是问题的一个方面，因为宋代在军事技术理论方面得到了长足的发展，形成了丰富的思想。⑥特别是《武经总要》一书"前集备一朝之制度，后集具历代之得失"⑦，在我国古代军事史和科技史上都具有不容忽视的参考价值，标志着我国古代军事科学技术的发展达到了一个新的历史高度。

---

① （清）永瑢等：《四库全书总目》卷2《经部·易类二》"易数钩隐图"条，第5页。
② （清）胡渭撰，谭德贵等点校：《易图明辨》，北京：九州出版社，2007年，第95页。
③ 崔伟：《李觏易学视野下的经世之学》"摘要"，山东大学2012年博士学位论文。
④ （宋）释智圆：《中庸子传》上，《卍续藏经》第56册，第894页。
⑤ 陈寅恪：《金明馆丛稿二编》，第252页。
⑥ 刘永海：《宋代军事技术理论与实践》，北京：人民出版社，2019年，第1页。
⑦ （清）永瑢等：《四库全书总目》卷99《子部·兵家类》"武经总要"条，第838页。

第二章 北宋科技思想发展的高峰

熙宁变法是庆历新政的延续，是士心思变的结果，用朱熹的话说就是"合变时节"①。前面讲过，早在庆历四年李觏就提出了一套社会改造方案，其核心是"富国强兵"，他认为"夫救弊之术，莫大乎通变"②，他的《富国策》、《强兵策》、《安民策》、《周礼致太平论》及《庆历民言》等著作对王安石产生了极大影响，胡适称李觏是"一个不曾得君行道的王安石"③，而谢善元认为"李觏很可能是王安石的政治实验的鼓舞者"④。由于熙宁变法几乎把当时所有的新儒家都牵涉了进去，因此从学术史的角度看，它是一场惊天动地的思想解放运动。凡是亲身经历了变法运动的士大夫，无论赞成还是反对这场运动，其头脑都程度不同地被改造了，我们用"嵌入新思维"也许能更好地表达这种思想转换的后果。而北宋科技思想在熙宁变法之后很快就发展到高峰，应是这种"新思维"的物质体现，其内在的精神体现则是"理学"的产生。

所以，本章探讨的主题是如何理解北宋科技思想发展的高峰与"理学"形成的关系。

第一节 荆公学派及其王安石的科技思想

王安石借"熙宁变法"之力而使由他创立的荆公学派，一跃成为北宋中期的官学，统治思想界达 60 年之久。⑤仅就宋代学术的历史地位来说，荆公学派的学术贡献主要是为宋代开辟了一条强调"富国强兵"的"外王"之道。当然，在富国与教化的关系问题上，王安石、陆佃、王雱等都坚持富国第一的立场和观点，而他们所依据的理论基础就是《周礼》，如王安石认为离开"富国强兵"这个总则，任何"虚辞伪事，不足为也"。⑥

在北宋思想界，王安石早在熙宁变法之前即撰写了《淮南杂说》《致一论》等著作，其言不仅"与孟轲相上下"⑦，而且"天下之士始原道德之意"⑧。在熙宁变法期间，王

---

① （宋）黎靖德编，王星贤点校：《朱子语类》卷 130《本朝四·自熙宁至靖康用人》，第 3097 页。

② （宋）李觏撰，王国轩校点：《李觏集》卷 3《易论第一》，第 28—29 页。

③ 《胡适文存》二集第 1 卷，上海：亚东图书馆，1924 年。

④ 谢善元：《李觏的生平及思想》，北京：中华书局，1988 年，第 201 页。

⑤ （宋）陈振孙撰，徐小蛮、顾美华点校：《直斋书录解题》卷 2《书类》"书义"条，第 29 页。

⑥ （宋）李焘：《续资治通鉴长编》卷 220 "神宗熙宁四年二月庚午"条，第 2049 页。

⑦ （宋）晁公武撰，孙猛校证：《郡斋读书志校证》卷 12《王氏杂说》引录，第 526 页。

⑧ （宋）晁公武撰，孙猛校证：《郡斋读书志校证》卷 12《王氏杂说》引录，第 526 页。

安石更将自己主持修撰的《三经新义》颁行于学校，且规定科举考试以此为准，完成了其"一道德以同天下之俗"及"以经术造士"的改革目标。平心而论，"一道德"并没有导致文化专制主义，故邓广铭先生曾肯定地指出："北宋王朝自始至终并没有施行在文化方面的专制主义"①，又说：北宋"有时还想'齐风俗、一道德'，然而从来没有采取过雷厉风行的严厉手段，所以并没有真能发生实效"②。虽则，从形式上看，王安石在推行"一道德"的同时，既废除私学又把文艺列入"无补之学"，似是一种倒退，然而，一种新思想的确立不仅在于进书本，而且更在于进头脑。这进头脑的过程则是个极其艰难的过程，而王安石废私学为"无补之学"的目的说到底还是为了强化宋学之精神。钱穆曾将宋学精神分为"革新政令"与"创通经义"两个方面，在他看来，王安石对宋学精神的张扬主要表现为"革新政治"③，这是很有见识的论断。当然，不管出于何种原因和目的，王安石在"一道德"的历史过程中，在客观上破坏了北宋业已形成的"百家争鸣"局面，背离了学术发展的规律，则是不容回避的客观事实。因为宋代学术的发展既要靠官学又不能抛弃私学，实际上，私学对于北宋科技的发展具有更加重要的历史意义。但是，我们必须承认，私学或家学在北宋社会经济日益商品化的背景下，已经越来越成为束缚重大科技创新的一种保守势力。这是因为私学分散了国家的人才资源，不易集中力量进行重大科技项目的攻关，所以从长远的观点看，它局限着北宋科学向更高的阶段跃迁。而王安石大兴官学则可以最大限度地保持科技教育的开放性，并通过行政干预的手段集中一州一县的科学思想资源，从而使科学创造不仅有量的发展，而且还要有质的突破。因此北宋中期出现了科技发展的高峰，应当说是王安石变法所取得的最重要的物质成果之一。

一、王安石科技思想形成的条件及其科技成就

（一）王安石的生平简介

王安石（1021—1086），字介甫，江西临川人。因其父"都官员外郎"④，故他也算官僚家庭，而他的出仕却基本上是依靠朋友的帮助，这一点很重要。王安石文章写得好，是其一，后来友生曾巩把他的文章推荐给欧阳修，并深得欧阳修之赏识，是其二。而对于王安石的政治生命来说，这两点缺一不可。但王安石亦有他独特的政治哲学和人生手法，他不仅关注人民的苦难，"心哀此黔首"⑤，而且"欲与稷、契遐相希"⑥，大有为民请命之志。所以，当庆历七年（1047）王安石调至鄞县后，便积极兴修水利，贷谷与民，深受人民的拥护和爱戴。熙宁三年（1070）王安石由参知政事升为一朝之宰相，他在神宗支持

① 邓广铭：《论宋学的博大精深——北宋篇》，《新宋学》，上海：上海辞书出版社，2003年，第4页。
② 邓广铭：《论宋学的博大精深——北宋篇》，《新宋学》，第5页。
③ 钱穆：《中国近三百年学术史·引论》，苗润田主编：《儒学与实学》，北京：中华书局，2003年，第80页。
④ 《宋史》卷327《王安石传》，第10541页。
⑤ （宋）王安石：《临川先生文集》卷12《感事》，王水照主编：《王安石全集》第5册，上海：复旦大学出版社，2017年，第308页。
⑥ （宋）王安石：《临川先生文集》卷13《忆昨诗示诸外弟》，王水照主编：《王安石全集》第5册，第334页。

下，制定并推行农田水利、青苗、均输、保甲、免役、市易、保马等新法，促进了北宋物质文明的发展，使其综合国力有所增强。之后，熙宁八年（1075）王安石再次拜相，特进《三经新义》，并立于学官，使北宋的思想界为之一新。可见，王安石变法所带来的社会意义是多方面的。而在此需要强调的是，王安石的科技思想在变法过程中也得到了很好的贯彻和执行，尤其是他所进《三经新义》给中国传统经学以主体意识的强烈刺激与伸张。如他“网罗六艺之遗文，断以己意”①，即证明他对传统的经学文本具有相当的批判意识和独立的阐释意识。因此，《宋史》本传称“安石训释《诗》《书》《周礼》，既成，颁之学官，天下号曰‘新义’”。至于他在我国古代思想史上的地位，蔡京云：“宋兴，文物盛矣，然不知道德性命之理。安石奋乎百世之下，追尧舜三代，通乎昼夜阴阳所不能测而入于神。初著《杂说》数万言，世谓其言与孟轲相上下。于是，天下之士，始原道德之意，窥性命之端云。”②当然，王安石除了开创宋代“道德性命之理”外，在科技思想方面也有贡献，如他的“气动说”、科技发展动力论、农田水利思想等，就很有特色，也自成体系。

（二）王安石科学思想形成的条件及其科学成就

王安石生活的时代，科学技术正在对人们的社会生活产生着越来越重大的影响，尤其是雕版印刷术的发明，使得普及科学知识在士大夫中间成为可能。大家知道，宋朝立国之初，赵匡胤尽管黄袍加身，但他直接面临着显与隐两个方面的危机：显方面的危机主要表现在契丹辽的不断南侵以及南方诸国的割据，而隐方面的危机则主要表现在宋朝的很多官僚本身还缺乏基本的知识素质。对此，赵匡胤感触颇深，下面一则史例便典型地反映了宋朝所面临的这个隐性危机：

> 上（即宋太祖赵匡胤）初命宰相撰前世所无以改今元，既平蜀，蜀宫人有入掖廷者。上因阅其奁具得旧鉴，鉴背有乾德四年铸。上大惊，出鉴以示宰相，曰：“安得已有四年所铸乎？”皆不能答。乃召学士陶谷、窦仪问之，仪曰：“此必蜀物，昔伪蜀王衍有此号，当是其岁所铸也。”上乃悟，因叹曰：“宰相须用读书人。”由是益重儒臣矣。赵普初以吏道闻，寡学术，上每劝以读书，普遂手不释卷。上性严重寡言，独喜观书，虽在军中手不释卷，闻人间有奇书，不吝千金购之。显德中从世宗平淮甸，或赞上于世宗曰：“赵某下寿州，私所载凡数车，皆重货也。”世宗遣使验之，尽发笼箧，唯书数千卷，无他物。世宗亟召上谕曰：“卿方为朕作将帅，辟封疆，当务坚甲利兵，何用书为？”上顿首曰：“臣无奇谋。上赞圣德，滥膺寄任常恐不逮，所以聚书欲广闻见，增智虑也。”世宗曰：“善”。③

宋太祖不仅重视“坚甲利兵”，而且重视人的知识素质和文化素养。所以，北宋立国

① （宋）苏轼：《王安石赠太傅》，《苏东坡全集》第4册，第2217页。
② （宋）晁公武撰，孙猛校证：《郡斋读书志校证》卷12《王氏杂说》引录，第525—526页。
③ （宋）李焘：《续资治通鉴长编》卷7“乾德四年五月甲戌”条，第65页。

后"益重儒臣",广求遗书。①宋太祖之后,宋太宗亦复如此。到宋仁宗时,北宋中央政府所拥有的图书数量已相当可观。宋朝的右文政策和科举制度的推行,极大地激发了广大士大夫的读书热情,而王安石就是在这样的历史背景下步入仕途的。据载,王安石不仅"明经",而且也"明算"。如他说:"自诸子百家之书,及于《难经》《素问》《本草》诸小说,无所不读,农夫、女工无所不问。"②同时他的母亲更通晓阴阳术数之学。③后来,王安石专门写了《河图洛书义》,以表明他对盛行于宋代象数学的态度。他说:"图以示天道,书以示人道故也。盖通于天者《河》,而图者以象言也。成象之谓天,故使龙负之,而其出在于《河》;龙善变,而尚变者天道也。中于地者《洛》,而书者以法言也。"④很明显,王安石继承了郑玄"天地生成之数"图的思想,强调象数源于自然,而不是相反。同时,王安石还把洛书理解为是人们对自然界发展变化的反映,是河图的副产品,这就是"书者以法言也"的真实含义。此外,王安石在《洪范传》中对奇偶数也作出了跟郑玄一样的解释,《系辞传》云:"天数五,地数五,五位相得而各有合",在郑玄看来,"天数五"即1、3、5、7、9五个奇数,而"地数五"即2、4、6、8、10五个偶数,"五位"即五行的方位,其中1到5五个自然数为"生数",然后各加5即是"成数"。⑤对此,王安石说:"自天一至于天五,五行之生数也。以奇生者成而耦,以耦生者成而奇,其成之者皆五。五者,天数之中也,盖中者所以成物也。道立于两,成于三,变于五,而天地之数具。其为十也,耦之而已。"⑥在这里,王安石为什么如此重视"变于五"这一点?理由十分明确,天地万物只有通过"五"这个数才能发生无穷无尽的变化,而自然界也只有通过"五"这个自然数才能变得丰富多彩,才能真正展现其无限的多样性,故"五行之为物,其时、其位、其材、其气、其性、其形、其事、其情、其色、其声、其臭,其味,皆各有耦"⑦,而"耦之中又有耦焉。而万物之变,遂至于无穷"⑧。纵观王安石的整个变法实践,上述思想是他推行新法的重要理论基础。

王安石非常关注农民这个社会群体的生活状况,而在这一点上,他跟范仲淹走在了一起。早在庆历新政期间,范仲淹就看到了农民这个社会群体对于整个北宋社会稳定的重要性,所以他在向仁宗上《答手诏条陈十事》中,绝大多数提议都是有关如何保障和改善广大农民生活状况的。尽管范仲淹变法没有取得实际的社会效果,但他的通经致用思想给王安石的启蒙作用是不能低估的,所以朱熹曾评说:范仲淹"方厉廉耻,振作士气",故"振作士大夫之功为多"。⑨诚然,对于如何"通经致用",不同的士大夫自有不同的路径,

---

① 参见丁建军:《宋朝政府和图书征集述论》,《中国文化研究》2003年春之卷,第92—98页。

② (宋)王安石:《临川先生文集》卷73《答曾子固书》,王水照主编:《王安石全集》第6册,第1314页。

③ 邓广铭:《北宋政治改革家王安石》,石家庄:河北教育出版社,2000年,第19页。

④ (宋)王安石:《临川先生文集》卷63《河图洛书义》,王水照主编:《王安石全集》第6册,第1157页。

⑤ 中国科学院自然科学史研究所编:《钱宝琮科学史论文选集》,第584页。

⑥ (宋)王安石:《临川先生文集》卷65《洪范传》,王水照主编:《王安石全集》第6册,第1176页。

⑦ (宋)王安石:《临川先生文集》卷65《洪范传》,王水照主编:《王安石全集》第6册,第1176页。

⑧ (宋)王安石:《临川先生文集》卷65《洪范传》,王水照主编:《王安石全集》第6册,第1176页。

⑨ (宋)黎靖德编,王星贤点校:《朱子语类》卷129《本朝三·自国初至熙宁人物》,第3086页。

欧阳修主张通经贵在"履之于身，施之于事"①，而李觏更"余力读孙、吴书，学耕战法，以备朝廷犬马驱指"②。正因为他们在为官之前已经有了相当的社会实践和科学实践储备，所以他们才可能成为真正对国家、对人民有用的人才。王安石也是这样，如《宋史》本传载其"知鄞县，起堤堰，决陂塘，为水陆之利"③，而他在日常生活中亦非常重视农业实践，甚至他以耕田种地为乐，如他的《要望之过我庐》诗云："念子且行矣，要子过我庐。汲我山下泉，煮我园中蔬。"④说明他内心有一种追求田园生活的精神境界。

宋代所辖之地域，气候条件较为复杂，北方的广大地区春旱秋涝，而南方广大地区则恰好相反，尤其是南方秋旱给宋代农业经济带来严重灾难。王安石在任鄞县知事时就已经认识到兴修水利与农业丰歉之间的关系，他说："鄞之地邑，跨负江海……向之渠川稍稍浅塞，山谷之水转以入海而无所潴，幸而雨泽时至，田犹不足于水，方夏历旬不雨，则众川之涸可立而须，故今之邑民最独畏旱，而旱辄连年，是皆人力不至，而非岁之咎也。"⑤因而王安石将兴修农田水利作为其变法的一项重要内容，其《农田水利法》规定："应官吏、诸色人有能知土地所宜、种植之法，及可以完复陂湖河港；或不可兴复，只可召人耕佃；或元无陂塘、圩埠、堤堰、沟洫，而即今可以创修；或水利可及众，而为之占擅；或田土去众用河港不远，为人地界所隔，可以相度均济疏通者；但干农田水利事件，并许经管勾官或所属州县陈述。"⑥至于兴修水利所需经费的筹集，《农田水利法》亦作出了规定：一是对于中小型水利工程，"计度阔狭、高厚、深浅各若干工料，立定期限，令逐年官为提举，人户量力修筑开浚，上下相接"⑦；二是对于那些大型水利工程则"许受利人户于常平、广惠仓系官钱斛内连状借贷支用……如是系官钱斛支借不足，亦许州县劝谕物力人出钱借贷，依例出息，官为置簿及催理"⑧。为了使河流内的沉积物用于肥田，王安石采用的"淤田法"收到了显著的效果，而他所创之法直到今天人们还在使用。日本学者斯波义信曾根据《宋会要辑稿》食货 61 之 68、69 的记载，将熙宁三年（1070）至熙宁九年（1076）北宋兴修水利的基本状况列表，如表 2-1 所示。

表 2-1 全国水利田统计（1070—1076 年）

路名	处数	顷亩（官田）	顷亩/处数
开封府界	25	15 749.29	629.67
河北西路	34	40 209.04	1 182.62
河北东路	11	19 451.56（0.27）	1 768.32
京东东路	71	8 849.38（285.50）	110.56

① （宋）欧阳修：《与张秀才第二书》，曾枣庄、刘琳主编：《全宋文》卷 697《欧阳修三三》，第 67 页。
② （宋）李觏撰，王国轩校点：《李觏集》卷 27《上孙寺丞书》，第 296 页。
③ 《宋史》卷 327《王安石传》，第 10541 页。
④ （宋）王安石：《临川先生文集》卷 1《古诗》，王水照主编：《王安石全集》第 6 册，第 151 页。
⑤ （宋）王安石：《临川先生文集》卷 75《上杜学士言开河书》，王水照主编：《王安石全集》第 6 册，第 1342—1343 页。
⑥ （清）徐松辑，刘琳等校点：《宋会要辑稿》食货 1 之 27，第 5958 页。
⑦ （清）徐松辑，刘琳等校点：《宋会要辑稿》食货 1 之 27、28，第 5958 页。
⑧ （清）徐松辑，刘琳等校点：《宋会要辑稿》食货 1 之 28，第 5959 页。

续表

路名	处数	顷亩（官田）	顷亩/处数
京东西路	106	17 091.76	161.24
京西南路	727	11 558.79	15.90
京西北路	283	21 802.66	77.04
河东路	114	4 719.81	41.40
永兴军等路	19	1 353.91	71.26
秦凤等路	113	3 627.79（1 629.53）	32.10
梓州路	11	901.77	81.98
利州路	1	31.30	31.30
夔州路	274	854.66	3.12
成都府路	29	2 883.87	99.44
淮南西路	1761	43 651.10	24.79
淮南东路	533*	31 160.51	60.74
福建路	212	3 024.71	14.27
两浙路	1980	104 848.42	52.95
江南东路	510	10 702.66	20.99
江南西路	997	4 674.81	4.96
荆湖北路	233	8 733.30	37.48
荆湖南路	1473	1 151.14	0.78
广南西路	879	2 738.89	3.12
广南东路	407	579.73	1.47
总计	10793**	361 178.88（1 915.30）	33.46

引自［日］斯波义信：《宋代江南经济史研究》，南京：江苏人民出版社，2001年，第217—218页。译者改正统计数为：10 783处，36 036.886顷亩，平均每处溉田33.42顷亩。

不仅如此，王安石还对治理黄河下游河道淤塞问题颇为关心，并创造性地试用"浚川杷"来疏浚黄河淤道，李焘曾记其事云：

> 先是，有选人李公义者建言，请为铁龙爪以浚河。其法：用铁数斤为爪形，沉之水底，系絚以船曳之而行，宦官黄怀信以为铁爪太轻，不能沉，更请造浚川杷。其法：以巨木长八尺，齿长二尺，列于木下如杷状，以石压之，两旁系大絚，两端碇大船，相距八十步，各用牛车绞之，去来扰荡泥沙，已，又移船而浚之。王安石甚善其法，尝使怀信浚二股河。怀信用船二十二只，四时辰（即8小时），浚河深三尺至四尺四寸，水既趋之。因又宣刷一日之间，又增深一尺。怀信请以五百兵二十日开六里直河，顺二股河水势，用杷浚治，可移大河。令快上计依怀信所擘画，安石请令怀信因便相度天台等埽作直河，用杷疏浚，上亦许之。它日又言，开直河一道，计省却九百万物料，三百万夫功。①

---

* 《宋会要辑稿》载此处为533。

** 根据《宋会要辑稿》载各路处数，此处应为10803处。

① （宋）李焘：《续资治通鉴长编》卷248"熙宁六年十一月丁未"条，第2325页。

而当"浚川杷"取得成功后，王安石按照"浚大河中流，令水行地中"的方略，熙宁八年（1075）开始使用"浚川杷"疏浚由卫州到海口的黄河淤道。尽管最终结果并没有以王安石的良好愿望为转移，而实际上王安石也不可能凭借一时之功达到永绝黄患的效果，如熙宁十年（1077）黄河决于澶州曹村，"坏田逾三十万顷"①，但是王安石在当时的历史条件下能因地制宜，积极投身于治理黄河的伟大实践之中，充分表现了他"以民为本"的社会责任感。

王安石广览医书，深谙医理，积极推动北宋医学的改革和发展。如他在变法期间，不仅推行三舍升试法，设方脉科、针科、疡科三个专业，而且将太医局从太常寺中分划出来，使之成为医学教育的专门机构，遂开我国古代医学教育独立发展的先河。又如他说："小雨轻风落楝花，细红如雪点平沙"②，及"桑条索漠楝花繁，风敛余香暗度垣"③，在此，王安石之所以钟情于楝花，是因为该花可清洁牙齿和防治牙病。而在《赠约之》诗中王安石更说："君胸寒而痞，我齿热以摇。"④众所周知，我国是世界上发生牙周病最严重的国家之一，但关于牙周病发生的机理，至今仍然是困扰医学界的一个世界性难题。而王安石从他个人的口腔疾病中，认识到"齿热以摇"，应当承认这是对祖国医学的一个贡献。而牙齿松动和脱落是否跟"热毒"存在着一定的内在联系，答案是肯定的。《增广太平惠民和剂局方指南总论·论积热证候》云："齿龈浮肿，口内气热，满口齿浮而动，此热证也"⑤，清沈金鳌《杂病源流犀烛·口齿唇舌病源流》也说："齿之为病，大约有七"⑥，而其中除"虫蚀痛"外，均与热毒有关。在北宋以前，药分三品：上品、中品和下品。其中，在医药学家的眼里，上品药"无毒"。如《神农本草经·上经》云：上品药"主养命以应天，无毒"⑦。而这种观念便成为唐宋时期人们服食丹药的理论依据，害人匪浅。对此，王安石明确指出："凡药之攻疾者谓之毒。"⑧显然，这个说法对于廓清人们对药物本身的一些模糊认识，具有重要的现实意义。对于疾病的机理及其治法，王安石也作出了正确的解释，他说："凡不得阴阳之中而所偏者，皆谓之疾。以阴处阴而承乘皆阴，所谓疾也。偏乎阴者资之以阳，则其疾损而有喜矣。"⑨再者，王安石在《赠陈君景初》一诗中还写出了下面的诗句："吾尝奇华佗，肠胃真割剖。神膏既傅之，顷刻活残朽。昔闻

---

① 《宋史》卷92《河渠志二》，第2284页。

② （宋）王安石：《临川先生文集》卷29《钟山晚步》，王水照主编：《王安石全集》第6册，第586页。

③ （宋）王安石：《临川先生文集》卷29《书湖阴先生壁二首》，王水照主编：《王安石全集》第6册，第588页。

④ （宋）王安石：《临川先生文集》卷1《古诗》，王水照主编：《王安石全集》第6册，第149页。

⑤ 《增广太平惠民和剂局方指南总论》卷下《论积热证候》，（宋）许洪编：《增广太平惠民和剂局方》，海口：海南出版社，2001年，第548页。

⑥ （清）沈金鳌：《杂病源流犀烛》卷23《杂病源流犀烛·口齿唇舌病源流》，田思胜主编：《明清名医全书大成·沈金鳌医学全书》，北京：中国中医药出版社，2015年，第443页。

⑦ 《神农本草经》卷1《上经》，陈振相、宋贵美编：《中医十大经典全录》，北京：学苑出版社，1995年，第277页。

⑧ （宋）李衡：《周易义海撮要》卷1引王安石《易解》，王铁：《宋代易学》附录"王安石《易义》辑存"，上海：上海古籍出版社，2005年，第265页。

⑨ （宋）李衡：《周易义海撮要》卷5引王安石《易解》，王铁：《宋代易学》附录"王安石《易义》辑存"，第284页。

今则信，绝伎世尝有。堂堂颍川士，察脉极渊薮。珍丸起病瘵，鲙虫随泄呕。挛足四五年，下针使之走。"①试想没有对人体病理知识的深刻认识和体悟，是不可能写出如此准确和透彻的专业性诗句的。

《荀子·天论》篇说："天行有常，不为尧存，不为桀亡。应之以治则吉，应之以乱则凶。"②毋庸置疑，荀子的这句名言一定建立在比较丰富的天文学知识之上，因为任何科学思想的概括与提炼，都需要以长期的观察和经验知识的积累为前提。王安石在《即事三首》之第三首诗中也说过跟荀子几乎是同样的话，他说："日月随天转，疾迟与天谋。寒暑自有常，不顾万物求。"③虽然王安石没有专门的天文著作，但他写的许多诗文中都包涵着不少天文学方面的内容。如《洪范传》云："为政必协之岁、月、日、星辰、历数之纪"④，我国古代文明之绵延不绝，在很大程度上应归功于天文学的这种功能，而对天文学的重视又是中国古代官僚制度的一大特色，故《史记·天官书》载："北斗七星，所谓璇玑玉衡以齐七政。"⑤接着，王安石释"五纪"说："王省惟岁，卿士惟月，师尹惟日，上考之星辰，下考之历数，然后岁月日时不失其政。"⑥又说："历者，数也；数者，一二三四是也。五纪之所成终而所成始也，非特历而已。先王之举事也，莫不有时；其制物也，莫不有数。有时，故莫敢废；有数，故莫敢逾。"⑦在此，"时"即自然规律，而"数"则是人类对自然规律的正确认识和把握，是人类理性的科学产物，所以人类只有尊重自然规律，按照客观规律办事，即"同律度量衡，协时月正日"，才能"天下治"。⑧另外，王安石在他的诗作里还讲到了很多具体的天文历法知识，如《春寒》诗云："冰残玉甃泉初动，水涩铜壶漏更长"⑨；《作翰林时》："欲知四海春多少，先向天边问斗杓"⑩；《送郓州知府宋谏议》："地灵奎宿照，野沃汶河渐"⑪等。其中"壶漏""斗杓""奎宿"都是我国古代的天文学术语，而王安石能够熟练地应用这些术语，说明他已经掌握了十分广博的天文学知识。

王安石对我国古代的律吕学也颇有研究和见地。与西方相比，中国古代的律吕学具有独特的内涵和文化传统，如用四字概言即为"立日承天"，其实质是"与天地合德、四时合序"⑫。在此，"合"有两义：一是对律吕本身讲，应以"中和"为度；二是从"天与人

---

① （宋）王安石：《临川先生文集》卷6《古诗》，王水照主编：《王安石全集》第6册，第220页。

② （战国）荀况撰，（唐）杨倞注：《荀子》卷11《天论》，宋本荀子第3册，第32页。

③ （宋）王安石：《临川先生文集》卷6《古诗》，王水照主编：《王安石全集》第6册，第216页。

④ （宋）王安石：《临川先生文集》卷65《洪范传》，王水照主编：《王安石全集》第6册，第275页。

⑤ 《史记》卷27《天官书第五》，第1291页。

⑥ （宋）王安石：《临川先生文集》卷65《洪范传》，王水照主编：《王安石全集》第6册，第1180页。

⑦ （宋）王安石：《临川先生文集》卷65《洪范传》，王水照主编：《王安石全集》第6册，第1180页。

⑧ （宋）王安石：《临川先生文集》卷65《洪范传》，王水照主编：《王安石全集》第6册，第1180页。

⑨ （宋）王安石：《临川先生文集》卷23《律诗》，王水照主编：《王安石全集》第6册，第480页。

⑩ （宋）王安石著，秦克、巩军标点：《王安石全集》卷76《律诗》，上海：上海古籍出版社，1999年，第583页。

⑪ （宋）王安石：《临川先生文集》卷16《律诗》，王水照主编：《王安石全集》第6册，第384页。

⑫ （宋）李衡：《周易义海撮要》卷3引王安石《易解》，王铁：《宋代易学》附录"王安石《易义》辑存"，第275页。

异道"①的角度看，"礼始于天而成于人"②。故人的主观能动性应符合天地四时的运动规律，用王安石的话说就是律吕要有"度数"。他说："其度数在乎俎豆、钟鼓、管弦之间，而常患乎难知，故为之官师，为之学，以聚天下之士，期命辨说，诵歌弦舞，使之深知其意。"③又说："先王所以交于神明、坛坎、牲币、器服、时日、形色、度数莫不依其象类。"④在王安石看来，音乐是通过一定的旋律来表达人类情感的一门艺术形式，而如何应用适当的乐器去准确地表达人类的情感，却不是一件轻而易举的事情。故王安石特别强调"度数"的作用，当然这个"度数"只有靠科学的头脑才能认识和掌握。虽然王安石对宋代之前的传统律数即"三分损益律"没有提出具体的改进意见，但他似乎产生了一些疑问，并且还曾思索过这个问题，可惜因其度数"常患乎难知"而没有结果。另外，由于历史的原因，律吕学在我国古代统治王朝的政治生活中占有极其重要的地位，它甚至跟王朝的盛衰紧密相连，所以《汉书·礼乐志》说："礼节民心，乐和民声，政以行之，刑以防之。礼乐政刑四达而不悖，则王道备矣。"⑤而王安石专门写了一篇《礼乐论》，并从理性的层面对声学的本质进行了探讨，其结论是"乐者，天下之中和"⑥，并提出了"待钟鼓而后乐者，非深于乐者也"⑦的思想，在他看来，就形式言，"黄桴土鼓，而乐之道备矣"⑧，所以"简易者，先王建礼乐之本意也"⑨。显然，这个乐律思想不仅符合北宋的社会实际，而且对于安邦治国也具有重要的指导价值和理论意义。

二、王安石科学思想的特点及其对熙宁变法的影响

那么，王安石在推行变法的历史过程中，有没有把科学作为其变法的思想基础呢？答案是肯定的。从学理上说，科学是人类在长期实践过程中逐步积累而成的一种经验知识和理论知识。而按照席泽宗先生的阐释，中国传统科学思想的内涵应由自然观、科学观及方法论三者构成，其阴阳、五行和气又共同形成了中国传统科学的思维模式。⑩据此，笔者认为王安石的科技思想和科技实践至少具有以下几个方面的特点：

第一，他坚持"气动说"的自然生成观，并为人类的宇宙演化模式注入了新的思想内容。作为人类理性成熟的标志之一，人们在与自然界的对立中开始思考自然界的生成问题。而我国古代最早提出"气"者应为伯阳父，《国语·周语》引他的话说："夫天地之

① （宋）王安石：《临川先生文集》卷62《郊宗议》，王水照主编：《王安石全集》第6册，第1140页。
② （宋）王安石：《临川先生文集》卷66《礼乐论》，王水照主编：《王安石全集》第6册，第1199页。
③ （宋）王安石：《临川先生文集》卷82《虔州学记》，王水照主编：《王安石全集》第6册，第1447页。
④ （宋）王安石：《临川先生文集》卷42《议郊祀坛制札子》，王水照主编：《王安石全集》第6册，第811页。
⑤ 《汉书》卷22《礼乐志》，第1028页。
⑥ （宋）王安石：《临川先生文集》卷66《礼乐论》，王水照主编：《王安石全集》第6册，第1200页。
⑦ （宋）王安石：《临川先生文集》卷66《礼乐论》，王水照主编：《王安石全集》第6册，第1211页。
⑧ （宋）王安石：《临川先生文集》卷66《礼乐论》，王水照主编：《王安石全集》第6册，第1211页。
⑨ （宋）王安石：《临川先生文集》卷66《礼乐论》，王水照主编：《王安石全集》第6册，第1200页。
⑩ 席泽宗：《中国传统科学思想的回顾——〈中国科学技术史·科学思想卷〉导言》，《自然辩证法通讯》2000年第1期。

气，不失其序。"①后来《老子》又提出"冲气"一词，其文说："万物负阴而抱阳，冲气以为和。"②到汉代，更提出"元气"的概念，如王充《论衡·言毒篇》云："万物之生，皆禀元气。"③可见，王安石首先是继承了我国古代"气"的学说，然后根据北宋社会发展的客观实际，加以新的诠释。从我国古代哲学发展的历史来看，王安石第一个将"元气"与"冲气"作了科学的划分。他在《老子注》中说："道有体有用，体者，元气之不动；用者，冲气运行于天地之间"④，并认为"盖冲气为元气之所生"⑤。其中对"元气之不动"一句话的理解，在学界颇有分歧：有人以为它会"导致'动从静生'的结论，有形而上学的局限性"⑥；席泽宗先生则从科学角度认为元气跟现代物理学中的"场"有点相似，甚至何祚庥院士还将他对元气的研究成果写成《元气、场及治学之道》一书⑦。虽然王安石没有直接提出"场"的概念，但他说"冲气为元气之所生"，这就是说"场"（元气）以能量、动量和质量（冲气）为其表现形式（用），而能量、动量和质量（冲气）则以"场"（元气）为其变化的载体（体）。现在的问题是，由"气"如何产生出万物呢？为了说明这个问题，王安石引入了阴阳和五行这两个范畴。他在《道德经注》中说："一阴一阳之谓道，而阴阳之中有冲气，冲气生于道。"⑧看来"冲气"的运动变化完全由其内部固有的矛盾性来决定，矛盾有阴与阳两个方面，按王安石的话说就叫作"耦"，他在《洪范传》中说："道（在王安石的论述中，道与气具有相同的含义）立于两（阴阳），成于三，变于五，而天地之数具。其为十也，耦之而已。"⑨在这里"五"也可以解释为"五行"，他说："太极者，五行之所由生。"⑩而"五行，天所以命万物者也"⑪，但万物的生成变化实际上并没有到此结束，王安石看到了这一点，所以他紧接着又说："耦之中又有耦焉，而万物之变，遂至于无穷"⑫，这是王安石的过人之处，也是他自然观中最闪光和思辨性最强的地方，由此我们便看到了一幅绚丽多姿的宇宙演化图景。

第二，积极寻找和探索科技发展的动力因，提出了"因民之所利而利之"的命题。他说：

---

① 徐元诰撰，王树民、沈长云点校：《国语集解》，第26页。

② 《老子》第42章，（汉）河上公、（唐）杜光庭等注：《道德经集释》上，北京：中国书店，2015年，第319页。

③ （汉）王充：《论衡》卷23《言毒篇》，《百子全书》第3册，第3440页。

④ （宋）王安石：《老子注》卷上《第四章》，王水照主编：《王安石全集》第4册，上海：复旦大学出版社，2016年，第165页。

⑤ （宋）王安石：《老子注》卷上《第四章》，王水照主编：《王安石全集》第4册，第165页。

⑥ 肖萐父、李锦全主编：《中国哲学史》上卷，第37页。

⑦ 席泽宗：《中国传统科学思想的回顾——〈中国科学技术史·科学思想卷〉导言》，《自然辩证法通讯》2000年第1期。

⑧ （宋）王安石：《老子注》卷下《第五十二章》，王水照主编：《王安石全集》第4册，第216页。

⑨ （宋）王安石：《临川先生文集》卷65《洪范传》，王水照主编：《王安石全集》第6册，第1176页。

⑩ （宋）王安石：《临川先生文集》卷68《原性》，王水照主编：《王安石全集》第6册，第1234页。

⑪ （宋）王安石：《临川先生文集》卷65《洪范传》，王水照主编：《王安石全集》第6册，第1175页。

⑫ （宋）王安石：《临川先生文集》卷65《洪范传》，王水照主编：《王安石全集》第6册，第1176页。

治道之兴，邪人不利，一兴异论，群聋和之，意不在于法也。孟子所言利者，为利吾国，如曲防遏籴，利吾身耳。至狗彘食人食则检之，野有饿莩则发之，是所谓政事。政事所以理财，理财乃所谓义也。一部《周礼》，理财居其半，周公岂为利哉？奸人者因名实之近，而欲乱之，眩惑上下，其如民心之愿何？始以为不请，而请者不可遏；终以为不纳，而纳者不可却。盖因民之所利而利之，不得不然也。①

　　在这里，"利"可作物质利益解。虽然王安石所指为变法事宜，但是变法本身所创造的各种物质成果却跟科技发展存在着一定的内在联系。在北宋中期，义利关系是当时士大夫阶层所关注的重大问题之一，当然也是科技伦理的基本问题之一。对此，王安石充分肯定了"利"对于"义"的基础地位和决定性作用。他说："利者义之和，义固所为利也。"②所以，利既是社会发展的驱动器，也是科学技术发展的原动力。以此为前提，王安石对中国传统的人文科学和自然科学（即道艺之学）作了认真阐释，在《上仁宗皇帝言事疏》一文中，王安石特别强调学校教育要兼顾"道艺之学"，但学要有专攻，他说："夫人之才，成于专而毁于杂。故先王之处民才，处工于官府，处农于畎亩，处商贾于肆，而处士于庠序，使各专其业而不见异物，惧异物之足以害其业也"③，而不是不顾人才与社会经济发展的实际，惟以"课试之文章"④是举，这样就违背了"因民之所利而利之"⑤的原则。所以，王安石将帖经和墨义看作是应当废除的"无补之学"，因为上述两种选拔人才的考试制度只在测验记忆能力，而无视应试者的真才实学。据此，王安石在变法期间创立和恢复了专科学校，主要有武学、律学和医学三个专业，而算学一门则由于反变法派的阻扰，故直到崇宁三年（1104）朝廷才"将元丰算学条例修成敕令"，规定以元丰七年（1084）秘书省所刻印的九部算经为课本，《宋史·选举志三》载："算学。崇宁三年始建学，生员以二百一十人为额，许命官及庶人为之。其业以《九章》《周髀》及假设疑数为算问，仍兼《海岛》、《孙子》、《五曹》、张丘建、夏侯阳算法并历算、三式、天文书为本科"⑥。与唐代算学的 30 人额员和明算科的教科书比较，宋代的算学已经发生了翻天覆地的变化，不仅额员大大增加，而且在教学方面上已经明显加大了天文历算的内容，以与其不断进行的历法变革实践相适应，据钱宝琮先生统计，北宋从开国到靖康二年，凡 168 年间，共颁行了 9 个历法，约 18 年就得修历一次。⑦应当说这是王安石变法在科学教育方面所取得的一个重大胜利，同时它也说明，科学向前发展的力量终究是任何人也抵挡不住的。

　　第三，从抽象上升到具体的思维方法，标志着宋代自然观已经上升到了一个新的发展阶段。其主要表现就是王安石把周敦颐《太极图说》中的"阳变阴合，而生水、火、木、

---

①　（宋）王安石：《临川先生文集》卷 73《答曾公立书》，王水照主编：《王安石全集》第 6 册，第 1306 页。

②　（宋）李焘：《续资治通鉴长编》卷 219"神宗熙宁四年春正月壬辰"条，第 2038 页。

③　（宋）王安石：《临川先生文集》卷 39《上仁宗皇帝言事疏》，王水照主编：《王安石全集》第 6 册，第 756 页。

④　（宋）王安石：《临川先生文集》卷 39《上仁宗皇帝言事疏》，王水照主编：《王安石全集》第 6 册，第 756 页。

⑤　《论语·尧曰》，陈成国点校：《四书五经》上，第 60 页。

⑥　《宋史》卷 157《选举志三》，第 3686—3687 页。

⑦　中国科学院自然科学史研究所编：《钱宝琮科学史论文选集》，第 472 页。

金、土"①的思维抽象转变成为如《洪范传》中所说的思维具体，他说：

> "水曰润下，火曰炎上，木曰曲直，金曰从革，土爰稼穑。"何也？北方阴极而生寒，寒生水；南方阳极而生热，热生火，故水润而火炎，水下而火上。东方阳动以散而生风，风生木。木者，阳中也，故能变，能变，故曲直。西方阴止以收而生燥，燥生金。金者，阴中也，故能化，能化，故从革。中央阴阳交而生湿，湿生土。土者，阴阳冲气之所生也，故发之而为稼，敛之而为穑。②

这一段话，尽管从科学的角度看还显粗糙，但是王安石能由思维抽象而升入到思维具体，这本身已经很了不起了。一般来讲，从抽象上升到具体的思维方法包含逻辑的起点、逻辑的中介和逻辑的终点三个基本环节。而在王安石的科学思想体系中，他的逻辑思维的理路是非常清晰的。其中"气"是他思想逻辑的起点，"耦"及阴阳五行是他思想逻辑的中介，而人事是他思想逻辑的终点。据考，《洪范传》是王安石变法之前所写③，也就是在他《上皇帝万言书》之前写的论文。因此，我们可以循着王安石的思想轨迹看看他是怎样由自然而逻辑地推导到人事中来的，然后为他的变法提供坚实的理论基础。事实上，当王安石有意识地在《洪范传》中将五行具体化的时候，他通过五味而深入到了人事与人生之中。王安石说：

> 生物者，气也；成之者，味也。以奇生则成而耦，以耦生则成而奇。寒之气坚，故其味可用以奠；热之气奠，故其味可用以坚。风之气散，故其味可用以收；燥之其收，故其味可用以散。土者，冲气之所生也，冲气则无所不和，故其味可用以缓而已。气坚则壮，故苦可以养气；脉奠则和，故咸可以养脉；骨收则强，故酸可以养骨；筋散则不挛，故辛可以养筋；肉缓则不壅，故甘可以养肉。坚之而后可以奠，收之而后可以散；欲缓则用甘，不欲则弗用也。④

显然，王安石已经从抽象的"五行说"转而落脚到具体的社会人生方面来了。关注社会人生是王安石学术的特征，也是他思维的具体体现。如熙宁二年（1069）二月，宋神宗向王安石询问为什么有人说他"但知经术不晓世务"的问题时，王安石回答说："经术正所以经世务，但后世所谓儒者，大抵皆庸人，故世俗皆以为经术不可施于世务尔"⑤，而他所施者，就是"经术"与"世务"的结合，用他自己的话说，即"变风俗，立法度"⑥六个字，而这也成了王安石从抽象上升到具体之思维方法的一种必然结果。

第四，"酌损"的思想与方法。在王安石所散失的著述中，有一部易学专著，名之为《易解》。《郡斋读书志》卷1云："介甫《三经义》皆颁学官，独《易解》自谓少作未善，

---

① （宋）周敦颐著，谭松林、尹红整理：《周敦颐集·太极图说》，长沙：岳麓书社，2002年，第5页。

② （宋）王安石：《临川先生文集》卷65《洪范传》，王水照主编：《王安石全集》第6册，第1177页。

③ 漆侠：《宋学的发展和演变》，第320页。

④ （宋）王安石：《临川先生文集》卷65《洪范传》，王水照主编：《王安石全集》第6册，第1178—1179页。

⑤ 《宋史》卷327《王安石传》，第10544页。

⑥ 《宋史》卷327《王安石传》，第10544页。

不专以取士。故绍圣后复有龚原、耿南仲注《易》，三书偕行于场屋。"①虽说《易解》在当时没有作为科举考试的课本，但却是士人手中的重要参考书之一。如程颐说："若欲治《易》，先寻绎令熟，只看王弼、胡先生、王介甫三家文字，令通贯。"②因程颐本人"专治文义，不论象数"③所以他对北宋易学研究的评价是有成见的，就总体而言，也是不全面的。但从程颐的话中，我们能感受到王安石《易解》对二程理学的深刻影响。不仅如此，随着学界对王安石易学思想研究的不断深入，人们还发现《易解》实际上应是王安石新学的理论核心，因为王安石的新学思想基本上都能在《易解》中找到依据，尤其是《易解》一书真正贯通了《孟子》跟程朱理学之间的内在联系，故《易解》越来越引起学界的关注是必然的。④不过，由于本书的内容所限，笔者在此不谈《易解》中的性命之学，而是仅撷取王安石在《易解》里最为看中同时又为学界所忽视的"酌损"思想和方法，略加评论，以述管见。

王安石说："损己益上，不以己事出位者也。在下而刚不中，故可损之。损之已过，则亦失中，故当酌损。"⑤

损与益是普遍存在于自然界和人类社会的一种客观物质现象，如《子夏易传》云："损而益之，天之道也，人之理也。"⑥故《周易》有"损卦"与"益卦"，其"损卦"说："损下益上，其道上行，损而'有孚，元吉，无咎，可贞'。"⑦又"益卦"道："损上益下，民说无疆。"⑧《黄帝内经素问·阴阳应象大论篇》亦说："能知七损八益，二者可调；不知用此，早衰之节也。"⑨可见，如何科学地处理"损"与"益"的辩证关系，是正确把握客观事物发展和变化规律的重要前提。王安石说："天道亏盈而益谦，唯其益谦，故损者乃所以为益；唯其亏盈，故益者乃所以为损。"⑩在自然界中，任何事物都有一个产生与消亡的过程，而这个过程实际上就是"损"的过程，所以为了保持事物发展的平衡性，在人与自然界的互动关系中，人应当尊重客观事物自身的新陈代谢规律或称"损益原理"，不要"损之已过"，否则人类必将会为自己的"过损"行为付出沉重代价；人类目前所面临的生态灾难，就是一个典型的例子。因此，从这个角度看，如果我们把可持续发展理解为是一个损益过程，那么"酌损"就是通向可持续发展的最佳路径。

　① （宋）晁公武撰，孙猛校证：《郡斋读书志校证》卷1《王介甫〈易义〉》，第41页。

　② 《河南程氏文集》卷9《与金堂谢君书》，（宋）程颢、程颐著，王孝鱼点校：《二程集》，第613页。

　③ （宋）陈振孙著，徐小蛮、顾美华点校：《直斋书录解题》卷1《易类》"周易口义"条，第10页。

　④ 参见范立舟、徐志刚：《论荆公新学的思想特质、历史地位及其与理学之关系》，《西北师大学报（社会科学版）》2003年第3期；金生杨：《程朱理学与王安石〈易解〉》，《孔子研究》2004年第3期；范立舟：《〈周易〉与荆公新学》，《哲学研究》2005年第4期。

　⑤ （宋）李衡：《周易义海撮要》，王铁：《宋代易学》附录"王安石《易义》辑存"，第284页。

　⑥ 《子夏易传》卷4《周易·下经咸传第四·损》，《景印文渊阁四库全书》第7册，第60页。

　⑦ 《周易·损》，陈成国点校：《四书五经》上，第175页。

　⑧ 《周易·益》，陈成国点校：《四书五经》上，第176页。

　⑨ 《黄帝内经素问》卷2《阴阳应象大论篇第五》，陈振相、宋贵美编：《中医十大经典全录》，第15页。

　⑩ （宋）王安石：《老子注》卷下《第四十二章》，王水照主编：《王安石全集》第4册，第210页。

"酌损"的目的是为了避免"不中"而"得中",如王安石不止一次地强调说:"刚上柔下,中正以相与,极有家之道。"[1]"刚得中而上行,为物之所应而无所丽,则可大有为。"[2]又"凡不得阴阳之中而所偏者,皆谓之疾"[3]。在中国古代思想史上,孔子是第一个明确谈论"损益"与"用中"思想的哲人,他承认历史的进步不可能没有"损益",他说:"殷因于夏礼,所损益可知也;周因于殷礼,所损益可知也。"[4]至于如何"损益",孔子提出来的方案是"执其两端,用其中于民"[5],后来子思进一步说:"中也者,天下之大本也。"[6]在这里,孔子将"用中"作为目的,而把"自省"作为手段,但"率性"是前提。虽然王安石亦把"得中"看作是目的,但他却把"酌损"而不是"率性"或"自省"看作是手段。这是因为,在王安石看来,损益矛盾双方的地位是不平等的,其中"损"是矛盾的主要方面,因此解决矛盾的着眼点应该是如何控制所"损"的问题而不是所"益"的问题。也许当时王安石提出来的所"损"问题恰恰是北宋中期所有社会矛盾和问题的焦点,故其"酌损"思想有其特定的时代背景,不过现在回过头去看,"酌损"思想不论对人类社会还是自然界都具有普遍的理论意义。由此可见,王安石对孔子的思想采取了"扬弃"的态度,而并不是一味地附和,故两者之间的差异还是比较明显的。

第五,倡导商业数学。我国自唐中叶以后,筹算的改革步伐加快,如当时流行较广的《韩延算书》就是一部通过实际问题向社会各阶层推广和普及乘除简捷算法的算书,其中有如何计算田亩、如何"课租庸调"、如何计息等内容。众所周知,王安石在推行新法过程中,涉及到很多丈量田亩和常平籴本及赊贷的数学问题,而为了慎重起见,他肯定经过了反复的计算和推敲。另外,新法中"青苗法""市易法""方田之法"的具体实施,都需要大量的统计和运筹工作,试想如果没有乘除简捷算法,要完成全国那么巨大的计量任务,简直就是不可能的。如"市易之法,听人赊贷县官财货,以田宅或金帛为抵当,出息十分之二,过期不输,息外每月更加罚钱百分之二"[7];又如"方田之法,以东、西、南、北各千步,当四十一顷六十六亩一百六十步为一方,岁以九月,令、佐分地计量,验地土肥瘠,定其色号,分为五等,以地之等,均定税数"[8]。据《续资治通鉴长编》卷232"熙宁五年四月"载王安石的话说:"今五岁即收息一倍,以其息专赈济凶年,凶年可使熟户常保其土田,不为大姓兼并"[9],看来数学统计确实为"新法"的推行提供了有力的工具。

第六,用科学的思想武器反对"天人感应"说。王安石的科学思想不仅表现在"新法"方面,而且还表现在与反对派的论争方面。由于"新法"触动了那些大官僚和大地主

---

① (宋)李衡:《周易义海撮要》卷4,王铁:《宋代易学》附录"王安石《易义》辑存",第281页。

② (宋)李衡:《周易义海撮要》卷4,王铁:《宋代易学》附录"王安石《易义》辑存",第281页。

③ (宋)李衡:《周易义海撮要》卷4,王铁:《宋代易学》附录"王安石《易义》辑存",第284页。

④ 《论语·为政》,陈成国点校:《四书五经》上,第20页。

⑤ 《中庸》,陈成国点校:《四书五经》上,第7页。

⑥ 《中庸》,陈成国点校:《四书五经》上,第7页。

⑦ 《宋史》卷327《王安石传》,第10545页。

⑧ 《宋史》卷327《王安石传》,第10545页。

⑨ (宋)李焘:《续资治通鉴长编》卷232"熙宁五年四月"条,第2158页。

的经济利益，故他们纠集在一起往往借"天人感应"之说来恶意攻击"新法"。这样，就在变法派与反变法派之间展开了一场科学与反科学的尖锐斗争。如熙宁三年（1070）三月，翰林学士范镇上奏称："乃者天雨土，地生毛，天鸣，地震，皆民劳之象也。伏惟陛下观天地之变，罢青苗之举。"①又熙宁八年（1075）十月，宋神宗因彗星现而召群臣议，吕公著则乘机声张废除新法。面对反对派的一次次进攻，王安石采取有理有节的斗争策略，首先给反对派的进攻以有力回击，然后再针对神宗皇帝的实际情况进行启发和开导，用科学的力量去战胜他那"惧天畏命"的心理。王安石云：

> 伏观晋武帝五年彗实出轸，十年轸又出字，而其在位二十八年，与《乙巳占》所期不合。盖天道远，人道迩，先王虽有官占，而所信者人事而已。天文之变无穷，人事之变无已，上下傅会，或远或近，岂无偶合？此其所以不足信也。②

其实，彗星同地球一样，都是围绕太阳运行的一种天体，只是由于彗星很特别，且人们用肉眼观察到的彗星又非常少，所以古人把彗星看成是灾星，认为它的出现是灾祸的征兆，宋神宗"内惟浅昧，敢不惧焉"③的根源也在这里。而王安石从科学事实出发，坚持认为天道"任理而无情"④，就是说自然界有其产生与发展的规律，它不以朝代的兴衰为转移；与之相同，人事也有自身的变化规律，它也不以自然现象的正常与否为根据。但这并不表明人们可以置自然现象的变化于不顾。早在熙宁五年（1072）闰七月，王安石就对宋神宗讲过下面的一段话：

> 陛下正当为天之所为。知天之所为，然后能为天之所为。为天之所为者，乐天也，乐天然后能保天下。不知天之所为，则不能为天之所为。不能为天之所为，则当畏天。畏天者不足以保天下，故战战兢兢，如临深渊，如履薄冰者，为诸侯之孝而已。⑤

这就是说，人们只有认识和掌握了自然规律，才能获得真正的自由。反之，则只能做自然现象的奴隶，才会产生对自然现象的畏惧心理，所以"畏天"实乃是一种无知的体现，是科盲的反映。在王安石看来，人只要"致精好学"就能认识和掌握自然规律，"是故星历之数、天地之法、人物之所，皆前世致精好学圣人者之所建也"。⑥所以，王安石主张"当益修人事，以应天灾"⑦。

在中国古代学术史上，"天道"与"人道"是儒学最重要的理论问题之一，围绕着这个问题，形成两派既对立又统一的观点：一派是"天人合一"的观点，另一派是"天人相

① （明）杨士奇：《历代名臣奏议》卷 266，北京：中华书局，1973 年，第 440 页。
② （宋）李焘：《续资治通鉴长编》卷 269 "神宗熙宁八年十月戊戌"条，第 2540 页。
③ （宋）李焘：《续资治通鉴长编》卷 269 "神宗熙宁八年十月戊戌"条，第 2539 页。
④ （宋）李焘：《续资治通鉴长编》卷 236 "神宗熙宁五年闰七月辛酉"条，第 2206 页。
⑤ 《熙宁日录》，顾宏义、李文整理标校：《宋代日记丛编》第 1 册，第 144 页。
⑥ （宋）王安石：《临川先生文集》卷 66《礼乐论》，王水照主编：《王安石全集》第 6 册，第 1204 页。
⑦ （宋）李焘：《续资治通鉴长编》卷 252 "神宗熙宁七年夏四月己巳"条，第 2366 页。

分"的观点。如子思说："诚者，天之道也；诚之者，人之道也。"①这就是说，"诚"是"天人合一"思想的基础。由此，汉代董仲舒更提出"人副天数"的思想，并且还悲观地说道："观天人相与之际，甚可畏也！"②二程延续了这条思想脉络，因而成为北宋"天人合一"思想的主要代表。与之相对，在春秋晚期，子产第一个提出天道与人道相分的思想。据《春秋左传》记载，子产在跟大叔争论如何避免火灾的问题时，讲到了天与人相分的问题。文云：

> 子大叔曰："宝，以保民也。若有火，国几亡，可以救亡，子何爱焉！"子产曰："天道远，人道迩，非所及也，何以知之？灶焉知天道？是亦多言矣，岂不或信！"遂不与，亦不复火。③

在这段话里，子产的态度非常明确，在他看来，社会人事与天道之间没有必然的因果联系，因此社会上所盛行的那种通过禳灶来消除火灾的习俗是不可取的。之后，战国时期的荀子不仅坚持了子产的思想，而且他进一步提出"制天命而用之"的科学哲学命题。后来经过唐代柳宗元和刘禹锡两位思想家的发展，到北宋时，与"天人合一"相伴行的"天人相分"则基本上形成了体系，尽管这个体系相对于"天人合一"体系来说，没有能够在政治思想领域取得主导地位，但它在历史上的绵延和发展本身即证明了"天人相分"之生命力的顽强与挺拔，证明了它实际上已经构成中国古代学术思想的一个不可或缺的有机组成部分。

王安石说："天道升降于四时。其降也，与人道交；其升也，与人道辨。"④在此，"交"即"相合"之意，故"与人道交"指的就是"天人合一"；"辨"即"相分"之意，故"与人道辨"指的就是"天人相分"。与传统儒学的主流思想有所不同，王安石认为："远而尊者，天道也；迩而亲者，人道也。"⑤可见，"亲人道"应是王安石处理天人关系的根基，而这个根基的重心不是"天人合一"而是"天人相分"。所以，王安石在北宋科学思想发展史上第一个明确提出"天与人异道，天而以人事之"⑥的思想命题，这个命题不仅推动了宋代科学技术的发展，而且特别地凸显了人类对于自然界的主体地位，进而成为其推行变法和反对神学的思想武器。王安石说得好："所谓得天，得民而已矣。"⑦在北宋振兴儒学的整个历史进程中，王安石这种"民即天"的观念不仅仅是"天人相分"思想的进一步升华和浓缩，同时也是王安石新学的根本特点。

第七，王安石新学体现了"南方学术"的科学精神。地缘政治、地缘文化、地缘经济等是20世纪最时髦的概念之一，人类世界一方面在经济上走向一体化，另一方面在文化

---

① 《中庸》，陈戍国点校：《四书五经》上，第11页。
② 《汉书》卷56《董仲舒传》，第2498页。
③ 《春秋左传》昭公十八年，陈戍国点校：《四书五经》下，第1116页。
④ （宋）王安石：《临川先生文集》卷62《郊宗议》，王水照主编：《王安石全集》第4册，第1139页。
⑤ （宋）王安石：《临川先生文集》卷62《郊宗议》，王水照主编：《王安石全集》第4册，第1139页。
⑥ （宋）王安石：《临川先生文集》卷62《郊宗议》，王水照主编：《王安石全集》第4册，第1140页。
⑦ （宋）王安石：《临川先生文集》卷62《郊宗议》，王水照主编：《王安石全集》第4册，第1140页。

上却趋向于单元化和区域化。于是，学术界在考察每一位历史人物的思想内涵时，总愿意把他们放在一定的区域文化传统之内，因为人首先是区域文化传统的产物。故对于宋代诸多科学思想家的定位亦不例外，钱穆先生说：

> 新法之招人反对，根本上似乎还含有一个新旧思想的冲突。所谓新旧思想之冲突，亦可以说是两种态度之冲突。此两种态度，隐约表现在南北地域的区分上。新党大率多南方人，反对派则大率是北方人。①

宋人晁说之也看到了南北学术思想之差异：

> 师先儒者，北方之学也；主新说者，南方之学也。②

也许晁说之的话说得有些绝对，但他所说的这种文化差异的确是客观存在的。按照传统的理解，中国文化传统的主干是儒家学说，而儒家学说的发源地在北方，同时由于北方农业文明起源早于南方，且与农业文明密切相关的天文历法底蕴又较南方深厚，所以北方学人更易于将思维方式数学化，形成独具北方学术特色的象数学语言。实际上，用象数学语言来表达自身思想的儒士并非始于邵雍，早在先秦时就有被《汉书·艺文志》推为"众经之首"的《周易》之"筮术"，《说文解字》释"筮"字云："易卦用蓍也"③。前面讲过，《易》卦用到了"重复排列"的数学知识，而《易》本身则称之为"象"。由于东汉以"谶纬"术作为施政用人的依据，所以本来是"经之支流"的"纬"④反而被凌驾在"经"之上，于是在这种历史潮流的推动下，《易》传中的象数学一时竟成为显学，当时的士大夫基本上都以"博通《五经》，尤善图纬之学"⑤为荣耀。而《易纬·乾凿度》中所说的"易起无，从无入有，有理若形，形及于变而象，象而后数"⑥一句话，便成为北方士大夫理论思想的逻辑范式之一。但《周易》除象数之外，尚有"义理"之学，为了克服东汉儒士舍义取数的学术缺陷，魏晋之际的山东籍思想家王弼则走向了"忘象求意"的极端，其中"象"即指"卦象"，"意"即指一卦之"义理"。他说："立象以尽意，而象可忘也。"⑦虽然王弼仅活了24岁，但他的"扫象"影响颇为深远，自此易象由官学而滑到民间，一直到唐末五代时才算恢复了元气。生活于后五代和北宋初年的河南籍隐者陈抟将易理整合为《易龙图》，并把它传给其河南弟子穆修，穆修再传于山东弟子李之才，李之才又三传给河南弟子邵雍。可见，邵雍的先天象数学源于北方的文化传统。

王安石则不同。王安石为江西人，其学术思想受荆楚文化传统的影响很深。从先秦诸子的区域分布看，道家、墨家及农家都与荆楚文化的形成有关。对此，杜明通先生说：

① 钱穆：《国史大纲》，北京：商务印书馆，1994年，第581页。
② （宋）晁说之：《景迂生集》卷13《南北之学》，长春：吉林出版集团有限责任公司，2015年，第254页。
③ （汉）许慎：《说文解字》，北京：中华书局，1963年，第96页。
④ （清）永瑢等：《四库全书总目》卷6《经部·易类》下，第46—48页。
⑤ 《后汉书》卷82《方术列传下》，北京：中华书局，1965年，第2733页。
⑥ （东汉）郑玄注：《易纬·乾凿度》，常秉义辑注：《易纬》，乌鲁木齐：新疆人民出版社，2000年，第63页。
⑦ （魏）王弼：《周易略例·明象》，（魏）王弼、（晋）韩康伯注，（唐）陆德明音义，孔颖达疏：《周易注疏》，北京：中央编译出版社，2012年，第438页。

至于南方，尤其荆楚地带，文化发展在后，孟子当时称其人为南蛮鴃舌。到其地的人，如果没有"沐甚雨，栉疾风"，具"腓无胈，胫无毛"的"摩顶放踵"精神，是不易坚持忍受的。因而出现了提倡苦行的家派。又南方环境，又是滋生幻想的土壤，所以导致道家思想的南播。①

所以荆楚文化内含批判性的因子和传统，关于这个学术特点在反玄学斗士嵇康身上已经得到了很好的体现或印证。嵇康是安徽宿县人，《晋书》本传说："康早孤，有奇才，远迈不群"②，又说其"学不师受，博览无不该通，长好老庄"③，但他"言论放荡，非毁典谟"④，反对儒生"谓六经为太阳"⑤，终为司马氏所杀害。而谗言杀嵇康者则是颍川人钟会，这种南北文人的相互攻杀是历史的巧合吗？显然不是。实际上，正如宋人晁说之所说，是一种"主新说"与"师先儒"的思维冲突。当时，浙江籍"处士"杨泉更继承荆楚文化的优秀科学精神，著《物理论》十六卷，书中除阐发了丰富的自然科学思想外，还着重批判了北方士族刮起的清谈之风，他说："夫虚无之谈，尚其华藻，无异春蛙秋蝉，聒耳而已。"⑥很显然，北宋以江南人为主体的新党集团则延续了荆楚文化这种"主新说"的自主意识，而这种自主意识在学术上的表现就是"疑经惑传"。毫无疑问，在这个政治集团中，江西人欧阳修是其先锋，而他的《易童子问》可谓宋人疑经惑传的滥觞。程民生先生说：

> 他（即欧阳修）"排《系辞》""毁《周礼》""黜《诗》之序"。如《易经》中的《系辞》《文言》《说卦》等，一直被当作《易经》的组成部分，欧阳修却认为其"皆非圣人之作，而众说淆乱，亦非一人之言也"，指出了其中许多纰漏和自相矛盾之处。对《诗经》《周礼》《中庸》等经书，也都提出了质疑。⑦

第八，王安石科技思想包含着很深的商品观念。以北方农业社会为特征的"黄色文明"，对待农业和商业的态度是截然不同的，素有"农本"和"商末"的严格区别。而中国古代农业社会的结构模式大概形成于秦国，《史记·商君列传》载：秦孝公"令民父子兄弟同室内息者为禁。而集小都乡邑聚为县"⑧。以区域编制取代宗法组织是商鞅变法的历史性创举，它奠定了以后"县—村（里）"两级行政管理的居住模式。这种居住模式带有一定的封闭性，且秦法规定"僇力本业，耕织致粟帛多者复其身（即免除本身徭役），事末利及怠而贫者（工商及无业贫民），举以为收孥（意为连带妻子儿女没入官府充做奴

---

① 杜明通：《古典文学储存信息备览》，西安：陕西人民出版社，1988年，第161页。
② 《晋书》卷49《嵇康传》，第1369页。
③ 《晋书》卷49《嵇康传》，第1369页。
④ 《晋书》卷49《嵇康传》，第1373页。
⑤ （晋）嵇康著，殷翔、郭全芝注：《嵇康集注》，合肥：黄山书社，1986年，第267页。
⑥ （宋）李昉编纂，任明等校点：《太平御览》卷617《学部十一·物理论》，石家庄：河北教育出版社，1994年，第848页。
⑦ 程民生：《宋代地域文化》，第319页。
⑧ 《史记》卷68《商君列传》，第2232页。

隶)"①。在一定意义上说，居住环境的封闭和半封闭状态是造成小农意识的物质基础。因此，汉代社会单元的分割和增加，一般采用屯田或移民的方式来进行。如秦汉的农业人口大都集中在黄河流域及关中平原一带，而为了将农业生产向南方地区推进，"始皇克定六国，辄徙其豪侠于蜀"②。当任嚣、赵佗平定南越后，秦朝更"谪徙民，与越杂处"③，后来马援到交趾又"于林邑岸北，有遗兵十余家不返"④。据斯波义信统计，从唐天宝元年（742）至宋元丰三年（1080）间，"长江中、下游流域和东南沿海地区，户数增长到原来的三四倍之多"⑤，而这增加的人口绝大多数为北方移民，所以南方农业生产的兴起，也是北方小农意识的一种扩张。从历史上看，这种扩张在特定的历史阶段具有积极意义。

与唐代相比，宋朝的商业经济在整个国民经济中的地位不断上升，尤其是城镇化的步伐加快，故斯波义信认为宋代的定居模式已由唐朝的"二元"型发展成"县—市（镇）—村（自然村）"⑥的"三位一体"型了，各个自然村通过市或镇而相互沟通，这样原来的封闭和半封闭农户则可以在更广大的时空域内重新组织生产和生活。而这种生活方式的转型必然会引起人们思想意识的种种变化。对此，姜锡东先生说："商鞅轻贱商贾之令，秦汉强迁商贾之举，西汉、南北朝、明初污辱商人之法，西汉、唐朝掠夺商贾之蛮，明代迁商、杀商、海禁之令，这些现象，宋代大部分是没有的。商人的社会地位在宋代有显著提升，商人甚至成为宋政府讨论茶法改革的座上宾。"⑦按照经济发展的规律，当商业经济发展到一定历史阶段后，它就会本能地与农业经济发生冲突和矛盾，而农业经济的主体——小农为了保守自身的土地利益，往往对发展商业经济采取一种漠然的态度，他们不赞成商业经济对小农社会的冲击与震荡。如邵雍说："金帛一种物，所用固不常。聘则谓之币，赆则谓之将。贸则谓之货，积则谓之藏。赂则谓之贿，窃则谓之赃。"⑧如果说这是对商品货币的一种嘲笑的话，那么下面的话就是对商品经济的一种漫骂了，"小人固无知，唯以利为视。君子固不欺，见得还思义"⑨，而对实行"重农抑商"政策的改革家商鞅，他是切齿的恨："有商君者，贼义残仁。为法自弊"⑩，"以利为视"是商人的本性，而邵雍对待"富贵"的态度是"富贵人所爱。我心自不有"⑪。他心中自有的是"安乐窝"，是那

① 《史记》卷68《商君列传》，第2230页。
② （晋）常璩撰，刘琳校注：《华阳国志校注》卷3《蜀志》，成都：巴蜀书社，1984年，第225页。
③ 《史记》卷113《南越列传》，第2967页，
④ （北魏）郦道元：《水经注》卷36《淹水注》，俞益期笺，周伟民、唐玲玲辑纂点校：《历代文人笔记中的海南》，海口：海南出版社，2006年，第3页。
⑤ ［日］斯波义信：《宋代江南经济史研究》，南京：江苏人民出版社，2001年，第69页。
⑥ ［日］斯波义信：《宋代江南经济史研究》，第69页。
⑦ 姜锡东：《宋代商人和商业资本》，北京：中华书局，2002年，第352页。
⑧ （宋）邵雍：《击壤集》卷11《金帛吟》，（宋）邵雍著，郭彧、于天宝点校：《邵雍全集》第4册，上海：上海古籍出版社，2015年，第223页。
⑨ （宋）邵雍：《击壤集》卷11《思义吟》，（宋）邵雍著，郭彧、于天宝点校：《邵雍全集》第4册，第223页。
⑩ （宋）邵雍：《击壤集》卷13《言行吟》，（宋）邵雍著，郭彧、于天宝点校：《邵雍全集》第4册，第260页。
⑪ （宋）邵雍：《击壤集》卷3《秋怀三十六首》，（宋）邵雍著，郭彧、于天宝点校：《邵雍全集》第4册，第45页。

"闲行静坐。朋好身安"①的"自适"生活和"安乐窝中职分修，分修之外更何求"②的人生境界，所以他的"义利观"就是"与义不与利"③，在他看来社会动乱的原因是"财利为先"④，因为"君子尚义，小人尚利，尚利则乱，尚义则治"⑤，而他治乱的方法是"孝悌为先"⑥，所以"尚利则乱，尚义则治"就是邵雍社会生活的最终标准，是他崇尚小农社会的主要思想根据。

第二节　横渠学派及其科技思想

张载（1020—1077），字子厚，陕西眉县（今属宝鸡市）横渠镇人，后讲学关中，故史学界把他所创立的学术思想称之为"关中学派"或称"横渠学派"。

一、区域文化传统与横渠学派的思想风格

思维方法当然是具体的，却也是历史的。如前所述，由于中国古代南北文化历史地所形成的差异性，因而两者在治学和为人方面便不可避免地表现出不同的特点。关中是中国传统文化的母地，且又是典型的农业文明形态，这里"俗饮诗书，乡富礼义"⑦，故黄宗羲说："关学世所渊源，皆以躬行礼教为本。"⑧可见，张载"以礼为教"思想的形成，从历史上看，其现实根据便是北方的农业社会文明（包括生活方式和社会心理），这是问题的一个方面；另一方面，恩格斯曾经把天文学的产生和发展看作是开启人类农业文明之门的一把钥匙，因为天文学是适应农业生产的发展而产生的。从中国古代历史的发展进程看，北方是中国古代最重要同时也是最古老的农业区，其村落和城市的出现均要比南方略早一些。因此，相对稳定的社会生活和长期仰观星辰的科学实践，使他们对象数之学颇感兴趣，并逐渐培养成善于抽象思维的科学研究特色，而这个过程终结于汉代。于是，我们从西汉开始便能比较清晰地看到北人以象数学为特征的思维发展历史。在这里，"象"主要是指天文学，而"数"主要则是指算学。如，大约成书于西汉时期的《九章算术》是标志北人抽象思维方法定型化的历史起点。故北人的知识结构偏重于儒学与历算的结合和渗透，张载的科技思想就体现了这个鲜明的区域文化特征。人是社会性的动物，也是文化性

---

① （宋）邵雍：《击壤集》卷13《自适吟》，（宋）邵雍著，郭彧、于天宝点校：《邵雍全集》第4册，第271页。
② （宋）邵雍：《击壤集》卷10《安乐窝中吟》，（宋）邵雍著，郭彧、于天宝点校：《邵雍全集》第4册，第195页。
③ （宋）邵雍：《击壤集》卷13《君子行》，（宋）邵雍著，郭彧、于天宝点校：《邵雍全集》第4册，第255页。
④ （宋）邵雍：《击壤集》卷13《治乱吟》，（宋）邵雍著，郭彧、于天宝点校：《邵雍全集》第4册，第260页。
⑤ （宋）邵雍：《击壤集》卷14《义利吟》，（宋）邵雍著，郭彧、于天宝点校：《邵雍全集》第4册，第283页。
⑥ （宋）邵雍：《击壤集》卷13《治乱吟》，（宋）邵雍著，郭彧、于天宝点校：《邵雍全集》第4册，第260页。
⑦ （宋）董储：《蓝田县重修玄圣文宣王庙记》（大中祥符四年二月），曾枣庄、刘琳主编，四川大学古籍整理研究所编：《全宋文》卷277《董储》，成都：巴蜀书社，1990年，第420页。
⑧ （清）黄宗羲：《明儒学案》，北京：中华书局，1986年，第11页。

的动物。一定的社会背景和文化氛围对一个人的治学态度具有潜移默化的作用，所以深受儒家文化影响的黄河中下游流域地区，其思想的深层不能不积淀着儒家文化的成分，同时他们也很自然地具有了一定的儒学修养和素质。在此基础之上，他们的科学研究也就具有了较一般人更高的境界，而这也是他们在科学研究方面能够取得巨大成就的内在原因。

关中是唐代中央政府的所在地，是当时中国政治、经济、文化的中心，也是吸纳外来思想最迅速和最复杂的地区。据不完全统计，关中地区在唐代至少存在过佛教、景教、摩尼教、回教、祆教等外来宗教。如贞观年间，景教在长安建景寺；武德四年（621），立胡祆祠于西京；大历六年（771），回纥人在长安始建清真寺；佛教建筑就更多了，此不赘举。诚然，作为一种文化的影响力主要的并不在于这些外在的物质形态，但是客观地讲，正由于这些外在形态的存在，才使得与这些建筑有关的宗教思想发挥着比较持久的濡化作用。关中地区的宗教文化底蕴很厚，而生活在这种宗教文化氛围中的张载，其思想不能不蒙其感染和影响。故此，张载自己说："某向时谩说以为已成，今观之全未也。"①这里所谓"向时谩说"就是指他曾经迷信于佛教之事。《宋史·张载传》更不隐讳其有"访诸释、老，累年究极其说"②的经历。所以，钱穆先生很坦率地承认张载确有出入佛教的事实，说他是个"具有清明的理智而兼附有宗教热忱的书生"③，而北宋讲学的风气，最先亦由佛寺传来。传经是偏于学术意味的，讲学则颇带有宗教精神。④当然，我们并不因此而否认张载后来从儒佛"二本殊归"的立场出发来展开对佛教"人生幻妄"思想的批判。而且，张载正是通过对佛教思想的批判才建立了他的"横渠学派"。他说："儒者穷理，故率性可以谓之道。浮图不知穷理而自谓之性，故其说不可推而行。"⑤可见，张载的"立说之旨，不外知性知天穷鬼神之术"⑥。

此外，张载的科技思想与北宋的其他理学家相比，也有他的个性特征，而这个个性特征用一句话概括就是，以"山国之地"为背景而"崇尚实际，修身力行"。⑦正如明人冯从吾所说："我关中自古称理学之邦，文、武、周公不可尚已，有宋横渠张先生崛起郿邑，倡明斯学，皋比勇撤，圣道中天。先生之言曰：'为天地立心，为生民立命，为往圣继绝学，为万世开太平。'可谓自道矣。当时执经满座，多所兴起。"⑧这里，所谓"自道"即笃实力行之风尚，这一点可通过张载个人的成长经历反映出来。

第一，张载虽不能说官运亨通，但多少是个官僚，况且他的父亲张迪"仕仁宗朝，终

---

① （宋）张载：《经学理窟·自道》，（宋）张载著，章锡琛点校：《张载集》，第289页。

② 《宋史》卷427《张载传》，第12723页。

③ 刘梦溪主编，郭齐勇、汪学群编校：《中国现代学术经典·钱宾四卷》，第854页。

④ 刘梦溪主编，郭齐勇、汪学群编校：《中国现代学术经典·钱宾四卷》，第855页。

⑤ （宋）张载：《正蒙·中正篇第八》，（宋）张载著，章锡琛点校：《张载集》，第31页。

⑥ 刘师培：《南北学派不同论》，刘梦溪主编，吴方编校：《中国现代学术经典·黄侃、刘师培卷》，石家庄：河北教育出版社，1996年，第737页。

⑦ 刘师培：《南北学派不同论》，刘梦溪主编，吴方编校：《中国现代学术经典·黄侃、刘师培卷》，第737页。

⑧ 冯从吾：《关学编·自序》，张林川、周春健：《中国学术史著作序跋辑录》，武汉：崇文书局，2005年，第36页。

于殿中丞、知涪州事,赠尚书都官郎中"①,而他于嘉祐二年(1057)"登进士第,始仕祁州司法参军,迁丹州云岩县令,又迁著作佐郎,签书渭州军事判官公事。熙宁二年(1069)冬被召入对,除崇文院校书。明年(1070)移疾。十年(1077)春复召还馆,同知太常礼院。是年冬谒告西归"②。可见,张载主要任文官职。可惜,"校书崇文,未伸其志",故而他"退而寓于太白之阴,横渠之阳,潜心天地,参圣学之源,七年而道益明,德益尊,著《正蒙书》数万言而未出也"③。人就是这样,如果张载有志做官,那他可能很难在历史上留下值得后人去缅怀和瞻仰的印记。但是他偏偏钻进了"大道精微之理"中去,而且成了一派学者之尊。

第二,《宋史》卷427《邵雍传》为周敦颐、程颢、程颐、张载和邵雍五人立传,故学术界有"宋初道学五子"之说。张载云:宋"朝廷以道学、政术为二事,此正自古之可忧者"④。而这种忧患意识根基于他生活的那个区域社会的特殊背景。面对西夏的寇掠,张载首先想到的是拿起武器,故而他对宋夏议和颇为不满。于是,张载在庆历元年(1041)主动向时任陕西经略安抚副使的范仲淹上书用兵西夏。《宋史》本传记其事说:"少喜谈兵,至欲结客取洮西之地。年二十一,以书谒范仲淹,一见知其远器,乃警之曰:'儒者自有名教可乐,何事于兵。'因劝读《中庸》。"⑤这段特殊的生活经历绝不会轻易地将他"志气不群"的性格磨去,而他在从政后仍然能写出像《与蔡帅边事画一》《经略司画一》等专论保疆卫国的文章即可证明这一点。故他读《中庸》"犹以为未足,又访诸释、老,累年究极其说,知无所得,反而求之《六经》"⑥。张载读《中庸》,访释、老,为什么"无所得"?这是一个很大的疑问。而我们如果不去深刻体会张载"少喜谈兵"的人生情怀,就很难理解他"疑古惑经"的心灵轨迹,其实他是想从中寻找一件拯救宋代社会的精神武器。所以张载说:

> 《春秋》之为书,在古无有,乃圣人所自作,惟孟子为能知之,非理明义精殆未可学。先儒未及此而治之,故其说多穿凿,及《诗》《书》《礼》《乐》之言,多不能平易其心,以意逆志。⑦

于是他"与学者绪正其说"⑧,笔者以为,"绪正其说"便是张载学术的真精神,而这种真精神导致他在知太常礼院时"与有司议礼不合,复以疾归"⑨,而吕大临也记其事说:

> 会有言者欲请行冠婚丧祭之礼,诏下礼官。礼官安习故常,以古今异俗为说,先

---

① (宋)吕大临:《横渠先生行状》,(宋)张载著,章锡琛点校:《张载集·附录》,第381页。
② (宋)吕大临:《横渠先生行状》,(宋)张载著,章锡琛点校:《张载集·附录》,第381页。
③ (宋)范育:《〈正蒙〉序》,(宋)张载著,章锡琛点校:《张载集》,第4页。
④ (宋)张载:《答范巽之书》,(宋)张载著,章锡琛点校:《张载集·文集佚存》,第349页。
⑤ 《宋史》卷427《张载传》,第12723页。
⑥ 《宋史》卷427《张载传》,第12723页。
⑦ (宋)吕大临:《横渠先生行状》,(宋)张载著,章锡琛点校:《张载集·附录》,第384页。
⑧ (宋)吕大临:《横渠先生行状》,(宋)张载著,章锡琛点校:《张载集·附录》,第384页。
⑨ 《宋史》卷427《张载传》,第12724页。

生独以为可行，且谓"称不可非儒生博士所宜"，众莫能夺，然议卒不决。郊庙之礼，礼官预焉。先生见礼不致严，亟欲正之，而众莫之助，先生益不悦。会有疾，谒告以归。①

这段话会不会像吕大钧一样有"以颜子'克己复礼'之用厉其行"②之嫌呢？笔者看是不会的，因为张载恢复古礼的目的在于重建一种"诚洁"③的社会秩序。张载说："生有先后，所以为天序；小大、高下相并而相形焉，是谓天秩。天之生物也有序，物之既形也有秩。知序然后经正，知秩然后礼行。"④故在张载看来，"礼"等于"秩序"，而这种秩序就如同芭蕉心一样"旋随新叶起新知"⑤。所以，张载学术的精髓就在于此，而张载学术在南宋初年的中断亦在于此。《关学编》载："时横渠以礼教为学者倡，后进蔽于习尚，其才俊者急于进取，昏塞者难于领解，寂寥无有和者。"⑥

第三，张载科技思想中既有"天人合一"的内容又有"天人相分"的因素，这一点跟其他"四子"的思想有所不同。"天人合一"是中国传统文化的主导思想，如《子夏易传》载："大人者，与天地合其德，与日月合其明。"⑦《春秋繁露·阴阳义》篇亦说："以类合之，天人一也。"⑧用葛兆光的话说，"天人合一"就是从中国古老年代所产生的那种认为"宇宙与社会、人类同源同构互感"的传统观念系统，"它是几乎所有思想学说及知识技术的一个总体背景与产生土壤"⑨。但把"天人合一"作为一个完整的哲学命题提出来却始自张载。张载说："儒者则因明致诚，因诚致明，故天人合一，致学而可以成圣，得天而未始遗人。"⑩按照冯友兰先生的解释，张载所说之"诚"即是一种"天人合一之境界"，而"明"则是"人在此境界中所有之知识"，且"此知非'闻见小知'乃真知也"⑪。如果冯先生的理解不误，那么，张载的"诚明"范畴就包含着一定的知识分类思想，即他用"天人合一"来指代形而上的道德学，而用"天人异知"来指代形而下的技艺学。他说："天人异用，不足以言诚；天人异知，不足以尽明。所谓诚明者，性与天道不见乎小大之别也。"⑫在张载看来，"天人异知"亦即"见闻之知"，而"天人合一"即"德性所知"。他说："大其心则能体天下之物，物有未体，则心为有外。世人之心，止于闻见之狭。圣人尽性，不以见闻梏其心，其视天下无一物非我，孟子谓尽心则知性知天以此。天

① （宋）吕大临：《横渠先生行状》，（宋）张载著，章锡琛点校：《张载集·附录》，第384—385页。
② （宋）范育：《墓表铭》，（宋）吕大临等撰，陈俊民辑校：《蓝田吕氏遗著辑校》，北京：中华书局，1993年，第616页。
③ （宋）吕大临：《横渠先生行状》，（宋）张载著，章锡琛点校：《张载集·附录》，第588页。
④ （宋）张载：《正蒙·动物篇第五》，（宋）张载著，章锡琛点校：《张载集》，第19页。
⑤ （宋）张载：《芭蕉》，（宋）张载著，章锡琛点校：《张载集·文集佚存·杂诗》，第369页。
⑥ （明）冯从吾撰，乌志鸿注：《关学编注释》卷1《和叔吕先生》，西安：三秦出版社，2011年，第33页。
⑦ 《周易·乾》，陈戌国点校：《四书五经》上，第143页。
⑧ （汉）董仲舒：《春秋繁露》卷12《阴阳义第四十九》，第71页。
⑨ 葛兆光：《中国思想史》第1卷《七世纪前中国的知识、思想与信仰世界》，第267页。
⑩ （宋）张载：《正蒙·乾称篇第十七》，（宋）张载著，章锡琛点校：《张载集》，第65页。
⑪ 冯友兰：《中国哲学史》下册，北京：中华书局，1961年，第865页。
⑫ （宋）张载：《正蒙·诚明篇第六》，（宋）张载著，章锡琛点校：《张载集》，第20页。

大无外，故有外之心不足以合天心。见闻之知，乃物交而知，非德性所知；德性所知，不萌于见闻。"①这段话虽不长，但却非常重要。因为它"似乎涉及到了'主客二分'式（即"天人相分"，引者注）与'天人合一'式的关系"②，其中"见闻之知"与"天人相分"相联系，"德性所知"与"天人合一"相联系。至于"德性所知"与"见闻之知"的关系，牟宗三先生曾释："德性所知"为"超越的所以然"，它本身具有德性的意义，而"见闻之知"为"现象的所以然"，它本身则具有知识的意义。在牟宗三先生看来，张载所追求的只是"超越的所以然"，故他的思想不能成为科学。③在这里，牟先生对"德性所知"与"见闻之知"所作的区分是正确的，然而他借此却否认了张载学术思想中包含着科学的成分则是不妥当的。因为张载始终没有把"德性所知"看作是可以脱离"见闻之知"而独存的客观实在，相反，在张载看来，"耳目虽为性累，然合内外之德，知其为启之之要也"④，这就是说，"见闻之知"是进入"德性所知"的重要门户，但"德性所知"不能归结为"见闻之知"，更不能为其所"梏"和所"萌"（即被局限），故"圣人则不专以闻见为心"⑤。

与天人合一相对，中国传统文化中还有天人相分的思想因素。从学术史上看，最早提出"天人相分"思想的是荀子，至唐代的刘禹锡则更扩展为"天与人交相胜"的思想。从表面上看，天人合一与天人相分好像是相互对立的两个方面，但实际上两者是一物之两体，具有内在的统一性。如张载说："气与志、天与人，有交胜之理。"⑥在此，张载特别突出了人之能动性的一面，认为可以"为天地立心"，但"为天地立心"对于自然界则不是"去物"和"殉物"⑦，而是"人谋之所经画，亦莫非天理"⑧。对于这一点，张载自己有个很形象的说法，后人将它概括为四个字"民胞物与"。张载说："乾称父，坤称母，予兹藐焉，乃混然中处。故天地之塞，吾其体；天地之帅，吾其性。民吾同胞，物吾与也。"⑨这段话虽不长，但它集中体现了张载学术的中心思想，那就是万物与人类的本质属性归根到底是一致的和相互牵挂着的。因为只有这样，才能做到"视天下无一物非我"的道德境界。

二、张载"务为实践之学"的科技思想

（一）"客感客形与无感无形"辩证发展的自然观

张载为了论证"礼"在宋朝重建的可能性，他提出了"天序"和"天秩"两个概念。

---

① （宋）张载：《正蒙·大心篇第七》，（宋）张载著，章锡琛点校：《张载集》，第 24 页。
② 张世英：《天人之际——中西哲学的困惑与选择》，北京：人民出版社，2005 年，第 10 页。
③ 牟宗三：《宋明儒学的问题与发展》，上海：华东师范大学出版社，2004 年，第 67 页。
④ （宋）张载：《正蒙·大心篇第七》，（宋）张载著，章锡琛点校：《张载集》，第 25 页。
⑤ （宋）张载：《正蒙·乾称篇第十七》，（宋）张载著，章锡琛点校：《张载集》，第 63 页。
⑥ （宋）张载：《正蒙·太和篇第一》，（宋）张载著，章锡琛点校：《张载集》，第 10 页。
⑦ （宋）张载：《正蒙·至当篇第九》，（宋）张载著，章锡琛点校：《张载集》，第 35 页。
⑧ （宋）张载：《横渠易说·系辞下》，（宋）张载著，章锡琛点校：《张载集》，第 232 页。
⑨ （宋）张载：《正蒙·乾称篇第十七》，（宋）张载著，章锡琛点校：《张载集》，第 62 页。

其中"生有先后"谓之"序"，而"小大、高下相并而相形"则谓之"秩"。用自然哲学的话说，"序"指时间，"秩"指空间，因为"小大、高下"是物体存在的量度。不仅如此，张载还把时空理解为一个"连续统"，并赋予它特别的名义，那就是"太虚"。同时，在张载看来，"太虚"和"气"是整个宇宙的逻辑"原点"，是产生万事万物（即气）的本体。他说：

> 太虚无形，气之本体，其聚其散，变化之客形尔；至静无感，性之渊源，有识有知，物交之客感尔。客感客形与无感无形，惟尽性者一之。①

"客形"虽是一个词，但它却指代一个世界，即物理实体的宇宙。而对这个世界，张载的表述如下：

第一，"气之为物，散入无形，适得吾体；聚为有象，不失吾常。太虚不能无气，气不能不聚而为万物，万物不能不散而为太虚。"②

第二，"气之聚散于太虚，犹冰凝释于水，知太虚即气，则无无。"③

第三，"太虚为清，清则无碍，无碍故神；反清为浊，浊则碍，碍则形。"④

第四，"气本之虚则湛无形，感而生则聚而有象。有象斯有对，对必反其为；有反斯有仇，仇必和而解。"⑤

第五，"气块然太虚，升降飞扬，未尝止息，《易》所谓'绲缊'，庄生所谓'生物以息相吹'、'野马'者与！此虚实、动静之机，阴阳、刚柔之始。浮而上者阳之清，降而下者阴之浊，其感（遇）[通]聚（散）[结]，为风雨，为雪霜，万品之流形，山川之融结，糟粕煨烬，无非教也。"⑥

以上这些话，除了"太虚即气""有象斯有对"等已反复被人们引用外，笔者觉得还有些话应作进一步分析。如"有形"和"无形"究竟是什么意思？现代科学界把物质世界划分成"实物"和"场"两种状态，从性质上看，张载的"有形"类于"实物"，而"无形"则类于"场"。至于"实物"与"场"的关系，我们可以简单地说，只要实物存在就必然存在实物之间相互作用的场，而任何场的存在又必然是为某些实物的相互作用而形成的。用张载的话来说就是"气聚"与"气不聚"，而气"聚为有象"，"有象"即为"实物"；"气不聚"即"散入无形"，也即"万物不能不散而为太虚"，可见"气不聚"则为"太虚"，则为"场"。在一定条件下，"实物粒子"与"场量子"是能够相互转化的，同样气"方其聚也，安得不谓之客？方其散也，安得遽谓之无"，其"客"可理解为"实物"，而"无"则可理解为"场"。所以中国古代历史上的"有无之辨"实际上就是现代西方文本意义上的"实物"与"场"的关系之辨。在这个问题上，张载的观点非常鲜明，他说：

---

① （宋）张载：《正蒙·太和篇第一》，（宋）张载著，章锡琛点校：《张载集》，第7页。
② （宋）张载：《正蒙·太和篇第一》，（宋）张载著，章锡琛点校：《张载集》，第7页。
③ （宋）张载：《正蒙·太和篇第一》，（宋）张载著，章锡琛点校：《张载集》，第8页。
④ （宋）张载：《正蒙·太和篇第一》，（宋）张载著，章锡琛点校：《张载集》，第9页。
⑤ （宋）张载：《正蒙·太和篇第一》，（宋）张载著，章锡琛点校：《张载集》，第10页。
⑥ （宋）张载：《正蒙·太和篇第一》，（宋）张载著，章锡琛点校：《张载集》，第8页。

若谓虚能生气，则虚无穷，气有限，体用殊绝，入老氏'有生于无'自然之论，不识所谓有无混一之常；若谓万象为太虚中所见之物，则物与虚不相资，形自形，性自性，形性、天人不相待而有，陷于浮屠以山河大地为见病之说。①

也就是说，"有"和"无"是一种"相资"（即相互依赖和相互作用）的关系，它们是宇宙初创时的原始状态。在张载的思想体系里，"有"与"无"具有同构的意义，是宇宙学的基本命题。就此而言，张载的命题是对周敦颐"无极而太极"本体论的否定。有人说："整个宇宙完全是从无中生出来的，其创生过程完全符合量子物理的定律"②，恰恰相反，量子力学所描述的宇宙物体运动完全证明了张载"虚气相资"命题的科学性和正确性，而并不是一般地说明"无中生有"的合理性和可能性。这便是"客形"的自然形态。

从"客形"发展到"尽性"，中间需要有一个"客感"的环节。而"客感"是"物交"的结果，是"有识有知"的过程，什么叫"知识"？邵雍说："目见之谓识，耳闻之谓知。奈何知与识，天下亦常稀。"③与邵雍相较，张载的知识视野更加宽阔，因为张载把知识的范围由"耳目之遇"进一步扩大到"物交之客感"了。张载说：

尽天（下）之物，且未须道穷理，只是人寻常据所闻，有拘管局杀心，便以此为心，如此则耳目安能尽天下之物？尽耳目之才，如是而已。须知耳目外更有物，尽得物方去穷理，尽（心）了心。性又大于心，方知得性便未说尽性，须有次叙，便去知得性，性即天也。④

又说：

心所以万殊者，感外物为不一也，天大无外，其为感者絪缊二端而已（焉）。物之所以相感者，利用出入，莫知其乡，一万物之妙者与！⑤

从生物进化的角度讲，"物之所以相感者，利用出入"经过了极其漫长的演进历程，经过了三个重要的历史发展阶段："第一，从无生命的物质反映特性到低级生物的刺激感应性；第二，从刺激感应性到动物的感觉和心理；第三，从动物心理到人类意识的产生。"⑥在张载的《正蒙》里，他用《参两》《天道》《神化》三篇来叙述"从无生命的物质反映特性到低级生物的刺激感应性"的演化历程，接着他又用《神化》和《动物》两篇来说明"从刺激感应性到动物的感觉和心理"的发展之路，最后他再用《诚明》《大心》《中正》《至当》四篇来阐释"从动物心理到人类意识的产生"的历史必然性。而在这个"客感"的演进序列中，起主导作用的是"参"。张载说：

---

① （宋）张载：《正蒙·太和篇第一》，（宋）张载著，章锡琛点校：《张载集》，第8页。
② 转引自陶同：《世界本原：非哲学命题》，《新华文摘》1998年第2期。
③ （宋）邵雍：《击壤集》卷8《知识吟》，（宋）邵雍著，郭彧、于天宝点校：《邵雍全集》第4册，第137页。
④ （宋）张载：《张子语录上》，（宋）张载著，章锡琛点校：《张载集》，第311页。
⑤ （宋）张载：《正蒙·太和篇第一》，（宋）张载著，章锡琛点校：《张载集》，第10页。
⑥ 肖明主编：《哲学》，北京：经济科学出版社，1991年，第89页。

一物两体，气也；一故神，两故化，此天之所以参也。①

如何"参"呢？程宜山先生根据张载《参两篇》的内容，将气化万物的过程用图2-1表达如下。

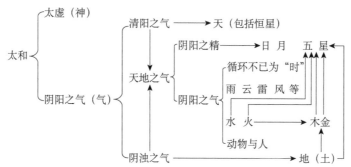

图 2-1 张载"宇宙演化模式"示意图②

在张载的宇宙演进模式里，有几个特点是应当注意的：

首先，宇宙的演进是个有序的过程。张载说："由太虚，有天之名；由气化，有道之名；合虚与气，有性之名；合性与知觉，有心之名。"③在这里，宇宙不仅是分层的，而且是有秩序的。正如张载所言："生有先后，所以为天序；小大、高下相并而相形焉，是谓天秩。天之生物也有序，物之既形也有秩。知序然后经正，知秩然后礼行。"④在张载看来，秩序贯穿宇宙演进的始终，从物质的形成到人类社会的出现，都需要秩序来维持天、地、人的和谐发展。

其次，宇宙演进的内在根据是"感通聚结"。张载依据从物质到人类形成各阶段的不同特点，区分了五种"感通"的形式。"或以同而感，圣人感人心以道，此是以同也；或以异而应，男女是也，二女同居则无感也；或以相悦而感，或以相畏而感，如虎先见犬，犬自不能去，犬若见虎则能避之；又如磁石引针，相应而感也。"⑤当然，也可以概括为"天感""心感""物感"三种形式。在当时的历史条件下，张载用"相感"来表示万物之间的相互联系，并用联系的观点去解释自然界运动变化的原因，是对《易经》"天地感而万物化生"思想的进一步发展。他说："物无孤立之理，非同异、屈伸、终始以发明之，则虽物非物也。"⑥这句话包含两层意思：其一是说事物本身是一个相互联系的整体，联系是事物产生运动变化的根据；其二是说人也应当以联系的观点去认识事物，也就是把事物看成是一个有"同异、曲伸、终始"的发展过程。

最后，宇宙运动的法则是"理得之异"。"异"就是差异，张载说："人与动植之类已

---

① （宋）张载：《正蒙·参两篇第二》，（宋）张载著，章锡琛点校：《张载集》，第10页。
② 程宜山：《张载哲学的系统分析》，上海：学林出版社，1989年，第24页。
③ （宋）张载：《正蒙·太和篇第一》，（宋）张载著，章锡琛点校：《张载集》，第9页。
④ （宋）张载：《正蒙·动物篇第五》，（宋）张载著，章锡琛点校：《张载集》，第19页。
⑤ （宋）张载：《横渠易说·下经·咸》，（宋）张载著，章锡琛点校：《张载集》，第125页。
⑥ （宋）张载：《正蒙·动物篇第五》，（宋）张载著，章锡琛点校：《张载集》，第19页。

是大分不齐，于其类中又极有不齐。某尝谓天下之物无两个有相似者，虽则一件物亦有阴阳左右。"①正因为"天下之物无两个有相似者"，所以才有"感"。他说：

> 有无一，内外合，此人心之所自来也。若圣人则不专以闻见为心，故能不专以闻见为用。无所不感者虚也，感即合也，咸也。以万物本一，故一能合异；以其能合异，故谓之感；若非有异则无合。天性，乾坤、阴阳也，二端故有感，本一故能合。天地生万物，所受虽不同，皆无须臾之不感，所谓性即天道也。②

其中"一能合异"颇让人费解，"异"是万物之为万物的个性特征，而能把万物个性统一起来并能为我所用者，唯有人类的创造力及其人类的创造物。故"有无虚实通为一物者，性也；不能为一，非尽性也"③，而"尽性"的本质，在张载看来就是"知化"，张载说得很清楚："至诚，天性也；不息，天命也。人能至诚则性尽而神可穷矣，不息则命行而化可知矣。学未至知化，非真得也。"④从另一个角度看，"异"就是矛盾，就是宇宙运动的总法则，即"阴阳者，天之气也。刚柔缓速，人之气也。生成覆帱，天之道也；仁义礼智，人之道也；损益盈虚，天之理也；寿夭贵贱，人之理也。天授于人则为命，人受于天则为性；形得之备，气得之偏，道得之同，理得之异。此非学造至约不能区别，故互相发明，贵不碌碌也"⑤。在这里，"理得之异"就是说自然界的运动规律都是从"差异"中得出来的，这是一个非常深刻的辩证法思想，甚至已经接近德国古典哲学的思维水平了。

（二）"天地之道，无非以至虚为实"的科学观

关于宇宙的运动变化是张载科技思想的一个很重要的组成部分，而他的这部分思想大都集中在《正蒙·参两篇》中。他说：

> 地纯阴凝聚于中，天浮阳运旋于外，此天地之常体也。恒星不动，纯系乎天，与浮阳运旋而不穷者也；日月五星逆天而行，并包乎地者也。地在气中，虽顺天左旋，其所系辰象随之，稍迟则反移徙而右尔，间有缓速不齐者，七政之性殊也。月阴精，反乎阳者也，故其右行最速；日为阳精，然其质本阴，故其右行虽缓，亦不纯系乎天，如恒星不动。金水附日前后进退而行者，其理精深，存乎物感可知矣。镇星地类，然根本五行，虽其行最缓，亦不纯系乎地也。火者亦阴质，为阳萃焉，然其气比日而微，故其迟倍日。惟木乃岁一盛衰，故岁历一辰。辰者，日月一交之次，有岁之象也。⑥

这段话里包含着以下几个方面的天体物理思想：其一，以地球为中心，以恒星天为观

---

① （宋）张载：《张子语录中》，（宋）张载著，章锡琛点校：《张载集》，第322页。
② （宋）张载：《正蒙·乾称篇第十七》，（宋）张载著，章锡琛点校：《张载集》，第63页。
③ （宋）张载：《正蒙·乾称篇第十七》，（宋）张载著，章锡琛点校：《张载集》，第63页。
④ （宋）张载：《正蒙·乾称篇第十七》，（宋）张载著，章锡琛点校：《张载集》，第63页。
⑤ （宋）张载：《张子语录中》，（宋）张载著，章锡琛点校：《张载集》，第324页。
⑥ （宋）张载：《正蒙·参两篇第二》，（宋）张载著，章锡琛点校：《张载集》，第10—11页。

察背景来描述五星的运动变化，而"地纯阴凝聚于中，天浮阳运旋于外"是对我国古代"宣夜说"天体模型的发展；其二，"恒星不动，纯系乎天"及"地在气中，虽顺天左旋，其所系辰象随之"，这里讲的"系"按程宜山先生理解应是"引力场"的意思①，而明代的邢云路在此基础上则肯定了太阳系存在着"引力场"，说："星月之往来，皆太阳一气之牵系也"②；其三，由于太阳引力场的作用，距离太阳最近的水星近日点运动"在100年内大约转45秒"③，而这一点只有爱因斯坦的广义相对论才能说明。张载在当时的历史条件下，猜测到了太阳引力场与水星近日点运动之间的关系，但不能给予科学的说明，故他不得不无奈地说"金水附日前后进退而行者，其理精深，存乎物感可知矣"④；其四，张载凭借生活经验而不是依靠天文观测，得出了日月五星及地球的"左旋"运动假说。在张载看来，日月五星及地球在"浮阳运旋"的引导下，都进行着"左旋"运动，但由于日月五星"左旋"的速度较地球为慢，故从视觉看上去，却出现了右行的运动。另一方面，因为恒星的运动与天的运行同步，所以从人的视觉看上去好像不动，即"恒星不动，纯系乎天"⑤，这种用"地心说"的观点来解释行星的运动规律，固然存在着很大的理论缺陷，但它在我国古代天文学的发展史上却具有原创的意义。故谭嗣同说："地圆之说，古有之矣。惟地球五星绕日而运，月绕地球而运，及寒暑昼夜潮汐之所以然，则自横渠张子发之。"⑥

在天文学方面，张载对昼夜及四季成因、潮汐、日月食和月之盈亏法则等都进行了一定的研究，并得出了一些科学结论。

先看第一则材料：

> 地有升降，日有修短。地虽凝聚不散之物，然二气升降其间，相从而不已也。阳日上，地日降而下者，虚也；阳日降，地日进而上者，盈也；此一岁寒暑之候也。至于一昼夜之盈虚、升降，则以海水潮汐验之为信；然间有小大之差，则系日月朔望，其精相感。⑦

对于寒暑的形成，张载解释为"阳日上，地日降而下者，虚也；阳日降，地日进而上者，盈也"，所谓"虚"即因为阳气上升，阴气下降，结果天地之间的距离增大，也即太阳与地球之间的距离增大，造成昼短而夜长且气候相对寒冷的天文现象；所谓"盈"即因为阳气下降，阴气上升，结果天地之间的距离缩短，也即太阳与地球之间的距离缩短，造成昼长而夜短且气候相对炎热的天文现象。在这里，张载虽然没有明确提出地球形似椭圆的主张，但他通过对"虚"（即远日点）和"盈"（即近日点）的阐释已经内含着这方面的

---

① 程宜山：《张载哲学的系统分析》，第29—30页。
② （明）邢云路：《古今律历考》卷72《历原六》，《丛书集成初编》，上海：商务印书馆，1937年，第1323册，第1203页。
③ ［美］爱因斯坦：《爱因斯坦文集》第2卷，许良英等编译，北京：商务印书馆，1979年，第268页。
④ （宋）张载：《正蒙·参两篇第二》，（宋）张载著，章锡琛点校：《张载集》，第11页。
⑤ （宋）张载：《正蒙·参两篇第二》，（宋）张载著，章锡琛点校：《张载集》，得10页。
⑥ （清）谭嗣同：《谭嗣同全集》，北京：中华书局，1998年，第125页。
⑦ （宋）张载：《正蒙·参两篇第二》，（宋）张载著，章锡琛点校：《张载集》，第11页。

思想。而张载对潮汐形成的原因也作了合乎科学的说明，他把"海水潮汐"与"日月朔望"联系起来，跟现代海洋潮汐理论相一致。现代海洋潮汐理论认为，潮汐是由于太阳和月亮引潮力的作用而使海洋水面发生周期性涨落的自然现象。不仅如此，张载还肯定了潮汐"有小大之差"，极有科学的前瞻性，因为现代海洋潮汐理论根据实测发现，潮汐随着月球运行的不同以及各地纬度、海区地形、海区深度等的差异而有"半日潮""全日潮""混合潮"的不同。

复看第二则材料：

> 亏盈法：月于人为近，日远在外，故月受日光常在于外，人视其终初如钩之曲，及其中天也如半璧然。此亏盈之验也。①

在这段话里，至少有两点突破，其一是张载在宣夜说的基础上把恒星天与太阳系区别开来；其二是把天体距地有远有近的观点引入了我国古代天文学，并用"月于人为近，日远在外"的思想解释了月亮亏盈的原因。②

所以，谭嗣同对张载的天文思想给予了极高的评价。他说："地圆之说，古有之矣。惟地球五星绕日而运，月绕地球而运，及寒暑昼夜潮汐之所以然，则自横渠张子发之。……今以西法推之，乃克发千古之蔽。疑者讥其妄，信者又以驾于中国之上。不知西人之说，张子皆以先之，今观其论，一一与西法合。可见西人格致之学，日新日奇，至于不可思议，实皆中国所固有。中国不能有，彼固专之，然张子苦心极力之功深。亦于是征焉。注家不解所谓，妄援古昔天文家不精不密之法，强自绳律，俾昭著之。文晦涩难晓，其理不合，转疑张子之疏。不知张子，又乌知天？"③虽然谭氏因受到近代国粹主义思潮的影响，对西方先进的科技思想有些鄙夷之气，但他对张载在天文学方面所取得的成就却上升到了爱国主义的高度来认识，其进步意义是不言而喻的。

在物理学和化学方面，张载说：

> 聚亦吾体，散亦吾体，知死之不亡者，可与言性矣。④

又说："天地之道无非以至虚为实，人须于虚中求出实。圣人虚之至，故择善自精。心之不能虚，由有物榛碍。金铁有时而腐，山岳有时而摧，凡有形之物即易坏，惟太虚无动摇，故为至实。"⑤

对于这两段话的科学内涵，周嘉华先生认为，"至实"一词已经表达了物质守恒的思想。⑥

张载进一步说：

---

① （宋）张载：《正蒙·参两篇第二》，（宋）张载著，章锡琛点校：《张载集》，第 11 页。
② 程宜山：《张载哲学的系统分析》，第 32 页。
③ （清）谭嗣同：《石菊影庐笔识·思篇三》，《谭嗣同全集》，第 123—124 页。
④ （宋）张载：《正蒙·太和篇第一》，（宋）张载著，章锡琛点校：《张载集》，第 7 页。
⑤ （宋）张载：《张子语录中》，（宋）张载著，章锡琛点校：《张载集》，第 325 页。
⑥ 周嘉华：《中华文化通志》第 7 典《科学技术·化学与化工志》，上海：上海人民出版社，1998 年，第 17 页。

气聚则离明得施而有形，气不聚则离明不得施而无形。方其聚也，安得不谓之客？方其散也，安得遽谓之无？①

戴念祖先生说，从张载只承认物质形态的"有"而不承认物质形态的"无"看，气在太虚中聚散，不管"有形"与"无形"，都是不灭的，而且各物质形态之间的关系也是可以相互转化的。②后来，这个思想为王夫之所继承和发展，并对物质不灭思想作了肯定性的说明，"于太虚之中具有未成乎形，气自足也，聚散变化，而其本体不为之损益"③。

在生物学方面，张载从进化论的视角分析了动物与植物之间的不同。他说："动物本诸天，以呼吸为聚散之渐；植物本诸地，以阴阳升降为聚散之渐。……有息者根于天，不息者根于地。根于天者不滞于用，根于地者滞于方，此动植之分也。"④根据古生物学的研究，地球上自从出现了自养生物和异养生物之后，合成与分解就构成了生命运动的基本矛盾。本来原始的有鞭毛的单细胞生物具有自养和异养双重功能，可后来原始的有鞭毛的单细胞生物自身发生分化，其中自养功能加强而运动功能退化，渐变为目前的植物界，仅就运动的功能而言，确实是"根于地者滞于方"，即植物之所以不能动是因为它牢牢地根于地。但就自养的功能而言，则"以阴阳升降为聚散之渐"，这就是说植物在白天（阳）通过光合作用吸收（聚）氧气，而在夜晚（阴）呼出（散）二氧化碳；如果运动功能和异养功能加强，而自养功能退化，就演变为目前的动物界。仅就运动的功能而言，确实是"根于天者不滞于用"，即动物之所以游动，是因为他们必须依靠自然界现有的食物资源来维持生命的存在，这就是"根于天"的含义。而为了论证"民胞物与"⑤，张载提出"人但物中之一物"⑥的思想；而世界著名的物理学家普利高津从非平衡态的角度很欣赏达尔文曾经说过的一句话，那就是"我们人类仅是众多动物中的一种"⑦。两者相较，张载与达尔文的说法如出一辙，但他们却相隔了约800年。

（三）"大而化之"的科学方法论

张载科技思想的发展水平，一方面要受宋代科学技术整体发展状况的制约，因而他不可避免地会被打上时代和区域文化传统的烙印，如他有时把具体的实验科学（属名实关系中之实）称之为"神之糟粕"⑧而加以鄙视，就跟先秦渭水流域所形成的隔离名实关系的名家文化传统有关，这是从消极方面看。另一方面，从积极的方面看，张载的学术路子又非常自觉地凸显了名家的思维特色，故他的许多科研方法及其对科学问题的认识无形中就

① （宋）张载：《正蒙·太和篇第一》，（宋）张载著，章锡琛点校：《张载集》，第8页。
② 戴念祖：《中华文化通志》第7典《科学技术·物理与机械志》，第184—185页。
③ （清）王夫之：《张子正蒙注》卷1《太和》，儒家经典编委会编：《儒家经典》，北京：团结出版社，1997年，第2247页。
④ （宋）张载：《正蒙·动物篇第五》，（宋）张载著，章锡琛点校：《张载集》，第19页。
⑤ （宋）张载：《正蒙·乾称篇第十七》，（宋）张载著，章锡琛点校：《张载集》，第62页。
⑥ （宋）张载：《张子语录上》，（宋）张载著，章锡琛点校：《张载集》，第313页。
⑦ ［比］伊利亚·普利高津：《确定性的终结——时间、混沌与新自然法则》，湛敏译，第56页。
⑧ （宋）张载：《正蒙·太和篇第一》，（宋）张载著，章锡琛点校：《张载集》，第10页。

增加了理论的思辨性和历史的穿透力，有些研究性结论甚至到今天都没有过时。所以研究和总结张载的方法论，对于我们加深理解宋代科技思想的发展脉络具有十分重要的意义。

归纳起来，张载所采用的科研方法主要有以下几点：

第一，"一故神，两故化"的矛盾分析法。中国古代的辩证法思想是丰富多彩的，《易经》的本义即"日月为易，象阴阳也"①。西周末年，由于"百川沸腾，山冢崒崩"②，故史伯在《易经》和《诗经》关于矛盾转化的基础上明确提出"夫和实生物，同则不继"③的思想，接着史墨更指出："物生有两、有三、有五，有陪贰。"④而孟子进一步把"化"的概念引入辩证法，他说："可欲之谓善，有诸己之谓信，充实之谓美，充实而有光辉之谓大，大而化之之谓圣。"⑤在张载看来，"大而化之"是中国古代辩证法思想的最高成就，所以他将孟子的这个思想发扬广大，并使之成为其思想体系的基本内核。王夫之在评价《正蒙·神化篇》的地位时说："此篇备言神化，而归其存神敦化之本于义，上达无穷而下学有实。张子之学所以别于异端而为学者之所宜守，盖与孟子相发明焉。"⑥而《神化篇》的核心概念就是一个"化"字，具体考察起来，其"化"的涵义主要有下面几种：

（1）"敦化"。王夫之注："纲缊不息，为敦化之本。"⑦而敦化本身不仅指气之升降、曲伸的变化，而且也指人类行为的规范，即"敦化者岂豫设一变化以纷吾思哉？存大体以精其义而敦之不息尔，动静合一于仁而义为之干，以此，张子之学以义为本"⑧。

（2）"神化"。张载说："神化者，天之良能，非人能；故大而位天德，然后能穷神知化。"⑨王夫之解释说："位，犹至也。尽心以尽性，性尽而与时偕行，合阴阳之化。"⑩这就是说，对立（即化）与统一（即一）是万物本身所固有的客观规律，人不能够通过自己的主观意志去改变它，因此《易经》云"穷神知化"，其目的就是鼓励人们充分发挥人的主观能动性去认识规律和利用规律，即"知者，洞见事物之所以然，未效于迹而不昧其实，神之所自发也。义者，因事制宜，刚柔有序，化之所自行也。以知知义，以义行知，存于心而推行于物，神化之事也"⑪。

（3）"尽化"。张载说："化为难知，故急辞不足以体化。"⑫"化"既然是客观的自然规律，那么人类的认识就不能穷尽它，故王夫之云："化无定体，万有不穷，难指其所在，故四时百物万事皆所必察，不可以要略言之，从容博引，乃可以体其功用之广。辞之

---

① （汉）许慎：《说文解字》卷9下《易》引《秘书》，第198页。
② 《诗经·小雅·十月之交》，陈成国点校：《四书五经》上，第365页。
③ 徐元诰撰，王树民、沈长云点校：《国语集解》，第470页。
④ 《春秋左传》昭公三十二年，陈成国点校：《四书五经》上，第1166页。
⑤ 《孟子·尽心下》，陈成国点校：《四书五经》上，第134页。
⑥ （清）王夫之：《张子正蒙注》卷2《神化篇》，儒家经典编委会编：《儒家经典》，第2265页。
⑦ （清）王夫之：《张子正蒙注》卷2《神化篇》，儒家经典编委会编：《儒家经典》，第2265页。
⑧ （清）王夫之：《张子正蒙注》卷2《神化篇》，儒家经典编委会编：《儒家经典》，第2272页。
⑨ （宋）张载：《正蒙·神化篇第四》，（宋）张载著，章锡琛点校：《张载集》，第17页。
⑩ （清）王夫之：《张子正蒙注》卷2《神化篇》，儒家经典编委会编：《儒家经典》，第2268页。
⑪ （清）王夫之：《张子正蒙注》卷2《神化篇》，儒家经典编委会编：《儒家经典》，第2266页。
⑫ （宋）张载：《正蒙·神化篇第四》，（宋）张载著，章锡琛点校：《张载集》，第16页。

缓急如其本然，所以尽神，然后能鼓舞天下，侥众著于神化之象。"①

（4）"化而裁之谓之变"。在张载看来，"化"就是指事物的渐变，而"变"则是指事物的突变，他说："变，言其著；化，言其渐。"②因而"'化而裁之谓之变'，以著显微也"③，程宜山先生认为："张载的这种学说，可视为质量互变规律的萌芽。"④

第二，"同异之变"⑤的逻辑类比推理法。在科学研究过程中，类比推理是非常重要的一种逻辑方法，康德曾说："每当理智缺乏可靠论证的思路时，类比这个方法往往能指引我们前进。"⑥从一般的意义上说，类比就是根据两个（或两类）对象之间在某些方面的相似或相同，而推出他们在其他方面也可能相似或相同的科学认识方法。由于宋代还不能够用建立数学模型的方法来更精确地研究事物的发展特征，故张载在《正蒙》一书中大量应用类比法来解释事物的存在状态和变化规律。如张载说："海水凝则冰，浮则沤，然冰之才，沤之性，其存其亡，海不得而与焉。推是足以究死生之说。"⑦又说："昼夜者，天之一息乎！寒暑者，天之昼夜乎！天道春秋分而气易，犹人一寤寐而魂交。魂交成梦，百感纷纭，对寤而言，一身之昼夜也；气交为春，万物糅错，对秋而言，天之昼夜也。"⑧而"声者，形气相轧而成。两气者，谷响雷声之类；两形者，桴鼓叩击之类；形轧气，羽扇敲矢之类；气轧形，人声笙簧之类。是皆物感之良能，人皆习之而不察者尔"⑨。这是张载应用类比法而阐释声音形成原理的一个十分典型的例子。

第三，"烛天理如向明"⑩的归谬法。该方法是由对方的论题推导或引申出荒谬的结论，从而证明论题不能成立。而张载在《正蒙》一书中主要应用归谬法来驳斥佛教"以小缘大，以末缘本"⑪的"幻妄"说。北宋初建，盛于五代的佛教思想严重阻碍着科学知识的传播，而且在社会制度方面已成为扰乱封建秩序的一股"异端"势力。对此，范育在《正蒙序》中云：

> 自孔孟没，学绝道丧千有余年，处士横议，异端间作，若浮屠老子之书，天下共传，与《六经》并行。而其徒侈其说，以为大道精微之理，儒家之所不能谈，必取吾书为正。世之儒者亦自许曰："吾之《六经》未尝语也，孔孟未尝及也"，从而信其书，宗其道，天下靡然成风，无敢置疑于其间，况能奋一朝之辩，而与之较是非曲直乎哉！⑫

---

① （清）王夫之：《张子正蒙注》卷2《神化篇》，儒家经典编委会编：《儒家经典》，第2266页。
② （宋）张载：《横渠易说·上经·乾》，（宋）张载著，章锡琛点校：《张载集》，第70页。
③ （宋）张载：《正蒙·神化篇第四》，（宋）张载著，章锡琛点校：《张载集》，第2267页。
④ 程宜山：《张载哲学的系统分析》，第39页。
⑤ （宋）张载：《正蒙·动物篇第五》，（宋）张载著，章锡琛点校：《张载集》，第20页。
⑥ ［德］康德：《宇宙发展史概论》，上海：上海人民出版社，1972年，第147页
⑦ （宋）张载：《正蒙·动物篇第五》，（宋）张载著，章锡琛点校：《张载集》，第19页。
⑧ （宋）张载：《正蒙·太和篇第一》，（宋）张载著，章锡琛点校：《张载集》，第9—10页。
⑨ （宋）张载：《正蒙·动物篇第五》，（宋）张载著，章锡琛点校：《张载集》，第20页。
⑩ （宋）张载：《正蒙·大心篇第七》，（宋）张载著，章锡琛点校：《张载集》，第26页。
⑪ （宋）张载：《正蒙·大心篇第七》，（宋）张载著，章锡琛点校：《张载集》，第26页。
⑫ （宋）范育：《正蒙序》，（宋）张载著，章锡琛点校：《张载集》，第4—5页。

"较是非曲直"正是张载归谬法的重要特征,如他批评佛教混淆事物之"幽明"与"有无"界线时说:

> 释氏语实际,乃知道者所谓诚也,天德也。其语到实际,则以人生为幻妄,以有为为疣赘,以世界为阴浊,遂厌而不有,遗而弗存。就使得之,乃诚而恶明者也。儒者则因明致诚,因诚致明,故天人合一,致学而可以成圣,得天而未始遗人,《易》所谓不遗、不流、不过者也。彼语虽似是,观其发本要归,与吾儒二本殊归矣。道一而已,此是则彼非,此非则彼是,固不当同日而语。①

因果关系是揭示发展规律的逻辑范畴,也是科学研究得以存在的前提条件。而佛教用虚幻的世界来代替真实的物质世界,结果倒因为果,认为"天地日月为幻妄"②,以人的感觉来否定物质世界的存在。对此,张载说:

> 释氏妄意天性而不知范围天用,反以六根之微因缘天地。明不能尽,则诬天地日月为幻妄,蔽其用于一身之小,溺其志于虚空之大;所以语大语小,流遁失中。其过于大也,尘芥六合;其蔽于小也,梦幻人世。谓之穷理可乎?不知穷理而谓尽性可乎?谓之无不知可乎?尘芥六合,谓天地为有穷也;梦幻人世,明不能究所从也。③

佛教主张"世界乾坤为幻化"④与张载所说的"太虚即气"之唯实论见解相冲突,在此情形之下,张载抓住佛教割裂气与太虚辩证关系的理论缺陷,指出其导致"物与虚不相资"⑤思维错误的认识论根源,从而为他的知识观的建立清除了路障。为了实现"尽心"和"尽性"的目的,张载把人类的知识分成两类,即"见闻之知"与"德性所知"。他说:

> 大其心则能体天下之物,物有未体,则心为有外。世人之心,止于闻见之狭。圣人尽性,不以见闻梏其心,其视天下无一物非我,孟子谓尽心则知性知天以此。天大无外,故有外之心不足以合天心。见闻之知,乃物交而知,非德性所知;德性所知,不萌于见闻。⑥

在这里,张载界定了两种知识的不同指向,其"见闻之知"的指向是经验世界或现象世界,这就是"知象者心,存象者心"⑦的意思;而"德性所知"指向的则是超验的世界,即"知合内外于耳目之外"⑧,可见"合内外"正与"无一物非我"的指针重合。从科技思想的角度看,张载的"合内外"思想颇有玻尔"测不准原理"的哲学韵味。

---

① (宋)张载:《横渠易说》卷3《系辞上》,(宋)张载著,章锡琛点校:《张载集》,第183页。
② (宋)张载:《正蒙·大心篇第七》,(宋)张载著,章锡琛点校:《张载集》,第26页。
③ (宋)张载:《正蒙·大心篇第七》,(宋)张载著,章锡琛点校:《张载集》,第26页。
④ (宋)张载:《正蒙·太和篇第一》,(宋)张载著,章锡琛点校:《张载集》,第8页。
⑤ (宋)张载:《正蒙·太和篇第一》,(宋)张载著,章锡琛点校:《张载集》,第8页。
⑥ (宋)张载:《正蒙·大心篇第七》,(宋)张载著,章锡琛点校:《张载集》,第24页。
⑦ (宋)张载:《正蒙·大心篇第七》,(宋)张载著,章锡琛点校:《张载集》,第24页。
⑧ (宋)张载:《正蒙·大心篇第七》,(宋)张载著,章锡琛点校:《张载集》,第25页。

当然，由于历史的原因，张载思想中也有不少粗疏甚或错误的地方，如他主张的"地心说"是错的，而他的生物观又显得过于疏略，其宇宙学说亦欠实测数据，等等。所以张载把恢复"井田制"作为实现其"平均主义"政治理想的途径，故此他便只有用"仇必和而解"①的折中方案来向家族门阀势力妥协了，于是"收宗族"②就成了张载思想的理论归宿。

第三节　蜀学及其苏轼的科技思想

从广义上说，蜀学是指四川一省的学问，它包括的范围是：凡是四川人创造的或是别人创造而为四川人奉行的学问，甚至虽不是四川人但奉行蜀学或学于蜀地的③；从狭义上说，蜀学则是指由苏洵、苏轼、苏辙为首所创立并由苏门学士黄庭坚、秦观、张耒等发扬光大的独立学派④，它是北宋中期与荆公新学、洛学、关学等同时崛起且在历史上产生了极大影响的一个思想流派，本书采用狭义之"蜀学"概念。前面讲过，北宋中期人们的思想开始朝三个方向发展：实学或称"外王"之学，理学或称"内圣"之学，杂学或称"纵横"之学。蜀学属于"杂学"派，全祖望说："苏氏出于纵横之学而亦杂于禅"⑤。黄宝华在《论黄庭坚儒、佛、道合一的思想特色》一文中则更进一步强调："儒、佛、道合一，是蜀学的主要宗旨。"⑥可见，蜀学在北宋思想发展史上具有独特的文化境界，如陆游对《苏氏易传》的评价是："易道广大，非一人所能尽。坚守一家之说，未为得也，汉儒治易入神要路，宋儒则未免繁衍，或流于术数，或释老互发，议论荒唐，如人眩时，五色无主矣。惟东坡汇百川支流，滴滴归源而滔滔汩汩以出之，万斛不能量也。易曰：神而明之，存乎其人。自汉以来，未见此奇特。"⑦故钱穆把蜀学看作是宋儒中的"新儒"⑧。

诚然，从政治史的视角看，蜀学的创立者因反对熙宁变法而在思想上趋向保守，这是不可否认的客观事实，但我们能不能据此就说在政治上趋向保守的人一定没有科学思想了呢？历史的结论并非如此。如柏拉图是个在政治上很保守的哲学家，但这并不妨碍他对世界科学思想史的发展做出了多方面的贡献；又如，孔子和孟子在政治上都比较保守，但由他们所创立的儒家学派却对中国古代科技思想的发展产生了深远影响，如此等等。在人类

---

① （宋）张载：《正蒙·太和篇第一》，（宋）张载著，章锡琛点校：《张载集》，第10页。

② （宋）张载：《经学理窟·宗法》，（宋）张载著，章锡琛点校：《张载集》，第258页。

③ 夏君虞：《宋学概要》下编，《民国丛书》第2编第6册，第93页。

④ 韩钟文：《中国儒学史（宋元卷）》，第258—259页。

⑤ （清）黄宗羲原著，（清）全祖望补修，陈金生、梁运华点校：《宋元学案》卷98《荆公新学略序录》，第3237页。

⑥ 黄宝华：《论黄庭坚儒、佛、道合一的思想特色》，《复旦学报》1983年第1期，后收入黄君主编：《黄庭坚研究论文选》，南昌：江西教育出版社，2005年，第72页。

⑦ （宋）苏轼：《苏氏易传》附录《毛晋〈东坡易传跋〉》引，曾枣庄、舒大刚主编：《三苏全书》第1册，北京：语文出版社，2001年，第412页。

⑧ 钱穆：《朱子新学案》代序，成都：巴蜀书社，1986年，第1页。

思想史上，之所以出现上述现象，主要是因为政治、宗教、道德、文学、哲学等都属于社会意识形态，而科技思想则属于非社会意识形态。一般地讲，在社会意识诸形式之间，宗教、道德、文学、哲学等社会意识形态必然要受政治和法律思想的支配，但科技思想则不一定接受政治和法律思想的支配，这一点是科技思想区别于宗教、道德、文学、哲学等社会意识形态的最关键之处。所以，科技思想与社会意识诸形式之间的关系就不是决定与被决定、支配与被支配的关系，而是相互联系、相互影响和相互作用的关系。也就是说，科技思想有其独特的发展理路和规律。同时，科技思想的这一特点也决定了它自身具有多源性，即科技思想可以源自哲学、宗教，也可以源自政治、道德和艺术，而那种认为科学思想仅仅是科学家之思想的观念是绝对站不住脚的，因为它本身与历史事实不符合。此外，对于这个论点，我们只要再看一下西方学者所写的部分科技史著作就更加一目了然了，如汉金斯的《科学与启蒙运动》、布鲁克的《科学与宗教》、沃尔夫的《十六、十七世纪科学、技术和哲学史》、霍伊卡的《宗教与现代科学的兴起》等，故怀特海在《科学与近代世界》一书中说："今天所存在的科学思想的始祖是古雅典的伟大悲剧家埃斯库罗斯、索福克勒斯和欧里庇得斯等人"，因为"希腊悲剧中的命运，成了现代思想中的自然秩序"。[1]尽管我们不能说蜀学是北宋科技思想的"始祖"，但从北宋科技思想发展的总体看，蜀学则无疑地应是北宋科技思想发展的一个重要来源。

一、蜀学在宋代科技思想史中的特殊地位

《宋元学案》中有两个学派是不受时人重视的，一是"荆公新学"，二是"苏氏蜀学"，而"苏氏蜀学"被黄宗羲置于诸学之后，也许人们觉得苏学的"文"更胜于"理"，故对其理学方面的思想重视不够。但从 20 世纪 80 年代以来，随着区域文化研究的勃兴，"苏氏蜀学"的理学价值重新引起学界的重视，而仅阐释蜀学思想的专著就有胡昭曦、刘复生和粟品孝合著的《宋代蜀学研究》，周伟民与唐玲玲著《苏轼思想研究》及姜声调著《苏轼的庄子学》等多部，尤其是漆侠先生著《宋学的发展和演变》，专辟一章论"苏蜀学派"，基本上算是恢复了它在宋代理学发展史中的历史地位，至此学界终于启封了苏学这坛千年老酒，并使其散发出醉人的醇香。

而就其在科技思想方面的地位，我们可表述如下：

第一，苏洵通过对扬雄《太玄》历法的批判性阐释，提出了"不齐之积而至于齐"的历法思想。《太玄》总结了西汉时期历法与农学的研究成果，仿《周易》的体例而创立了一个以"玄"为核心的宇宙演化图式，成为汉代历数学研究的标志性著作。司马光称："孔子既没，知圣人之道者，非扬子而谁？"[2]而苏洵则不然，在他看来，"盖雄者好奇而务深，故辞多夸大，而可观者鲜"[3]。因此，他对扬雄《太玄》历法用"尽"这个范畴来

---

① ［英］A.N.怀特海：《科学与近代世界》，何钦译，北京：商务印书馆，1959 年，第 10 页。

② 司马光：《太玄序·读玄》，《百子全书》第 3 册，第 2003 页。

③ （宋）苏洵：《苏洵集》卷 15《太玄总例并引》，曾枣庄、舒大刚主编：《三苏全书》第 6 册，第 193 页。

说明"章、会、统、元"的天象变化表示怀疑。苏洵说：历法是人们对天象变化的认识，故历法要跟天象变化相符合，而不是天象按照人们限定的主观模式去运动变化，所以"不齐之积而至于齐，是以有尽也"①。"齐"是人们用于解释日月变化的理论模式，它的理想值就是要达到历法与日月变化的一致性，这叫"尽"。然而，"不齐"是绝对的和不以人们的意志为转移的，"夫尽者，生于不齐者也"②，那么造成"不齐"的原因是什么呢？扬雄认为原因在于日与斗星的运动本身，而苏洵认为"不齐者，非出于斗与日，出于月也"③。由于中国古代的历法基础建立在"地心说"之上，所以把"不齐"的原因归于日或月，都没有抓住问题的实质，但"月因说"毕竟在当时较"日因说"更合理，因为从客观上说，日绕地运动是错的，而月绕地运动却是没有错的，不管苏洵是否意识到这一点，他的思想却是积极的和可取的。

无须隐瞒，苏洵批判《太玄》的目的在于恢复《易》之元典地位，故苏籀《栾城遗言》称苏洵晚年读《易》，玩其爻象，于是得其刚柔、远近、喜怒、逆顺之情。而这情实源于自然，因而有诚、有义。故苏洵说："观天地之象以为爻，通阴阳之变以为卦，考鬼神之情以为辞。"④即《易》是对自然规律的认识，用苏洵的话说就是"天人参焉，道也，道有所施吾教矣"⑤，而"天人相参"是苏洵最重要的科技思想之一，也可以说是"天人合一"与"天人之分"说之间的一种过渡思想，是架设北宋"天人合一"与"天人之分"说之间的一座桥梁。"天人相参"从认识论的层面讲，无疑地体现着"天人合一"的生态理念，如苏洵说："不耕而食鸟兽之肉，不蚕而衣鸟兽之皮，是鸟兽与人相食无已也"⑥，相反，"食吾之所耕，而衣吾之所蚕，则鸟兽与人不相食"⑦的思想不仅成为"蜀学"主要特色，而且对南宋时期吕本中的生态思想产生了积极影响。进一步，从伦理实践的层面看，"天人相参"又具有"天人之分"的思想特征，主要表现在苏洵对"义"的理解上，他说："义者，所以宜天下，而亦所以拂天下之心。"⑧其依据是："《乾·文言》曰：'利者，义之和。'"⑨这是典型的功利主义思想，是"天人之分"说的具体体现。由此"义"就具有了"两重性"，即"义"有适合天下之心的一面，也有违反天下之心的一面，只有把义与利结合起来，才能得天下之心，这是十分深刻的科技思想。因此之故，苏洵才对当时的科举制提出了批评。他说："夫人固有才智奇绝而不能为章句、名数、声律之学者，又有不幸而不为者。苟一之以进士、制策，是使奇才绝智有时而穷也。"⑩当时，确实有不少"才智奇绝而不能为章句"的士人，最终却变成了"科举制"的牺牲品。所以有学者分

① （宋）苏洵：《苏洵集》卷15《历法》，曾枣庄、舒大刚主编：《三苏全书》第6册，第201页。
② （宋）苏洵：《苏洵集》卷15《历法》，曾枣庄、舒大刚主编：《三苏全书》第6册，第201页。
③ （宋）苏洵：《苏洵集》卷15《历法》，曾枣庄、舒大刚主编：《三苏全书》第6册，第201页。
④ （宋）苏洵：《苏洵集》卷13《六经论》之《易论》，曾枣庄、舒大刚主编：《三苏全书》第6册，第174页。
⑤ （宋）苏洵：《苏洵集》卷13《六经论》之《易论》，曾枣庄、舒大刚主编：《三苏全书》第6册，第174页。
⑥ （宋）苏洵：《苏洵集》卷13《六经论》之《易论》，曾枣庄、舒大刚主编：《三苏全书》第6册，第174页。
⑦ （宋）苏洵：《苏洵集》卷13《六经论》之《易论》，曾枣庄、舒大刚主编：《三苏全书》第6册，第174页。
⑧ （宋）苏洵：《苏洵集》卷18《利者义之和论》，曾枣庄、舒大刚主编：《三苏全书》第6册，第242页。
⑨ 《周易·乾·文言》，陈戍国点校：《四书五经》上，第141页。
⑩ （宋）苏洵：《苏洵集》卷12《广士》，曾枣庄、舒大刚主编：《三苏全书》第6册，第159页。

析说：

> 诚然，读书可以做官，做官也须读书，但在官本位的封建专制社会中，以做官为读书人的惟一出路，以圣上钦定的四书五经、八股文章为样本，以为统治集团谋划的应对策论为内容的教育，无疑使教育失去了它的本性，走偏了方向。从隋唐建立科举制到 1905 年废除科举制的 1300 余年科举制历史中，中国已经形成了一套根深蒂固的应试教育观念和传统，并形成社会集体无意识的心理积淀代代相传。就此，我们便似乎可以明白，为什么中国历史上产生了那么多的范进、孔乙己式的病态的读书人，而读书人又为什么显得那么脱离实际、迂腐和俗套。读书人营营苟苟，皓首穷经，非为开发心智，只为钻营仕途，读书人个性泯灭，心性泯灭，沦为科举制的牺牲品。这些非为读书人的病态，实乃科举制的病态。①

尽管如此，就相对公平地选拔各类管理人才而言，科举制还是具有比较明显的优势的。

第二，苏辙对物质与精神的关系问题做了朴素唯物主义的说明，这是北宋科学技术进入峰态期的一种主体性自觉，是对"天人之分"说的一种科学总结。苏辙说：

> 昔之君子惟其才之不同，故其成功不齐；然其能有立于世，未始不先为其地也。古者伏羲、神农、黄帝既有天下，则建其父子，立其君臣，正其夫妇，联其兄弟，殖之五种，服牛乘马，作为宫室、衣服、器械，以利天下。天下之人生有以养，死有以葬，欢乐有以相爱，哀戚有以相吊，而后伏羲、神农、黄帝之道得行于其间。凡今世之所谓长幼之节，生养之道者，是上古为治之地也。至于尧舜三代之君，皆因其所阙而时补之，故尧命羲和历日月，以授民时；舜命禹平水土，以定民居；命益驱鸟兽，以安民生；命弃播百谷，以济民饥……所以利安其人者凡皆已定，而后施其圣人之德。②

"利安其人者凡皆已定，而后施其圣人之德"实际上就是说明物质与精神的关系问题的，在苏辙的文本里，"利安其人者"所指就是科学技术的物质成果，就是指已经转化为生产力或者目前尚处于潜在生产力阶段的科技力量，如宫室、衣服、器械、历法、水利、生物等。就此而论，苏辙的思想已经朦朦胧胧地认识到社会存在（即"利安其人者"）先于社会意识（即"德"）的问题了。朱熹说：蜀学"皆自小处起议论"③，由小见大正是蜀学的方法论特征。李泽厚曾这样解释唯物史观的基本思想，他说："由于人要吃饭，人才使用、制造工具（科技也才是第一生产力），生产力才是人类存在的根本基础，也才有社会组织社会结构，以及社会上层建筑和意识形态。"④在谈到西方近代工业文明的物质成果时，李泽厚又说："在西方近代，天人相分、天人相争即人对自然的控制、征服、对峙、

---

① 郑奋明：《现代化与国民素质》，广州：广东人民出版社，2003 年，第 104 页。
② （宋）苏辙：《苏辙集》卷 65《新论上》，曾枣庄、舒大刚主编：《三苏全书》第 18 册，第 109 页。
③ （宋）黎靖德编，王星贤点校：《朱子语类》卷 139《论文上》，第 3307 页。
④ 李泽厚：《世纪新梦》，合肥：安徽文艺出版社，1998 年，第 143 页。

斗争，是社会和文化的主题之一。……它历史地反映着工业革命和现代文明：不是像农业社会那样依从于自然，而是用科技工业变革自然，创造新物。"①这样看来，不是中国古代缺少像西方近代那样的思想，而是统治者并不重视像"上古为治之地"此类的科技思想，更不想构建一个真正的经济型而不是伦理型的社会发展模式。所以，苏辙的上述思想尽管具有一定的科学价值，但局限于当时的社会条件，它却不能进一步成为主导宋代"近世社会"继续向前发展的精神动力。

第三，苏轼从佛、道、儒三教合一的立场出发，把科学研究看作是一种人道主义的体现，在宋代科技思想发展史上具有重要的理论意义。作为一个思想文本，苏轼分三步来论证它的合理性：第一步，人的一切权利中，生存权是基本权利，所以他认为"人欲"不是洪水猛兽，而是人之为人的根本特点，以此为前提，他说"虚一而静者世无有也"②；第二步，在心物的关系方面，苏轼坚持物对道的先在性和决定性。在他看来，养性固然重要，但养性不能以牺牲人的口体为代价，所以他主张随心所欲，性成于自然，"一切物变，为己主宰"③，这是与理学家的思想格格不入的，漆侠先生正确地指出：我们"无需乎向苏轼再奉献上所谓性理之学的桂冠。事实上，苏轼本人从来不讲究这类的学问，性理之学的桂冠，如果苏轼在地下有知，肯定也会双手奉还"④；第三步，提出"技与道相半"⑤的科学命题，苏轼认为：人是"有思"的动物，"有思"产生技术，而技术是人类改造自然的强有力的工具，然而自然规律（即道）是人力不能任意改变的。因此，人与自然的关系就不能是主奴的关系，而是一种平等和谐的发展关系。他甚至以一种物我统一的生态视角来审察宇宙万物尤其是人类在自然界中的位置，提出"伏我诸根"⑥的思想，即众生的存在是人类得以繁衍的根据，这是典型的科学人道主义思想。下面拟用专题来讨论苏轼科学人道主义思想的形成与发展过程。

二、苏轼的科学人道主义思想

（一）苏轼生平简介

苏轼（1037—1101），字子瞻，雅号东坡居士，也有人称其为苏子的。据他自己说："今吾十口之家，而共百亩之田，寸寸而取之。"⑦按照北宋划分户等的标准⑧，苏轼家顶多是个三等官户。然而，从苏轼个人的学术造诣和思想影响来看，他实际上已成为"苏蜀

---

① 李泽厚：《己卯五说》，北京：中国电影出版社，1999年，第164—165页。
② （宋）苏轼：《东坡志林》卷1《辟谷说》，曾枣庄、舒大刚主编：《三苏全书》第5册，第94页。
③ （宋）苏轼：《苏轼文集》卷86《书金光明经后》，曾枣庄、舒大刚主编：《三苏全书》第13册，第517页。
④ 漆侠：《宋学的发展和演变》，第456页。
⑤ （宋）苏轼：《苏轼文集》卷120《众妙堂记》，曾枣庄、舒大刚主编：《三苏全书》第14册，第492页。
⑥ （宋）苏轼：《苏轼文集》卷86《书金光明经后》，曾枣庄、舒大刚主编：《三苏全书》第13册，第517页。
⑦ （宋）苏轼：《苏轼文集》卷114《稼说》，曾枣庄、舒大刚主编：《三苏全书》第14册，第404页。
⑧ 北宋虽划分户等的形式不一，但主要是根据土地而定的。大致一等户的土地，有多至百顷者。二等户，约有土地两顷左右。三等户约有土地一顷左右。第四等户有土地五十亩左右，第五等户土地一般不足二十亩（王振芳、王轶英：《中国古代经济制度史》，太原：北岳文艺出版社，2012年，第135—136页）。

学派"的核心人物。据载，苏轼思想的形成有着深厚的家学渊源，其父苏洵"绝意于功名，而自托于学术"①，从此"大究'六经'、百家之说"②，那么，苏洵究竟"究"出了个什么东西呢？他说："夫使圣人而无权，则无以成天下之务；无机，则无以济万世之功"③，一句话，"六经"的实质就是"权机"。故苏洵一辈子仅熬了个文安县主簿，他是绝不甘心的，所以他希望他的儿子走仕宦之路，有朝一日能在朝廷大展宏图。苏轼则不负父亲重望，官至礼部尚书，可惜高官却没有给他带来更多的"权机"，只因他书生意气太重不改那"特立之志"④，故元丰二年（1079）一桩"乌台诗案"使他被捕下狱。后来，他与司马光、二程意见不合，又两遭文字狱之陷。可谓命运坎坷，仕途艰险。故苏轼在回忆这些不堪回首的人生往事时说：

> 昔先帝（指宋神宗）召臣上殿，访问古今，敕臣今后遇事即言。其后臣屡论事，未蒙施行，乃复作诗文，寓物托讽，庶几流传上达，感悟圣意。而李定、舒亶、何正臣三人，因此言臣诽谤，臣遂得罪。⑤

何以至此呢？黄庭坚算是摸透了苏轼的脾气，他说：

> 东坡文章妙天下，而短处在好骂。⑥

诚然，"好骂"不雅，甚至纪昀在评点《苏文忠公诗集》卷六中亦说过苏轼之诗"惟激讦处太多"⑦的话，但宋代社会的进步就在于"时论既不一，士大夫好恶纷然"⑧，如果我们把研究范围稍微扩大一点，那么宋代的苏辙、黄庭坚、欧阳修、曾巩、程颐等也都多少具有"激讦"的个性特征，因为文人参政免不了要"不任职而论国事"⑨。所以苏轼的"好骂"全然出于公心，如他在元丰初年写给藤达道的第八书中说：

> 某欲面见一言者，盖谓吾侪新法之初，辄守偏见，至有异同之论。虽此心耿耿，归于忧国，而所言差谬，少有中理者。今圣德日新，众化大成，回视向之所执，益觉疏矣。若变志易守以求进取，固所不敢，若哓哓不已，则忧患愈深。公此行尚深示知，非静退意，但以老病衰晚，旧臣之心，欲一望清光而已。⑩

也许藤达道是想特地说服苏轼"变志易守"以求仕途平坦的，但从信中的语气看，苏

---

① （宋）苏洵：《苏洵集》卷13《上韩丞相书》，曾枣庄、舒大刚主编：《三苏全书》第6册，第92页。

② （宋）欧阳修：《居士集》卷35《故霸州文安县主簿苏君墓志铭》，《欧阳修集》，哈尔滨：黑龙江人民出版社，2005年，第287页。

③ （宋）苏洵：《苏洵集》卷11《衡论·远虑》，曾枣庄、舒大刚主编：《三苏全书》第6册，第148页。

④ 《宋史》卷338《苏轼传》，第10818页。

⑤ （宋）苏轼：《苏轼文集》卷24《乞郡札子》，曾枣庄、舒大刚主编：《三苏全书》第11册，第546页。

⑥ 蒋方编选：《黄庭坚集·答洪驹父书》，南京：凤凰出版社，2014年，第292页。

⑦ （宋）苏轼：《苏轼诗集》卷6《送刘道原归觐南康》引纪昀评语，曾枣庄、舒大刚主编：《三苏全书》第6册，第506页。

⑧ （宋）叶梦得：《石林诗话》卷中，（清）何文焕辑：《历代诗话》，北京：中华书局，1981年，第417页。

⑨ （汉）桓宽：《盐铁论》卷上《论儒》，《百子全书》第1册，第407页。

⑩ （宋）苏轼：《苏轼文集》卷48《与藤达道》，曾枣庄、舒大刚主编：《三苏全书》第12册，第415—416页。

轼根本不买他的账，因为苏轼的态度已经坚决到"欲一望清光而已"的程度，藤氏实在也拿他没有办法。结果，正像苏轼所预料的那样，他的晚年在流寓生活中度过，其物质生活是清贫的，但他的人格却是高尚的。对苏轼来说，那一次次的流放生活和险恶的官场体验，使他逐渐地脱离了封建士大夫的那种腐臭之气，并通过特定的田园式生活而与广大的黎民百姓慢慢地融为了一体。正因如此，他的诗文才不断地得到升华，由黄州而惠州、儋州，这个时期系苏轼诗文创作的鼎盛期，也是其名篇佳作的产出期，其文如前后《赤壁赋》，融诗情、画意和哲理于一体，穿过不同的"社会历史域"，扣动一代代学人的心弦，其思想和艺术的震撼力堪称"一代文章之宗也"[1]。而谪居惠州和儋州时所作之诗篇，踪杜甫之风格，"负其豪气，志在行其所学。放浪岭海，文不少衰。力斡造化，元气淋漓。穷理尽性，贯通天人，山川风云，草木华实"[2]，更直斥权贵之丑恶，荡污涤浊。可见，苏轼的社会角色转换使他能在一定意义上去感受和体悟劳动的艰难，正是在这种历史条件下，苏轼于绍圣四年（1097）写了《籴米》一诗，充分表达了诗人对劳动与人生关系的理解。而在《菜羹赋》中，他更以野菜为享，自比"葛天氏之遗民"，虽处困境，却不失傲然独立之人格，所有这一切都为他的科学哲学思想的形成创造了条件。

（二）"曲成万物"的自然观

苏轼的自然观主要形成于元丰三年（1080）被贬黄州之后，以《东坡易传》为标志，以佛学为情结，援佛入儒，不惑传注，遂成一派学宗。从这个角度讲，《宋史》本传称苏轼为"哲人"是恰当的。秦观亦云：

> 苏氏蜀人，其于组丽也独得之于天，故其文章如锦绮焉。其说信美矣。然非所以称苏氏也。苏氏之道，最深于性命自得之际；其次则器足以任重，识足以致远。至于议论文章，乃其与世周旋，至粗者也。[3]

虽然王安石把苏学看作是"纵横之学"，朱熹在《杂学辨》中则把苏学列于杂家，但他们都肯定其学术思想的精深。因此，宋徽宗于崇宁二年（1103）诏"焚毁苏轼《东坡集》并《后集》"[4]，可《东坡易传》并没有被焚毁，这说明苏轼晚年的"性命自得"之学还是为朝廷所承认的，而且宋孝宗认为苏轼之文"能参天地之化，开盛衰之运"[5]，"能立天下之大节"[6]。因此，从这个角度看，牟宗三先生说"苏东坡是纯粹的浪漫文人"[7]，

① （宋）宋孝宗：《东坡全集》序，（宋）郎晔：《经进东坡文集事略》，庞石帚校订本，北京：文学古籍刊行社，1957年，第1册，第2页。
② （宋）宋孝宗：《东坡全集》序，（宋）郎晔：《经进东坡文集事略》，庞石帚校订本，第1册，第2页。
③ （宋）秦观著，徐培均笺注：《淮海集笺注》卷30《答傅彬老简》，上海：上海古籍出版社，2000年，第981页。
④ （清）黄以周等辑注：《续资治通鉴长编拾补》卷21"崇宁二年四月丁巳"条，北京：中华书局，2004年，第739页。
⑤ （宋）宋孝宗：《东坡全集》序，（宋）郎晔：《经进东坡文集事略》，庞石帚校订本，第1册，第2页。
⑥ （宋）宋孝宗：《东坡全集》序，（宋）郎晔：《经进东坡文集事略》，庞石帚校订本，第1册，第2页。
⑦ 牟宗三：《宋明儒学的问题与发展》，第42页。

又说他"对中国历圣相承的文化生命缺乏责任感"①，就实在有点偏颇，很难令人信服。

那么，苏轼"性命自得"什么呢？依笔者所见，苏轼"性命自得"之旨正是他在自然观方面的"混沌说"，正是他之"造物本无物"②的宇宙生成论。

《东坡易传》卷7《系辞》释"一阴一阳之谓道"条云：

> 廓然无一物而不可谓之无有，此真道之似也。③

苏轼所说的"无物"实为"无有"，就是说宇宙的形成既不是由"无"产生而来，也不是从"有"演化而来，它则是"无有"混成，现代科学已把它称为"混沌理论"，著名的日本粒子物理学家汤川秀树在《创造力和直觉》一书中根据《庄子·内篇》的一则神话把构成基本粒子的物质叫作"混沌"。这是现代科学从更高意义上向中国先秦思想的一种回归。而《庄子·内篇》的神话说：

> 南海之帝为倏，北海之帝为忽，中央之帝为混沌。倏与忽时相遇于混沌之地，混沌待之甚善，倏与忽谋报混沌之德，曰：'人皆有七窍，以视听食息，此独无有，尝试凿之。'日凿一窍，七日而混沌死。④

按照庄子的逻辑，混沌死了，宇宙却因此而诞生，中间没有任何环节，颇类于现代的"灾变论"思想。所以，在北宋，对于曾经慨叹读《庄子》"得吾心矣"⑤的苏轼，就不能让宇宙万物如此突然地产生了。那么，苏轼又该如何去完成从"无有"到宇宙诞生之间的过渡呢？苏轼在提出"物何自生哉"⑥的问题之后，紧接着就作出了下面的回答：

> 是故指生物而谓之阴阳，与不见阴阳之仿佛而谓之无有者，皆惑也。圣人知道之难言也，故借阴阳以言之，曰一阴一阳之谓道。一阴一阳者，阴阳未交而物未生之谓也。⑦

所以，苏轼的宇宙发生模式可用图 2-2 表示。

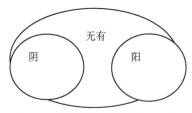

图 2-2　苏轼的宇宙发生模式图式

---

① 牟宗三：《宋明儒学的问题与发展》，第 42 页。

② （宋）苏轼：《苏轼诗集》卷 25《墨花》，曾枣庄、舒大刚主编：《三苏全书》第 8 册，第 293 页。

③ （宋）苏轼：《东坡易传》卷 7《系辞上》，曾枣庄、舒大刚主编：《三苏全书》第 1 册，第 352 页。

④ 《庄子·内篇·应帝王第七》，《百子全书》第 5 册，第 4546 页。

⑤ （宋）苏辙：《苏辙集》卷 72《亡兄子瞻端明墓志铭》，曾枣庄、舒大刚主编：《三苏全书》第 18 册，第 223 页。

⑥ （宋）苏轼：《东坡易传》卷 7《系辞传上》，曾枣庄、舒大刚主编：《三苏全书》第 1 册，第 351 页。

⑦ （宋）苏轼：《东坡易传》卷 7《系辞传上》，曾枣庄、舒大刚主编：《三苏全书》第 1 册，第 352 页。

在这里，苏轼所说的"无有"，也即"混沌"，由于人们说不清楚"无有"到底是什么，故又称为"惑"。的确，对于苏轼提出的这个问题，切莫说北宋时期的科学无法回答，即使是在被称之为"大科学"的今天，恐怕也是一个非常棘手的宇宙学难题。随着高科技手段的不断更新，目前人类虽然在基本粒子以上的层次能够通过特定的科学手段将物质与反物质有效地分割开来，但是人类对基本粒子以下的物质层次至今尚没有好办法把物质与反物质有效地加以分割。而 21 世纪人类科学所遇到的难题之一，就是如何解决宇宙的起源问题，用苏轼的话说，这个问题的焦点就是如何科学地阐明"阴阳未交"之时的宇宙状态以及宇宙生命还未分化时的"原始汤"状态。

科学实验证明，氢分子是目前已知的整个宇宙的基本细胞，从氢分子开始，宇宙经过百亿年的物理演化，从夸克子或称层子（因其尚无法用科学手段进行分割，故汤川秀树称之为"混沌"）一直到无机分子的出现，其具体的演进序列是：

层子或夸克子→基本粒子→原子核→原子→无机分子

其中，从无机分子到原始生命的诞生，属化学演化阶段，大约经过了几十亿年的时间。恩格斯说："生命起源必然是通过化学的途径实现的"[1]，而化学演化的最主要成果就是形成了水，因为水是"原始海洋"形成的条件，而"原始海洋"又为原始生命的诞生提供了适宜舞台。苏轼虽然不能像现代科学一样如此清晰地揭示出宇宙演化的每一个阶段，但他已意识到水对"原始生命"发生的重要性，而且他还看到了"无有"阶段的直接产物就是形成了水，这在当时无疑是最了不起的科技思想成果。苏轼说：

阴阳一交而生物，其始为水。水者，有无之际也。始离于无而入于有矣。[2]

苏轼在《续养生论》里又说：

阴阳之始交，天一为水，凡人之始造形，皆水也。故五行一曰水，得暖气而后生，故二曰火，生而后有骨，故三曰木，骨生而日坚，凡物之坚壮者，皆金气也，故四曰金，骨坚而后肉生焉，土为肉，故五曰土，人之在母也，母呼亦呼，母吸亦吸，口鼻皆闭，而以脐达，故脐者生之根也，汞龙之出于火，流于脑，溢于玄膺，必归于根心，火不炎上，必从其妃，是火常在根也，故壬癸之英，得火而日坚，达于四支，浃于肌肤而日壮，其究极，则金刚之体也，此铅虎之自水生者也。龙虎生而内丹成矣，故曰顺行则为人，逆行则为道，道则未也，亦可谓长生不死之术矣。[3]

当然，苏轼在阐释宇宙发生的过程中还用到了许多传统的思想范畴，如道与器、恒与变、动与静、柔与刚等。如果说"无有"和"水"是苏轼宇宙观的逻辑骨架的话，那么上面的思想范畴就构成了苏轼宇宙观的血和肉。

在苏轼的思想体系里，"无有"不完全等同于"道"。他说："凡可见者皆物也，非阴

---

[1] ［德］恩格斯：《反杜林论》，北京：人民出版社，1971 年，第 70 页。
[2] （宋）苏轼：《东坡易传》卷 7《系辞传上》，曾枣庄、舒大刚主编：《三苏全书》第 1 册，第 352 页。
[3] （宋）苏轼：《苏轼文集》卷 115《续养生论》，曾枣庄、舒大刚主编：《三苏全书》第 14 册，第 417—418 页。

阳也。"①又说："圣人知'道'（引号为笔者所加）之难言也，故借阴阳以言之，曰一阴一阳之谓道。"②也就是说，从"无有"到"阴阳"的转化，是一个层次，是一个属于本质范畴的层次，而从阴阳到万物的产生，则是又一个层次，是一个属于现象范畴的层次。这两层意思，用苏轼的话说就是"阴阳交然后生物，物生然后有象，象立而阴阳隐矣"③。其中"隐"字用得非常妙，非常准确，非常到位。而所谓"阴阳隐矣"是说阴阳已经转变为一种深刻的本质了，它无形、无色、无味，既看不见也摸不着，由于它自身的隐秘性，故人们"借阴阳以言之"，就称作"道"，而由阴阳交然后产生出来的万物，则是有形体的，是既能看也能摸的，故人们称它为"器"。所以，"道"与"器"的关系实际上就是"本质"与"现象"的关系。对此，苏轼说：

> 阴阳相缊而物生。《乾》《坤》者，生生之祖也，是故为易之缊，《乾》《坤》之于易犹日之于岁也。除日而求岁，岂可得哉？故《乾》《坤》毁则易不可见矣。易不可见，则《乾》为独阳，《坤》为独阴，生生之功息矣。

> 是故形而上者谓之道，形而下者谓之器，化而裁之谓之变，推而行之谓之通。"道"者器之上达者也，《器》者道之下见者也，其本一也。"化"之者道也，"裁"之者器也，"推而行之"者一之也。④

接着，苏轼从两个层面论述了"恒"与"变"的关系。

首先，从事物现象的视角看，恒是相对的、暂时的，而变则是绝对的、永恒的。他说：

> 物未有穷而不变，故恒非能执一而不变，能及其未穷而变尔。穷而后变，则有变之形，及其未穷而变，则无变之名，此其所以为恒也。⑤

其次，从事物的本质与现象的关系角度讲，作为规律的道具有相对持久性和稳定性，而作为现象的器则具有暂时性和易变性。故苏轼又说：

> 天一于覆，地一于载，日月一于照，圣人一于仁，非二事也。昼夜之代谢，寒暑之往来，风雨之作止，未尝一日不变也。变而不失其常，晦而不失其明，杀而不害其生，岂非所谓一者常存而不变故耶！圣人亦然，以一为内（即事物发展的规律），以变为外（事物的表面现象）。或曰："圣人固多变也欤？"不知其一也，惟能一故能变。⑥

而为了说明宇宙万物发展变化的动力问题，苏轼对《易经》里的"刚"与"柔"范

---

① （宋）苏轼：《东坡易传》卷7《系辞传上》，曾枣庄、舒大刚主编：《三苏全书》第1册，第351页。
② （宋）苏轼：《东坡易传》卷7《系辞传上》，曾枣庄、舒大刚主编：《三苏全书》第1册，第351—352页。
③ （宋）苏轼：《东坡易传》卷7《系辞传上》，曾枣庄、舒大刚主编：《三苏全书》第1册，第352页。
④ （宋）苏轼：《东坡易传》卷7《系辞传上》，曾枣庄、舒大刚主编：《三苏全书》第1册，第370—371页。
⑤ （宋）苏轼：《东坡易传》卷4《恒卦》，曾枣庄、舒大刚主编：《三苏全书》第1册，第246页。
⑥ （宋）苏轼：《苏轼文集》卷105《终始惟一时乃日新》，曾枣庄、舒大刚主编：《三苏全书》第14册，第270页。

畴，作了深刻的探讨。苏轼认为，"柔"属于内因，是事物发展变化的根本力量；而"刚"属于外因，是事物发展变化的外部力量。他说：

> 夫物非刚者能刚，惟柔者能刚耳。畜而不发，及其极也，发之必决，故曰："沉潜刚克。"①

这里，苏轼讲到了事物存在和发展的规律性问题。规律的本质为"柔"，因此，人们只有"顺从"它，才能称之为"君子"。故苏轼在解释"六二，直、方、大，不习无不利"这条爻辞时说：

> 以六居二，可谓柔矣。夫直方大者，何从而得之？曰六二，顺之至也。君子之顺。岂有他哉？循理无私而已。故其动也为直，居中而推其直为方。既直且方，非大而何？夫顺生直，直生方，方生大。君子非有意为之也，循理无私，而三者自生焉。②

苏轼又说：

> 惟其顺也，故能济其刚。③

所以在处理事物的内外关系时，苏轼主张：

> 刚不得柔以济之，则不能亨；柔不附刚，则不能有所往。④

漆侠先生认为苏轼在这里已经"觉察了矛盾共同体中柔是主导的一面"⑤，显然这是一种接受和改造了的道家思想，是北宋初期"黄老之术"在北宋中期的一种延续。于是，苏轼综合宋代之前道家思想的精髓，提出了他的"以柔克刚"之道。苏轼说：

> 处群刚之间，而独用柔，无备之甚者也。以其无备而物信之，故归之者交如也。此柔而能威者，何也？以其无备，知其有余也。夫备生于不足，不足之形见于外，则威削。⑥

所谓"无备"就是指事物的"本然之心"，亦即"无心"。惟其"无心"，"则物莫不得尽其天理以生以死"。⑦

当然，在苏轼看来，事物的刚柔性质不仅相互依赖，而且相互转变，如他说："九二之刚，不可以刚胜也。……而自以其刚决物，以此为履，危道也。"⑧在苏轼的人生炼狱里，这不仅是自然法则，同时也是处世原则。苏轼又说："夫刚柔相推而变化生，变化生

---

① （宋）苏轼：《东坡易传》卷1《坤卦》，曾枣庄、舒大刚主编：《三苏全书》第1册，第154页。
② （宋）苏轼：《东坡易传》卷1《坤卦》，曾枣庄、舒大刚主编：《三苏全书》第1册，第152页。
③ （宋）苏轼：《东坡易传》卷1《坤卦》，曾枣庄、舒大刚主编：《三苏全书》第1册，第155页。
④ （宋）苏轼：《东坡易传》卷3《贲卦》，曾枣庄、舒大刚主编：《三苏全书》第1册，第213页。
⑤ 漆侠：《漆侠全集》第6卷《宋学的发展和演变》，第400页。
⑥ （宋）苏轼：《东坡易传》卷2《大有卦》，曾枣庄、舒大刚主编：《三苏全书》第1册，第189页。
⑦ （宋）苏轼：《东坡易传》卷7《系辞传上》，曾枣庄、舒大刚主编：《三苏全书》第1册，第346页。
⑧ （宋）苏轼：《东坡易传》卷1《履卦》，曾枣庄、舒大刚主编：《三苏全书》第1册，第177页。

而吉凶之理无定，不知变化而一之，以为无定而两之，此二者皆过也。天下之理未尝不一，而一不可执，知其未尝不一而莫之执，则几矣。"①所以"圣人既明吉凶悔吝之象，又明刚柔变化本出于一，而相摩相荡，至于无穷之理"②。苏轼虽然不能称作"理学家"，但他对"无穷之理"的探究是积极的和执着的，在苏轼看来，万事万物都有自身的发展规律，如他说："至于山石竹木、水波烟云，虽无常形，而有常理。"③可见，对"无常形"之"理"的重视与探求，亦是苏轼科技思想的最突出之处，尤其是苏轼从刚与柔的矛盾关系中来关注自然观和认识论的统一，并对它做出了自己的解释，这一点很有特色，因为它体现了苏轼科技哲学思想的深刻性和个性。

在此基础上，苏轼还提出了极具哲理的"咎誉"观和"异同"观。

首先，对于"咎誉"这对范畴，苏轼分析说："咎与誉，人之所不能免也。出乎咎，必入乎誉；脱乎誉，必罹乎咎。咎所以致罪，而誉所以致疑也。甚矣，无咎无誉之难也！"④从事物发展变化的角度看，"咎与誉"确实是一物之两体。当然，这也是他坎坷人生的真实写照。在这里，苏轼已经潜意识地触及到了生命哲学中的一个基本问题，那就是人"最不可回避的是政治。表面上你好像可以完全不过问政治，过你的太平日子，其实这只是自欺欺人的表面现象。实质上，你无法摆脱、独立于政治。没有独立于政治的阁楼日子"⑤。

其次，对于"异同"这对范畴，苏轼也提出了有别于其他宋代学者的观点和看法。在苏轼看来，"水之于地为比，火之与天为同人。同人与比相近而不同，不可不察也。比以无所不比为比，而同人以有所不同为同，故'君子以类族辨物'"⑥。也就是说，小人之为小人，其特点就是"无所不比"，他们为了权势、地位和财富等等名利，不讲原则，一味趋同或附和。与之相反，君子的处世态度则是主张有差别和包容个性的"异中之同"，而反对那些排斥差异的"同"。所以余敦康认为：在此，苏轼"企图扭转当时流行的以共性压抑个性的做法，反对好同而恶异。主张存异以求同，倡导一种尊重个性、包容差异的自由的风尚"⑦。

（三）"穷达自适"的科学观

亚里士多德在《形而上学》一书中曾把"惊异""闲暇""自由"看作是哲学和科学诞生的三个基本条件。就此而言，古希腊与北宋两个时代有许多相似的地方。如邓广铭先生称北宋是任学者"各自自由发展而极少加以政治干预的"⑧的时代，而苏轼正是这样一个

---

① （宋）苏轼：《东坡易传》卷7《系辞传上》，曾枣庄、舒大刚主编：《三苏全书》第1册，第347页。
② （宋）苏轼：《东坡易传》卷7《系辞传上》，曾枣庄、舒大刚主编：《三苏全书》第1册，第347页。
③ （宋）苏轼：《东坡文集》卷120《净因院画记》，曾枣庄、舒大刚主编：《三苏全书》第14册，第496页。
④ （宋）苏轼：《东坡易传》卷1《坤卦》，曾枣庄、舒大刚主编：《三苏全书》第1册，第155页。
⑤ 赵鑫珊：《一个人和一座城——上海白俄罗森日记》，上海：上海文艺出版社，2012年，第307页。
⑥ （宋）苏轼：《东坡易传》卷2《同人卦》，曾枣庄、舒大刚主编：《三苏全书》第1册，第185—186页。
⑦ 余敦康：《内圣外王的贯通》，上海：学林出版社，1997年，第387页。
⑧ 邓广铭：《论宋学的博大精深——北宋篇》，《新宋学》，上海：上海辞书出版社，2003年，第4—5页。

"各自自由发展"的时代的产物。若用范仲淹的话说，就是"求理而致太平"①。因之，北宋的科学技术才有可能达到它空前的发展水平，所以从这层意义上说宋代也是个"求理"的时代，李泽厚曾说："宋人重'理'，几乎是一大特色。"②毫无疑问，正是由于追求真理（即"求理"）的科学精神，才塑造了宋代士大夫那充满激情和创造力的主体人格，而苏轼就是其中最有代表性的一位。他以"同乎万物，而与造物者游"③的"穷达自适"④的态度来对待自然和人生，故自然界的一草一木都能激发出他的创作热情，他于文诙谐幽默，于诗壮怀激烈，于科学则，思维开阔，敢于创举。如他的《秧马歌》云：

> 春雨濛濛雨凄凄，春秧欲老翠剡齐。嗟我妇子行水泥，朝分一垅暮千畦。腰如箜篌首啄鸡，筋烦骨殆声酸嘶。我有桐马手自提，头尻轩昂腹胁低。背如覆瓦去角圭，以我两足为四蹄。耸踊滑汰如凫鹥，纤纤束薥亦可赍。何用繁缨与月题，却从畦东走畦西。山城欲闭闻鼓鼙，忽作的卢跃檀溪。归来挂壁从高栖，了无刍秣饥不啼。少壮骑汝逮老鬐，何曾蹶轶防颠隮。锦鞯公子朝金闺，笑我一生蹋牛犁，不知自有木驵骎。⑤

后来经过人们的改进，其腹变"榆枣"为"栀木"⑥，"则滑而轻矣"⑦，大大减轻了稻农的劳动强度，提高了板秧效率，且"日行千畦，较之伛偻而作者，劳佚相绝矣"⑧。

至于苏轼其他的科学实践活动就更多了，据载，他在杭州疏浚茅山河、盐桥河、西湖，在徐州修防筑堤，在海南儋州为民凿井引泉，在惠州则修建东西二桥等。⑨而正是在这长期的科学实践过程中，苏轼形成了他的科学观。

第一，"顺行则为人，逆行则为道"⑩的人体观。苏轼对人体的理解十分独特，他从中医五行理论的"生克"关系出发，认为"顺行则为人，逆行则为道"，所谓"顺行"指五行的相生关系，即水生木，木生火，火生土，土生金，金生水。按照苏轼的理解，人体的形成是五行相生的结果，因为人体形成的次序正像五行的相生关系一样，先有"水"，水即人体之造型；次为"气"，气即人体各机能活动的原生力，苏轼说："凡气之谓铅"⑪，而"凡动者皆铅也"⑫；次为"木"，木相应于人体之骨骼；次为"金"，金相应于人体的各种组织和器官的成熟与完备；最后为"土"，土相应于人体的皮肤和肌肉。苏轼说：

① （宋）范仲淹：《范文正公文集》卷79《奏上时务书》，（清）范能濬编集，薛正兴校点：《范仲淹全集》上册，第175页。
② 李泽厚：《宋明理学片论》，《中国社会科学》1982年第1期。
③ （宋）苏轼：《苏轼文集》卷119《醉白堂记》，曾枣庄、舒大刚主编：《三苏全书》第14册，第476页。
④ 姜声调：《苏轼的庄子学》，台北：文津出版社，1999年，第150页。
⑤ （宋）苏轼：《苏轼诗集》卷38《秧马歌》，曾枣庄、舒大刚主编：《三苏全书》第9册，第144页。
⑥ 《苏轼诗集》卷38《题秧马歌后四首》附录，曾枣庄、舒大刚主编：《三苏全书》第9册，第146页。
⑦ 《苏轼诗集》卷38《题秧马歌后四首》附录，曾枣庄、舒大刚主编：《三苏全书》第9册，第146页。
⑧ （宋）苏轼：《苏轼诗集》卷38《秧马歌》引子，曾枣庄、舒大刚主编：《三苏全书》第9册，第145页。
⑨ 周伟民、唐玲玲：《苏轼思想研究》，台北：文史哲出版社，1998年，第404页。
⑩ （宋）苏轼：《苏轼文集》卷115《续养生论》，曾枣庄、舒大刚主编：《三苏全书》第14册，第418页。
⑪ （宋）苏轼：《苏轼文集》卷115《续养生论》，曾枣庄、舒大刚主编：《三苏全书》第14册，第416页。
⑫ （宋）苏轼：《苏轼文集》卷115《续养生论》，曾枣庄、舒大刚主编：《三苏全书》第14册，第416页。

阴阳之始交，天一为水，凡人之始造形，皆水也。故五行一曰水，得暖气而后生，故二曰火，生而后有骨，故三曰木，骨生而日坚，凡物之坚壮者，皆金气也，故四曰金，骨坚而后肉生焉，土为肉，故五曰土。①

用现代组胚学形态理论分析，苏轼的这种推断大体上同人体的进化事实相一致。因为科学的人体进化次序是：①外胚层→②内胚层→③中胚层。这也可看作是苏轼所说的人体顺行理论。

与顺行理论相对的还有逆行理论，即"逆行则为道"。道是万物之源，也是人体之本。但就人体而言，道是"内丹"，即修炼的方法。从苏轼所说的"逆行"理论看，"逆行"就是按照人体形成的次序，由中胚层反向性地回归到外胚层，最后返还至大脑，这个过程也叫"五行颠倒术"。苏轼云：

人之在母也，母呼亦呼，母吸亦吸，口鼻皆闭，而以脐达，故脐者生之根也，汞龙之出于火，流于脑，溢于玄膺，必归于根心，火不炎上，必从其妃，是火常在根也，故壬癸之英，得火而日坚，达于四支，浃于肌肤而日壮，其究极，则金刚之体也。②

"金刚之体"即道家所说的"不死之体"，而修炼"内丹"则是获得"不死之体"的重要途径，道家非常强调这一点，而苏轼也极重视"内丹"的修炼功夫。因为"气"为人体之原生力，故修炼"内丹"的终极效应就是通过养气而阻止人体器官的老化和变形。只要人体各种生理组织与器官强固了，那么骨骼就能获得充足的滋养而不腐朽，骨骼之"日坚"必然会抑制肌肉的萎缩，而肌肉的健康又连锁式地为"气"的通达四肢及全身各组织和器官创造了条件，如此循环不已，从而使人生青春永驻。然而，人生之气来源于五谷之气，而五谷之气又源于自然之气，所以人生之气最终根源于自然之气。现代生物学有所谓"营养级"理论，这个理论为地球生态系统建立了一个塔式消费链，其主要内容是：第一级为绿色植物，第二级为食草动物，第三级是食肉动物，而人应当为第四级，即以草、肉相兼之动物。其中，每一级消耗的能量是不一样的，而动物（包括人类在内）则是大量消耗能量的生物群体。自然界的进化规律本来如此，植物是自养生物，而动物则是异养生物，正因为这个缘故，所有动物才不得不依靠植物来提供能量，而植物的能量却直接来源于太阳光、空气和水，那么人类能不能越过动物和植物而直接从自然界中去吸收能量呢？道家试图在这方面有所创新和突破，而"内丹"所追求的最高境界亦在于此。故苏轼曾有"辟谷之法"的实践，笔者猜想，苏轼所讲的"辟谷之法"很可能是个"假问题"，因为由荀况提出的"虚一而静"③命题在现实生活中根本行不通。但苏轼的本意却是强调食物的调理在养生中的作用，故他说："安则物之感，我者轻，和则我之应物者顺，外轻内顺，

---

① （宋）苏轼：《苏轼文集》卷115《续养生论》，曾枣庄、舒大刚主编：《三苏全书》第14册，第417页。
② （宋）苏轼：《苏轼文集》卷115《续养生论》，曾枣庄、舒大刚主编：《三苏全书》第14册，第418页。
③ （战国）荀况撰，（唐）杨倞注：《荀子》卷15《解蔽》，《宋本荀子》第3册，第183页。

而生理备矣。"①而实际上，苏轼在这里是反证，他说：

> 方五行之顺行也，则龙出于水，虎出于火，皆死之道也。心不官而肾为政，声色外诱，邪淫内发，壬癸之英，下流为人，或为腐坏，是汞龙之出于水者也。喜怒哀乐，皆出于心者也，喜则攫拿随之，怒则殴击随之，哀则擗踊随之，乐则抃舞随之，心动于内，而气应于外，是铅虎之出于火者也。汞龙之出于水，铅虎之出于火，有能出而复返者乎？故曰：皆死之道也。②

这就是人类养生之"二难推理"。虽然人体各组织和器官的生理阈值具有弹性功能，但如果让它们老处于一种超负荷状态，那么人体就会不可逆地进入生理透支危机，这便是苏轼所说的"死之道"。所以，"内丹"修炼法的目的是通过"虚一而静"的方法来减轻人体各组织和器官的生理负荷，即"顺行则为人，逆行则为道，道则未也，亦可谓长生不死之术矣"③。进一步论，苏轼在此已经牵涉到"天理"与"人欲"的矛盾冲突了。据现代生物学家推算，一般地讲，动物的最高自然寿命是其发育期的 7 倍，因而人类的最高自然寿命应为 150 岁左右，这就是宋人所说的"天理"，然而直到目前为止，人类还没有人能够真正以自然寿命而终者，即人类的实际寿命与自然寿命之间仍存在着很大的距离，尽管这个距离正在逐步缩小。仔细分析，影响人类自然寿命的因素很多，如种族、国家和社会因素，环境因素，遗传因素，饮食和营养因素，精神因素，生活方式，家庭因素，职业因素，疾病损伤等，但世界卫生组织 1992 年宣布，在上述因素中 60% 的因素取决于每个人类个体，可见"人欲"应是影响人类自然寿命的大敌。所以，世界卫生组织把健康的生活方式总结为 16 个字："合理膳食，适量运动，戒烟限酒，心理平衡。"④在此，我们不妨把苏轼的养生方法再进一步浓缩为 8 个字——"好求天理，节制人欲"。

第二，"技与道相半"的生态思想，亦是苏轼科技思想的一个重要内容。人与自然的关系问题是科学的元问题，由此而衍生出许多的科学流派，但大抵不外三种：一是"人定胜天"派，二是"人副天数"派，三是平衡派。苏轼认为，人是"有思"的动物，"有思"产生"技术"，而技术是人类改造自然的工具。但是，自然界的发展变化是有一定规律的，规律即是道，而道是人力所不能改变的。因此，人类与自然的关系就不是主奴的关系，而是相互平等的关系。在自然界面前，宇宙中所有的生命都是平等的。苏轼在《众妙堂记》中借侍者之口而表达了他自己对"众妙"的理解，"众妙"本源于《老子》，然而却被苏轼赋予了新的含义，他说所谓"众"即是指宇宙中所有的生物体，"妙"则是指所有生物体之间的平等关系。因此，在苏轼看来，敬畏生命即是"众妙"的具体体现。正是在这个意义上，苏轼认为："人无害兽心，则兽亦不害人。"⑤不仅如此，苏轼还在《书金光明经后》一文中论述了众生与人类相互流转的关系。他引《楞严经》的经文说："冤亲拒

---

① （宋）苏轼：《苏轼文集》卷 115《问养生》，曾枣庄、舒大刚主编：《三苏全书》第 14 册，第 416 页。
② （宋）苏轼：《苏轼文集》卷 115《续养生论》，曾枣庄、舒大刚主编：《三苏全书》第 14 册，第 417 页。
③ （宋）苏轼：《苏轼文集》卷 115《续养生论》，曾枣庄、舒大刚主编：《三苏全书》第 14 册，第 418 页。
④ 孙晓主编：《全科医生话健康》，沈阳：辽宁科学技术出版社，2015 年，第 4 页。
⑤ （宋）苏轼：《苏轼文集》卷 124《书郭文语》，曾枣庄、舒大刚主编：《三苏全书》第 14 册，第 547 页。

受内外障护，即卵生相；坏彼成此，损人益己，即胎生相；爱染留连，附记有无，即湿生相；一切勿变，为己主宰，即化生相，此四众生相者，与我流转，不觉不知，勤苦修行，幻力成就。"①对此，苏轼的感悟就四个字"非寓非实"②。换言之，"我若有见，寓言即是实语；若无所见，实寓皆非"③。因此，苏轼比较认同《楞严经》的众生平等观。在《楞严经》所描绘的世界里，众生并没有绝然的高低贵贱之分，它们相互流转，生生不已。虽然此见解带着明显的循环论色彩，但是苏轼能够以一种物我统一的生态视觉来审视宇宙万物尤其是人类在自然界中的位置，坚持其"伏我诸根"的思想，即众生的生存是人类得以生存的根据，这就表明人类离不开地球上各种生物的繁衍生息，人类和地球上的各种生物共处在一个相互依存和相互作用的网络之中，你中有我，我中有你，这显然是一种积极可贵的"生物链"思想，其基本方面应予以肯定。但是，由于苏轼过于保守，故他更多的是歌颂这种"和谐"，那种通过各种政治手段，试图打破这种"和谐"局面的人和事，在他看来都是不可取的，这便是他反对王安石变法的思想根源。殊不知苏轼自己所歌颂的物我统一状态正是自然界长期变异的结果，没有变异就没有和谐与平衡，由于他看不到这一点，所以最终成了政治上的保守派人物。他借"庄民之老"之口反对以"均贫富"为改革目的的"青苗法"云："贫富之不齐，自古已然，虽天工不能齐也。子欲齐之乎？民之有贫富，犹器用之有厚薄也。子欲磨其厚，等其薄，厚者未动，而薄者先穴矣。"④这种把贫富差别看成是永恒不变的观点是不符合社会发展实际的，因为贫富差别是社会发展到一定历史阶段的产物，是私有制产生的必然结果。

（四）苏轼的方法论

苏轼的创造思维非常活跃，因而他的科学创造方法也很灵活。由于他兼儒、释、道等多种思想于一体，且儒、释、道三家学说对苏轼思维方法的影响又颇为深刻，故仔细追究起来，苏轼的科学方法论牵涉内容多，甚至可作专题来讨论它。不过，鉴于篇幅所限，本书则着重取其二法论之。

第一法，"直感思维"或称"直觉思维"。关于"直感思维"或称"直觉思维"究竟该不该划归到科学的范畴之内，学界有两派截然不同的观点。一派以牟宗三先生为代表，认为直觉思维不是科学，但它却高于科学。牟宗三先生说："中国的一套术数之学，是针对'特殊的'而谈言微中。因限于运用直觉、洞悟，故都是一定的，但亦毕竟不能成科学。因为它不走科学的路数，它是高于科学一层的。"⑤一派以钱学森先生为代表，认为直觉思维属于思维方法的一种，属于科学的范畴。在钱学森先生看来，直感思维不仅存在于文艺创作里，而且也存在于科学研究之中。⑥他说：直感思维的前提条件是"不仅是我们对自

① （宋）苏轼：《苏轼文集》卷 86《书金光明经后》，曾枣庄、舒大刚主编：《三苏全书》第 13 册，第 516 页。
② （宋）苏轼：《苏轼文集》卷 86《书金光明经后》，曾枣庄、舒大刚主编：《三苏全书》第 13 册，第 516 页。
③ （宋）苏轼：《苏轼文集》卷 86《书金光明经后》，曾枣庄、舒大刚主编：《三苏全书》第 13 册，第 516 页。
④ （宋）苏轼：《东坡志林》卷 2《时事·唐村老人言》，曾枣庄、舒大刚主编：《三苏全书》第 5 册，第 107 页。
⑤ 牟宗三：《宋明儒学的问题与发展》，第 69 页。
⑥ 钱学森：《人体科学与现代科技发展纵横观》，北京：人民出版社，1996 年，第 63 页。

己领域内的东西知道得确实很扎实、很深，而且还要有个广大的知识面"①。现在，钱学森先生的观点已为大多数学者所接受，当然这也是笔者的态度。作为科学范畴的直觉思维，正在对科学研究尤其是理论科学研究发挥着越来越重要的作用，也已经是不争的事实了。

苏轼既是文学家，也是书画家、经学家、药物学家，他"学通经史"②，多才多艺，悟性甚高，如王若虚说："东坡之解经，眼目尽高，往往过人远甚。"③而朱熹也说苏轼《书传》是当时《书》解中最好的。④由此，我们就可理解苏轼为什么在科技方面能取得那么多创造性成果。在烹饪方面，他创制的"东坡羹"极富创意，隐寓禅思，有《东坡羹颂并引》为证："甘苦尝从极处回，咸酸未必是盐梅。问师此个无真味，根上来么尘上来"⑤；在矿冶方面，苏轼在《徐州上皇帝书》中载有徐州冶铁业发达之盛况，说"州之东北七十余里，即利国监，自古为铁官、商贾所聚，其民富乐。凡三十六冶，冶户皆大家，藏镪巨万"⑥；同时，为解决冶户的燃煤之急，他还于元丰元年（1078）十二月首次派人在徐州西南的白土镇采煤炼铁，为此他欣然作《石炭》歌⑦；在工程机械方面，苏轼记载了由蜀民王鸾所造的四川筒井用水鞲法，并借助形象思维纠正了唐朝章怀太子李贤所记之错误⑧等。

在中国古代，《易传》开创了用直感思维来阐释科学真理的先例。此后由于区域文化的差异，《易传》在流传的过程中，出现了北方型的"抽象思维阐释法"与南方型的"直感思维阐释法"的《易传》文本，而宋代的邵雍和苏轼可作为北、南两种阐释文本的典型代表。如《东坡易传》在解释每一卦象时，几乎都在应用"直感思维阐释法"，其中：

乾卦，用经文"云行雨施，品物流行"的物理现象与"以言行化物，故曰文明"对举，以验"元亨利贞"的本义⑨；坤卦，举"夫物圆则好动，故至静所以为方也"⑩的常识，以为经文"柔顺利贞"之证⑪；屯卦释云："物之生，未有不待雷雨者。然方其作也，充满溃乱，使物不知其所从。若将害之，霁而后见其功也。天之造物也，岂物物而造之？盖草略茫昧而已"⑫；蒙卦则通过疏浚河道的事例说明"蔽虽甚，终不能没其正"⑬的认识论原理，而现代人本主义大师海德格尔就把人类科学的功能看成是"去蔽"的过程；需

① 钱学森：《人体科学与现代科技发展纵横观》，第 65 页。
② （宋）苏辙：《苏辙集》卷 72《亡兄子瞻端明墓志铭》，曾枣庄、舒大刚主编：《三苏全书》第 18 册，第 214 页。
③ （宋）王若虚：《滹南遗老集》卷 30《著述辨惑》，曾枣庄、舒大刚主编：《三苏全书》第 1 册《附录》，第 409 页。
④ （宋）黎靖德编，王星贤点校：《朱子语类》卷 78《尚书一·纲领》，第 1986 页。
⑤ （宋）苏轼：《苏轼文集》卷 138《东坡羹颂并引》，曾枣庄、舒大刚主编：《三苏全书》第 15 册，第 218 页。
⑥ （宋）苏轼：《苏轼文集》卷 20《徐州上皇帝书》，曾枣庄、舒大刚主编：《三苏全书》第 11 册，第 474 页。
⑦ （宋）苏轼：《苏轼诗集》卷 17《石炭》，曾枣庄、舒大刚主编：《三苏全书》第 7 册，第 498 页。
⑧ （宋）苏轼：《东坡志林》卷 4《井河》，曾枣庄、舒大刚主编：《三苏全书》第 5 册，第 150 页。
⑨ （宋）苏轼：《东坡易传》卷 1《乾卦》，曾枣庄、舒大刚主编：《三苏全书》第 1 册，第 149 页。
⑩ （宋）苏轼：《东坡易传》卷 1《坤卦》，曾枣庄、舒大刚主编：《三苏全书》第 1 册，第 154 页。
⑪ （宋）苏轼：《东坡易传》卷 1《坤卦》，曾枣庄、舒大刚主编：《三苏全书》第 1 册，第 151 页。
⑫ （宋）苏轼：《东坡易传》卷 1《屯卦》，曾枣庄、舒大刚主编：《三苏全书》第 1 册，第 157 页。
⑬ （宋）苏轼：《东坡易传》卷 1《蒙卦》，曾枣庄、舒大刚主编：《三苏全书》第 1 册，第 159 页。

卦告诉人们，人生像涉川，只要"见险而不废其进"①，就一定会成功；讼卦用"使川为渊"②的自然现象来说明在科学研究的过程中出现学术观点的对立和相互争论是难免的，但莫"使相激为深"③；师卦说，人类的社会行为都必须有规范和约束，只有这样社会才能进步，所以"用师犹以药石治病"④；比卦则把人类社会当作禽与舍的关系，而舍即禽的生活中心，人们不希望家禽弃舍而去，不然就将它"射之"⑤；小畜卦，以经文"密云不雨"⑥的现象提出了如何发挥科技人才创造力的社会问题，苏轼认为，"既以为云矣，则是欲雨之道也"⑦，这就是说，有哪一位人才不想为他的国家和民族效力呢；履卦明确地表达了苏轼对人与自然界关系的态度，他举例说："眇者之视，跛者之履，岂其自能哉？必将有待于人而后能。"⑧在这里"眇"与"跛"实际上是隐喻自然界的，当人类没有认识自然现象和规律之前，自然现象和规律是盲目地起作用的，而当人类认识和把握了自然现象和规律时，自然规律便会自觉地为人类的活动目的服务；否卦，与泰卦相对，苏轼认为，社会秩序的建立较破坏要艰难得多，因而"自泰（有序）为否（无序）也易，自否为泰也难"⑨；同人卦，以类比卦，它提出了科学研究中的比较法原则，即"水之于地为比，火之与天为同人。同人与比相近而不同，不可不察也。比以无所不比为比，而同人以有所不同为同"⑩；大有卦，苏轼用"大车，虚而有容"⑪的意象来说明"备生于不足"⑫的科学内涵；谦卦，以山与地喻人生，即"地过乎卑，山过乎高，故'地中有山，谦'，君子之居是也"⑬；豫卦，以"以晦观明，以静观动"⑭来说明静止的认识论意义，即"据静以观物者，见物之正"⑮；蛊卦，从治与乱的辩证关系说明"势穷而后变"⑯的道理，苏轼认为"先乱而后治""治将生乱"是"自然之势"⑰，也是封建王朝更替的必然规律；临卦，是说人的知识素养与其行为的相互关系问题，而人的"行正"跟"知"就像"泽"与"水"的关系一样，"泽所以容水，而地又容泽，则无不容也"⑱；观卦，实则议论自由与幸福的关系，"吾以吾可乐之生而观之人，人亦观吾生可乐，则天下之争心将自

① （宋）苏轼：《东坡易传》卷1《需卦》，曾枣庄、舒大刚主编：《三苏全书》第1册，第162页。
② （宋）苏轼：《东坡易传》卷1《讼卦》，曾枣庄、舒大刚主编：《三苏全书》第1册，第165页。
③ （宋）苏轼：《东坡易传》卷1《讼卦》，曾枣庄、舒大刚主编：《三苏全书》第1册，第165页。
④ （宋）苏轼：《东坡易传》卷1《师卦》，曾枣庄、舒大刚主编：《三苏全书》第1册，第168页。
⑤ （宋）苏轼：《东坡易传》卷1《比卦》，曾枣庄、舒大刚主编：《三苏全书》第1册，第173页。
⑥ （宋）苏轼：《东坡易传》卷1《小畜卦》，曾枣庄、舒大刚主编：《三苏全书》第1册，第174页。
⑦ （宋）苏轼：《东坡易传》卷1《小畜卦》，曾枣庄、舒大刚主编：《三苏全书》第1册，第174页。
⑧ （宋）苏轼：《东坡易传》卷1《履卦》，曾枣庄、舒大刚主编：《三苏全书》第1册，第178页。
⑨ （宋）苏轼：《东坡易传》卷2《否卦》，曾枣庄、舒大刚主编：《三苏全书》第1册，第183页。
⑩ （宋）苏轼：《东坡易传》卷2《同人卦》，曾枣庄、舒大刚主编：《三苏全书》第1册，第185—186页。
⑪ （宋）苏轼：《东坡易传》卷2《大有卦》，曾枣庄、舒大刚主编：《三苏全书》第1册，第189页。
⑫ （宋）苏轼：《东坡易传》卷2《大有卦》，曾枣庄、舒大刚主编：《三苏全书》第1册，第189页。
⑬ （宋）苏轼：《东坡易传》卷2《谦卦》，曾枣庄、舒大刚主编：《三苏全书》第1册，第191页。
⑭ （宋）苏轼：《东坡易传》卷2《豫卦》，曾枣庄、舒大刚主编：《三苏全书》第1册，第196页。
⑮ （宋）苏轼：《东坡易传》卷2《豫卦》，曾枣庄、舒大刚主编：《三苏全书》第1册，第196页。
⑯ （宋）苏轼：《东坡易传》卷2《蛊卦》，曾枣庄、舒大刚主编：《三苏全书》第1册，第201页。
⑰ （宋）苏轼：《东坡易传》卷2《蛊卦》，曾枣庄、舒大刚主编：《三苏全书》第1册，第201页。
⑱ （宋）苏轼：《东坡易传》卷2《临卦》，曾枣庄、舒大刚主编：《三苏全书》第1册，第206页。

是而起"①；噬嗑卦，用经文"雷电合而章"②来说明"阳欲噬阴以合乎阳，阴欲噬阳以合乎阴"③的自然规律；剥卦，用"载于下（指民）谓之舆，庇于上（指君主）谓之庐"④的喻义来阐释经文"君子得舆，民所载也；小人剥庐，终不可用也"⑤的道理；复卦，讲得与失的关系，在苏轼看来，"必尝去也而后有归，必尝亡也而后有得，无去则无归，无亡则无得"⑥；尤其在解释"复其见天地之心"这条经文时，苏轼提出了下面的重要思想："见其意之所向谓之心，见其诚然谓之情。凡物之将亡而复者，非天地之所予者不能也"⑦，毫无疑问，此处的"心"是指"民心"；无妄卦，重点讲获得社会财富的途径，苏轼反对"不耕而获者"⑧，因为"不耕获，未富也"⑨，等等。

由此可见，《东坡易传》既是对《易传》辩证法思想的继承和发展，也是对宋代科学实践成果的一个理论总结，是苏轼科技思想具有创造性价值的生动体现。

第二法，"科学实验"。从历史上看，四川地区有科学实验的文化土壤，宋人柳开说："蜀多方士，得逞伎于道术。"⑩而道家在我国古代实验化学和医学方面都占有重要的历史地位，苏轼继承了道家科学实验的精神传统，尽管"一生凡九迁"⑪，但对科学实验的爱好几乎已成为他生命中最重要的组成部分。他自制"桂酒""真一酒"等，李华瑞先生说："苏东坡是一位酒文化的爱好者，不仅喜欢饮酒，还自酿和编著《酒经》，而且留下了许多饮酒佳话，为时人传为美谈。"⑫据林语堂介绍：苏轼在谪居海南岛时曾自制文墨，甚至还险些把房子烧掉⑬，同时他又养成了到乡野采药的习惯，而在乡野采药的具体实践过程中，苏轼发现了许多中草药的新功用，如荨麻治风湿痛，苍耳治瘿美肤，海漆止痢等。他在《海漆录》中说：

> 吾谪居海南，以五月出陆至藤州，自藤至儋，野花夹道，如芍药而小，红鲜可爱，朴樕丛生。土人云："倒粘子花也。"至儋则已。结子马乳，烂紫可食，殊甘美。中有细核，嚼之瑟瑟有声，亦颇苦涩。童儿食之，或大便难通。叶皆白，如白蓂状。野人夏秋痢下，食叶辄已。海南无柿，人取其皮，剥浸揉捐之，得胶，以代柿，盖愈于柿也。吾久苦小便白胶，近又大腑滑，百药不差。取倒粘子嫩叶，酒蒸之，焙燥为

① （宋）苏轼：《东坡易传》卷2《观卦》，曾枣庄、舒大刚主编：《三苏全书》第1册，第209页。
② （宋）苏轼：《东坡易传》卷3《噬嗑卦》，曾枣庄、舒大刚主编：《三苏全书》第1册，第210页。
③ （宋）苏轼：《东坡易传》卷3《噬嗑卦》，曾枣庄、舒大刚主编：《三苏全书》第1册，第210页。
④ （宋）苏轼：《东坡易传》卷3《剥卦》，曾枣庄、舒大刚主编：《三苏全书》第1册，第219页。
⑤ （宋）苏轼：《东坡易传》卷3《剥卦》，曾枣庄、舒大刚主编：《三苏全书》第1册，第219页。
⑥ （宋）苏轼：《东坡易传》卷3《复卦》，曾枣庄、舒大刚主编：《三苏全书》第1册，第221页。
⑦ （宋）苏轼：《东坡易传》卷3《复卦》，曾枣庄、舒大刚主编：《三苏全书》第1册，第220页。
⑧ （宋）苏轼：《东坡易传》卷3《无妄卦》，曾枣庄、舒大刚主编：《三苏全书》第1册，第224页。
⑨ （宋）苏轼：《东坡易传》卷3《无妄卦》，曾枣庄、舒大刚主编：《三苏全书》第1册，第224页。
⑩ （宋）柳开：《与广南西路采访司谏刘昌言书》，曾枣庄、刘琳主编，四川大学古籍整理研究所编：《全宋文》卷119《柳开五》，成都：巴蜀书社，1990年，第629页。
⑪ 周伟民、唐玲玲：《苏轼思想研究》，第392页。
⑫ 李华瑞：《宋代酒的生产和征榷》，保定：河北大学出版社，2001年，第56页。
⑬ 林语堂：《苏东坡传》，上海：上海书店出版社，1989年，第390页。

末，以酢糊丸，日吞百余，二腑皆平复，然后知其奇药也。因名之曰"海漆"。①

当然，实验与观察在科学研究过程中是不能截然分开的，俄国著名生理学家巴甫洛夫曾说："观察是收集自然现象所提供的东西，而实验则是从自然现象中提取它所愿望的东西。"②苏轼是个有心人，他一方面热爱自然、热爱生命；另一方面则更注意观察自然和体悟自然。如他观察"鳅鳝"的生活习性就相当细致，他说：

予尝见丞相荆公喜放生。每日就市买活鱼，纵之江中，莫不浮。然唯鳅鳝入江中辄死。乃知鳅鳝但可居止水，则流水与止水果不同，不可不信。又鲫鱼生流水中，则背鳞白，生止水中，则背鳞黑而味恶，此亦一验也。③

又《记竹雌雄》云：

竹有雌雄，雌者多笋，故种竹当种雌。自根而上至梢，一节二发者为雌。物无逃于阴阳，可不信哉！④

再者，《黍麦说》记：

晋醉客云："麦熟头昂，黍熟头低，黍麦皆熟，是以低昂。"此虽戏语，然古人造酒，理盖如此。黍稻之出穗也必直而仰，其熟也必曲而俯，麦则反是。此阴阳之物也。北方之稻不足于阴，南方之麦不足于阳，故南方无嘉酒者，以曲麦杂阴气也，又况如南海无麦而用米作曲耶？吾尝在京师，载麦百斛至钱塘以踏曲。是岁官酒比京酝。而北方造酒皆用南米，故当有善酒。吾昔在高密，用土米作酒，皆无味。今在海南，取舶上面作曲，则酒亦绝佳。以此知其验也。⑤

当然，"科学实验"本身可分两个层次：一是理论科学实验，二是技术科学实验。理论科学实验是从个别上升为一般的实验，它的最终成果是知识形态的东西，如概念、原理、定律等；而技术科学实验则是从一般到个别的实验，它的最终成果是物质形态的东西，如工具、机械等。与古希腊的科学相比较，中国古代缺乏理论科学实验的传统，虽然北宋兴起求理之热潮，但那仅仅停留在思辨的水平，它还远远没有达到需要实验证明的主体自觉，而这种学术现象反过来又局限了北宋理论科学的发展。有人曾经统计过，在全世界古代的首创性技术发明中，中国人的发明占50%以上，对于这个事实我们不应只从一面去看而是应作两面观，即一面是它展示了中国古代技术科学发展的辉煌成就；但另一面却反证了中国古代理论科学发展的欠缺与不足。因为占了古代发明一半以上的中国却没有出现"科学革命"，倒是在古代技术发明中没有地位的欧洲首先发生了"科学革命"，这个历史现象的确发人深思。究其原因，它恐怕与古希腊重视理论科学实验的学术传统有关，如

---

① （宋）苏轼：《苏轼文集》卷133《海漆录》，曾枣庄、舒大刚主编：《三苏全书》第15册，第118—119页。
② ［俄］巴甫洛夫：《巴甫洛夫选集》，吴生林等译，北京：科学出版社，1955年，第115页。
③ （宋）苏轼：《苏轼文集》卷134《止水活鱼说》，曾枣庄、舒大刚主编：《三苏全书》第15册，第133页。
④ （宋）苏轼：《苏轼文集》卷133《记竹雌雄》，曾枣庄、舒大刚主编：《三苏全书》第15册，第125页。
⑤ （宋）苏轼：《苏轼文集》卷134《黍麦说》，曾枣庄、舒大刚主编：《三苏全书》第15册，第128页。

阿基米德创立了重心、支点、力臂等概念，提出了杠杆原理和浮力定律，而这些科学理论便构成牛顿力学的基础。与此相反，中国古代除了"阴阳五行"之外，始终没有形成一个具有专业解释功能的科学概念体系，于是当北宋科学技术发展到旧的解释范畴所能企及的高峰时，实际上在科学思想方面亦已危机四伏了。但北宋的大多数学者却根本没有意识到这种危机的严峻性，故他们对科学事实和自然现象的解释仍停留在"阴阳五行"的水平，这不能不使之流于迂腐和荒谬。苏轼就是其中的一个代表人物，如上述所引的许多事例，苏轼在解释的过程中几乎不能离开"阴阳"这个极为抽象的哲学范畴，所以苏轼不可能对中国古代的理论科学有所突破。然而，他在酿酒、医药、生物等方面所作的很多技术观察和实验，不仅具有科学性，而且颇富挑战性。因为苏轼在当时是一位享有盛誉的士大夫，而在"伎术杂流，玷辱士类"[①]的社会风气之下，苏轼能够积极投身于科学技术的发明和创造，即使无功无利也乐此不疲，仅凭这一点，他就可成为那些有志于科技事业之后生晚辈们的人格表率。

三、张载与苏轼科技思想之比较

（一）自然观之比较

张载和苏轼都有研究《易传》的专著流行于世，后人将他们的著作分别称为《横渠易说》和《东坡易传》。从整体上看，"张载的哲学是以其易学为基础而发展起来的。……其对《周易》经传的解释，同样重视义理的阐发，不同于汉代经师解经的学风，具有宋学的特点"[②]。而《四库全书总目提要》评论《东坡易传》说："盖大体近于王弼，而弼之说惟畅元风，轼之说多切人事。"[③]不仅苏轼"近于王弼"，而且张载《易说》也多本于王弼。所以，张载和苏轼的学术渊源有其共同点，但他们对《易传》的阐释却有所不同，概括起来，在自然观方面的差异主要表现为两点：

1. 阐释宇宙生成的结构变化不同

在张载看来，气为宇宙化生的本源。他说："有气方有象，虽未形，不害象在其中。"[④]又说："气之聚散于太虚，犹冰凝释于水，知太虚即气，神变易而已。诸子浅妄，有有无之分，非穷理之学也。"[⑤]张载用"气"一元论取代了道学家所主张的"无中生有"说，而且还省略了"五行"这个中间环节，由"气"通过"两"（包括阴阳、刚柔等范畴）而直接形成具体的"器"。在整个的宇宙生成过程中，"两"具有非常重要的作用，张载说："不见两则不见易。物物象天地。"[⑥]而"易中物物"又分作三个方面：一是"用"，

①　（清）徐松辑，刘琳等校点：《宋会要辑稿》职官 36 之 115，第 3956 页。

②　朱伯崑：《易学哲学史》，北京：华夏出版社，1995 年，第 258 页。

③　（清）永瑢等：《四库全书总目》卷 2《经部·易类二》"东坡易传"条，第 6 页。

④　（宋）张载：《横渠易说·系辞下》，（宋）张载著，章锡琛点校：《张载集》，第 231 页。

⑤　（宋）张载：《横渠易说·系辞上》，（宋）张载著，章锡琛点校：《张载集》，第 200 页。

⑥　（宋）张载：《横渠易说·系辞上》，（宋）张载著，章锡琛点校：《张载集》，第 177 页。

言"用"则"不曰天地而乾坤云者，言其用也"①；二是"形"与"象"，"天圆则须动转，地方则须安静。在天成象，在地成形，变化见矣"②；三是"性"，"动静阴阳，性也"③。明确这三个方面的意义在于，"两"的运动是有条件的，即满足"动"的条件是从"用"处始，且起于"圆"之"形"。而满足上述条件者则非"乾"莫属了。所以，张载说：

> 天地虽一物，理须从分别。太始者语物之始，乾全体之而不遗，故无不知也，知之先者盖莫如乾。成物者，物既形矣，故言作，已入于形气也，初未尝有地而乾渐形，不谓知作，谓之何哉？然而乾以不求知而知，故其知也速；坤以不为而为，故其成广。④

这就是张载说的"有形有象，然后知变化之验"⑤。即"形"与"象"之相互作用而引起了宇宙的发展变化，这是张载最有特色的地方。其宇宙生成的次序是：

气→象→形→器

在张载看来，"气"是"自然而生"⑥的物质实体，"有气方有象"，这是一层意思；那么"象"可以直接生成"器"吗？张载认为是不可以的，他说："动静阴阳，性也。刚柔，其体未必形。"⑦因为动静、阴阳等均为"象"，故"一物而两体，其太极之谓与！阴阳天道，象之成也"⑧。而刚柔是为"形"，即"阴阳其气，刚柔其形，仁义其性"⑨。又"阴阳气也，而谓之天；刚柔质也，而谓之地"⑩，从"象"到"形"的转变，不能直接过渡，须经"几知"这个环节，张载说："几知象见而未形也"⑪，"极（两两），是为天三。数虽三，其实一也，象成而未形也"⑫。所以"形"在张载的宇宙生成论中具有界碑的意义，张载说："'形而上者'是无形体者也，故形而上者谓之道也；'形而下者'是有形体者，故形而下者谓之器。"⑬其中"刚柔相摩、乾坤阖辟之象也"⑭，而"刚柔相摩"则是形器生成的根据，张载以人的呼吸为例，说明了形器生成的原理，他说："以人言之，喘息是刚柔相摩，气一出一入，上下相摩错也，于鼻息见之。人自鼻息相摩以荡于腹中，物

---

① （宋）张载：《横渠易说·系辞上》，（宋）张载著，章锡琛点校：《张载集》，第177页。
② （宋）张载：《横渠易说·系辞上》，（宋）张载著，章锡琛点校：《张载集》，第177页。
③ （宋）张载：《横渠易说·系辞上》，（宋）张载著，章锡琛点校：《张载集》，第177页。
④ （宋）张载：《横渠易说·系辞上》，（宋）张载著，章锡琛点校：《张载集》，第178页。
⑤ （宋）张载：《横渠易说·系辞上》，（宋）张载著，章锡琛点校：《张载集》，第177页。
⑥ （宋）张载：《横渠易说·系辞上》，（宋）张载著，章锡琛点校：《张载集》，第177页。
⑦ （宋）张载：《横渠易说·系辞上》，（宋）张载著，章锡琛点校：《张载集》，第177页。
⑧ （宋）张载：《正蒙·大易篇第十四》，（宋）张载著，章锡琛点校：《张载集》，第48页。
⑨ （宋）张载：《横渠易说·说卦》，（宋）张载著，章锡琛点校：《张载集》，第235页。
⑩ （宋）张载：《横渠易说·说卦》，（宋）张载著，章锡琛点校：《张载集》，第235页。
⑪ （宋）张载：《横渠易说·系辞下》，（宋）张载著，章锡琛点校：《张载集》，第221页。
⑫ （宋）张载：《横渠易说·系辞上》，（宋）张载著，章锡琛点校：《张载集》，第195页。
⑬ （宋）张载：《横渠易说·系辞上》，（宋）张载著，章锡琛点校：《张载集》，第207页。
⑭ （宋）张载：《正蒙·动物第五》，（宋）张载著，章锡琛点校：《张载集》，第20页。

既消烁，气复升腾。"①故"凡不形以上者，皆谓之道，惟是有无相接与形不形处知之为难。须知气从此首，盖为气能一有无，无则气自然生，［气之生即］是道是易"②。

苏轼与张载有所不同，在苏轼的宇宙生成理论中，从宇宙创生到万物出现，其结构范畴特别突出了"上下"的作用。他说："'太极'者有物之先也。夫有物必有上下，有上下必有四方，有四方必有四方之间。四方之间立，而八卦成矣。"③又说："天地一物也，阴阳一气也。或为象，或为形，所在之不同，故在云者明其一也。象者形之精华发于上者也，形者象之体质留于下者也。人见其上下，直以为两矣。岂知其未尝不一邪！"④那么，苏轼眼中的"太极"又是什么呢？苏轼说："一阴一阳者，阴阳未交而物未生之谓也……阴阳一交而生物，其始为水。水者有无之际也，始离于无而入于有矣。"⑤据此，我们看到苏轼的宇宙生成模式是：

一阴一阳→水→象

对此，苏轼云："阴阳交然后生物，物生然后有象，象立而阴阳隐矣。"⑥且"以制器者尚其象，故凡此皆象也"⑦。而由于人们的视角不同，"象"这个层次的变化就自然多，其具体的发生序列是："象而后器，器而后用。"⑧

2. 对宇宙演化程度的理解不同

张载对宇宙演化的程度有一个量的方面和质的方面的规定，他说："变，言其著；化，言其渐。"⑨这是对宇宙演化的一种量的规定性。此外，张载对宇宙演化还有质的规定性，即"'变则化'，由粗入精也；'化而裁之谓之变'，以著显微也"⑩。如果我们把这两个方面合起来看，就能发现张载的思想是非常深刻的。张载根据宋代科学发展的水平，认识到自然界由量变（渐）引起质变（著）再由质变引起量变的发展过程，而且他还肯定了宇宙的发展趋势是"由粗入精"，即从无生命到生命，由低级生命到高等生物，由高等生物到人类社会的自组织性越来越高的发展之路。所以，张载看到了"阴阳天道，象之成也；刚柔地道，法之效也；仁义人道，性之立也。三才两之，莫不有乾坤之道也"⑪。而"阴阳""刚柔""仁义"三个范畴就对应于无生命物质、生物世界、人类社会这宇宙演进的三个历史阶段。与此相连，张载提出了"日新"的宇宙发展观。他说：

富有者，大无外也；日新者，久无穷也。显其聚也，隐其散也，显且隐，幽明所以存乎象；聚且散，推荡所以妙乎神；"日新之谓盛德"，过而不有，不凝滞于心，知

① （宋）张载：《横渠易说·系辞上》，（宋）张载著，章锡琛点校：《张载集》，第177—178页。
② （宋）张载：《横渠易说·系辞上》，（宋）张载著，章锡琛点校：《张载集》，第207页。
③ （宋）苏轼：《东坡易传》卷7《系辞上》，曾枣庄、舒大刚主编《三苏全书》第1册，第368页。
④ （宋）苏轼：《东坡易传》卷7《系辞上》，曾枣庄、舒大刚主编《三苏全书》第1册，第344页。
⑤ （宋）苏轼：《东坡易传》卷7《系辞上》，曾枣庄、舒大刚主编《三苏全书》第1册，第352页。
⑥ （宋）苏轼：《东坡易传》卷7《系辞上》，曾枣庄、舒大刚主编《三苏全书》第1册，第351页。
⑦ （宋）苏轼：《东坡易传》卷7《系辞下》，曾枣庄、舒大刚主编《三苏全书》第1册，第375页。
⑧ （宋）苏轼：《东坡易传》卷7《系辞上》，曾枣庄、舒大刚主编《三苏全书》第1册，第368页。
⑨ （宋）张载：《横渠易说·上经·乾》，（宋）张载著，章锡琛点校：《张载集》，第70页。
⑩ （宋）张载：《正蒙·神化篇第四》，（宋）张载著，章锡琛点校：《张载集》，第16页。
⑪ （宋）张载：《正蒙·大易篇第十四》，（宋）张载著，章锡琛点校：《张载集》，第48—49页。

之细也，非盛德日新。惟日新，是谓盛德。义理一贯，然后日新。①

与张载对宇宙演化程度的理解不同，苏轼受老庄思想的影响颇深。所以他说："深者其理也，几者其用也。……至精至变者，以数用之也；极深研几者，以道用之也。止于精与变也，则数有时而差；止于几与深也，则道有时而穷。"②既然易"止于精与变"，那"几"之用就很难会有显著的无穷变化了。故苏轼之言"变"，基本上是量的变化而不是质的变化。故他主张《易经》所言"通其变""极其数"之说，都是指"历术之类"。③正是由于这个缘故，苏轼才在《易传》中试图用数学来阐释易理，只可惜由于他"恨某不知数学耳"④，这个愿望没有变成现实。但他在许多地方又自觉不自觉地玩弄几下"象数"之类的伎巧，以弥其憾。如他说：

> 天数五，地数五，其曰三两何也？自一至五，天数三，地数二，明数之止于五也。自五以往，非数也，皆相因而成者也，故曰倚数。以是知大衍之数五十。⑤

有人已经证明苏轼认为"大衍之数五十"的结论是错的，而"大衍之数"应为"五十又五"。⑥当然，笔者并不追究苏轼的"象数学"本身，而是他在"象数学"背后所隐藏的那些宇宙论思想。如果说这个例子尚不足以反映苏轼的"渐变论"宇宙观的话，那么下面的"十二消息卦"则是暴露了其典型的"自然生成论"心态。其文云：

> 说《易》者曰：乾，六阳之气也。为十一月、为十二月、为正月、为二月、为三月、为四月。而乾之阳复矣。阳极则阴生，阴生则夏至矣。坤，六阴之气也。为五月、为六月、为七月、为八月、为九月、为十月。而坤之阴极矣。阴极则阳生，阳生则冬至矣。自太极分为二仪，二仪分为四象，四象分为十二月，十二月分为三百六十五日。五日为一候，分为七十二候，三候为一气，分为二十四气。上为日月星辰，下为山川草木鸟兽虫鱼，不出此阴阳之气升降而已。惟人也，全天地十干之气，十月而成形，故能天能地能人，一消一息，一呼一吸，昼夜与天地相通，差舛毫忽，则邪沴之气干之矣。故于冬至一阳之生也，五阴在上，五阳在伏，而一阳初生于伏之下，其气至微，其兆絪缊，可以静而不动，可以啬养而不可以发宣。⑦

在这种心态下面，苏轼对宇宙变化就不免有些担忧，并生出许多顾虑来。他说：

> 夫刚柔相推而变化生，变化生而吉凶之理无定。不知变化而一之，以为无定而两之，此二者皆过也。⑧

---

① （宋）张载：《横渠易说·系辞上》，（宋）张载著，章锡琛点校：《张载集》，第 190 页。
② （宋）苏轼：《东坡易传》卷 7《系辞传上》，曾枣庄、舒大刚主编：《三苏全书》第 1 册，第 365 页。
③ （宋）苏轼：《东坡易传》卷 7《系辞传上》，曾枣庄、舒大刚主编：《三苏全书》第 1 册，第 365 页。
④ （宋）邵博：《邵氏闻见后录》卷 20，上海：上海书店出版社，1990 年，第 219 页。
⑤ （宋）苏轼：《东坡易传》卷 9《说卦传》，曾枣庄、舒大刚主编：《三苏全书》第 1 册，第 391 页。
⑥ 金景芳：《〈周易·系辞传〉新编详解》，沈阳：辽海出版社，1998 年，第 57—61 页。
⑦ （宋）苏轼：《苏轼文集》卷 36《上皇帝书》，曾枣庄、舒大刚主编：《三苏全书》第 12 册，第 224 页。
⑧ （宋）苏轼：《东坡易传》卷 7《系辞传上》，曾枣庄、舒大刚主编：《三苏全书》第 1 册，第 347 页。

既然"变化生而吉凶之理无定",那么在苏轼看来,一切自然的和社会的突变就没有必要了。他说:

> 物未有穷而不变,故恒非能执一而不变,能及其未穷而变尔。穷而后变,则有变之形;及其未穷而变,则无变之名,此其所以为恒也。故居恒之世而利有攸往者,欲及其未穷也。夫能及其未穷而往,则终始相受,如环之无端。①

而苏轼向往什么样的变化呢?他的回答是"寒暑之际人安之"。就是说,社会变化就像寒来暑往一样,人们在生活中接受和适应了已经发生与正在发生的变化,却并没有感到有什么不安。因此,他说:

> 将明恒久不已之道,而以日月之运、四时之变明之,明及其未穷而变也。阳至于午,未穷也,而阴已生;阴至于子,未穷也,而阳以萌。故寒暑之际人安之。②

淡然面对人生的悲欢离合及得失起落,安守心中的"贞正",苏轼自有一片属于他的宁静天空。因为世界上没有永存的事物,所以苏轼对"命"这个概念作了如下解释。他说:"知命者必尽人事,然后理足而无憾。"③此处的"理"应是指苏轼竭力勉为的人生态度,亦即指苏轼那种"至于不可奈何而后已"④的奋斗精神和责任意识。诚如余秋雨先生所言:"政治的含义是浚理,是消灾,是滋润,是濡养。"⑤这虽然是针对李冰的水利功业而发,却也可以用来诠释苏轼的人生。

(二)科学观之比较

科学是人类最重要的实践活动之一,它有两个方面的含义:第一是处理人与自然的关系,第二是处理人与社会的关系。按照科学与社会协调发展的原则,处理人与社会的关系问题是近代以来人类科学所面临的问题,而中国古代以处理人与自然的关系问题为科学实践的基本内容。张载和苏轼在这个问题上都看到了科学是人类理解和认识自然界的主要工具和手段,而且他们把科学知识看作是"前知其变"⑥的"道术"⑦,这反映了他们思想有趋同性的一面。当然,他们亦有不同的一面,而这一面正好体现出他们各自学术的个性和知识特点。

首先,他们对科学知识的来源认识不同。张载说:

> 言尽物者,据其大总也。今言尽物且未说到穷理,但恐以闻见为心则不足以尽心。人本无心,因物为心,若只以闻见为心,但恐小却心。今盈天地之间者皆物也,

---

① (宋)苏轼:《东坡易传》卷4《恒》,曾枣庄、舒大刚主编:《三苏全书》第1册,第246页。
② (宋)苏轼:《东坡易传》卷4《恒》,曾枣庄、舒大刚主编:《三苏全书》第1册,第246页。
③ (宋)罗大经撰,孙雪霄校点:《鹤林玉露》甲编卷5《人事天命》,上海:上海古籍出版社,2012年,第49—50页。
④ (宋)苏轼:《苏轼文集》卷119《墨妙亭记》,曾枣庄、舒大刚主编:《三苏全书》第14册,第485页。
⑤ 余秋雨:《文化苦旅》,北京:东方出版中心,1992年,第44页。
⑥ (宋)张载:《正蒙·大易第十四》,(宋)张载著,章锡琛点校:《张载集》,第49页。
⑦ (宋)张载:《正蒙·大易第十四》,(宋)张载著,章锡琛点校:《张载集》,第49页。

如只据己之闻见，所接几何，安能尽天下之物？所以欲其尽心也。①

这里所说的"心"其实就是"脑"，指人类的认识或知识。张载为了强调理性认识的作用，他把人类知识分成两类，即"见闻之知"和"德性所知"。他说：

见闻之知，乃物交而知，非德性所知；德性所知，不萌于见闻。②

在张载看来，"物交而知"是经验知识，而"德性所知"为先验知识。张载认为"人本无心，因物为心"③，肯定了人类知识来源于物质客体，这是对的。他说："有识有知，物交之客感尔。"④但是由"客感"形成的知识，属于"见闻之知"，而"闻见不足以尽物"⑤，所以要"尽物"就必须先"尽心"，即"若便谓推类，以穷理为尽物，则是亦但据闻见上推类，却闻见安能尽物！今所言尽物，盖欲尽心耳"⑥。那么，如何才能"尽心"呢？张载的答案是"穷神知化，与天为一"⑦，而"神不可致思，存焉可也；化不可助长，顺焉可也"⑧，所谓"神"就类似于康德讲的"物自体"，牛顿则称之为"第一推动力"，即物质运动的本质原因。既然张载承认物质运动的本质原因是"不可致思"的，那他就等于否定了科学知识的作用，因而走向了神秘主义和不可知论。

苏轼同张载一样，也把人类知识分为"见闻之知"与"德性所知"，但其表述的方式不同，导致的结果亦不同。苏轼说：

必有所见而后知，则圣人之所知者寡矣。是故圣人之学也，以其所见者，推至其所不见者。⑨

"神"在张载那里具有"物自体"的意义，对于这个"物自体"，人类的科学知识是无法把握的。而苏轼不然，苏轼大胆地揭去"物自体"的神学外衣，认为人类的科学知识能够"观变化而知之"。⑩他说：

神之所为，不可知也，观变化而知之尔。天下之至精至变，与圣人之所以极深研几者，每以神终之。是以知变化之间，神无不在。因而知之可也，指以为神则不可。⑪

为什么"指以为神则不可"？苏轼有他自己的理解：

至精至变者，以数用之也，极深研几者，以道用之也。止于精与变也，则数有时

① （宋）张载：《张子语录下》，（宋）张载著，章锡琛点校：《张载集》，第333页。
② （宋）张载：《正蒙·大心篇第七》，（宋）张载著，章锡琛点校：《张载集》，第24页。
③ （宋）张载：《张子语录下》，（宋）张载著，章锡琛点校：《张载集》，第333页。
④ （宋）张载：《正蒙·太和篇第一》，（宋）张载著，章锡琛点校：《张载集》，第7页。
⑤ （宋）张载：《张子语录上》，（宋）张载著，章锡琛点校：《张载集》，第313页。
⑥ （宋）张载：《张子语录下》，（宋）张载著，章锡琛点校：《张载集》，第333页。
⑦ （宋）张载：《正蒙·神化篇第四》，（宋）张载著，章锡琛点校：《张载集》，第17页。
⑧ （宋）张载：《正蒙·神化篇第四》，（宋）张载著，章锡琛点校：《张载集》，第17页。
⑨ （宋）苏轼：《东坡易传》卷7《系辞传上》，曾枣庄、舒大刚主编：《三苏全书》第1册，第350页。
⑩ （宋）苏轼：《东坡易传》卷7《系辞传上》，曾枣庄、舒大刚主编：《三苏全书》第1册，第364页。
⑪ （宋）苏轼：《东坡易传》卷7《系辞传上》，曾枣庄、舒大刚主编：《三苏全书》第1册，第364页。

而差，止于几与深也，则道有时而穷，使数不差，道不穷者，其惟神乎？曰：极数知来之谓占，通变之谓事，阴阳不测之谓神。而此二者亦各以神终之。既以神终之，又曰易。有圣人之道四焉，明彼四者之所以得，为圣人之道者以此也。①

可见，苏轼把数学看作是通神的手段，而这种手段即为"筮数"。对此，金生杨先生曾提出过苏轼《易解》中包含有下面两种观点：

一，《易》之为书离不开数，数有用又是可考的。二，七八九六四数出于自然，只是用以识别，并无圣人之道；而数的阴阳老少当于揲蓍之法求取，揲蓍也就说明了爻的阴阳老少。②

从这个角度，苏轼肯定"天人有相通之道"③，也就是说人能通过象数而把握天道和认识天道，故他说：

"天生神物，圣人则之。"则之者，则其无心而知吉凶也。"天地变化，圣人效之。"效之者，效其体一而周万物也。"天垂象，见吉凶。圣人象之。"象之者象其不言而以象告也。④

其次，辟佛与尚佛的态度不同。张载尽管在认识论方面多少给"神"留下了一点地盘，但这并不妨碍他在政治上去批判佛教。因为北方是我国最早确立"独尊儒术"的文化区域，所以为了捍卫"儒学"这面大旗，北方地区在唐代之前曾涌现出了许多反对佛教的斗士，如孙盛（晋代太原中都人，他在《与罗君章书》一文中针对佛教神不灭的思想提出了"形既粉散，知亦如之"的神灭说）、何承天（东晋山东郯城人，对佛教"因果报应""一切皆空"等理论学说进行了批判，成为范缜神灭论的思想先驱）、范缜（南朝河南泌阳县人，坚定的反佛斗士，著有《神灭论》），之后还有刘峻、樊逊、邢邵、傅奕、吕才、韩愈等，故张载继承了北方士大夫崇儒排佛的思想传统，深感佛教炽传对儒学的危害。他说：

自其说（佛教）炽传中国，儒者未容窥圣学门墙，已为引取，沦胥其间，指为大道。乃其俗达之天下，至善恶、知愚、男女、臧获，人人著信。⑤

甚至他将儒与佛看成是势不两立的两种思想学说，他说：

彼（佛学）语虽似是，观其发本要归，与吾儒二本殊归矣。道一而已，此是则彼非，此非则彼是，固不当同日而语。⑥

① （宋）苏轼：《东坡易传》卷7《系辞传上》，曾枣庄、舒大刚主编：《三苏全书》第1册，第365—366页。
② 金生杨：《〈苏氏易传〉研究》，成都：巴蜀书社，2002年，第176页。
③ （宋）苏轼：《东坡书传》卷10《洪范》，曾枣庄、舒大刚主编：《三苏全书》第2册，第75页。
④ （宋）苏轼：《东坡易传》卷7《系辞传上》，曾枣庄、舒大刚主编：《三苏全书》第1册，第369页。
⑤ （宋）张载：《正蒙·乾称篇第十七》，（宋）张载著，章锡琛点校：《张载集》，第64页。
⑥ （宋）张载：《正蒙·乾称篇第十七》，（宋）张载著，章锡琛点校：《张载集》，第65页。

在此基础之上，张载揭露了佛教教义的虚妄本质，并提出了物质不灭的科技思想。他指出："释氏妄意天性而不知范围天用，反以六根之微因缘天地。明不能尽，则诬天地日月为幻妄，蔽其用于一身之小，溺其志于虚空之大，所以语大语小，流遁失中。其过于大也，尘芥六合；其蔽于小也，梦幻人世。"①而"气聚则离明得施而有形，气不聚则离明不得施而无形。方其聚也，安得不谓之客？方其散也，安得遽谓之无？"②这就从物质不灭的高度彻底驳斥了佛教所宣扬的"万物幻化"之"寂灭论"。

苏轼是一个"非常之人"，"非常者，固常人之所异也"③，司马相如就曾这样来看待蜀文化及其在蜀文化环境中成长起来的士者。然而，"非常之人"不好当，扬雄是"非常之人"，但他的学说被正统的儒家学者称之为"异端"，苏轼也遭到了同样的命运，甚至《四库全书总目》卷2《易类二·东坡易传提要》亦云："今观其书，如解《乾卦·象传》性命之理诸条，诚不免杳冥恍惚，沦于异学。"④《汉书》卷28下《地理志第八下》云：巴蜀文化具有"轻易淫佚，柔弱褊阨"⑤的特征，而苏轼就是典型的"柔弱褊阨"者。漆侠先生在剖析苏轼释老思想的形成原因时认为：那是他人生受挫之后的一种思想归宿，所以"佛家和老庄思想成为苏轼贬居黄州后的主导思想"⑥。与被贬黄州之前热衷于"权变"的政治心态相比，被贬黄州之后的苏轼确实逐渐地从追名逐禄的宦海中挣脱了出来，他在贴近自然的同时，也净化了他的心灵，于是形成了"无心而一，一而信"⑦的佛老思想。其"无心"即无私心杂念，即"虚一而静"，但这个升华过程很长，也很艰难，他深知"吾一有心于其间，则物有侥幸夭枉，不尽其理者矣。侥幸者德之，夭枉者怨之，德怨交至，则吾任重矣"⑧。他又说："夫德业之名，圣人之所不能免也，其所以异于人者，特以其无心尔。"⑨为此，他提出了"思无邪"这个佛教味十足的"心学"概念。过去，人们往往忽视对苏轼"心学"思想的研究，甚至学界还把他排挤在儒学正统之外，这是有失公允的。实际上，宋人对二程之学与苏轼之学在宋学中的地位是持有不同意见的。如《四库全书总目》卷141《闻见后录》提要说："伯温书盛推二程、博乃排程氏而宗苏轼。"⑩邵伯温与邵博是父子关系，连父子在二程与苏轼之学的定位问题上都不能形成共同的观点，更何况是既不同宗又不同门的后生学子呢？所以，如果今天的人们还一味地抬高程学而贬低苏学，那对于宋学的研究来说就实在有点太落伍了。前面讲过，"天地在积水中"是苏轼最重要的哲学命题。从这个命题出发，苏轼用水的属性来解释"意"与"佛"的关系。

---

① （宋）张载：《正蒙·大心篇第七》，（宋）张载著，章锡琛点校：《张载集》，第26页。
② （宋）张载：《正蒙·太和篇第一》，（宋）张载著，章锡琛点校：《张载集》，第8页。
③ （汉）司马相如：《谕难蜀父老书》，费振刚等校注：《全汉赋校注》上，广州：广东教育出版社，2005年，第137页。
④ （清）永瑢等：《四库全书总目》卷2《经部·易类二》"东坡易传"条，第6页。
⑤ （唐）杜佑：《通典》卷176《风俗》。
⑥ 漆侠：《宋学的发展和演变》，第427页。
⑦ （宋）苏轼：《东坡易传》卷7《系辞传上》，曾枣庄、舒大刚主编：《三苏全书》第1册，第346页。
⑧ （宋）苏轼：《东坡易传》卷7《系辞传上》，曾枣庄、舒大刚主编：《三苏全书》第1册，第346页。
⑨ （宋）苏轼：《东坡易传》卷7《系辞传上》，曾枣庄、舒大刚主编：《三苏全书》第1册，第346页。
⑩ （清）永瑢等：《四库全书总目》卷141《子部·小说家类》"闻见后录"条，第1199页。

他在《一切常住达摩耶众》一文中说："以意为根，是谓法尘。以佛为体，是谓法身。风止浪静，非有别水，放为江河，汇为沼沚"。① 《十八大阿罗汉颂》第五尊者则更提出"神女出水中"和"形与道一"的思想："第五尊者，临渊涛，抱膝而坐，神女出水中，蛮奴受其书。颂曰：'形与道一，道无不在。'"② 在苏轼看来，水即是"一"，无水便无宇宙万物，便无佛，因为佛如水汇，意即水放，海可受纳江河，而佛能摄意，意即意念，为人之独有。因此，苏轼认为，实现意与佛相统一的方法就是"思无邪"。可见，苏轼在认识论上并没有陷入宗教神秘主义和不可知论，而是坚持了"思"能把握"道"或"佛"（即物质运动规律）的可知论观点。当然，人之"思"是有局限性的，这就是"以意为根，是谓法尘"的意思。故而苏轼提出了认识的阶段论思想，即由"思"而"无思"，再有"无思"而"净"，这样就达到了佛如水的意境。在这里，苏轼跟主张"存天理，灭人欲"的北宋理学家不同，他认为"人欲"并不是可怕的洪水猛兽，而是人之为人的基本特点，关键是人们如何通过主观努力去做到"无私无欲"。在苏轼看来，"思无邪"要人们做到"虚一而静者，世无有也"③，这是十分唯物的见解。他在《思无邪斋铭》文中说："夫有思皆邪也，无思则土木也。吾何自得道，其惟有思而无所思乎！于是幅巾危坐，终日不言，明目直视，而无所见，摄心正念，而无所觉，于是得道。"④ 可见，苏轼承认人类意识的在场及其合理性。既然"无思则土木也"，那"有思"就是"水"了。⑤ 在这里，苏轼实际上是把他的五行思想阶段化为"有思"和"无思"理念了。毫无疑问，这是苏轼认识论思想的一个重要特色。

最后，对科学内容的认识不同。张载说："天地之道无非以至虚为实，人须于虚中求出实。圣人虚之至，故择善自精。心之不能虚，由有物榛碍。金铁有时而腐，山岳有时而摧，凡有形之物即易坏，惟太虚无动摇，故为至实。"⑥ 而"至实"就是科学研究的基本内容，循此以往，"一阴一阳是道也，能继继体此而不已者，善也"⑦。"体此而不已"恰是科学研究的本质，但张载看到的社会现实是"凡百举动，莫非感而不之知。今夫心又不求，感又不求，所以醉而生梦而死者众也"⑧。而"感亦须待有物，有物则有感，无物则何所感！"⑨ 当然，"感"的目的是"穷理"，故他又说："万物皆有理。若不知穷理，如梦过一生。"⑩ 即只有"见物多，（则）穷理多，如此可以尽物之性"⑪。那又该如何判别"尽物之性"的真

　① （宋）苏轼：《苏轼文集》卷141《一切常住达摩耶众》，曾枣庄、舒大刚主编：《三苏全书》第15册，第259—260页。
　② （宋）苏轼：《苏轼文集》卷138《十八大阿罗汉颂》，曾枣庄、舒大刚主编：《三苏全书》第15册，第209页。
　③ （宋）苏轼：《东坡志林》卷1《辟谷说》，曾枣庄、舒大刚主编：《三苏全书》第5册，第94页。
　④ （宋）苏轼：《苏轼文集》卷137《思无邪斋铭并叙》，曾枣庄、舒大刚主编：《三苏全书》第15册，第194页。
　⑤ （宋）苏轼《思无邪斋铭并叙》云："如以水洗水，二水同一净。"此水比喻清净心，引文同上。
　⑥ （宋）张载：《张子语录中》，（宋）张载著，章锡琛点校：《张载集》，第325页。
　⑦ （宋）张载：《横渠易说》卷3《系辞上》，（宋）张载著，章锡琛点校：《张载集》，第187页。
　⑧ （宋）张载：《横渠易说》卷3《系辞上》，（宋）张载著，章锡琛点校：《张载集》，第187页。
　⑨ （宋）张载：《张子语录上》，（宋）张载著，章锡琛点校：《张载集》，第313页。
　⑩ （宋）张载：《张子语录中》，（宋）张载著，章锡琛点校：《张载集》，第321页。
　⑪ （宋）张载：《张子语录上》，（宋）张载著，章锡琛点校：《张载集》，第312页。

假呢？张载告诉我们的办法是："独见独闻，虽小异，怪也，出于疾与妄也；共见共闻，虽大异，诚也，出阴阳之正也。"①归根到底，这是一种主观真理论的主张。

苏轼尽管非常重视科学实践，而且也做出了许多成绩，但他其实并不在乎这些。那么，他在乎什么呢？他说："天地一物也，阴阳一气也，或为象，或为形，所在之不同，故在云者明其一也，象者形之精华，发于上者也，形者象之体质留于下者也，人见其上下直以为两矣，岂知其未尝不一邪！"②又"夫无心而一，一而信，则物莫不得尽其天理"③。可见，"一"才是苏轼最为在乎的东西，而这"一"并不是人类知识之外的东西，其实"一"就是"真理"，因为客观真理就一个。从这种意义上说，苏轼是典型的客观真理论者。

（三）方法论之比较

张载和苏轼都出生在我国西部地区，且关中跟蜀中的地缘也比较接近，故他们在思维方法方面必然会有一些共同性，如他们都承认理性直观的作用，其中张载用"存"这个概念具体表达了这个意思，他说："穷神知化，乃养盛自致，非思勉之能强，故崇德而外，君子未或致知也。神而不可致思，存焉可也；化而不可助长，顺焉可也。"④夏甄陶先生认为："所谓'存'（即）是排除感觉、思虑的直觉。"⑤而苏轼用"思无邪"来达其"直观"之意，他说："凡有思者，皆邪也，而无思则土木也。何能使有思而无邪，无思而非土木乎？此孔子之所尽心也。"⑥实际上，苏辙对此亦有解释：

> 孔子曰："诗三百，一言以蔽之，曰：思无邪。"何谓也？人生而有心，心缘物则思，故事成于思，而心丧于思，无思其正也，有思其邪也。有心未有无思者也，思而不留于物，则思而不失其正。正存而邪不起，故《易》曰："闲邪存其诚。"此思无邪之谓也。然昔之为此诗者，则未必知此也。孔子读诗至此而有会于其心，是以取之，盖断章云尔。⑦

从科学方法论的角度看，这就是一种诗性思维的扩张。而这种诗性思维的对象是"道大如天不可求，修其可见致其幽"⑧。用朱熹的话说就是"务为闪倏滉漾不可捕捉之形"⑨。这不可名状的思维形式即为"直觉思维"。所以，张载和苏轼尽管都很强调直觉思维的作用，但张载似乎更倾向于"演绎逻辑推理"的认识功能，而苏轼则似乎更倾向于"归纳逻辑推理"思维方法的作用。如张载说："吾学既得于心，乃修其辞命，辞无差，然

① （宋）张载：《正蒙·动物篇第五》，（宋）张载著，章锡琛点校：《张载集》，第20页。
② （宋）苏轼：《东坡易传》卷7《系辞传上》，曾枣庄、舒大刚主编：《三苏全书》第1册，第344页。
③ （宋）苏轼：《东坡易传》卷7《系辞传上》，曾枣庄、舒大刚主编：《三苏全书》第1册，第346页。
④ （宋）张载：《横渠易说》卷3《系辞上》，（宋）张载著，章锡琛点校：《张载集》，第216—217页。
⑤ 夏甄陶：《中国认识论思想史稿》（下卷），北京：中国人民大学出版社，1996年，第42页。
⑥ （宋）苏轼：《论语说》，曾枣庄、舒大刚主编：《三苏全书》第3册，第169页。
⑦ （宋）苏辙：《苏氏诗集传》卷19《鲁颂·駉》，《景印文渊阁四库全书》第70册，第523页。
⑧ （宋）苏轼：《苏轼诗集》卷15《代书答梁先》，曾枣庄、舒大刚主编：《三苏全书》第7册，第392页。
⑨ 《朱熹集》卷72《杂学辨·苏氏易解》，曾枣庄、舒大刚主编：《三苏全书》第1册"附录"，第407页。

后断事，断事无失，吾乃沛然。"①汪奠基先生曾评论张载的逻辑方法道：

> 《参两》篇论旋转运动及推论风雨雷霆寒暑等现象的变化规则，正说明张载在认识方法上，确能逻辑地从观察实验的假设出发，同时还能把演绎推理的原则结合到归纳论证上去，大胆地提出推测式的结论，这是值得注意的思想方法。②

前面讲过，苏轼的"思无邪"是一种直觉思维，但这种思维不是从天上掉下来的，他说："以吾之所知，推至其所不知。"③那么，如何去"推"呢？金生杨先生解释说：

> 所谓"以吾之所知，推至其所不知"，正是溯而上之，从至繁推至至简，由流而源。以《周易》而言，圣人既得性命之理，由一而二，由三才而六位，再入八卦，由八卦而交错变化，从而万理具备，情态毕显。这是圣人寓易言理的"顺"的方式。④

而这"顺"的方式就是归纳逻辑推理的思维方法。

四、关于《物类相感志》与《格物粗谈》是否伪作的问题

在北宋，苏轼应当是一位百科全书式的思想家，可是由于历史的偏见，士大夫常以"小道"为不齿，故苏轼的科技思想始终不能为王朝的官方学者所认可，因而至今阐扬未尽，可胜慨哉！据《三苏全书》第19册《别录》统计，旧题苏轼所著而不见载于《苏轼文集》的篇目共存8种：即《历代地理指掌图》《苏沈良方》《物类相感志》《调谑编》《格物粗谈》《杂纂二续》《渔樵闲话录》《问答录》，其中有4种可定性为科技书目，它们是《历代地理指掌图》《苏沈良方》《物类相感志》《格物粗谈》。对于这4种书，《四库全书》仅载《苏沈良法》1种，存目2种，即《物类相感志》和《格物粗谈》。其《提要》案：

> 宋沈括所集方书，而后人又以苏轼之说附之者也。考《宋史·艺文志》有括《灵苑方》二十卷、《良方》十卷，而别出《苏沈良方》十五卷，注云：沈括、苏轼所著。陈振孙《书录解题》有《苏沈良方》十卷，而无《沈存中良方》，尤袤《遂初堂书目》亦同，晁公武《读书志》则二书并列，而于《沈存中良方》下云：或以苏子瞻论医药杂说附之者，即指《苏沈良方》。⑤

> 轼杂著时言医理，于是事亦颇究心，盖方药之事，术家能习其技而不能知其所以然，儒者能明其理而又往往未经试验，此书以经效之方而集于博通物理者之手，固宜非他方所能及矣。⑥

---

① （宋）吕大临：《横渠先生行状》，（宋）张载著，章锡琛点校：《张载集·附录》，第383页。

② 汪奠基：《中国逻辑思想史》，台北：明文书局，1995年，第355页。

③ （宋）苏轼：《苏轼文集》卷121《虔州崇庆禅院新藏经记》，曾枣庄、舒大刚主编：《三苏全书》第14册"附录"，第515页。

④ 金生杨：《〈苏氏易传〉研究》，第211—212页。

⑤ （清）永瑢等：《四库全书总目》卷103《子部·医家类一》"苏沈良方"条，第861页。

⑥ （清）永瑢等：《四库全书总目》卷103《子部·医家类一》"苏沈良方"条，第861页。

《四库全书总目》卷129《子部·杂家类存目七》则载：

旧本题东坡先生撰，然苏轼不闻有此书。又题僧赞宁编次。按：晁公武《读书志》及郑樵《通志·艺文略》皆载《物类相感志》十卷，僧赞宁撰。是书分十八卷。既不相符，又赞宁为宋初人，轼为熙宁、元祐间人，岂有轼著此书而赞宁编次之理。其为不通坊贾伪撰，售欺审矣。且书以物类相感为名，自应载琥珀拾芥、磁石引针之属，而分天地人鬼鸟兽草木竹虫鱼宝器十二门，隶事全似类书，名实乖舛，尤征其妄也。①

旧本亦题苏轼撰，分天时地理等二十门，与世所传轼《物类相感志》大略相似，后有元范梈识，断为后人假托。他书亦罕见著录，惟曹溶收入《学海类编》中。盖《物类相感志》已出伪作，此更伪书之重台也。②

不知判其为伪书者，是否作过文字学方面的鉴定？不过，除了书的编撰形式外，其内容似亦应有所鉴别，因为世上所流传的《东坡志林》即是通过内容而不是形式来判定其为苏轼所作的一个例子。如《四库全书总目》卷120《东坡志林》提要云："陈振孙《书录解题》载《东坡手泽》三卷，注曰：'今《俗本大全集》中所谓《志林》者也。'今观所载诸条，多自署年月者；又有署读某书书此者；又有泛称昨日、今日，不知何时者。盖轼随手所记，本非著作；亦无书名。其后人裒而录之，命曰《手泽》。而刊轼集者不欲以父书目之，故题曰'志林'耳。"③由这个"提要"知，苏轼"随手所记"的东西一定很多，既然人们能"裒而录之"而编成《手泽》或《志林》，那为什么人们就不能"裒而录之"而为《物类相感志》或为《格物粗谈》呢？诚然，《志林》一书在宋代已有刻本流传，故陈振孙《书录解题》载有《志林》一书，但宋人书录中不载的著作并不等于事实上不存在。如苏籀曾举过这样一个例子，他说：

东坡遗文流传海内，《中庸论》上、中、下篇，《墓碑》云：公少年读《庄子》，太息曰："吾昔有见于中，口不能言，今见《庄子》得吾心矣。"乃出《中庸论》，其言微妙，皆古人所未喻，今后集不载此三论，诚为阙典。④

虽然后来《中庸论》已收入到苏轼的文集之中了，但这件事情本身却说明了宋代士大夫对待苏轼作品的一种态度。苏轼主要生活在熙宁、元祐年间，他在此间撰写了大量的作品，但究竟有多少？恐怕后人已无法统计出一个准确数字了。况且苏轼生前所刊文集屡遭毁板之厄运，甚至悲惨到"片言纸字，并令焚毁勿存，违者以大不恭论"⑤的程度。这场文化浩劫从苏轼去世的第三年即崇宁二年（1103）开始一直延续到宣和年间，而在此高压

---

① （清）永瑢等：《四库全书总目》卷129《子部·杂家类存目七》"格物粗谈"条，第1113页。
② （清）永瑢等：《四库全书总目》卷129《子部·杂家类存目七》"格物粗谈"条，第1113页。
③ （清）永瑢等：《四库全书总目》卷120《子部·杂家类四》"东坡志林"条，第1037页。
④ （宋）苏籀：《栾城遗言》，四川大学中文系唐宋文学研究室编：《苏轼资料汇编》上编第1册，北京：中华书局，1994年，第283页。
⑤ （宋）陈均：《九朝编年备要》卷29"宣和五年七月己未"，《景印文渊阁四库全书》第318册，第799页。

政治之下，社会上甚至出现了为防叵测而窜改或阴晦私人文集中所见苏轼名字的现象。① 所以，《物类相感志》冠以"赞宁"之名是否与此有关，笔者因史料所限，目前还难以作出回答。但有一点可以肯定，那就是南宋初年所见到的《苏轼集》并《后集》，绝不是苏轼著作的全部。尤其是与被宋人视为"异端末习"②的"技艺"相关之随笔和杂记，散佚民间的一定不少。宋人高斯得说："臣观汉儒言灾异，谓有某事则有某应，皆为必然之理，故人或不之信，然本朝大儒程颐、苏轼、朱熹为感应之理甚精，其说不可尽废。"③这说明至少在南宋时，苏轼有关"感应"之类的杂记或诗篇已废者不在少数，否则高氏就没有必要为之鸣不平。如严羽说："夫诗有别裁，偶涉禅趣，固无不可，若宋之苏轼……每有吟咏，托禅意者十之七八，已失诗之本旨。"④今传本《物类相感志》和《格物粗谈》是不是属于这已被官方或士大夫所废弃，后为民间"裒而录之"并辑为专书，这样的事情亦未必没有可能。所以，元人范梈说："《物类相感志》相传东坡所作，前辈已有议其伪者，此属假托无疑。庶汇纷错，有相反亦有相成，造化之机妙；诚难测度，若必于此穷究其理，其为格物亦太疏矣。存之以资宴谈可也"⑤，则未必就是负责任的话。且不说《格物粗谈》及《物类相感志》是否为苏轼所作，单是他竟将如此重要的科技文献当作"宴谈"佐料来对待，就未免有点淄渑混淆、玉石不分了。再说，民间为什么有那么多技艺者去冒苏轼之名而不是别的人名去刊刻他们的科技著作呢？这个事实本身恰好证明苏轼的科技素养和人格早已深入民心，而苏轼亦确实是一位雅俗共赏的博物学家和科普作家，他的《志林》《良方》《酒经》《杂书琴事》即是明证。

《物类相感志》共记录了 448 条物质之间相互作用的信息，这些信息究竟多少具有科学价值，尚待进一步实验证实。在文法上，政论文与科普杂记的写作方法是不一样的，人们对自然现象的表述，不需要过多的文采，但贵在客观。从这个角度说，苏轼的很多杂记就难免流俗了。请比较下面几则杂记：

"软玉法：用地榆一两，先煮一滚，再入蒜汁一碗，葱汁一碗，再煮二滚，即能入刀。"⑥

筒井，"用圜刃凿如碗大，深者数十丈，以巨竹去节，牝牡相衔为井，以隔横入淡水，则咸泉自上，又以竹之差小者出入井中为桶，无底而窍其上，悬熟皮数寸，出入水中，气自呼吸而启闭之"⑦。

"地中掘一窖，或稻草或松茅铺厚寸许，将剪刀就树上剪下橘子，不可伤其皮，即逐个排窖内，安二三层，别用竹作梁架定，又以竹篾阁上，再安一二层，却以缸合

---

① （宋）家诚之：《丹渊集拾遗卷跋》，（宋）文同著，胡问涛、罗琴校注：《文同全集编年校注》，成都：巴蜀书社，1999 年，第 1215—1216 页。

② （宋）廖刚：《书赠冯生》，曾枣庄、刘琳主编：《全宋文》卷 2997《廖刚八》，第 117 页。

③ （宋）高斯得：《直前奏事》，曾枣庄、刘琳主编：《全宋文》卷 7946《高斯得二》，第 132 页。

④ （宋）严羽：《沧浪集》，故宫博物院编：《国朝宫史续编》第 3 册，海口：海南出版社，2000 年，第 186 页。

⑤ （元）范梈：《格物粗谈跋》，曾枣庄、舒大刚主编：《三苏全书》第 19 册《附录》，第 602 页。

⑥ （旧题）苏轼：《格物粗谈》卷下《韵籍》，曾枣庄、舒大刚主编：《三苏全书》第 19 册，第 597 页。

⑦ （宋）苏轼：《东坡志林》卷 4《筒井用水輴法》，曾枣庄、舒大刚主编：《三苏全书》第 5 册，第 150 页。

定，或乌盆亦可，四围湿泥封固，留至明年不坏。"①

治消渴方，"取麝香、当门子以酒濡之，作十许丸，取枳枸子为汤，饮之"②。

治海上受风，"取多年柁牙为柁工手汗所渍处，刮末，杂丹砂、茯神之流，饮之而愈"③。

如果不署名，那么笔者绝对相信，对于上述几则杂记究竟是不是苏轼所写，常人恐怕是很难指认的。因为科技杂记既不需要文采，那它本身就不会带有明显的个性特征。苏轼是一位不怕屈尊于下民的儒者，他的许多科技思想就是通过跟下民的交流互动而迸发出来的。因此，他的很多不成文的"宴谈"必然会在民间流传，这大概就是人们能够"衷而录之"的物质前提。当然，《物类相感志》和《格物粗谈》两书中有不少说法的确缺乏基本的科学依据，属虚妄之辞，但瑕不掩瑜，如《物类相感志》载"豆油煎豆腐"可能是我国食用豆油的最早记录，而"鱼瘦而生白点者名虱"④之"虱"则又是我国发现"小瓜虫"的最早文献记载⑤。可见，《物类相感志》和《格物粗谈》绝不是仅可"宴谈"的趣笑之料，而是具有一定科学价值的历史珍品，我们理应很好地汲取内含于其中的科学思想营养。

第四节　百源学派及邵雍的科技思想

邵雍的科技思想在学术界并不怎么受重视，这可能是因为他的《皇极经世》太枯燥，除了数字的排列，看不到一处亮点，更谈不上思想。其实，邵雍的思想包含有很多科学的成分，无论在自然观方面，还是在科学观和方法论方面，都有许多可取的地方。如朱伯崑先生说：邵雍的先天卦序图直接启发了莱布尼茨，而且他从卦气的角度来研究中国大陆节气的变化过程⑥，这些工作在当时都具有世界领先的意义。故有人说：邵雍的象数学体系"包括宇宙，始终古今"⑦，这样给邵雍的思想定位当然无可厚非，但这是从思想之一般处着眼，而不是从思想之个别处着眼。假如我们从"科技思想"这个个别处着眼，那么我们对邵雍思想的认识和体悟或许另有所思和所感。因此，从个别性的平台上去认真研究和梳理邵雍的科技思想不仅是可能的，而且是必要的。

① （旧题）苏轼：《格物粗谈》卷上《果品》，曾枣庄、舒大刚主编：《三苏全书》第 19 册，第 579 页。
② （旧题）苏轼：《苏沈良方》卷 4《治消渴方》，曾枣庄、舒大刚主编：《三苏全书》第 19 册，第 402 页。
③ （宋）苏轼：《东坡志林》卷 3《技术》，曾枣庄、舒大刚主编：《三苏全书》第 5 册，第 136 页。
④ （旧题）苏轼：《物类相感志·禽鱼》，曾枣庄、舒大刚主编：《三苏全书》第 19 册，第 530 页。
⑤ 倪达书、李连祥：《多子小瓜虫的形态、生活史及其防治方法和一新种的描述》，《水生生物学集刊》1960 年第 2 期。
⑥ 朱伯崑：《易学与中国传统科技思维（大纲）》，《自然辩证法研究》1996 年第 5 期，第 5 页。
⑦ （清）黄宗羲原著，（清）全祖望补修，陈金生、梁运华点校：《宋元学案》卷 9《百源学案上》，第 367 页。

一、宋代科技思想的书斋化倾向与百源学派的形成

中国古代学术研究的主体不是私学而是官学，这是毋庸置疑的，而王官之学不利于科技思想的发展，也是毋庸置疑的。因此，如果科学教育不从官学中剥离出来，科学就很难有创新性的发展和进步，当然也根本谈不上引导社会转型或产生科学革命。欧洲从中世纪的基督教神学到独立自由的近代大学的出现，就有力地证明了这一点。因为当大学远离教会而成为科学研究的中心以后，大学在客观上就变成了欧洲近代科学革命的策源地。

那么，我们要问：欧洲何以能产生大学（教师与学生的行业组织）这种学术形式？而欧洲在 11 世纪初出现了经院（教会学校）哲学，我国北宋却出现了书斋哲学，结果是欧洲的经院哲学成为近代大学诞生的前奏曲，而我国北宋的书斋哲学最终则还是附属于王官之学，不能形成一种独立的科学力量，其原因何在？

在欧洲，当历史推进至 9 世纪，法兰克王国的查理大帝（768—814 在位）在"信仰需要知识"的理念下，令各修道院和教区开办学校。两百余年后，欧洲终于出现了"经院哲学"即"学院中人的思想"，当然是在教会学校里传授的以神学为背景的哲学。哲学在本质上是一种自由的学问，随着城市的繁荣和学校人数的增加，社会上出现了由教师和学生自由组成的被称作"统一体"（universities）的行业公会组织，教师按授课专业分成不同的学院，院长由教师选举产生。1158 年，欧洲第一所近代意义上的大学——意大利波伦亚大学诞生，这是一个划时代的历史事件，而欧洲文艺复兴首先在意大利发生，确实有其历史的必然性。

与此同时，中国古代的哲学和科学却按照两种不同的途径走进了 11 世纪。一途是由李觏倡导的"内圣外王"学之外王倾向大于内圣，另一途是周敦颐开创的"内圣外王"学之内圣倾向大于外王。"外王"学之科学从李觏开始，经过王安石和苏轼，到沈括达到巅峰；而"内圣"学本身又分为两支：理学和心学。其中理学中的邵雍返本归源，以《易》之术数作为其学术思想的原点，从而构建了一座独特的象数主义神秘大厦。

北宋没有出现像唐朝那样的"大一统"局面，但它所遇到的外患却是空前的，尤其是辽和西夏对它的存在威胁极大。随着儒家思想在长期的历史演化过程中，已经形成了一整套既适合上层统治阶级利益又深得广大中下层平民信服的道德内容和行为规范。不过，佛教东渐之后，在唐代成为支配贵族和平民思想的官方意识形态，道教次之，儒家思想的影响力则降至其历史的最低谷。王伯祥等说："魏晋自我的觉醒，终不免人生的空虚，没有归宿的地方，所以到了隋统一南北以后，清谈的风尚不得不转变，另找人生的归宿了。佛教却在这时发扬光大，于是当时第一流的学者都投入他的范围，也是学术思想转变的一种机运。何况佛教的精深博大，正足以救玄学的贫弱呢？至于当时的所谓儒家，在学术的流变上却并没有占着重大的地位"[1]，而北宋之光复儒教的权威，不仅作为官方意识存在，而且也作为平民意识存在。而作为平民意识存在的儒教，其直接的表现形式却是理学或道

---

[1]　王伯祥、周振甫：《中国学术思想演进史》，上海：亚细亚书局，1935 年，第 81 页。

学，这是十分有趣的一种民族文化心理现象，很值得认真玩味。北宋的理学家借道教在平民中间的影响力，结合佛教的思辨力，援道入儒，又援释入儒，由此实现了中国古代自然哲学的一次历史性飞跃。那么，如何使这种新儒学真正进入平民的头脑？这是一个大问题。天圣八年（1030），范仲淹在《上时相议制举书》中说："夫善治国者莫先育材，育材之方莫先劝学"①，且须"教以经济之业，取以经济之才"②，这是北宋教育空前发达的政治原因。"经济之才"既不能一蹴而就，也不能知识单一。而北宋的科举制还不能满足培养"经济之才"的客观需要，因而私学的兴起是必然的，同时它也是北宋学术有可能出现书斋化倾向的前提条件。

所谓"书斋化倾向"就是为知识而知识的治学精神，这是古希腊人最崇高的一种学术境界。而这种境界由柏拉图发始和缔造，大约在前378年，柏拉图创建了古希腊第一所贵族学园，尔后他的学生亚里士多德在前335年又创立吕克昂学园，被称为是古希腊学术研究的圣地。而正是这种学园的出现才使古希腊创造了人类科技思想史上的无数个奇迹，才使古希腊的学术海洋成为欧洲乃至整个人类取之不竭、用之不尽的力量源泉。可见，学园化特指这样一种学术精神：首先，不追求仕途的富贵，把学术研究作为终身目标；其次，把学术研究与政治观照区分开，不以政治乱学术；最后，具有独立的学术意识。在北宋，真正讲求学园化及书斋化倾向的私学教育有两种：一种是经馆与精舍，一种是书院。朱熹说："前代庠序之教不修，士病无所于学，往往相与择胜地，立精舍，以为群居讲习之所，而为政者乃或就而褒表之，若此山（即石鼓山），若岳麓，若白鹿洞之类是也。"③一般说来，无论是经馆与精舍还是书院，较传统的官学教育都具有相对独立的学术意识和自由精神。如钱穆先生说："宋学精神，厥有两端：一曰革新政令，二曰创通经义，而精神之所寄则在书院。"④如果说北宋书院的兴起始自范仲淹执掌南都府学，那么经馆与精舍之兴却始自邵雍。故程颢说：邵雍"讲学于家，未尝强以语人，而就问者日众。乡里化之，远近尊之，士人之道洛者，有不之公府，而必之先生之庐"⑤。难怪宋高宗诏称邵雍"道德学术为万世师"⑥。

那么，对于北宋学园化的私学教育而言，究竟以什么样的学问导入书斋里去呢？

从邵雍及二程的学术本源和思想内容看，北宋时期存在有两个非常明显的社会参照物：一是民间道教的传承，二是平民对《易》学思维的普遍认同。

毋庸讳言，《易》和道教是北宋中期科学发展的两大思想支柱，邵雍不可能不利用这种文化资源来构建自己的思想体系。冯友兰先生在评价道教与北宋新理学的关系时说：

---

① （宋）范仲淹：《范文正公文集》卷10《上时相议制举书》，（清）范能濬编集，薛正兴校点：《范仲淹全集》上册，第208页。

② （宋）范仲淹：《范文正公政府奏议》卷上《治体·答手诏条陈十事》，（清）范能濬编集，薛正兴校点：《范仲淹全集》上册，第478页。

③ （宋）朱熹：《朱子文集》卷10《衡州石鼓书院记》，《丛书集成初编》，第2378册，第407页。

④ 钱穆：《中国近三百年学术史》，北京：商务印书馆，1997年，第7页。

⑤ （宋）程颢：《河南程氏文集》卷4《邵尧夫先生墓志铭》，（宋）程颢、程颐著，王孝鱼点校：《二程集》，第503页。

⑥ （宋）邵博撰，刘德权、李剑雄点校：《邵氏闻见后录·附录（一）》，北京：中华书局，1983年，第245页。

及乎北宋，此种融合儒释的新儒学，又有道教中一部分之思想加入。此为构成新儒学之一新成分。……道教中所用儒家一部分之经典，如《周易》是也。盖易本为筮用，卜筮亦为原来术数之一种，则《易》固亦即阴阳家之经典也。道教中之经典，多有自谓系根据于《易》者。①

北宋科学的发展有赖于《易》学研究的深入，故邵雍顺其社会发展之大势，尤其是他沿用了当时人们把《纬书》之易附于道教上面而成象数之学的理路，将易中之象学和数学结合起来，把汉唐象数学的"图书之学"发展为北宋"务穷造化"的自然哲学。由于这种变化不是以平民的知识水平为前提的，所以从形式上看有"不切于民用"②的"曲高和寡"陋病，而"不切于民用"恰巧是书斋化学术研究的特点。朱熹说：

"易有太极，是生两仪，两仪生四象，四象生八卦。"熹窃谓此一节乃孔子发明伏羲画卦自然之形体次第，最为切要，古今说者惟康节、明道二先生为能知之。故康节之言曰："一分为二，二分为四，四分为八，八分为十六，十六分为三十二，三十二分为六十四，犹根之有干，干之有枝，愈大则愈小，愈细则愈繁。"③

程颢亦说：邵雍之学"汪洋浩大，乃其所自得者多矣"④。

作为北宋中期影响较大的一个学术流派，它的传承思想清晰、脉络分明，上端陈抟，下绪陈瓘。明清以来，奉邵雍之学为宗主者不乏其人，如明之黄畿、朱隐老，清之王植、何梦瑶等。尤其是邵雍所创"先天八卦图"成为后来治象数者的思想范式，其本身所蕴藏的数学内质，还有待人们作进一步的挖掘。

当然，因其把《易》学研究引向了书斋，辞涩文拗，不切实际，故继邵雍之后又有程颐"以儒理阐《易》"派及李光"援史证《易》"派的崛起。别的且不说，单邵雍以一家之言引来百家之说这一点，其功亦曜。

二、邵雍的先天象数思想及对宋代科学发展的影响

（一）邵雍的生平简介

邵雍（1011—1077），字尧夫，谥康节，祖籍范阳（今河北涿州市），少时随父迁居河南共城（今河南辉县），居苏门山下，"康节独筑室于百源之上"⑤。据载，邵雍在此"于书无所不读，始为学，即坚苦刻厉，寒不炉，暑不扇，夜不就席者数年"⑥。当然，读万

① 冯友兰：《中国哲学史》，上海：商务印书馆，1947年，第813—814页。
② （清）永瑢等：《四库全书总目》卷1《经部一·易类一》，第1页。
③ （宋）朱熹撰，郭齐、尹波点校：《朱熹集》卷37《答郭冲晦》，成都：四川教育出版社，1996年，第1653—1654页。
④ （宋）程颢：《河南程氏文集》卷4《邵尧夫先生墓志铭》，（宋）程颢、程颐著，王孝鱼点校：《二程集》，第503页。
⑤ （宋）邵伯温撰，李剑雄、刘德权点校：《邵氏闻见录》卷18，第194页。
⑥ 《宋史》卷427《邵雍传》，第12726页。

卷书之"知"仅是邵雍作学问的一个方面，而他还有更重要的一个方面，那就是行万里路之"行"，《宋史》本传载其"逾河、汾，涉淮、汉，周流齐、鲁、宋、郑之墟"①。所以，上述知与行两方面的结合，便构成了邵雍学术的基础。在共城，县令李之才②曾传授"《河图》《洛书》《宓义》八卦六十四卦图像"于邵雍，于是他"探赜索隐"而洞彻"物理性命之学"，并独创"百源学派"。诚如黄百家所说："顾先生（即邵雍）之教虽受于之才，其学实本于自得。"③后因家中变故，邵雍转而隐居在洛阳，《邵氏闻见录》卷18记云：其"至皇祐元年（1049），自卫州共城奉大父伊川丈人迁居焉"④。当时如富弼、司马光、吕公著等贵人争相与之结交，他却淡然处之，故"嘉祐诏求遗逸"⑤，邵雍竟辞官不就。就其整个的思想基础看，邵雍在政治上反对王安石变法，主张历史循环论，所以他的政治思想是保守的；然而，在经济上他曾自足于"曾无二顷田"⑥的生活，因此当司马光等在天津桥畔为其购买了一处"官地园宅"之后，邵雍似乎依然那么超俗，只是"岁时耕稼，仅给衣食"⑦而已，有鉴于此，邵雍干脆就把这处"官地园宅"名之为"安乐窝"⑧，其乐观之性自见。

邵雍不仅是一位思想家，而且还是一位教育家。他"讲学于家，未尝强以语人，而就问者日众"⑨，"一时洛中人才特盛，而忠厚之风闻天下"⑩。他"以观夫天地之运化，阴阳之消长，远而古今世变，微而走飞草木之性情"⑪，"遂衍宓羲先天之旨，著书十余万言行于世"⑫，其主要著述有《皇极经世》（包括《观物内外篇》《渔樵问对》《无名公传》）和《伊川击壤集》等。《皇极经世》由《观物篇》和《观物外篇》两部分构成，《观物篇》计五十二篇，一至十二篇称"以元经会"，十三至二十三篇称"以会经运"，二十四至三十四篇称"以运经世"，以上三部分阐释了"先天图"的基本原理及其实际应用，并在循环论的前提下，提出了一系列关于自然界和人类历史演化的主张；三十五至四十篇称音律，四十一至五十二篇及外篇统称杂论。在书中，邵雍始终贯穿着"以物观物"的认识方法，对此，任继愈先生说："其观物，以道为大宗，神为大用，以阴阳象数观察万类，反观人身，与道教内丹说颇多相类，其易理象数亦与内丹所用者多同出一源，故道教内丹家常引

---

① 《宋史》卷427《邵雍传》，第12726页。
② 《宋史》本传及《宋元学案》卷9《百源学案上》作"李之才"，而《邵氏闻见录》卷18及《河南程氏遗书》卷18《伊川先生语四》则作"李挺之"，如程颐说："邵尧夫数学出于李挺之"（《二程集》上，第197页）。此处以《宋史》及《宋元学案》为依据。
③ （清）黄宗羲原著，（清）全祖望补修，陈金生、梁运华点校：《宋元学案》卷9《百源学案上》，第367页。
④ （宋）邵伯温撰，李剑雄、刘德权点校：《邵氏闻见录》卷18，第104—105页。
⑤ 《宋史》卷427《邵雍传》，第12728页。
⑥ （宋）邵雍：《击壤集》卷1《闲吟四首》，（宋）邵雍著，郭彧、于天宝点校：《邵雍全集》第4册，第11页。
⑦ 《宋史》卷427《邵雍传》，第12727页。
⑧ 《宋史》卷427《邵雍传》，第12727页。
⑨ （宋）程颢：《河南程氏文集》卷4《邵尧夫先生墓志铭》，（宋）程颢、程颐著，王孝鱼点校：《二程集》，第503页。
⑩ 《宋史》卷427《邵雍传》，第12727页。
⑪ 《宋史》卷427《邵雍传》，第12727页。
⑫ 《宋史》卷427《邵雍传》，第12727页。

证其说，未必全为附会。"①其言甚确。故张岷这样评价邵雍的学术思想说："先生治《易》
《书》《诗》《春秋》之学，穷意言象数之蕴，明皇帝王霸之道，著书十余万言，研精极思
三十年。观天地之消长，推日月之盈缩，考阴阳之度数，察刚柔之形体，故经之以元，纪
之以会，始之以运，终之以世。又断自唐、虞，迄于五代，本诸天道，质以人事，兴废治
乱，靡所不载。其辞约，其义广，其书著，其旨隐。呜呼，美矣，至矣，天下之能事毕
矣!"②话虽夸张，但亦未必没有道理。

（二）邵雍的自然观

宋代哲学和自然科学有其独特的范畴体系，而这个体系的核心便是"理"，故学术
界经常以"宋明理学"来名之。邵雍虽然不是宋代理学的鼻祖，但却是把"理"这个范
畴自觉应用到自然科学领域，并用于规范和描述自然现象的第一人。在邵雍的思想体系
里，"理"本身具有三个方面的内涵：一是指宇宙总的运动规律，如《击壤集》卷 13
《皇极经世一元吟》道："天地如盖轸，覆载何高极，日月如磨蚁，往来无休息，上下之
岁年，其数难窥测，且以一元言，其理尚可识。"③又"天下之数出于理，违乎理则入于
术。世人以数而入术，故失于理也"④。有时邵雍还把宇宙总的运动规律称为"天理"，
他说："天意无他只自然，自然之外更无天。"⑤故"得天理者不独润身，亦能润心"⑥；
二是标志着一般自然界运动变化的规律，如邵雍的儿子邵伯温说：其《皇极经世书》的
宗旨就是"穷日、月、星、辰、飞、走、动、植之数以尽天地万物之理"⑦，邵雍说：
"《易》曰：'穷理尽性，以至于命。'所以谓之理者，物之理也。所以谓之性者，天之性
也。"⑧又说："物理之学既有所不通，不可以强通。强通则有我，有我则天地而入于术
矣"⑨；三是特指天文历法及数术等具体科学，如邵雍说："今之学历者但知历法，不知历
理。"⑩而"《素问》《密语》之类，于术之理可谓至也"⑪。可见，关于宇宙总的运动规律
的思想就是邵雍的自然观。

宇宙如何形成与发展？这是包括邵雍在内的一切科技思想家都必须要认真回答的问
题。邵雍继承了老子的道生成说，并加以他自己的推演，从而建立了一个庞大的宇宙演化
模式。他说：

① 任继愈主编：《道藏提要》，北京：中国社会科学出版社，1991 年，第 784 页。
② （清）黄宗羲原著，（清）全祖望补修，陈金生、梁运华点校：《宋元学案》卷 10《百源学案下》，第 467 页。
③ （宋）邵雍：《击壤集》卷 13《皇极经世一元吟》，《四库全书》影印本，上海：上海古籍出版社，1987 年，
第 1101 册，第 103 页。
④ （宋）邵雍，郭彧、于天宝点校：《皇极经世书》卷 12《观物外篇上》，第 1209 页。
⑤ （宋）邵雍：《击壤集》卷 10《天意吟》，（宋）邵雍著，郭彧、于天宝点校：《邵雍全集》第 4 册，第 182 页。
⑥ （宋）邵雍著，郭彧、于天宝点校：《皇极经世书》卷 12《观物外篇下》，第 1224 页。
⑦ 《性理大全书》卷 7《皇极经世》，《景印文渊阁四库全书》第 710 册，第 172 页。
⑧ （宋）邵雍著，郭彧、于天宝点校：《皇极经世书》卷 11《观物篇之五十三》，第 1150 页。
⑨ （宋）邵雍著，郭彧、于天宝点校：《皇极经世书》卷 12《观物外篇下》，第 1220 页。
⑩ （宋）邵雍著，郭彧、于天宝点校：《皇极经世书》卷 12《观物外篇下》，第 1224 页。
⑪ （宋）邵雍著，郭彧、于天宝点校：《皇极经世书》卷 12《观物外篇下》，第 1221 页。

天，生于动者也。地，生于静者也。一动一静交而天地之道尽之矣。动之始则阳生焉，动之极则阴生焉。一阴一阳交而天之用尽之矣。静之始则柔生焉，静之极则刚生焉。一柔一刚交而地之用尽之矣。动之大者谓之太阳，动之小者谓之少阳，静之大者谓之太阴，静之小者谓之少阴。太阳为日，太阴为月，少阳为星，少阴为辰。日月星辰交而天之体尽之矣……太柔为水，太刚为火，少柔为土，少刚为石。水火土石交而地之体尽之矣。①

这段话被学界广泛引用，它已经成为分析邵雍宇宙演化思想的基础文献。在上面的一大段引文中，我们应特别注意以下两个基本观点：

第一，结构引起变化的思想。世界万物都是由结构所组成，而结构形成的过程实际上就是世界万物变化的过程。邵雍说："用九见群龙，首能出庶物。用六利永贞，因乾以为利。四象以九成，遂为三十六。四象以六成，遂成二十四。如何九与六，能尽人间事。"②由此说明，在邵雍的宇宙演化模式里，"四象"不仅是宇宙演化的结构性标志，而且还是引起宇宙万物发展变化的诱体。四象既可以日月星辰为实质，也可以水火土石为元素，其具体的变化过程是："以太阳、少阳、太刚、少刚之用数唱太阴、少阴、太柔、少柔之用数，是谓日月星辰之变数。以太阴、少阴、太柔、少柔之用数和太阳、少阳、太刚、少刚之用数，是谓水火土石之化数。日月星辰之变数一万七千二十四，谓之动数。水火土石之化数一万七千二十四，谓之植数。再唱和日月星辰、水火土石之变化通数二万八千九百八十一万六千五百七十六，谓之动植通数。"③故"大衍、《经世》，皆本于四。四者，四象之数也"④。试图用数量的变化来阐释宇宙万物形成的历史过程，正是邵雍科技思想的重要特色。而邵雍所说的"动植通数"则取决于"日月星辰之变数"与"水火土石之化数"，也许有人会怀疑这种变化的科学性，因为动植物的数量绝不是一个确定的数，他们的随机性很强，变异性也很大，但笔者认为邵雍的研究给我们提供了一个具有一定合理性的思维视角，即在科学上能否用数量的关系来说明客观事物的结构性变化，用邵雍的话说就是"太极不动，性也。发则神，神则数，数则象，象则器。器之变，复归于神也"⑤。简言之，即"一物必通四象"⑥。而究竟为什么"一物必通四象"呢？邵雍从结构的差异来解释人之为贵的原因，说："动物谓鸟兽，体皆横生，横者为纬，故动。植物谓草木，体皆纵生，纵者为经，故静。非惟鸟兽草木，上而列宿，下而山川，莫不皆然。至于人，亦动物，体宜横而反纵，此所以异于万物，为最贵也。"⑦但真正的原因恐怕跟宇宙本身存在的

① （宋）邵雍著，郭彧、于天宝点校：《皇极经世书》卷11《观物篇之五十一》，第1146—1147页。

② （宋）邵雍：《击壤集》卷13《乾坤吟》，（宋）邵雍著，郭彧、于天宝点校：《邵雍全集》第4册，第262页。

③ （宋）邵雍著，郭彧、于天宝点校：《皇极经世书》卷11《观物篇之六十一》，第1172页。

④ （清）黄宗羲原著，（清）全祖望补修，陈金生、梁运华点校：《宋元学案》卷9《百源学案上》，第375页。

⑤ （宋）邵雍著，郭彧、于天宝点校：《皇极经世书》卷12《观物外篇下》，第1239页。

⑥ （宋）邵雍著，郭彧、于天宝点校：《皇极经世观物外篇衍义》卷5《观物外篇中之中》，《皇极经世书》，第1360页。

⑦ （清）黄宗羲原著，（清）全祖望补修，陈金生、梁运华点校：《宋元学案》卷9《百源学案上·观物外篇》，第377页。

秩序有关。

第二，层次产生秩序的思想。"层次"在邵雍的自然观里占有十分重要的地位，而他就是在层次理念的指导下去建构其《方图》（四分四层面）的。黄百家说："《方图》不过以前《大横图》分为八节，自下而上叠成八层，第一层即《横图》自《乾》至《泰》八卦，第二层即《横图》自《临》至《履》八卦，以至第八层即《横图》自《否》至《坤》八卦也。"[①]在邵雍看来，《方图》不仅分层次，而且还有序列。其"《方图》中起震巽之一阴一阳，然后有坎离艮兑之二阴二阳，后成乾坤之三阴三阳，其序皆自内而外。内四卦四震四巽相配而近，有雷风相薄之象。震巽之外十二卦纵横，坎离有水火不相射之象。坎离之外二十卦纵横，艮兑有山泽通气之象。艮兑之外二十八卦纵横，乾坤有天地定位之象。四而十二，而二十，而二十八，皆有隔八相生之妙……以交言，则《乾》《坤》《否》《泰》也，《兑》《艮》《咸》《损》也，《坎》《离》《既》《未》也，《震》《巽》《恒》《益》也，为四层之四隅"[②]。而胡庭芳在阐释邵雍所作《八卦方位之图》的意义时说："八卦之在《横图》，则首乾，次兑、离、震、巽、坎、艮、坤，是为生出之序。及八卦之在《圆图》，则首震一阳，次离、兑二阳，次乾三阳，接巽一阴，次坎、艮二阴，终坤三阴，是为运行之序。"[③]以此为基础，邵雍提出了宇宙万物按元、会、运、世次序有规律运动的思想。邵伯温说："《皇极经世书》以元会运世之数推之，千岁之日可坐致也。"[④]也就是说，邵雍"元会运世之数"中包含着时间绝对性和相对性的相互关系问题。他说：

> 以日经日为元之元，其数一，日之数一故也。以日经月为元之会，其数十二，月之数十二故也。以日经星为元之运，其数三百六十，星之数三百六十故也。以日经辰为元之世，其数四千三百二十，辰之数四千三百二十故也。则是日为元，月为会，星为运，辰为世，此《皇极经世》一元之数也。一元象一年，十二会象十二月，三百六十运象三百六十日，四千三百二十世象四千三百二十时也。盖一年有十二月，三百六十日，四千三百二十时故也。《经世》一元，十二会，三百六十运，四千三百二十世。一世三十年，是为一十二万九千六百年。是为《皇极经世》一元之数。一元在大化之间，犹一年也。自元之元更相变而至于辰之元，自元之辰更相变而至于辰之辰，而后数穷矣。穷则变，变则生，生而不穷也。[⑤]

在科技思想史上，时间物理学可能是最简单却又是最复杂的学科之一了。据考，我国先秦诸子学派早就自觉地把"时间"作为他们思索和探讨的客观对象，如《墨经》云："久，弥异时也。"[⑥]这就是说，"久"（即时间）是表示古往今来不同时刻的物理量，《墨

① （清）黄宗羲原著，（清）全祖望补修，陈金生、梁运华点校：《宋元学案》卷9《百源学案上》，第395页。
② （清）黄宗羲原著，（清）全祖望补修，陈金生、梁运华点校：《宋元学案》卷9《百源学案上》，第395页。
③ （清）黄宗羲原著，（清）全祖望补修，陈金生、梁运华点校：《宋元学案》卷9《百源学案上》，第389页。
④ （宋）邵伯温撰，李剑雄、刘德权点校：《邵氏闻见录》卷19，第215页。
⑤ （清）黄宗羲原著，（清）全祖望补修，陈金生、梁运华点校：《宋元学案》卷9《百源学案上》，第373页。
⑥ （战国）墨翟：《墨经》卷10《经上》，《百子全书》第3册，第2450页。

经》又说:"久,有穷无穷。"①其中"有穷"是说具体事物的存在都是相对的和有限的,而整个物质世界的存在则是绝对的和无限的。与此同时,在古希腊,赫拉克利特认为"时间是第一个有形体的本质"②,而亚里士多德说时间是"关于前和后的运动的数"③。当然,古希腊还有一种时间学说对人类社会的发展产生了很大影响,那就是毕达哥拉斯的"循环时间"理论。毕达哥拉斯说:"凡是存在的事物,都要在某种循环里再生,没有什么东西是绝对新的。"④甚至古希腊罗马人还用"大年"来表示一个时间循环周期,约为一万八千年,后来斯多葛派更将其整合成为宇宙轮回说,而换成中国古代的说法即"还周复归"⑤,正如荀子所言:"始则终,终则始,若环之无端也。"⑥较之古希腊罗马的"大年",邵雍把宇宙的时间周期确定为十二万九千六百年⑦,而这个数字的含义就是指一个"宇宙"从形成到消亡的历史过程。当然,这个历史过程可以复制,可以再生。现在的问题是作为实证的科学与作为非实证的哲学对这个历史过程的表述为何存在着那么大的分歧?在笔者看来,科学的研究对象是具体的客观实在,而这个具体的客观实在又是可以用数学来描述的,美国学者约翰·洛西认为:"天文学、光学、声学和力学,它们的主题都是物理对象之间的数学关系"⑧;相反,哲学的研究对象则是抽象的客观实在,而这个抽象的客观实在是不能用数学来描述的,否则就导致了神秘主义。因此,对于邵雍的时间循环论,我们应从两个层面去理解,第一个层面是科学的层面,如果宇宙是一个具体的客观实在,那么它就是可用数学来描述的,现代宇宙学中的振荡说认为,具体的"宇宙"是从数学奇点开始爆炸,然后经过膨胀及冷缩为黑洞,于是再爆发成为一个新的具体的"宇宙",如此生生不息,往复无穷。从这个角度讲,邵雍的时间循环周期论也是一种宇宙学说;第二个层面是哲学的层面,如果宇宙是一个抽象的客观实在,那么它就是不能用数学来描述的,不然的话,宇宙的运动变化就只能依靠人的主体意识去说明了。所以邵雍一方面说"太极不动,性也。发则神,神则数,数则象,象则器。器之变,复归于神也"⑨;另一方面却又说"天地亦万物也。何天地之有焉?万物亦天地也。何万物之有焉?万物亦我也。何万物之有焉?我亦万物也"⑩。而这种"万物亦我也"及"我亦万物也"的思想很明显给有神论留下了发展空间,这样"那从本质世界排除掉的时间被移置到进行哲学思

① (战国)墨翟:《墨经》卷 10《经说下》,《百子全书》第 3 册,第 2459 页。
② [德]黑格尔:《哲学史讲演录》第 1 卷,北京:商务印书馆,1997 年,第 304 页。
③ [古希腊]亚里士多德:《物理学》,张竹明译,北京:商务印书馆,1982 年,第 127 页。
④ [英]罗素:《西方哲学史》上卷,第 59 页。
⑤ (战国)吕不韦:《吕氏春秋》卷 3《圜道》,《百子全书》第 3 册,第 2649 页。
⑥ (战国)荀况撰,(唐)杨倞注:《荀子》卷 5《王制》,《宋本荀子》第 1 册,北京:国家图书馆出版社,2017 年,第 228 页。
⑦ (宋)邵雍:《击壤集》卷 13《皇极经世一元吟》,(宋)邵雍著,郭彧、于天宝点校:《邵雍全集》第 4 册,第 262 页。
⑧ [美]约翰·洛西:《科学哲学历史导论》,邱仁宗、金吾伦、林夏水,等译,武汉:华中工学院出版社,1982 年,第 14 页。
⑨ (宋)邵雍著,郭彧、于天宝点校:《皇极经世书》卷 12《观物外篇下》,第 1239 页。
⑩ (宋)邵雍:《渔樵问对》,《击壤集·集外诗文》,(宋)邵雍著,郭彧、于天宝点校:《邵雍全集》第 4 册,第 457 页。

考的主体的自我意识之内去，而与世界本身毫不相涉了"①。

（三）邵雍的科学观

在古希腊，"宇宙"一词的本来意思为"秩序"，故"科学思想是从探讨宇宙的本原和秩序开始的"②。如前所述，邵雍的宇宙观以"层次和秩序"为理论基础，而这个理论基础的现实根据就是数学，所以邵雍科学观的第一个方面应是对数学的理解和阐释。

宋代数学受道学的影响颇深，我国数学史界的老前辈钱宝琮先生对此已有较详尽的说明③，兹不赘述。不过，邵雍却有他自己的特色，即他把"贾宪三角"实际应用到对宇宙秩序的研究中，从而建立了宇宙秩序的数学模型。据载，宋代理论数学的发展跟河北籍数学家刘益的"造符"实践分不开。《续资治通鉴长编》卷93"天禧三年三月乙酉"条云：

> 入内副都知周怀政日侍内廷，权任尤盛，附会者颇众，往往言事获从。同辈位望居右者，必排抑之。中外帑库，皆得专取，而多入其家。性识凡近，酷信妖妄。有朱能者，本单州团练使田敏家厮养，性凶狡，遂赂其亲信得见，因与亲事卒姚斌等妄谈神怪事以诱之。怀政大惑，援引能至御药使，领阶州刺史，俄于终南山修道观，与殿直刘益辈造符命，托神灵，言国家休咎，或臧否大臣。④

此殿直刘益即《议古根源》的作者。可惜《议古根源》原著已佚，我们仅能从杨辉《田亩比类乘除捷法》（1275）一书中知其对"方程论"有创见，而刘益的"正负开方术"后来为贾宪所继承并发展，成为"贾宪三角"的直接来源。贾宪与邵雍的生活时代相当，因为贾宪的老师楚衍为开封人，故我们不排除贾宪与邵雍有相互接触的可能性。而杨辉《详解九章算法纂类》中载有贾宪的"开方作法本源"图及该图的构造方法，由于杨辉已注明"贾宪用此术"，故人们称它为"贾宪三角"。单就图的形式而言，"贾宪三角"与"邵雍六十四卦次序之图"十分相似，两者所差只是在数学原理的应用方面，前者用的是"加一法"，即由一分为二，二分为三，一直到六分为七；后者则用的是"加一倍法"，即从一分为二，二分为四，四分为八，一直到三十二分为六十四。至于"邵雍六十四卦次序之图"的数学意义，钱宝琮先生说："邵雍的'加一倍法'和沈括的'棋局都数'算法（《梦溪笔谈》卷十八）都是重复排列的例题，在十一世纪中国数学史上增加一些新的内容。"⑤同时，"邵雍六十四卦次序之图"还可以用二进位数来表示，而莱布尼茨就曾用二进位数来阐释"邵雍六十四卦次序之图"，因而成为计算机发明史上的一个趣谈。

---

① 张雨欣：《马克思博士论文〈德谟克利特的自然哲学和伊壁鸠鲁的自然哲学的差别〉研究》，北京：中央编译出版社，2019年，第83页。

② 董光璧：《中国自然哲学大略》，吴国盛主编：《自然哲学》第1辑，北京：中国社会科学出版社，1994年，第268页。

③ 钱宝琮：《宋元时期数学与道学的关系》，中国科学院自然科学史研究所编：《钱宝琮科学史论文选集》，第579—596页。

④ （宋）李焘：《续资治通鉴长编》卷93"天禧三年三月乙酉"条，第824—825页。

⑤ 钱宝琮：《宋元时期数学与道学的关系》，中国科学院自然科学史研究所编：《钱宝琮科学史论文选集》，第587—588页。

在天文历法方面，邵雍站在道学的立场对汉代的历家有下面一段评说：

> 今之学历者，但知历法不知历理。能布算者落下闳也，能推步者甘公石公也。落下闳但知历法，扬雄知历法也知历理。①

这虽是针对汉之历家所言，实际上却是邵雍对中国古代历法的一种意见和态度。而他既能发此议论，就说明他已有这方面知识的储备。那么，在农业社会的现实条件下究竟建立什么样的历法更加实用呢？邵雍主张："日为暑，月为寒，星为昼，辰为夜，暑寒昼夜交而天之变尽之矣。水为雨，火为风，土为露，石为雷，雨风露雷交而地之化尽之矣。"②而为了说明日月星辰与寒暑昼夜之间的变化关系，邵雍把"气"引入到历法之中，从而确定了"以二十四节气定历的原理"③。如他在《霜露吟》一诗中说："天地有润泽，其降也瀼瀼。暖则为湛露，寒则为繁霜。为露万物悦，为霜万物伤。二物本一气，恩威何昭彰。"④邵雍在《皇极经世》里规定"一年有十二月，三百六十日"，即每个月为三十天，所以他才有"一春九十日，风雨占几半"⑤的诗句，而这实际上已经具有"二十四节气历"的特点了。唐明邦先生曾把邵雍之"世界历史年谱"⑥列表，如表 2-2 所示：

表 2-2 邵雍之"世界历史年谱"简表

月	会	阴阳消长	律吕	星次	节令	卦植	物象
子	一	六阴已极 一阳初动	黄钟	星纪	冬至 小寒	复、颐、屯、益、震	天辰 渐分
丑	二	天开于上 地辟于下	大吕	元枵	大寒 立春	噬嗑、随、无妄、明夷、贲	出暗 向明
寅	三	天地开辟 人物始生	太簇	娵訾	雨水 惊蛰	既济、家人、丰、革、同人	形气 化生
卯	四	三才既肇 气播时行	夹钟	降娄	春分 清明	临、损、节、中孚、归妹	物色 昭苏
辰	五	阳进于五 物际于盛	姑洗	大梁	谷雨 立夏	睽、兑、履、泰、大畜	景物 繁鲜
巳	六	水运既终 火德当王	中吕	实沉	小满 芒种	需、小畜、大壮、大有、夬	物益 繁盛
午	七	阳升已极 阴息伊始	蕤宾	鹑首	夏至 小暑	姤、大过、鼎、恒、巽	物萌 阴类
未	八	阴柔浸长 阳刚退消	林钟	鹑火	大暑 立秋	井、蛊、升、讼、困	物畏 过盛
申	九	阴柔内掩 阳刚外消	夷则	鹑尾	处暑 白露	未济、解、决、蒙、师	物气 揫敛
酉	十	阴柔丽上 阳刚止下	南吕	寿星	秋分 寒露	遁、咸、旅、小过、渐	物候 凄清
戌	十一	阴柔大行 阳刚尽止	无射	大火	霜降 立冬	蹇、艮、谦、否、萃	物象 凋落
亥	十二	纯阴内积 微阳外消	应钟	析木	小雪 大雪	晋、豫、观、比、剥	物当 藏息

在动植物学方面，邵雍不仅从理论上对地球生物物种作了推算，而且他还根据其"四分法"对地球生物物种作了分类。他说：

---

① （宋）邵雍著，郭彧、于天宝点校：《皇极经世书》卷12《观物外篇下》，第 1234 页。
② （宋）邵雍著，郭彧、于天宝点校：《皇极经世书》卷11《观物篇之五十一》，第 1147 页。
③ 肖萐父、李锦全主编：《中国哲学史》下卷，第 23 页。
④ （宋）邵雍：《击壤集》卷14《霜露吟》，（宋）邵雍著，郭彧、于天宝点校：《邵雍全集》第 4 册，第 280 页。
⑤ （宋）邵雍：《击壤集》卷10《一春吟》，（宋）邵雍著，郭彧、于天宝点校：《邵雍全集》第 4 册，第 202 页。
⑥ 唐明邦：《邵雍评传》，南京：南京大学出版社，2001 年，第 183 页。

暑寒昼夜交而天之变尽之矣……暑变物之性，寒变物之情，昼变物之形，夜变物之体。性情形体交而动植之感尽之矣。雨化物之走，风化物之飞，露化物之草，雷化物之木。走飞草木交而动植之应尽之矣。①

用"四分法"来阐释宇宙万物的生成变化，在中国古代科学思想史上仅此一见，可谓邵雍思想的独到之处。究竟"四分法"是否具有普遍性，学界还有疑问。不过，从邵雍"四分法"的推演过程中，他提出了一个很有趣的进化论问题，即低级进化与高级进化之间的关系问题。如果邵雍所说"有一此有二，有二此有四，有三此有六，有四此有八"是指自然界由低级向高级有序进化之路径的话，那么"八者四而已，六者三而已，二者一而已"则是说明在进化的历程中，高级的进化形式必然包含着低级进化的形式于自身，故人们就可以看到在高级进化的形式里往往会重演该物种由低级形式向高级形式的进化历史，如人类女性怀胎十月实际上是动物进化史的一个缩影。而这也是"走飞草木交而动植之应尽之矣"②的真正内涵。当然，生物环境与社会环境是互动的，而为了维护本然的生态环境，邵雍对那些达官贵人肆意侵吞农田、破坏自然环境的社会现象进行了大胆的揭露和抨击："自古别都多隙地，参天乔木乱昏鸦。荒垣坏堵人耕处，半是前朝卿相家。"③与此同时，他则热情地讴歌和赞美那种生态型的城市生活环境，如他对洛阳城的植被环境这样描述："洛城春色浩无涯，春色城东又复嘉。风力缓摇千树柳，水光轻荡半川花。"④而永济桥周围的生态环境则是"一水一溪门，溪门云复屯。珍禽转乔木，幽鹿走荒榛。雨脚拖平地，稻畦扶远村"⑤。此外，邵雍在生活实践中特别注意观察和记录动植物的独特生长现象，如"牡丹一株开绝奇，二十四枝娇娥围"⑥，"野葛根非连灵芝"⑦，"高竹碧相倚，自能发余清。时时微风来，万叶同一声"⑧等。不仅如此，他还能根据洛阳牡丹的生长规律来推知其开花的日期，据吕本中记载："洛人以见根拔而知花之高下者，知花之上也；见枝叶而知高下者，知花之次也；见蓓蕾而知高下者，知花之下也。"⑨邵雍承认"万象与万物，由天然后生"⑩，但"梅因何而酸，盐因何而咸。茶因何而苦，荠因何而甘"⑪等生物学问题邵雍也许不能一一回答清楚，然而这些问题却是长期萦绕在他头脑中的疑难问题，是他努力思索和求解的科学问题，因此这些问题亦是邵雍科技思想的重要组成部分。

---

① （宋）邵雍著，郭彧、于天宝点校：《皇极经世书》卷11《观物篇之五十一》，第1147页。
② （宋）邵雍著，郭彧、于天宝点校：《皇极经世书》卷11《观物篇之五十一》，第1147页。
③ （宋）邵雍：《击壤集》卷4《天津感事二十六首》，（宋）邵雍著，郭彧、于天宝点校：《邵雍全集》第4册，第59页。
④ （宋）邵雍：《击壤集》卷2《春游五首》，（宋）邵雍著，郭彧、于天宝点校：《邵雍全集》第4册，第19页。
⑤ （宋）邵雍：《击壤集》卷3《过永济桥》，（宋）邵雍著，郭彧、于天宝点校：《邵雍全集》第4册，第37页。
⑥ （宋）邵雍：《击壤集》卷10《东轩前添色牡丹一株开二十四枝成二绝呈诸公》，（宋）邵雍著，郭彧、于天宝点校：《邵雍全集》第4册，第195页。
⑦ （宋）邵雍：《击壤集》卷10《感事吟》，（宋）邵雍著，郭彧、于天宝点校：《邵雍全集》第4册，第185页。
⑧ （宋）邵雍：《击壤集》卷1《高竹八首》，（宋）邵雍著，郭彧、于天宝点校：《邵雍全集》第4册，第12页。
⑨ （宋）吕本中：《童蒙训》卷上，徐梓、王雪梅编：《蒙学须知》，太原：山西教育出版社，1991年，第62页。
⑩ （宋）邵雍：《击壤集》卷11《偶得吟》，（宋）邵雍著，郭彧、于天宝点校：《邵雍全集》第4册，第221页。
⑪ （宋）邵雍：《击壤集》卷12《因何吟》，（宋）邵雍著，郭彧、于天宝点校：《邵雍全集》第4册，第235页。

养生是道家追求的人生目标，在长期的生活实践中邵雍积累了不少科学的养生知识。如他说："将养精神便静坐，调停意思喜清吟。"①又"不向医方求效验，唯将谈笑且消除"②，"心安身自安，身安室自宽"③，这说明人的情绪调节对身体的影响是何等重要；当然，人们要保持身心健康，节食节欲是必要的，邵雍在讲到嗜酒的危害时说："人不善饮酒，唯喜饮之多。人或善饮酒，唯喜饮之和。饮多成酩酊，酩酊身遂疴。饮和成醺酣，醺酣颜遂酡。"④而奢侈对人身的伤害更大："侈不可极，奢不可穷。极则有祸，穷则有凶。"⑤所以邵雍的养生之道就是："欢喜又欢喜，喜欢更喜欢"⑥，以至"其心之泰然，奈何能了此"⑦。

（四）邵雍的方法论

方法一词在古希腊是"沿着"和"道路"的意思，由于方法是科学研究的基本工具，所以历来受到科学家的重视。列宁说："方法也就是工具，是主观方面的某些手段和客体发生的关系。"⑧既然方法是"主观方面的某些手段"，那么方法的个体差异就是必然的。实际上，邵雍所采用的思维方法就带有鲜明的个性。

第一，"以物观物"法。《皇极经世》的精神实质可以概括为两个字，那就是"观物"。他说："以物观物，性也。以我观物，情也。性公而明，情偏而暗。"⑨何谓"以物观物"？在邵雍看来，所谓"以物观物"就是一种理性的直观，而不是感性的经验，在这里邵雍的意思虽然说得不是太明确，但"以我观物"之"我"指代感性的认识，而"以物观物"之"物"指代理性的认识，则是可以肯定的。如他对"观物"本身有下面的解释："画工状物，经月经年，轩鉴照物，立写于前。鉴之为明，犹或未精。工出人手，平与不平。天下之平，莫若止水。止能照表，不能照里。表里洞照，其惟圣人。察言观行，罔或不真，尽物之性，去己之情。"⑩显而易见，从认识论的角度看，"轩鉴照物"是一种照相式的直观反映，是一种"止能照表"的感性认识。不过，人的认识过程不能仅仅停留在感性认识的阶段，因为感性认识不是"观物"的目的，"观物"的目的在于"表里洞照"，而只有"尽物之性，去己之情"才能认识和把握事物的本质。所以，我们从上下文的逻辑关系可以推知，"洞照"即是一种理性的直观（见下面的"以理观物"），邵雍有时也将其称为"反观"。他说："所以谓之反观者，不以我观物也。不以我观物者，以物观物之谓也。

---

① （宋）邵雍：《击壤集》卷11《又二首》，（宋）邵雍著，郭彧、于天宝点校：《邵雍全集》第4册，第213页。

② （宋）邵雍：《击壤集》卷11《臂痛吟》，（宋）邵雍著，郭彧、于天宝点校：《邵雍全集》第4册，第211页。

③ （宋）邵雍：《击壤集》卷11《心安吟》，（宋）邵雍著，郭彧、于天宝点校：《邵雍全集》第4册，第220页。

④ （宋）邵雍：《击壤集》卷11《善饮酒吟》，（宋）邵雍著，郭彧、于天宝点校：《邵雍全集》第4册，第201页。

⑤ （宋）邵雍：《击壤集》卷12《奢侈吟》，（宋）邵雍著，郭彧、于天宝点校：《邵雍全集》第4册，第242页。

⑥ （宋）邵雍：《击壤集》卷10《欢喜吟》，（宋）邵雍著，郭彧、于天宝点校：《邵雍全集》第4册，第191页。

⑦ （宋）邵雍：《击壤集》卷10《喜乐吟》，（宋）邵雍著，郭彧、于天宝点校：《邵雍全集》第4册，第191页。

⑧ ［苏联］列宁：《哲学笔记》，第236页。

⑨ （宋）邵雍著，郭彧、于天宝点校：《皇极经世书》卷12《观物外篇下》，第1218页。

⑩ （宋）邵雍：《击壤集》卷17《观物吟》，（宋）邵雍著，郭彧、于天宝点校：《邵雍全集》第4册，第337页。

既能以物观物，又安有我于其间哉？是知我亦人也，人亦我也，我与人皆物也。"①此处的"人我"关系，实际上就是天人合一的境界，当然亦是一种认识方法。如果说这段话还显得太抽象，不好懂，那么邵雍在《击壤集》卷十四还专门写有一首"观物"，它或许能告诉我们些什么，邵雍说："时有代谢，物有枯荣，人有衰盛，事有废兴。"②从这个事例中我们能够体会出邵雍的"以物观物"法，并不是一种僵硬的和死板的直观，而是一种随着事物的变化而变化的动的直观，这实则就是一种"过程论"，即把事物看作是一个有始有终、有消有长的客观发展过程。

第二，"以理观物"法，这种方法可看作是"以物观物"法的另一种表现形式，但与"以物观物"相比，"以理观物"则更加强调认识的阶段性。邵伯温说："以目观物见物之形，以心观物见物之情，以理观物尽物之性，穷理尽性以至于命，是谓真知。"③在这里，"目"与"心"都属于主观认识的范畴，实际上在邵雍看来，"目"与"心"这两种"观物"的方法都不能抓住事物的本质，而只有"理"这种客观性的认识才能认识事物的本质，才能去伪存真。那么如何去"理物"呢？跟西方的逻辑思维不同，邵雍所说的"理"绝不是一种逻辑的思维方法，因为就方法论而言，所谓"以理观物"实际上就是一种"直觉思维"，而"直觉"亦是"格物"的一种方式，它是科学创造的一种非逻辑形式。这种思维方法要求创造主体首先应进入"物我一体"的精神境界之中，邵雍说的"至理之学，非至诚则不至"④就是指这个意思，然后在这样的精神境界中去体悟客观事物的本质，也就是"见物之性"。至于如何做到"理观"，邵雍给出的前提条件是"无思无为"⑤，这是一种"洗心退藏于密"的"顺理"过程⑥，因为"顺理则无为"⑦。

第三，"环中"法。从邵雍的思想体系看，由自然界过渡到人类社会，中间需要构建一座方法论的桥梁，而这座桥梁的名字就叫"环中"。邵雍说："先天图者，环中也。"⑧对于"环中"，黄氏畿释云："自乾、坤、姤、复，流行者而观之，无非天地之理。自临、师、遁、同人，对待者而观之，无非万物之理。得之心，发之言，盖大而元会运世，小而一日一时，盈虚消息，天地始终，皆此环中之意也。"⑨此"环中"有两层意思：一是在自然观方面生死有常，轮回往复，但最终却导致"宇宙死寂说"，在邵雍看来，"天开于子"而终于"十二会"（即亥会），然后从头再来；二是人类历史按照"皇、帝、王、霸"的顺序向后退化，因为邵雍认为"三皇五帝"是人类历史的最高形态，而王、霸则是人类历史

---

① （宋）邵雍著，郭彧、于天宝点校：《皇极经世书》卷11《观物篇之六十二》，第1175页。
② （宋）邵雍：《击壤集》卷14《观物》，（宋）邵雍著，郭彧、于天宝点校：《邵雍全集》第4册，第282页。
③ （宋）邵雍撰，李一忻点校，王从心整理：《皇极经世》卷62《观物内篇》引，第463页。
④ （宋）邵雍著，郭彧、于天宝点校：《皇极经世书》卷12《观物外篇下》，第1220页。
⑤ （宋）邵雍著，郭彧、于天宝点校：《皇极经世书》卷12《观物外篇下》，第1242页。
⑥ （宋）邵雍著，郭彧、于天宝点校：《皇极经世书》卷12《观物外篇下》，第1242页。
⑦ （宋）邵雍著，郭彧、于天宝点校：《皇极经世观物外篇衍义》卷9《观物外篇下之下》，《皇极经世书》附录，第1427页。
⑧ 郑志斌主编：《四库全书·术数类集成·六壬术》第3册，第538页。
⑨ 郑志斌主编：《四库全书·术数类集成·六壬术》第4册，第751页。

的晚秋。他说："三皇，春也。五帝，夏也。三王，秋也。五伯，冬也。"①以后除汉唐"王而不足"②外，三国、两晋、南北朝、隋、五代均未出"霸"之时段，特别是五代为"日未出之星也"③，也就是说五代正处在黎明前的黑暗期。因此，按照四季循环的观点看，宋代就应该是"好花方蓓蕾，美酒正轻醇"④的时候了。

最后，笔者还想就邵雍之象数思想对宋代科学发展的影响说两句话。

中国象数缘起于《周易·系辞上》中的"大衍之数"："揲之以四以象四时，归奇于扐以象闰，五岁再闰，故再扐而后卦……天数二十有五，地数三十，凡天地之数五十有五，此所以成变化而行鬼神也。"⑤作为中国古代天文历法基础的"大衍之数"，其义奥深，所以由此而产生了一门独特的学问，即"大衍之数"阐释学。邵雍之象数在南宋产生了很大的影响，其中"三式"即占卜术数成为科举考试的内容之一。《宋史》卷 157《选举制三》算学条载：南宋理宗淳祐十二年（1252）令："诸局官应试历算、天文、三式官……一年试历算一科，一年试天文、三式两科，每科取一人。"⑥我国著名的科学史家钱宝琮先生说："北宋邵雍认为《周易》六十四卦的次序不很合理，它不能是伏羲画卦时原来的次序。他提出了一个有数学意义的六十四卦顺序，称它为'伏羲六十四卦序'……十八世纪初年德国的数学家来布尼茨就是用二进位数来解释'伏羲六十四卦次序'。"⑦实际上，邵雍象数学对宋代及其后世数学发展的影响远不至此，如秦九韶《数书九章》里有"大衍之数"，而邵雍象数学尤受元代数学家的推崇，李冶对朱熹有所批评，然而对邵雍却大加赞赏，他说《晋书·五行志》曾把树的变异说成是"草妖"，这是错误的，因为草木不同种，"故邵尧夫以飞走草木为四物"⑧，将草与木分为两类生物，其基本思想是对的；依《周易》，离为火、为日、为电，取其象征光明，但"《皇极经世》不取附著之说，当矣"⑨，这是因为邵雍主要讲数，而不取象征。元代另一位数学家刘秉忠则于"书无所不读，尤邃于《易》及邵氏《经世书》"⑩。由于受邵雍书斋化研究方法的影响，一方面，宋元数学的发展出现了严重脱离生产实际的倾向，并开始向虚无缥缈的太空盘升；另一方面，他则开创了用数学模型来解决社会实际问题的科学研究方法，所谓数学模型就是把某个研究对象中的各因素转变为数学概念，然后再将这些因素在客观现象或过程中的联系转变为数学概念之间的数学关系。从这种意义上说，邵雍的"伏羲六十四卦序"就是一个典型的数学模型。尤其是经郭彧先生研究发现，作为"夏商周断代工程"成果的《夏商周年表》与邵雍

① （宋）邵雍著，郭彧、于天宝点校：《皇极经世书》卷 11《观物篇之六十》，第 1170 页。
② （宋）邵雍著，郭彧、于天宝点校：《皇极经世书》卷 11《观物篇之六十》，第 1170 页。
③ （宋）邵雍著，郭彧、于天宝点校：《皇极经世书》卷 11《观物篇之六十》，第 1171 页。
④ （宋）邵雍：《击壤集》卷 15《乐春吟》，（宋）邵雍著，郭彧、于天宝点校：《邵雍全集》第 4 册，第 300 页。
⑤ 《周易·系辞上》，陈戍国点校：《四书五经》上，第 198 页。
⑥ 《宋史》卷 157《选举制三》，第 3687 页。
⑦ 钱宝琮：《宋元时期数学与道学的关系》，中国科学院自然科学史研究所编：《钱宝琮科学史论文选集》，第 586—588 页。
⑧ （元）李冶：《敬斋古今黈》卷 4，《景印文渊阁四库全书》第 866 册，第 360 页。
⑨ （元）李冶：《敬斋古今黈·拾遗》卷 5，上海：商务印书馆，1935 年，第 190 页。
⑩ （明）宋濂：《元史》卷 157《刘秉忠传》，北京：中华书局，1976 年，第 3688 页。

《皇极经世》之推年几乎完全相同①，仅此一点，就足以证明邵雍所建数学模型对于历史研究的重要性。因为数学在中国古代一向被看作是"九九贱技"，而邵雍用数的推演来说明自然与社会的运动规律，不仅为数学赢得了较为崇高的社会地位，同时也为金元之际中国数学高峰的到来奠定了坚实的思想基础。

第五节　洛学及其"穷理"思想

二程是宋明理学的真正创始人，冯友兰先生说："二人之学，开此后宋明道学中所谓程朱陆王之二派，亦可称为理学、心学之二派。程伊川为程朱，即理学一派之先驱，而程明道则陆王，即心学一派之先驱也。"②吕思勉先生亦说："大抵明道说话较浑融，伊川则于躬行之法较切实。朱子喜切实，故宗伊川。象山天资高，故近明道也。"③程颐在皇祐二年（1050）《上仁宗皇帝书》中指出："固本之道，在于安民；安民之道，在于足衣食。"④程颐为胡瑗的大弟子，其思想中接受了胡瑗"敦尚行实"的思想内质和精神传统，富有"民本主义"的价值取向。而在这种价值观的引导之下，程颐较多地把北宋中期的科学技术成果吸收到他的理学体系中，因而成为具有一定科学素养的理学家。

一、宋代理学与科学的冲突

（一）理学与儒学在科学观上的分歧

关于宋代道学与科学的关系问题是研究宋代科技思想史不可回避的大问题。在这个问题上，学界存在着截然不同的两派观点。一派观点是否定性的，如杜石然认为："我们在宋元数学家的著作中也实在找不出宋元理学的任何实际上的影响"⑤；另一派则是肯定性的，以李约瑟为代表，他认为宋代新理学的"自然的有机概念"对于现代欧洲科技思想的推展助益极大⑥。台湾学者叶鸿洒进一步说：宋儒那种"丰富而生动、诸子百家争鸣式的研究倾向，对两宋至元我国学术界辉煌成就的缔造，尤其在科学研究与科技成果的发展与进步方面，有正面的贡献，是可以肯定的"⑦，等等。综合目前学界的研究状况来分析，其肯定派已经成为当今学术界的主流观点。

---

① 郭彧：《〈皇极经世〉与〈夏商周年表〉》，朱伯崑主编：《国际易学研究》第 7 辑，北京：华夏出版社，2003 年，第 308 页。

② 冯友兰：《中国哲学史》，第 869 页。

③ 吕思勉：《理学纲要》，上海：商务印书馆，1934 年，第 78 页。

④ （宋）程颢、程颐著，王孝鱼点校：《二程集》上，第 511 页。

⑤ 杜石然：《数学·历史·社会》，沈阳：辽宁教育出版社，2003 年，第 460 页。

⑥ ［英］李约瑟：《中国之科学与文明》第 1 册"译者导言"，台北：台湾商务印书馆，1971 年，第 19 页。

⑦ 叶鸿洒：《北宋儒者的自然观》，邓广铭、漆侠主编：《国际宋史研讨会论文选集》，保定：河北大学出版社，1992 年，第 232 页。

宋代新儒学，也称道学，是一个由众多新星组成的超级星座。至于这些新星或明或暗，由于人们的观测角度不同，看到的结果可能有所不同。因此，对宋儒与科学技术的关系问题我们必须作仔细的剖析，至少应避免出现下面几个认识误区：

首先，对程颐与程颢的思想不作分辨，甚至把他们俩的学说看成是一种学说。实际上，二程的思想有共性，但个性也非常鲜明。黄绾曾说："宋儒之学，其入门皆由于禅。濂溪、明道、横渠、象山则由于上乘；伊川、晦庵则由于下乘。"①前面说过，冯友兰认为，二程有"心学"与"理学"之分。赵纪彬则把程颐的思想看作是南宋永嘉学派和永康学派的主要理论来源，他说：

> 永嘉永康两个学派，都从程（颐）张（载）两家派生而出。但它们是发展了张程哲学里面的唯物论部分，所以它们比较理学派，赋有更多的科学成分和积极精神。例如：薛季宣的自六经百氏，下至博弈小数，方术兵书，无所不通，而皆可措之实用。显然是以袁道洁为媒介，发展了程颐的格物致知学说；郑伯熊通过蓝田吕氏和周行己，承藉了张载关心人民生计的传统，持论慕贾长沙和陆宣公，遂开陈龙川和叶水心对于现实政治大胆批判的学风。②

其次，把宋代理学或道学看成一个学术孤岛，一个孤立的事件，对它不作历史的考察和分析，因而很轻率地就否定了宋代理学或道学的历史地位，这绝对不是历史主义的态度。用系统论的观点来看，中国古代的学术思想本身构成一个大系统，而每一朝代的学术思想则是这个大系统中的子系统，其中每个思想家的学术思想则是这个子系统中的一个环节。所以，历史地看，宋代理学与儒、释、道的内在关系紧密，不可分割。如程颐说："先天后天皆合于天理者也，人欲则伪矣。"③"天理"作为一个概念，最早见于《庄子》一书，《庄子·天运篇》载："夫至乐者，先应之以人事，顺之以天理。"④《礼记·乐记》则提出"人化物"，即"灭天理而穷人欲"⑤的命题。到宋初，"天理"的出现频率越来越高，其理论地位也逐渐提升，邵雍说："能循天理动者，造化在我也。"⑥张载说："今之人灭天理而穷人欲，今复反归其天理。古之学者便立天理，孔孟而后，其心不传。"⑦而朱熹把二程看作是孔孟之道的传人，他说："夫以二先生倡明道学于孔孟既没、千载不传之后，可谓盛矣。"⑧同时，为了发挥"从道不从君"的思想，程颐根据当时"人欲肆而天理灭"⑨的社会伦理环境，变"灭天理而穷人欲"的命题为"灭私欲

① （明）黄绾：《明道编》卷 1，北京：中华书局，1959 年，第 12 页。
② 赵纪彬：《中国哲学思想》，上海：中华书局，1948 年，第 153 页。
③ （宋）程颐：《河南程氏遗书》卷 24《邹德久本》，（宋）程颢、程颐著，王孝鱼点校：《二程集》，第 311 页。
④ 《庄子·天运篇》，《百子全书》第 5 册，长沙：岳麓书社，1993 年，第 4561 页。
⑤ 《礼记·乐记》，陈戍国点校：《四书五经》上册，第 566 页。
⑥ （宋）邵雍：《皇极经世书》卷 14《观物外篇下》，北京：九州出版社，2012 年，第 511 页。
⑦ （宋）张载：《经学理窟·义理》，（宋）张载著，章锡琛点校：《张载集》，第 273 页。
⑧ （宋）程颢、程颐著，王孝鱼点校：《二程集》上，第 6 页。
⑨ （宋）程颐：《河南程氏文集》卷 11《明道先生墓表》，（宋）程颢、程颐著，王孝鱼点校：《二程集》上，第 640 页。

则天理明"①。自二程之后，天理与人欲之辩就成为宋明理学的核心问题之一。从科技思想史的角度看，由"灭天理"到"存天理"的转变，是科技思想的一次质变。李约瑟说：儒家是支配整个中国封建社会的思想，但它对于科学的贡献几乎全是消极的。②因为李约瑟是着眼于大处，是从总的原则上看的，其"灭天理"的基本内涵就是取消科学的社会功能；与此相反，二程的"天理"是宇宙本原的形而上之道，它具有科学的特征。③可见，儒学跟理学在对待科学研究的问题上是有显著之差异的，而这正体现了理学的独立个性，所以程颢说："吾学虽有所授受，天理二字却是自家体贴出来"④，这"自家体贴出来"一语破的，道出了理学与儒学的不同。

最后，用简单的非此即彼的形而上学思维模式，把唯物论看成科学，而把唯心论看成反科学。若从根源上讲，科学源于巫术，至少在人类社会的蒙昧时期，科学仅仅是巫术的功能之一。而中国古代的"道"本身也是唯心的，因为老子把它看作是精神的抽象物，是产生万物的根本，所以老子说："道生一，一生二，二生三，三生万物。"⑤也许人类以现有的知识力量还不足以把握"道"实体的真正本质，不过有一点是肯定的，那就是"道"既包含着神秘的玄说，也具有科学的内容，故李约瑟说："道家的思想虽然有政治的集产主义，宗教的神秘主义，以及个人追求形而下不朽的功夫，即涵蕴着丰富的科学思想，因此道家在中国科学史上非常重要。"⑥又说："道家对形而下不朽之说的迷醉，世界上还找不到第二个例子，这个思想对科学有极大意义。"⑦

（二）如何看待理学与科学的冲突问题

理学从根本上说是反科学的，但理学本身并非铁板一块，其中每个人的思想都不太一样，而理学作为一种主要的思维范型，它对宋代科学家的影响也不相同。因此，为了说明问题，下面分三个层面进行讨论。

第一，理学五子对待科学问题存在着两种不同的观点，以二程最为典型。二程有兄弟之血缘关系，但《二程全书》中确实有些观点难分兄与弟，这种同中有异、异中有同的学术观点应是很正常的现象。不过，程颢跟程颐各有表明是自己的著作，这些著作就是我们分析两者思想所异之根据。从二程的思想特征来看，有早期思想与定型思想的不同。如程颐比较清楚地阐释了科学包含两大内容即实验科学和理论科学的思想，他在解释《大学》中的"格物致知"概念时说：

问："格物是外物？是性分中物？"曰："不拘。凡眼前无非是物，物物皆有理。

① （宋）程颐：《河南程氏遗书》卷24《邹德久本》，（宋）程颢、程颐著，王孝鱼点校：《二程集》上，第312页。
② ［英］李约瑟：《中国科学技术史》第2卷《科学思想史》，何兆武译，北京：科学出版社；上海：上海古籍出版社，1990年，第1页。
③ 乐爱国：《儒家文化与中国古代科技》，北京：中华书局，2002年，第168页。
④ 《河南程氏外书》卷12《传闻杂记·上蔡语录》，（宋）程颢、程颐著，王孝鱼点校：《二程集》上，第424页。
⑤ 《老子》四十二章，《百子全书》第5册，第4438页。
⑥ ［英］李约瑟：《中国古代科学思想史》，陈立夫等译，第183页。
⑦ ［英］李约瑟：《中国古代科学思想史》，陈立夫等译，第159页。

如火之所以热，水之所以寒，至于君臣父子间皆是理。"又问："只穷一物，见此一物，还便见诸理否？"曰："须是遍求。虽颜子亦只能闻一知十，若到后来达理了，虽亿万亦可通。"①

这段话至少有两个意思：其一，"遍求"是指建立在经验基础上的科学归纳法；其二，"达理"则是指建立在理性基础上的科学演绎法。在程颐看来，科学归纳法和科学演绎法是揭示自然之理的工具和手段，他说："天下物皆可以理照，有物必有则，一物须有一理。"②这是认识领域中的可知论，是程颐科学观的理论基石。

第二，宋代科学家在阐释自然现象的变化规律时，出现了理学范式与科学内容的矛盾和冲突，而他们为了达到消解矛盾的目的，不得不引用理学的思想范式来装点门面。如沈括《梦溪笔谈》就用"天理"或"理"来解释世界万物的运动和变化，他在分析了祠神的音乐后说："听其声，求其义，考其序，无毫发可移，此所谓天理也。"③而对于太阳运动速率的均匀性，他指出："无一日顿殊之理。"④其他还有"水之理""乘理""物理""至理""常理""造算之理"，等等。把理作为一个先验的逻辑范畴，理学家从中演绎出许多非常可笑的结论，如"天左旋，日月五星亦左旋"就是典型一例。其根据是"阳疾阴速""七政当顺天不当逆天"，对此，清代天文学家王锡阐在《晓庵新法·自序》中说："至宋而历分两途，有儒家之历，有历家之历。儒者不知历数，而援虚理以立说；术士不知历理，而为定法以验天。"⑤这段话可分作两个剖面看：一个剖面的内容是，宋代分化出以理学范畴推演万物运动变化的儒家天文学，包括"儒家之历""象数学""换易术"等，这些学科的特点是"援虚理以立说"，因为他们不是要范畴去适应自然界的发展变化，而是要自然界的发展变化来适合这些范畴的推演，这就是"虚理"产生的认识论根源；另一个剖面的内容则是与儒家的科学倾向相对，自然科学则按照自身的规律向前发展，因之自然科学家必须尊重自然规律，援实理以立说。在这样的学术背景下，自然科学家本身就发生了思想范畴与客观对象之间的解释性冲突：是按照客观对象本身的规律来改变人们的思想范畴呢？还是依僵硬的思想范畴去虚构客观对象的存在和演化呢？由于宋代"一道德"的政治环境对科技思想的发展影响较大，故宋代科学家在他们的著述中使用理学家的某些思想范畴来解说他们的科研成果是难以避免的。李申曾形象地说："科学是理学的蛹，理学是科学的蝴蝶。这只蝴蝶给蛹留下的，只是一具空壳。"⑥

第三，"三冗"是北宋社会的一大特点，"冗官、冗兵、冗费"增加了国家财政负担，出现了入不敷出的赤字现象。对此，先是庆历新政，接着是王安石变法，终于使北宋社会

---

① （宋）程颐：《河南程氏遗书》卷19《杨遵道录》，（宋）程颢、程颐著，王孝鱼点校：《二程集》上，第247页。

② （宋）程颐：《河南程氏遗书》卷18《刘元承手编》，（宋）程颢、程颐著，王孝鱼点校：《二程集》上，第193页。

③ （宋）沈括：《梦溪笔谈》卷5，长沙：岳麓书社，1998年，第35页。

④ （宋）沈括：《梦溪笔谈》卷7，第59页。

⑤ （清）王锡阐：《晓庵新法·自序》，上海：商务印书馆，1936年，第1页。

⑥ 李申：《中国古代哲学和自然科学》，北京：中国社会科学出版社，1993年，第86页。

开始发生转机，"富国强兵"取得了一定成效，显示了"力量型知识"的巨大威力，程颢把它称之为"人化物"。因此，作为外向性的科学技术当时已变成北宋社会发展的主导潮流。据不完全统计，北宋最优秀的科学家主要集中在宋仁宗和宋神宗两朝，恰巧与两变法实践相重合。如"庆历中，有布衣毕昇又为活板"①，燕肃于宋仁宗天圣五年（1027）建造指南车，被沈括称为"一行之流"的卫朴造《奉天历》，苏颂在宋神宗时修撰《本草图经》，沈括则在熙宁年间"始置浑仪、景表、五壶浮漏，招卫朴造新历，募天下上太史占书，杂用士人，分方技科为五，后皆施用"②等。随着北宋科技势力的不断增强，它必然跟轻贱科学知识的儒家思想发生碰撞与冲突，于是程颢起而攻击新法，进而又压抑科技思想的成长，他借"师道尊严"之威，"合内外之道"，让学生除了道之外，其"心中不宜容丝发事"。③后来，程颐觉得完全禁止学生远离科技实践活动是不现实的，他便通过对《大学》中"格物致知"一语的阐释，提出了"'致知在格物'，非由外铄我也，我固有之也"④的思想。这个思想的意义就在于它为科学知识设定了先验范畴，在他看来，只有在这些先验范畴之内所取得的知识才能称为圣人之学，他说："学也者，使人求于内也。不求于内而求于外，非圣人之学也。"⑤蒙培元先生说："'内'学是实现自我觉悟的根本学问，'外'学则是技术艺文之类。这里的内外，不是'内圣外王'之学，而是人学与技术之学，自我认识同外部知识的关系。"⑥程颐的这个界定，对北宋后期及南宋与金朝的科学发展影响十分深远。其中最显著的影响是科学研究由外向转为内向，看来南宋不能造就出杰出的技术人才及金朝出现更远离生产实际的"天元术"，是有其思想背景的。

二、二程的"穷理"思想及其天人观

（一）二程的生平简介

程颢（1032—1085），字伯淳，河南洛阳人，为北宋五子之一。他继承了其官宦家的传统，以仕途为志，这点颇跟他的弟弟程颐不同。他数岁诵诗书，十岁能诗赋，十二三岁如老成人，十五岁师周敦颐，二十六岁举进士第，惜其位卑权轻，影响力并不大。神宗熙宁二年（1069），三十八岁的程颢被吕公著荐为太子中允，从这时开始到熙宁四年（1071），为程颢仕途之高峰期。当时，正值王安石推行新政之际，程颢不仅取得议政资格，而且还以八使臣的身份，到各地去考察新法实施后所带来的社会效果。而程颢评价新

①　（宋）沈括：《梦溪笔谈》卷18，第147页。
②　《宋史》卷331《沈括传》，第10654页。
③　（宋）程颢：《河南程氏遗书》卷3《谢显道记忆平日语·明道先生语》，（宋）程颢、程颐著，王孝鱼点校：《二程集》上，第60页。
④　（宋）程颢：《河南程氏遗书》卷25《畅潜道录》，（宋）程颢、程颐著，王孝鱼点校：《二程集》上，第316页。
⑤　（宋）程颢：《河南程氏遗书》卷25《畅潜道录》，（宋）程颢、程颐著，王孝鱼点校：《二程集》上，第319页。
⑥　蒙培元：《理学范畴系统》，北京：人民出版社，1989年，第374页。

法的社会标准就是"视民如伤"四个字，他认为："夫民之情，不可暴而使也。"①所以青苗法行，反对声不断，程颢认为青苗法"重敛于民"，故他"数月之间，章数十上"②，反对新法。熙宁五年（1072），程颢被贬返回洛阳，以"讲道劝义"为己任。历史往往是这样，正是由于这次政治挫折，才造就了理学家而不是政治家的程颢，朱熹在《伊洛渊源录》中说："于是先生身益退，位益卑，而名益高于天下。"③

程颐（1033—1107），字正叔，他与其兄程颢一起创立了"洛学"，成为宋代理学的真正建立者。程氏兄弟出身于仕宦之家，其高祖程羽曾为三司使，父亲程珦做过知州，"食君禄四世，一百年矣"④。然与已经步入仕途的程颢不同，程颐终生未仕（他多次放弃做官的机会），这不仅表现了他"扶持圣教"⑤的崇高志节，而且他还为宋代的理学家争取到了"师道尊严"的地位，这是很不容易的。程颐"幼有高识"⑥，"年十八，上书阙下，劝仁宗以王道为心，生灵为念，黜世俗之论，期非常之功"⑦。理学的崛起并没有政治的助力，完全依靠民间的力量和它的"以斯道觉斯民"⑧理念，由此可见，程氏学说的内质是贴近宋代社会实际的，它在一定程度上反映了人民的愿望，他说："道必充于己，而后施以及人。"⑨在程颐看来，不仅皇帝应当受教育，而且平民更应受教育，所以他把兴办教育作为"济世之道"，此举具有深远的历史意义。基于这样的认识，程颐特别地推崇颜子，认为颜子"学以至圣人之道"⑩，所谓"圣人之道"就是"求诸己"及"民惟邦本"⑪，而宋代的世风是"不求诸己而求诸外，以博闻强记、巧文丽辞为工，荣华其言，鲜有至于道者。则今之学，与颜子所好异"⑫。故他虽"未有意仕"，但并非远离社会，不关心政治，恰恰相反，他以光大"圣人之道"为己任，多次上书皇帝，以"三本"为立国之根

---

① （宋）程颢：《河南程氏文集》卷2《南庙试集五道·第五道》，（宋）程颢、程颐著，王孝鱼点校：《二程集》上，第471页。

② （宋）程颐：《河南程氏文集》卷子11《明道先生行状》，（宋）程颢、程颐著，王孝鱼点校：《二程集》上，第634页。

③ （宋）朱熹：《伊洛渊源录》卷2《明道先生书行状后》，《景印文渊阁四库全书》第448册，第426页。

④ （宋）程颐：《河南程氏文集》卷5《上仁宗皇帝书》，（宋）程颢、程颐著，王孝鱼点校：《二程集》上，第515页。

⑤ （宋）程颐：《河南程氏文集》卷8《闻舅氏侯无可应辟南征诗》，（宋）程颢、程颐著，王孝鱼点校：《二程集》上，第590页。

⑥ （宋）朱熹：《伊川先生年谱》，（宋）程颢、程颐著，王孝鱼点校：《二程集》上，第338页。

⑦ （宋）朱熹：《伊川先生年谱》，（宋）程颢、程颐著，王孝鱼点校：《二程集》上，第338页。

⑧ （宋）程颐：《河南程氏文集》卷11《明道先生墓表》，（宋）程颢、程颐著，王孝鱼点校：《二程集》上，第640页。

⑨ （宋）程颐：《河南程氏文集》卷5《上仁宗皇帝书》，（宋）程颢、程颐著，王孝鱼点校：《二程集》上，第511页。

⑩ （宋）程颐：《河南程氏文集》卷8《颜子所好何学论》，（宋）程颢、程颐著，王孝鱼点校：《二程集》上，第577页。

⑪ （宋）程颐：《河南程氏文集》卷5《上仁宗皇帝书》，（宋）程颢、程颐著，王孝鱼点校：《二程集》上，第511页。

⑫ （宋）程颐：《河南程氏文集》卷8《颜子所好何学论》，（宋）程颢、程颐著，王孝鱼点校：《二程集》上，第578页。

基，即"为政之道，以顺民心为本，以厚民生为本，以安而不扰为本"①。如治平三年（1066）有《为家君应诏上英宗皇帝书》，熙宁四年（1071）有《代吕公著应诏上神宗皇帝书》等。而他在熙宁元年（1068）所写《为家君作试汉州学策问三首》中明确提出"生民之道，以教为本"②的思想。

为了实践"以教为本"的政治理想，程颐于嘉祐四年（1059）开始"讲学于家，化行乡党"③，其兄程颢也在脱离朝廷之后，退居西洛，与程颐一起招收门徒，开门讲学。由于程颐办学的理念是"以圣人为必可学而至，而己必欲学而至圣人"④，可以说是孔子"有教无类"思想的进一步发展，故它对平民具有极大的诱惑力，这就是"洛学"为什么能够独立于世，后来居上的内在原因，也是程颐"学冠濂溪"的根基。

龟山先生曾说："小程子大而未化，然发明有过于其兄者。"⑤而究竟在哪些方面程颐超过了程颢，龟山先生没有细说，但笔者认为程颐在对待科学知识的态度上较程颢更大方、更有活力，因而他的科技思想更加丰富，则是可以肯定的。作为宋代科技思想史上的一个重要环节，程颐除更加强调"阴阳"范畴的作用外，他还提出了"格物穷理"这个非常重要的科学原则和方法论命题。尽管学界对这个原则的实质尚有争议，如牟宗三先生就认为"格物穷理并不能成科学"⑥，陈来先生亦持同论⑦。但与此相反，徐光台⑧等学者则一致认为程颐的"格物穷理"思想事实上已经表现出与科学认知相近的性质。倪南在《易学与科学简论》一文中甚至主张程颐所倡导的"格物穷理"思想本身就是一种"理性实学"，是中国古代科学独有的表达方式，它已经成为把数学和物理学推向中国传统科学最高峰的一大动力源泉。⑨所以，程颐把《大学》的"格物致知"与《易传》的"穷理尽性"有机地结合起来，并经过他的整合而使儒学的知识结构发生了重大变化，他说："惟理为实。"⑩这种"实"不是向内体认心中的道而是向外格物穷理，而"致知的外向功夫"正是程颐的发明，且他反复强调从认识个别事物的"理"然后去体会或"察验"宇宙万物的"理"，他说："格物穷理，非是要尽穷天下之物，但于一事上穷尽，其他可以类推。"⑪

① （宋）程颐：《河南程氏文集》卷5《代吕公著应诏上神宗皇帝书》，（宋）程颢、程颐著，王孝鱼点校：《二程集》上，第531页。

② （宋）程颐：《河南程氏文集》卷9《为家君请宇文中允典汉州学书》，（宋）程颢、程颐著，王孝鱼点校：《二程集》上，第593页。

③ （宋）程颐：《河南程氏遗书·附录·门人朋友叙述并序》，（宋）程颢、程颐著，王孝鱼点校：《二程集》上，第333页。

④ 《河南程氏外书》卷12《传闻杂记发明义理》，（宋）程颢、程颐著，王孝鱼点校：《二程集》上，第420页。

⑤ （清）黄宗羲原著，（清）全祖望补修，陈金生、梁运华点校：《宋元案》卷15《伊川学案·序录》，第588页。

⑥ 牟宗三：《宋明儒学的问题与发展》，第67页。

⑦ 陈来：《宋明理学》，上海：华东师范大学出版社，2004年，第89页。

⑧ 徐光台：《儒学与科学：一个科学史观点的探讨》，《清华学报》1996年第4期。

⑨ 倪南：《易学与科学简论》，《自然辩证法通讯》2002年第1期。

⑩ 《粹言》卷1《论道篇》，（宋）程颢、程颐著，王孝鱼点校：《二程集》下，第1169页。

⑪ （宋）程颐：《河南程氏遗书》卷15《入关语录》，（宋）程颢、程颐著，王孝鱼点校：《二程集》上，第157页。

又说："一草一木皆有理，须是察。"①显然，这是一种格自然之物的思想，其中含有对科学技术的追求与认同。因此，程颐能够在中国古代不怎么重视科学技术的历史背景下，用这种"格物穷理"的特殊方式对科学技术的价值进行了肯定，毫无疑问，这对已被冰封许久的科学技术研究是一种卓有成效的解冻方式，其积极意义不应抹杀。

（二）"天者，理也"的自然观

科学起源于疑问，这话并非没有道理。《庄子·天运篇》载：

> 天其运乎？地其处乎？日月其争于所乎？孰主张是？孰维纲是？孰居无事推而行是？意者其有机缄而不得已邪？意者其转运而不能自止邪？②

这些为席泽宗先生所推崇的话，确实能反映出人类科学产生与发展的思维轨迹，而人们对这个问题的不同回答便构成了一部丰富多彩的人类科技思想史。"遂古之初，谁传道之"可以称作"天问"，是科技思想的基本问题。而我国古代对它的回答，可分成几个派别：一是"道本原派"，如老子说："道冲而用之或不盈，渊兮似万物之宗"③；二是"气本原派"，如东汉的思想家王充说："天地，含气之自然也"④；三是"贵无派"，如魏晋之玄学家王弼说："天下之物，皆以有为生；有之所始，以无为本"⑤；四是"崇有派"，如裴頠说："形象著分，有生之体也"⑥；五是"理本原派"，如唐法藏的四传弟子宗密在解释"真空观"这个概念时说："理法界也。原其实体，但是本心。"⑦进入宋代，人们开始把中国古代在自然观方面的诸范畴进行新的整合与阐释，并加以系统化的总结，故出现了"理"和"气"两大自然观思潮，尤其是理学的崛起，具有非常鲜明的时代特色。

程颢说："天者理也，神者妙万物而为言者也。帝者以主宰事而名。"⑧然而，什么是"理"？二程的"理"跟华严宗的"理"相比有何不同？"理"作为自然观的最高范畴，对宋代科技思想的发展有何意义？这些问题应当是正确把握二程理学思想的前提，也是有效辨析程颐与程颢思想异同的理论基点。

在二程的思想文本里，"理"可具体化为下述三个层面：

第一，理是宇宙万物产生的根源。程颐说："天地之化，自然生生不穷……往来屈伸

① （宋）程颐：《河南程氏遗书》卷18《刘元承手编》，（宋）程颢、程颐著，王孝鱼点校：《二程集》上，第193页。
② 《庄子·天运篇》，《百子全书》第5册，第4561页。
③ 《老子》四章，《百子全书》第5册，第4414页。
④ 《论衡》卷11《谈天篇》，《百子全书》第4册，第3320页。
⑤ （三国魏）王弼注：《老子》四十章注，《诸子集成》第4册，第25页。
⑥ （晋）裴頠：《崇有论》，《全上古三秦汉三国六朝文》第4册《晋》上，石家庄：河北教育出版社，1997年，第340页。
⑦ （唐）宗密：《注华严法界观门》，王书良等总主编，慧琳主编：《中国文化精华全集》第4卷《宗教卷》1，北京：中国国际广播出版社，1992年，第534页。
⑧ （宋）程颐：《河南先生遗书》卷11《师训》，（宋）程颢、程颐著，王孝鱼点校：《二程集》上，第132页。

只是理也。"①又说："凡眼前无非是物，物物皆有理。"②可见，将理看成是物质本原，是产生万物的根据。从理论上讲，二程之言"理"，受佛教教理的启发很大，如程颐在回答《华严宗》之"真空绝相观""事理无碍观""事事无碍观"问题时说："一言以蔽之，不过曰万理归于一理也。"③另，他在阐释佛教之"理障之说"时又云："天下只有一个理，既明此理，夫复何障？若以理为障，则是己与理为二。"④在程颐看来，由于"理障"的存在，作为主体的人（己）与作为客体的物（理）被分裂为"二"，而"二"在此指代一种相互对立的存在状态，用张世英先生的话说，就是"主客二分"的状态。⑤所以，所谓"理障"应当是指尚未被人类认识和掌握的自然界，亦即未知的自然界。而在这个阶段，"天人所为，各自有分"⑥，这里显然包含着"天人相分"的思想倾向。不过，与张载、王安石的"天人相分"思想不同，程颐的"天人相分"是指一种未知的自然状态，进而由未知世界到已知世界，或称人化世界，则"天人相分"便转化为"天人合一"了。可见，在程颐的思维世界里，"天人合一"本身是一种人化的世界，或者说是一种道德化与科学化的世界。当然，道德化则是其天人合一思想的核心。故程颐说："'寂然不动，感而遂通'，此已言人分上事，若论道，则万理皆具，更不说感与未感。"⑦"未感"即"未知的世界"，而"感"即"已知的世界"，不过"感"与"未感"不是"道分"的事，而是"人分"之事。"人分"实则就是人类的社会实践活动，就是心与性的功能化，其心的功能就是"知"，即"才有生识，便有性"⑧。因此，程颐说"己与理一"⑨及"理与心一"⑩，又"性即是理"⑪且"穷理尽性至命，只是一事"⑫。在这里，程颐所说的"心"，就其功能而言其实就是人类的思维，而人类思维既有有限性（非至上性）即"己"的一面，又有无限性（至上性）即"心"的一面，程颐说："自是人有限量。以有限之形，有限之气，

---

① （宋）程颐：《河南程氏遗书》卷 15《入关语录》，（宋）程颢、程颐著，王孝鱼点校：《二程集》上，第 148 页。

② （宋）程颐：《河南程氏遗书》卷 19《杨遵道录》，（宋）程颢、程颐著，王孝鱼点校：《二程集》上，第 247 页。

③ （宋）程颐：《河南程氏遗书》卷 18《刘元承手编》，（宋）程颢、程颐著，王孝鱼点校：《二程集》上，第 195 页。

④ （宋）程颐：《河南程氏遗书》卷 18《刘元承手编》，（宋）程颢、程颐著，王孝鱼点校：《二程集》上，第 196 页。

⑤ 张世英：《天人之际——中西哲学的困惑与选择》，北京：人民出版社，2005 年，第 8 页。

⑥ （宋）程颐：《河南程氏遗书》卷 15《入关语录》，（宋）程颢、程颐著，王孝鱼点校：《二程集》上，第 158 页。

⑦ （宋）程颐：《河南程氏遗书》卷 15《入关语录》，（宋）程颢、程颐著，王孝鱼点校：《二程集》上，第 160 页。

⑧ （宋）程颐：《河南程氏遗书》卷 18《刘元承手编》，（宋）程颢、程颐著，王孝鱼点校：《二程集》上，第 204 页。

⑨ 《河南程氏遗书》卷 5，（宋）程颢、程颐著，王孝鱼点校：《二程集》上，第 143 页。

⑩ 《河南程氏遗书》卷 5，（宋）程颢、程颐著，王孝鱼点校：《二程集》上，第 76 页。

⑪ （宋）程颐：《河南程氏遗书》卷 18《刘元承手编》，（宋）程颢、程颐著，王孝鱼点校：《二程集》上，第 204 页。

⑫ （宋）程颐：《河南程氏遗书》卷 18《刘元承手编》，（宋）程颢、程颐著，王孝鱼点校：《二程集》上，第 193 页。

苟不通之以道，安得无限量？孟子曰：'尽其心，知其性。'心即性也。在天为命，在人为性，论其所主为心，其实只是一个道。苟能通之以道，又岂有限量？天下更无性外之物。若云有限量，除是性外有物始得。"①这段话有两点需要注意：其一，以人类个体言，心性是有限量的；其二，以人类思维的本性言，心性则是无限量的。而如何将"有限量的人类个体"跟"无限量的思维本质"结合起来呢？程颐的答案是："通之以道。""道"即科学知识，即是"理"，所谓"通之以道"就是人类通过认识和掌握自然规律，不断地从不知到知，由被动地适应自然界到主动地改造自然界，从而把未知世界变成人化世界，最终达到"天人合一"的理想境界。所以，理既是产生世界万物的本源，又是人类创造知识财富的动力。从这个意义上说，"理只是人理"②。

第二，理是有结构的模型而不是无结构的单一和空虚。程颐说："所以阴阳者道，既曰气，则便是二。言开阖，已是感，既二则便有感。所以开阖者道，开阖便是阴阳。老氏言虚而生气，非也。阴阳开阖，本无先后，不可道今日有阴，明日有阳。如人有形影，盖形影一时，不可言今日有形，明日有影，有便齐有。"③道即理，是理之内，其"阴阳之气"是理自身的结构要素，这些结构要素可称之为"齐有"。"齐有"外化为宇宙万物，即是"理"，所谓"理只是发而见于外者"④是也，即理为道之外。故程颐特别强调说，如果要明辨"物我一理"，就必须"合内外之道"⑤。而为了化理之抽象为具体，程颐常常把理当作一种模型来看待。如他说："三十辐共一毂，则为车。若无毂辐，何以见车之用？"⑥即理与气的关系就像毂辐与车的关系一样。又说："读《易》须先识卦体。如乾有元亨利贞四德。"⑦在这里，"元亨利贞四德"是乾的内结构（即道），而卦爻则是乾的外结构（即理），亦是作为理之乾的一种模型。在程颐看来，通过特定的模型去认识和把握事物的本质或者说内结构，是人类认识的基本路径，故"大抵卦爻始立，义既具"⑧。当然，"义具"并不是"定数"，它随着卦爻结构的变化而变化。程颐说："卦之序（即卦的结构，引者注）皆有义理，有相反者，有相生者，爻变则义变也。"⑨以此为前提，我们自然会提出

① （宋）程颐：《河南程氏遗书》卷18《刘元承手编》，（宋）程颢、程颐著，王孝鱼点校：《二程集》上，第204页。

② （宋）程颐：《河南程氏遗书》卷18《刘元承手编》，（宋）程颢、程颐著，王孝鱼点校：《二程集》上，第205页。

③ （宋）程颐：《河南程氏遗书》卷15《入关语录》，（宋）程颢、程颐著，王孝鱼点校：《二程集》上，第160页。

④ （宋）程颐：《河南程氏遗书》卷18《刘元承手编》，（宋）程颢、程颐著，王孝鱼点校：《二程集》上，第206页。

⑤ （宋）程颐：《河南程氏遗书》卷18《刘元承手编》，（宋）程颢、程颐著，王孝鱼点校：《二程集》上，第193页。

⑥ （宋）程颐：《河南程氏遗书》卷15《入关语录》，（宋）程颢、程颐著，王孝鱼点校：《二程集》上，第144页。

⑦ （宋）程颐：《河南程氏遗书》卷19《杨遵道录》，（宋）程颢、程颐著，王孝鱼点校：《二程集》上，第248页。

⑧ （宋）程颐：《河南程氏遗书》卷17，（宋）程颢、程颐著，王孝鱼点校：《二程集》上，第174页。

⑨ （宋）程颐：《河南程氏遗书》卷18《刘元承手编》，（宋）程颢、程颐著，王孝鱼点校：《二程集》上，第223页。

这样一个问题：宇宙万物存在不存在相同的化学结构呢？现代科学已经证实，有机界和无机界有着共同的物质起源，因此它们的基本化学元素具有统一性，程颐将这种统一性称作"中"。他说："'喜怒哀乐未发谓之中'，只是言一个中体。既是喜怒哀乐未发，那里有个甚么？只可谓之中。如乾体便是健，及分在诸处，不可皆名健，然在其中矣。天下事事物物皆有中。"①且"识得则事事物物上皆天然有个中在那上，不待人安排也"②。所以，从这个角度讲，"天地人只一道也"③，甚至"道与性一也"④，绝不是没有科学根据。问题是这个"一"是纯粹的"一"还是复合的"一"？程颐说："离了阴阳更无道，所以阴阳者是道也。"⑤"盖天地间无一物无阴阳。"⑥由此可见，道是由阴与阳构成的一个"复合性"的物质实体，因而，"'配义与道'，即是体用。道是体，义是用，配者合也。气尽是有形体，故言合。气者是积义所生者，却言配义，如以金为器，既成则目为金器可也"⑦。在此，把道与气、义的关系比作一个"金器"未必恰当，但它旨在说明"道"是合气与义于自身之内的，它本身是一个"复合性"的物质实体，而这个物质实体不断地产生出万事万物，用程颐的话说就是"有阴便有阳，有阳便有阴。有一便有二，才有一二，便有一二之间，便是三，已往更无穷"⑧。换言之，"道则自然生生不息"⑨。

在程颐看来，"理"又是一个多元的集合，他说："近取诸身，百理皆具"⑩，"万物一理"⑪。而格物穷理"所以能穷者，只为万物皆是一理，至如一物一事，虽小，皆有是理"⑫。"一物须有一理。"⑬这里，"一理"就是一个多元的集合，所以程颐才有"众理"的说法。如程颐在解释屯卦之象时说："夫卦者事也，爻者事之时也。分三而又两之，足

①　（宋）程颐：《河南程氏遗书》卷17，（宋）程颢、程颐著，王孝鱼点校：《二程集》上，第180页。
②　（宋）程颐：《河南程氏遗书》卷17，（宋）程颢、程颐著，王孝鱼点校：《二程集》上，第181页。
③　（宋）程颐：《河南程氏遗书》卷18《刘元承手编》，（宋）程颢、程颐著，王孝鱼点校：《二程集》上，第183页。
④　（宋）程颐：《河南程氏遗书》卷25《畅潜道录》，（宋）程颢、程颐著，王孝鱼点校：《二程集》上，第316页。
⑤　（宋）程颐：《河南程氏遗书》卷15《入关语录》，（宋）程颢、程颐著，王孝鱼点校：《二程集》上，第162页。
⑥　（宋）程颐：《河南程氏遗书》卷18《刘元承手编》，（宋）程颢、程颐著，王孝鱼点校：《二程集》上，第237页。
⑦　（宋）程颐：《河南程氏遗书》卷15《入关语录》，（宋）程颢、程颐著，王孝鱼点校：《二程集》上，第161页。
⑧　（宋）程颐：《河南程氏遗书》卷18《刘元承手编》，（宋）程颢、程颐著，王孝鱼点校：《二程集》上，第225页。
⑨　（宋）程颐：《河南程氏遗书》卷15《入关语录》，（宋）程颢、程颐著，王孝鱼点校：《二程集》上，第149页。
⑩　（宋）程颐：《河南程氏遗书》卷15《入关语录》，（宋）程颢、程颐著，王孝鱼点校：《二程集》上，第167页。
⑪　《粹言》卷1《论道篇》，（宋）程颢、程颐著，王孝鱼点校：《二程集》下，第1180页。
⑫　（宋）程颐：《河南程氏遗书》卷15《入关语录》，（宋）程颢、程颐著，王孝鱼点校：《二程集》上，第157页。
⑬　（宋）程颐：《河南程氏遗书》卷18《刘元承手编》，（宋）程颢、程颐著，王孝鱼点校：《二程集》上，第193页。

以包括众理，引而伸之，触类而长之，天下之能事毕矣。"①而"若只格一物便通众理，虽颜子亦不敢如此道"②。那么，"众理"之"理"本身所指者何？程颐一再强调说："穷物理者，穷其所以然也。"③故"凡物有本末，不可分本末为两段事。洒扫应对是其然，必有所以然"④。不言而喻，此"所以然"就是"理"。而从北宋整个思想发展史上看，程颐对"所以然"的关注，是其学术思想的显著特征。在西方，"所以然"之所指为"本质"。因而在"所以然"的范围里，"理"与"本质"就应当具有同样的内涵。牟宗三先生曾经说过："亚里士多德的本质（essence）、柏拉图的理型（idea），皆是多而非一，当是'形构之理'。"⑤笔者认为，此言甚是。若以此推论，则程颐所说的"理"亦"是多而非一"，亦是"形构之理"。

第三，人类知识实际上是由如何处理两个关系即人与自然的关系和人与人的关系所形成的认识成果，在人类的具体实践过程中，往往会形成两种不同的知识体系：一种是古希腊的自然哲学体系（重点考察人与自然的关系），另一种是中国古代的道德哲学体系（重点考察人与人的关系）。而二程试图建立一种综合自然哲学和道德哲学的理学体系，故在他们的思想文本中，理既是自然界的最高范畴也是人类社会的最高主宰。二程说："上天之载，无声无臭之可闻。其体则谓之易，其理则谓之道。其命在人则谓之性，其用无穷则谓之神，一而已矣。"⑥又说："天地人只一道也。"⑦在这里，二程对作为知识性的理的理解有分歧。其中程颢认为凡是跟孔孟之道相背离的知识行为都应当禁止，他用道德知识取代了科学知识（引文见前），而程颐认为应当把道德知识跟科学知识区分开来，给科学知识以一定的社会地位和生存空间。程颐借用张载的话说："见闻之知，乃物交而知，非德性所知。德性所知，不萌于见闻。"⑧因为他有一条信念是"学者须先识仁……识得此理，以诚敬存之而已"⑨，而程颐除"诚敬"而外，尚有"致知"这个知识主题，他说："涵养须用敬，进学在致知。"⑩在笔者看来，"用敬"即是指道德知识，而"致知"则是指一般的社会知识和自然知识。虽然如此，但这两种知识的地位是不平等的，程颐说："君子所

---

① 《周易程氏传》卷1《周易上经上·屯》，（宋）程颢、程颐著，王孝鱼点校：《二程集》下，第718页。
② （宋）程颐：《河南程氏遗书》卷18《刘元承手编》，（宋）程颢、程颐著，王孝鱼点校：《二程集》上，第188页。
③ 《粹言》卷2《人物篇》，（宋）程颢、程颐著，王孝鱼点校：《二程集》下，第1272页。
④ （宋）程颐：《河南程氏遗书》卷15《入关语录》，（宋）程颢、程颐著，王孝鱼点校：《二程集》上，第184页。
⑤ 牟宗三：《宋明儒学的问题与发展》，第77—78页。
⑥ 《粹言》卷1《论道篇》，（宋）程颢、程颐著，王孝鱼点校：《二程集》下，第1170页。
⑦ （宋）程颐：《河南程氏遗书》卷18《刘元承手编》，（宋）程颢、程颐著，王孝鱼点校：《二程集》上，第183页。
⑧ 《粹言》卷2《心性篇》，（宋）程颢、程颐著，王孝鱼点校：《二程集》下，第1253页。
⑨ 《河南程氏遗书》卷2《元丰己未吕与叔东见二先生语》，（宋）程颢、程颐著，王孝鱼点校：《二程集》上，第16页。
⑩ （宋）程颐：《河南程氏遗书》卷18《刘元承手编》，（宋）程颢、程颐著，王孝鱼点校：《二程集》上，第188页。

蕴畜者，大则道德经纶之业，小则文章才艺。"①孔子说："吾不试，故艺。"②二程对这句话的理解有所不同，程颢在他的思想中没给"艺"留下余地，而程颐则多少为"艺学"争取到了一点地位，尽管这点地位还是十分有限的。

二程在承认理是宇宙本原的前提下，也承认"气化"在宇宙万物形成中的作用。

二程说："万物之始，皆气化；既形，然后以形相禅，有形化；形化长，则气化渐消。"③

这是二程自然观的总纲，它包含三层意思：一是说"气化"的矛盾运动赋予物质以一定的空间形式，因此有了山石、草木、动物和人类。程颐说："陨石无种，种于气。麟亦无种，亦气化。厥生初民亦如是。至如海滨露出沙滩，便有百虫禽兽草木无种而生，此犹是人所见"④；二是说物质的空间形式千变万化，构成了现象世界，而隐藏在现象世界背后的"本质"便转化成了"道"。所以道是与现象世界相关联的一个范畴，它不能超越于具体的客观事物之外，故程颐说："有形总是气，无形只是道。"⑤而用本质与现象的范畴去说明道跟理的关系，进而去揭示宇宙发展演化的规律，是二程自然观的主要特征。二程说："凡眼前无非是物，物物皆有理。如火之所以热，水之所以寒，至于君臣父子间，皆是理。"⑥"热"和"寒"都是结果，是现象，而"所以然"是原因，是本质。有时二程也将它称为"幽"与"明"，即"在理为幽，成象为明。'知幽明之故'，知理与物之所以然也"⑦。在二程看来，凡具体事物皆可以分阴阳，故"阴阳相轧"⑧成电，"阳唱而阴和"⑨致雨，阴阳相搏为雹等。所以程颐说：

> 离了阴阳更无道，所以阴阳者是道也。阴阳，气也。气是形而下者，道是形而上者。形而上者则是密也。⑩

又说：

> "一阴一阳之谓道"，道非阴阳也，所以一阴一阳道也，如一阖一辟谓之变。⑪

---

① 《周易程氏传》卷1《周易上经上·小畜》，（宋）程颢、程颐著，王孝鱼点校：《二程集》下，第745页。

② 《论语·子罕》，陈戍国点校：《四书五经》上，长沙：岳麓书社，2014年，第33页。

③ 《河南程氏遗书》卷5，（宋）程颢、程颐著，王孝鱼点校：《二程集》上，第79页。

④ （宋）程颐：《河南程氏遗书》卷15《入关语录》，（宋）程颢、程颐著，王孝鱼点校：《二程集》上，第161页。

⑤ 《河南程氏遗书》卷6，（宋）程颢、程颐著，王孝鱼点校：《二程集》上，第83页。

⑥ （宋）程颐：《河南程氏遗书》卷19《杨遵道录》，（宋）程颢、程颐著，王孝鱼点校：《二程集》上，第247页。

⑦ 《经说》卷1《易说·系辞》，（宋）程颢、程颐著，王孝鱼点校：《二程集》下，第1028页。

⑧ 《河南程氏遗书》卷2《附东见录后》，（宋）程颢、程颐著，王孝鱼点校：《二程集》上，第57页。

⑨ 《河南程氏遗书》卷2《元丰己未吕与叔东见二先生语》，（宋）程颢、程颐著，王孝鱼点校：《二程集》上，第36页。

⑩ （宋）程颐：《河南程氏遗书》卷15《入关语录》，（宋）程颢、程颐著，王孝鱼点校：《二程集》上，第162页。

⑪ （宋）程颐：《河南程氏遗书》卷3《谢显道记忆平日语》，（宋）程颢、程颐著，王孝鱼点校：《二程集》上，第67页。

这就是说道是阴阳产生的原因，即"所以阴阳者"。但道还不是最后的原因，因为道之上还有原因，从这层意义上说，"密"才是产生万事万物的最终原因，而这最终的原因是人所看不到的，是隐藏于"形而下"之后的，故"形而上者，则是密也"。李日章先生说：从程颢提到"形而上者"和"形而下者"来看，二程心中是有本体与现象两个世界之分的。①在古希腊，"形而下者"是物理学研究的对象，而"形而上者"则是哲学研究的对象。二程虽然没有明确表示出这种意思，但他们似乎已有这种倾向了，如程颐说：

> 物理须是要穷。若言天地之所以高深，鬼神之所以幽显。若只言天只是高，地只是深，只是已辞，更有甚？②

这段话的意思是说，作为"形而下者"的"物理"学仅仅把知识局限于现象界，而不能通达作为"形而上者"的"天理"，通达"天理"的学问不是"物理学"而是"心存诚敬"的道德学。从这个角度说，"万物皆只是一个天理"③。在二程看来，"天理"具有两个功用，其一是"气化"，其二是"善"。在"天理"自因自缘地展开"自我"的过程中，"气化"是产生万物的最基本环节。二程说：

> "易有太极，是生两仪。"太极者道也，两仪者阴阳也。④

又说：

> 日月，阴阳之精气耳，唯其顺天之道，往来盈缩，故能久照而不已。得天，顺天理也。四时，阴阳之气耳，往来变化，生成万物，亦以得天，故常久不已。⑤

这是"天理"展开为万物的过程，至于展开为人类的过程，却是由生到性的转化过程。程颢说："'天地之大德曰生'，'天地缊缊，万物化醇'，'生之谓性'，万物之生意最可观，此元者善之长也，斯所谓仁也。"⑥所以"性即是理，理则自尧、舜至于途人，一也"⑦。"天理"生成万物与人类，但万物与人类具有不同的禀性，二程说："气有善不善，性则无不善也。人之所以不知善者，气昏而塞之耳。"⑧也就是说，"气"是造成人性有"不善"的原因，故"养心则勿害而已"⑨，即人通过"养气"而使人性中那本然的善

---

① 李日章：《程颢·程颐》，台北：东大图书股份有限公司，1987年，第81页。
② （宋）程颐：《河南程氏遗书》卷15《入关语录》，（宋）程颢、程颐著，王孝鱼点校：《二程集》上，第157页。
③ 《河南程氏遗书》卷2《元丰己未吕与叔东见二先生语》，（宋）程颢、程颐著，王孝鱼点校：《二程集》上，第30页。
④ 《周易程氏传·易序》，（宋）程颢、程颐著，王孝鱼点校：《二程集》下，第690页。
⑤ 《周易程氏传》卷3《周易下经上·恒》，（宋）程颢、程颐著，王孝鱼点校：《二程集》下，第862页。
⑥ （宋）程颢：《河南程氏遗书》卷11《师训》，（宋）程颢、程颐著，王孝鱼点校：《二程集》上，第120页。
⑦ （宋）程颐：《河南程氏遗书》卷18《刘元承手编》，（宋）程颢、程颐著，王孝鱼点校：《二程集》上，第204页。
⑧ （宋）程颐：《河南程氏遗书》卷21《附师说后》，（宋）程颢、程颐著，王孝鱼点校：《二程集》上，第274页。
⑨ （宋）程颐：《河南程氏遗书》卷21《附师说后》，（宋）程颢、程颐著，王孝鱼点校：《二程集》上，第274页。

“清明纯全”，陈钟凡先生说：“气有清浊纯漓之差，浊者人欲之私，清者天理之公。养气者，去私欲而合天理之谓也。”[①]此即“尽其心者，知其性也，知其性，则知天矣”[②]的内涵。

由上所述，二程的自然观的基本内容可归结为一个公式，即

“天理”（“太极”“道”）→“气”（“阴阳”“象”）→万物（“数”）→“天理”

由式中可见，“天理”贯通天、地、人之始终，是一个具有能动性的客观存在。为此，二程特别形象地描述说：“（天理）冲漠无朕，万象森然已具，未应不是先，已应不是后。如百尺之木，自根本至枝叶，皆是一贯，不可道上面一段事，无形无兆，却待人旋安排引入来。”[③]所以在二程看来，万物始于理，又终之于理，如此循环往复，以至无穷。这就是二程理学的自然观基础，也是二程尤其是程颐“穷理”思想的根本。

三、“穷尽物理”的科学观

程颢说：“天之所以为天，天未名时，本亦无名，只是苍苍然也。何以便有此名？盖出自然之理。”[④]这个思想来源于“宣夜说”，如三国时提倡“宣夜说”的杨泉说：“夫地有形而天无体。”[⑤]由此可见，程颢依据中国古代的“宣夜说”，否定了“天”是人格神的说法，还“天”以自然而然的本质，这一点是实事求是的，也是科学的。基于这样的认识，二程特别是程颐还在天文学方面提出了许多合理的观点。

第一，历法家必须通“理”。“理”在宋代已经逐渐成为一个非常重要的认识论范畴，它具体体现在天文历法方面，就形成了历法与历理的争论。宋初，人们已经懂得天体的运行不仅是自然而然的，而且是有规律可循的，这就是“理”。郑昭宴说：“日食朔、月食望，自为常理。”[⑥]后来周琮更提出了用“得其理”作为衡量历法优劣的标准，他说：“较古而得数多，又近于今，兼立法、立数，得其理而通于本者为最也。”[⑦]故邵雍批评当时的历法家“但知历法，不知历理”[⑧]，而二程则从正面来说明历法家通理的必要性，他们说：“阴阳之度、日月寒暑昼夜之变，莫不有常。”[⑨]又说：“阴阳盈缩不齐，不能无差，故历家

---

① 陈钟凡：《两宋思想述评》，上海：商务印书馆，1933 年，第 95 页。

② （宋）程颢：《河南程氏遗书》卷 14《亥九月过汝所闻》，（宋）程颢、程颐著，王孝鱼点校：《二程集》上，第 141 页。

③ （宋）程颐：《河南程氏遗书》卷 15《入关语录》，（宋）程颢、程颐著，王孝鱼点校：《二程集》上，第 153 页。

④ 《河南程氏遗书》卷 1《端伯传师说》，（宋）程颢、程颐著，王孝鱼点校：《二程集》上，第 9 页。

⑤ （明）孙瑴：《古微书》卷 1《尚书纬》引，《景印文渊阁四库全书》第 194 册，第 813 页。

⑥ 《宋史》卷 70《律历志三》，第 1592 页。

⑦ 《宋史》卷 75《律历志八》，第 1740 页。

⑧ （宋）邵雍著，郭彧、于天宝点校：《皇极经世书》卷 12《观物外篇下》，第 1224 页。

⑨ （宋）程颐：《河南程氏遗书》卷 15《入关语录》，（宋）程颢、程颐著，王孝鱼点校：《二程集》上，第 149 页。

有岁差法。"①因此，程颐总结说："历象之法，大抵主于日，日一事正，则其他皆可推。洛下闳作历，言数百年后当差一日，其差理必然。何承天以其差，遂立岁差法。其法，以所差分数，摊在所历之年，看一岁差着几分，其差后亦不定。独邵尧夫立差法，冠绝古今，却于日月交感之际，以阴阳亏盈求之，遂不差。大抵阴常亏，阳常盈，故只于这里差了。历上若是通理，所通为多。"②这里，程颐虽然不清楚造成"岁差"是由于日月星辰共同对地球赤道突出部分的摄引所致，且这种摄引是客观的和不以人的意志为转移的，故"不差"是不可能的，但他毕竟看到了"阴常亏，阳常盈，故只于这里差了"，即认识到了太阳和月亮的亏盈是造成岁差的主要原因，这即是程颐所说的"历理"。所以，在邵雍和二程"历象之法"的影响下，历理问题便成为后世许多天文学家议论的话题，而元代《授时历议》之"历议"中的每一个条目几乎都渗透着"历理"的天文观念。

第二，太阳是一颗依靠内部核聚变而生热的球体，它靠自身的燃烧而发光和发热。现代天体物理学认为，太阳是一颗第二代恒星，它本身由氢核聚变成氦核的热核反应而产生巨大的能量，并以辐射的方式从内部转移至表面，然后发射到宇宙空间。由于北宋受科学技术发展水平的局限，不可能具有现代天体物理学的思想，但二程根据当时的科学实际，大胆地猜测到了太阳具有自燃的性质，程颢说："日固阳精也……气行满天地之中，然气须有精处，故其见如轮如饼。譬之铺一溜柴薪，从头爇着，火到处，其光皆一般，非是有一块物推著行将去。气行到寅，则寅上有光；行到卯，则卯上有光。"③其中"非是有一块物推着行将去"就是说太阳的燃烧来自其内部的核聚变，而不是外力所致，同时程颢把太阳燃烧的物质理解为一种能够自燃的"精气"，具有一定的合理性。

第三，天体是无限的，没有边际，也没有"远近之限"。程颢说："人多言天地外，不知天地如何说内外，外面毕竟是个甚？若言著外，则须似有个规模。"④然而，在程颢看来，说天体有限的观点是错的，他说："天地安有内外？言天地之外，便是不识天地也。"⑤《易传》有"范围天地之化"的说法，对于这个说法，程颐明确表示："天本廓然无穷。"⑥而为什么对"无穷"的天体人们却作出"有限"的结论呢？程颢说："今人所定天体，只是且以眼定，视所极处不见，遂以为尽。"⑦不仅如此，程颢还指出了古人用"土圭之法"测量天体的局限性，他说："向曾有于海上见南极下有大星十，则今所见天体盖

---

① （宋）程颢：《河南程氏遗书》卷 11《师训》，（宋）程颢、程颐著，王孝鱼点校：《二程集》上，第 122 页。

② （宋）程颐：《河南程氏遗书》卷 15《入关语录》，（宋）程颢、程颐著，王孝鱼点校：《二程集》上，第 150 页。

③ 《河南程氏遗书》卷 2《元丰己未吕与叔东见二先生语》，（宋）程颢、程颐著，王孝鱼点校：《二程集》上，第 36 页。

④ 《河南程氏遗书》卷 2《元丰己未吕与叔东见二先生语》，（宋）程颢、程颐著，王孝鱼点校：《二程集》上，第 35 页。

⑤ 《河南程氏遗书》卷 2《元丰己未吕与叔东见二先生语》，（宋）程颢、程颐著，王孝鱼点校：《二程集》上，第 43 页。

⑥ （宋）程颐：《河南程氏遗书》卷 15《入关语录》，（宋）程颢、程颐著，王孝鱼点校：《二程集》上，第 148 页。

⑦ 《河南程氏遗书》卷 2《附东见录后》，（宋）程颢、程颐著，王孝鱼点校：《二程集》上，第 57 页。

未定。虽似不可穷，然以土圭之法验之，日月升降不过三万里中。故以尺五之表测之，每一寸当一千里。然而中国只到鄯善、莎车，已是一万五千里。若就彼观日，尚只是三万里中也。"①

第四，"日食有定数"的天象观。在中国古代，日食被看作是一种灾变现象，故《春秋》一书中记载着大量的"日食"现象。后来治《春秋》者常常用"日食"来附会人事，如春秋桓公三年"日有食之"，董仲舒、刘向以为鲁、宋杀君易许田；刘歆以为晋曲沃庄伯杀晋侯；京房则以为后楚严称王等。北宋立国之后，由于天文学的进步，人们对日食现象已经有了比较正确的认识，如欧阳修就认为，圣人不用天道来影响人事，故《春秋》虽然讲日食、星变，但孔子却不说出它们的原因。程颐的看法也是如此，他说："日食有定数，圣人必书者，盖欲人君因此恐惧修省，如治世而有此变，则不能为灾，乱世则为灾矣。"②对于这句话，我们应一分为二地看，说"日食有定数"及"治世而有此变，则不能为灾"，具有科学性；与之相反，若说"乱世则为灾矣"，则无疑是一种伪科学，因为"日月薄蚀而旋复者，不能夺其常也"③，也就是说按照日、月、地相互运动的规律，日食的发生是必然的，但日食的出现与人事的变化只是偶然的巧合，并不是人事感应上天而产生的灾变。可见，二程的天象观具有明显的不彻底性，其在"天命"问题上为鬼神说留下了地盘。这主要是二程看中了"日食"之"人君因此恐惧修省"作用，因此之故，每当"日食"出现之际，多数皇帝都会下诏广泛征求直言，或下诏书责罚自己。如元符三年（1100）三月，宋徽宗因日食而颁"日变求直言诏"④。又宣和元年（1119）三月二十三日日食，宋徽宗一方面下诏说："日月行黄道，及其相掩，人下而望，有南北仰侧之异，故谓之蚀。月假日光，行于日所不烛，亦以为蚀"⑤，另一方面却又说："然日为阳，人君象也。为阴所掩，不可不戒。故伐鼓于社，啬夫驰，庶人走，以裁成其道，辅相其宜"⑥。故程颐说："天地之间，只有一个感与应而已，更有甚事。"⑦

第五，对宇宙大一统理论的猜测。宇宙是如何形成与运作的，这个问题已经成为对人类智慧的终极挑战。程颐说："人患事系累，思虑蔽固，只是不得其要。要在明善，明善

---

① 《河南程氏遗书》卷2《附东见录后》，（宋）程颢、程颐著，王孝鱼点校：《二程集》上，第57页。
② （宋）程颐：《河南程氏遗书》卷22《附杂录后》，（宋）程颢、程颐著，王孝鱼点校：《二程集》上，第299页。
③ 《河南程氏遗书》卷11《师训》，（宋）程颢、程颐著，王孝鱼点校：《二程集》上，第122页。
④ 关于宋徽宗对日食的恐惧心理，请参看彭慧萍《诡谲气象：徽宗朝雪景画暨蔡京题跋之政治意涵》（HuipingPang, Strange Weather: Art, Politics, and Climate Change at the Court of Northern Song Emperor Huizong, *Journal of Song-Yuan Studies*, Vol. 39（2009）: pp. 1-41）一文。该文认为："徽宗末年的气温严寒，使秋冬庄稼难收，民生饱受雪灾之苦，农事经济危机丛生，最终导致国衰民变。根据孟元老《东京梦华录》，徽宗朝开封冬季寒寒，无蔬菜可生。《墨客挥犀》亦载，地处亚热带的福建地区百万荔枝惨遭民冻。时至1110年时，风雪剧寒饥荒遍地，流离失所者不计其数。最后，"寒冷期"成为辽金北骑南侵、北宋覆灭的众多导因之一。"
⑤ 司义祖整理：《宋大诏令集》卷155，北京：中华书局，1962年，第582页。
⑥ 司义祖整理：《宋大诏令集》卷155，第582页。
⑦ （宋）程颐：《河南程氏遗书》卷15《入关语录》，（宋）程颢、程颐著，王孝鱼点校：《二程集》上，第152页。

在乎格物穷理。穷至于物理，则渐久后天下之物皆能穷，只是一理。"①又说："庄子齐物。夫物本齐，安俟汝齐？凡物如此多般，若要齐时，别去甚处下脚手？不过得推一个理一也。"②在程颐看来，宇宙万物都服从于一个规律，而所谓"理一"就是用一个理论来统一宇宙万物，显然这个思想在总的倾向上跟现代宇宙学中的"大一统理论"相一致。而为爱因斯坦毕生所追求的宇宙"大一统理论"基于这样一个基本事实：宇宙间的四种作用力（即引力、电磁力、弱作用力和强作用力）绝不是孤立存在的，它们四者之间必定存在着一种目前尚不为人类所知的相互作用力和"理"所操纵着。可惜，爱因斯坦生前没有能够建立起这样一个统一四种作用力的数学模型。好在人们对追求大一统理论并没有失去信心，如美国物理学家格拉肖在 20 世纪 70 年代发现了将电磁力、弱作用力和强作用力统一起来的数学模型，科学界将其称为"大一统场理论"。20 世纪 80 年代，随着威顿"超弦"理论（The theory of everything）的提出，弦论逐渐成为现代物理学发展的主流。弦论预言：宇宙中所有的粒子都源于潜藏在其身后的弦的振荡。用程颐的话说就是"涵养吾一"③，就是"退藏于密"的"密"④，因为"密是用之源"⑤。而在程颐的文本里，"用"实际上就是指那有形的物质实体（即气），与之相对，"密"则是"形而上者"，程颐说："道是形而上者。形而上者则是密也。"⑥

在二程的理学体系中，探讨天体的运动变化固然重要，但作为其整个体系的核心的"人"，则同样不能忽略。而从科学的角度对"人"的问题进行理论性的思考，则应当是程颐理学的本质特征之一。

首先，人是怎么来的？

这是程颐理学的首要问题。在程颐看来，万物之生有两种形式：一是"化生"，二是"种生"。"化生"又可称为"气化"，它是万物之生的基本形式，而有些物种经过长期的演化，逐渐由"气化"而变成"形化"即"种生"。虽然程颐所使用的概念十分笨拙，也很不规范，但他能把万物之生看作是自然界长期的演化过程，并且是一个由低级到高级的发展过程，确是其过人之处，因为这个思想是符合进化论原理的。程颐说：

> 陨石无种，种于气。麟亦无种，亦气化。厥生初民亦如是。至如海滨露出沙滩，便有百虫禽兽草木无种而生，此犹是人所见。若海中岛屿稍大，人不及者，安知其无

① （宋）程颐：《河南程氏遗书》卷 15《入关语录》，（宋）程颢、程颐著，王孝鱼点校：《二程集》上，第 144 页。

② （宋）程颐：《河南程氏遗书》卷 19《杨遵道录》，（宋）程颢、程颐著，王孝鱼点校：《二程集》上，第 264 页。

③ （宋）程颐：《河南程氏遗书》卷 15《入关语录》，（宋）程颢、程颐著，王孝鱼点校：《二程集》上，第 143 页。

④ （宋）程颐：《河南程氏遗书》卷 15《入关语录》，（宋）程颢、程颐著，王孝鱼点校：《二程集》上，第 157 页。

⑤ （宋）程颐：《河南程氏遗书》卷 15《入关语录》，（宋）程颢、程颐著，王孝鱼点校：《二程集》上，第 157 页。

⑥ （宋）程颐：《河南程氏遗书》卷 15《入关语录》，（宋）程颢、程颐著，王孝鱼点校：《二程集》上，第 162 页。

种之人不生于其间？若已有人类，则必无气化之人。①

在这里，"气"可作"物质的基本元素"解。而物质元素的演化过程是由物理演化进而化学演化进而生物进化，最后才出现人类社会的进化。直到今天，人类关于各演化阶段之间的关系还有很多疑问，特别是关于生物进化的疑难问题就更多了。比如对人类自身的进化目前就有两种学派，即达尔文的进化论和分子进化论。这是两种不同的研究理路，一种是从动物学的角度来研究人的起源和演化，一种则是从基因的角度来研究人的起源和演化。用程颐的文本语言来说，前者称"种生"，后者称"气化"。程颐说：

> 且如海上忽露出一沙岛，便有草木生。有土而生草木，不足怪。既有草木，自然禽兽生焉。②

> 有全是气化而生者，若腐草为萤是也。既是气化，到合化时自化。有气化生之后而种生者。且如人身上著新衣服，过几日，便有虮虱生其间，此气化也。气既化后，更不化，便以种生去。此理甚明。③

李申在评价程颐的这个思想时说："这种说法多么荒谬，可又多么天才！程氏和柳宗元一样，也不相信什么造物主。"④陈钟凡亦说："此无种气化之说，以今日生物学言之，自属纰缪；然颐当日假设此说，推求生物发生之原因，不失论理之价值。盖科学成立，必经此设臆之历程，加之注意，施之实验，而后始有定理可言也。"⑤在科学发展的过程中，人们似乎都关注"真理"的价值，以为只有真理性的东西才是科学，实际上这是十分狭隘的"科学观"。因为，不论你承认与否，谬误历史地构成了科学发展的一个基本要素，纯粹的真理在人间是不存在的，关键是人们应当建立正确的"谬误机制"和"转化机制"，多为谬误创造向真理转化的条件，使之成为科学发展的一种动力。

其次，人在自然界中的位置如何？

气生万物是程颐的基本观点。但气有性质上的差异，如程颐说："天有五气，故凡生物，莫不具有五性，居其一而有其四。至如草木也，其黄者得土之性多，其白者得金之性多。"⑥由于"五气"（金、木、水、火、土）代表五种性质，所以又称"五德"或"五性"，程颐认为，每一事物都是由这"五气"所构成，只是其比例不同而已，如草木得土气多就呈黄色。人也由气所构成，但构成人类的气不是一般的气，而是"纯气"。故程颐

---

① （宋）程颐：《河南程氏遗书》卷15《入关语录》，（宋）程颢、程颐著，王孝鱼点校：《二程集》上，第161页。

② （宋）程颐：《河南程氏遗书》卷18《刘元承手编》，（宋）程颢、程颐著，王孝鱼点校：《二程集》上，第199页。

③ （宋）程颐：《河南程氏遗书》卷18《刘元承手编》，（宋）程颢、程颐著，王孝鱼点校：《二程集》上，第199页。

④ 李申：《中国古代哲学和自然科学》，第69页。

⑤ 陈钟凡：《两宋思想述评》，第105页。

⑥ （宋）程颐：《河南程氏遗书》卷15《入关语录》，（宋）程颢、程颐著，王孝鱼点校：《二程集》上，第162页。

说:"人乃五行之秀气,此是天地清明纯粹气所生也。"①

基于这样的认识,程颐进一步对人体的各种生理现象也作了积极的探索。

探索性结论之一:人的健康状况由人体之气血、心理和生活环境三因素所决定,已接近现代医学的发展模式。程颐说:"人气壮,则不为疾;气羸弱,则必有疾。"②这是内因,即人自身的身体素质跟健康具有内在的联系。又说:"汝之多瘿,以地气壅滞。尝有人以器杂贮州中诸处,水例皆重浊,至有水脚如胶者,食之安得无瘿?治之之术,于中开凿数道沟渠,泄地之气,然后少可也。"③这是外因,即环境与人的健康也有因果关系。中医非常重视环境与人类健康的关系,故中医有"五淫"之说。

二程分析"心怀忧思"与疾病的关系说:

> 昔聂觉倡不信鬼神之说,故身杀湫鱼。其同行者有不食鱼而病死者,有食鱼亦不病不死者,只是其心打得过。或食而病,或不食而病。要之,山中阴森之气,心怀忧思,以致动其气血也。④

精神或心理因素与健康的关系已经成为现代医学的重要话题,程颐在北宋即已看到主观的心理状态会影响人体健康,这一点是程颐超越其他理学家的地方。

探索性结论之二:程颐对梦做了唯物的解释。梦,在古代被看作是一种神秘现象,甚至人们把梦与人的特定行为相联系,所以占梦也成为一门很重要的术数。《周礼·春官》载:"占梦,掌其岁时,观天地之会,辨阴阳之气,以日、月、星辰占六梦(包括正梦、噩梦、思梦、寤梦、喜梦和惧梦,引者注)之吉凶。"⑤睡虎地秦简出土的《日书》中有不少占梦的内容,《甘德长柳占梦》也载有占梦之官每年冬季都为侯王迎祈吉梦和禳除凶梦的活动,这说明秦汉时占梦已经成为非常重要的社会现象了,故《汉书·艺文志》载:"众占非一,而梦为大,故周有其官。而《诗》载熊罴虺蛇众鱼旐旟之梦,著明大人之占,以考吉凶,盖参卜筮。"⑥既然占梦同卜筮一样,那它就是一种纯粹的伪科学。从世界范围内来看,把梦当作科学对象而不是神秘之象来研究的,应是奥地利的精神分析学家弗洛伊德,他于1900年出版的《释梦》一书被称为人类梦心理研究史上的一个里程碑。后来,人们借助于脑电图来研究人类的睡眠现象,发现梦实际上是"快速眼球运动睡眠期"(REM)的一种生理表现,它主要由蓝斑(NA 神经元通路停止活动)所致,其驱动因子存在于脑干网状结构的相关核团之中。程颐当然不懂得弗洛伊德和蓝斑,但他们对梦却作出了比较合理的解释,在程颐看来,日有所思,夜有所梦,故做梦"只是心不定"⑦所产

---

① (宋)程颐:《河南程氏遗书》卷18《刘元承手编》,(宋)程颢、程颐著,王孝鱼点校:《二程集》上,第199页。

② 《河南程氏遗书》卷5《冯氏本拾遗》,(宋)程颢、程颐著,王孝鱼点校:《二程集》上,第374页。

③ 《河南程氏外书》卷10《大全集拾遗》,(宋)程颢、程颐著,王孝鱼点校:《二程集》上,第406页。

④ 《河南程氏遗书》卷10《大全集拾遗》,(宋)程颢、程颐著,王孝鱼点校:《二程集》上,第407页。

⑤ 《周礼·春官》,陈戍国点校:《周礼·仪礼·礼记》,长沙:岳麓书社,1995年,第68页。

⑥ 《汉书》卷30《艺文志》,第1773页。

⑦ (宋)程颐:《河南程氏遗书》卷18《刘元承手编》,(宋)程颢、程颐著,王孝鱼点校:《二程集》上,第202页。

生的一种正常生理现象，没有什么可神秘的。他说：

> 今人所梦见事，岂特一日之间所有之事，亦有数十年前之事。梦见之者，只为心中旧有此事，平日忽有事与此事相感，或气相感，然后发出来。①

又，程颐解释"高宗得傅说于梦"的生理现象说："盖高宗至诚，思得贤相，寤寐不忘，故朕兆先见于梦。如常人梦寐闲事有先见者多矣，亦不足怪。"②

探索性结论之三："处药治病，亦只是一个理。此药治个如何，气有此病，服之即应，若理不契，则药不应"③，这就是说对症施药，从程序上讲应当先医理而后医药，但现实生活中并非如此，二程说：

> 人有寿考者，其气血脉息自深，便有一般深根固蒂底道理。人脉起于阳明，周旋而下，至于两气口，自然匀长，故于此视脉。又一道自头而下，至足大冲，亦如气口。此等事最切于身，然而人安然恬于不知。至如人为人问"你身上有几条骨头，血脉如何行动，腹中有多少藏府"，皆冥然莫晓。④

而一个医生若不知医理，其后果更加可怕。故程颐说：

> 医者不谙理，则处方论药不尽其性，只知逐物所治，不知合和之后，其性又如何？假如诃子黄、白矾白，合之而成黑，黑见则黄白皆亡。又如一二合而为三，三见则一二亡，离而为一二则三亡。既成三，又求一与二；既成黑，又求黄与白，则是不知物性。⑤

这段话的意思是说，诃子是黄的，而白矾是白的，如果把二者结合在一起，颜色就会变黑，即原来的黄、白色都不见了；在开处方的时候，把两种药配合在一起，就成为第三种物质了，相反，如果把这第三种物质加以分离，则又变成了原来的两种物质，其作为两者的结合体自然也就消失了。而中药的配伍禁忌，可以说直到今天仍然是医学界未能彻底解决的重大科研课题。

鉴于上述情况，所以程颐认为，"人子事亲学医"⑥，"最是大事"⑦。他说："今人视父母疾，乃一任医者之手，岂不害事？必须识医药之道理，别病是如何，药当如何，故可

----

① （宋）程颐：《河南程氏遗书》卷18《刘元承手编》，（宋）程颢、程颐著，王孝鱼点校：《二程集》上，第202页。

② （宋）程颐：《河南程氏遗书》卷18《刘元承手编》，（宋）程颢、程颐著，王孝鱼点校：《二程集》上，第227页。

③ 《河南程氏遗书》卷2《附东见录后》，（宋）程颢、程颐著，王孝鱼点校：《二程集》上，第52页。

④ 《河南程氏遗书》卷2《附东见录后》，（宋）程颢、程颐著，王孝鱼点校：《二程集》上，第54页。

⑤ （宋）程颐：《河南程氏遗书》卷15《入关语录》，（宋）程颢、程颐著，王孝鱼点校：《二程集》上，第162页。

⑥ （宋）程颐：《河南程氏遗书》卷18《刘元承手编》，（宋）程颢、程颐著，王孝鱼点校：《二程集》上，第245页。

⑦ （宋）程颐：《河南程氏遗书》卷18《刘元承手编》，（宋）程颢、程颐著，王孝鱼点校：《二程集》上，第245页。

任医者也。"①且一旦发生求医问药的事情，"如自己曾学，令医者说道理，便自见得，或已有所见，亦可说与他商量"②。众所周知，医患关系是目前医学界最为关注的重大问题之一，而造成医患矛盾的原因既有社会的、管理体制的和历史的因素，也有家庭的和个体素质方面的因素。所以，要想彻底解决这个问题难度很大，因为它是一个极其复杂的社会系统工程，非一朝一夕之功。但程颐能够根据北宋的社会发展实际，前瞻性地提出以普及医药学知识和提高全社会成员的医学素质为基础来解决医患之间的矛盾关系，无论当时还是现在都不失为一个行之有效的办法。

探索性结论之四：初步看到了气体交换是维持人类个体存在的基本物质条件。程颐说：

> 真元之气，气之所由生，不与外气相杂，但以外气涵养而已。若鱼在水，鱼之性命非是水为之，但必以水涵养，鱼乃得生尔。人居天地气中，与鱼在水无异。至于饮食之养，皆是外气涵养之道。出入之息者，阖辟之机而已。所出之息，非所入之气，但真元自能生气，所入之气，止当阖时，随之而入，非假此气以助真元也。③

何谓"真元"？用现代生物学的术语讲，"真元"就是"氧气"。其"所出之息，非所入之气"，因为就单纯的呼吸过程来说，"出入之息"是两个不同的新陈代谢过程，其中"出"是将体内的二氧化碳排出来，而"入"则是将外环境中的氧气摄入体内。至于摄入体内的氧气是如何在血液中运输的，程颐就不清楚了，所以他仅仅笼统地说"外气涵养之道"。"涵养"犹如水，这个比喻并没有错，因为人体内的血液包括血浆和血细胞两部分，而血浆中至少百分之九十的成分是水，且通过体循环，血液将人体所需要的氧气运送到全身各部分的组织细胞，与此同时，它再将组织细胞的代谢产物如二氧化碳运送到肺部，然后排出体外。诚然，对程颐而言，上述说法尽管不是从实证中得出来的结论，它顶多是一种天才的猜测，但程颐的思想大体上与人体的实际生理运动规律相符合，其主要的方面是正确的。

探索性结论之五：对人类及其他部分动物自然寿命的"确认"。程颐根据邵雍《皇极经世》的推数方法，并结合他自身的生活经验，对人类及其他部分动物的自然寿命做出了比较合理的"确认"。他说："人寿但得一百二十数"，"固是，此亦是大纲数，不必如此"。④又说："马牛得六十，猫犬得十二，燕雀得六年之类，盖亦有过不及。"⑤现代动物

---

① (宋)程颐：《河南程氏遗书》卷18《刘元承手编》，(宋)程颢、程颐著，王孝鱼点校：《二程集》上，第245页。

② (宋)程颐：《河南程氏遗书》卷18《刘元承手编》，(宋)程颢、程颐著，王孝鱼点校：《二程集》上，第245页。

③ (宋)程颐：《河南程氏遗书》卷15《入关语录》，(宋)程颢、程颐著，王孝鱼点校：《二程集》上，第165—166页。

④ (宋)程颐：《河南程氏遗书》卷18《刘元承手编》，(宋)程颢、程颐著，王孝鱼点校：《二程集》上，第197页。

⑤ (宋)程颐：《河南程氏遗书》卷18《刘元承手编》，(宋)程颢、程颐著，王孝鱼点校：《二程集》上，第197页。

学家研究发现，人类的自然寿命跟其自身的生长期、性成熟期、胚胎细胞的分裂期及怀孕期等多种因素有关，故学界目前对人类自然寿命的推算主要有以下几种观点：其一，若以寿命期为生长期的 5—7 倍计，则人的自然寿命为 100—170 岁；其二，若以寿命期为性成熟期的 8—10 倍算，人的性成熟期为 14—15 年，则人的自然寿命应为 110—150 岁；其三，若以细胞的传代次数算，人体细胞体外分裂传代 50 次左右，平均每次分裂周期约为2.4 年，则人的自然寿命应为 120 岁；其四，若以怀孕期为 10 个月来推算，则人的自然寿命约 160—170 岁。[①]可见，程颐预测人类的自然寿命为 120 岁，是有一定科学道理的。不过，为慎重起见，他表示这个"数"只是"大纲数"，而并非一定如此。所以，程颐不反对人们对人类的自然寿数提出各种各样的推测。应当承认，程颐的这种态度是科学的态度和负责任的态度。至于其他几种动物的自然寿数，据动物学家推算，马为 55 年，牛在20—30 年数之间，猫为 10—15 年，犬为 9—11 年。正如程颐所言，在这些动物中，若与现代动物学家所推算的寿数相比，则程颐所推算的寿数有的偏多（即过），有的偏少（即不及）。但从整体上看，程颐的寿数推算还是比较适当的，而现在最大的难题是我们如何通过各种有效手段来保证现实生活中的每个生命个体都能"享尽天年"，这当然不仅仅是个医学问题，它更是一个社会问题。

此外，在地球物理学、律学和气象学方面，程颐也有许多可圈可点之处。

气候的寒热变化是一个很复杂的系统，其中影响气候寒热变化的因素有地球的自转、阳光的照射、地形的高低等。程颐说："天下之或寒或燠，只缘佗地形高下。"[②]气候寒热变化的因素当然不只"地形高下"，可见程颐的看法是片面的，但它对于古代天文学家在讨论气候寒热变化的因素时往往忽略"地形高下"这个重要因素的倾向，却是一个很大的进步。

在中国古代，由于"盖天说"的影响，人们逐渐形成了"地心说"的观念，而程颐依据宋代自然科学的发展实际，在其天地没有"内外"的思想基础上大胆提出"地球中心轴"和"中不可定下"的见解，这在当时不失为一种新的科学假说。程颐说：

> 天地安有内外？言天地之外，便是不识天地也。[③]

又说：

> 极为天地中，是也，然论地中尽有说。据测景，以三万里为中，若有穷然。有至一边已及一万五千里，而天地之运盖如初也。然则中者，亦时中耳。地形有高下，无适而不为中，故其中不可定下……若定下不易之中，则须有左有右，有前有后，四隅既定，则各有远近之限，便至百千万亿，亦犹是有数。盖有数则终有尽处，不知如何

---

① 参见吴伯林：《人体革命——基因科学能使您活 150 岁》，上海：上海人民出版社，2000 年，第 258—259 页。
② 《河南程氏遗书》卷 2《附东见录后》，（宋）程颢、程颐著，王孝鱼点校：《二程集》上，第 53 页。
③ 《河南程氏遗书》卷 2《元丰己未吕与叔东见二先生语》，（宋）程颢、程颐著，王孝鱼点校：《二程集》上，第 43 页。

为尽也。①

> 极，须为天下之中。天地之中，理必相直。今人所定天体，只是且以眼定，视所极处不见，遂以为尽。然向曾有于海上见南极下有大星十，则今所见天体盖未定。②

> 天地之中，理必相直，则四边当有空阔处。空阔处如何，地之下岂无天？今所谓地者，特于天中一物尔。如云气之聚，以其久而不散也，故为对。凡地动者，只是气动。③

其中"极"是指地球中心轴，就是那条通过地心的直线，其长度为12700余千米。在这里，程颐虽然对"中不可定下"没有作进一步的理论论证与说明，但是这个命题显然已经包含着"天地没有中心"的思想萌芽了。

在律学方面，程颐提出"律者自然之数"的思想。他说：

> 先王之乐，必须律以考其声。今律既不可求，人耳又不可全信，正惟此为难。求中声，须得律。律不得，则中声无由见。律者自然之数。至如今之度量权衡，亦非正也。④

从历史上看，乐与律的出现是不同步的，如《淮南鸿烈解·齐俗训》篇载：远古的音乐"乐而无转"⑤。其"转"的意思就是"旋律"。在我国，律早在黄帝时代就出现了，《吕氏春秋·仲夏纪第五》之《古乐》篇云："昔黄帝令伶伦作为律。"⑥但律学的产生却不早于春秋战国时期，而《管子》一书是目前已知记载我国定律法的最早历史文献。其文曰：

> 凡将起五音凡首，先主一而三之，四开以合九九，以是生黄钟小素之首，以成宫。三分而益之以一，为百有八，为征。不无有三分而去其乘；适足，以是生商；有三分而复于其所，以是成羽；有三分去其乘；适足，以是成角。⑦

由此可见，律学是物理声学知识与数学知识相互结合而产生出来的一门科学。故应用数学计算是推动律学发展的关键，然而在明代"十二平均律"发明之前，律数问题确实是困扰我国古代音乐发展的一个大难题，不仅北宋"正惟此为难"，而且南宋亦"惟此为难"。所以，程颐此思想的价值不在于能实际地解决这个难题，而是在于它提示人们在研究律学问题时加强数学知识的学习与应用，唯其如此，才能真正实现乐律发展史的伟大变革。

对于雷、雨、风的形成，二程用传统的阴阳范畴来加以解释，程颐说：

---

① 《河南程氏遗书》卷2《元丰己未吕与叔东见二先生语》，(宋)程颢、程颐著，王孝鱼点校：《二程集》上，第35—36页。

② 《河南程氏遗书》卷2《附东见录后》，(宋)程颢、程颐著，王孝鱼点校：《二程集》上，第57页。

③ 《河南程氏遗书》卷2《附东见录后》，(宋)程颢、程颐著，王孝鱼点校：《二程集》上，第55页。

④ (宋)程颐：《河南程氏遗书》卷15《入关语录》，(宋)程颢、程颐著，王孝鱼点校：《二程集》上，第166页。

⑤ (汉)刘安著，高诱注：《淮南子注》卷11《齐俗训》，《诸子集成》第10册，第169页。

⑥ (汉)高诱注：《吕氏春秋》卷5《仲夏季第五》，《诸子集成》第9册，第51页。

⑦ (春秋)管仲：《管子》卷19《地圆》，《百子全书》第2册，第1390页。

雷者，阳气奋发，阴阳相薄而成声也。阳始潜闭地中，及其动，则出地奋震也。①

我国古代自《淮南子》卷4《坠形训》提出"阴阳相薄为雷"的解释以后，一致为后世所沿袭。显然，程颐在此并没有超越古人。程颐又说："雷自有火。"②这个思想亦不是程颐的发明，如汉代的王充早就说过"夫雷，火也"③的话。可见，程颐在此亦没有超越古人。而程颐真正超越古人的地方在于他自觉地探讨了机械能向热能（即内能的一部分）和光能转化的原理。他说：

雷自有火。如钻木取火，如使木中有火，岂不烧了木？盖是动极则阳生，自然之理。不必木，只如两石相戛，亦有火出。惟铁无火，然戛之久必热，此亦是阳生也。

钻木取火，人谓火生于木，非也。两木相戛，用力极则阳生。今以石相轧，便有火出。④

在这里，"戛"是一种机械能，当机械能达到其转换的量度（即阳极，在力学中则称为"功"）后，它自身就必然转化为一种内能或光能，这便是铁"戛之久必热"的原因。因为铁在"戛"（即摩擦）的过程中，因克服摩擦，消耗了机械能，使其内能增大，温度升高，故机械能转化为内能。而"以石相轧，便有火出"则是机械能转化为光能。至于雨的成因，程颐说："云气蒸而上升于天，必待阴阳和洽，然后成雨。"⑤而程颢则对风的成因作了这样的解释："风是天地间气，非土偶人所能为也。"⑥从原则上讲，程颢对风之成因的解释，似亦有一定道理，因为风是在地球空间内由于温差、气压差而引起空气在水平方向的流动。

四、"一切涵容覆载，但处之有道尔"的方法论

宇宙万物之造化广大，形形色色，但又杂乱无章，漫然浑廓，这是物的性质。相对物的性质，人类的思维则具有为物"理照"的本性，程颐说：

天地之化，虽廓然无穷，然而阴阳之度、日月寒暑昼夜之变，莫不有常，此道之所以为中庸。⑦

所以"中庸"是人类认识宇宙万物的一种原则，而这个原则可以理解为是"一切涵容

---

① 《周易程氏传》卷2《周易上经下·豫》，（宋）程颢、程颐著，王孝鱼点校：《二程集》下，第779页。
② （宋）程颐：《河南程氏遗书》卷18《刘元承手编》，（宋）程颢、程颐著，王孝鱼点校：《二程集》上，第237页。
③ （汉）王充：《论衡》卷6《雷虚篇》，《百子全书》第4册，第3276页。
④ （宋）程颐：《河南程氏遗书》卷18《刘元承手编》，（宋）程颢、程颐著，王孝鱼点校：《二程集》上，第237页。
⑤ 《周易程氏传》卷1《周易上经上·需》，（宋）程颢、程颐著，王孝鱼点校：《二程集》下，第724页。
⑥ 《河南程氏遗书》卷2《附东见录后》，（宋）程颢、程颐著，王孝鱼点校：《二程集》上，第52页。
⑦ （宋）程颐：《河南程氏遗书》卷15《入关语录》，（宋）程颢、程颐著，王孝鱼点校：《二程集》上，第149页。

覆载，但处之有道尔"①的总纲。

"处之有道"不仅是道德学成立的条件，而且也是科学产生的前提。那么，如何"处之有道"呢？二程从以下几个方面给我们作了提示：

首先，"格物致知"的"穷理法"。知识是怎么产生的？这是科技思想史中的一个大问题。回顾人类思想发展的历史，古今中外的思想家对这个问题的看法不外有三种情况：一是先天派，古希腊的柏拉图和中国战国时期的孟子就是这一派的代表，如孟子说："人之所不学而能者，其良能也；所不虑而知者，其良知也。"②而"致良知"的途径则是"求其放心而已矣"③，具体地讲就是两个字"思诚"；二是后天之经验派，古希腊的亚里士多德和中国战国时期的荀子就是这一派的代表，如荀子说："所以知之在人者，谓之知（认识能力）；知有所合（接触）谓之智（知识）。所以能之在人者，谓之能（掌握才能的能力），能有所合谓之能（才能）"④；三是折中派，中国春秋时期的墨子是这一派的代表，如他说："知，接也（感官经验，为后天所得，是知识的来源之一）；智，明也（先验范畴，为人脑所固有，不假外求，也是知识的来源之一）。"⑤二程自称为孟子的传人，所以其"穷理"之中必然有先验论的因子，尤以程颢为典型，程颢说："良能良知，皆无所由，乃出于天，不系于人。"⑥其方法为"敬"。程颐则一方面承认"知者吾之所固有"⑦，另一方面又说"致知在格物"⑧。在这里，"格物"相当于墨子所说的"接"和荀子所说的"合"，即与客观事物相接触才能获得知识，这是经验论的显著特征。他说：

> 格犹穷也，物犹理也，犹曰穷其理而已也。穷其理，然后足以致之，不穷则不能致也。⑨

又说：

> 格，至也，如"祖考来格"之格。凡一物上有一理，须是穷致其理。⑩

---

① 《河南程氏遗书》卷 2《元丰己未吕与叔东见二先生语》，（宋）程颢、程颐著，王孝鱼点校：《二程集》上，第 17 页。

② 《孟子·尽心上》，陈戍国点校：《四书五经》上，第 127 页。

③ 《孟子·告子上》，陈戍国点校：《四书五经》上，第 119 页。

④ （战国）荀况：《荀子·正名》，《百子全书》第 1 册，第 208 页。

⑤ （战国）墨翟：《墨子》卷 10《经上》，《百子全书》第 3 册，第 2449 页。

⑥ 《河南程氏遗书》卷 2《元丰己未吕与叔东见二先生语》，（宋）程颢、程颐著，王孝鱼点校：《二程集》上，第 20 页。

⑦ （宋）程颐：《河南程氏遗书》卷 25《畅潜道录》，（宋）程颢、程颐著，王孝鱼点校：《二程集》上，第 316 页。

⑧ （宋）程颐：《河南程氏遗书》卷 25《畅潜道录》，（宋）程颢、程颐著，王孝鱼点校：《二程集》上，第 316 页。

⑨ （宋）程颐：《河南程氏遗书》卷 25《畅潜道录》，（宋）程颢、程颐著，王孝鱼点校：《二程集》上，第 316 页。

⑩ （宋）程颐：《河南程氏遗书》卷 18《刘元承手编》，（宋）程颢、程颐著，王孝鱼点校：《二程集》上，第 188 页。

很清楚，程颐把"格物"看成是扩充知识的根本方法，而他的方法论偏重于经验论。正是由于程颐的这个思想已接近于"实验主义"，故胡适说：

> 朱子承二位程子的嫡传。他的学说有两个方面，就是程子说的"涵养须用敬，进学则在致知"。主敬的方面是沿袭着道家养神及佛家明心的路子下来的，是完全向内的工夫。致知的方面是要"即凡天下之物，莫不因其已知之理而益穷之，以求致乎其极"，这是科学家穷理的精神，这真是程朱一派的特别贡献。①

换言之，"格物"法为由感性上升到理性的方法，具体又可分为两种途径：第一种途径是"推类法"，也叫"归纳法"。程颐说："格物穷理，非是要尽穷天下之物，但于一事上穷尽，其他可以类推。"②由"一事"推导出"一理"，逻辑学称之为"归纳法"，据此，程颐说："如一事上穷不得，且别穷一事，或先其易者，或先其难者，各随人深浅，如千蹊万径，皆可适国，但得一道入得便可。所以能穷者，只为万物皆是一理，至如一物一事，虽小，皆有是理。"③因此，列宁在论述一般与个别的相互关系时指出："一般只能在个别中存在，只能通过个别而存在。任何个别（不论怎样）都是一般。"④迄今为止，在辩证分析一般与个别的关系问题上列宁所言仍然是最经典的论述，而程颐的思维水平虽未必能达到列宁的高度，但他的言谈话语中包含着这层意思却是可以肯定的；第二种途径是"观察法"，程颐说：

> 诵《诗》《书》，考古今，察物情，揆人事，反复研究而思索之。⑤

又说：

> 物我一理，才明彼即晓此，合内外之道也。语其大，至天地之高厚；语其小，至一物之所以然，学者皆当理会。⑥

其中"理会"的本质就是观察，分"内外"两道，"外道"即"外观"，如上所述。其"内道"即"内观"，就是"内观身心"。程颐说："格物之理，不若察之于身，其得尤切。"⑦其"察之于身"与"近取诸身"⑧义同，即"己便是尺度，尺度便是己"⑨，这有点彼合康德"人为自然界立法"之韵，在科技思想史具有进步意义。

---

① 胡适：《少年中国之精神》，《胡适精品集》9，北京：光明日报出版社，1998 年，第 222 页。

② （宋）程颐：《河南程氏遗书》卷 15《入关语录》，（宋）程颢、程颐著，王孝鱼点校：《二程集》上，第 157 页。

③ （宋）程颢、程颐著，王孝鱼点校：《二程集》上，第 157 页。

④ 《列宁全集》第 38 卷，北京：人民出版社，1956 年，第 409 页。

⑤ 《粹言》卷 1《论学篇》，（宋）程颢、程颐著，王孝鱼点校：《二程集》下，第 1191 页。

⑥ （宋）程颐：《河南程氏遗书》卷 18《刘元承手编》，（宋）程颢、程颐著，王孝鱼点校：《二程集》上，第 193 页。

⑦ 《河南程氏遗书》卷 17，（宋）程颢、程颐著，王孝鱼点校：《二程集》上，第 175 页。

⑧ 《河南程氏遗书》卷 2《附东见录后》，（宋）程颢、程颐著，王孝鱼点校：《二程集》上，第 54 页。

⑨ （宋）程颐：《河南程氏遗书》卷 15《入关语录》，（宋）程颢、程颐著，王孝鱼点校：《二程集》上，第 156 页。

其次，"理一分殊"，也有人称作"理一气殊"①的"演绎法"。"理一分殊"这个概念是由二程首先发明的，但在周敦颐的文本中则已显露出这个思想萌芽。周敦颐说："五殊二实，二本则一。是万为一，一实万分。万一各正，小大有定。"②而当程颐与杨时讨论《西铭》时正式提出"理一分殊"的命题：

> 天下之物，理一而分殊。知其理一，所以为仁；知其分殊，所以为义。权其分之轻重，无铢分之差，则精矣。③

又说：

> 天下之理一也，涂虽殊而其归则同，虑虽百而其致则一。虽物有万殊，事有万变，统之以一，则无能违也。④

从逻辑的角度看，这"事有万变，统之以一"即是演绎法（由一般推出个别）的基本思想。我们说二程理学的创新点就在于它通过"理"这个独立范畴试图突破自秦汉以来所形成的"阴阳五行"范畴，并尝试着把中国古代的科学理论水平再向前推进一步。因为既然"天下之理一也"，那么人们在论证每一个科学原理时就不必都依赖于观察和实验了，它指导人们从少量的真实可靠的前提出发进行推理，建立理论体系，以此来加速科学理论的发展。所以二程说：

> 天下物皆可以理照，有物必有则，一物须有一理。⑤
>
> 问："某尝读《华严经》，第一真空绝相观，第二事理无碍观，第三事事无碍观，譬如镜灯之类，包含万象，无有穷尽。此理如何？"曰："只为释氏要周遮，一言以蔽之，不过曰万理归于一理也。"⑥

从逻辑上讲，既然能"万里归于一理"，那么就同样能一理推出万理，而后者正是二程思想之关键所在。至于说一理为什么能推出万理，其根据在气之万殊，因为"气有淳漓"⑦，有"纯气"和"繁气"⑧，即气的存在方式是多种多样的。所以二程说：

> "万物皆备于我"，不独人尔，物皆然。都自这里出去，只是物不能推，人则能推

---

① 陈钟凡：《两宋思想述评》，第92页。
② （宋）周敦颐撰，梁绍辉、徐荪铭等校点：《周敦颐集》，长沙：岳麓书社，2007年，第76页。
③ （宋）杨时：《龟山集》卷20《答胡康候其一》，《景印文渊阁四库全书》第1125册，第300页。
④ 《周易程氏传》卷3《周易下经上·咸》，（宋）程颢、程颐著，王孝鱼点校：《二程集》下，第858页。
⑤ （宋）程颐：《河南程氏遗书》卷18《刘元承手编》，（宋）程颢、程颐著，王孝鱼点校：《二程集》上，第193页。
⑥ （宋）程颐：《河南程氏遗书》卷18《刘元承手编》，（宋）程颢、程颐著，王孝鱼点校：《二程集》上，第195页。
⑦ （宋）程颐：《河南程氏遗书》卷15《入关语录》，（宋）程颢、程颐著，王孝鱼点校：《二程集》上，第146页。
⑧ （宋）程颐：《河南程氏遗书》卷18《刘元承手编》，（宋）程颢、程颐著，王孝鱼点校：《二程集》上，第198—199页。

之。虽能推之，几时添得一分？不能推之，几时减得一分？①

在这里，"推"显然是指人的思维功能而言，而且是特指人类思维科学中的演绎推理。演绎推理属于主观逻辑，而事物的运动法则属于客观逻辑。其主观逻辑只能反映事物的运动规律，但既不能创造它，也不能消灭它。"所以谓万物一体者，皆有此理，只为从那里来。'生生之谓易'，生则一时生，皆完此理"②，"只为从那里来"恰恰就是演绎推理的基本功用。张岱年先生在谈论"维也纳学派的物理主义"的科学意义时说："在能够确证一个命题为真理之前，这个命题的意谓必须先晓得；因而，在能够建立一个理论，即一种科学以前，是必先由哲学来作工作的。"③二程所作的工作正是"确证一个命题为真理之前"的工作，而这个真理性的命题就是"天下物皆可以理照"，即万事万物都可以用理性去把握。

最后，顿悟的思维方法。钱学森先生曾经说过，顿悟是一种普遍的科学思维方法。④在中国古代，不仅佛教讲"顿悟"，而且宋明理学也讲顿悟。如程颐说：

> 若只格一物便通众理，虽颜子亦不敢如此道。须是今日格一件，明日又格一件，积习既多，然后脱然自有贯通处。⑤

> 今人欲致知，须要格物。物不必谓事物然后谓之物也，自一身之中，至万物之理，但理会得多，相次自然豁然有觉处。⑥

> 人要明理，若止一物上明之，亦未济事，须是集众理，然后脱然自有悟处。⑦

看来，顿悟虽然具有倏忽而至、出其不意的特征，但绝不是异想天开，不是诞妄之思，而是"积习既久"的一种质变形式，一种思维意识的渐进性中断。那么，如何"脱然自通"呢？二程给出了三种方法：一种是"深思"，程颐说："'思曰睿'，思虑久后，睿自然生。若于一事上思未得，且别换一事思之，不可专守着这一事。盖人之知识，于这里蔽着，虽强思亦不通也。"⑧这是科学研究过程中常见的方法，我们可把它称作"思维转换律"；一种是"敬义"，"敬义"实际上就是"敬"与"义"的交叉和结合，也是作为"敬"的知识跟作为"义"的知识的互渗与贯通，用今天的话说就是理论与实践相结合，就是潜意识与显意识两者之间的撞击与沟通。程颐说："敬只是涵养一事。必有事焉，须

---

① 《河南程氏遗书》卷 2《元丰己未吕与叔东见二先生语》，（宋）程颢、程颐著，王孝鱼点校：《二程集》上，第 34 页。
② 《河南程氏遗书》卷 2《元丰己未吕与叔东见二先生语》，（宋）程颢、程颐著，王孝鱼点校：《二程集》上，第 33 页。
③ 张岱年：《张岱年全集》第 1 卷，石家庄：河北人民出版社，1996 年，第 85 页。
④ 钱学森：《人体科学与现代科技发展纵横观》，第 127 页。
⑤ （宋）程颐：《河南程氏遗书》卷 18《刘元承手编》，（宋）程颢、程颐著，王孝鱼点校：《二程集》上，第 188 页。
⑥ 《河南程氏遗书》卷 17，（宋）程颢、程颐著，王孝鱼点校：《二程集》上，第 181 页。
⑦ 《河南程氏遗书》卷 17，（宋）程颢、程颐著，王孝鱼点校：《二程集》上，第 175 页。
⑧ （宋）程颐：《河南程氏遗书》卷 18《刘元承手编》，（宋）程颢、程颐著，王孝鱼点校：《二程集》上，第 186—187 页。

当集义。只知用敬,不知集义,却是都无事也。"①对此,陈钟凡先生解释说:"是敬者只将事物之概念存于吾心,不必时时实有其事;义则必著于事物而后明。若仅存概念,不一一验诸实际,则概念不过心中之印象已耳。"②其中"事物之概念存于吾心"之"敬"即是理论,而"必著于事物"之"义"即是实践。二程说:

> 内外一理,岂特事上求合义也。③
>
> "敬以直内,义以方外",合内外之道也。④

"合内外之道"在学界有多种解释,但笔者认为从方法论的视角把它诠释为理论与实践的结合可能更接近于程颐而不是程颢的本意;一种是"体认",即独立思索的精神。程颐说:

> 学也者,使人求于本也。不求于本而求于末,非圣人之学也。何谓不求于本而求于末?考详略,采同异者是也。是二者皆无益于身,君子弗学。⑤

何谓"体认"?二程说:"格物之理,不若察之于身。"⑥进一步,如何"察之于身"?依靠假想的方法,提出假说,存一家之言。所以"体认"的前提是克服思维惰性,突破思维定势的束缚,敢于想象,而二程的"气化"说就是"体认"之显著表现。宇野哲人评二程的"气化"说道:"天地开辟之始,或者由气化而生极下等之生物,是亦可存为一臆说。而如今日所见之人物,乃以为忽由气化而生,实属奇想。凡稍知进化论者,绝不能想象者也。"⑦常人"绝不能想象者",二程想象到了,这就是科学创造的原理,甚至爱因斯坦把它称作是"知识进化的源泉"⑧。

五、二程的"天人观"

天人的关系问题是中国古代科技思想的基本问题,作为宋代的理学大师,二程自然不能回避这个问题。程颢说:"仁者,浑然与物同体。"⑨这是一种传统的"天人合一"思想。以此为基底,程颢反对"赞化育"的主张,因为在他看来,"赞化育"的出发点是天

---

① (宋)程颐:《河南程氏遗书》卷18《刘元承手编》,(宋)程颢、程颐著,王孝鱼点校:《二程集》上,第206页。

② 陈钟凡:《两宋思想述评》,第97页。

③ (宋)程颐:《河南程氏遗书》卷18《刘元承手编》,(宋)程颢、程颐著,王孝鱼点校:《二程集》上,第206页。

④ (宋)程颐:《河南先生遗书》卷11《师训》,(宋)程颢、程颐著,王孝鱼点校:《二程集》上,第118页。

⑤ (宋)程颢:《河南程氏遗书》卷25《畅潜道录》,(宋)程颢、程颐著,王孝鱼点校:《二程集》上,第319页。

⑥ 《河南程氏遗书》卷17,(宋)程颢、程颐著,王孝鱼点校:《二程集》上,第175页。

⑦ [日]宇野哲人:《中国近世儒学史》,马福辰译,台北:中国文化大学出版部,1983年,第128—129页。

⑧ [美]爱因斯坦:《爱因斯坦文集》,范岱年、赵中立、许良英编译,北京:商务印书馆,1977年,第284页。

⑨ 《河南程氏遗书》卷2《元丰己未吕与叔东见二先生语》,(宋)程颢、程颐著,王孝鱼点校:《二程集》上,第16页。

人相分而不是天人合一。他说：

> 观天理，亦须放开意思，开阔得心胸，便可见，打揲了习心两漏三漏子。今如此混然说做一体，犹二本，那堪更二本三本！今虽知'可欲之为善'，亦须实有诸己，便可言诚，诚便合内外之道。今看得不一，只是心生。除了身只是理，便说合天人。合天人，已是为不知者引而致之。天人无间。夫不充塞则不能化育，言赞化育，已是离人而言之。①

在这里，"赞"是"助"的意思，其"赞天"即"助天"之意，它较"顺天"说更加强调人的能动性。而"化"可理解为"异化"，是自然界的客观运动的结果，它具有两方面的内涵：即人一方面是自然界长期发展的产物，另一方面又成为与自然界相对立的一种物质力量而存在。因此，程颢对它就很不客气了，在他看来，"赞化育"已将天人作了区分，已是天人分裂，所以，"赞化育"实际上已跟他所倡导的"天人一体"思想发生了偏离，这是他坚决不允许的。但北宋的科学技术已经达到了很高的水平，其结果是北宋创造出了许多自然界本身所没有的东西，也就是说人赋予了自然界以新的意义，就像自然界创造了人并赋予人以特殊的意义一样，所以仅仅把人与自然界的关系理解为"合一"的关系就很难令人信服了。聪明的程颐看到了程颢"一体"说的漏洞，故他对"赞化育"作了与程颢不同的解释。他说：

> 安有知人道而不知天道者乎？道一也，岂人道自是人道，天道自是天道？《中庸》言："尽己之性，则能尽人之性；能尽人之性，则能尽物之性；能尽物之性，则可以赞天地之化育。"此言可见矣。杨子曰："通天地人曰儒，通天地而不通人曰伎。"此亦不知道之言。②

如果说这段话说得还不够清晰，那么下面的八个字就鲜明和有力多了。

> 天人所为，各自有分。③

程颐说：

> "赞天地之化育"，自人而言之，从尽其性至尽物之性，然后可以赞天地之化育，可以与天地参矣。言人尽性所造如此。若只是至诚，更不须论。所谓"人者天地之心"，及"天聪明自我民聪明"，止谓只是一理，而天人所为，各自有分。④

---

① 《河南程氏遗书》卷2《元丰己未吕与叔东见二先生语》，（宋）程颢、程颐著，王孝鱼点校：《二程集》上，第33页。

② （宋）程颐：《河南程氏遗书》卷18《刘元承手编》，（宋）程颢、程颐著，王孝鱼点校：《二程集》上，第182—183页。

③ （宋）程颐：《河南程氏遗书》卷15《入关语录》，（宋）程颢、程颐著，王孝鱼点校：《二程集》上，第158页。

④ （宋）程颐：《河南程氏遗书》卷15《入关语录》，（宋）程颢、程颐著，王孝鱼点校：《二程集》上，第185页。

　　尽管程颐和程颢都讲"天人合一"，但他们两个人所讲的"天人合一"，从内容上看，多少有些不同。其两者比较明显的差异是程颢将"天人"看作是一个在逻辑上不可分割的整体，而程颐在承认"天人"具有统一性的前提下，认为"天人"在逻辑上是可以分割的既相统一又相区别的两个运动体系，其中人对自然界的运动变化具有能动作用。应当承认，程颐将"天人"关系由"顺天"的方面转换到"助天"的方面，它在北宋的认识论发展史上已经是一个巨大的飞跃。在此，程颐强调人对于自然界是能动而不是被动的存在，而这种存在必然通过具体的科技实践来实现，所以人类只有依靠科技的手段才能真正地把自身的力量施加于自然界之上。因此，我们在剖析程颐的理学思想时，绝不能无视这一点。牟宗三先生曾说，程颐和朱熹的"理气二分"，甚至"心性情三分"，"不是孟子当年所言性善的性，道德意义没有了"，"阶砖有阶砖的理，竹子有竹子的理，这种理没有道德意义"。①没有道德意义的言外之意就是说"理"已被程颐赋予了自然和科学实践的意义。就此而论，陈来先生认为程颐的"格物论的发展是指向人文理性而不是科技理性"②，虽然论断是对的，但却并不完全符合程颐的本意，因为按照程颐的意思，他是想给"科技理性"开辟出一条独立的发展道路，只是由于当时社会的压力和中国古代的文化传统不允许他在自己的理学思想中过多张扬为当时整个士大夫阶层所不齿的"科技理性"。故程颐的门人朱光庭说："呜呼！道之不明不行也久矣。自子思笔之于书，其后孟轲倡之。轲死而不得其传，退之言信矣。大抵先生之学，以诚为本。仰观乎天，清明穹窿，日月之运行，阴阳之变化，所以然者，诚而已。俯察乎地，广博持载，山川之融结，草木之蕃殖，所以然者，诚而已。"③从根本上看，这段话所讲的"诚"我们很难将其仅仅囿于道德的意义之一端，实际上，如果不把"科技理性"的意义包含于其中，我们就不可能真正读懂程颐及其思想。当然，程颐这种不是自觉所流露出来的天人相分思想，一方面是继承了中国古代关于天人关系中"分"的思想传统，另一方面又是对北宋科技成果的高度概括和总结，尽管看起来还很微弱和零碎，既不系统化，也未理论化，但它毕竟反映了时代的进步要求，具有积极的历史作用。

　　在程颐看来，"天地人只一道也"④，这个"道"是"合理与气"的"道"，其实质是"仁"。⑤以阴阳为例，则"一阴一阳是道"，"所以阴阳者道"。⑥不过，"天地之道，不能自成，须圣人裁成辅相之。如岁有四时，圣人春则教民播种，秋则教民收获，是裁成也；教民锄耘灌溉，是辅相也"⑦。而这些农业生产活动显示了人对于"道"的能动性，故

　　① 牟宗三：《宋明儒学的问题与发展》，第113页。
　　② 陈来：《宋明理学》，第89页。
　　③ 《河南程氏遗书附录·门人朋友叙述并序》，（宋）程颢、程颐著，王孝鱼点校：《二程集》上，第331页。
　　④ （宋）程颐：《河南程氏遗书》卷18《刘元承手编》，（宋）程颢、程颐著，王孝鱼点校：《二程集》上，第183页。
　　⑤ 《河南程氏遗书》卷23《鲍若雨录》，（宋）程颢、程颐著，王孝鱼点校：《二程集》上，第306页。
　　⑥ （宋）程颐：《河南程氏遗书》卷15《入关语录》，（宋）程颢、程颐著，王孝鱼点校：《二程集》上，第160页。
　　⑦ （宋）程颐：《河南程氏遗书》卷22《伊川杂录》，（宋）程颢、程颐著，王孝鱼点校：《二程集》上，第280页。

"凡生于天地之间者，皆人道也"①。"道"虽如此，然"理"却不同，因为"凡一物上有一理"，且"天下之理，原其所自，未有不善"。②即"善"是"理"的属性，而"道无精粗"③，亦无善恶。可见，"道"与"理"在程颐的思维世界里并不具有完全同等的地位和意义。在这里，笔者需要强调的是，在"道"与"理"的关系问题上，宋人早就提出了"道即理"的命题。如宋人冯椅说："道即理也。"④俞琰也说："是以通天地人皆以道言，道即理也。"⑤朱熹更云："道即理也。以人所共由而言则谓之道，以其各有条理而言则谓之理。"⑥又说："阴阳非道也，一阴又一阳，循环不已，乃道也。只说'一阴一阳'，便见得阴阳往来循环不已之意，此理即道也。"⑦但程颐本人却从来没有明确地提到过"道即理"或"理即道"的思想命题。是程颐不懂得"道即理"的意义还是他压根就不主张"道即理"的说法？笔者认为，后者的可能性最大。如程颐说："道未始有天人之别。"⑧这个"天人合一"的命题是从道的本源上来说的，所以"道未始有天人之别"则不等于"理亦未始有天人之别"。⑨因为"理"在程颐那里，除了具有一般的抽象性规定如"理"指事物发展变化的规律外，"理"又跟人的具体社会实践活动相统一，如程颐说："穷理亦多端：或读书，讲明义理；或论古今人物，别其是非；或应接事物而处其当，皆穷理也。"⑩又说："物则事也，凡事上穷极其理，则无不通。"⑪而"事上穷极其理"这一点恰好就是"天人相分"的现实根据，所以其个体的差异性较大。如程颐举例说："人若不习举业而望及第，却是责天理而不修人事。但举业，既可以及第即已，若更去上面尽力求必得之道，是惑也。"⑫这个例子说明，求道是个趋义避利的修养工夫，而理之本身却无关乎义与利，它跟人们的经验世界紧密相连。所以说："格物之理，不若察之于身，其得尤切。"⑬"循

---

① （宋）程颐：《河南程氏遗书》卷22《伊川杂录》，（宋）程颢、程颐著，王孝鱼点校：《二程集》上，第282页。

② （宋）程颐：《河南程氏遗书》卷22《伊川杂录》，（宋）程颢、程颐著，王孝鱼点校：《二程集》上，第292页。

③ （宋）程颐：《河南程氏遗书》卷15《入关语录》，（宋）程颢、程颐著，王孝鱼点校：《二程集》上，第143页。

④ （宋）冯椅：《厚斋易学》卷47《易外传第十五·说卦下》，《景印文渊阁四库全书》第16册，第767页。

⑤ （元）俞琰：《周易集说》卷36《说卦传》，《景印文渊阁四库全书》第21册，第352页。

⑥ （宋）朱熹：《朱子文集》卷6《答王子合》，《丛书集成初编》，第2376册，第259页。

⑦ （宋）黎靖德编，王星贤点校：《朱子语类》卷74《易十·上系上》，第1896页。

⑧ （宋）程颐：《河南程氏遗书》卷22《伊川杂录》，（宋）程颢、程颐著，王孝鱼点校：《二程集》上，第282页。

⑨ （宋）程颐：《河南程氏遗书》卷22《伊川杂录》，（宋）程颢、程颐著，王孝鱼点校：《二程集》上，第282页。

⑩ （宋）程颐：《河南程氏遗书》卷18《刘元承手编》，（宋）程颢、程颐著，王孝鱼点校：《二程集》上，第188页。

⑪ （宋）程颐：《河南程氏遗书》卷15《入关语录》，（宋）程颢、程颐著，王孝鱼点校：《二程集》上，第143页。

⑫ （宋）程颐：《河南程氏遗书》卷18《刘元承手编》，（宋）程颢、程颐著，王孝鱼点校：《二程集》上，第185页。

⑬ 《河南程氏遗书》卷17，（宋）程颢、程颐著，王孝鱼点校：《二程集》上，第175页。

理而行是须理事"①，在这里，其"理事"和"察之于身"所指都是具体的社会实践活动。当然，这些社会实践活动既包括道德的实践活动，也包括科技的实践活动。因此，从这层意义上讲，理本身就包含着一定的科技理性成分，而这也可看作是理区别于道的关键之处。

此外，还值得一提的是，二程以"天人合一"思想为依据，大胆地超越先贤，对"形而上"这个概念作出了新的阐释，并赋予"形而上"以"物理学"意义。

首先，"形而上"不是一个纯粹的道德学概念，而是由"洒扫应对""尽性""至命"共同构成的既含有道德学又包括物理学在内的复合概念。如程颐说："洒扫应对与尽性至命，亦是一统底事，无有本末，无有精粗，却被后来人言性命者别作一般高远说。"②所谓"言性命者别作一般高远说"实际上就是将"性命"凌驾于万事万物之上，把它看成是可以脱离客观事物的一种存在。在程颢看来，"形而上为道，形而下为器，须著如此说。器亦道，道亦器，但得道在，不系今与后，己与人"③。这样一来，道与器就不仅是相互依赖，而且还能相互转化，此为二程的发明。

其次，通过"实理"的途径而至"形而上"。程颐说："实理者，实见得是，实见得非。凡实理，得之于心自别。若耳闻口道者，心实不见。"④在这里，"心"当作理性思维解。尽管中国古代没有形成逻辑思维的传统，但这绝不等于说在中国古代就没有人来关注逻辑这种理性思维形式了。如后期墨家就曾探讨过"故""理""类"三个逻辑范畴，并提出一个逻辑命题即"以故生，以理长，以类行者也"⑤的原则，其中"理"讲的就是立"辞"须合乎逻辑规则。当然，墨子亦非常重视"实"这个概念，但墨子认为，"察知有与无之道者，必以众人耳目之实"⑥。把"众人耳目之实"作为判断认识真理的标准，因其仍停留在经验论的水平和层次，在逻辑上并不可靠，故后期墨家才进一步提出"志行，为也"⑦的观点。所谓"志行"，即有目的的逻辑证明（志）与实践效果（行）两个方面的结合。由此出发，达到"名实耦，合也"⑧，即主观与客观相符合的目的。可见，程颐将墨子的经验论和后期墨家的逻辑思想统一了起来，既不用逻辑证明来取代经验判断，也不以"耳闻口道者"（即一般的生活经验和人们的主观之见）作为判断是非的唯一标准，而是在一定范围内给予"得之于心"的"实理"（即从经验中逻辑地归纳出来的原则或原理）以

---

① （宋）程颐：《河南程氏遗书》卷18《刘元承手编》，（宋）程颢、程颐著，王孝鱼点校：《二程集》上，第188页。

② （宋）程颐：《河南程氏遗书》卷18《刘元承手编》，（宋）程颢、程颐著，王孝鱼点校：《二程集》上，第225页。

③ 《河南程氏遗书》卷1《端伯传师说》，（宋）程颢、程颐著，王孝鱼点校：《二程集》上，第4页。

④ （宋）程颐：《河南程氏遗书》卷15《入关语录》，（宋）程颢、程颐著，王孝鱼点校：《二程集》上，第147页。

⑤ （战国）墨翟：《墨子》卷11《大取》，《百子全书》第3册，第2466页。

⑥ （战国）墨翟：《墨子》卷8《名鬼下》，《百子全书》第3册，第2427页。

⑦ （战国）墨翟：《墨子》卷10《经说上》，《百子全书》第3册，第2455页。

⑧ （战国）墨翟：《墨子》卷10《经说上》，《百子全书》第3册，第2455页。

先导性地位。所以，程颐说："得之于心，是谓有德。"①"有德"者何？《淮南子·齐俗训》载："得其天性谓之德。"②又《左传》僖公五年载："鬼神非人实亲，唯德是依。"③对于这个"德"字，葛兆光先生译作"理性"，并释"唯德是依"一句话曰："一种行为是否能够成功，主要就在于它是否吻合了人的理性。"④因此，如果我们把"有德"跟人类的理性思维贯通起来，那么程颐在这里之所言显然是在有意识地提升逻辑思维的地位和作用。

最后，揭示了人类"心之形"的有限量与道的无限量两者之间相互统一的原理。程颐说："自是人有限量。以有限之形，有限之气，苟不通之以道，安得无限量？孟子曰：'尽其心，知其性。'心即性也。在天为命，在人为性，论其所主为心，其实只是一个道。苟能通之以道，又岂有限量？天下更无性外之物。若云有限量，除是性外有物始得。"⑤所谓"心之形"即人的躯体，或者说是指人类每个个体的生命，从生理的角度讲，人的躯体与生命都是有限的，用程颐的话说，就是"有限之形"和"有限之气"。然而，跟一般的生物不同，"人只有个天理"⑥，恰如程颐引孙明复的诗云"若非道义充其腹，何异鸟兽安须眉"⑦。不过，从程颐所讲"无限量"这个概念的真正内涵看，"论其所主为心，其实只是一个道"之"道"，不单指属于伦理层面的"道义"，恐怕主要的还是指属于科学知识层面的"道"。因为"所主为心"之"心"，是指人类独有的理性思维，而"在人为性"之"性"所指亦理应指的就是"理性"，这样心与性便有了相互统一的基础，故"心即性也"。不只心与性两者相通，在更加宽泛的意义上，理、性、命三者也相通。程颐说："理也，性也，命也，三者未尝有异。穷理则尽性，尽性则知天命矣。天命犹天道也，以其用而言之则谓之命，命者造化之谓也。"⑧可见，作为人类知识之集合的"理"本身具有"无限量"的特征。因而从整体和本性上说，禀赋理性思维的人类完全能够通过科学知识的历史积累而认识与把握整个自然界的运动变化规律，由不知到知，积少成多，进而由有限到无限，最后达到天与人相融的境界。不过，跟庄子"吾生也有涯，而知也无涯，以有涯随无涯，殆已"⑨的悲观论不同，程颐虽亦看到了"吾生也有涯，而知也无涯"的矛盾，但他却相信人类能够通过"有涯"而认识和把握"无涯"。程颐说：

---

① （宋）程颐：《河南程氏遗书》卷 15《入关语录》，（宋）程颢、程颐著，王孝鱼点校：《二程集》上，第 147 页。

② （汉）刘安：《淮南子》卷 11《齐俗训》，《百子全书》第 3 册，第 2892 页。

③ 《左传》僖公五年，陈戍国点校：《四书五经》上，长沙：岳麓书社，2014 年，第 765 页。

④ 葛兆光：《中国思想史》第 1 卷《七世纪前中国的知识、思想与信仰世界》，第 86 页。

⑤ （宋）程颐：《河南程氏遗书》卷 18《刘元承手编》，（宋）程颢、程颐著，王孝鱼点校：《二程集》上，北京：中华书局，2004 年，第 204 页。

⑥ （宋）程颐：《河南程氏遗书》卷 18《刘元承手编》，（宋）程颢、程颐著，王孝鱼点校：《二程集》上，北京：中华书局，2004 年，第 214 页。

⑦ （宋）程颐：《河南程氏遗书》卷 18《刘元承手编》，（宋）程颢、程颐著，王孝鱼点校：《二程集》上，北京：中华书局，2004 年，第 215 页。

⑧ （宋）程颢、程颐著，王孝鱼点校：《二程集》上，第 274 页。

⑨ （战国）庄周：《庄子南华真经内篇·养生主》，《百子全书》第 5 册，第 4534 页。

"范围天地之化。"天本廓然无穷，但人以目力所及，见其寒暑之序、日月之行，立此规模，以窥测他。天地之化，不是天地之化其体有如城廓之类，都盛其气。假使言日升降于三万里，不可道三万里外更无物。又如言天地升降于八万里中，不可道八万里外天地尽。学者要默体天地之化。如此言之，甚与天地不相似。[①]

可是，"天地之化，虽廓然无穷，然而阴阳之度、日月寒暑昼夜之变，莫不有常，此道之所以为中庸"[②]。何谓"中庸"？在这里，所谓"中庸"就是将天地的有限性与无限性统一起来的媒介，所以在程颐看来，在"吾生"（即形而下）与"知"（即形而上）之间没有不可逾越的鸿沟。他说："若致知，则智识当自渐明，不曾见人有一件事终思不到也。"[③]显然，这是一种非常积极的知识观与天人观，是对待真理问题上的可知论，它对于北宋科学技术的发展具有重大的促进作用。

然而，毋庸讳言，天人问题毕竟在中国古代思想史上是一个真正的最不易说清楚的老大难问题。因此，程颐虽然在这上面花费了不少气力，但他最后在回答"莫是天数人事看那边胜否"的问题时亦不得不承认"似之，然未易言也"[④]，这是一句实在话，我们且不说程颐"未易言也"，本没有什么可挑剔的，即使孔子对天人问题不也照样"未易言也"吗！孔子说："天之历数在尔躬，允执其中。"[⑤]这是强调"人事"胜于"天道"，够唯物了吧，可他同时又说："死生由命，富贵在天"[⑥]，则完全倒向了宿命论。不仅如此，孔子在使用"天"这个概念时，也没有一个统一的说法，一会说"天"是有意志的最高神，"道（指天道，引者注）之将行也与，命也；道之将废也与，命也"[⑦]；一会又说"天"是不断运行的自然界及其规律，"天何言哉？四时行焉，百物生焉，天何言哉"[⑧]。那么，天到底是什么，孔子说来说去，最终还是没有说清楚。所以，程颐依据中国古代社会文化的这种特殊背景和北宋学术发展的客观实际，并从人类形体的有限量与知识的无限量相统一的原理出发，格外谨慎地告诫人们说："天人之际甚微，宜更思索。"[⑨]在此，程颐绝对不是故弄玄虚，有意抬高自己，实际情况确如他所言"宜更思索"。程颐就不是一个纯粹的"天人合一"论者，他给"天人相分"留下了不小的地盘，张载亦是如此。有人说，中国古代科学是在天人相通处掌握分寸，在天人相通处建立联系，发现和感知真理。从大处看，这

① （宋）程颐：《河南程氏遗书》卷 15《入关语录》，（宋）程颢、程颐著，王孝鱼点校：《二程集》上，第148 页。

② （宋）程颐：《河南程氏遗书》卷 15《入关语录》，（宋）程颢、程颐著，王孝鱼点校：《二程集》上，第149 页。

③ （宋）程颐：《河南程氏遗书》卷 18《刘元承手编》，（宋）程颢、程颐著，王孝鱼点校：《二程集》上，第188 页。

④ （宋）程颐：《河南程氏遗书》卷 18《刘元承手编》，（宋）程颢、程颐著，王孝鱼点校：《二程集》上，第238 页。

⑤ 《论语·尧曰》，陈戍国点校：《四书五经》上，第 59 页。

⑥ 《论语·颜渊》，陈戍国点校：《四书五经》上，第 40 页。

⑦ 《论语·宪问》，陈戍国点校：《四书五经》上，第 47 页。

⑧ 《论语·阳货》，陈戍国点校：《四书五经》上，第 55 页。

⑨ （宋）程颐：《河南程氏遗书》卷 18《刘元承手编》，（宋）程颢、程颐著，王孝鱼点校：《二程集》上，第238 页。

话似乎不错，但从细处讲却并不能很好地说明中国古代科学发展的内在机制和它在历史上所创造的一系列杰出成就。因为对于"天人合一"与"天人相分"任何一方而言，都不可能孤立地造就中国古代科技发展的历史地位以及说明中国古代的科技发展水平何以能领先于世界的问题。据此，我们就不能够再回避这样一个客观的历史事实了：即"天人合一"与"天人相分"两者共同推动而不是其中任何一方孤立地去推动中国古代科学发展的历史进程，特别是两者互根性地成就了北宋在中国古代科学技术发展史上的高峰地位。

第六节　紫阳派的内丹实践及其科技思想

　　"究天人之际"是中国科技思想的根本，从学理上讲，这个问题本身又可细分为三个层面。一是天学和物理学。与世界各国相比，中国古代天学最为发达，"天问"甚至成为《楚辞》最伟大和最早的篇章①，因而天学就成了中国古代科学发展史上的一项皇冠。二是人学。真正把"人"作为一门科学来看，并不仅存在于中国，20 世纪 60 年代苏联的列宁格勒学派首次将人作为一个科学对象来研究和认识，它以四大学科（即人类起源学、人种起源学、社会起源学和历史系统发育学）为骨架，构建了一个结构严密、内容庞大的人学体系。而中国古代的人学则是以伦理道德为特色，重在阐释人的生活价值和社会意义，严格地说，中国古代的人学应该称之为道德学。三是介于或者说是连接天与人之间关系的边缘学科——巫术和内丹学。关于巫术与人类文明的关系，尤其是对于"巫术究竟是不是科学产生的一个来源"问题，目前在学者之间尚有比较大的分歧，如丹皮尔《科学史》给出了三派观点：第一派观点认为"巫术一方面直接导致宗教，另一方面又直接导致科学"②，因此这派观点可称为"同源论"，其代表人物是弗雷泽，弗雷泽不仅认为"巫术、宗教、科学是按这样的先后次序出现的"，而且说"巫术与科学在认识世界的概念上，两者是相近的"③。第二派观点则认为"原始人把可以用经验科学的观察或传说加以处理的简单现象和他们所无法理解或控制的神秘的、不可估计的变化，明确地区别开来。前者引向科学，后者导致巫术、神话和祭祀"④。因此，这派观点可称为"不同源论"，其代表人物是马林诺夫斯基。第三派观点是"不可知论"，其代表人物是丹皮尔本人，他说："巫术、占星术和宗教显然必须同科学的起源一并加以研究，虽然它们在历史上和科学的确切关系以及它们相互间的关系还不得而知。"⑤至于国内学界也有相互对立的两派观点，如梁

① 顾颉刚：《古史辨自序》上，石家庄：河北教育出版社，2002 年，第 220 页。
② ［英］W. C. 丹皮尔著，张今校：《科学史及其与哲学和宗教的关系》上，李珩译，北京：商务印书馆，2009 年，第 31 页。
③ ［英］詹·乔·弗雷泽著，汪培基校：《金枝：巫术与宗教之研究》上，徐育新、汪培基、张泽石译，北京：中国民间文艺出版社，1987 年，第 76 页。
④ ［英］W. C. 丹皮尔著，张今校：《科学史及其与哲学和宗教的关系》上，李珩译，第 31 页。
⑤ ［英］W. C. 丹皮尔著，张今校：《科学史及其与哲学和宗教的关系》上，李珩译，第 10 页。

启超指出，中国古代的文化（包括天文学、数学、医学等）盖源于早期的巫祝[1]，而李申则明确地说，巫术与科学是互相对立的意识形态，巫术演变的结果是产生了宗教而不是科学[2]，看来巫术与科学的关系话题还将会长期地持续下去，因为这个话题是历史地产生的，所以它的结束也应是历史的。

与巫术相比，内外丹学跟科学发展的关系就清晰和直接多了。尽管内丹学在中国古代杂色纷呈，门派各异，但有一点是相同的，那就是他们都试图将自然之气转化为人体之真气，从而在天地人之间的气体循环中证得人生的最高境界。在某种意义上，"自然之气"既可以理解为"无形的场"，也可理解为"有形的化学元素"。毋庸置疑，人（内环境）与自然界（外环境）之间每时每刻都在进行着物质（化学元素）和能量的交换，而在实际生活中，人类对自身能量的开发与利用是很不够的，如人的自然寿命与实际寿命之间所存在的巨大差距就充分证明了这一点，故"延年益寿"的空间和张度还大得很。仅此而言，究竟如何开发人体内的物质与能量资源，以及如何继续盘升人类的生命质量，确实关系着每个人的切实利益，难怪世界上竟有那么多的男女老少关注中国古代的内丹学，关注张伯端，实在是因为内丹学是一种相对科学的养生方法，所以认真研究和总结内丹学的"经"与"术"，取其精华，去其糟粕，使它更好地为人类的健康服务，无疑是一件十分有意义的事情。

一、紫阳派内丹学形成的历史原因和时代背景

从理论上讲，成熟于北宋中后期的内丹学实导源于《周易》。而就《周易》的核心思想而言，《周易》一书是"二进制"数理与"阴阳"哲理相结合的逻辑产物。当然，"易逻辑"既不同于亚里士多德的形式逻辑，也不同于黑格尔的辩证逻辑，而是一门有着自己独立范畴和特殊推理过程的逻辑体系。我们之所以说它"独特"，是因为它跟远古时期的巫术有关。据考古证明，至少在距今8000年前的伏羲氏时代，我国就出现了系统的以巫术为特征的文化形态。[3]这种文化形态经过神农、黄帝等"后文明"时期的不断补充与完善，遂成为中国奴隶制时代的轴心意识。而作为巫术法器的玉圭、玉琮、玉璧等也就成为这个历史时期的权力象征，如浙江余杭良渚文化遗址、山东龙山文化遗址、河南偃师二里头文化遗址等，都出土有规格很高的礼天地的法器，廖季平先生说，"三皇"之称起于道家[4]，而闻一多先生进一步认为，道教脱胎于巫教[5]。如此说来，伏羲氏被道家推崇为始祖神，很可能是因为他本身就是一个集原始巫术于一身的大巫教主，这跟当时比较松散的国家联盟形式相适应；然而从黄帝开始，以天、地、人、神、君、主这种等级架构为特征的国家权力体制逐步形成，因而权力中心也随之由大巫教主转向了中央宗主领袖即

① 梁启超：《论中国学术思想变迁之大势》，上海：上海古籍出版社，2006年，第9—10页。
② 李申：《巫术与科学》，《人民日报》1997年3月5日。
③ 王大有：《上古中华文明》，北京：中国社会出版社，2000年，第34页。
④ 顾颉刚：《古史辨自序》上，第201页。
⑤ 闻一多：《道教的精神》，《神话与诗》，北京：北京联合出版公司，2014年，第134页。

"帝"。其实，甲骨文中的"皇"字①本身为一个供巫师通天用的神器，故《白虎通德论》云："皇，君也，美也，大也，天人之总，美大之称也。"②儒道两家都标榜"伏羲氏"为"三皇"之首，所谓"天人之总"实际上是"大巫教主"的另一种称谓。按照葛兆光先生的解释，"帝"的本义是花蒂，其语源意义是生育万物。③这样，"黄帝"（同"皇帝"）不仅有"通天"的本领，而且还能化生万物，自然就变成了人之宗和地之主，故他才有了"合符"之举，即"合诸侯符契圭瑞，而朝之于釜山"④。因为釜山"出瑞云，应王者之符命"⑤，所以后来玉玺也就转化为中国封建皇帝的信物。从这个角度看，道术切实是关系着帝王的命运，因而"瑞云""符命"之类就构成历代帝王的一种内在情结，同时也构成了道教"斋法"和"丹术"的核心内容。

故此，从黄帝时代开始，巫教的社会职能便迅速地发生变化，其最显著的变化就是巫教的政治功能开始逐渐降低，而其知识化的学术功能却日益增强，其结果是科学知识逐渐脱离巫教而独立发展了起来。如黄帝命大挠作甲子以纪年，命隶首作算数，命伶伦作律吕，咨于岐伯作《内经》等。《广博物志》引《原物》的话说："神农始究息脉，辩药性，制针灸，作医方。"⑥"巫彭作医。"此"医"字，古代亦作"毉"，仅从"医"的结构来看，再清楚不过地说明了中国古代医药学源自巫教的基本事实，因之，这"医方"的知识积淀与制药实践自然而然就变成了秦汉神仙方士产生的前提，《汉书·艺文志》载："数术者，皆明堂羲和史卜之职也。"⑦又"方技者，皆生生之具，王官之一守也"⑧。可见，诸如术数、方技等都是"巫职"再"科化"的结果。有人认为，《黄帝内经》由四大医学系统组成：即道家养生学修持术、针灸治神针法、经络学及元神学。在此，把"药物学"排斥在《内经》的体系之外，固然不当，但《内经》以预防为主的医学思想却是不争的事实，如《黄帝内经素问·四气调神大论篇》说："圣人不治已病治未病，不治已乱治未乱，此之谓也。夫病已成而后药之，乱已成而后治之，譬犹渴而穿井，斗而铸锥，不亦晚乎。"⑨在《内经》治未病思想的指导下，一种以《内经》"元神"学为内容，以《周易》"卦象数"为形式和骨架的方仙道在战国时期很快就形成了，并迅速发展成为一股强大的社会潮流，波及面甚广。若按地域划分，则这个时期的"方仙道"可分成三大流派：以王乔、彭祖为代表的南方"导引派"，以容成公为代表的关中"房术派"和以安期生为代表的齐鲁"服饵派"。由于秦始皇和汉武帝的提倡与鼓动，齐鲁"服饵派"一时成为诸方仙道学中之显学。《史记·封禅书》载其事云：

① 罗振玉：《殷墟书契后编》下，墨拓影印出版，1916 年，第 19 页、第 26 页。
② （汉）班固：《白虎通德论》卷 1《号》，《百子全书》第 4 册，第 3519 页。
③ 葛兆光：《中国思想史》第 1 卷《七世纪前中国的知识、思想与信仰世界》，第 20—21 页。
④ 《史记》卷 1《五帝本纪》注 [t] 之"索隐"，第 7 页。
⑤ 《史记》卷 1《五帝本纪》注 [t] 之"索隐"，第 7 页。
⑥ （明）董斯张：《广博物志》卷 22 引《原物》，《景印文渊阁四库全书》第 980 册，第 447 页。
⑦ 《汉书》卷 30《艺文志》，第 1775 页。
⑧ 《汉书》卷 30《艺文志》，第 1780 页。
⑨ 《黄帝内经素问》卷 1《四气调神大论篇第二》，陈振相、宋贵美编：《中医十大经典全录》，第 9 页。

自齐威、宣之时，邹子之徒论著终始五德之运，及秦帝而齐人奏之，故始皇采用之。而宋毋忌、正伯侨、充尚、羡门高最后皆燕人，为方仙道，形解销化，依于鬼神之事。邹衍以阴阳主运显于诸侯，而燕齐海上之方士传其术不能通，然则怪迂阿谀苟合之徒自此兴，不可胜数也。[①]

秦始皇相信渤海三神山上生长着一种"不死之药"，用燕人卢生的话说就是"灵芝奇药"，故他不遗余力地遣方士到海上寻找仙人及不死之药，代价虽很大，但结果都失败了。这个历史教训，实际上就等于是封杀了"燕齐海上之方士"继续寻找"不死之药"的企图。所以，汉代的那些方士便一改"燕齐海上之方士"寻找海上"不死之药"的愚蠢之举而人工炼制丹药，算是对齐鲁"服饵派"失信于民的一种补救措施。由此，通过两汉方士的艰难摸索，到魏晋及隋唐时期，中国古代"外丹学"（制药化学）渐趋成熟，取得的成就亦颇令人瞩目。如西汉著名的术士李少君对汉武帝说：

祠灶则致物，致物而丹沙可化为黄金，黄金成以为饮食器则益寿，益寿而海中蓬莱仙者乃可见，见之以封禅则不死，黄帝是也。臣尝游海上，见安期生，安期生食巨枣，大如瓜。安期生仙者，通蓬莱中，合则见人，不合则隐。[②]

尽管汉武帝在这方面做了很多极不明智的事情，甚至到临死前他才悔悟"向时愚惑，为方士所欺"[③]，但以后仍有许多帝王不吸取教训，依然我行我素，乐此不疲，甚至以自己的生命作赌注，并为此付出了沉重代价。如魏国的曹操"好养性法，亦解方药，招引方术之士"[④]；北魏道武帝"置仙人博士，立仙坊，煮炼百药"[⑤]；隋炀帝则令道士潘诞为其炼金丹，"所费巨万"[⑥]；唐代是中国古代炼丹学发展的最高峰，所以从唐太宗到唐懿宗绝大多数帝王（包括武则天在内）都有服食丹药的历史记录。据《旧唐书·西戎传》载：唐太宗曾"发使天下，采诸奇药异石"[⑦]；唐玄宗则"御极多年，尚长生轻举之术"[⑧]，即使到垂暮之年也不忘"比为金灶，煮炼石英"[⑨]。故为了适应这种特殊的社会需要，丹家著书立说已成时尚，其时比较重要的炼丹著作粗计有孙思邈的《太清丹经要诀》，陈少微的《大洞炼真宝经修伏灵砂妙诀》，张果的《玉洞大神丹砂真要诀》，梅彪的《石药尔雅》等，可谓辉煌之至。然物极必反，由于北宋社会的特殊性与复杂性，炼丹一门基本上失却了得宠的时机和条件，因而从北宋开始，外丹便渐渐地走进了低谷，继之而起的是内丹学。由外丹转向内丹，虽属同一个主题，但两者在修炼方法上却存在着很大的差异，故

---

① 《史记》卷28《封禅书》，第1368—1369页。

② 《史记》卷28《封禅书》，第1385页。

③ （宋）司马光：《资治通鉴》卷22《汉纪十四》，第152页。

④ （晋）张华：《博物志》卷5《方士》，《百子全书》第5册，第4294页。

⑤ 《魏书》卷114《释老志》，北京：中华书局，1974年，第3049页。

⑥ （宋）司马光：《资治通鉴》卷181《隋纪五》，第1205页。

⑦ 《旧唐书》卷198《西戎传》，北京：中华书局，1975年，第5308页。

⑧ 《旧唐书》卷24《礼仪志四》，第934页。

⑨ 李希泌主编，毛华轩等编：《唐大诏令集补编》卷30《赐皇帝进烧丹灶诰》，上海：上海古籍出版社，2003年，第1386页。

有注家云："道家以烹炼金石为外丹，龙虎胎息，吐故纳新为内丹。"①所以，人们不禁要问，中国古代的丹学为什么发展到北宋以后就一定要发生方向性的大转变呢？其中的必然性又是什么？如果我们把历史再向后延伸至明代，那么明代的服食之风则重新又兴盛了起来，据载，明代先后有八位皇帝曾服食丹药，其中四位皇帝（即明仁宗、明宪宗、明世宗和明光宗）因此而送了命。前有唐后有明，唯独宋代的皇帝能拒绝丹药，宋真宗虽也有"在翰林司金丹阁有炼丹一炉"的记载，但他远未成瘾，这跟唐朝与明代的皇帝不可同日而语。故此，我们对发生在中古时期的这种"U"字形的服食外丹现象，有必要作些反省与分析。

第一，外丹学具有双刃剑效应，它对中国古代的科学技术有积极作用的一面，同时还有危害人的生命健康甚至祸及社会政治的一面。由于从西汉开始到唐末为止，历朝帝王中对服食丹药不乏痴迷者，入唐代后其服食之风更是上下风靡，其总的态势是愈演愈烈，关于这一点我们只要读一读《全唐诗》中那不计其数的丹药诗篇，就都明白了。粗略地讲，唐朝的著名诗人如李白、韩愈、白居易、元稹等几乎都有服食丹药的经验，而这种服食丹药之风最后终于酿成了一场空前惨重的外丹灾难。据统计，唐代有六位皇帝（即唐太宗、唐宪宗、唐穆宗、唐敬宗、唐武宗和唐宣宗）因服食丹药而毙命，而在唐代的诗人群体中也有不少死于丹药中毒者，如白居易的《思旧》诗云：

> 退之服硫黄，一病讫不痊。微之炼秋石，未老身溘然。杜子得丹诀，终日断腥膻。崔君夸药力，经冬不衣绵。或疾或暴夭，悉不过中年。唯予不服食，老命反迟延。②

诗中提到的四位诗人分别是韩愈、元稹、杜牧和崔群，他们正当事业的辉煌时期而命归九泉，都是因为贪恋药石的缘故。由此可见，丹石之毒不仅腐蚀了整个唐代的社会肌体，而且更使唐代的政治锈迹斑斑，而"安史之乱"恰好发生在痴石如命的唐玄宗时期，这不能不发人深思。北宋的历史主题跟唐代有所不同，不管怎么说，唐朝的统治疆域空前辽阔，且唐朝皇帝对待各少数民族又是采取"爱之如一"③的政策，所以其政治局面在一个较长时段内是稳定的和有序的，因而社会上下感觉不到生存的压力，思想上也没有什么忧患意识，他们生于安乐，向往长生，耽于药石就是顺理成章的事情。北宋的统治者却没有这么幸运，他们面对的是半壁破碎的江山，生存危急时刻压迫着他们的心理，边境冲突和民族矛盾更使得他们神情抑郁，因此从帝王到士大夫，他们关注的不是个体生命的永恒，而是国家如何走向统一以及在有限的统治疆域内如何收服民心、士心，如何保证在并存的诸政权中让他自己的统治政权更加合理，不仅唯我独存，而且还要"天下朝夕太平"④，如此等等。也就是说对于北宋的统治者来说，国家的命运高于个人的生命（包括

---

①　（宋）苏轼著，李之亮笺注：《苏轼文集编年笺注·诗词附》第3册，成都：巴蜀书社，2011年，第172页。

②　（唐）白居易著，丁如明、聂世美校点：《白居易全集》卷29《思旧》，上海：上海古籍出版社，1999年，第451页。

③　（宋）司马光：《资治通鉴》卷198《唐纪》14"太宗贞观二十一年"，第1322页。

④　《宋史》卷306《谢泌传》上宋真宗语，第10095页。

皇帝在内），所以北宋士大夫借此就能够在最大的范围内实施对皇帝个人行为的监督和约束，使其不敢过于张狂自我。因而像服食药石这样的行为，当然会遭到那些具有忧患意识之士的反对。如《墨庄漫录》载："章圣（宋真宗）时，炼丹一炉，在翰林司金丹阁。日供炭五秤。至熙宁元年（1068），犹养火不绝。刘岕延仲之父，被旨裁减百司，此一项在经费之数，有旨罢之。其丹作铁色，诏藏天章阁。"[①]宋神宗为何要下旨裁减炼丹的经费，显然是炼丹遭到朝中大臣的反对，而王安石本人就是强烈反对外丹术的朝臣之一，他说："老、庄之书具在，其说未尝及神仙。唯葛洪为二人作传以为仙。而足下谓老、庄潜心于神仙，疑非老、庄之实。"[②]在王安石看来，庄生之书，"其通性命之分"[③]，而"通性命"正是内丹之"坐忘"所欲修炼的理想境界，其"真人"就是这个理想境界的化身。可见，"通性命"的主旨恰好与北宋政府的整个治术相符合。因此，王安石反对以"服饵"为特色的外丹学，但他却不反对以修炼性命为主旨的内丹学，其真实的原因就在这里。事实上，北宋的许多儒生和道士亦起而攻击外丹之术，因为他们已经看到外丹一门给服食者所带来的直接后果及社会危害，就是"损命破家"。如道士郑思远说："余窃闻见学人不遇明师，误认粪秽，错修铅汞，损命破家，其数不可备举。"[④]而"张忠定公安道居南都，炼丹一炉，养火数十年，丹成，不敢服"，安道不仅自己不服，而且还告诫那些执意服食丹药者云："宜韬藏，慎勿轻饵"[⑤]，等等。这些事例足以说明，外丹术在北宋已经声名狼藉，很少人再去痴迷"服饵"之术了。即使有人对它还感兴趣，亦多是出于收藏的需要，一般都把它当作珍藏物品而非服食药品了。总而言之，社会情势的紧张、皇帝治术的变化及士人对外丹术的有力抵制，所有这一切都为内丹学的兴起创造了条件。

第二，随着北宋社会经济重心的偏转和南移，根植于其传统文化土壤之中，积淀着南方民众心理的内丹学，逐步从民间走向官方，由隐而显，成为建构北宋科学文化大厦的重要支柱，并成为北宋社会的主流意识形式之一。从区域文化的角度讲，外丹学是以北方的文化传统为根基的，而造成它在北宋式微的原因，外丹学本身不能适应北宋社会发展的客观要求固然是内因，但作为外因的区域地理因素，也相当关键。陈寅恪先生在分析唐代的政治格局时曾经说过，支撑唐朝政权兴亡大局的两大政治势力分别是关陇贵族集团和山东贵族集团。因而就区域性文化背景而言，这两个集团有着相近的地缘关系和文化传统，所以在这样的前提下，齐鲁"服饵派"的"神仙文化"就自然而然地构成了唐代道教文化的基础。如前面提到的因服食丹石而送了命的四位唐朝诗人就是清一色的北方人，而且崔群还是山东著姓。当然，唐朝不是没有修炼内丹者，如唐代刘知古著《日月玄枢论》，讲求内丹修炼之理，只是其当时的社会影响不大，因而响应者寥寥。但唐末五代的社会情形与唐朝中期以前相比就大不相同了，尤其是黄巢领导的农民起义横扫北方的士族势力，导致

① （宋）张邦基撰，孔凡礼点校：《墨庄漫录》卷3《刘延仲言二事》，北京：中华书局，2002年，第94页。
② （宋）王安石著，唐武标校：《王文公文集》卷8《答陈柅书》，上海：上海人民出版社，1974年，第93页。
③ （宋）王安石著，唐武标校：《王文公文集》卷8《答陈柅书》，第93页。
④ （晋）郑思远：《真元妙道要略》，《道藏》第19册，第291页。
⑤ （宋）张邦基撰，孔凡礼点校：《墨庄漫录》卷3《刘延仲言二事》，第94页。

支撑外丹学的那些士家望族纷纷土崩瓦解，这就给本来只在南方流行的内丹学提供了向北方发展与渗透的历史条件，如根植于东南传统文化之中的道教茅山宗，到唐代中后期时，北方嵩山、王屋山均已成了其传道的热点区域。所以，唐末五代是中国古代内丹学逐渐转盛的时期，也是其理论体系不断走向成熟的时期，而内丹经典亦就在这个时期诞生。如五代道士彭晓著《周易参同契分章通真义》，谭峭著的《化书》则着重阐释了"道、术、德、仁、食、俭"六化原理，提出虚化神，神化气，气化形，然后复归于虚的"内丹"思想，成为北宋振兴内丹学的关键一环。而以"炼心"为要旨的钟吕派则成为宋元内丹术的肇始者，可惜由于修炼内丹的多是南方人，如谭峭是福建泉州人，陈抟是安徽亳州人（也说四川岳安人），施肩吾是江西南昌（也说九江）人，刘海蟾是河南息县（位于淮河上游，属南方）人，等等，因而他们的内丹实践在那时不为世人所重，甚至他们不得不依附于外丹术以求得发展，如天台三祖慧思有"藉外丹力修内丹"[1]的说法，而这个说法也就成了"内丹"一词最早出现的证据。《罗浮山志》亦载：隋开皇年间（581—600），罗浮山道士苏元朗著《旨道篇》，自此"道徒始知内丹说"[2]。尽管"内丹"一词出现较晚，但它的脉络可上溯到《黄帝内经》。应当说，《黄帝内经》的"唯象体系"是方技跟巫术相分离的标志，也是内丹学之本源。《黄帝内经素问遗篇》附《刺法论篇第七十二》云："刺法有全神养真之旨，亦法有修真之道，非治疾也，故要修养和神也。道贵常存，补神固根，精气不散，神守不分，然即神守而虽不去，亦能全真，人神不守，非达至真，至真之要，在乎天玄，神守天息，复入本元，命曰归宗。"[3]实际上，这段话就被奉为内丹学的理论纲领，以后无论是东汉的《太平经》和《周易参同契》，还是唐末五代的《化书》和《正易心法》，在理论原则和技术实践方面都没有背离《黄帝内经》所创立的"唯象体系"。尤其是北宋初期的陈抟将其内丹思想形象化为《太极图》后，才从根本上对内丹学进行了一次划时代的理论总结。陈抟的出现在北宋道教发展史上至少具有两个方面的历史意义：一是完成了内丹学由南方向北方的传播与立足，考陈抟一派的传承谱系可以发现，在他的继传弟子中，绝大多数为北方人，且陈抟又主要是以华山为其传道中心，这就构成了内丹在北方立足的社会基础；二是启发了二程的理学思想，并为内丹道教中兴于宋真宗一朝创造了舆论氛围。故醉心于"天书下降"和"神道设教"的宋真宗一方面诏令各州军监建造专门用于供奉"天书"的"天庆观"，据载，仅大中祥符元年（1008）一次就建造了约1584座天庆观[4]，另一方面又钦定《黄帝内经》为道典。宋真宗此举固然有他自身的目的和原因，但北宋南疆文化的崛起在其中切实起到了非常关键的作用，因为北宋帝王要想维持其政权的存在，就不能不重用来自南域的士大夫。而要重用来自南域的士大夫，亦就不能不尊重和扶持南域士大夫赖以生长的传统道教文化。这样，北宋在对待南北士大夫的问题

---

① （南北朝）慧思：《南岳思大禅师立誓愿文》，《永乐北藏》第167册，北京：线装书局，2000年，第784页。

② （清）陈梦雷编纂：《古今图书集成》第51册《博物汇编·神异典》引《罗浮山志》，北京：中华书局；成都：巴蜀书社，1985年，第62851页。

③ 《黄帝内经素问遗篇》附《刺法论篇第七十二》，陈振相、宋贵美编：《中医十大经典全录》，第151页。

④ 赵禄祥、赖长扬主编：《资政要鉴·社会卷》，北京：中国档案出版社，2008年，第417—418页。

上，就出现了前期与后期明显不同的历史变化。其大致情况是"宋仁宗天圣以前，即北宋前期三朝，朝廷比较排斥南方士大夫；北宋中期三朝，南北兼用，实际上是大力选拔南方人才；宋哲宗绍圣以降，即北宋后期三朝，朝廷反过来又比较排斥北方士大夫"①，而北宋中期朝廷"大力选拔南方人才"恰与文化重心南移的大趋势相契合。因此，从历史文化的渊源来讲，南方的道教文化底蕴较北方为厚，且南方道教偏重于性命修炼。诚如北宋学者徐铉所说："道之为体也大，大则众无不容；道之为用也柔，柔则物莫与校。南方之强也，故冲气之所萃，异人之所生，坛馆之所宅，景福之所兴，相乎域中，南楚为盛。"②如江西洪州的士人"多尚黄老清净之教，重于隐遁"③；四川龙州则"岩居谷处，多学道教，罕有儒术"④。当然，南方文化不仅流行道教，而且巫术之习也根深蒂固，尤以荆楚地区为盛。宋人说："盖自屈原赋《离骚》，而《九歌》之作，辞旨已流于神怪，其俗信鬼而好祀，不知几千百年。于此沉酗入骨髓而不可解者，岂独庸人孺子哉！虽吾党之士，求其能卓然不惑者，亦百无一二矣。"⑤值得庆幸的是，真正主导北宋文化发展方向者不是荆楚人，也不是巴蜀人，而是所谓的闽越之人，如唐宋八大家中的宋代六家全部是南方人，其中仅江西一地就占了三位，即欧阳修、王安石和曾巩，而江西则是中国古代道教发展的中心。⑥又《宋元学案》所列之宋代学者中绝大多数为东南地区（包括两浙、福建、江西和江东）人士，这个现象显示了宋代核心文化之所在。从某种意义上说，人都是传统文化的产物，而由于每个生命个体都无不被历史地打上区域传统文化的烙印，故北宋内丹学的复兴实际上预示着东南文化已经变成了影响北宋社会历史发展的主导文化之一。

　　第三，北宋的学术环境相对于元、明两朝要宽松与自由得多，言论禁锢相对较少，且官方与民间的文化（主要是道教）势力交互影响，相互渗透，共同构成北宋多元文化的有机土壤，并为北宋内丹学的生长和发展提供了极其有利的条件。在中国古代，道教既可为统治王朝服务，成为其愚弄人民的精神鸦片，同时又可为人民反抗统治王朝所利用，成为他们反抗斗争的思想武器，有时它还会成为一种隐人逸士的专业学术和文化，尽管它在某些方面走向了偏执与极端。特别是那些以道教为专业的隐人逸士，虽然在某些方面他们可能跟其所处的社会格格不入，但他们对中国古代科技思想的形成与发展却是具有积极作用的。如果我们进一步追问，就不难发现那些游离于"祭祀山川社稷等集体宗教"活动之外的个体，多是现实社会的弱者，然而他们的实际创造精神与能力却并不弱，严格来说，在社会资源的再分配过程中，那些社会的叛逆者和仕宦中的隐居者则主动掌控了对民众最有影响力的文化资源。如张道陵与汉末的黄巾农民起义，寇谦之跟五斗米教等，他们都具有

　　① 程民生：《宋代地域文化》，第 151 页。
　　② （五代）徐铉：《徐骑省集》卷 26《洪州奉新县重建阆业观碑铭》，王云五主编：《万有文库》第 2 集，上海：商务印书馆，1937 年，第 254 页。
　　③ （南朝）雷次宗：《豫章记》，刘纬毅辑：《汉唐方志辑佚》，北京：北京图书馆出版社，1997 年，第 246 页。
　　④ （宋）祝穆撰，（宋）祝洙增订，施和金点校：《方舆胜览》卷 70《龙州》，北京：中华书局，2003 年，第 1229—1230 页。
　　⑤ （明）张四维辑，社科院历史所宋辽金元史研究室点校：《名公书判清明集》卷 14《不为刘舍人庙保奏加封》，北京：中华书局，1987 年，第 540 页。
　　⑥ ［英］李约瑟：《中国古代科学思想史》，陈立夫等译，第 180 页。

深厚的群众基础，因此，到唐代道教便发展成为政府不能不也是不得不依靠的一支强大的文化力量了。故《宋史·隐逸上》云："五季之乱，避世宜多。宋兴，岩穴弓旌之招，叠见于史。"①在这众多的隐逸者中间，道士则占着相当的比例，如陈抟、种放、徐复、阳孝本、邓考甫等。而为了彻底垄断道教文化资源，以免被某些反对社会的人所操纵和利用，北宋政府遂采取了收缴民间方术及天文学图书归国家所有的措施，其用意不言自明。不过，由于北宋的雕刻印刷技术比较发达，民间刊刻书籍相对比较容易，故北宋政府的这项措施未必能真正达到预期成效，但它至少反证了这样一个历史事实：即北宋社会要进步，其道教的文化力量是绝对不可忽视的。

　　另外，北宋社会的发展呈现出"强"与"弱"两种极不对称的态势，其主要表现是：一方面在军事和外交上显得那么"弱"，另一方面在科学文化方面却表现得那么"强"。事物发展都有自己的规律，历史辩证法告诉我们，"弱"与"强"共存于北宋社会这个矛盾的统一体中，具有时代的特殊性。从局部看，其军事和外交上的"弱"虽然不能给北宋科学文化之"强"以有力的支持；但从整体说，其科学文化上的"强"却能反过来弥补北宋在军事和政治上的"弱"，这就是"强"与"弱"的历史辩证法。鉴于这种社会现实，北宋社会便出现了这么一种现象，即军事上与外交上的"弱"压迫得那些武臣抬不起头来，而文化之强却使文人士大夫的个性更突出，预政愿望更强烈，这就在客观上为道士参政提供了机会。当然，从另外一种意义上看，政治之"弱"却往往会跟某种言论自由的社会风尚相因果。故宋人议论北宋的朝政说："朝廷每立一事，则是非蜂起，哗然不安。"②实际上，"哗然不安"是一种比较开明的政治风气，它对皇帝决策具有重要的杠杆或平衡作用，因为这样做可以最大限度地降低"偏听偏信"的决策风险。如宋太宗就说过："朕不欲塞人言，狂夫言之，贤者择之，古之道也。"③将"狂"与"贤"对举，在宋太宗看来，没有大臣们的"狂言"就没有皇帝之"贤"，这个认识是很理性的，也是非常自信的，看来北宋治国立民绝不是仅仅靠那些兵器的精良而主要是靠整个士大夫阶层之"诚心"与"自信"。所以明人王夫之说："自太祖勒不杀士大夫之誓以诏子孙，终宋之世，文臣无欧刀之辟。"④不过，北宋士大夫"无欧刀之辟"可不是因为北宋皇帝的仁慈，而是由于国家之"弱"使他们在客观上不得不如此为之。与政治之"弱"相协调，北宋的皇帝迫切需要道教的支持，因为道教在南方具有广泛的群众基础和政治影响力，所以宋太宗在淳化四年（993）对大臣吕蒙正、吕端等人说："清静致治，黄、老之深旨也。夫万物自有为以至于无为，无为之道，朕当力行之。"⑤而宋真宗则"优礼种放，近世少比"⑥，加之儒、佛两教在北宋兼容政治的推动下，渐趋合流，而这种趋势也迅速扩展到道教领域，从而就给北

　　① 《宋史》卷457《隐逸上》，第13417页。
　　② （宋）叶适：《习学记言序目》卷47《皇朝文鉴一·敕》，北京：中华书局，1977年，第708页。
　　③ （宋）李焘：《续资治通鉴长编》卷34"淳化四年闰十月丙午"条，第291页。
　　④ （清）王夫之著，舒士彦点校：《宋论》卷1《太祖四》，第6页。
　　⑤ （宋）李焘：《续资治通鉴长编》卷34"淳化四年闰十月丙午"条，第291页。
　　⑥ （宋）王辟之：《渑水燕谈录》卷4《高逸》，《知不足斋丛书》第9册，京都：株式会社中文出版社，1980年，第6047页。

宋内丹学的振兴创造了难得的历史机遇。

二、张伯端的内丹学思想及其科学内容

（一）张伯端的生平简介及其《悟真篇》

张伯端（987？—1082），字平叔，一名用成，号紫阳，浙江天台人。他虽少业进士，却举仕艰难，这大概是他所说"三遭祸患"①中的第一患吧。所幸他后来在台州谋得一府吏之职，但好景不长，令张伯端万万没有想到的是，同僚的一次恶作剧演变成一桩让他痛心不已的"窃鱼案"。在这桩本不该发生的案件中，他的婢女因受冤而自杀身亡，这件事给张伯端的触动很大，他愈想愈感到现实世界的陌生与可怕，推己及人，想想看，在那官府的满筐公案中该会有多少这样不白之冤魂！于是，他彻底看透了仕宦的阴霾与黑暗，在良心发现之后，张伯端遂一把火将全部案卷烧毁，随后他亦因触犯"火焚文书律"而被谪戍岭南军籍，这大概是他所说"三遭祸患"中的第二患吧。治平年间（1064—1067）陆诜坐镇桂林时擢用张伯端为机要，此时张伯端已经开始关注性命之学，且对宋学的发展趋势和学术走向提出了独到的见解，他说："老释以性命学开方便门，教人修种，以逃生死。释氏以空寂为宗，若顿悟圆通则直超彼岸，如有习漏未尽，则尚徇于有生"②，而"《周易》有穷理尽性至命之辞，鲁语有毋意必固我之说，此又仲尼极臻乎性命之奥也"③，"至于《庄子》推穷物累逍遥之性，《孟子》善养浩然之气，皆切几之矣"④。用"性命"这条线把儒、释、道贯通起来，这是张伯端内丹学理论的基础，也是他最根本的悟性。然而，悟性仅仅是打开内丹学之门的一把钥匙，而不是"性命"本身。所以为了阐释"性命"的内容和指向，更为了使性命学大众化，张伯端不仅"善道"，而且"三教经书，以至刑法、书算、医卜、战阵、天文、地理、吉凶、死生之术，靡不留心详究"⑤。正是在这样的知识背景下，他才对那些"将先圣典教妄行笺注，乖讹万状"⑥的学术现状表现出强烈的不满和气愤，"且今人以道门尚于修命，而不知修命之法"⑦，这更使他感到"修命"之

---

① （宋）张伯端：《悟真篇·后序》，（宋）张伯端撰，（宋）翁葆光注，（元）戴起宗疏：《紫阳真人悟真篇注疏》，《道藏》第 2 册，第 968 页。
② （宋）张伯端：《悟真篇·序》，（宋）张伯端撰，（宋）翁葆光注，（元）戴起宗疏：《紫阳真人悟真篇注疏》，《道藏》第 2 册，第 914 页。
③ （宋）张伯端：《悟真篇·序》，（宋）张伯端撰，（宋）翁葆光注，（元）戴起宗疏：《紫阳真人悟真篇注疏》，《道藏》第 2 册，第 914 页。
④ （宋）张伯端：《悟真篇·序》，（宋）张伯端撰，（宋）翁葆光注，（元）戴起宗疏：《紫阳真人悟真篇注疏》，《道藏》第 2 册，第 914 页。
⑤ （宋）张伯端：《悟真篇·序》，（宋）张伯端撰，（宋）翁葆光注，（元）戴起宗疏：《紫阳真人悟真篇注疏》，《道藏》第 2 册，第 914 页。
⑥ （宋）张伯端：《悟真篇·序》，（宋）张伯端撰，（宋）翁葆光注，（元）戴起宗疏：《紫阳真人悟真篇注疏》，《道藏》第 2 册，第 914 页。
⑦ （宋）张伯端：《悟真篇·序》，（宋）张伯端撰，（宋）翁葆光注，（元）戴起宗疏：《紫阳真人悟真篇注疏》，《道藏》第 2 册，第 914 页。

艰难，"遂至寝食不安，精神憔悴"①。于是他"孜孜访问，遍历四方"②，但"诸益尽于贤愚，皆莫能通晓真宗，开照心腑"③，后来，也就是熙宁二年（1069），张伯端"因随龙图陆公入成都，以夙志不回，初诚愈格，遂感真人，授金丹药物火候之诀"④。在这里，张伯端所遇之"真人"究竟是谁？学界有各种说法，但据陆诜之孙陆彦推断应是刘海蟾。张伯端在《自序》中说：真人所授丹诀"其言甚简，其要不繁，可谓指流知源，语一悟百，雾开日莹，尘尽鉴明，校之仙经，若合符契。因谓世之学仙者，十有八九；而达其真要者，未闻一二"⑤。因此之故，在陆诜死后，他先是投奔司农少卿转运使马默，再转赴荆湖汉阴山修炼，最后返回天台山，罄其所有，并于熙宁八年（1075）作成律诗八十一首，名之张伯端《悟真篇》。书成之后，张伯端再度出山，辗转于秦陇一带地区，然而他那愤世嫉俗的个性却为凤州太守所不容，还差点又被充军，多亏石泰为其斡旋才使他避免了一劫，这大概是他所说"三遭祸患"中的第三患吧。三患之后，他始传法于石泰，再传薛道光、陈楠、白玉蟾，史称"南宗五祖"，而张伯端《悟真篇》也因此被后人誉为"千古丹经之祖"⑥。

就张伯端《悟真篇》的写作特色而言，有两点值得一提。其一是张伯端《悟真篇》采用韵律的形式来表现思想，有利于沟通民众，扩大影响。事实证明，外丹学惯用隐言讳语去传达信息，给人以孤芳自赏之感，从而慢慢地他们就把自己封闭了起来，与广大的民众相隔离，结果是他们在物质和精神两个方面所创造的文明成就不能及时地向社会下层的人群传输。而且即使他们本身，也由于生活在不同的地域，亦不能相互之间去了解与沟通，这样一来，他们就使自己的路越走越窄，终难在社会下层广泛流行。可见，外丹学家采用只有少数人才能看懂的语言形式来传道设教，是其不振于北宋的一个重要因素。众所周知，北宋的知识普及做得比唐代更有起色，原因是北宋非常注意写作的形式问题，而用韵诗写作则是北宋学者普遍采用的方式，如北宋初年钱塘某书生所撰之《百家姓》、汪洙的《神童诗》以及道家所作之《连山易爻卦八宫分宫取象歌》等，其中《百家姓》和《神童诗》千百年来反复被人所咏读，它们早已深入民心，并成为中华民族优秀文化遗产的一个组成部分。其二是寓哲理于浅显，由浅入深，给人以"辞旨畅达"之感，达到了一种很高的艺术境界。一般地讲，用较为艰涩的语言来表述自己的自然观、人生观和科学观，是

---

① （宋）张伯端：《悟真篇·序》，（宋）张伯端撰，（宋）翁葆光注，（元）戴起宗疏：《紫阳真人悟真篇注疏》，《道藏》第 2 册，第 915 页。

② （宋）翁葆光：《紫阳真人悟真直指详说三乘秘要》之《张真人本末》，北京：中央编译出版社，2015 年，第 118 页。

③ （宋）张伯端：《悟真篇·序》，（宋）张伯端撰，（宋）翁葆光注，（元）戴起宗疏：《紫阳真人悟真篇注疏》，《道藏》第 2 册，第 915 页。

④ （宋）张伯端：《悟真篇·序》，（宋）张伯端撰，（宋）翁葆光注，（元）戴起宗疏：《紫阳真人悟真篇注疏》，《道藏》第 2 册，第 915 页。

⑤ （宋）张伯端：《悟真篇·序》，（宋）张伯端撰，（宋）翁葆光注，（元）戴起宗疏：《紫阳真人悟真篇注疏》，《道藏》第 2 册，第 915 页。

⑥ （元）戴起宗：《悟真篇注疏·序》，（宋）张伯端撰，（宋）翁葆光注，（元）戴起宗疏：《紫阳真人悟真篇注疏》，《道藏》第 2 册，第 910 页。

北宋许多学者所惯用的方式和手段，如邵雍、二程、释智圆等，所以说在北宋的学术发展史上，他们固然是杰出而富有理性的思想家，深沉、宏博是他们共同的学术特点。然而他们给人的感觉却好像是在背靠背地跟人说话，因而他们的思想文本也不是对话似的文本。与此相反，周敦颐则应用散文体来表达他的思想世界，而张伯端更进一步，用韵诗作文本，他们的学术特色是明快而充满激情，所以他们给人的感觉就像是面对面地跟人说话，因而他们的文本是对话似的文本。从这个角度讲，张伯端《悟真篇》本身就是一个创造。故张伯端说：

> 夫修生之要在乎金丹，金丹之要在乎神水、华池，故《道德》《阴符》之教得以盛行于世者，盖人悦其生也。然其言隐而理奥，学者虽讽诵其文，而皆莫晓其义，若不遇至人授之口诀，纵揣量百种，终莫著其功而成其事也，岂非学者纷如牛毛，而达者悭如麟角乎？①

因此，在他看来，张伯端《悟真篇》所起到的功效就如同"遇至人授之口诀"一样，使"睹之则智虑自明"②，用张伯端的话说就是："仆得达摩六祖最上一乘之妙旨，可因一言而悟万法。"③

过去，我们在探讨北宋的科学技术发展状况时，往往忽视了一个很关键也是最基本的问题和事实，那就是由于韵律形式的出现而使北宋的文化普及工作做到了中国古代历史的较好水平。虽说人"可因一言而悟万法"，但是那个"悟"是以一定的知识储备为前提的，试想没有科学文化知识的普及，我们何以去解释那发生在北宋时期的诸多神童现象？如晏殊"七岁能属文，景德初，张知白安抚江南，以神童荐之"④；杨亿"七岁，能属文，对客谈论，有老成风"⑤，以至于宋太宗下制曰："汝方髫乱，不由师训，精爽神助，文字生知。越景绝尘，一日千里，予有望于汝也"⑥等。"不由师训"不等于没有灌输知识的途径，而其"母以小经口授"⑦，不就是一种知识传播的途径吗！所谓"小经"即韵律诗之类的东西，从实际的社会效果看，应该更容易为人所诵咏和记忆。所以，只要我们把神童现象跟北宋的文化普及工作联系起来，上述问题就迎刃而解了。

（二）"道自虚无生一气"的虚无主义自然观

张伯端说：

---

① （宋）张伯端：《悟真篇·后序》，（宋）张伯端撰，（宋）翁葆光注，（元）戴起宗疏：《紫阳真人悟真篇注疏》，《道藏》第 2 册，第 967—968 页。

② （宋）张伯端：《悟真篇·后序》，（宋）张伯端撰，（宋）翁葆光注，（元）戴起宗疏：《紫阳真人悟真篇注疏》，《道藏》第 2 册，第 968 页。

③ （宋）张伯端：《悟真篇·后序》，（宋）张伯端撰，（宋）翁葆光注，（元）戴起宗疏：《紫阳真人悟真篇注疏》，《道藏》第 2 册，第 968 页。

④ 《宋史》卷 311《晏殊传》，第 10195 页。

⑤ 《宋史》卷 305《杨亿传》，第 10079 页。

⑥ 《宋史》卷 305《杨亿传》，第 10079 页。

⑦ 《宋史》卷 305《杨亿传》，第 10079 页。

　　　　道自虚无生一气，便从一气产阴阳；阴阳再合成三体，三体重生万物张。①

　　关于"无"与"有"（气）的关系问题，在中国古代是一个久而未决的形而上学问题。老子对"道"与"无"这两个哲学范畴，拥有当然的发明权。但究竟什么是"道"？学界的争论较大，说法不一。老子说："道之为物，唯恍唯惚。惚兮恍兮，其中有象；恍兮惚兮，其中有物。"②而"恍惚"者何？老子说："视之不见名曰夷，听之不闻名曰希，搏之不得名曰微。此三者，不可致诘，故混而为一。其上不曒，其下不昧。绳绳不可名，复归于无物。是谓无状之状，无物之象，是谓惚恍。"③可见，"道"是自然界的原初存在状态，由于这种存在状态不是实体性的，故为"恍惚"。黑格尔在《哲学史讲演录》第 1 册中把"夷""希""微"三个词解释为"空虚"和"无"，说："什么是至高无上的和一切事物的起源就是虚、无、恍惚不定（抽象的普遍）。这也就名为'道'或'理'。"④张伯端亦说："金丹之生于无，又不可为玩空。当知此空，乃是真空，无中不无，乃真虚无。"⑤可见，"虚无"不是空无一物，而是包含着"有"的"无"。那么，"无"这个范畴能够为科学界所接受吗？答案可以说是肯定的。这是因为，爱因斯坦的"相对论"，已经赋予"无"以"实在"的意义。按照量子理论和不确定原理，科学家预言了虚的物质粒子对（粒子对的一个成员为粒子而另一个成员为反粒子）的存在⑥，如黑洞就是由实粒子与虚粒子共同构成的宇宙天体，而所谓"虚粒子"即指那些具有负能量的物质粒子。不过，在物质的运动过程中，虚粒子能转变为实粒子。而为了解决宇宙的"奇点"问题，霍金更提出了"虚时间"的概念，在他看来，"在实时间中，宇宙具有开端和终结的奇点，这奇点构成了科学定律在那里失效的时空边界。但是，在虚时间里不存在奇点或边界。所以，很可能我们称作虚时间的才真正是更基本的观念，而我们称作实时间的反而是我们臆造的，它仅仅有助于我们描述我们认为的宇宙模样"⑦。由此可以看出，现代天体物理学正朝着这样一个方向发展，即自然现象不过是物质能量的不同聚散状态而已，而这个认识恰恰就是老子所说的"道"的真正内涵，同时也是内丹学存在的物质前提。老子云："天下万物生于有，有生于无。"⑧在这里，"无"不是别的什么东西，而是一个包含着矛盾着的两个方面的"分化点"，就好像细胞分裂前期的"联会"（同源染色体两两配对的现象称之为"联会"，随着细胞的生长，"联会"将会发生分离）一样。所以，张伯端说："道自虚无生一气，便从一气产阴阳。"⑨根据上面的解释，我们可以推断："虚无"实际上指代"虚物质

　　① （宋）张伯端：《悟真篇》卷中《绝句第十二首》，金沛霖主编：《四库全书子部精要》下册，天津：天津古籍出版社；北京：中国世界语出版社，1998 年，第 1370 页。
　　② 《老子》第 21 章，（汉）河上公、（唐）杜光庭注：《道德经集释》上，第 227 页。
　　③ 《老子》第 14 章，（汉）河上公、（唐）杜光庭注：《道德经集释》上，第 220 页。
　　④ ［德］黑格尔：《哲学史讲演录》第 1 卷《东方哲学》，第 129 页。
　　⑤ （宋）张伯端：《金丹四百字·序》，李一氓：《藏外道书》第 10 册，成都：巴蜀书社，1994 年，第 315 页。
　　⑥ ［英］史蒂芬·霍金：《时间简史》，许明贤、吴忠超译，第 102 页。
　　⑦ ［英］史蒂芬·霍金：《时间简史》，许明贤、吴忠超译，第 129—130 页。
　　⑧ 《老子》第 40 章，（汉）河上公、（唐）杜光庭注：《道德经集释》上，第 244 页。
　　⑨ （宋）张伯端：《悟真篇》卷中《绝句第十二首》，金沛霖主编：《四库全书子部精要》下册，第 1370 页。

粒子",而"气"则指代"实物质粒子","虚""实"两个方面既对立又统一,双方共处于"道"这样一个矛盾的统一体之中。进而言之,所谓"三体"即天、地、人三种物质实体,在张伯端的思想文本里,这三种物质实体不是杂乱无章的,而是各有着比较明晰的"指认",其中"天"指代恒星,"地"指代地球,"人"指代人类。于是,"阴阳再合成三体,三体重生万物张",一个生动活泼的物质世界就这样产生了。虽然从整体上看,这些话不过是老子"道生一,一生二,二生三,三生万物"的另一种表达方式,但张伯端的思想逻辑自有它不同于老子的内在连贯性,因此,从宇宙演化的角度看,我们可以将张伯端的宇宙思想转换成下面三个不同层次的问题:即恒星的起源与自然界的物理及化学演化;地球的形成和生命的诞生;人类的出现跟社会历史的发展。而这些问题,在老子那里却是零碎的和不具体的。

张伯端认为形成天地万物的"真一之气"即"真铅真汞"[1],实为"一黍之珠者也"[2],其"在空玄之中"[3]。所以,有人认为:"真铅真汞涵蕴着宇宙造化的阴阳之性,已是具有形而上意味的概念。"[4]为了说明这个问题,我们有必要在此先梳理一下张伯端"自然返阳生之气,剥阴杀之形"[5]的思维脉络。

人是自然之气长期演化的物质产物,这是张伯端"内丹学"的基本理论前提,但他由此却要通过内丹的修炼而逆反到自然界之气的初始状态,所以从这种意义上说,"内丹"所炼的就是一种"返根"之道。他说:"万物芸芸各返根,返根复命即长存。"[6]薛道光注云:"归根曰静,静曰复命,复命曰常,知常曰明。夫人未生之前冥然无知,混乎至朴。及其生也,禀以阴阳之父母,圣人逆而修之,夺先天之气,以为丹母,贼阴阳始气以为化基,炼形返入于无形,炼气复归于至朴。"[7]因此,在张伯端的丹学思想体系里,就出现了两个宇宙演化模式:其一是正结构,它的演化方向是由道气至人类;其二是反结构,它的演化方向则是由人类倒向性地返转至道气。就内丹学来说,这两种结构的性质恰好相反,张伯端说:"大丹妙用法乾坤,乾坤运兮五行分;五行顺兮常道有生有灭,五行逆兮丹体常灵常存。"[8]可见,从"道自虚无生一气,便从一气产阴阳"到"阴阳再合成三体,三体重生万物张",这是宇宙演化的正结构,是"造化之道",是"性命之道",是物质分裂和能量释放的过程;而反过来,从"万物"到"虚无"则是"修生之道",是"内丹之道",是物质聚合与能量吸收的过程。刘一明《悟真直指》注云:"修道者知此顺行造化,逆而

---

① (宋)翁渊明:《悟真篇注释》上卷,《道藏》第3册,第4页。

② (宋)翁渊明:《悟真篇注释》上卷,《道藏》第3册,第4页。

③ (宋)翁渊明:《悟真篇注释》上卷,《道藏》第3册,第4页。

④ 王卡主编:《道教三百题》,上海:上海古籍出版社,2000年,第208页。

⑤ (宋)张伯端:《悟真篇·序》,(宋)张伯端撰,(宋)翁葆光注,(元)戴起宗疏:《紫阳真人悟真篇注疏》,《道藏》第2册,第914页。

⑥ (宋)张伯端:《悟真篇》卷中《绝句第五十一首》,金沛霖主编:《四库全书子部精要》下册,第1372页。

⑦ (宋)薛道光注:《紫阳真人悟真篇三注》卷4,《道藏》第2册,第1005—1006页。

⑧ (宋)张伯端:《悟真篇》卷下《读〈周易参同契〉》,金沛霖主编:《四库全书子部精要》下册,第1373页。

修之，则归三为二，归二为一，归一于虚无矣。"①那么，张伯端的"内丹之道"有科学的依据吗？事实上，随着现代科学技术的发展，张伯端当时提出的不少思想和见解已得到科学验证。比如，由现代宇宙学的基本内容可知，自然界的进化过程大体上分为四个连续的层次和阶段，按照从低级到高级的进化规律，则由物理进化而化学进化而生物进化而人类进化。不过，自然界的进化又不可避免地受到"重复律"或"重演律"的支配，即后一个阶段总是程度不同地重复其前一个阶段的某些特征和现象，如生物的进化从原始细胞到人类的形成大约经过了几十亿年的演化过程，而人类女性的"十月怀胎"现象，仅仅用 10 个月的时间便重复和再现了生物界几十亿年的进化历程，这是多么神奇而伟大的一幕！不仅如此，人类的生命是由蛋白质和核酸组成的，恩格斯指出："生命是蛋白体的存在方式，这种存在方式本质上就在于这些蛋白体的化学组成部分的不断地自我更新。"②生物化学知识告诉我们，氨基酸是蛋白质的基本物质单位，而一个氨基酸的 α-羧基与另一个氨基酸的 α-氨基经脱水缩合后便剩下了碳、氮、氢、氧这四种物质，这四种物质既是生命的基本物质单位，也是整个宇宙物质的基本单位。张伯端则用他那个时代的语言和知识，取名为"微""希""夷"，又因为 C、N、H、O 在化学上都属于气体分子，所以称之为"气"。从这个角度讲，张伯端所说的"虚无"不是"空无"，而是物质世界的原初存在状态，是内丹修炼的一种理想境界。

张伯端说：

> 三五一都三个字，古今明者实然稀。东三南二同成五，北一西方四共之。戊巳自居生数五，三家相见结婴儿。③

这段韵文的基本内容可用图 2-3 表示。

（位南，属火）

2

（位东，属木）3　　　　　5　　　　　4（位西，属金）

1

（位北，属水）

图 2-3

由图 2-3 知，从整体上，张伯端将宇宙物质分成了阴与阳两大部分，用内丹学的语言说，就是龙与虎两大部分。其中火与木相互作用构成"龙"的世界，属于一个"五"；而金与水相互作用则构成"虎"的世界，这个世界属于另外一个"五"。加之"龙"与

---

① （清）刘一明：《悟真直指》卷 2《十二言虚无一气》，《悟真篇集释》，北京：中央编译出版社，2015 年，第 447 页。

② 《马克思恩格斯选集》第 3 卷，第 120 页。

③ （宋）张伯端：《悟真篇》卷上《七言四韵一十六首之第 14 首》，金沛霖主编：《四库全书子部精要》下册，第 1369 页。

"虎"相互作用即"彼此怀真土"①所形成的中央世界亦为独立存在的一个"五"，总共三个"五"。翁葆光注云：

> 三五一不离龙虎也。龙属木，木数三，居东，木能生火，故龙之弦气属火，火数二，居南，二物同源，故三与二合成一五也。虎属金，金数四，居西，金能生水，故虎之弦气属水，水数一，居北，二物同宫，故四与一合成二五也。二物之五交于戊己之中宫，中宫属土，土生数五，是为三五也。三五合而成丹，丹者一也。故曰：三五一也。②

而这三个"五"究竟有何蕴意？翁葆光在注疏中提示道："一二三四五生数，生则有兆而未成形，非世间有质之五行。"③那么，什么是"有质"呢？有质亦称气质，张伯端说："欲念者，气质，性之所为也。"④在北宋思想家的话语体系里，"气质之性"通常是指一般生物的基本特性，既然如此，那么由上述三个"五"构成的世界，就应当属于无生命的物质世界，这个世界包括宇宙演化的前两个阶段，即物理进化阶段和化学进化阶段。具体地说，就相当于太阳系和地球的形成阶段。因为这个阶段还没有天（指太阳系），也没有地（指地球），所以说三五"生于天地之先"⑤。

现在的问题是：三五如何"无中生有"地或用张伯端的话说"杳冥中有变"地形成天和地？张伯端反复强调说："万卷仙经语总同，金丹只是此根宗。"⑥又："坎电烹轰金水方，火发昆仑阴与阳。"⑦在张伯端看来，"火"是形成天和地的根本动力，是金丹之宗，亦是"天地发生之本"。翁葆光说："火者，日之精，生于木，克于金，有气而无质，天地发生之本也。"⑧与那些认为"火"是宇宙万物之本原的观点不同，张伯端已经把"火"与类似于现代宇宙大爆炸的猜测联系起来了。他说："恍惚里相逢，杳冥中有变。一霎火焰飞，真人自出现。"⑨虽然目前人类还不清楚"杳冥中有变"的细节，但它"变"的能源之一是"火"则是可以肯定的。

至于生物世界的出现，张伯端从有形物质的发生机制上又具体分作两步：第一步，由无形到有形或有质；第二步，由有形至生性。在张伯端看来，有形物质是阴阳妙合的最终

---

① （宋）张伯端：《悟真篇》卷中《绝句六十四首之第 14 首》，金沛霖主编：《四库全书子部精要》下册，第 1370 页。

② （宋）张伯端撰，（宋）翁葆光注，（元）戴起宗疏：《紫阳真人悟真篇注疏》卷 3，《道藏》第 2 册，第 930 页。

③ （宋）张伯端撰，（宋）翁葆光注，（元）戴起宗疏：《紫阳真人悟真篇注疏》卷 3，《道藏》第 2 册，第 931 页。

④ （宋）张伯端：《玉清金笥青华秘文金宝内炼丹诀》卷上《下手工夫》，《道藏》第 4 册，第 365 页。

⑤ （宋）张伯端撰，（宋）翁葆光注，（元）戴起宗疏：《紫阳真人悟真篇注疏》卷 3，《道藏》第 2 册，第 931 页。

⑥ （宋）张伯端：《悟真篇》卷上《七言四韵一十六首之第 16 首》，金沛霖主编：《四库全书子部精要》下册，第 1369 页。

⑦ （宋）张伯端：《悟真篇》卷中《绝句六十四首之第 13 首》，金沛霖主编：《四库全书子部精要》下册，第 1370 页。

⑧ （宋）张伯端撰，（宋）翁葆光注，（元）戴起宗疏：《紫阳真人悟真篇注疏》卷 3，《道藏》第 2 册，第 930 页。

⑨ （宋）张伯端：《悟真篇》卷上《五言四韵一首》，金沛霖主编：《四库全书子部精要》下册，第 1370 页。

产物，其特点是内含"气质之性"。他说："便从一气产阴阳，阴阳再合成三体。"①宋人翁
葆光注云："万物负阴而抱阳，冲气以为和，方其未形，冲和之气不可见也。及其既形，
轻清之气属阳，重浊之气属阴，二气缊缊，两情交姤，曰天曰地曰人。"②实际上，天地人
之"三体"本身亦有差别，如天体为"有气而无质"③之物，而地体则为"有形有质"④
之物。沈括说："日月气也，有形而无质，故相直而无碍。"⑤后来，魏荔彤进一步解释说：
"有形而无质，皆以气为象而已，日月众星皆天之气，所结而辰则其运行之气，所充周布
塞也。在地亦无非天之气也，而一著地便有形有质矣。"⑥这里，就内丹的修炼来说，"有
形而无质"之物可用于修炼，如董德宁在注释《悟真篇》"三元八卦"⑦中之"三元"时就
有"日、月、星之三光"的说法，而那有形有质之物则不能用于修炼，因而被称作"渣滓
之物"，宋人翁葆光说："有质可见者，后天地生，滓质之物类也，以其有质，故可见而不
可用也。"⑧其"三黄（即雄黄、雌黄及硫磺）四神（即朱砂、水银、铅及硝）金石草木皆
后天地生，查（渣）滓之物，安能化有形而入于无形哉？外内不可以成胎，缀花不可以结
子"⑨。故"以有形有质之物假合造化，终不合至理"⑩。由于时代的局限性，张伯端、
沈括等人没有认识到日月亦是"有形有质"之物，但是他们把地球生物的产生看作是自然
界漫长的演化过程，从这个角度看，将天与地分成两个不同的演化阶段，还是符合科学事
实的。在张伯端看来，按照五行相生的原理，人首先通过水火相交而形成"气质"，然后
"气质之性每寓物而生情焉"⑪。故他说："草木阴阳亦两齐，若还缺一不芳菲。"⑫对于地
球生物与阴阳之间的内在关系，上阳子说："天生二物曰动植也。根为植，足为动。莫不
皆禀乎阴阳二气，草木为植，乃无情之物也，亦趁阳春而生长结实也，人物为动，乃有情
之形。若非阴阳二气，则何以为生育哉！夫人为物最灵者，禀天地之正气而生。"⑬人不仅
有情，而且更有欲，且情生欲念⑭，因而人生便固有元神之性和欲念之性这两种性质，所
差只在于每个人对这两种性质的偏盛程度略有不同罢了。所以，张伯端说："盖心者，君
之位也。以无为临之则其所以动者，元神之性耳。以有为临之则其所以动者，欲念之性

① （宋）张伯端：《悟真篇》卷中《绝句六十四首之第12首》，金沛霖主编：《四库全书子部精要》下册，第1370页。

② （宋）张伯端撰，（宋）翁葆光注，（元）戴起宗疏：《紫阳真人悟真篇注疏》卷5，《道藏》第2册，第944页。

③ （宋）翁渊明：《悟真篇注释》上卷，《道藏》第3册，第4页。

④ （宋）翁渊明：《悟真篇注释》上卷，《道藏》第3册，第11页。

⑤ （宋）沈括：《梦溪笔谈》卷7《象数一》，第60页。

⑥ （清）魏荔彤：《大易通解》卷1《乾卦后杂说》，《景印文渊阁四库全书》第44册，第45页。

⑦ （宋）张伯端：《悟真篇》卷上《七言四韵一十六首之第11首》，金沛霖主编：《四库全书子部精要》下册，第1369页。

⑧ （宋）张伯端撰，（宋）翁葆光注，（元）戴起宗疏：《紫阳真人悟真篇注疏》卷3，《道藏》第2册，第931页。

⑨ （宋）张伯端撰，（宋）翁葆光注，（元）戴起宗疏：《紫阳真人悟真篇注疏》卷3，《道藏》第2册，第927页。

⑩ （宋）王道：《古文龙虎经注疏》卷上《神室者丹之枢章第一》，《景印文渊阁四库全书》第1061册，第544页。

⑪ （宋）张伯端：《玉清金笥青华秘文金宝内炼丹诀》卷上《神为主论》，《道藏》第4册，第364页。

⑫ （宋）张伯端：《悟真篇》卷上《七言四韵一十六首之第12首》，金沛霖主编：《四库全书子部精要》下册，第1369页。

⑬ （宋）张伯端撰，（元）陈致虚注：《紫阳真人悟真篇三注》卷2，《道藏》第2册，第987页。

⑭ （宋）张伯端：《玉清金笥青华秘文金宝内炼丹诀》卷上《神为主论》，《道藏》第4册，第365页。

耳。有为者，日用之心，无为者，金丹之用心也。以有为及乎无为，然后以无为而利正事，金丹之入门也。"①由此可以发现北宋内丹学与理学的一致性，而这种一致性则集中反映了北宋社会在政治和外交方面的软弱性和保守性。当然，我们在解读张伯端的思想文本时，应当将其在政治上的保守性和在科学上的合理性加以区分，剔其糟粕，取其精华，以使他那"先天以来一点灵光"②不致因我们的粗心和偏见而被遮蔽。

（三）"精、气、神三位一体"的准科学观

"内丹学"或称"气功"究竟算不算科学？学界目前存在着三种不同的看法：第一种主要是来自道学界人士的肯定说，如陈撄宁认为："仙学（即内丹学，引者注）就是研究人的卫生、养生、摄生乃至身与意的统一、升华、直至再生、长生的学问。"③由于它主要是缩短人类进化过程之学，因而既非自然科学，又非应用科学，而是一门特殊的科学。第二种主要是来自科学界和哲学界部分人士的否定说，如吴国盛明确表示，气功"本来是一种体内修炼的功夫"，所以"真正的气功涉及的是生命中最黑暗的深处，它处在存在与虚无的边界，永远不可能被照亮。因此，气功永远是个人的修行而不能是群众性的产业，永远是对生命难以言表的体悟而不能是可以传授的知识"，而"不能知识化而强为知识化，不免沦为伪科学"。④第三种主要是来自社会各阶层的"扬弃说"，即把真正的"内丹学"跟"伪气功"区分开来，从而在科学方法上做到去伪存真和扬善去恶，使中国的优秀传统文化进一步发扬光大，如何祚庥、司马南等诸多人士，都坚持着这种看法。所以，笔者以为，对北宋开创的"内丹学"要具体问题具体分析，既不能不辨妍媸，也不能使之珷玞乱玉，因为列宁曾经说过："只要再多走一小步，看来像是朝同一方向多走了一小步，真理就会变成错误。"⑤

因此，为了比较客观地阐释张伯端"内丹学"的科学观，我们有必要把他的思想分成下面几个层面来作一探讨。

第一，精神学的层面。精神学一词，英文写作"Mentals"，是斯佩里的创造。而钱学森先生在《关于思维科学》一文中则把"精神学"看作是"人天观"发展的最高阶段，同时也是最后阶段，由此而转进到"思维学"领域。⑥在天人关系的互动过程中，人类不仅产生了心理和意识现象，而且也产生了精神现象。而揭示人类精神现象运动、发展规律的知识学说，就是精神学。中国古代把精神现象看作是"精、气、神"三者的有机统一，其中"气"是"精"与"神"的物质基础，"精"与"神"是"气"的两种表现形态。在此基础上，张伯端则将"神"看成是既源于气同时又高于气和驾驭气之运动变化的客观实

---

① （宋）张伯端：《玉清金笥青华秘文金宝内炼丹诀》卷上《神为主论》，《道藏》第 4 册，第 364 页。
② （宋）张伯端：《玉清金笥青华秘文金宝内炼丹诀》卷上《神为主论》，《道藏》第 4 册，第 364 页。
③ 胡海牙、殷健：《陈撄宁仙学笔记》，胡海牙：《胡海牙仙学养生文集》，海口：海南出版社，2015 年，第79 页。
④ 吴国盛：《气功的真理》，《方法》1997 年第 5 期。
⑤ 《列宁选集》第 4 卷，北京：人民出版社，1995 年，第 211 页。
⑥ 钱学森：《关于思维科学》，《自然杂志》1983 年第 8 期。

在，他说："神者，精气之主。"①而他的《精神论》应当说是中国古代第一篇比较系统和比较完整地阐释人类精神现象的理论学说，它在北宋科技思想史上具有开创性意义。他说：

> 神者，元性也。余前所说神为主论，盖亦尽之矣。今念夫修丹者凝神之法，凝神之法不在乎前，不在乎速。故又为之论，而后画神室并论于后。凝者以神于精气之内，精气本相依而神亦恋之。今独重于神，何也？神者，精气之主，丹士交会采取至于行火，无非以神而用气精，苟先以神凝于气之中则气未可安神，亦未肯恋气，而反害药物矣。且神，元性也。性方寻见尚未定，摇摇飐飐进退存亡而子使凝之，性岂能自凝！其所以凝之者，亦质之性而凝之也。初云质而寻本性是可以质性而逐本性，可乎哉？今为学者，盖为凝神所误何耶？盖神仙有下乎先凝神之说，故妄引以盲众，岂知其所谓凝神者，盖息念而返神于心，于心之道神归于心则性之全体见，全体见而用之，无非神用，念念不离金丹，故丹成而神自归之，何凝之有？故曰凝神者，神融于精气也。精气神合而为一，而阳神产矣，则此际此身乃始为无用之物也。②

"精""气""神"作为孤立的概念，并非始自张伯端，但在丹学的理论框架内把三者统一起来，使"精气神合而为一"，却是张伯端的首创。那么，张伯端所说的"神"究竟是什么意思？其实，张伯端在《金丹四百句·序》中说得很清楚。他说："炼精者炼元精，非淫泆所感之精；炼气者炼元气，非口鼻呼吸之气；炼神者炼元神，非心意念虑之神。"③故所谓"元精""元气""元神"之"元"，不是别的什么东西，正是老子《道德经》第一章里所说的"常无欲，以观其妙；常有欲，以观其徼。此两者同出而异名，同谓之玄，玄之又玄，众妙之门"④，王弼注云："元者，冥也，默然无有也。"⑤而"默然无有"就是内丹学所追求的一种人生境界，这种境界即为张伯端所说的"元神"。虽说是境界，但这种境界不是外在的，也不是独立于人体之外的另一种客观实在，就每个人类个体而言，"元神"是内在于人生的一种"先天之性"。所以张伯端说："夫神者，有元神焉，有欲神焉。元神者，乃先天以来一点灵光也。欲神者，气禀之性也；元神乃先天之性也。"⑥有了"元神"，那么，"元神见则元气生，盖自太极既分禀得这一点灵光，乃元性也。元性是何物为之，亦气灵凝而灵耳。故元性复而元气生，相感之理也"⑦。而"相感之理"便成了内丹学的重要研究对象，当然，它也构成了"精神论"或称"精神学"的主要内容。

第二，心理学的层面。按照钱学森的说法，这个层面包含着以下两个相互依赖的内

① （宋）张伯端：《玉清金笥青华秘文金宝内炼丹诀》卷上《精神论》，《道藏》第4册，第365页。
② （宋）张伯端：《玉清金笥青华秘文金宝内炼丹诀》卷上《精神论》，《道藏》第4册，第365—366页。
③ （宋）张伯端：《金丹四百句》之序，李一氓：《藏外道书》第10册，第315页。
④ 《老子》第1章，（汉）河上公、（唐）杜光庭注：《道德经集释》下，第594—596页。
⑤ （三国魏）王弼注：《老子》，北京：首都经济贸易大学出版社，2007年，第1页。
⑥ （宋）张伯端：《玉清金笥青华秘文金宝内炼丹诀》卷上《神为主论》，《道藏》第4册，第364页。
⑦ （宋）张伯端：《玉清金笥青华秘文金宝内炼丹诀》卷上《气为用说》，《道藏》第4册，第364页。

容，即生理心理学与心理精神论，而生理心理学和心理精神论共同构成精神学的基础。① 如果从狭义的角度看，内丹也可作气功解，而"气功本来是一种体内修炼的功夫，因此，需要现代科学进行解释的也只是人的心理调节与人体生理功能之间的互动关系"②。在张伯端看来，无论是"神"还是"性"，归根到底都要受到"心"的调控和节制。于是，在此前提下，他提出了如下主张。张伯端说：

> 心者，神之舍也；心者，众妙之理而宰万物也。性在乎是，命在乎是。若夫学道之士先须了得这一个字，其余皆后段事矣。③

> 性其不动之中，而有所谓动者，丹士之用心也。唯其动之中而存不动者，仁者之用心也。于不动之中终于不动者，土木之类也。心居于中而两目属之，两肾属之，三窍属之，皆未可尽其妙用，其所以为妙用者，但神服其令，气服其窍，精从其召。神服其令者，心勿驰于外，则神反藏于内，气服其窍者，心和则气和，气和则形和，形和则天地之和应矣。故盛喜怒而气逆者，喜怒生乎心也。精从其召者，如男女构形而精荡，亦心使之然，心清即念清，念清则精止。吁！心惟静则不外驰，心惟静则和，心惟静则清。一言以蔽之，曰静，精、气、神始得而用矣。精、气、神之所以为用者，心静极则生动也。非平昔之所谓动也。用精、气、神于内之动也。精固精，气固气，神亦可谓性之基也。性则性，而基言之何也？盖心静则神全，神全则性现。又一言以蔽之，曰静，其所以为静者，盖亦有理。④

在现实社会中，每个人都有一个浮动的心，而如何从浮动之心回归寂然不动之心，在张伯端看来是有规律可循的，这个规律就叫作"理"。通常情况下，影响心性回归的不良因素很多，这些因素可从眼、耳、鼻、口等途径进入人的心里，引起喜怒哀乐等多种情绪反应，给人造成一定的心理障碍。现实的人在现实的社会环境里，所存在和面对的心理障碍问题是不同的。因而消除心理障碍的方法和途径也不相同，一般可分为心理疏导与自我调节两种方式。据史料记载，北宋进入中期之后，其固有的社会矛盾日渐尖锐，如由于官员队伍的急剧膨胀，守着空衔候职的举士往往"一位未缺，十人竞逐"⑤，可见士大夫的生存压力该有多么沉重。饶州寓士许三回则"家四壁空空，二膳（宋人习惯于一日两餐）不足"⑥，梅尧臣在嘉祐三年（1058）所写的诗中有"东南周万里，海陆竭煮种""民方苦久弊，将缺太平颂"之句⑦。所以，宋仁宗统治时期北宋的农民起义、兵变及其叛乱等求

① 钱学森：《关于思维科学》，《自然杂志》1983 年第 8 期。

② 吴国盛：《气功的真理》，《方法》1997 年第 5 期。

③ （宋）张伯端：《玉清金笥青华秘文金宝内炼丹诀》卷上《心为君论》，《道藏》第 4 册，第 363 页。

④ （宋）张伯端：《玉清金笥青华秘文金宝内炼丹诀》卷上《心为君论》，《道藏》第 4 册，第 363 页。

⑤ （宋）宋祁：《上三冗三费疏》，曾枣庄、刘琳主编，四川大学古籍整理研究所编：《全宋文》卷 489《宋祁八》，成都：巴蜀书社，1990 年，第 194 页。

⑥ （宋）洪迈著，何卓点校：《夷坚志·夷坚志支癸》卷 10《安国寺观音》，北京：中华书局，1981 年，第 1300 页。

⑦ （宋）梅尧臣：《送制置发运唐子方学士》，（宋）梅尧臣著，朱东润选注：《梅尧臣诗选》，北京：人民文学出版社，1997 年，第 241 页。

生存的斗争接连不断地发生，如庆历三年（1043）"京东、西盗起"①，迫使皇帝"欲更天下弊事"②，这个史例反映了民众在"社会危机时期"出现的普遍焦虑现象和应对危机的冲动。而对于这些社会性的极端行为，一方面，它固然是经济剥削和政治压迫的必然后果；但另一方面我们也必须看到发生在民众心中的那种焦虑心情，是客观存在的。因为在当时的历史条件下，他们又实在没有更有效的方法来消除这种长久郁积在其内心里的痛苦和焦虑。故此，正是在这个时候，张伯端才不失时机地提出了一个深层次的心理学问题，即"潜意识"问题，他试图借此来解决民众普遍关心的饥饿现象。现代医学认为，下丘脑腹内侧核是人类的饥饿中枢，而内丹功法可以抑制饥饿中枢的兴奋，从而使饥饿感减轻或消失。然而在现实生活中，这种功法的效果十分有限。不过，张伯端的内丹思想对于我们进一步认识"灵感思维"的内在机制还是具有一定启发意义的。

张伯端说：人体"内有天然真火"③，故他主张内丹修炼应"内药还同外药，内通外亦须通"④。在这里，所谓"天然真火"和"内药"实际上指的就是一种"潜意识"。如注家上阳子说："修行之人，先须洞晓内外两个阴阳作用之真，则入室下工，成功易矣。内药是一己自有，外药则一身所出，内药则自己身中，外药则一身所出，内药不离自己身中，外药不离己相之中。内药只了性，外药兼了命，内药是精，外药是气。"⑤那么，如何去发掘人身之中的"潜意识"呢？

内丹家提出"炼己"的功法，"己"即指我心中的意念，而"炼己"就是设法将意念集中在功法上，最终做到"凝神入气穴"。故"炼己"的关键在于心静，"夫元气之在人至静，始见是先天之气"⑥。张伯端告诉我们："心之所以不能静者，不可纯谓之心。盖神亦役心，心亦役神，二者交相役，而欲念生焉。心求静，必先制眼。眼者，神游之宅也。"⑦因为心为静，神为动，且心无为而神有为，所以，"采取之法生于心，心者，万化纲维枢纽，必须忘之而始觅之。忘者，忘心也。觅者，真心也。但于忘中生一觅意，即真心也。恍惚之中始见真心，真心既见，就此真心生一真意，加以反光内照，庶百窍备陈，元精吐华矣"⑧。现代研究脑神经科学的人，往往从"元神之性"的角度去看待许多诸如"恋母""嗜物癖"等潜意识情结，而艾登泰勒博士的"全脑开发——内在交谈"法，徐敬东医师的"白日梦催眠疗法"等，则把"动"和"静"看成是各自独立发展的意识过程，他们倡导从孤立的"动"或"静"的方面去诱发人的潜意识，很显然是十分片面的。而张伯端把潜意识看作是"神亦役心，心亦役神，二者交相役而欲念生"的两个既相区别又相联系的

① （宋）李焘：《续资治通鉴长编》卷140"庆历三年三月癸巳"条，第1283页。
② （宋）李焘：《续资治通鉴长编》卷140"庆历三年三月癸巳"条，第1283页。
③ （宋）张伯端：《悟真篇》卷中《西江月一十二首之第1首》，金沛霖主编：《四库全书子部精要》下册，第1372页。
④ （宋）张伯端：《悟真篇》卷中《西江月一十二首之第1首》，金沛霖主编：《四库全书子部精要》下册，第1372页。
⑤ （元）上阳子等注：《悟真篇三注》卷5，《道藏》第2册，第1011页。
⑥ （宋）张伯端：《玉清金笥青华秘文金宝内炼丹诀》卷中《采取图论》，《道藏》第4册，第367页。
⑦ （宋）张伯端：《玉清金笥青华秘文金宝内炼丹诀》卷中《口诀中口诀》，《道藏》第4册，第364页。
⑧ （宋）张伯端：《玉清金笥青华秘文金宝内炼丹诀》卷中《采取图论》，《道藏》第4册，第367页。

过程与阶段，是与潜意识的客观事实相一致的，是符合人类认识运动的发展规律的。如当科学家经过一段艰难的探索之后，有意识地让大脑松弛一下，或散步，或游泳，或爬山，此时很可能会出现原本不相连的事物都向一个"潜意识焦点"凝聚的现象，从而不自觉地就会产生出新的发明和创造，即出现"元精吐华"的思维现象。张伯端将这个过程称之为"玄牝之门"，用内丹的话说就是"性命双修"。他反对片面服食丹药以求长生的"外丹法"，张伯端说：

> 学道之人不通性理，独修金丹，如此，既性命之道未修，则运心不普，物我难齐，又焉能究竟圆通，回超三界？①

而为了形象地说明潜意识的作用，张伯端特别使用了"媒"这个词，即"意"是连接精、气、神的纽带，并作《意为媒说》："意者，岂特为媒而已，金丹之道，自始至终，作用不可离也。意生于心，然心勿驰于意，则可。心驰于意，未矣。"②从创造心理学的层面看，"意"是贯通逻辑思维与非逻辑思维的中介，是启发灵感思维的物质力量，因此，"心勿驰于意"不仅是"内丹学"的指南，而且也是创造性思维必须坚持的一个重要原则。

第三，生理学的层面。炼丹与人体生理的关系是道学的基本问题，道学家在这个问题上的观点都不能一致，大体上可分成两派，即外丹派与内丹派。外丹派认为人的生理特征是没有极限的，因而可通过丹药来实现人生的"不老"梦想；而内丹派则认为人的生理特征不是没有极限的，人是个有限的生命体，因此，丹药不能使人长生不老，如果说能够长生，那也是"滞于幻形"③而已。所以，他反对外丹服食法，称其"不识真铅正祖宗，万般作用枉施功。休妻谩遣阴阳隔，绝粒徒教肠胃空。草木金银皆滓质，云霞日月属朦胧。更饶吐纳并存想，总与金丹事不同"④。又说："徒施巧伪为功力，认取他家不死方。壶内旋添留命酒，鼎中收取返魂浆。"⑤在此，张伯端指出"内丹"与"外丹"的重要区别就在于前者是"留命"，后者却是教人"长生"。正是在这样的认识论前提下，张伯端把"内丹学"称之为"养命固形之术"⑥。当然，张伯端并不是一般的反对"外丹法"，他所反对的是不尊重人的生命规律，舍命而求性的炼丹方法。在他看来，正确的修炼方法应当是"舍妄以从真"，即修炼的方法先从修命开始，然后渐进到修性。"命"是什么？所谓命就是精、气等与人体直接相关联的形质，就是人体生理机能的运动过程。他说："虚心实腹义

① 王沐：《悟真篇浅释》，北京：中华书局，1990年，第177页。

② （宋）张伯端：《玉清金笥青华秘文金宝内炼丹诀》卷上《意为媒说》，《道藏》第4册，第365页。

③ （宋）张伯端：《悟真篇·序》，（宋）张伯端撰，（宋）翁葆光注，（元）戴起宗疏：《紫阳真人悟真篇注疏》，《道藏》第2册，第914页。

④ （宋）张伯端：《悟真篇》卷上《七言四韵一十六首之第15首》，金沛霖主编：《四库全书子部精要》下册，第1369页。

⑤ （宋）张伯端：《悟真篇》卷中《绝句六十四首之第48首》，金沛霖主编：《四库全书子部精要》下册，第1372页。

⑥ （宋）张伯端：《悟真篇·序》，（宋）张伯端撰，（宋）翁葆光注，（元）戴起宗疏：《紫阳真人悟真篇注疏》，《道藏》第2册，第915页。

俱深，只为虚心要识心，不若炼铅先实腹，且教守取满堂金。"①其中"虚心"指的是"性功"，属于无为之妙术；"实腹"则是命功，属于有为之术。"不若炼铅先实腹"意即以修命为先，他说："始于有作人难见，及至无为众始知。但见无为为要妙，岂知有作是根基。"②"有作"就是人生的事业追求，满足人的生理性的物质欲望等，用世俗的话说，人连肚子都填不饱，还空谈什么修性！所以修炼的第一个阶段应当是充分考虑和照顾人的生理欲望，因为"修生（命）之术，顺其所欲，渐次导之"③。仔细想想，张伯端的"先命后性说"不就是马斯洛"需求层次理论"的一种中国式古典版本吗！他的这种修炼理论把"天理"与"人欲"结合起来，强调"人欲"对于"天理"的基础地位，无疑地是对北宋社会现实的客观反映，是一种积极的人生主张。更重要的是，张伯端否定了传统道教以"肉体飞天"的生命观，主张先满足人的生理性需求，然后逐次由心理而精神，而"明了本性"。他主张"我命不由天"④，强调生命的价值在于人类个体的"能动性"和"自主性"，从这个角度讲，张伯端的"内丹学"实践对元明道学的自我改造具有启示作用。

当然，张伯端亦言丹药，但他所说的丹药不是一般的丹药，而是"三五"之药。陈致虚十分认真地注"三五之药"道：

上阳子曰：天三生木，地二生火，火数二，木数三，三与二同性，统为一五；木象于东，法象为青龙，龙之气为汞，火居于南，法象为朱雀，木生火，是木为体，火为所生之气，是故木火为一家。然皆阳中之孤阴，所以异名曰玄，曰无，曰妙者，其有木有火而无金、水、戊土也。天一生水，地四生金，金数四，水数一，一与四同情，结为一五；金居四，法象为虎，虎之气为铅；水居于北，法象为玄武，金生水，是金为体，水乃金所生之气，故金水为一家，然皆阴中之寡阳，所以异名曰牝，曰有，曰徼者，以其有金有水，而无木火。己，土也，天五己土，地十戊土，戊土居坎，己土居离，戊己分，则二土之数十，戊己合，则二土成圭，而数五。土居中央，是为一五，总而言三五。震木离火，同性为一家，龙为震户。汞产于中；兑金坎水，同情为一家，虎为兑门，铅生于内；离己坎戊，同根为一家；朱雀玄武，相合而生物，是云三家。龙与朱雀，意主生人；虎与玄武，意主杀人，此世间法。若欲出世间法。则必颠倒制之，功归戊己二土也。何哉？金本恋木，慈仁而内怀从事之情，无由自合，木虽爱金。顺义而内怀曲直之性，岂得自媒？欲使媒合，功在二土以通其好。且戊土生金，则欲金气发旺而相胥，己为木克，则先炼己珍重以求丹。若不炼己待时，则不能常应常静。炼己既熟，却与戊合，戊己一合，则金木会，金木会则龙虎

① （宋）张伯端：《悟真篇》卷中《绝句六十四首之第10首》，金沛霖主编：《四库全书子部精要》下册，第1370页。
② （宋）张伯端：《悟真篇》卷中《绝句六十四首之第42首》，金沛霖主编：《四库全书子部精要》下册，第1371页。
③ （宋）张伯端：《悟真篇·后序》，（宋）张伯端撰，（宋）翁葆光注，（元）戴起宗疏：《紫阳真人悟真篇注疏》，《道藏》第2册，第967页。
④ （宋）张伯端：《悟真篇》卷中《绝句六十四首之第54首》，金沛霖主编：《四库全书子部精要》下册，第1372页。

交，龙虎交则三五合一，三五合一则三家相见，三家相见则铅汞结，铅汞结则婴儿成，无非此之一气。①

这实际上是一种以五行为基础而建立起来的生理学说，它的最大特点是用生物数学或者象数学解释人体五脏之间的运动规律。其具体关系是：

五行为水、火、木、金、土，它的对应生数是1、2、3、4、5，按照自然数的分配律，1（水）与4（金）之和为5，2（火）与3（木）之和也为5，即为"三五"（也就是3个5的意思）。依丹法理论，木生火，木代表元神，火代表后天神，它们的生理基础是肾府，丹法中为汞药，为龙，故木与火结合为一家；金生水，金表示元精，水表示后天精，它们的生理基础是丹田，丹法中为铅药，为虎，故金与水结为一家。土代表意，是内丹修炼之媒介，它的生理基础是心，自为一家。在张伯端看来，"用火之法，以四卦为主，以六十卦为用，存乾坤坎离也"②，其"坎者，肾宫也；离者，心田也。坎静属水，乃☵也；动属火，乃一也。离动为火，乃☲也。静属水，乃一也。交会之际，心田静而肾府动，得非真阳在下而真阴在上乎？况意生乎心，而直下肾府乎？阳生于肾而直升于黄庭乎？故曰坎离颠倒，若不颠倒而顺行，则心火而不静，则大地火坑之义明矣"③。而"坎离颠倒"的意思是说，按正常的生理功能，应当是水润下而火炎上，既然内丹是逆反之功，那么水就必须上升而火就必须下降，最后通过土的"酶化"作用，使金木会合或龙虎相交于丹田，预示金丹炼成。对于金木会合的机理，张伯端作了如下解释：

金生水，故汞产于心，云从龙、风从虎之理兆矣。风平而雨降，自然铅汞相投、相吞、相啖；金生水，水生木，木又生火，木爱金而金恶木，乃交会之道也。夫金克木，反有爱恶之意焉，盖金木之本性耳。④

用"木爱金而金恶木"来说明"金木会合"的内部原因，多么形象、多么生动，如果把"爱"与"恶"看成是事物内部矛盾着的两个方面，那么，张伯端的表述无疑地已经达到了他那个时代所能达到的科学思维水平和辩证认识能力。

（四）"坎离颠倒"与"内通外亦须通"的方法论

第一，"坎离颠倒"的反向思维法。无论从内丹的理论还是实践方面，张伯端都非常重视方法的研究和应用。在他看来，很多修丹者之所以"迁延岁月，必难成功"⑤，不是因为他们不用功，也不是因为他们不懂得性命之说，而主要是因为他们不懂得丹法，即修丹的方法。张伯端批评外丹法说：

① （宋）张伯端撰，（元）陈致虚等注：《紫阳真人悟真篇三注》卷2，《道藏》第2册，第989页。
② （宋）张伯端：《玉清金笥青华秘文金宝内炼丹诀》卷中《真泄天机图论》，《道藏》第4册，第371页。
③ （宋）张伯端：《玉清金笥青华秘文金宝内炼丹诀》卷上《坎离说》，《道藏》第4册，第365页。
④ （宋）张伯端：《玉清金笥青华秘文金宝内炼丹诀》卷中《采取图论》，《道藏》第4册，第368页。
⑤ （宋）张伯端：《悟真篇·自序》，（宋）张伯端撰，（宋）翁葆光注，（元）戴起宗疏：《紫阳真人悟真篇注疏》，《道藏》第2册，第914页。

　　且今人以道门尚于修命，而不知修命之法，理出两端，有易遇而难成者，有难遇而易成者。如炼五芽之气，服七耀之光，注想按摩，纳清吐浊，念经持咒，噀水叱符，叩齿集神，休妻绝粒，存神闭息，运眉间之思，补脑还精，习房中之术，以致服炼金石草木之类，皆易遇难成者，已上诸法，于修身之道，率皆灭裂，故施功虽多，而求效莫验。①

　　因此，一切外丹术诸如符箓、辟谷、房中、导引、按摩、行气、服气、吐纳、存想、烧炼等，都不是修道的正确门径，这是因为宇宙万物的形成过程是由原初态到有形态，不管是一般的有机体还是人体，其基本的原初物质就是碳、氮、氢、氧四种元素，而这四种元素经过长期的演化，遂构成了各种生命和非生命的存在体，此时呈现于外的只是成形的"感性存在体"（现象或命），而构成其"感性存在体"的原初物质（即本质或性）却被遮蔽和隐藏起来了，所以人类的认识规律应当是由现象到本质，而不是从本质到现象。从这个意义上讲，外丹法所走的路径就是从本质到现象，毫无疑问，这是一条违背认识规律的思维方法。与此相反，张伯端主张修身应遵循认识发展的客观规律，由现象到本质，他把这种认识方法称之为"坎离颠倒"。他说："金丹之士先修阴德以尽人事（即修命），然后持前心论（即修性）则大药产而图形见矣。"②如果用四个字来概括就是"以命制性"。

　　在道学发展史上，外丹法与内丹法的方法论之差异在于，前者主张"先性后命"，而后者坚持"先命后性"。张伯端说：

　　　　先性固难，先命则有下手处，譬之万里虽远，有路耳。先性则如水中捉月，然及其成功一也。先性者或又有胜焉，彼以性制命。我以命制性故也。③

　　从道学发展史上看，外丹的起步很早，大概在东汉就出现了"铅汞派"，这一派以魏伯阳的《周易参同契》为指南，依其"炉火之事"做实验，"只论铅汞之妙"，故其在制药化学方面颇多发明。而它借助隋唐统治者的崇奉道教之力，方滋隆盛，形成了很大的社会势力，如李真君、白居易、金陵子、乐真人等都是这一派的代表人物。从整体上说，铅汞派内部尽管还存在着各种各样的争论，但其宗旨皆不离二仪、四象和五行之说。后来，这些思想成果多为内丹法所吸收，遂成为内丹派的修身法之一。然而，铅汞派是以"性功"为修身的出发点和最终归宿的，故与内丹法相比较，它在方法论上可谓"本末倒置"，因此，随着因服食丹药而中毒身亡的王公大臣越来越多，加之铅汞派试图用"伏火法"来消除丹药的毒性的努力亦以失败而告终，于是铅汞派在唐末五代时期便一落千丈，坠入低谷，值此之际，内丹派才逐渐进入了丹家的视野。《老子道德经》第40章说："反者道之动"④，其"天下万物生于有，有生于无"⑤。唐代以前的丹家因受"重玄"思想的影

① （宋）张伯端：《悟真篇·自序》，（宋）张伯端撰，（宋）翁葆光注，（元）戴起宗疏：《紫阳真人悟真篇注疏》，《道藏》第 2 册，第 914 页。
② （宋）张伯端：《玉清金笥青华秘文金宝内炼丹诀》卷中《采取图论》，《道藏》第 4 册，第 367 页。
③ （宋）张伯端：《玉清金笥青华秘文金宝内炼丹诀》卷中《真泄天机图论》，《道藏》第 4 册，第 371 页。
④ 《老子》第 40 章，（汉）河上公、（唐）杜光庭注：《道德经集释》上，第 244 页。
⑤ 《老子》第 40 章，（汉）河上公、（唐）杜光庭注：《道德经集释》上，第 244 页。

响，他们修身的路径是从无到有，用张伯端的话说就是于"无形之中寻有形之中"①，现在的问题是，既然"反者"是事物发展的规律，那么，它在修身方法上就应当是适用的和有效的。"反者"从方法论的角度看，就是一种反向思维，而张伯端的"先命后性"说的方法论意义，不仅在于它批判了外丹派的修身法，而且它把人们从神仙世界引回到了现实世界，因此他主张修身当以"尽人事"为先，以"有作"为修炼的物质基础。当然，张伯端以"无为"作为"有作"的最后归宿，暴露了其整个内丹思想的政治根基是保守的。他说："以有为及乎无为，然后以无为而利正事。"②虽然如此，但他强调内丹不能脱离社会现实生活这一点却是积极的和进步的。

其实，反向思维是由已知发现未知的一种逻辑方法，它根源于事物间的普遍联系。因为在客观事物的各种复杂的联系之中，因果联系最为普遍，且一般来说，在事物的发展序列中，许多现象都可以互为因果，因而具有可逆性，所以，张伯端立足于北宋社会的现实需要，以"实腹"为修身的基点，"坎离颠倒"，充满了一种扭转天地运行次序的精神和在驾驭和支配自然法则中获取自由的理念。他说：

> 顺于后天者，一生二，二生三，三生万物，皆从此，常人为之志；反逆焉而产于内，则长生，久视之道存矣。③

而张伯端把这种"反逆"方法称为"儿产母"④，若用内丹家的话说，就是"汞为震龙，属木。木生火，木为火母，火为木子，此常道之顺也。及乎朱砂属火，火为离汞，自砂中出却是火，返能生木，故曰儿产母也"⑤。其"儿产母"所依据的阴阳学原理是"不以阴为阳，是为阴中取阳；不以阳为阴，是以阳中取阴。阴为阴，阳为阳，顺行者，世之常道也；阴取阳，阳取阴，逆行者，仙之盗机也"⑥。可见，这里的"颠倒颠"⑦不是简单的和机械的位置移动，而是从"二物互相生产"的角度着眼，各自以对方作为自身存在的条件。所以，按照宇宙万物的正常生成途径解析，其顺逆的具体形式如下：

顺式：太极—阴阳—四象—五行

反式：阴阳—四象—五行—太极

宋人翁葆光在注释张伯端《悟真篇·绝句六十四首》之第17首的内含时说："二物互相生产而成四象，会合中央而成五行，五行合则金丹结也。故曰：五行全要入中央。中央即中宫，太极也。"⑧结合目前自然科学的研究进展状况看，张伯端的"儿产母"方法，很

① （宋）张伯端：《玉清金笥青华秘文金宝内炼丹诀》卷中《真泄天机图论》，《道藏》第4册，第370—371页。
② （宋）张伯端：《玉清金笥青华秘文金宝内炼丹诀》卷上《神为主论》，《道藏》第4册，第364页。
③ （宋）张伯端：《玉清金笥青华秘文金宝内炼丹诀》卷中《神室图论》，《道藏》第4册，第373页。
④ （宋）张伯端：《悟真篇》卷中《绝句六十四首之第17首》，原文云："震龙汞出自离乡，兑虎铅生在坎方，二物总因儿产母，五行全要入中央。"参见金沛霖主编：《四库全书子部精要》下册，第1370页。
⑤ （宋）张伯端撰，（宋）翁葆光注，（元）戴起宗疏：《紫阳真人悟真篇注疏》卷4，《道藏》第2册，第934页。
⑥ （宋）张伯端撰，（宋）翁葆光注，（元）戴起宗疏：《紫阳真人悟真篇注疏》卷4，《道藏》第2册，第934页。
⑦ （宋）张伯端：《悟真篇》卷上《七言四韵一十六首之第13首》有"不识玄中颠倒颠，争知火里好栽莲"句，参见金沛霖主编：《四库全书子部精要》下册，第1369页。
⑧ （宋）张伯端撰，（宋）翁葆光注，（元）戴起宗疏：《紫阳真人悟真篇注疏》卷4，《道藏》第2册，第934页。

可能是自然界普遍存在的一种客观现象。倘若真是如此，那么他的方法就具有一般的方法论意义了。如在生命现象中，一般的生物体都遵守着"中心法则"（即遗传信息传递方向的规律）来合成（即转录和翻译）蛋白质，但病毒却是个例外，因为病毒是以反"中心法则"的方式来合成蛋白质的：

生物学的中心法则：DNA—RNA—蛋白质

病毒的反中心法则：RNA—DNA—蛋白质（病毒）

至于病毒为什么采取一种"反向转录"的方式来合成蛋白质，科学界至今亦没有一个确切的说法。但无论怎样，上述事实却是客观存在的。既然病毒的转录方式类于张伯端所说的"儿产母"状态，那么，我们就有理由认为，张伯端的"颠倒颠"术或许对人们进一步认识与理解病毒的转录规律有所启示和帮助。

所以，在内丹实践中，张伯端以"颠倒颠"法为前提，具体地提出了内丹修炼的三个关键环节，即寻真药、辨鼎器和明火候，所谓"寻真药"即"真铅真汞"，其中"真铅"是指下丹田所藏之真阳之气，"真汞"则是指上丹田所藏之真阴之精，总括起来就是"炼精、气、神"。"辨鼎器"即定内炼之关窍与部位，张伯端说：

> 人之一身，毛窍八万四千，气宫三百八十四，毛窍散属气宫，脐中气穴又为三百八十四，宫之主降而阳宫皆而为精，心为中田，顶为上田，舌下玄膺，目中有银海，额之中，眉之间，口鼻之冲，耳目之畔，咽喉之侧，腰胁之中，皆窍也。[①]

其中"脐中气穴之下，两肾中间一窍"，即为"精穴"；中丹田为黄庭，"黄庭固属土也，至于中之中，盖属土中之土也"[②]。对此，张伯端解释说："心下一窍何窍耳？曰混沌神房者，此也。"[③]"混沌神房"即是黄庭的别称，也叫作"鼎"；下丹田为气穴，有内外两窍，位于任脉（沿腹中线循行）上的气穴为"外窍"，而位于督脉（沿脊背循行）上的气穴为"内窍"。张伯端说：

> 鼎之为器，匪金，匪铁，炉之为具，匪玉，匪石。黄庭为鼎，气穴为炉，黄庭正在气穴之上，缕络相连，是为炉鼎，阴阳为炭，以烹以炼。[④]

上述三穴为内丹修身之枢纽，是一个有机联系的整体，具有系统性的特征。因此，张伯端总结说：

> 盖人受天地之中以生，所谓命也。得天地之中气以生，遂可为人。我以身为天地，亦宜执其中而为造化之枢纽。中者，有三中：心中，意；脐中，鼎；肾中，炉。三中之至切者，心中意；脐中鼎，次之；肾中炉，又次之。此三者，自金丹之始至

① （宋）张伯端：《玉清金笥青华秘文金宝内炼丹诀》卷上《百窍说》，《道藏》第4册，第366—367页。

② （宋）张伯端：《玉清金笥青华秘文金宝内炼丹诀》卷中《青娥在我》，《道藏》第4册，第369页。

③ （宋）张伯端：《玉清金笥青华秘文金宝内炼丹诀》卷中《青娥在我》，《道藏》第4册，第369页。

④ （宋）张伯端：《玉清金笥青华秘文金宝内炼丹诀》卷中《炉鼎图论》，《道藏》第4册，第372页。

终，不可须臾离也。①

"明火候"即用意和呼吸技巧，其《火候秘诀》云："丹居鼎内，上水下火，心动属火，静属水，乃水鼎也；底静属水，动属火，乃火鼎也。阳在鼎下曰水，火升于鼎上则水火也。阳火是外炉，外炉与火存于气穴。黄庭正在气穴之上，气穴乃内炉也。内炉存火，近鼎常烹，此绵绵若存也。"②在这里，气穴之两窍是炼命的关键，而张伯端整个"周天功夫"的中枢亦在于此。

第二，"内通外亦须通"的系统法。张伯端在考察人的两种气质时，区分了"内药"与"外药"这一对概念。他说："内药还同外药，内通外亦须通。丹头和合类相同，温养两般作用。内有天然真火，炉中赫赫长红。外炉增减要勤功，妙绝无过真种。"③薛道光注："《夷门破迷歌》云：道在内来，安炉立鼎却在外；道在外来，坎离铅汞却在内。此明内外二药也。外药者，金丹是也，造化在二八炉中，不出半个时，立得成熟；内药者，金液还丹是也，造化在自己身中，须待十个月足，方能脱胎成圣。"④不过，"二药内外虽异，其用实一道也。所以有内外者，人之一身，禀天地秀气而有生，托阴阳铸成于幻相，故一形之中以精、气、神为主，神生于气，气生于精，精生于神，修丹之士若执此身内而修，无过炼精、气、神三物而已"⑤。一句话，"内药不离自己身中，外药不离己相之中，内药只了性，外药兼了命，内药是精，外药是气，精气不离，故云真种性命双修"⑥。由此可见，"内药"与"外药"的架构其实就是精、气、神在人体内的一种循环形式，张伯端并不懂得人类只有一对性染色体即 X 与 Y，其在男性体内的组合是 XY，其在女性体内的组合是 XX，所以人类在受精的过程中，对于一个生命个体来说，都有两种可能性的组合，即 XX 或 XY，而人类就是在这种循环过程中来延续自身的生命。当然，人类的生命循环不是一个闭合的过程，而是一个开放地和不间断地进行着体内外物质交换的过程。对于这个过程，张伯端作了如下的描述：

脾气与胃气相接而归于心缕，肝气与胆气相接从大小肠接于肾缕，肺气伏心气而通于鼻，是气也，皆静定之余，元气周流，自东（肝藏在东）而西（脾脏在西），自南（胃在南）而北（肺在北）之气也，西南（左肾在西南）乃气之会也，气合而归于此，却自夹脊直透上中丹田而降于肾腑，两肾中间有治命桥一带，故寒山子曰：上有接神窟，横安治命桥者，此也。气降至于此，阳气与精气盛而上冲，与此气相接于一则固，围于鼎器之外，日用之则日增经营之力，故鄞鄂（即命蒂，喻形体）之成，肇于此也。忽然有一物超然而出，不内不外，金丹之事不言可知矣。⑦

① （宋）张伯端：《玉清金笥青华秘文金宝内炼丹诀》卷下《总论金丹之要》，《道藏》第 4 册，第 375—376 页。
② （宋）张伯端：《玉清金笥青华秘文金宝内炼丹诀》卷下《火候秘诀》，《道藏》第 4 册，第 377 页。
③ （宋）张伯端：《悟真篇》卷中《西江月十二首之第 1 首》，金沛霖主编：《四库全书子部精要》下册，第 1372 页。
④ （宋）张伯端撰，（宋）薛道光等注：《紫阳真人悟真篇三注》卷 5，《道藏》第 2 册，第 1010 页。
⑤ （宋）张伯端撰，（宋）薛道光等注：《紫阳真人悟真篇三注》卷 5，《道藏》第 2 册，第 1011 页。
⑥ （宋）张伯端撰，（宋）薛道光等注：《紫阳真人悟真篇三注》卷 5，《道藏》第 2 册，第 1011 页。
⑦ （宋）张伯端：《玉清金笥青华秘文金宝内炼丹诀》卷中《真泄天机图论》，《道藏》第 4 册，第 370 页。

　　按照张伯端的内丹实践，这个循环过程又可分成四个阶段。第一个阶段是筑基炼己土，即在保证身体健康的前提下，改变日常的呼吸习惯，做到吸时收腹，呼时鼓腹；第二个阶段是炼气化身，即以精气为药，以意为导，使精、气、神初步凝聚；第三个阶段是炼气化神，即精、气、神三位一体，成为一个小而圆的精神意识的产物（鄞鄂，也称圣胎），在体内沿任、督二脉循行；第四个阶段是炼神还虚，在道家看来，丹药炼成后，可以自脑门中自由出入，化为身外之身（即仙体）。如果我们揭去其神秘的面纱，就不难看出张伯端的生命循环论中包含着科学的内容，特别是他已经认识到"肺气伏心气而通于鼻"，实际上这是一种"心肺循环"，在当时的历史条件下，这一研究成果具有重要的科学价值和划时代的理论意义。众所周知，人类正是通过口腔和鼻腔从自然界中吸入新鲜的氧气，然后经肺部的血液流入心脏，从而进入体内；与此同时，人体内的二氧化碳经心脏而进入肺脏，再通过口腔和鼻腔而呼出体外，可以想象，这种气体交换过程一旦终结，生命活动同时也就停止了。

　　国医将人体看成是一个天、地、人"合和"的有机整体，是一个既相互联系又彼此制约的自组织系统或者说是一个复杂的适应系统。张伯端说：

　　　　自太极既分，两仪判矣。两仪生四象，四象生八卦，八卦立而天地人之道备矣。天以动为体，地以静为体，天地之气，往来不息，而日月行乎其中，盖父母构形育我之后，始生脉络也。自形完之后，始生缕络。[1]

又说：

　　　　盖人受天地之中以生，所谓命也。得天地之中气以生，遂可为人。我以身为天地亦宜执其中而为造化之枢纽。[2]

　　综合来看，这两段话贯穿着一个共同的思想基础，那就是系统论。因为从太极到天、地、人的产生，整个过程是由系统自发形成结构的，其中没有外界的干预。有人指出，诸如1（指太极）、2（指阴阳）、3（指天、地、人三才）、5（指五行）、8（指八卦）这些数字，原本是宇宙运转程式的一组密码，而这组密码不是杂乱无章的。如意大利数学家斐波那契发现上面的数字在满足 $a_n = a_{n-1} + a_{n-2}$，且 $a_1 = a_2 = 1$ 的条件下，就是说，只要一个数列，它的前两项等于1，从第三项起，其每一项是它的前两项之和，即成1，1，2，3，5，8……的无穷数列，则这个数列就是斐波那契数列。虽然张伯端不懂得斐波那契数列，但是他看到在整个的宇宙演化过程中，天、地、人组成了一个有序的自组织结构，且这个结构相互交织成一套严密的具有数学意义的可控制程序。对此，他以中国古典的解释范畴为规矩，并用内丹学的术语加以发旨阐微，从而给北宋的科技思想史增添了新的光辉。

　　如张伯端说："四象五行全籍土，三元八卦岂离壬。"[3]这里，土与壬都是"太极"的

---

　　① （宋）张伯端：《玉清金笥青华秘文金宝内炼丹诀》卷下《总论金丹之要》，《道藏》第4册，第375页。
　　② （宋）张伯端：《玉清金笥青华秘文金宝内炼丹诀》卷下《总论金丹之要》，《道藏》第4册，第375页。
　　③ （宋）张伯端：《悟真篇》卷上《七言四韵一十六首之第11首》，金沛霖主编：《四库全书子部精要》下册，第1369页。

不同称谓，而"太极"即"一"，"一"就是一个整体。所以，这句话的主旨是说，世界万物通过阴阳、三元、八卦而构成一个完整统一的整体，其中每一个具体事物都是这个整体的一分子，故"自开辟以来，凡有形者莫不由此而成变化"①。"夫天一生水，在人曰精，地二生火，在人曰神。夫人之精神，日夕荣卫一身，常与天地阴阳之气运行不息。"②结论："天地万物皆不出乎五行，五行又不离于阴阳，阴阳同出于太极，此出同而名异也。其本则同者，玄牝之根同出于真一之太极，其出则异者，真一之气各分为阴阳之玄牝，此本同而出异也。玄牝两者同出于太极，混一之气既成形矣。"③所以，天地万物与太极的关系就是部分与整体的关系，而禀赋天地之秀气的人则通过一种综合控制智能程序的意识去把握太极这个整体，正是内丹学的核心理论。故张伯端说："所谓凝神者，盖息念而返神于心。于心之道，神归于心则性之全体见。"④

三、内丹学的学术价值和意义

张伯端虽然不懂得逻辑与历史相统一的辩证方法，但他在阐释内丹学的理论问题时，实际上已经不自觉地运用了逻辑与历史相统一的辩证方法了。如从历史上看，道儒两家都讲究性命之学，但在具体的实践过程中，道家似乎更侧重于"修命"，而儒家则更侧重于"修性"。故曾参《大学》云："欲修其身者，先正其心，欲正其心者，先诚其意。"⑤可见，正心诚意是修身的起点。《中庸》则提出"天命之谓性"的"修性"命题，孟子亦说："尽其心者，知其性也；知其性，则知天矣。"⑥唐代李翱在《复性书》中进一步把"性"看成是人的一种精神性的先天存在，他说："清明之性鉴于天地，非自外来也。"⑦又说："人之所以为圣人者，性也；人之所以惑其性者，情也。喜、怒、哀、惧、爱、恶、欲七者，皆情之所为也。情既昏，性斯匿矣。"⑧所以，在李翱看来，"复性"的关键就在于"灭情"。

李翱吸收禅宗的"见性成佛"思想，认为人的本然善性是寂然不动的，但妄"情"遮蔽了"性"，故只有把动荡的"情"安定下来，才能呈现本性的初始状态。这里，李翱在"心性"问题上融合了儒、释两家的思想，为北宋三教合一局面的出现创造了条件。与儒家的"性命"学说有所不同，道家的"性命"学说则多倾向于"修命"，《老子》第14章说："视之不见名曰夷，听之不闻名曰希，搏之不得名曰微。此三者，不可致诘，故混而为一。"⑨这应是道家最早的一种"三一修命观"。而《太平经》（甲部第一）公开表示，它

① （宋）薛道光、（宋）陆墅、（宋）陈致虚注：《紫阳真人悟真篇三注》卷2，《道藏》第2册，第986页。
② （宋）张伯端撰，（宋）翁葆光注，（元）戴起宗疏：《紫阳真人悟真篇注疏》卷4，《道藏》第2册，第962页。
③ （宋）张伯端撰，（宋）翁葆光注，（元）戴起宗疏：《紫阳真人悟真篇注疏》卷4，《道藏》第2册，第937页。
④ （宋）张伯端：《玉清金笥青华秘文金宝内炼丹诀》卷上《精神论》，《道藏》第4册，第365页。
⑤ 《大学》，陈戍国点校：《四书五经》上，第1页。
⑥ 《孟子·尽心上》，陈戍国点校：《四书五经》上，第126页。
⑦ （唐）李翱：《李文公集》卷3《复性书下》，儒家经典编委会编：《儒家经典》，第1437页。
⑧ （唐）李翱：《李文公集》卷3《复性书上》，儒家经典编委会编：《儒家经典》，第1435页。
⑨ 《老子》第14章，（汉）河上公、（唐）杜光庭注：《道德经集释》上，第220页。

的立命原则就是"三一为主",《老子想尔注》亦说:"一散形为气,聚形为太上老君,常治昆仑,或言虚无,或言自然,或言无名,皆同一耳。"[①]在唐代以前,道家所说的"命"即"形",所谓"修命"也就是"修形",如《庄子·知北游》篇说:"精神生于道,形本生于精,而万物以形相生"[②],故"人之生,气之聚也,聚则为生,散则为死"[③]。既然气之聚散意味着形体之存亡,人们自然就会想出一些"固形"的方法来,所以魏晋时期修神炼仙蔚然成风,其中"内炼形神"就是最盛行的一种"修命"术,如成书于三国后期的《西升经》卷 29《民之章》云:"夫欲保命长久,不令早终者,当须除情去欲,心意都尽,命自归之,更无他术。"[④]而《黄庭内景经》不仅提出了"泥丸九真皆有房"[⑤]的"九宫说",而且使上清存思修炼术成为一门专门的方术部类。其《紫清章第二十九》云:"积功成炼非自然,是由精诚亦由专,内守坚固真之真,虚中恬淡自致神。"[⑥]隋唐以降,存神修炼之术逐渐与佛教禅宗的"明心见性"说相结合,遂成为北宋内丹派形成的重要思想来源。由此可见,从道家的"修炼形神"(即修命)经过儒家的"修性",到佛教的"无上至真之妙道",它们在历史的发展过程中事实上已经趋于合流,这无疑是张伯端内丹派形成的逻辑前提。他说:

> 岂非教虽分三,道乃归一。奈何后世黄缁之流,各自专门,互相非是,致使三家宗要迷没邪歧,不能混一而同归矣。[⑦]

从逻辑上讲,儒、道两家都通性命之学,然就修炼的境界而言,儒、道"于无为之道,未尝显言,但以命术寓诸易象,以性法混诸微言故耳"[⑧],故修炼者"皆莫能通晓真宗,开照心腑"[⑨],而这主要是因为他们"于本源真觉之性有所未究"[⑩]。因此,他以佛教的"真觉之性"作为补充,从而使内丹法最后进入到"炼神还虚"的最高境界。

在北宋思想史上,张伯端应是第一个提出"气质之性"的思想家。他说:

> 欲神者,气禀之性也;元神乃先天之性也。形而后有气质之性,善反(返)之,则天地之性存焉。自为气质之性所蔽之后,如云掩月。气质之性虽定,先天之

---

① 饶宗颐:《老子想尔注校证》,上海:上海古籍出版社,1991 年,第 12 页。

② (战国)庄周:《庄子南华真经外篇·知北游》,《百子全书》第 5 册,第 4582 页。

③ (战国)庄周:《庄子南华真经外篇·知北游》,《百子全书》第 5 册,第 4581 页。

④ 《西升经》卷 5《民之章第二十九》,《道藏》第 14 册,第 596 页。

⑤ (唐)梁丘子注:《黄庭经集释》,北京:中央编译出版社,2015 年,第 71 页。

⑥ (唐)梁丘子注:《黄庭经集释》,第 116 页。

⑦ (宋)张伯端:《悟真篇·自序》,(宋)张伯端撰,(宋)翁葆光注,(元)戴起宗疏:《紫阳真人悟真篇注疏》,《道藏》第 2 册,第 914 页。

⑧ (宋)张伯端:《悟真篇·自序》,(宋)张伯端撰,(宋)翁葆光注,(元)戴起宗疏:《紫阳真人悟真篇注疏》,《道藏》第 2 册,第 914 页。

⑨ (宋)张伯端:《悟真篇·自序》,(宋)张伯端撰,(宋)翁葆光注,(元)戴起宗疏:《紫阳真人悟真篇注疏》,《道藏》第 2 册,第 915 页。

⑩ (宋)张伯端:《悟真篇·自序》,(宋)张伯端撰,(宋)翁葆光注,(元)戴起宗疏:《紫阳真人悟真篇注疏》,《道藏》第 2 册,第 915 页。

性则无有。①

有人根据张载在《正蒙》中所说"形而后有气质之性,善返之,则天地之性存焉"这一句话,而推断"是张载受了张伯端的影响",且"张伯端'气质之性'的说法确有道教的渊源(源于《灵宝毕法匹配阴阳第一》之'气质'一词,引者注)而且早于张载数十甚至上百年"。②尤其是侯外庐等主编的《宋明理学史》中亦有同样的看法。③所以,张伯端影响了张载已经是肯定的事实了。而"气质之性"的提出,对北宋科技思想的发展具有重要的理论意义。

其一,张伯端把"气质之性"称之为"欲神",或作"欲念之性"④,实际上是承认了科学技术在社会发展中的崇高地位。因为从根本上说,科学技术源于人类的社会生产和经济生活,马克思指出:只有当人类的社会生产和经济生活产生了对科学技术的实际需要时,它才能"以意想不到的力量一下子重新兴起,并且以神奇的速度发展起来"⑤。"需要"当然也是一种欲望,据不完全统计,北宋在科学技术的各个方面所作出的辉煌成就共有42项。⑥正是基于这样的历史现实,李约瑟才说:"对于科技史家来说,唐代却不如宋代那样有意义,这两个朝代的文献中查找任何一种具体的科技史料时,往往会发现它的主焦点就在宋代,不管在应用科学方面或纯粹科学方面都是如此。"⑦

其二,从片面关注"天地之性"到"气质之性"成为北宋学者议论的话题,就深层次的文化心理来说,它反映了人们思想观念的一次巨大变革。所以,张伯端在处理义与利的关系问题上,明确地主张把"实腹"作为修身的第一要义,显示了他治学的风格和胆量,因为不管"实腹"是隐喻还是显义,它实际上是在证明追求物质生活的满足不仅对修道本身具有合理性和不可逾越性,而且对现实的社会存在和发展也同样具有合理性和不可逾越性。所以,从这个角度讲,张伯端的"实腹"说较之张载和二程的"灭人欲"说,对北宋社会经济的发展具有更加积极的现实意义和人文关怀的价值。

第七节　沈括的科技思想

沈括科技思想的形成是北宋理学与科学间发生互动的文化结晶:一方面,沈括充分地吸收了北宋理学所创造的优秀思想成果,尤其是他把"理"这个认识论范式自觉地应用于

---

① (宋)张伯端:《玉清金笥青华秘文金宝内炼丹诀》卷上《神为主论》,《道藏》第4册,第364页。
② 孔令宏:《张伯端的性命思想研究》,《复旦学报(社会科学版)》2001年第1期。
③ 侯外庐等主编:《宋明理学史》上册,北京:人民出版社,1997年,第112页。
④ (宋)张伯端:《玉清金笥青华秘文金宝内炼丹诀》卷上《神为主论》,《道藏》第4册,第364页。
⑤ 《马克思恩格斯全集》第20卷,北京:人民出版社,1976年,第524页。
⑥ 杨渭生:《宋代科学技术述略》,《漆侠先生纪念文集》,第471—476页。
⑦ [英]李约瑟:《中国科学技术史》第1卷第1分册,第284页。

他的科学研究之中，提出了"大凡物理，有常有变"①、"阳顺阴逆之理，皆有所从来，得之自然"②及"原其理"③的科学命题，另一方面，北宋的科学技术状况也对理学的发展产生了重要影响，据胡道静先生考证，《梦溪笔谈》在沈括生前即已镂板流行④，如北宋学者王辟之在其所著《渑水燕谈录》及王得臣的《麈史》中都引用过《梦溪笔谈》里的资料。而沈括死于 1095 年，当时程颐还健在，由于史料缺乏，我们对程颐是否看见过《梦溪笔谈》这部书不得而知，但人们还是间接承认了程颐的理学思想曾受到过沈括的影响这个事实⑤，至少"他们认为自然之物背后存在着自然之理，并且都把认识事物的重点放在事物之理上，这无疑是一致的"⑥。

台湾淡江大学的叶鸿洒女士在研究沈括现象的历史原因时，认为"中国中世纪的科技发展与传统儒学及政治是一体之两面，是相辅相成的"⑦。这个结论具有一般性的意义，也就是说，北宋科学高峰与理学的形成有一种内在的联系，而这种联系可以转换成下面两个问题：一是新思想范式的形成是否意味着是对科学发展的解放？或者说一种新思想范式的出现应当是科学革命的结果？二是在一定范型下，科学发展的高峰是否意味着支持它的范型同时也进入了僵化期和危机期？

而本节的目的就是试图给上述问题寻找一种合理的解释。

一、中国古代实验科学的高峰

（一）中国古代科技思想的传统

中国古代科学的发展有两脉，一脉是儒学的传统，一脉是道学的传统。本来，与儒、道并存的主流派还有墨家，如梁启超就曾将先秦诸子分为孔、老、墨三家。⑧但墨家于秦汉以后便逐渐消失了，这是中国文化极不可思议的现象。诚然，一种文化有一种文化的存在与消亡的方式，但文化消亡的方式不外有三种情况：一是被新的文化所取代；二是在与其他文化的矛盾斗争中，发生了融合；三是在特殊的历史条件下，与承载它的王朝同归于

① （宋）沈括：《梦溪笔谈》卷 7《象数一》，杨渭生新编：《沈括全集》卷 39，杭州：浙江大学出版社，2011年，第 329 页。

② （宋）沈括：《梦溪笔谈》卷 7《象数一》，杨渭生新编：《沈括全集》卷 39，第 331 页。

③ （宋）沈括：《梦溪笔谈》卷 19《器用》，杨渭生新编：《沈括全集》卷 51，第 454 页。

④ 胡道静：《梦溪笔谈校证》，北京：古典文学出版社，1957 年，第 22 页。

⑤ 李申：《中国古代哲学与自然科学》，第 66 页。

⑥ 乐爱国：《儒家文化与中国古代科技》，第 166 页。

⑦ 叶鸿洒：《试探沈括在北宋政坛的建树》，《国际宋史研讨会论文集》，台北：中国文化大学出版部，1989 年，第 551 页。

⑧ 梁启超：《论中国学术思想变迁之大势》，参见梁启超：《中国学术思想变迁史》，上海：上海古籍出版社，2001 年，第 27 页。梁氏原话比较长，其文云："孔、老分雄南北，而起于其间者，有墨子焉。墨亦北派也，顾北而稍近于南。墨子生于宋，宋南北要冲也，故其学于南北各有所采，而自成一家。言其务实际，贵力行也，实原本于北派之真精神，而其刻苦也过之；但其多言天鬼，颇及他界，肇创论法，渐阐哲理，力主兼爱，首倡平等，盖亦被南学之影响焉。故全盛时代之第二期，以孔、老、墨三分天下。孔、老、墨之盛，非徒在第二期而已，直至此时代之终，其余波及于汉初，犹有鼎足争雄之姿。……虽然，吾非谓三宗之足以尽学派也，又非如俗儒之牵合附会，欲以当时之学派，尽归纳于此三宗也。"

尽。那么，墨家采取了一种什么样的消失方式呢？笔者认为，墨家之消失，应当是一种"融合型"的消失，也就是说它的主要思想为秦汉之后的儒学所吸收了。理由是：儒墨本于一源，据考，孔子和墨子都是鲁国人，赵纪彬先生说："孔墨两家的学说，都得力于当时'邹鲁之士，缙绅先生'的术士教养"①，但"孔子创始儒家学派，是直接出于邹、鲁'缙绅先生'的诗书礼乐之教；而墨子所创始的墨家学派，则是和当时术士的派别分化相照应，从儒家里面分离出来的继起学派"②。故《淮南子·要略》篇说："墨子学儒者之业，受孔子之术"③，韩愈《原道》篇也说："孔子必用墨子，墨子必用孔子，不相用，不足为孔墨"④，这是颇有见地的话。

孔子非常重视经验在知识发展中的作用，在他看来，"生而知之者上也"而"学而知之者次也"⑤，但对于前者只不过是一种逻辑假设，其实孔子并不承认现实社会里真有"生而知之"的人，相反，现实社会里只有"学而知之"的人，如对于《论语》中出现的134人，孔子没有说过任何人是"生而知之者"⑥，即是明证。所以孔子提倡的是"好学"精神而不单是"仁"，他说："好仁不好学，其蔽也愚；好知不好学，其蔽也荡；好信不好学，其蔽也贼；好直不好学，其蔽也绞；好勇不好学，其蔽也乱；好刚不好学，其蔽也狂。"⑦那么，怎样才能做到"好学"？孔子的主张是充分利用感觉和实践的功能，他说："吾道一以贯之。"⑧其中"贯"字，赵纪彬先生释为"实践"⑨，不过，这个实践的主体是独立的个人而不是现实的社会，如孔子说："吾尝终日不食，终夜不寝，以思，无益，不如学也。"⑩而"孔子这种经验论，完全被墨子所承藉，并且由墨子加以发展"⑪，只不过是墨子把孔子所倡导的经验论推到了极端而已。物极必反，汉武帝"独尊儒术"之后，确立了"五经"在知识传播中的地位。这样，作为儒学经典的"五经"便成为人们获得知识的一种指南。当然，"五经"主要是伦理道德的教科书，但其中也包含很多科学知识，如《曾子天圆》就载有曾子对"天圆地方"说的一段解释，他说：

> 天道曰圆，地道曰方，方曰幽而圆曰明。明者，吐气者也，是故外景；幽者，含气者也，是故内景。故火、日外景，而金、水内景。吐气者施，而含气者化。是以阳施而阴化也。阳之精气曰神，阴之精气曰灵。神灵者，品物之本也。⑫

"品物之本"是"神灵"，也即阴阳二气，把阴阳二气作为一种解释学意义上的思维范

---

① 赵纪彬：《中国哲学思想》，第41页。
② 赵纪彬：《中国哲学思想》，第41页。
③ （汉）刘安：《淮南子》卷21《要略训》，《百子全书》第3册，第3003页。
④ （唐）韩愈著，马其昶校注，马茂元整理：《韩昌黎文集校注》第1卷《原道》，第45页。
⑤ 《论语·季氏》，陈戍国点校：《四书五经》上，第52页。
⑥ 赵纪彬：《中国哲学思想》，第41页。
⑦ 《论语·阳货》，陈戍国点校：《四书五经》上，第54页。
⑧ 《论语·里仁》，陈戍国点校：《四书五经》上，第23页。
⑨ 赵纪彬：《中国哲学思想》，第58页。
⑩ 《论语·卫灵公》，陈戍国点校：《四书五经》上，第50页。
⑪ 赵纪彬：《中国哲学思想》，第58页。
⑫ 姜涛：《曾子注译》，济南：山东人民出版社，2016年，第54页。

畴，可能正是曾子对中国古代科技思想发展史的独特贡献。而曾子应用上述观点对宇宙万物的形成做了下面的阐释：

> 阴阳之气各静其所，则静矣，偏则风，俱则雷，交则电，乱则雾，和则雨。阳气胜则散为雨露，阴气胜则凝为霜雪。阳之专气为雹，阴之专气为霰，霰雹者，一气之化也。[①]

> 圣人慎守日月之数，以察星辰之行，以序四时之顺逆，谓之历；截十二管，以宗八音之上下、清浊，谓之律也。律居阴而治阳，历居阳而治阴，律历迭朽治也，其间不容发。[②]

这就形成了一种解释性的思维范式。后来，子思和孟子又进一步巩固了这个思维范式的权威。子思的代表作是《中庸》，其中有一段对后世产生了重大影响的话，原文如下：

> 唯天下至诚，为能尽其性。能尽其性，则能尽人之性。能尽人之性，则能尽物之性。能尽物之性，则可以赞天地之化育。可以赞天地之化育，则可以与天地参矣。[③]

《孟子·离娄下》又说：

> 天下之言性也，则故而已矣；故者，以利为本。所恶于智者，为其凿也。如智者若禹之行水也，则无恶于智矣。禹之行水也，行其所无事也。如智者亦行其所无事，则智亦大矣。天之高也，星辰之远也，苟求其故，千岁之日至，可坐而致也。[④]

这段话告诉我们，人类只要按自然规律办事（苟求其故），就能充分地发挥人的主观能动性，实现"与天地参"的目的。所以，儒学的科技思想传统实际上是由子思和孟子奠定的，而北宋理学家所发扬光大的也正是子思和孟子这种求真务实的科学精神。

与儒学以"人"为轴心的科学精神相比，道学则是以"天地"为轴心的思想学派。儒学也重视天地，但在儒家的思想文本里，天地是道德化的天地而不是科学化的天地，道学在中国古代科技思想史上的地位就是由"科学化的天地"这个基本出发点来决定的。在这里，所谓"科学化的天地"主要是说把自然界作为科学研究的对象而不是伦理的对象，在这种意义上，我们也可将道家的科学称之为"自然科学"。对此，《老子道德经》第四十二章有一段精彩的表述，其文曰：

> 道生一，一生二，二生三，三生万物。万物负阴而抱阳，冲气以为和。[⑤]

这段被人们用滥了的话，与其说是关于宇宙生成的模式，倒不如说是中国古人认知自然界的一种话语方式。它本身包括四个层次的内容：第一个层次是"道生一"，"道生一"是一个整体，它既可以是人类思想的客体，也可以是人类科学研究的客体，而现代物理学

---

① 姜涛：《曾子注译》，第 54—55 页。
② 姜涛：《曾子注译》，第 56 页。
③ 《中庸》，陈成国点校：《四书五经》上，第 11 页。
④ 《孟子·离娄下》，陈成国点校：《四书五经》上，第 102—103 页。
⑤ 《老子》第 42 章，（汉）河上公、（唐）杜光庭注：《道德经集释》上，第 246 页。

所追求的大一统理论实际上就是这个东西，从学科上讲，它是哲学和数学的研究对象；第二个层次是"一生二"，它应当指自然界发展到分化出天和地的历史阶段，而就它们的功能来讲，地即地球，可以作为人类认识的独立对象；天即地球以外的星体，也可以作为人类认识的独立对象，并且他们分别构成人类科学的两大基础学科，即天文学和地学；第三个层次是"二生三"，它是指自然界发展到分化为天、地、人的阶段，用现代的科学术语则是指自然界存在的三大结构形态，即非生命形态、生命形态和智力形态，这三大形态与具体科学的关系，大体说来，非生命形态可包括物理学和化学，生命形态包括生物学、生理学和医学，而智力形态则包括心理学；第四个层次是"三生万物"，它是指人类的经验世界。对此，我们应当有个清醒的认识，在老子看来，第四个层次即经验世界不是不重要，恰恰相反，经验世界是人类认识自然界的起始阶段，人们通过阴和阳这两个范畴而渐次进入到第三个层次和第二个层次，即"万物负阴而抱阳"，最后上升至第一个层次，从而实现"冲气以为和"的目的。在这里，"和"就是一种和谐，一种平衡，一种生态意义上的天、地、人的统一。故《周易·系辞下》引孔子的话说："乾，阳物也；坤，阴物也。阴阳合德而刚柔有体，以体天地之撰，以通神明之德。"[1]实际上，"冲气以为和"与"以通神明之德"所指为同一个对象。由此可见，中国古代自然科学的范畴始终被置于"万物负阴而抱阳"的语境之中，从而形成了中国古代自然科学的特色。正是在这种意义上，三国数学家刘徽《九章算术注·序》说："观阴阳之割裂，总算术之根源。"[2]

李约瑟在他的《中国古代科学思想史》一书中认为，道家的思想有两个来源："一是战国时代的哲学家。他们舍人道而从天道，因此弃官避世退居山林和野外，以参天地之法则，以观造化之无穷"，另一个"是上古的 Shamans（在中国，或译为'羡门'）和术士。"[3]而且"因道家哲学强调自然，自然就渐渐从纯观察的研究转变为实验的态度"[4]。所以，中国古代实验科学是伴随着道学的发展变化而发展变化的。按照李约瑟的理解，"科学的诞生，有赖于学者与技工彼此的沟通"[5]，其"儒家完全是站在士大夫这一边，对从事技艺和手工的人是毫不同情的。而道家却与技术工人有着密切的接触（这又与苏格拉底以前希腊的自然哲学家很相近）。自古以来，在中国历史上道家一向保持这种态度"[6]。北宋的平民化科技创造活动非常显著，而很多理学家本身就是平民。此外，还有不少官僚出身的科学家十分关注平民科学家的创造活动，甚至把他们的成就载入史册，其中沈括就是典型的代表。

综上所述，我们可以初步得出下面两点结论：

第一，宋代实验科学的发达是儒道两派科技思想传统相互交融的结果。

第二，新旧两种思维范型的转换为北宋实验科学的发展提供了空前绝后的历史机遇。

---

① 《周易·系辞下》，陈成国点校：《四书五经》上，第204页。
② （三国魏）刘徽：《九章算术注·序》，郭书春、刘钝校点：《算经十书（一）》，第1页。
③ ［英］李约瑟：《中国古代科学思想史》，陈立夫等译，第39页。
④ ［英］李约瑟：《中国古代科学思想史》，陈立夫等译，第39页。
⑤ ［英］李约瑟：《中国古代科学思想史》，陈立夫等译，第151页。
⑥ ［英］李约瑟：《中国古代科学思想史》，陈立夫等译，第152页。

（二）北宋实验科学发展的高峰

科学发展需要范型的规范和指导，北宋之前我国古代的科学范型就是阴阳五行，这个科学范型曾把魏晋南北朝的科学技术推到了它所能达到的高峰，以后它便开始出现僵化的趋势，到唐代中后期则进入危机阶段。所以，北宋初立，我们在那些科学技术文本里常常会看到这样两种解释现象，一种是旧的范畴还在被滥用，另一种则是新的范畴开始普遍地被人们所接受，并广泛应用于人们的思想文本里。如沈括一方面用五行说来解释胆矾溶液加热得到铜的现象，另一方面他又把"原其理"作为其科学研究的基础。而"理"这个范畴的出现很大程度上是对阴阳说的反动，它引导人们开始运用"数学语言"来描述宇宙万物的生成与发展。所以有人说："到宋元科技高峰时，五行理论已不适应了。"[①]然而，由于种种原因宋元士人却没有能够完成"由数达理"的内在逻辑转变，因此，"使得运算方法仅仅限于对经验数据的计算，未能上升到对自然规律的数学化"[②]。

不过，值此新旧范式相搏之际，北宋中期以王安石变法为标志，历史性地形成了荆公、温公、苏蜀及二程这四大既相互对立又相互统一的学派。虽然，这四个学派并不是真正的科技型学术团体，其各学派对北宋社会发展的政治态度不同，且对中国古代科技发展的作用亦不一样，但是无论是荆公、温公、苏蜀还是二程，他们在德高艺轻的历史背景下，能相对用心于对自然现象的观察与研究，却是他们共同的学术特点。毫不夸张地说，正是由于这四大学派的学术影响，才使北宋的科技思想界为之一振。与此相适应，北宋中期涌现出一批著名的科学家和科技名著，一般而言，这些著作对自然现象的解释都具有一定的实验基础和证实性特点。如在 1040—1042 年成书的《武经总要》中记载着三个火药配方，而且其组成比例非常接近于现代火药的含量，显然这是反复实验的结果；同书卷 15 还载有制造指南鱼的方法，其原理是利用强大的磁场作用使铁片磁化，开创了人类人工磁化的科学历史，这同样是反复实验的结果。独孤滔的《丹房镜源》一书有方铅矿的最早记录，并且对方铅矿的性质作了较科学的描述，试想，若没有相当的实践经验，这些物质的性质也不可能提炼出来。[③]作为集北宋建筑经验之大成的《营造法式》一书，既是北宋建筑师长期实践的结晶，同时也是其社会变革的产物，它的刊行表明中国古代的建筑学已经进入规范化和制度化的历史发展阶段。此外，由陈希亮在庆历中"法青州所作飞桥"[④]，"始作飞桥，无柱"[⑤]，而这种"虹梁结构"的长跨径木桥则创造了世界古代桥梁

① 黄生财：《从中国古代思想观念谈李约瑟命题》，《自然辩证法通讯》1999 年第 6 期。
② 李亚宁：《明清之际的科学、文化与社会——17、18 世纪中西文化关系引论》，成都：四川大学出版社，1992 年，第 109 页。
③ 张子高：《中国化学史稿·古代之部》，北京：科学出版社，1964 年，第 118 页。
④ （宋）王辟之撰，韩谷校点：《渑水燕谈录》卷 8《事志》，上海：上海古籍出版社，2012 年，第 61 页。原文云："青州城西南皆山，中贯洋水，限为二城。先时跨水植柱为桥，每至六七月间，山水暴涨，水与柱斗，率常坏桥，州以为患。明道中，夏英公守青，思有以捍之。会得牢城废卒，有智思，叠巨石固其岸，取大木数十相贯，架为飞桥，无柱。至今五十余年，桥不坏。庆历中，陈希亮守宿，以汴桥屡坏，率尝损官舟害人，乃命法青州所作飞桥。至今沿汴皆飞桥，为往来之利，俗曰虹桥。"
⑤ 《宋史》卷 298《陈希亮传》，第 9919 页。

建筑史上的一个伟大奇迹。

在人体科学方面，1041—1048 年间[1]，画工宋景绘制了《欧希范五脏图》，这幅人体内脏图谱，正确地记载了人体内脏肝、肾、心和大网膜的部位与形态，它的问世标志着中国古代解剖学发展到了一个新的历史阶段。当然，我们在这里不得不去面对和正视这样一个道德悖论：欧希范是北宋的一位农民起义领袖，他在被捕之后，当地政府竟残忍地下令用他的躯体去做"活体解剖实验"，这未免有点恐怖和不人道。可是，法国实验医学派的代表贝尔纳说："没有这种方式的研究，就不可能有生理学。"[2]由此不难想见，中国古代科学技术发展的艰难性与复杂性。

诚然，科技伦理是社会进步的重要量纲，是社会伦理学的有机组成部分。但在不同的历史时期和不同的政权体制下，科技伦理具有不同的形式与内容，尤其在中国古代，因科技伦理根本没有其独立性，所以它只能依附于那个特定的官僚政治。至于北宋科技伦理与其政治及科技发展的关系，已经超出本书的研究范围，兹不多言。不过，说到北宋实验科学的发展成就，有一点应当是清楚的，那就是北宋的实验科学伴随着理学的产生和发展亦获得了相当程度的发展和提高，而且还达到了那个时代所能达到的极限。

那么，北宋的实验科学符合现代意义上的实验科学标准吗？按照现代通行的概念，科学实验是指根据确定的科研目的，以一定的科学理论为指导，运用适当的物质手段，在人为控制的条件下获取科学事实的研究方法。它有四个鲜明的特点：一是控制性，这是实验方法的灵魂；二是可重复性，即各种实验只要满足其所需要的条件和掌握正确的实施操作技术，其实验不仅可重复进行，而且都能得到同样的结果；三是精确性，马克思说："自然科学家力求用实验再现出最纯真的自然现象"[3]；四是经济性，即用最小的代价获取最大的效果，这是科学实验的基本原则。因此，从一般意义上的实验发展到可控制实验，是人类社会经济发达和科学技术手段相对成熟的重要标志。而对于北宋的科技发展水平，人们之所以把沈括的科学研究成就作为其衡量尺度，是因为他的实验方法具有现代实验科学的内涵，是他将中国古代的实验科学推向了高峰。

《梦溪笔谈》一书中保存着沈括做过的许多科学实验，为了说明问题，笔者在这里仅举两个事例如下：

第一，凹面镜成像及测定焦距的实验。其文云："阳燧面洼，以一指迫而近照之则正，渐远则无所见，过此遂倒。"[4]"阳燧"就是凹面镜，"过此"的"此"则是指凹面镜的焦点。这段话的意思是说，将一个手指放在凹面镜前面，如果手指远近移动时，其成像就会随之发生变化，其中当手接近凹面镜时成像是正的，当手指远离凹面镜并到达一定距离（焦点处）时成像则因为落在人眼之后而消失，但当手指移过这一点时成像就倒过来

① 靳士英认为是"1045 年"，参见《朱肱〈内外二景图〉考》，《中国科技史料》1995 年第 4 期。

② ［法］克洛德·贝尔纳著，郭庆全校：《实验医学研究导论》，夏康农、管光东译，北京：商务印书馆，1996 年，第 103 页。

③ 《马克思恩格斯全集》第 1 卷，北京：人民出版社，1979 年，第 78 页。

④ （宋）沈括：《梦溪笔谈》卷 3《辩证一》，杨渭生新编：《沈括全集》卷 35，第 276 页。

了。关于这个实验在中国古代科学史上的意义，蔡宾牟和袁运开两位先生曾做过比较详尽的阐述：首先，沈括用自己的手指当作物体，把物体（手指）跟观察者（眼睛）分开来进行实验，以此获取成像的各种数据，是实验科学的一大变革；其次，通过观察成正像与成倒像之间的分界点现象，使沈括发现了近代光学上的焦点。[①]

第二，共振现象实验。其文曰："琴瑟弦皆有应声：宫弦则应少宫，商弦即应少商，其余皆隔四相应。今曲中有声者，须依此用之。欲知其应者，先调诸弦令声和，乃剪纸人加弦上，鼓其应弦。则纸人跃，他弦即不动。声律高下苟同，虽在他琴鼓之，应弦亦震，此之谓'正声'。"[②]这个实验所依据的原理是琴瑟都有互相应和的现象（即八度音程能产生共鸣的音），由于琴瑟都是依五声音阶定弦的，第一弦隔二、三、四、五弦，同第六弦"隔四相应"。而要想知道某一根弦的应弦，可将各条弦的音（依五声音阶）调准，然后剪纸人放在待测弦上，一弹与它相应的弦，纸人就会跳动，弹其他弦，纸人就不动。如果琴弦的声调高低都相同，即使在别的琴上弹，这张琴上的应弦同样也会振动，这个"正声"实验比英国牛津的诺布尔和皮戈特所做"纸游码"实验要早五个多世纪。[③]

二、宋代学术的分异作用与沈括的科技思想

（一）宋代学术的分异作用

"分异作用"是地质学上的一个术语，它的基本含义就是在地球的形成过程中，其构成因素按照轻者浮重者沉的规律来进行整合性的地质构建，然后形成分层的地球。在人类发展过程中，没有永恒的思想和文化，而每一时代总是对前一代的文化进行过滤，扬弃其对现实作用不大的思想，保留其与现实关系密切的部分，然后在此基础上开始新的文化整合。那么，北宋通过对传统文化的过滤，究竟保留下了什么样的文化呢？换言之，北宋以何种文化作为其社会变革的基础？

中国古代有两个科技思想传统：天人合一与天人相分。有人认为中国古代的科技传统就是四个字"天人合一"，笔者认为是很不全面的，因为在"天人合一"的思维模式中绝对不可能培育出像沈括这样的科学家。沈括是一位具有开拓意识的创造性人才，他不"袭故"，因而他能在第一时间内，对"理"这个新的思想范畴做出积极的反应，李申说："《梦溪笔谈》对于自然界的认识若归为一句话，那就是'万事万物都有个理'。"[④]

而"理"这个概念本身则包含着"天人相分"与"天人合一"两个方面的内容，是"分"与"合"的对立统一体。

"天人合一"是我国传统文化的内质，关于这个特点，中外学者已经论述得很到位了，似无再作补充或重复之必要。所以，本节仅就被学界所忽视或者说重视不够的"天人

---

① 蔡宾牟、袁运开主编：《物理学史讲义——中国古代部分》，北京：高等教育出版社，1985 年，第 212 页。
② （宋）沈括：《梦溪笔谈·补笔谈卷一》，杨渭生新编：《沈括全集》卷 59，第 564 页。
③ 蔡宾牟、袁运开主编：《物理学史讲义——中国古代部分》，第 132—134 页。
④ 李申：《中国古代哲学和自然科学》，第 63 页。

相分"思想即"分"的一面略抒几点管见。

第一,"理"是北宋学者对人类主观能动性的一种理性透视,甚至从某种意义上说,也是北宋学者努力张扬和超越自我的一种主动,而这种主动的特征之一就是"分"的思想格外地被凸显了出来。如周敦颐、张载、程颐、王安石、张伯端等,他们在自己的著述里就程度不同地表现出了对"分"这个思想的关注和钟情,这大概是跟主张自主创新的宋学精神相适应的。周敦颐是北宋理学的"开山祖",他的《太极图说》就多次讲到"分"的思想。他说:"太极动而生阳,动极而静,静而生阴,静极复动。一动一静,互为其根。分阴分阳,两仪立焉。"①又说:"惟人也,得其秀而最灵。形既生矣,神发知矣,五性感动而善恶分,万事出矣。"②在这里,不仅天地(即两仪)以"分"为存在的前提,而且人类的意识活动亦以"分"为立人的基础。朱熹解释说:"五常之性,感物而动,而阳善阴恶,又以类分,而五性之殊,散为万事。"③其中"五常之性,感物而动"讲的就是人类的主观能动性。在《通书·诚几德第三章》里,周敦颐甚至对"几"的量度还作出了说明。他说:"诚无为,几善恶。"④何为"几"?朱熹云:"几者,动之微,善恶之所由分也。"⑤"动而未形、有无之间者,几也。"⑥而朱熹则称其为"实理发见之端"⑦。现代自然科学围绕着"几"这种客观想象已经提出了许多重大的科学理论(即实理),如混沌理论、耗散结构理论等,它说明"几"是可以量度的。虽然北宋在探讨"几"的过程中,并没有能够提出系统的科学理论,但"几"作为激发人的主观能动性的一个积极因素,其对北宋科学技术的发展起到了促进作用,这一点则是应当肯定的。

第二,"理"是一个标示包含无穷个实理性问题的集合,而这些问题往往是科学研究的原点。同时由于这个问题集本身已经建构为一种对象性的客体实在,也就是说,不管主体性的人是否关照它们,它们始终都处在一种本然的状态,然而却诱导着人类的好奇心,所以从这个角度说,这些问题与人类的认识之间有一种相分的内在趋向。如《河南程氏遗书》按内容分,可分成语录和问题两种体裁,其中讲求"道问学"的程颐尤擅于问题式的探寻真理,而有关他的那部分内容,实际上就是由"理"所组合成的一个问题集,其中不乏对"理"的直接追问。试枚举若干实例如下:

第一问:"至诚可以蹈水火,有此理否?"⑧

第二问:"某尝读《华严经》,第一真空绝相观,第二事理无碍观,第三事事无碍观,

① (宋)周敦颐著,谭松林、尹红整理:《周敦颐集·太极图说》,第4页。
② (宋)周敦颐著,谭松林、尹红整理:《周敦颐集·太极图说》,第7页。
③ (宋)周敦颐著,谭松林、尹红整理:《周敦颐集·太极图说》,第7页。
④ (宋)周敦颐著,谭松林、尹红整理:《周敦颐集·通书》,第19页。
⑤ (宋)周敦颐著,谭松林、尹红整理:《周敦颐集·通书》,第19页。
⑥ (宋)周敦颐著,谭松林、尹红整理:《周敦颐集·通书》,第21页。
⑦ (宋)周敦颐著,谭松林、尹红整理:《周敦颐集·通书》,第21页。
⑧ (宋)程颐:《河南程氏遗书》卷18《刘元承手编》,(宋)程颢、程颐著,王孝鱼点校:《二程集》上,第189页。

譬如镜灯之类，包含万象，无有穷尽。此理如何？"①

第三问："邵尧夫能推数，见物寿长短始终，有此理否？"②

第四或曰："传记有言，太古之时，人有牛首蛇身者，莫无此理否？"③

不仅程颐将"理"看成是一个问题集，事实上，北宋的很多其他学者也都自觉地把"理"作为一个问题来对待。如沈括云："日之盈缩，其消长以渐，无一日顿殊之理。"④又说："'五石'诸散用钟乳为主，复用术，理极相反，不知何谓？"⑤可见，这里所说的"理"指的都是某一个具体问题，且都是科学问题。因为沈括所求解的问题不仅可解，而且其本身就蕴涵着问题域、求解目标、应答域和背景知识，是个既有继承又有创新的辩证过程。比如，对中国古代的晷漏问题，因"其步漏之术皆未合天度"⑥，故沈括"以理求之"。他说："冬至日行速，天运未期，而日已过表，故百刻而有余；夏至日行迟，天运已期，而日未至表，故不及百刻。既得此数，然后复求晷景漏刻，莫不泯合。"⑦实践证明，只要把"理"的这层内容切实地贯彻到实际工作中去，就必然会推动科学研究的不断深入和人的思维能力的提高。所以，英国科学哲学家波普尔反对归纳主义所提出的"科学研究始于观察"观，坚持认为"科学仅仅从问题开始"⑧，甚至在《客观知识》一书中，他进一步断言："知识的增长是从旧问题到新问题。"⑨

第三，"理"不单是抽象的概念，而且还是具体的实践活动。北宋理学家注重"格物"的日常实践，以"积习"（即实践经验）作为"穷理"的重要手段，从而丰富了"理"这个新思想范式的基本内涵。因此，程颐说："凡眼前无非是物，物物皆有理。如火之所以热，水之所以寒，至于君臣父子间皆是理。"⑩在他看来，"格物"不能是仅格一物，而是"遍求"⑪万物。所谓"遍求"就是"今日格一件，明日又格一件"⑫。显然，这一件又一件的"格物"工夫，实际就是不断实践的过程，而这个过程却并不能取代一日

① （宋）程颐：《河南程氏遗书》卷18《刘元承手编》，（宋）程颢、程颐著，王孝鱼点校：《二程集》上，第195页。

② （宋）程颐：《河南程氏遗书》卷18《刘元承手编》，（宋）程颢、程颐著，王孝鱼点校：《二程集》上，第197页。

③ （宋）程颐：《河南程氏遗书》卷18《刘元承手编》，（宋）程颢、程颐著，王孝鱼点校：《二程集》上，第198页。

④ （宋）沈括：《梦溪笔谈》卷7《象数一》，杨渭生新编：《沈括全集》卷39，第325页。

⑤ （宋）沈括：《梦溪笔谈》卷18《技艺》，杨渭生新编：《沈括全集》卷50，第446页。

⑥ （宋）沈括：《梦溪笔谈》卷7《象数一》，杨渭生新编：《沈括全集》卷39，第325页。

⑦ （宋）沈括：《梦溪笔谈》卷7《象数一》，杨渭生新编：《沈括全集》卷39，第325页。

⑧ ［英］卡尔·波普尔：《猜想与反驳——科学知识的增长》，傅季重等译，上海：上海译文出版社，1986年，第222页。

⑨ ［英］卡尔·波普尔：《客观知识：一个进化论的研究》，舒炜光等译，上海：上海译文出版社，1987年，第258页。

⑩ （宋）程颐：《河南程氏遗书》卷19《杨遵道录》，（宋）程颢、程颐著，王孝鱼点校：《二程集》上，北京：中华书局，2004年，第247页。

⑪ （宋）程颐：《河南程氏遗书》卷19《杨遵道录》，（宋）程颢、程颐著，王孝鱼点校：《二程集》上，北京：中华书局，2004年，第247页。

⑫ （宋）程颐：《河南程氏遗书》卷18《刘元承手编》，（宋）程颢、程颐著，王孝鱼点校：《二程集》上，北京：中华书局，2004年，第188页。

又一日之"思"的过程，因为对于"穷理"来说，"格"（即格物）与"思"（即致知）是两个不同的认识过程。当然，其"格"的认识论前提是"天人相分"，而"思"的认识论前提则是"天人合一"。程颐说："能致知，则思一日愈明一日，久而后有觉也。"①因之，朱熹与陆九渊两人才在认识方法上产生了分歧。其中陆九渊反对朱熹"格物致知"的根据就是由于在朱熹那里，"穷理"必须要经过格具体事物之理的长久的实践过程，而对于这个过程，陆九渊认为是没有必要的，因为"心即理"，故认识的方法就应该是直接去"发明本心"。不过，在北宋，"理"常常作为一种实践活动而为人们所施用。如欧阳修说："若犹疑于虚实之间，则乞更加尽理，推穷辩正。"②王安石亦说："方陛下励精众治，事事皆欲尽理之时。"③此处两举"尽理"，都是努力去做、去实践的意思。此外，北宋士人对于那些不该做而做了的事情，往往斥之以"岂容此理"或"岂有此理"，如"国君不以为僭，天下莫之敢议，谓之无故而得，世岂容有此理哉"④，其"岂容此理"的意思就是说不应当那么做事。

"理"既然跟人们的日常生活实践联系得这么密切，那么"理"自身就必然会分出层次来。而身处不同地位的人，其具体的实践内容有所不同。对此，程颐曾说过这样的话：

（1）"或问：'人有耻不能之心，如何？'……曰：'技艺不能，安足耻？为士者，当知道。'"⑤

（2）"问：'人有日诵万言，或妙绝技艺，此可学否？'曰：'不可。大凡所受之才，虽加勉强，止可少进，而钝者不可使利也。惟理可进。除是积学既久，能变得气质，则愚必明，柔必强。盖大贤以下即论才，大贤以上更不论才。圣人与天地合德，日月合明。六尺之躯，能有多少技艺？人有身，须用才；圣人忘己，更不论才也。'"⑥

（3）"问：'及其至也，圣人有所不能。不知圣人亦何有不能、不知也？'曰：'天下之理，圣人岂有不尽者？盖于事有所不遍知，不遍能也。至纤悉委曲处，如农圃百工之事，孔子亦岂能知哉？'"⑦

"为士者，当知道"而可以不求技艺，正如孔子没必要尽知"农圃百工之事"一样。因为士之为道是为了做"大贤以上"的人，即"圣人"。对于"圣人"而言，"天人合一"即"与天地合德，日月合明"是其人生的唯一目标，所以"圣人忘己"而不需要学习那些"妙绝技艺"。然而，"大贤以下"之人毕竟占社会的多数，由于他们不能"忘己"，故以

---

① （宋）程颐：《河南程氏遗书》卷18《刘元承手编》，（宋）程颢、程颐著，王孝鱼点校：《二程集》上，北京：中华书局，2004年，第186页。

② （宋）欧阳修：《文忠集》卷93《乞辩明蒋之奇言事札子》，张春林编：《欧阳修全集》，第570页。

③ （宋）王安石：《临川先生文集》卷44《乞解机务札子》，（宋）王安石著，宁波等校点：《王安石全集》上，第451页。

④ （宋）张耒撰，李逸安、孙通海、傅信点校：《张耒集》卷50《太宁寺僧堂记》，北京：中华书局，1990年，第780页。

⑤ （宋）程颐：《河南程氏遗书》卷18《刘元承手编》，（宋）程颢、程颐著，王孝鱼点校：《二程集》上，第189页。

⑥ （宋）程颐：《河南程氏遗书》卷18《刘元承手编》，（宋）程颢、程颐著，王孝鱼点校：《二程集》上，第191页。

⑦ （宋）程颐：《河南程氏遗书》卷18《刘元承手编》，（宋）程颢、程颐著，王孝鱼点校：《二程集》上，第226页。

"纤悉委曲处"用功，对他们来讲，"农圃百工之事"皆有理，都是"理"的体认，"至如一物一事，虽小，皆有是理"①。可见，"天人合一"与"天人相分"在北宋士大夫的头脑中具有极强的针对性，两者分别适用于不同层次的社会成员。当然，我们可以实事求是地讲，对于任何一个社会，从事"纤悉委曲"工作的人终究是多数，而广大的民众则永远是科技实践的主体。在北宋，虽然由于阶级和社会的局限性，程颐不免还存在着歧视民众科技劳动的思想倾向，但同时我们还应看到北宋毕竟已渐渐步入平民化社会这个历史事实，而程颐的思想则亦不能不贴近这个社会现实，因此，他说："学者须是务实。"②就这一点说，程颐已经朦胧地意识到了社会民众与其科技发展的联系，而一般的科技实践活动就根植于广大的民众之中，这应当是程颐想说但却没有说出来的一个观念。之所以如此，主要是因为"天人相分"还没有成为程颐思想的主流。在北宋，沈括则明白地看到了这一点，他说：

> 至于技巧器械，大小尺寸，黑黄苍赤，岂能尽出于圣人？百工、群有司、市井、田野之人，莫不预焉。③

由于沈括看到了科技发展本身所具有的这个特征，所以他才有可能屈尊就卑，深入社会实际，注重调查研究，虚心向百姓学习和求教，从而撰成了《梦溪笔谈》这部具有世界意义的科技奇书。北宋释家契嵩说："物皆在命，不知命则事，失其所也。故人贵尽理而造命。命也者，天人之交也。"④在此，契嵩指出众人的日常社会实践活动多是"不知命则事"，也就是说没有自觉地把"天人之交"（即天人相分）作为其日常社会实践活动的物质基础。换一个角度看，契嵩似乎已经发现了存在于北宋学术自身中的那个"天漏"，即北宋学者对"天人相分"思想研究和阐释得还很不够，广大民众对它的了解远远不能适应社会发展的需要，可惜他也无法改变之。

综上所述，我们不难得出这样一个结论："天人相分"思想在北宋并不是不重要，也不是没有人来提倡，而是由于士者多被"今之学者，大抵为名"⑤的风气所染，因而使"天人相分"思想不能够发出真正迷人的光辉，但"天人相分"思想仍以其独特的方式推动着北宋社会的发展和科技的进步。

与中国古代"道器合一、物我交融"的文化传统不同，欧洲文化则以"天人相分"或称"主客二分"为主导，尽管对这种说法学界还有争议，但它大体上是接近于历史真实的。中国古代的哲人扬雄曾经说过一句为程颐所鄙薄的话，他说："通天地人曰儒，通天地而不通人曰伎。"⑥吴祕从北宋"尊德性"的立场出发，解释"伎"的内涵云："知天地

---

① （宋）程颐：《河南程氏遗书》卷 15《入关语录》，（宋）程颢、程颐著，王孝鱼点校：《二程集》上，第157 页。

② （宋）程颐：《河南程氏遗书》卷 18《刘元承手编》，（宋）程颢、程颐著，王孝鱼点校：《二程集》上，第219 页。

③ （宋）沈括：《长兴集》卷 7《上欧阳参政书》，杨渭生新编：《沈括全集》上编卷 7，第 51 页。

④ （宋）契嵩撰，钟东、江绘点校：《镡津集》卷 5《说命》，上海：上海古籍出版社，2016 年，第 93 页。

⑤ （宋）程颐：《河南程氏遗书》卷 18《刘元承手编》，（宋）程颢、程颐著，王孝鱼点校：《二程集》上，第219 页。

⑥ （晋）李轨、（唐）柳宗元、（宋）宋咸、吴祕、司马光重添注：《扬子法言》卷 9《君子篇》，《四部精粹》第2 册《子部》，上海：经纬教育联合出版部，1936 年，第 519 页。

之变，阴阳之数，而不知其所以变、所以数，是不通于圣人之旨，若子之道名曰伎艺。"① 我们不能说吴祕的释义不对，只是他还没有真正理解扬雄的用意。扬雄将人类的学问分成两条线路，本不在于厚此薄彼，更不是有意鼓动人们以牺牲"伎艺"之学为代价来换取道学的片面发展。事实上，自汉代以降，中国社会便选择了以儒学为其立国的道路，也就是"天人合一"的发展之路。而欧洲则选择了"通天地而不通人"的"天人相分"之路。当然，这种发展道路不是绝对的，只不过是"天人合一"之路与"天人相分"之路相较，两者各有不同的侧重而已。在欧洲，由古希腊的柏拉图开其"天人相分"思想之端，至笛卡儿则明确提出"主客二分"的哲学原则，于是形成了以"天人相分"为主导的社会发展之路。这条路因其非常强调人对自然界的征服和支配，适应了欧洲"匠人文化"的客观需要，故而很快在欧洲兴盛起来，并由此发展出先进的近代科学技术。由此可见，近代欧洲的科学技术正是在天人相分理念的指导之下，才实现了近代化和工业革命的，从而还在此基础上建立起了先进的资本主义制度体系。

当然，"天人相分"亦有人文道德方面的缺陷，如"个人主义""重商主义""性恶主义"等，虽然它们在特定历史条件下，对社会发展能起到促进作用，但从整体上看却都与社会发展的本质相冲突。而西方社会之所以在向近代化转移的过程中抛弃了"天人合一"而走向"天人相分"，主要是因为西方社会试图建立起一个能满足资本主义对外扩张需要的强大的物质基础，而这种物质基础的建立离不开科学技术的发展。所以，近代欧洲的"天人相分"思想在科学知识方面形成了两个鲜明的特点：一是用数学逻辑结构来建构其科学理论，二是以完善的技术控制来建立其经验资料。②如前所述，沈括在熙宁变法的激励下，也试图在这两个方面有所突破，也想在当时引发一场科学变革，可惜他的目的最终没有实现，然而，从北宋科技发展本身所达到的水平和所取得的成就看，他的努力却是有价值的，是有深远历史意义的。

（二）沈括的生平简介

沈括（1031—1095），字存中，钱塘（今浙江杭州）人，是中国古代最伟大的科技思想家之一。《宋史·沈括传》说他"博学善文，于天文、方志、律历、音乐、医药、卜算，无所不通，皆有所论著"③。仁宗皇祐三年（1051），因其父去世，沈括荫得江苏省沭阳县主簿一职，从此步入仕宦之途。接着，在嘉祐八年（1063），沈括更通过制举而登进士第，遂于治平元年（1064）就任扬州司理参军。一年后离任赴京编校昭文馆书籍，《宋会要辑稿》载："（治平）二年（1065）九月二十五日，宣州泾县主簿林希编校集贤院书籍，扬州司理参军沈括编校昭文馆书籍。括熙宁元年（1068）八月，希三年五月，并充馆

---

① （宋）吴祕：《扬子笺》，与吴祕等人的观点不同，宋人许翰认为："汉儒灾异之说虽不无凿，然能精求之，则亦是在其中。"参见（宋）许翰著，刘云军点校：《许翰集》卷9《答丞相李伯纪书》，保定：河北大学出版社，2014年，第143页。

② 参见沈清松：《儒学与科技——过去的检讨与未来的展望》，《中华文化的过去、现在和未来——中华书局成立八十周年纪念论文集》，北京：中华书局，1991年，第279—282页。

③ 《宋史》卷331《沈括传》，第10657页。

阁校勘。"①熙宁二年（1069）二月，王安石出任参知政事，设制置三司条例司以为变法之总枢纽，沈括因支持变法而被任命为删定三司条例官。熙宁五年（1072）上《南郊式》。熙宁六年（1073）奉诏提举司天监，从此开始了他投身于宋代科技事业的人生历程。据《宋史》本传载："括始置浑仪、景表、五壶浮漏，招卫朴造新历，募天下上太史占书，杂用士人，分方技科为五，后皆施用。"②

不过，沈括为官期间除了曾主持司天监的工作外，其主要的科技实践活动尚有：

第一，熙宁六年八月，沈括奉命察访两浙路农田水利等事。《皇宋通鉴长编纪事本末》卷73载：宋神宗熙宁六年八月，"检正中书刑房公事沈括辟官相度两浙水利。上曰：'此事必可行否？'王安石曰：'括乃土人，习知其利害，性亦谨密，宜不妄举'"③。

第二，由于沈括在考察两浙、河北及出使辽国方面，政绩突出，深得神宗之赏识，故熙宁八年（1075）十月，沈括拜翰林学士、权三司使。此间，他除了继续关心新法的施行外，更多关注的是北宋民间的科技创新活动以及对科技人才的扶持。如熙宁八年夏四月，沈括上卫朴所造奉元历，同时他还对其所上新历的社会效果及其科学价值进行动态的分析与量化评价，并对新历出现的误差亦随时进行校正，反映了他严谨缜密的科学态度。《续资治通鉴长编》卷273云：熙宁九年春正月，"权发遣三司使沈括言：前提举司天监尝奏，司天测验天象已及五年，蒙差卫朴等造新历，后考校司天所候星辰昏漏各差谬不可凭用，其新历为别无天象文籍参验，止据前后历书详酌增损立成。新法虽已颁行尚虑未能究极精微，乞令本院学士等用浑仪浮漏圭表测验，每日记录，候及三五年令元撰历人以新历参校，如有未尽，即令审行改正，已蒙施行。今若测验得此月望夜不食，及逐日测验过日月五星行度昏漏之类，乞下司天监逐旋付卫朴参校新历改正，从之"④。

第三，从元丰三年（1080）到元丰五年（1082），这三年是沈括成功与失败相交织的三年。而元丰五年之永乐城战役的失败，意味着他政治生命的结束。但沈括在这三年间，考察了鄜延路的主要山川地形，并将所得资料绘制成图。在这个特殊的历史阶段，沈括于中国古代科技方面的最大贡献应当是发现了"石油"的性能，并预言"此物后必大行于世"。

众所周知，中国知识分子治学的最高境界是"读万卷书，行万里路"，而沈括真正得达到了这个境界。他晚年所著《梦溪笔谈》一书就是这个境界的具体体现，胡道静先生说："当他晚年用笔记文学体裁写下的《梦溪笔谈》，包括他在学术领域内广泛的见解和见闻的笔录，长久以来成为我们极其宝贵的文化遗产之一。"⑤所以李约瑟称《梦溪笔谈》是"中国科学史上的里程碑"⑥。而沈括则几乎在中国古代科技思想的各个领域都有杰出的贡献和建树，因而中国古代科技发展的最高峰处不能不深深地烙印上他的名字。

---

① （清）徐松辑，刘琳等校点：《宋会要辑稿》选举33之10，第5885页。
② 《宋史》卷331《沈括传》，第10654页。
③ （宋）杨仲良撰，李之亮校点：《皇宋通鉴长编纪事本末》卷73《水利》，哈尔滨：黑龙江人民出版社，2006年，第1299—1230页。
④ （宋）李焘：《续资治通鉴长编》卷272"熙宁九年春正月甲申"条，第2567页。
⑤ 胡道静：《梦溪笔谈校正·引言》，上海：上海古籍出版社，1987年，第1页。
⑥ ［英］李约瑟：《中国科学技术史》第1卷第1分册，第289页。

（三）"相值而无碍"的气本体自然观

"荆公新学"的自然观以"气"为宇宙万物运动变化的根源，不过，与宋之前的"气源说"相比，"荆公新学"开始从探讨"气"的来源转而去研究"气"本身的性质和结构问题了，这是北宋气本体自然观由哲学层面向科学层面转变的重要标志。由于沈括本身是一位科学家而不是理学家，因此，他的自然观便更多地凸显出他自己的个性特征和鲜明的时代特色。

第一，气构成了宇宙万物的运动变化，但气不仅仅是一个一般的实体，而且是一个有结构的实体。沈括说："万物生杀变化之节，皆主于气而已。"[1]在沈括看来，气可分成两个互相联系的部分：主气与客气。沈括说：

> 岁运有主气，有客气，常者为主，外至者为客。初之气厥阴，以至终之气太阳者，四时之常叙也，故谓之"主气"……凡所谓"客"者，岁半以前，天政主之；岁半以后，地政主之。四时常气为之主，天地之政为之客。[2]

其中，"主气"又细化为"五运"（金、木、水、火、土）和"六气"（风、寒、湿、火、燥、暑）。五运六气是主气和常气，是形成宇宙秩序的原因；而"异夫"（指五运六气以外的因素）是客气，是造成宇宙不稳定的原因。沈括说：

> 大凡物理有常、有变。运气所主者，常也；异夫所主者，皆变也。常则如本气，变则无所不至，而各有所占，故其候有从、逆、淫、郁、胜、复、太过、不足之变，其发皆不同 ……推此而求，自臻至理。[3]

在这里，沈括把从、逆、淫、郁、胜、复、太过、不足等看成是宇宙万物不平衡的八个要素。在中国古代，宇宙的平衡被看成是唯一的法则，《易传·彖辞·恒》说："恒，久也。"[4]即平衡是不能改变的、绝对的，故"观其所恒，而天地万物之情可见矣"[5]。孔子更说："中庸之为德也，其至矣乎。"[6]程颐释："中者天下之正道。"[7]与此不同，沈括则强调非平衡才是宇宙运动变化的主要方面，因而他把"异夫"看成是"至理"，它"无所不至"。具体地讲，就是：

> 若厥阴用事，多风，而草木荣茂，是之谓从；天气明洁，燥而无风，此之谓逆；太虚埃昏，流水不冰，此之谓淫；大风折木，云物浊扰，此之谓郁；山泽焦枯，草木雕落，此之谓胜；大暑燔燎，螟蝗为灾，此之谓复；山崩地震，埃昏时作，此谓之太过；阴森无时，重云昼昏，此之谓不足。[8]

---

① （宋）沈括：《梦溪笔谈·补笔谈》卷2，杨渭生新编：《沈括全集》中编卷60，第568页。
② （宋）沈括：《梦溪笔谈》卷7《象数一》，杨渭生新编：《沈括全集》中编卷39，第330页。
③ （宋）沈括：《梦溪笔谈》卷7《象数一》，杨渭生新编：《沈括全集》中编卷39，第329页。
④ 《易传·彖辞·恒》，陈戍国点校：《四书五经》上，第168页。
⑤ 《易传·彖辞·恒》，陈戍国点校：《四书五经》上，第168页。
⑥ 《论语·雍也》，陈戍国点校：《四书五经》上，第28页。
⑦ 《河南程氏遗书》卷71，（宋）程颢、程颐著，王孝鱼点校：《二程集》上，第100页。
⑧ （宋）沈括：《梦溪笔谈》卷7《象数一》，杨渭生新编：《沈括全集》中编卷39，第329页。

第二，气虽说是宇宙万物运动变化的根源，但不是宇宙万物存在的唯一方式，现代天体物理学揭示了实物与场是宇宙万物的两种存在方式，而沈括用气与虚两个概念表达了与现代天体物理学相一致的思想。沈括说：

> 虚者，妙万物之地也。在天文，星辰皆居四傍而中虚。八卦分布八方而中虚。不虚不足以妙万物。①

又说：

> 日月，气也，有形而无质，故相值而无碍。②

这句话颇让人费解，如果把日月理解为两个实体，那么沈括的断言就不合理，因为日月不会相遇（即相值）；相反，如果把日月理解为场，事实上，沈括所说的"气"确"已颇近似现代科学中'场'的范畴"③，那么沈括的断言就有道理，因为场是"有形而无质"的，所以太阳场与月球场的相互作用是不可避免的。同时，正因为场是"有形而无质"的，所以人们才可能对宇宙场进行各种形象化的描述，如杨振宁博士用"纤维丛"来表述"规范场"，就是一个著名的例子。他说："纤维丛有两种：一种是平凡的纤维丛，就是把一段纸带的两头粘合起来，正面对正面、反面对反面、形成一个圆环。其所以叫纤维丛，是因为它可以把一根根的直棍子绕成一束。另一种是不平凡的纤维丛，就是把一段纸带的两端一正一反地粘合起来，形成数学上的'缪毕乌斯带'，它也可以把许多直棍子绕成一束，不过那条纸带在里面扭了一下，有了一个折痕。"④

第三，宇宙万物的形成和演化，是一个有阶段性的"纳甲"过程。沈括说：

> 《易》有"纳甲"之法，未知起于何时。予尝考之，可以推见天地胎育之理。《乾》纳甲、壬，《坤》纳乙、癸者，上下包之也。⑤

在沈括的"纳甲"体系中，《乾》与《坤》为两大组合元素，其中《乾》包括甲和壬两因子，《坤》包括乙和癸两因子。而甲、壬、乙、癸均为集合，甲是"子、寅、辰"的集合，壬是"午、申、戌"的集合，乙是"未、巳、卯"的集合，癸是"丑、亥、酉"的集合。依数学排列的规则，首先，从《乾》序列开始，甲中之"子"与壬中之"午"组合，形成"子午"（即"震"纳"子午"），又甲中之"寅"与壬中之"申"组合，形成"寅申"（即"坎"纳"寅申"），再甲中之"辰"与壬中之"戌"组合，形成"辰戌"（即"艮"纳"辰戌"）。可见，《乾》序列的演进规律是：由震而坎而艮。其次，《坤》序列则先是癸中之"丑"与乙中之"未"组合，形成"丑未"（即"巽"纳"丑未"），次则逆传乙中之"卯"与癸中之"酉"组合，形成"卯酉"（即"离"纳"卯酉"），再次则逆传至

① （宋）沈括：《梦溪笔谈》卷7《象数一》，杨渭生新编：《沈括全集》中编卷39，第330页。
② （宋）沈括：《梦溪笔谈》卷7《象数一》，杨渭生新编：《沈括全集》中编卷39，第327页。
③ 冯契：《中国古代哲学的逻辑发展》下，上海：华东师范大学出版社，1997年，第84页。
④ 宁平治、唐贤民、张庆华主编：《杨振宁演讲集》，天津：南开大学出版社，1989年，第503页。
⑤ （宋）沈括：《梦溪笔谈》卷7《象数一》，杨渭生新编：《沈括全集》中编卷39，第335页。

乙中之"巳"与癸中之"亥"组合，形成"巳亥"（即"兑"纳"巳亥"）。可见，《坤》序列的演进规律是：由巽而离而兑。这样沈括就将八卦分成了两个演进序列，其一是《乾》序列，其二是《坤》序列。这两个序列演进的方向相反，阶段各异。沈括认为，宇宙万物的生成顺序应当是从《坤》序列开始而终于《乾》序列。具体地说，就是由《坤》序列之"兑"开始，经过离、巽、艮、坎四个阶段终于《乾》序列之"震"。

为了说明问题，沈括还形象地把"乾"称作"老阳"（用数"九"表示），"震、坎、艮"称作"少阳"（用数"七"表示）；"坤"则称作"老阴"（用数"六"表示），"巽、离、兑"称作"少阴"（用数"八"表示）。沈括说：

> 易象九为老阳，七为少；八为少阴，六为老。……九七、八六之数，阳顺、阴逆之理，皆有所从来，得之自然，非意之所配也。……物盈则变，纯少阳盈，纯少阴盈。盈为老，故老动而少静。吉凶悔吝，生乎动者也。卦爻之辞，皆九六者，唯动则有占，不动则无朕（因避宋仁宗讳，原作"正"），虽《易》亦不能言也。[①]

这是沈括自然观的总结，在他看来，"九"和"六"象征着运动变化，准确地说应是质的变化，而"八"和"七"象征着静止，准确地说应是量的变化，就卦爻来讲，只有通过变爻才能预测，从不动的爻得不出事物发展的任何征兆，即使《易经》也做不到。而宇宙万物所呈现出阶段性的变化，则是质变的必然结果，其"物盈则变"之"盈"就是事物发展的关节点，就是由量变引起质变的那个"度"。

（四）"原其理"的科学主义价值观

据李约瑟统计，《梦溪笔谈》共有584条资料，其中自然科学为207条[②]，细分则自然观13条，物理学40条，数学12条，化学9条，天文学26条，地学37条，生物医学88条，工程技术30条[③]。这些资料涵盖了几乎自然科学的所有领域，以至于任何一位科学家都能从这部著作里找到他们自己所需要的东西。朱亚宗先生说："作为一名积极入世的天才科学家，沈括无所不涉的科技兴趣与涵盖全域的科技价值观不仅在中国科学史上首屈一指，而且在世界科学史上也鲜有其匹。"[④]

下面综合近人对沈括科技思想的研究成果[⑤]，拟对其具有科学主义价值的辉煌思想作一表述。

---

① （宋）沈括：《梦溪笔谈》卷7《象数一》，杨渭生新编：《沈括全集》中编卷39，第331页。

② ［英］李约瑟：《中国科学技术史》第1卷第1分册，第290—291页。

③ 金秋鹏主编：《中国科学技术史·人物卷·沈括》，北京：科学出版社，1998年，第384页。

④ 朱亚宗：《中国科技批评史》，长沙：国防科技大学出版社，1995年，第187页。

⑤ 主要有胡道静：《沈括的自然观和政治思想》，《中国哲学》第5辑，北京：生活·读书·新知三联书店，1981年；祖慧：《沈括评传》，南京：南京大学出版社，2004年；闻人军：《沈括科技思想探索》，《沈括研究》，杭州：浙江人民出版社，1995年；何绍庚：《〈梦溪笔谈〉中的运筹思想》，薄树人主编：《中国传统科技文化探胜——纪念科技史学家严敦杰先生》，北京：科学出版社，1992年；胡道静、金良年：《梦溪笔谈导读》，成都：巴蜀书社，1988年；朱亚宗：《沈括科技思想述评》，《中国古代科学与文化》，长沙：国防科技大学出版社，1992年；《梦溪笔谈选注》注释组注：《梦溪笔谈选注》，上海：上海古籍出版社，1978年，等。

依沈括自然界"有常有变"的思维逻辑，他的科技思想也应分成"常"（即用当时的科学知识能够解决的现象）和"变"，或称"异事"（即用当时的科学知识尚不能正确回答的现象）两个部分。"常"的部分是沈括科技思想的精髓所在，其观点鲜明，价值突出，理当优先述之：

第一，《梦溪笔谈》卷18《技艺》篇载有"喻皓木经""隙积术""会圆术""棋局都数""增成法""毕昇创活字印刷""卫朴的精湛历术"等科技成就与思想。这种安排充分体现了中国古代传统的"艺学"理念，如《周官·大司徒》载有以乡三物教万民的"六艺"之物，三物分别是"六德""六行""六艺"，而"六艺"的具体内容是"礼、乐、射、御、书、数"，其中"射、御"为技能，"书、数"为智能。在这一部分中，沈括最宝贵之处表现在他从科学的角度而不是从身份的角度去评判一个人的思想价值，像"喻皓木经"因出于工匠之手，故早已佚亡，但《梦溪笔谈》却保留了有关《木经》的珍贵资料；"毕昇创活字印刷"则更是只见载于沈括的《梦溪笔谈》。至于被视为"艺成而下"[①]之"九九贱技"的数学，一般士人尚且少有问津者，可身为京官的沈括并没有为世俗之陋见所囿，而是苦心钻研，游艺于数术之间，取得了令世人瞩目的成就，为人类的科学事业做出了杰出贡献。其"隙积术"的特点是：

　　"刍童"求见实方之积，"隙积"求见合角不尽，益出羡积也。[②]

刍童是由六个平面围成的长方形实体，而为了计算的方便，沈括把"刍童"看作是由"单位立方"堆成的"层坛"（图2-4），这里已经具备了转化离散模型为连续模型来解决问题的思想。

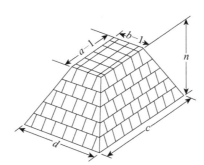

图2-4　中央刍童示意图[③]

其中"实方"即位于中央的刍童实体，"益出"即凸出在刍童外边的、构成中有空隙的隙积，"合角不尽"即挖掉中央刍童所剩下来的由边角组成的部分。这句话的意思是说：把层坛分成"实方"和"益出"两部分，用刍童算法求"实方"的体积，用"隙积"算法求边角部分所谓"益出"的多余体积，算得结果，再行合并，就得到层坛体积的"单

---

①　《礼记·乐记下》，陈成国点校：《四书五经》上，第571页。

②　（宋）沈括：《梦溪笔谈》卷18《技艺》，杨渭生新编：《沈括全集》中编卷39，第436页。

③　《梦溪笔谈选注》注释组注：《梦溪笔谈选注》，上海：上海古籍出版社，1978年，第141页。

位立方"个数。[1]用数学公式表示，即为：

第一步，用刍童算法求"实方"的体积：

$$V_{实} = \frac{n}{6}[a(2b+d)+(2d+b)c] + \frac{n}{6}[-2(a+b)-(c+d)+2]$$

第二步，用"隙积"算法求边角部分所谓"益出"的多余体积（层坛的每层都是一个长方体，各挖去由四个平面截得的中央小刍童，均为中有空隙的方框，而这些方框的体积成等差数列，故可从各个长方体体积减去相应的虚隙刍童体积来计算）：

$$V_{益} = \frac{n}{2}(V_1+V_n) = \frac{n}{6}\left[\frac{3}{2}(a+b+c+d)-2\right]$$

第三步，$V_{实}$与$V_{益}$相加，并经整理：

$$V = \frac{n}{6}[(2b+d)a+(2d+b)c] + \frac{n}{6}(c-a)$$

有人说："沈括以长方台垛比附'刍童'体积从而获得隙积术公式，构成其后二三百年间关于垛积问题研究的开端。"[2]这种研究一直持续至19世纪并在此基础上产生了李善兰恒等式及尖锥术等成果，但"创始之功，断推沈氏"[3]。

"会圆术"也称"折会之术"，是沈括数学思想的又一重大成果。《梦溪笔谈》卷18云：

> 履亩之法，方圆曲直尽矣。……置圆田，径半之以为弦；又以半径减去所割数，余者为股；各自乘，以股除弦，余者开方除为勾；倍之为割田之直径。以所割之数自乘，倍之，又以圆径除所得，加入直径，为割田之弧。再割亦如之，减去已割之弧，则再割之弧也。[4]

所谓"会圆术"就是由已知圆的直径和弓形的矢（即高）来求弓形弧长的方法，其基本思路是以直代曲，用三角形取代扇形，累积相加，无限逼近，这实际上已经接近微积分的思想实质了。如图2-5所示：

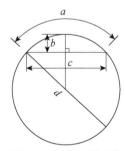

图2-5 沈括会圆术[5]

① 《梦溪笔谈选注》注释组注：《梦溪笔谈选注》，第141—143页。
② 《梦溪笔谈选注》注释组注：《梦溪笔谈选注》，第143页。
③ 顾观光：《九数存古》卷5。
④ （宋）沈括：《梦溪笔谈》卷18《技艺》，杨渭生新编：《沈括全集》中编卷39，第436—437页。
⑤ 清华大学《梦溪笔谈》注释组编辑：《梦溪笔谈选注·自然科学部分》，清华大学梦溪笔谈注释组，1975年，第37页。

设弓形所在圆的直径为 d，弓形的弦（一般不同于圆的直径）为 b，截割所得的弓形的矢长为 h，弓形弧长为 a，那么，弓形弦长 b 的值用公式表示为：

$$b = 2\sqrt{\left(\frac{d}{2}\right)^2 - \left(\frac{d}{2} - h\right)^2}$$

而弓形弧长 a 的值用公式表示则为：

$$a = \frac{2h^2}{d} + b$$

胡道静先生说："会圆术所解决的是由已知弓形的圆径和矢高求弧长的问题，沈括在我国古代数学史上，第一次推导出了求弓形弧长的近似公式。据证明，这一公式在圆心角不超过 45° 时，所得弧长的相对误差小于 2%，精度是较高的。后来元代的王恂、郭守敬等人编制《授时历》中的'弧矢割圆术'就利用了这个公式。"[1]

"棋局都数"不仅提出了"数量级"的概念，而且还为中国古代组合数学提供了一个典型的范例。沈括说：

> 小说，唐僧一行曾算棋局都数，凡若干局尽之。予尝思之，此固易耳。但数多，非世间名数可能言之。今略举大数：凡方二路，用四子，可变八十一局；方三路，用九子，可变一万九千六百八十三局；方四路，用十六子，可变四千三百四万六千七百二十一局；方五路，用二十五子，可变八千四百七十二亿八千八百六十万九千四百四十三局；方六路，用三十六子，可变十五兆九十四万六千三百五十二亿九千六百九十九万九千一百二十一局。方七路以上，数多，无名可记。尽三百六十一路，大约连书万字四十三，即是局之大数。其法：初一路可变三局。自后，不以横直，但增一子，即三因之。凡三百六十一增，皆三因之，即是都局数。[2]

用组合数学的规律计算，假设棋盘是两路见方，那么就会有四个位置，而每个位置均可出现白子、黑子和空着三种情况，故可变出 81 种棋局，即 $3^4=81$；假设棋盘是三路见方，那么就会有九个位置，可变出 19 683 种棋局，即 $3^9=19\,683$；依此类推，方四路，为 $3^{16}=43\,046\,721$；方五路，为 $3^{25}=847\,288\,609\,443$；方六路，为 $3^{36}=150\,094\,635\,296\,999\,121$；方七路，则 $3^{49}=239\,299\,329\,230\,617\,529\,590\,083$；方十九路，其数变为 $3^{361}=1.739\times10^{172}$，这是一个 173 位的数，约为该数之首位数乘以 $(10^4)^{43}$，故"大约连书万字四十三"。而由 3^{361} 的数量级通过连书若干万字的数学方法来计算 173 位的大数，这在计算机问世之前是很了不起的成就。

第二，在《梦溪笔谈》卷7、8及《补笔谈》卷2《象数》中，沈括比较详尽地阐发了他的天文历法思想，特别是"十二气历"的提出，被钱宝琮先生称作是"革命性的历日制度"[3]。《梦溪笔谈·补笔谈卷二》载：

① 胡道静、金良年：《梦溪笔谈导读》，成都：巴蜀书社，1988年，第225页。
② （宋）沈括：《梦溪笔谈》卷18《技艺》，杨渭生新编：《沈括全集》中编卷39，第439—440页。
③ 中国科学院自然科学史研究所编：《钱宝琮科学史论文选集》，第474页。

今为术，莫若用十二气为一年，更不用十二月，直以立春之日为孟春之一日，惊蛰为仲春之一日，大尽三十一日，小尽三十日，岁岁齐尽，永无闰余。十二月常一大一小相间，纵有大小相并，一岁不过一次。如此，则四时之气常正，岁政不相凌夺，日月无星亦自从之，不须改旧法。唯月之盈亏，事虽有系之者，如海胎育之类，不预岁时寒暑之节，寓之历间可也。借以元祐元年为法，当孟春小，一日壬寅，三日望，十九日朔；仲春大，一日壬申，三望，十八日朔。如此历日，岂不简易端平，上符天运，无缀补之劳？①

废除"置闰之法"确是一项大胆的创举，它易于掌握，方便科学，对农业生产非常有利。由于"十二气历"具有这么多的好处，故它虽遭到当时顽固派的反对和非议，但沈括坚信科学就是科学，凡是科学的东西一定能彰显于世界，"异时必有用予之说者"，果然太平天国于19世纪50年代颁行了同"十二气历"类似的"天历"，20世纪30年代英国气象局也使用了与"十二气历"原理一样的"萧伯纳农历"。

沈括根据太阳周年视运动速度变化的客观实际，证明了真太阳日的时间在一年内有不同的变化，这是中国古代最早对真太阳日的观察和研究。《梦溪笔谈》卷7有"论冬至与夏至日长不等"条即是一例，引文见前。

看来真太阳日长度变化规律的发现，离不开精密仪器的支持和帮助，正是基于这一点，沈括才对刻漏作了深入的研究，他说："余占天候影，以至验于仪象，考数下漏，凡十余年，方粗见真数。"②此外，为了计算真太阳日，沈括还发明了"园法"与"妥法"，其详细内容保留在他所著的《熙宁晷漏》里，可惜该书已经失传，据清代学者张文虎推测，其"所言尤为入微，当为郭瀛台'平立定三差'所自出"③。

由于受地球自转的影响，"两至"的真太阳日长短是不一样的，冬至日长而夏至日短，其原因是"冬至日行速""夏至日行迟"，这个结论与近代天文学的解释相符合。

对日月食的观察和记录，是中国古代天文学的一项重要内容。而历法家几乎都把是否能准确预测日月食的发生时间作为衡量其历法优劣的尺度，据胡厚宣先生考证：我国至少从殷商开始就能预测日月食了④，如商承祚《殷墟佚存》三七四载有：

癸酉贞：日夕又（有）食，佳若？⑤

癸酉贞：日夕又（有）食，非若？⑥

---

① （宋）沈括：《梦溪笔谈·补笔谈》卷2，杨渭生新编：《沈括全集》中编卷60，第569页。
② （宋）沈括：《梦溪笔谈》卷7《象数一》，杨渭生新编：《沈括全集》中编卷39，第325页。
③ 张文虎：《舒艺室杂著》甲编卷下《书〈梦溪笔谈〉后三》，引自吴以宁：《〈梦溪笔谈〉辨疑》，上海：上海科学技术文献出版社，1995年，第59页。
④ 胡厚宣：《卜辞中所见之殷代农业》，《甲骨学商史论丛二集》，齐鲁大学国学研究所，1945年，第83—90页。
⑤ 胡厚宣：《卜辞"日月又食"说》，《上海博物馆集刊》编辑委员会编：《上海博物馆集刊》第3期，上海：上海古籍出版社，1986年，第1页。
⑥ 胡厚宣：《卜辞"日月又食"说》，《上海博物馆集刊》编辑委员会编：《上海博物馆集刊》第3期，第1页。

张培育先生曾释："这是一条三千多年前的预报的日食，那确是天文史上一件大事。预报日食，既要认识朔，能推算朔日食分，又要掌握交食周期和规律。即使如此，要报准交食，也是很不容易的，尤其是日食。"[1]所以准确预报日月食的科学前提是要掌握太阳、地球及月球三者运行的规律，而沈括经过多年的观察和实验，对日月食的发生原理已有了相当深刻的认识和理解。他说：

> 黄道与月道，如二环相叠而小差。凡日月同在一度相遇，则日为之蚀；正一度相对，则月为之亏。虽同一度，而月道与黄道不相近，自不相侵；同度而又近黄道、月道之交，日月相值，乃相凌掩。正当其交处则蚀而既，不全当交道，则随其相犯浅深而蚀。凡日蚀，当月道自外而交入于内，则蚀起于西南，复于东北；自内而交出于外，则蚀起于西北，而复于东南。日在交东，则蚀其内，日在交西，则蚀其外。蚀既，则起于正西，复于正东。凡月蚀，月道自外入内，则蚀起于东南，复于西北；自内出外，则蚀起于东北，而复于西南。月在交东，则蚀其外；月在交西，则蚀其内。蚀既，则起于正东，复于西。交道每月退一度余，凡二百四十九交而一期。[2]

这段话的意思是说，所谓黄道就是地球绕太阳运行之轨道面与天球相交的大圆，而月道（也称白道）是月亮绕地球运行之轨道面与天球相交的大圆。黄道与月道像两个重合的环，但不是完全重合而是有个交角（现代天文学测得其交角为5°9′）。当太阳与月球相合且太阳、地球和月球三者运行到一条直线或近于一条直线时，发生日食现象；当太阳与月球相对且太阳、地球和月球又运行成一条直线或接近一条直线时，发生月食现象。由于黄道与月道有两个交点，其中月道自北向南与黄道相交的一点叫降交点，而月道自南向北与黄道相交的一点叫升交点。所以太阳与月球虽相合或相对，但如果不在上面的两个交点附近相合或相对，就不会相互遮掩，也就不会出现日月食现象；如果太阳与月球恰巧在上面两个交点处相合或相对，就会发生日全食或月全食现象；如果太阳与月球的相合或相对不是恰巧在上面两个交点处，那么随着其相互遮掩部分的大小就会出现日月的偏食现象。所以日食分两种情况：第一种情况是，当月球是从黄道以南向北运行，其日食的过程就是由西南开始逐渐移至东北后结束；第二种情况则是，当月球从黄道以北向南运行，其日食的过程就是由西北开始逐渐移至东南后结束。而当太阳运行在升交点的东面时，日食就会出现在太阳之北面；当太阳运行在升交点的西面时，日食则会出现在太阳之南面。当日全食开始后月球东面边缘与日面东面边缘内切，月球完全遮住太阳，自正西开始逐渐移向正东后结束。与日食的原理相反，月食的发生则是，当月球从黄道以南向北运行时，其月食的过程就是由东北开始逐渐移向西南后结束；当月球从黄道以北向南运行时，其月食的过程就是由东南开始逐渐移向西北后结束。而当月球运行在升交点的东面时，月食就会出现在月球的南面；当月球运行在升交点的西面时，月食则会出现在月球的北面。当月全食开始

---

[1]　温少峰、袁庭栋编著：《殷墟卜辞研究——科学技术篇》，成都：四川省社会科学院出版社，1983年，第33页。

[2]　（宋）沈括：《梦溪笔谈》卷7《象数一》，杨渭生新编：《沈括全集》中编卷39，第327页。

后月球西面边缘与地影的西面边缘内切，月球自东向西运行后结束。最后，月道与黄道的交点每月向西退 1° 多，249 个交点月沿黄道退一周。这个观测结果与现代天文学所测得的数据（即月道与黄道的交点每月西退 $1^o5'$，18.6 年西退一周）基本一致。

第三，《梦溪笔谈》卷 5、卷 6 及《补笔谈》卷 1 之《乐律》条中，载有沈括对声学的研究成果，包括古琴的制作与传声、古乐钟的发声、共鸣现象等，有些成果在中国古代声学发展史上占着重要地位。如对古琴的制作，沈括说：

> 琴虽用桐，然须多年木性都尽，声始发越。①

琴即七弦琴，所用桐木需是胶质已脱、水分已干的材料，因为桐材干透，分量很轻，容易接受振动，所以声音就能激越起来。

关于古乐钟的发声问题，《补笔谈》卷 1 载：

> 古乐钟皆扁如盒，瓦盖。盖钟圆则声长，扁则声短。声短则节，声长则曲。节短处声皆相乱，不成音律。后人不知此意，悉为扁钟，急叩之多晃晃尔，清浊不复可辩。②

这段话说明了古乐钟发声的规律，因为把钟做成圆形和扁形的声音效果是大不相同的，其中圆形钟发声长且有延长音，而扁形钟则发声短且无延长音。蔡宾牟先生分析说："钟的振动，我们可以认为是一种弯曲板的振动。它在全面振动的同时，作各种的分片振动；全面振动产生基音，分片振动由于钟壁的厚度制得适当，可以产生整数倍的泛音，从而使发声的高度趋于确定或比较确定。对于圆钟即圆形板而言，无论是振动的持续性，还是钟口处形成的空气迂回作用的时间，都要比其他形状的曲板振动来得强和长。这样，听到的声音也就比较长，因而在快速旋律中，声波就容易相互干扰，不成音律。要避免延长音的产生和声波的相互干扰，把乐钟铸成象两片瓦合在一起的扁形，无疑是必要的。"③

沈括用"五行"范畴来解释祠神的音律内涵，说：

> 《周礼》："凡乐：圜钟为'宫'，黄钟为'角'，太蔟为'徵'，姑洗为'羽'，若乐六变，则天神皆降，可得而礼矣。函钟为'宫'，太蔟为'角'，姑洗为'徵'，南吕为'羽'，若乐八变，即地祇皆出，可得而礼也。……凡声之高下，列为五等，以宫、商、角、徵、羽名之，为之主者曰宫，次二曰商，次三曰角，次四曰徵，次五曰羽，此为之'序'……"次序定理，非可以意凿也。④

> 此皆天理不可易者。古人以为难知，盖不深索之。听其声，求其义，考其序，无毫发可移，此所谓天理也。⑤

---

① （宋）沈括：《梦溪笔谈》卷 5《乐律一》，杨渭生新编：《沈括全集》中编卷 37，第 310 页。
② （宋）沈括：《梦溪笔谈·补笔谈》卷 1《乐律》，杨渭生新编：《沈括全集》中编卷 59，第 563 页。
③ 蔡宾牟、袁运开主编：《物理学史讲义——中国古代部分》，第 132 页。
④ （宋）沈括：《梦溪笔谈》卷 5《乐律》，杨渭生新编：《沈括全集》中编卷 37，第 294 页。
⑤ （宋）沈括：《梦溪笔谈》卷 5《乐律一》，杨渭生新编：《沈括全集》中编卷 37，第 296 页。

这里，沈括又引入"天理"概念于音乐研究之中，既体现了他继承传统的一面，又体现了他积极创新的一面。在他看来，音乐的内容源于客观事物，因此，乐律的主观形式具有可变性，但其内容则是固定的和不可变的。他说：

> 余友人家有一琵琶，置之虚室，以管色奏双调，琵琶弦辄有声应之，奏他调则不应，宝之以为异物，殊不知此乃常理。二十八调但有声同者即应，若遍二十八调而不应，则是逸调声也……此声学至要妙处也。①

声音之间，"但有声同者即应"，是很正常的现象，没有什么可奇怪的。这个"理"就是声学的共振现象。

此外，沈括在《梦溪笔谈》卷 19 还提出了"气柱共振"原理，他说：

> 古法以牛革为矢服，卧则以为枕，取其中虚，附地枕之，数里内有人马声则皆闻之，盖虚能纳声也。②

何为"虚能纳声"？从现代声学的原理讲，就是当远处有人马走动时，声音有两种传播途径：空气中和地层中。如果对两者进行比较，那么通过观察研究发现，远处人马声在地层中的传播速度既快又远于其在空气中的传播速度，因而当声音通过地层传播到盛箭筒后，就能使箭筒内的空气柱发生"气柱共振"现象，故"数里内有人马声则皆闻之"。

第四，《梦溪笔谈》卷 24《杂志一》中载有沈括丰富的地学思想，这些思想的形成固然是他长期思索和高度抽象的结果，但也是他深入实际、调查研究的经验总结。沈括坚持从实际出发的科学原则，他对华北平原及雁荡山地貌特征的成因所作的分析，就充分反映了这一点。他说：

> 予奉使河北，遵太行而北，山崖之间，往往衔螺蚌壳及石子如鸟卵者，横亘石壁如带。此乃昔之海滨，今东距海已近千里。所谓大陆者，皆浊泥所湮耳。尧殛鲧于羽山，旧说在东海中，今乃在平陆。凡大河、漳水、滹沱、涿水、桑干之类，悉是浊流。今关、陕以西，水行地中，不减百余尺，其泥岁东流，皆为大陆之土，此理必然。③

沈括依据太行山崖石间杂有海洋生物的残留实物，推断此地在远古时期应为海滨，这是地质学中一个非常重要的实证方法，如现代地质学仍据此而确定古代的海岸线。沈括明确提出：从太行山到渤海之滨的广大区域是由黄河、滹沱河、漳河等河流长期冲积而成，这是世界上对冲积平原成因之最早和最科学的解释。

又说：

> 温州雁荡山，天下奇秀，然自古图牒，未尝有言者。……予观雁荡诸峰，皆峭拔

---

①　（宋）沈括：《梦溪笔谈》卷 6《乐律二》，杨渭生新编：《沈括全集》中编卷 38，第 315—316 页。
②　（宋）沈括：《梦溪笔谈》卷 19《器用》，杨渭生新编：《沈括全集》中编卷 51，第 451 页。
③　（宋）沈括：《梦溪笔谈》卷 24《杂志一》，杨渭生新编：《沈括全集》中编卷 56，第 510 页。

险怪，上耸千尺，穹崖巨谷，不类他山，皆包在诸谷中。自岭外望之，都无所见；至谷中，则森然干霄。原其理，当是为谷中大水冲激，沙土尽去，唯巨石岿然挺立耳。如大小龙湫、水帘、初月谷之类，皆是水凿之穴。自下望之，则高岩峭壁；从上观之，适与地平，以至诸峰之顶，亦低于山顶之地面。世间沟壑中水凿之处，皆有植土龛岩，亦此类耳。今成皋、陕西大涧中，立土动及百尺，迥然耸立，亦雁荡具体而微者，但此土彼石耳。既非挺出地上，则为深谷林莽所蔽，故古人未见，灵运所不至，理不足怪也。[①]

沈括对雁荡山"峭拔险怪，上耸千尺，穹崖巨谷"的地貌特征认真地进行了观察和分析，提出"是为谷中大水冲激，沙土尽去，唯巨石岿然挺立耳"（即流水侵蚀）的"水成说"，由此及彼，他认为不仅雁荡山，而且我国西部黄土高坡那"立土动及百尺，迥然耸立"的地形特点也是由"水凿"而成，这较英国学者郝登在《地球理论》（1788）一书中提出的流水侵蚀作用说要早七百年。

此外，《梦溪笔谈》卷25《杂志二》还载有沈括制作"木图"一事：

予奉使按边，始为木图写其山川道路。其初遍履山川，旋以面糊木屑写其形势于木案上。未几寒冻，木屑不可为，又熔蜡为之。皆欲其轻、易赍故也。至官所，则以木刻上之。上召辅臣同观，乃诏边州皆为木图，藏于内府。[②]

立体地图比平面地图更逼真、直观，且易于携带，故沈括发明的这一方法很快被朝廷采纳和推广。事实上，沈括所制作的立体模型地图比欧洲最早的立体地图早七百多年。

沈括在《梦溪笔谈》卷21《异事》中提出了化石乃生物"所化"的科学论断，他说：

治平中，泽州人家穿井，土中见一物，蜿蜒如龙蛇状，畏之不敢触。久之，见其不动，试摸之，乃石也。村民无知，遂碎之。时程伯纯为晋城令，求得一段，鳞甲皆如生物。盖蛇蜃所化，如石蟹之类。[③]

这里所说的化石可能不是"蛇蜃所化"即不是动物化石，据考是"鳞木"（一种广泛分布于石炭二叠纪时期的巨大乔木，叶片脱落有明显的鳞片状痕迹）的植物化石。虽然如此，但沈括的解释理念是正确的，他的解释比意大利著名学者、"文艺复兴"运动的杰出代表达·芬奇对于化石的类似解释要早四百余年。

第五，在《梦溪笔谈》卷26及《补笔谈》卷3《药议》篇中，沈括对中药学提出了许多独到的见解，为中国古代药学的发展事业做出了重大贡献。中药典籍浩如烟海，但其本都源于《神农本草经》。因此，作为一部药学圣典，人们对《神农本草经》一般都不敢

---

① （宋）沈括：《梦溪笔谈》卷24《杂志一》，杨渭生新编：《沈括全集》中编卷56，第512页。

② （宋）沈括：《梦溪笔谈》卷25《杂志二》，杨渭生新编：《沈括全集》中编卷57，杭州：浙江大学出版社，2011年，第532页。

③ （宋）沈括：《梦溪笔谈》卷21《异事》，杨渭生新编：《沈括全集》中编卷53，第483页。

妄加非议。而沈括却依据客观实物，通过认真观察与辨析，对《神农本草经》中的错误之处作了大胆的更正。如沈括辨"枳实与枳壳"道：

> 六朝以前医方，唯有枳实，无枳壳，故《本草》亦只有枳实。后人用枳之小嫩者为枳实，大者为枳壳，主疗各有所宜，遂别出枳壳一条，以附枳实之后。然两条主疗，亦相出入。古人言枳实者，便是枳壳，《本草》中枳实主疗，便是枳壳主疗。后人既别出枳壳条，便合于枳实条内摘出枳壳主疗，别为一条；旧条内只合留枳实主疗。后人以《神农本经》不敢摘破，不免两条相犯，互有出入。予按《神农本经》枳实条内称：'主大风在皮肤中，如麻豆苦痒，除寒热结，止痢，长肌肉，利五脏，益气轻身，安胃气，止溏泄，明目。'尽是枳壳之功，皆当摘入枳壳条。……旧枳实条内称：'除胸胁痰癖，逐停水，破结实，消胀满，心下急痞痛、逆气。'皆是枳实之功，宜存于本条，别有主疗，亦附益之可也。①

"疑经惑古"是宋学之根本，沈括的药学思想显然受到这股学术潮流的影响，他敢于突破《神农本草经》的历史局限，并提出对于药学典籍应依实际而有所"摘破"的主张，确是一条推动中药学不断向前发展的科学原则。应用此原则，沈括还对钩吻、杜若、河豚等药物作了实事求是的分析，提出临床用药要"特宜仔细"②以及药物功用随时间推移而不断扩大即"后人用久，渐见其功，主疗浸广"③的思想。

中草药对其根、茎、叶等部位的功能都有不同要求，施用的病症也各异，沈括对中药的研究成果主要集中在《苏沈良方》里，宋人晁公武在其所著《郡斋读书志》一书中说："沈括通医学，尝集得效方成一书，后人附益以医药杂说，故名苏沈。"④而《梦溪笔谈》所载之医药条目远远多于其他科技条目，即证明了这一点。所以沈括对中草药不同部位功效的认识很见功底，其对用药的辨析更加理性，同时也更加接近实际。他说：

> 药有用根，或用茎叶。虽是一物，性或不同，苟未深达其理，未可妄用。如仙灵脾，《本草》用叶，南人却用根；赤箭，《本草》用根，今人反用苗。如此未知性果同否。如古人远志用根，则其苗谓之小草；泽漆之根，乃是大戟；马兜零之根，乃是独行。其主疗各别。推此而言，其根、苗盖有不可通者。如巴豆能利人，唯其壳能止之；甜瓜蒂能吐人，唯其肉能解之；坐拿能懵人，食其心则醒……如此之类甚多。悉是一物，而性理相反如此。⑤

沈括认识到同一植物或动物的不同部位对疾病的疗效有差异，甚至有些动植物的不同部位具有相反疗效，"虽是一物，性或不同"。因此，我们在具体用药之前一定要分清药材的部位，以免造成严重后果。就此而言，沈括的用药思想极大地丰富了中医药辩证的理论

① （宋）沈括：《梦溪笔谈·补笔谈》卷3《药议》，杨渭生新编：《沈括全集》中编卷61，第599—600页。
② （宋）沈括：《梦溪笔谈·补笔谈》卷3《钩吻》，杨渭生新编：《沈括全集》中编卷61，第598页。
③ （宋）沈括：《梦溪笔谈·补笔谈》卷3《杜若》，杨渭生新编：《沈括全集》中编卷61，第597页。
④ （宋）晁公武撰，孙猛校证：《郡斋读书志校证》，上海：上海古籍出版社，1990年，第730页。
⑤ （宋）沈括：《梦溪笔谈·补笔谈》卷3《用药》，杨渭生新编：《沈括全集》中编卷61，第593页。

内容，推动了中药学朝更加科学的方向发展。

中药学还有一个重要领域就是采药方法，沈括对此也有比较深入的研究。他说：

> 古法采草药多用二月、八月，此殊未当。但二月草已芽，八月苗未枯，采掇者易辨识耳，在药则未为良时。大率用根者，若有宿根，须取无茎叶时采，则津泽皆归其根……用花者，取花初敷时；用实者，成实时采。皆不限以时月。缘土气有早晚，天时有愆伏。如平地三月花者，深山中则四月花……此地势高下之不同也。如笤竹笋有二月生者，有三、四月生者……此物性之不同也。岭峤微草，凌冬不雕；并汾乔木，望秋先陨……此地气之不同也。一亩之稼，则粪溉者先芽；一丘之禾，则后种者晚实，此人力之不同也。岂可一切拘以定月哉！[1]

对于采药注意时节的问题，孙思邈已有"不依时采取，与朽木不殊，虚费人功，卒无裨益"[2]的论述，但相对于此，沈括则明显地又向前迈进了一大步。

沈括对"太阴玄精"（石膏的晶体，其化学式为 $CaSO_4 \cdot 2H_2O$）的描述已不仅仅局限于中药学的范围，而是深入到矿物学领域。尤其是沈括通过"太阴玄精"的物理性质来辨其真伪的方法，认识到晶体的解理现象，使我国古代在这一领域保持着世界的领先地位，它较 17 世纪丹麦科学家巴尔托林的"发现"至少要早六百年。沈括说：

> 太阴玄精，生解州盐泽大卤中，沟渠土内得之。大者如杏叶，小者如鱼鳞，悉皆六角，端正如龟甲。其裙襕小撮，其前则下剡，其后则上剡。正如穿山甲相掩之处，全是龟甲，更无异也。色绿而莹彻。叩之则直理而折，莹明如鉴，折处亦六角，如柳叶。火烧过则悉解析，薄如柳叶，片片相离，白如霜雪，平洁可爱。此乃禀积阴之气凝结，故皆六角。[3]

第六，现代运筹学兴起于 19 世纪 40 年代，当时第二次世界大战对军事活动及后勤保障等提出了更高的要求，而为了决策的准确起见，人们开始用建立数学模型的方法来推求最优化的结果，因此以较经济和较有效地使用人力物力为目的的运筹学应运而生了。尽管运筹学作为一门科学出现得比较晚，但运筹思想的出现却是很古老的。在我国，至迟春秋战国时期就出现了"田忌赛马"这样杰出的运筹思想。到北宋，沈括则加以发展，并形成了独特的运筹思想体系。如"分曹共棋"问题是这样设计的：

> 四人分曹共围棋者，有术可令必胜。以我曹不能者立于彼曹能者之上，令但求急，先攻其必应，则彼曹能者为其所制，不暇恤局。则常以我曹能者当彼不能者，此虞卿斗马术也。[4]

---

① （宋）沈括：《梦溪笔谈》卷 26《药议》，杨渭生新编：《沈括全集》中编卷 58，第 540—541 页。

② （唐）孙思邈：《千金翼方》卷 30《药录纂要》，《孙思邈医学全书》，太原：山西科学技术出版社，2016 年，第 563 页。

③ （宋）沈括：《梦溪笔谈》卷 26《药议》，杨渭生新编：《沈括全集》中编卷 58，第 546 页。

④ （宋）沈括：《梦溪笔谈》卷 18《技艺》，杨渭生新编：《沈括全集》中编卷 50，第 444 页。

这段话是说：四个人分成两组合下一局围棋，其双方各有一名高手和一名臭手，设四名棋手分别为 A、B 和 A′、B′，其每个局中人都只有两个策略：（A，B），（B，A）与（A′，B′），（B′，A′），且全体局中人之"胜败"相加总和等于"零"，这就是"有限零和二人对策"。沈括所选方案是：使得着棋顺序为 B，A′，A，B′。B 的着棋策略则是攻 A 必应，使其受到纠缠，不能脱手而受制，从而牵制 A 的棋力的发挥。这时 A 则有充分的主动性，可以从容审度大局，尽力发挥自己的作用，造成有利于己方的形势，以求最终获胜。虽然沈括的设计并不十分完善，但这是 A，B 一方可以选择的最佳策略。[①]

又如，"行军运粮"也是一个很重要的运筹学问题。沈括说：

> 凡师行，因粮于敌，最为急务。运粮不但多费，而势难行远。余尝计之：人负米六斗，卒自携五日干粮，人馈一卒，一去可十八日。若计复回，只可进九日；二人馈一卒，一去可二十六日。若计复回，止可进十三日；三人馈一卒，一去可三十一日，计复回止，可进十六日。三人馈一卒，极矣。若兴师十万，辎重三之一止得驻战之卒七万人，已用三十万人运粮，此外难复加矣。运粮之法，人负六斗，此以总数率之也……若以畜乘运之，则驼负三石，马、骡一石五斗，驴一石，比之人运，虽负多而费寡，然刍牧不时，畜多瘦死，一畜死则并所负弃之，较之人负利害相半。[②]

此运筹学的前提是在人负与畜运得失相当的条件下，使用人负是自给自足的最佳选择。故沈括统筹全局，得出结论说，在战时用 3 个民夫供应士兵所需口粮，已经达到了最大值，不能再突破。所以，在可能的情况下，夺取敌人的粮食是所有方案之最上策。可见，沈括注意根据实际条件，对问题进行深入细致的分析和估算，并制定种种方案，然后从中选择最佳方案，这种运筹学思想是可取的，也是必需的。由于运筹学直接跟国家的政治、经济等大政方针有关，所以沈括将上述运筹学事例归入《梦溪笔谈》之"官政"类，这种从战略高度来给科技定位的思想具有深远的历史意义。

此外，沈括在矿冶、建筑、水利测量、考古等方面也有很深的造诣，且在《梦溪笔谈》中都有例子可证。不过，因篇幅所限，本书就不再一一列举了。

上面仅仅说的是"常"的部分，与之相对，尚有"变"（即当时不能给出科学解释的自然现象）的部分。而属于"变"的内容也不在少数，故不能略而不说。《梦溪笔谈》卷21 及《补笔谈》卷 3 之《异事》载有许多属于"变"的自然现象。如"地震现象"：

> 登州巨嵎山，下临大海。其山有时震动，山之大石，皆颓入海中。如此已五十余年，土人皆以为常，莫知所谓。[③]

又如，对于"湾鳄"的生活特性，沈括就作出了错误解释，他说：

---

① 参见何绍庚：《〈梦溪笔谈〉中的运筹思想》，薄树人主编：《中国传统科技文化探胜——纪念科技史学家严敦杰先生》，北京：科学出版社，1992 年，第 117—123 页。
② （宋）沈括：《梦溪笔谈》卷 11《宜政一》，杨渭生新编：《沈括全集》中编卷 43，第 373 页。
③ （宋）沈括：《梦溪笔谈》卷 21《异事》，杨渭生新编：《沈括全集》中编卷 53，第 481 页。

> （湾鳄）生卵甚多，或为鱼，或为鼍、鼋，其为鳄者不过一二。①

湾鳄是生活在印度与澳大利亚间海域里的一种爬行动物，与鼍（扬子鳄）、鼋（绿团鱼）不属于同一种爬行动物，所以湾鳄之卵根本不可能变成扬子鳄、绿团鱼之类动物，至于"湾鳄生卵甚多"，但能够成活的"不过一二"，则完全是食物及敌害等环境因素所导致的结果，而并不是多数湾鳄卵变成了其他爬行动物。可见，沈括的解释是错误的。

海市蜃楼是光线经过不同密度的空气层，发生显著折射时把远处景物显示于天空或地面所形成的自然景象，但对于这种复杂的大气光学原理，沈括当时也搞不明白。因此，他说：

> 登州海中，时有云气，如宫室、台观、城堞、人物、车马、冠盖，历历可见，谓之"海市"。或曰："蛟蜃之气所为"，疑不然也……问本处父老，云："二十年前尝昼过县，亦历历见人物。"土人亦谓之"海市"，与登州所见大略相类也。②

"返老还童"症是医学界的一大难题，对于人类为什么会出现"负增长"现象，其病理机制是什么？不但沈括不能做出回答，就是目前人类的医学发展水平也不能给予正确解释。但沈括《梦溪笔谈》卷21能留下这则"返老还童"症的案例，已经是十分难能可贵了。原文云：

> 世有奇疾者。吕缙叔以知制诰知颖州，忽得疾，但缩小，临终仅如小儿。古人不曾有此疾，终无人识。③

除此之外，沈括尚无法解释的自然现象还有："海蛮师""龙卷风""滴翠珠""盐鸭蛋发光"（即发光细菌）等。而对于指南针，沈括坦然曰："莫可原其理。"④这是因为在沈括生活的那个时代，限于科学技术本身的发展水平与认识的局限，人们还不可能解释上述自然现象。例如，地球磁场的存在是指南针能够指示南北的原因，而直到19世纪才有英国科学家法拉第正式提出"磁场"的概念，并认识到"磁场"是存在于磁体和电流周围的一种特殊物质。

（五）"运数"与"考验"相结合的方法论思想

"运数"是北宋思想界最主要的理论范式，故沈括也不能割舍它。在沈括的方法论思想中，"运数"已被剥离了其"洞吉凶之变"的先验性外衣，他曾批评郑夬的《易》说："夬之为书，皆荒唐之论。"⑤数不是宇宙的本原，因而数不能生成万物，沈括指出：《汉书》认为数能"化生万物"，其谬如"胫庙"。⑥所以他的观点是："九、七、八、六之数，

---

① （宋）沈括：《梦溪笔谈》卷21《异事》，杨渭生新编：《沈括全集》中编卷53，第486页。
② （宋）沈括：《梦溪笔谈》卷21《异事》，杨渭生新编：《沈括全集》中编卷53，第482页。
③ （宋）沈括：《梦溪笔谈》卷21《异事》，杨渭生新编：《沈括全集》中编卷53，第480页。
④ （宋）沈括：《梦溪笔谈》卷24《杂志一》，杨渭生新编：《沈括全集》中编卷56，第514页。
⑤ （宋）沈括：《梦溪笔谈》卷7《象数一》，杨渭生新编：《沈括全集》中编卷39，第332页。
⑥ （宋）沈括：《梦溪笔谈》卷5《乐律一》，杨渭生新编：《沈括全集》中编卷37，第298页。

阳顺、阴逆之理，皆有所从来，得之自然，非意之所配也。"①又说："大凡物有定形，形有真数。方圆端斜，定形也；乘除相荡，无所附益，泯然冥会者，真数也。"②按冯契先生的解释："冥会"就是"思维与实在的一致"③，也是"运数"与"考验"的结合。当然，"考验"是根本。

沈括在总结其科学研究的态度时说："余占天候景，以至验于仪象。"④这十一个字真正是他思想的灵魂，是他立论的基点，也是他科学实证的精髓。他说：

> 度在天者也，为之玑衡，则度在器。度在器，则日月五星可持乎器中，而天无所豫也。天无所豫，则在天者不为难知也。自汉以前，为历者必有玑衡以自验迹。⑤

在宋代也只有沈括能够提出"在天"与"在器"的关系问题，而这个问题不仅是古代天文、物理、化学等实验科学发展的大问题，同样是现代天文、物理、化学等实验科学发展的大问题。在某种意义上说，仪器已经成为制约当代科学发展的重大因素。马克思说："自然科学家力求用实验再现出最纯真的自然现象。"⑥至于如何"再现出最纯真的自然现象"？那当然要靠人类的物质手段，简言之就是靠科学仪器。而正是因为有了浑仪，才使"日月五星可持乎器中"成为可能，并且才有可能在"天无所豫"的前提下，去再现五星的运动变化，才能"验"天之"迹"，才能正确预见天体的运动规律。

同世界上其他的杰出科学家一样，沈括也遵循着科学研究的一般规律，由观察、实验到科学抽象，从实践到理论。相对于实验，观察源于人类五官对自然万物的直接反应，所以它最原始，也最直观，而科学仪器其实就是人类感官的延长。而沈括在长期的科学研究过程中，形成了观察自然的良好习惯，当然这也是他积累科学资料的重要物质手段之一。

第一，观察法。所谓观察法是指人们有目的地通过感官或借助于特定仪器，对自然现象在自然发生的条件下进行科学考察的一种科研手段。它的特点是有目的、用眼看、做记录。而《梦溪笔谈》中就保留着沈括许多原始的观察记录，如《梦溪笔谈》卷7"测极星"云：

> 汉以前皆以北辰居天中，故谓之"极星"。自祖暅以玑衡考验天极，不动处乃在"极星"之末犹一度有余。熙宁中，予受诏典领历官，杂考星历。以玑衡求"极星"，初夜在窥管中，少时复出，以此知窥管小，不能容"极星"游转，乃稍稍展窥管候之，凡历三月，"极星"方游于窥管之内，常见不隐。然后知天极不动处，远"极星"犹三度有余。每"极星"入窥管，别画为一图。图为一圆规，乃画"极星"于规中。具初夜、中夜、后夜所见各图之，凡为二百余图，"极星"方常循圆规之内，夜

① （宋）沈括：《梦溪笔谈》卷7《象数一》，杨渭生新编：《沈括全集》中编卷39，第331页。
② （宋）沈括：《梦溪笔谈》卷7《象数一》，杨渭生新编：《沈括全集》中编卷39，第325页。
③ 冯契：《中国古代哲学的逻辑发展》下，第86页。
④ （宋）沈括：《梦溪笔谈》卷7《象数一》，杨渭生新编：《沈括全集》中编卷39，第325页。
⑤ 《宋史》卷48《天文志一·仪象》，第955页。
⑥ 《马克思恩格斯全集》第1卷，北京：人民出版社，1979年，第78页。

夜不差。①

在这里，"以玑衡求'极星'"之"求"是观察的意思，而"凡为二百余图"之"图"则是沈括对"极星"的观察记录。沈括为了测出极星的确切位置，他放大窥管，连续三个月不间断，且每夜观测三次，最后画出了二百余张图。此种科学精神是很令人感动的。

潮汐是由日月的引潮力所形成的一种海水长波运动现象，我国汉代的思想家王充早就认识到了潮汐与月球引力之间的内在联系，他说："涛之起也，随月盛衰，大小满损不齐同。"②后来，唐代的窦叔蒙著《海涛志》一书，更提出"涛之潮汐，并月而生，日异月同，盖有常数矣"③的见解，并认为海淘"可得历数而记"，故宋代学者张君房说："唐大历中，浙东窦叔蒙撰《海涛志》，凡六章。详覆于潮，最得其旨。诸家依约而言，皆不适其妙也。"④张君房的论断应当说是公正的，因为稍晚于窦叔蒙的另一位唐代文学家卢肇，虽然在研究潮汐方面所花费的时间不少，但从总体上看他著的《海潮赋》明显逊于窦叔蒙的《海涛志》。因此，沈括说：

> 卢肇论海潮，以谓日出没所激而成，此极无理。若因日出没，当每日有常，安得复有早晚？予尝考其行节，每至月正临子午则潮生，候之万万无差。月正午而生者为"潮"，则正子而生者为"汐"；正子而生者为"潮"，则正午而生者为"汐"。⑤

沈括根据长期的观察得出潮汐出没的时间不是"每日有常"的结论，从而批判了卢肇的错误观点。沈括认为"每至月正临子午则潮生"，是对窦叔蒙思想的进一步发展，而他对潮汐发生的时间与观测地点相联系的记述则是他真正的独创，较西方的同类思想早一百多年。

当然，观察由于受到感官或仪器的局限，其观察之结论可能会出现错误，沈括也不例外。如他的"观炼铁"篇云：

> 世间锻铁所谓钢铁者，用柔铁屈盘之，乃以生铁陷其间，泥封炼之，锻令相入，谓之"团钢"，亦谓之"灌钢"。此乃伪钢耳，暂假生铁以为坚，二三炼则生铁自熟，仍是柔铁。⑥

把"灌钢"说成是"伪钢"，这个观察结论是不对的，因为"灌钢"是用低温炼钢方法所炼出来的钢，由于它是用生铁和熟铁熔炼成团块再经锻打而成，所以又称"团钢"。

第二，实验法。与观察相比，实验法突出了结论之"受控性"，即实验所得之结果是经过人为干预的，而不是自然而然的。如沈括为了实现对汴河的实测，他采取"分层筑

① （宋）沈括：《梦溪笔谈》卷7《象数一》，杨渭生新编：《沈括全集》中编卷39，第324—325页。

② （汉）王充：《论衡》卷4《书虚篇》，《百子全书》第4册，第3247页。

③ （唐）窦叔蒙：《海涛志》，中国人民政治协商会议浙江省海宁市委员会文史资料委员会编：《〈海宁文史资料〉专辑——海宁潮文化》，1995年，第23页。

④ （宋）张君房：《潮说》，（清）周春纂，王云五主编：《海潮说》，上海：商务印书馆，1936年，第3页。

⑤ （宋）沈括：《梦溪笔谈·补笔谈》卷2《象数》，杨渭生新编：《沈括全集》中编卷60，第568页。

⑥ （宋）沈括：《梦溪笔谈》卷3《辩证一》，杨渭生新编：《沈括全集》中编卷35，第280页。

"堰"法，在由人控制的条件下去测定汴河上下游地势的高低。《梦溪笔谈》卷25载：

> 自汴流湮淀，京城东水门，下至雍丘、襄邑，河底皆高出堤外平地一丈二尺余，自汴堤下瞰民居，如在深谷。熙宁中，议改疏洛水入汴。予尝因出使，按行汴渠，自京师上善门量至泗州淮口，凡八百四十里一百三十步。地势，京师之地比泗州凡高十九丈四尺八寸六分。于京城东数里白渠中穿井至三丈，方见旧底。验量地势，用水平、望尺、干尺量之，不能无小差。汴渠堤外，皆是出土故沟，予因决沟水，令相通。时为一堰节其水，候水平，其上渐浅涸，则又为一堰，相齿如阶陛。乃量堰之上下水面，相高下之数会之，乃得地势高下之实。①

在磁学方面，沈括不仅发现了指南针"常微偏东，不全南"现象，而且还具体试验了指南针的四种装置方法。《梦溪笔谈》卷24"指南针"条云：

> 方家以磁石磨针锋，则能指南，然常微偏东，不全南也。水浮多荡摇，指爪及碗唇上皆可为之，运转尤速，但坚滑易坠，不若缕悬为最善。②

由此可见，指南针的四种装置方法分别是把磁针搁在指甲上；把磁针搁在碗沿上；以针横贯灯心草浮于水面之上；用独根茧丝将蜡少许粘着于针腰，在无风的地方悬挂起来。通过实验，沈括发现四种方法中只有"缕旋法"才能使指南针真正"指南"。北宋末年的医学家寇宗奭在《本草衍义》一书中曾评论说："磨针锋则能指南，然常偏东不全南也。其法取新纩中独缕，以半芥子许蜡，缀于针腰，无风处垂之，则针常指南。以针横贯灯心，浮水上，亦指南，然常偏丙位（指偏东15°）。"③

第三，矛盾分析法。事物本身就是矛盾，而矛盾是由两个方面相互作用和相互转化所构成的统一体。沈括跟王安石一样坚持用"耦中有耦"的观点去认识自然界和人类社会，故他的科技思想中处处闪烁着辩证法的光芒。如他在谈到天文、历法中运用数学方法时说：

> 求星辰之行，步气朔消长，谓之缀术，谓不可以形察，但以算数缀之而已。④

在沈括看来，"缀术"就是以"步气朔消长"为研究对象的，而消长变化是天体运动的普遍规律。

沈括运用五行相互转化的规律来解释"胆矾炼铜"法：

> 信州铅山县有苦泉，流以为涧。挹其水熬之，则成胆矾。烹胆矾成铜，熬胆矾铁釜，久之亦化为铜。水能为铜，物之变化，固不可测。按黄帝《素问》有"天五行、地五行"，土之气在天为湿，土能生金石，湿亦能生金石。"此其验也。又石穴中水，

---

① （宋）沈括：《梦溪笔谈》卷25《杂志二》，杨渭生新编：《沈括全集》中编卷57，第525页。
② （宋）沈括：《梦溪笔谈》卷24《杂志一》，杨渭生新编：《沈括全集》中编卷56，第514页。
③ （宋）寇宗奭著，张丽君、丁侃校注：《本草衍义》卷5《磁石》，北京：中国医药科技出版社，2012年，第22页。
④ （宋）沈括：《梦溪笔谈》卷18《技艺》，杨渭生新编：《沈括全集》中编卷50，第436页。

所滴皆为钟乳、殷孽。春秋分时，汲井泉则结石花。大卤之下，则生阴精石，皆湿之所化也。如木之气在天为风，木能生火，风亦能生火，盖五行之性也。"①

中国古代科学技术发展到北宋，从内容上早已突破了五行说的解释范围。因此，沈括用已经开始僵化的思想范畴来解释"胆矾炼铜"这项冶金化学成就，显然是落伍了，这反映了沈括本身也存在着一定的科技盲区，但他自觉地用五行说来阐明物质可以相互转化的道理，却是很可贵的矛盾转化思想。

小　结

北宋中期的改革活动，力主变法图强，既给宋朝带来了社会稳定，又促进了宋代经济和科学技术的进步，尽管时人也有反对者，但王安石毕竟找到了一条解决国家危机的根本途径，那就是发展生产，他的"三不畏"精神将是科学创新的永恒法宝。

宋学之于传统儒学的重大突破应是对宇宙论的探索，所以蔡元培评论说：在宋代，"邵、周、张诸子，皆致力于宇宙论与伦理说之关系，至程子而始专致力于伦理学说"②。在宇宙论的开拓方面，张载的"气本论"把宇宙万物纳入到发展变化的过程之中，除了"气"本身具有永恒性和不灭性之外，其他一切都在不断的产生和不断的消亡。③二程没有接受张载的"气本论"思想，而是与张载相对应，提出了"理本论"思想。有学者认为："二程的理本论和张载的气本论皆是从世界万物的空间关系来追溯宇宙本原，张载找到了构成万物的本始之物——气，二程找到了构成万物的本质和法则——理。"④在当时，无论是"气本论"还是"理本论"，二者在阐释科学思维方法上都作出了积极探索和贡献。

张伯端是"内丹学"的集大成者，他的《悟真篇》与《周易参同契》同为我国古代丹道之学的扛鼎之作，在宋代象数易学的思想影响下，张伯端创造性地吸收了《道德经》《阴符经》《周易参同契》的术数思想，并由此展开了内丹学理论体系的建构。⑤

苏轼解易独树一帜，《东坡易传》的鲜明特色就是"以庄解《易》，儒道兼综，追求旷达与执著的统一"⑥。在人生屡遭挫折的艰难环境中，苏轼却保持着旺盛的创新活力，据王友胜统计，苏轼有关科技题材的作品多达三百余篇（尚不包括一般吟咏酒、茶的诗

---

① （宋）沈括：《梦溪笔谈》卷25《杂志二》，杨渭生新编：《沈括全集》中编卷57，第524页。

② 蔡元培：《中国伦理学史（外一种）》，北京：商务印书馆，2010年，第90页。

③ 参见曾振宇：《论张载气学的特点及其人文关怀》，《哲学研究》2017年第5期；朱建民：《张载思想研究》，北京：中华书局，2020年；陈睿超：《张载"气论"哲学的"两一"架构》，《中国哲学史》2021年第1期；郑宗义：《论张载气学研究的三种路径》，《学术月刊》2021年第5期，等。

④ 朱汉民：《经典诠释与义理体认：中国哲学建构历程片论》，北京：新星出版社，2015年，第297页。

⑤ 徐荣盘：《张伯端道教术数学思想研究》，北京：宗教文化出版社，2019年，第2—3页。

⑥ 余敦康：《内圣外王的贯通——北宋易学的现代阐释》，上海：学林出版社，1997年，第69页。

文），在其全集中占有相当大的比例①，尤其是"徐州的煤炭开采历史，自苏轼开篇"②。

　　沈括的科学思想来自他的变法实践，他的一系列重大科技成就，都见载于《梦溪笔谈》这部中国古代最为有名的笔记体大作之中，如隙积术、十二气历、指南针、分层筑堰水准测量法、立体地理模型等，总而言之，诚如李约瑟所说，沈括是"中国整部科学史中最卓越的人物"③。

---

① 王友胜：《听雨楼文辑》，上海：上海古籍出版社，2018年，第331页。
② 李赓扬：《融通三教　师法自然：苏轼自然观》，深圳：海天出版社，2014年，第132页。
③ 沈国学：《中国整部科学史中最卓越的人物：沈括》，《今日科苑》2013年第21期。

第三章 北宋后期科技思想的转变

宋哲宗即位宣告了北宋"黄金时段"的过去，接着便是由党争而引起的严重内耗。先是反变法派分裂，造成"蜀洛朔党争"，蜀党以苏轼、吕陶等为代表，洛党以程颐、贾易为中坚，朔党则以刘挚、梁焘为轴心；党争不仅给学术发展带来了负面影响，而且使北宋政治一片混乱。随后，变法派内部也出现裂痕，一方是曾布与章惇、蔡卞相争，另一方则是章惇与蔡京、蔡卞相争。因蔡卞是王安石之婿，故他们兄弟（即蔡京、蔡卞）在这场党争中略占上风，尤其是宋徽宗亲政，蔡京为相，"变法派"就完全变质了。在政治上，蔡京大搞"元祐党籍碑"，推行极端的"异己主义"政策；在经济上，借"变法"而刻意聚敛钱财，榨取民脂民膏；在学术上，实行文化专制政策，理学受禁，"荆公新学"名义上"独行于世"。如此种种，最后招致了亡国之祸。《宋史·徽宗纪四》赞云："宋中叶之祸，章、蔡首恶，赵良嗣厉阶……及童贯用事，又佳兵勤远，稔祸速乱。"[1]

由于在中国古代，学术没有独立性。故在这场政治斗争的大背景下，北宋后期的科技思想不能不发生相应的变化。而活跃于北宋中期的著名科学家和思想家如王安石、沈括等，到蔡京专权前已相继谢世，且苏轼与程颐作为反变法派的代表都成为被蔡京打击的对象，其思想如前所述，此不赘言。但有一个人物却很特别，这个人物就是苏颂。苏颂虽历经宋真宗、仁宗、英宗、神宗、哲宗、徽宗六朝，但其科技思想却成熟于宋哲宗期，其标志就是他于绍圣初年（约1094—1096）受诏撰进《新仪象法要》，开近代机械图纸编纂体例的先河。正如李约瑟所说："苏颂是中国古代和中世纪最伟大的博物学家和科学家之一，他是一位突出的重视科学规律的学者。"[2]

而苏颂在激烈的元祐党争中，他一方面在政治上远避权宠，不树党援，另一方面在思想上则主张"合则一理"，因而在自然观方面他跟沈括形成不同的特色。简言之，沈括的思想基点是"天人相分"，而苏颂的思想基点则是"天人合一"，其水运仪象就是"天人合一"的极端物化形态。水运仪象是中国古代最杰出的手工创造，但它并没有引起生产方式的巨大变革；而蒸汽机却是近代工业的标志性成果，它的问世引发了一场具有深远历史影响的产业革命。毫无疑问，蒸汽机是以"天人相分"为特征的西方文明的物质结晶，所以它的出现是革命性的。那么，我们要问：为什么北宋中期已经萌芽的"天人相分"思想不能在后期继续生长呢？而这正是本章所要探讨的主要问题之一。

---

① 《宋史》卷 22《徽宗纪四》，第 417—418 页。

② 管成学、杨荣垓、苏克福：《苏颂与〈新仪象法要〉研究》，长春：吉林文史出版社，1991 年，李约瑟题辞。

第一节　苏颂的"仪象"科技思想

从科技思想史的角度讲，苏颂是由北宋中期之"天人相分"转向后期"天人合一"的关键人物。诚然，苏颂所创造的"水运仪象"是杰出的，其在中国古代科学史上的独特地位也是任何人抹杀不了的。但是，如果我们考虑到"水运仪象"的价值趋向并不是生产型的而是消费型的这个特点，那就必然会意识到它对科学发展的作用是封闭的而不是开放的。所以"水运仪象"无法适用于生产，同时也没有形成原理性的知识。由于没有形成原理性的知识，故人们就很难去复制它。

一、中国传统"天人合一"观念的物化形态

（一）苏颂的生平简介

苏颂（1020—1101），字子容，泉州同安人。其父苏绅曾任翰林学士，正值"庆历新政"时期，他对新政持反对意见，故史书上对此颇有微词。如《宋史》本传说他"善中伤人"[1]。然而，苏绅却用《中庸》之道来教育苏颂，苏颂说："先公举贤良，暇日试笔，手写《中庸》一篇，付予令熟读诵之。可以见性命之理，其书至今秘藏箧笥。"[2]一本《中庸》伴随其终生，可见该书对他的思想影响是多么深刻。苏颂曾担任过地方官、中央官、外交官及科技官，其中他两次领导北宋的科技创新工作，对推动中国古代科学技术的发展事业做出了伟大的贡献。

嘉祐二年（1057），苏颂任校正医书官，负责《本草图经》的编写工作。《本草》历来为医家所重，且医家对它的要求也很苛刻，所以编好这部书真的不太容易。幸好苏颂有雄厚的知识积淀，他"博学，于书无所不读，图纬、阴阳、五行、星历，下至山经、本草、训诂文字，靡不该贯"[3]，可谓自书契以来，百家之说，无所不通[4]，但光有这些还编不好《本草图经》，因为实物采集才是其最重要的物质基础。为此他采用行政干预的方法，鼓励广大医师和药农主动向国家呈送附加文字说明的标本与药图，收到了显著效果。苏颂在《本草图经》序言中说："今天下所上绘事千名，其解说物类，皆据世医之所闻见，事有详略，言多鄙俚，向非专一整比，缘饰以文，则前后不伦，披寻难晓，乃以臣某向尝刻意此书，于是建言奏请，俾专撰述，臣某既被旨则裒集众说，类聚诠次，粗有条目。"[5]如

① 《宋史》卷294《苏绅传》，第9813页。
② （宋）苏颂：《苏魏公文集》卷5《感事述怀诗》，《景印文渊阁四库全书》第1092册，第157页。
③ （宋）曾肇：《赠司空苏公墓志铭》，（宋）苏颂著，王同策、管成学、严中其等点校：《苏魏公文集》下《附录二》，北京：中华书局，1988年，第1196页。
④ （宋）邹浩：《道乡先生邹忠公文集》卷39《故观文殿大学士苏公行状》，四川大学古籍整理研究所编：《宋集珍本丛刊》，北京：线装书局，2004年，第31册，第292—303页。
⑤ （宋）苏颂：《苏魏公文集》卷65《本草图经序》，《景印文渊阁四库全书》第1092册，第698页。

何"类聚诠次"呢？苏颂提出了六个办法，即"有一物而杂出诸郡者，有同名而形类全别者，则参用古今之说，互相发明；其荄梗之细大，华实之荣落，虽与旧说相戾，并兼存之；崖略不备，则稍援旧注，以足成文意，注又不足，乃更旁引经史及方书、小说，以条悉其本原。若陆英为蒴藋花，则据《尔雅》之训以言之……收采时月有不同者，亦两存其说……性类相近，而人未的识，或出于远方，莫能形似者，但于前条附之……自余书传所无，今医又不能解，则不敢以臆说浅见傅会其文，故但阙而不录"①。由此，苏颂终于在嘉祐六年（1061）完成了我国流传至今的第一部附有插图的本草著述。然而，因受历史条件和集体参编者的认识水平所限，该书还存在着"图与说异，两不相应。或有图无说，或有物失图，或说是图非"②等"小小疏漏"，但瑕不掩瑜，《本草图经》集前人经验之大成，比较真实地反映了当时各地医家的用药信息，其内容仍然具有很大价值。

元祐元年（1086）11月，苏颂受命定夺新旧浑仪，并专门组建了"详定制造水运浑仪所"。水运浑仪是一项空前的综合性的大型科研计划，在当时应该说属于高新技术范畴。故为了完成这一课题，苏颂向全国广泛征召各种专业技术人才，集聚一起，协同攻关。苏颂《进仪象状》说：

> 臣昨访问，得吏部守当官韩公廉通《九章算术》，常以钩（勾）股法推考天度……奉二年八月十六日诏，如臣所请置局、差官及专作材料等，遂奏差郑州原武县主簿充寿州州学教授王沇之充专监造作兼管句收支官物，太史局夏官正周日严、秋官正于太古、冬官正张仲宣等与韩公廉同允制度官。局生袁惟几、苗景、张端，节级刘仲景，学生侯永和、于汤臣测验晷景刻漏等，都作人员尹清部辖指画工作。③

这个人才群体既有着严格的专业分工，又有着系统的组织：如具有监造军械经验和行政组织协调能力的尹清来"部辖指画工作"，即负责整个水运浑仪各个专业之间的协调与组织工作。中国传统的科学研究多是以个体研究为特征的，而学科的发展也是自己设计自己，自己发展自己，但苏颂水运仪象的研究却突破了传统的科研理念，把各专业的协同性和整合性看作是自觉规划与系统管理的科学，他对中国古代科学的进一步发展开辟了一条广阔的驰骋之路，可惜这个新的科学发展趋势没有成为南宋以后科学发展的主流。阿波罗计划的总负责人韦伯博士曾说："我们没有使用一项别人没有的技术，我们的技术就是科学的组织管理。"④苏颂的水运仪象也是如此，因为在此之前，已有多人制造过各种各样的浑仪和浑象，如汉代的张衡，唐代的僧一行和梁令瓒，北宋初年的张思训及北宋中期的沈括等，所以苏颂的水运仪象是在认真总结前人经验教训的基础上，对原有的仪器构件进行的一种组合和创造。马克思说：这种"共同活动方式本身就是生产力"⑤。

---

① （宋）苏颂：《苏魏公文集》卷65《本草图经序》，《景印文渊阁四库全书》第1092册，第698页。
② （明）李时珍著，陈贵廷等点校：《本草纲目》卷1《历代诸家本草》，北京：中医古籍出版社，1994年，第4页。
③ （宋）苏颂撰，陆敬严、钱学英译注：《新仪象法要译注》卷上《进仪象状》，上海：上海古籍出版社，2007年，第5—6页。
④ 引自周吉编：《管理学教程》，上海：上海交通大学出版社，1987年，第170页。
⑤ 《马克思恩格斯全集》第3卷，第33页。

相对于科学技术方面的成就，苏颂的其他政治活动可能并不引人注目。但他对促进宋代社会的发展多少还是有些作用的，如治平元年（1064），苏颂提点开封府界县镇公事，"建请浚自盟、白沟、圭、刁四河，以疏畿内积水"[①]；熙宁元年（1068），苏颂出任淮南转运使，是时遍野饥民，奸商居奇，他则立足全局，不仅"奏乞籴官米济民"，而且上言道："臣以谓存恤之法，莫若先平物价，欲物货之平，则莫若官为籴给使之常食贱价之物。则不觉转移流徙之为患也"[②]；熙宁四年（1071），苏颂知婺州，据苏象先《魏公谭训》云，婺州"自而登科者不绝"[③]；熙宁九年（1076），吴越大饥，苏颂受命于危难，出知杭州，他"补败救荒，恩意户至"[④]，为解决市民的饮水问题，他亲自督工"命工人寻旧迹，相地架竹，旬月而水悬听事"[⑤]，引凤凰山的泉水入杭州市区，方便了市民；元丰四年（1081），黄河泛滥，作为沧州知州的苏颂积极向朝廷献计献策，并针对沧州段的河情，提出"分引河流，东注泊内"[⑥]的治理方案；苏颂曾三次任专职司法刑狱官，最后一次是元祐元年（1086）任刑部尚书，他主持司法的最大特点就是"颇严鞭朴"[⑦]，"恪循官守"[⑧]，因此他得罪了不少权贵，也曾两次被诬入狱，但他坚持"习俗之变靡常"[⑨]的法制思想，并劝请皇帝"看详定夺"[⑩]，"著为新令，务从简易"[⑪]，在一定程度上推动了宋代法律的改革步伐，等等。

为人有道德，做官有官德，苏颂无论为官，还是做人，都堪称楷模。朱熹赞曰：苏颂"道德博闻，号称贤相，立朝一节，终始不亏"[⑫]，《宋史》本传说："颂器局闳远，不与人校短长，以礼法自持。虽贵，奉养如寒士。"[⑬]如他对为官的原则是"方强而进，不能则止，盖仕者之常分也"[⑭]，实际上这是对做官终身制的一种挑战，他在70岁以后，连续写了十几次辞呈，最后硬是以老病为由，辞去相位。后退居京口，并以82岁高龄走完了他

①　（宋）曾肇：《赠司空苏公墓志铭》，（宋）苏颂著，王同策、管成学、严中其等点校：《苏魏公文集》下《附录二》，第1192页。

②　（宋）苏颂：《苏魏公文集》卷19《奏乞籴官米济民》，《景印文渊阁四库全书》第1092册，第266页。

③　（宋）苏象先：《丞相魏公谭训》卷5《政事》，朱易安、傅璇琮等主编：《全宋笔记》第3编（三），郑州：大象出版社，2008年，第71页。

④　（宋）曾肇：《赠司空苏公墓志铭》，（宋）苏颂著，王同策、管成学、严中其等点校：《苏魏公文集》下《附录二》，第1194页。

⑤　（宋）苏颂：《苏魏公文集》卷3《石缝泉》，《景印文渊阁四库全书》第1092册，第146页。

⑥　（宋）苏颂：《苏魏公文集》卷19《奏乞开修破藏口复三堂分杀黄河水》，《景印文渊阁四库全书》第1092册，第267页。

⑦　《宋史》卷340《苏颂传》，第10864页。

⑧　（宋）苏颂：《苏魏公文集》卷39《谢除刑部尚书》，《景印文渊阁四库全书》第1092册，第436页。

⑨　（宋）苏颂：《苏魏公文集》卷44《进元祐编敕》，《景印文渊阁四库全书》第1092册，第480页。

⑩　（宋）苏颂：《苏魏公文集》卷16《论省曹寺监法令繁密乞改从简便》，《景印文渊阁四库全书》第1092册，第247页。

⑪　（宋）苏颂：《苏魏公文集》卷16《论省曹寺监法令繁密乞改从简便》，《景印文渊阁四库全书》第1092册，第247页。

⑫　（宋）朱熹著，郭齐、尹波点校：《朱熹集》卷20《代同安县学职事乞立苏丞相祠堂状》，第800页。

⑬　《宋史》卷340《苏颂传》，第10867页。

⑭　（宋）苏颂：《苏魏公文集》卷29《前贺州录事参军夏侯戬可太子中舍致仕》，《景印文渊阁四库全书》第1092册，第349页。

那极不平凡的一生。

（二）《新仪象法要》中的宇宙观

苏颂在《咏庄生观鱼图》中说："至人冥观尽物理，岂以形质论精粗，禀生大块厥类众，合则一理散万殊。"[①]又《华藏竹》诗云："心虚大道合，干直贤人同。"[②]这是苏颂对"天人合一"思想的形象表述，它包含两个方面的意思：一是"大道"和"一理"是可以把握的，天是能够被人类的思想所认识的，他说："且夫天之运也，日与星而代逢；地之道也，柔与刚而莫穷。非乃圣无以探其赜，非立法无以举其中。我乃错综气候，参稽变通。起建星而运算，故积岁以成功。"[③]这是一种鲜明的可知论主张；二是人在"大道"面前具有主动性，即所谓"心虚大道合"，而"心虚"就是人类意识能动性的体现。

在北宋之前，我国有三种宇宙学理论，即"盖天说""浑天说""宣夜说"。其中"浑天说"代表了中国古代宇宙理论的最高成就，苏颂的"水运仪象台"主要以此为根基，其对北宋之前的传统仪象进行了结构性整合，从而实现了仪象制造的新突破。如"水运仪象台"的"仪"（上层）和"象"（下层），都是根据浑天说来设计制造的，所以它的先进性是毋庸置疑的。苏颂在《进仪象状》中坦言：

> 案旧法日月行度皆人所运，新制成于自然，尤为精妙。然则据上所述，张衡所谓灵台之璇玑者兼浑仪、候仪之法也，置密室中者，浑象也。……今则兼采诸家之说，备存仪象之器，共置一台中，台有二隔：浑仪置于上，而浑象置于下，枢机轮轴隐于中。钟鼓、时刻、司辰运于轮上。[④]

从理论上讲，所谓"兼采诸家之说"主要是指盖天、浑天和宣夜三家之说。如《浑象紫微垣星之图》云：

> 北极，北辰之最尊者也，其细星，天之枢也。天运无穷，三光迭曜，而极星不移，故曰"居其所，而众星拱之"。旧说皆以纽星即天极，在正北，为天心不动。今验天极，亦昼夜运转，其不移处，乃在天极之内一度有半，故浑象杠轴正中置之不动，以象天心也。……古人所谓"天形如盖"，即天心为盖之杠轴，列舍如盖之撩辐，分布十二次舍之度数。……由是言之：天形无垠，昼夜不息，所以分节候，运寒暑。日与斗建相推移于上，而成岁于下也。所以著于图象者，欲俯仰之，参合先天而趋务也。故人君南面听天下，常视四七之中星……顺天时而布民政。[⑤]

这一段话说明，苏颂不仅兼采三家之宇宙理论，而且更兼采三家之"天人合一"思

① （宋）苏颂：《苏魏公文集》卷4《陈和叔内翰得庄生观鱼图于濠梁出以相示且邀作诗以纪其事》，《景印文渊阁四库全书》第1092册，第147—148页。
② （宋）苏颂：《苏魏公文集》卷2《华藏竹》，《景印文渊阁四库全书》第1092册，第137页。
③ （宋）苏颂：《苏魏公文集》卷72《历者天地之大纪赋》，《景印文渊阁四库全书》第1092册，第752页。
④ （宋）苏颂撰，陆敬严、钱学英译注：《新仪象法要译注》卷上《进仪象状》，第7页。
⑤ （宋）苏颂撰，陆敬严、钱学英译注：《新仪象法要译注》卷中《浑象紫微垣星之图》，第54—55页。.

想。当然，苏颂仅仅停留在这一点上，就失去了他的科学个性。也就是说，在盖天说的框架内，人们观测到的只是天之一极，而不是天之两极，具体地说是只见"北极"而不见"南极"，苏颂"浑象"则用"两盖相合"理论刻绘了"浑象北极星图"和"浑象南极星图"，这是对盖天说的重大理论突破。

"水运仪象台"的科学实质就是一架自动报时仪，这句话对吗？当然无可争议。但苏颂的真正用意似乎并不在此，《新仪象法要》开宗明义说："水运仪象台"的目的就是"将以上备圣主南面之省观此仪象之大用也"[①]。其卷中单列一节名为"四时昏晓加临中星图"，主旨是"为人君南面而听天下，视时候以授民事也"，或曰"视列宿而行国政"。基于这个事实，我们就可以说，"水运仪象台"是整个宇宙的缩影，是凝固化的天体学说，是物化的"天人合一"思想。

（三）《新仪象法要》中的科学观

第一，星图成就。星图是记载恒星的一种方法，我国最早出现的星图是"盖图"，而且由于"盖图"以北极为中心，故这样的平面星图也可称作"北极星图"或"北天星图"。据《旧唐书·经籍志》载，张衡曾绘有《灵宪图》一卷[②]，而张衡所绘制的星图便是描绘在浑象球面上的一张圆图。以后蔡邕、陈卓、庚季才等也都绘制过盖图，综括起来看，以上这些星图有一个共同特点，就是以"三家星"（即巫咸、石申、甘德星经）为其绘图依据，其精确性不高。如《隋书·天文上》载："宋元嘉中，太史令钱乐之所铸浑天铜仪，以朱、黑、白三色，用殊三家，而合陈卓之数。高祖平陈，得善天官者周坟，并得宋氏浑仪之器。乃命庚季才等，参校周、齐、梁、陈及祖暅、孙僧化官私旧图，刊其大小，正彼疏密，依准三家星位，以为盖图。"[③]与此同时，隋代天文学家又于"盖图"之外创造了"天文横图"（即宋人所说的"纵图"）。这种图对黄赤道附近的二十八宿而言，其准确性较"盖图"（即宋人所说的"圆图"）提高了不少，但对两极星座却因为距离拉大而失真较大。正是由于"圆图"或"横图"在把球面上的星辰绘制到平面上时都存在着失真的缺点，所以唐代的天文学家便采取"圆横"结合的方法来重新绘制星图，后人把这种图称为"圆横结合星图"，而其所采用的画法实际上已开近代星图的先河。目前，我国所发现的最早的"圆横结合星图"应是敦煌卷子中标号为 Ms3326 的一卷星图。其画法是：对赤道附近的星座用圆柱投影法（即"横图"），对紫微垣的星则用球面投影法（即"圆图"），然后两图相互参照，这样就克服了"圆图"和"横图"各自的缺点，因而推动了星图的进步。故苏颂依此为基准，并根据元丰实测结果，去伪求真（即改敦煌星图以十二次为序为以二十八宿为序，同时将其不科学的分野成分去掉），从而把星图的绘制又推向了一个新的历史高峰。难怪欧洲科学史家萨顿等人说："从中世纪到 14 世纪末，除中国的星图以外，再也举不出别的星图了。"[④]考《新仪象法要》的星图，可分成两组：第一组由一

① （宋）苏颂撰，陆敬严、钱学英译注：《新仪象法要译注》卷上《进仪象状》，第 8 页。
② 《旧唐书》卷 47《经籍志》，第 2036 页。
③ 《隋书》卷 19《天文上》，第 504 页。
④ ［英］李约瑟：《中国科学技术史》第 4 卷《物理学及相关技术》，北京：科学出版社，1975 年，第 253 页。

幅圆图和两幅横图（即从秋分到春分的东北方中外官星图与从春分到秋分的西南方中外官星图）组成；第二组是以天球赤道为最外大圆界而绘的"北极或北天星图"和"南极或南天星图"。所以，苏颂总结道：

> 古图有圆、纵二法，圆图视天极则亲，视南极则不及；横图视列舍则亲，视两极则疏。何以言之？夫天体正圆，如两盖之相合，南北两极犹两盖之杠毂，二十八宿犹盖之弓撩，赤道横络天腹，如两盖之交处。赤道之北为内郭，如上覆盖；赤道之南为外郭，如下仰盖。故列弓撩之数，近两毂则狭。渐远渐阔，至交则极阔，势之然也。亦犹列舍之度，近两极则狭，渐远渐阔，至赤道则极阔也。以圆图视之，则近北，星颇合天形；近南，星度当渐狭，则反阔矣。以横图视之，则去两极，星度皆阔，失天形矣。今仿天形，为覆仰两圆图，以盖言之，则星度并在盖外，皆以圆心为极。自赤道而北，为北极内官星图；赤道而南，为南极外官星图。两图相合，全体浑象，则星官阔狭之势吻与天合，以之占候，则不失毫厘矣。[①]

除了苏颂保留了我国古代圆横图的资料外，其突出的科学思想成就还有：①取消了"十二次分野"的伪说。以星主地理，分区占验，始于《周礼》。《周礼·保章氏》云："所封封域皆有分星，以观妖祥。"[②]如西汉以后，历代王朝均将十二次配给其所辖之十二州。苏颂也许考虑到北宋国域较前代狭小的事实，害怕刺到宋朝皇帝的痛处，故取消了属于占星部分的"分野"思想，仅仅保留了"十二次"的概念，这就大大地增强了他的科学性。②观测到的星数有了突破。据统计，苏颂星图所载之星数较敦煌星图增加了114颗，总计为1464颗，而欧洲在14世纪之前所观测到的星数不过才1022颗，且苏颂星图各星宿位置都是根据实测距度来确定的，它反映了中国11世纪天文观测学的新成果。③星度的精确性有了很大提高。"度"的概念是在观测太阳运动过程中产生的，与欧洲采用黄道坐标来测量星度不同，中国古代主要采用赤道坐标来测验星度，由于所有的恒星周日视运动轨道都是平行于赤道的，故它比采用黄道坐标来测量星度更加合理，因而它成为近代天文学上一种最主要的坐标系，而中国古代的赤道坐标直接沿用二十八宿记位法，自成一派体系。

第二，机械成就。浑象是依据浑天说而设计的一种宇宙模型，它具体起源于何时？今已不可考。但有确实史料记载的是西汉时耿寿昌所造之浑象，《法言·重黎》云："或问浑天，曰：落下闳营之，鲜于妄人度之，耿中丞象之，几几乎，莫之能违也。"[③]此后历代王朝都把制造浑象作为一项重要的政治内容，而北宋之前比较著名的浑象有：东汉张衡之浑象，三国时王蕃之浑象和唐代僧一行之浑象。苏颂的浑象借鉴了中国唐代以前各家浑象的优点并加以必要的改造，使之适应于"水运仪象台"的机械需要，如因动力负荷所限，其象体周长采用了大于王蕃而小于张衡的尺寸；苏颂继承了传统浑象采取实体天球的形式，

① （宋）苏颂撰，陆敬严、钱学英译注：《新仪象法要译注》卷中《浑象北极南极星图》，第65页。
② 陈成国点校：《周礼·春官宗伯·保章氏》，第71页。
③ （汉）扬雄：《扬子法言·重黎篇》，《百子全书》第1册，第721页。

并将大地模型置于球体的外面。而浑仪较前代同类仪器的最突出特点是实现了观测自动化，其通过"天柱"将浑象与浑仪相互连接起来，由于"天柱"在整个传动系统中担任主传动工作，故可称其为"主传动轴"。"天柱"的上轮与浑仪中的后毂相关节，而"天柱"的中轮与控制司辰的"拔牙机轮"相接，下轮则与地毂相关节。其中地毂通过枢轮轴跟总动力轮——枢轮相连接，而驱动枢轮进行有规律旋转的动力来自"河车"。当然，"河车"需依靠人力来完成，这体现了人与宇宙的一种相互制约关系。具体过程是：先由人将升水下壶灌满水，尔后车水者转动河车，从而使升水下轮之水被提入升水上壶中，当升水上壶之水达到一定高度后，升水上轮就自动将水提入天河，再灌入天池。在重力作用下，天池之水自动流进平水壶中，然后平水壶稳定地再流入枢轮受水壶里，由于天衡系统的擒纵力，受水壶里的水均匀间歇地倒入退水壶，最后再由退水壶把水灌进升水下壶，如此循环往复，实现模拟天象运行以准确报时的目的。仅就技术结构而言，浑仪的创新之处有：重新采取双重赤道制，双重赤道制并非始于苏颂，实际上周琮的皇祐仪已采用两重赤道的结构，而苏颂的功绩在于更加巩固了宋人已取得的关于度量时间应以太阳时角为标准和以双重赤道制作为观测天体坐标的科学认识；增置四象环，而四象环的环面与极轴重合，非常符合力学原理，既稳固了主传动轴，又提高了传动效率；为保证整个浑仪的水平，苏颂设计了"水趺"作为基座水平的校正器，其长一丈四寸，水沟深一寸四分，中心开有二寸见方的"天门"，他说："旧无天门，今创为之。"①鳌云是水趺上架设六合仪的一根支柱，传统的支柱为实心，且功能单一，而苏颂将鳌云设为中空，让天柱从中通过，故他说："其内隐天柱，上属天运环，乃新制也。"②首创观测台活动屋顶，此制为近代天文台自动开闭台顶的直接祖先，成为苏颂水运仪象台所取得的国际公认的"三大世界第一"的一项重要成就。③

第三，针对理学家鼓吹的"日月左旋"说，苏颂提出了"日月五星常违天右转"的思想。在我国，"日月右旋"说起源较早，大概同盖天说一起出现，《晋书·天文志》载："天旁转如推磨而左行，日月右行，随天左转。"④后来浑天说与盖天说论争，却不反对日月右旋说。而宋代理学家为了论证"天"的合理性，他们认为"盖谓七政当顺天，不当逆天也"⑤，这就是说，天是神圣不可侵犯的，日月五星不能逆天行事，天左旋，它们也应随之左旋。如张载说："天左旋，处其中者顺之。"⑥即日月五星均处于天中，故它们应顺天左旋。科学忠于客观事实，如果科学不能正确面对客观事实，那么它就必然转变为谬误。苏颂解释"日月左旋"和"右旋"的问题道："凡星皆随天左旋，日月五星常违天右

① （宋）苏颂撰，陆敬严、钱学英译注：《新仪象法要译注》卷上《水趺》，第 45 页。
② （宋）苏颂撰，陆敬严、钱学英译注：《新仪象法要译注》卷上《水趺》，第 45 页。
③ 管成学、杨荣垓、苏克福：《苏颂与〈新仪象法要〉研究》，第 376 页。
④ 《晋书》卷 11《天文志》，第 279 页。
⑤ （清）阮元：《畴人传》卷 2 "刘向" 条，《中国古代科技行实会纂》第 1 册，北京：北京图书馆出版社，2006 年，第 98 页。
⑥ （宋）张载：《正蒙·参两篇》，（宋）张载著，章锡琛点校：《张载集》，第 11 页。

转，昏晓于是乎正，寒暑于是乎生，岁时于是乎成。"①而苏颂的解释是有意义的，因为五大行星的运动规律，有时自西向东，是谓"顺行"；有时则由东向西，是谓"逆行"；有时又看似不动，是谓"留"。可见，这是宋代关于五星运动现象的最好解释，也是"天人合一"思想所能达到的科学极限。根据这个思想，苏颂在设计利用天球仪来演示五星运动的规律时，"以五色珠为日月五星，贯以丝绳，两末以钩环挂于南北轴，依七曜盈缩、迟疾、留逆、移徙，令常在见行躔次之内，昼夜随天而旋，使人于其旁验星在之次，与台上测验相应，以不差为准"②。在这里，所谓"随天而旋"是通过自动装置来演示七曜的周日视运动的，而演示七曜的周年视运动则需要"使人于其旁"，即通过人工拨动珠子来实现。当然，我们必须承认，"天人合一"观念严重局限了苏颂科技思想的进一步发挥，最典型的事例就是他对"岁差"现象的理解，他说："历三代、汉、唐，至今数千年，日行渐远，故中星随而转移。"③"日行渐远"并不是造成"岁差"的原因，那么苏颂为什么会发生这么严重的错误呢？管成学先生说：

> "岁差"概念的哲学意义是带有爆炸性的，天岁不符将直接冲击"天不变，道亦不变"的哲学基础，这有可能触犯赵氏"天下之大不韪"。所以对"四时昏晓中星图"中的"夏至昏晓""秋分晓""冬至晓"等四处转录《礼记·月令》与《吕氏春秋》中所记之中星，苏颂虽能明白指出其失误，但却不能指出何以见得失误，因为除了根据"岁差"规律推算其所记中星根本不可能外，很难找到别的什么根据。这就是说，当科学成为政治的附庸的时候，科学家们也不得不学鸵鸟！中国古代那么先进的天文学，宋元以后竟然跌落下来，这不能不说是一个原因。④

（四）《新仪象法要》中的实验方法

由于水运仪象台是集中国古代浑象与浑仪制造技术于一体的宏大工程，因此对前人所造仪器性能进行科学的模拟实验分析就是非常必要的了。而苏颂也确实是这样做的，如《新仪象法要·进仪象状》云："张衡所谓灵台之璇玑者兼浑仪、候仪之法也，置密室中者，浑象也。"⑤浑仪与浑象究竟是一物还是两物？在苏颂之前，人们仅仅依靠理论推导是很难分辨的，而苏颂用实验证明了浑仪与浑象是两种仪器。

北宋的都城在开封，因冬季气候寒冷，对"水运"仪象的运转将会带来不良影响。而为了解决这个疑难问题，苏颂经过对北宋初年张思训浑仪的模拟实验，得出"以水银代之"的结论：

> 张思训浑仪为楼数层、高丈余，中有轮轴、关柱，激水以运轮。又有直神摇铃、扣钟、击鼓，每一昼夜周而复始。又有十二神各直一时，时至，则自执牌循环而出，

---

① （宋）苏颂撰，陆敬严、钱学英译注：《新仪象法要译注》卷中《浑象中外官星图》，第 60 页。
② （宋）苏颂撰，陆敬严、钱学英译注：《新仪象法要译注》卷上《进仪象状》，第 7 页。
③ （宋）苏颂撰，陆敬严、钱学英译注：《新仪象法要译注》卷中《四时昏晓临中星图》，第 68 页。
④ 管成学、杨荣垞、苏克福：《苏颂与〈新仪象法要〉研究》，第 348 页。
⑤ （宋）苏颂撰，陆敬严、钱学英译注：《新仪象法要译注》卷上《进仪象状》，第 7 页。

报随刻数以定昼夜之长短。至冬，水凝运行迟涩，则以水银代之，故无差舛。①

光有模拟前人浑仪的实验成就还不行，为了保证"水运仪象"的准确性与可靠性，苏颂更不止一次将其设计制造的仪象做成模型，进行可控性的模拟实验。所谓模拟实验就是指首先设置研究对象的模型，然后通过模型来间接研究原型的实验。苏颂说：

> 乞先创木样进呈，差官试验，如候天有准，即别造铜器。②

之后"（元祐）三年（1088）五月先造成小样，有旨赴都堂呈验。自后造大木样至十二月工毕。又奏乞差承受内臣一员赴局，预先指说前件仪法，准备内中进呈，日有宣问。十月，入内内侍省差到供奉官黄卿从至。闰十二月二日具札子取禀安立去处，得旨置于集英殿"③。为了使水运仪象台的科学性更强，苏颂通过一次又一次的木制模型，精心审验，从小到大，不断改进与完善，终于获得了比较满意的结果，故元祐四年（1089）三月八日己卯，翰林学士许将与周日严、苗景等"昼夜校验，与天道已得参合"④，哲宗"诏以铜造，仍以元祐浑天仪象为名"⑤。铜制水运仪象台是定型化的最终科研产品，它历时四年，用铜月两万斤，《宋史·律历志十三》载：

> 七年（1092）四月，诏尚书左丞苏颂撰《浑天仪象铭》。六月，元祐浑天仪象成，诏三省、枢密院官阅之。绍圣元年（1094）十月，诏礼部、秘书省，即详定制造浑天仪象所，以新旧浑仪集局官同测验，择其精密可用者以闻。⑥

按照科学实验的规律，为了保证实验的精确性和经济性，往往在绘制图样时不以一图定乾坤，而是预先设计多种方案，而究竟哪一个方案更符合客观实际，则由最终的实验结果来决定。苏颂亦复如此，如他对水运仪象台上的天运轮，就预先作了两种设计、两套实验，一种是靠齿轮转动，另一种是以链条传动。正是由于苏颂把实验看作是科学的生命，故他才在实验中不断创新，其所采用的数据也才越来越精确。如他创设了黄道双环，增设了半筒等，《进仪象状》云："浑仪则上候三辰之行度，增黄道为单环，环中日见半体，使望筒常指日，日体常在筒窍中，天西行一周，日东移一度，此出新意也。"⑦在所采用数据方面，他则给出了四游仪的直距是 5.66 尺，而其直径却为 6 尺，两者之间尚差 3.4 寸，为了解决这个问题，苏颂就将四游仪环的阔加长到 3.4 寸。又如望筒"中空长五尺七寸四分"，"孔径七分半，望其上孔，适周日体"，即用长 5.74 尺、内径 7.5 分的孔去观测太阳，恰好在上孔中看到整个太阳。管成学先生说："勤于实验，勤于观测，使苏颂绘制的星图都是使用元丰年间新测的数据，这使他的星图更具有科学性。科学与技术要求勤于实

① （宋）苏颂撰，陆敬严、钱学英译注：《新仪象法要译注》卷上《进仪象状》，第 7 页。
② （宋）苏颂撰，陆敬严、钱学英译注：《新仪象法要译注》卷上《进仪象状》，第 6 页。
③ （宋）苏颂撰，陆敬严、钱学英译注：《新仪象法要译注》卷上《进仪象状》，第 6 页。
④ （宋）李焘：《续资治通鉴长编》卷 423 "哲宗元祐四年三月己卯"条，第 3991 页。
⑤ （宋）李焘：《续资治通鉴长编》卷 423 "哲宗元祐四年三月己卯"条，第 3991 页。
⑥ 《宋史》卷 80《律历志十三》，第 1906 页。
⑦ （宋）苏颂撰，陆敬严、钱学英译注：《新仪象法要译注》卷上《进仪象状》，第 7 页。

验，苏颂的思想正是在从事科研工作中而不断得到升华的。"①

而苏颂之所以能够把北宋的技术科学推向高峰，是因为他具有科学的品质和科学的方法。尽管他由于政治方面的原因，对有些科学问题做出了错误的回答，但他对中国古代科学技术发展所做出的杰出贡献是主要的和具有划时代意义的。

二、追求精益求精的技术科学思想

（一）中国古代传统技术思想的历史积淀

四大发明都是技术性的，因此中国古代就是依靠那雄厚的技术实力而屹立于世界民族之林，并成为古代世界的强国的。如果没有火药的发明和应用于军事，我们很难想象蒙古族的铁骑怎么去横扫整个欧亚大陆；没有指南针的发明和应用于航海，我们也很难想象郑和如何能实现七下西洋的壮举。四大发明除造纸术外，其他三项都完成于北宋；此外针灸铜人、水运仪象台等结构精巧和造型美观的技术产品也出现于北宋，我们不禁要问：北宋在短短的百余年间，为什么能够集中古代中国那么多的技术成果？这里面的原因很多，但最主要的恐怕就是受到政治因素的影响。与其他任何时代不同，北宋的皇帝比较重视技术人才的培养和选拔，所以北宋工匠的技术水平也是中国古代各个历史王朝中最高的，故邓广铭先生说：

> 北宋王朝并不把科学技术视为奇技淫巧而采取鄙视和压抑政策。故不但因为抗御契丹而在开国之初就对于进献新创火药箭的冯继升等给予奖励，对于深入研究与御敌无关的学科，例如医术、乐律，以及另外的科技项目的学者，也同样予以礼重而不是加以鄙视。总之是，北宋政权对于思想、文化、学术界的活动、研究，是任其各自自由发展而极少加以政治干预的。②

如果说科学是人类思想的精神产品，那么技术就是人类思想的物质产品。由于技术与人类的生存关系密切，故相对于科学，在中国古代特定的历史背景下，技术获得了优先发展的地位。《周易·系辞上》云："圣人设卦，观象系辞焉而明吉凶，刚柔相推而生变化。"③严格地讲，"设卦观象"均属于技术的范畴，而中国古代技术的发展特点就与此相连。观测天象不仅与个人的命运有关，而且也跟国家的政治生命有联系，所以《尚书·舜典》有"在璇玑玉衡，以齐七政"④的话。因此，我们可以把天文仪器称为众艺之首。鉴于天文仪器具有这种特殊的性质，故它的官方色彩十分浓厚，且"史官禁密，学者不睹"⑤。

有史可查的最早的浑仪应当是夏商时期的"璇玑"，东汉马融说："机，浑天仪，可转

---

① 管成学、杨荣垓、苏克福：《苏颂与〈新仪象法要〉研究》，第 111 页。
② 邓广铭：《论宋学的博大精深——北宋篇》，王水照主编：《新宋学》第 2 辑，上海：上海辞书出版社，2003年，第 4—5 页。
③ 《周易·系辞上》，陈戍国点校：《四书五经》上，第 196 页。
④ 《尚书·舜典》，陈戍国点校：《四书五经》上，第 216 页。
⑤ 《晋书》卷 11《天文志上》，第 284 页。

旋，故曰机。衡，其中横筒。（所以视星宿也）。以璿为机，以玉为横，盖贵天象也。"①东汉的纬书《春秋文曜钩》云："唐尧即位，羲和立浑仪。"②三国天文学家王蕃也说："浑天仪者，羲、和之旧器。"③但羲和所造之"浑仪"究竟是什么样子呢？因史书阙佚，后人不得而知。又《晋书·天文志》载："暨汉太初，落下闳、鲜于妄人、耿寿昌等造员仪以考历度。"④落下闳所造之"员仪"究竟是什么样子呢？可惜，因史书阙佚，后人也不得而知。

我们现在可以复制的早期浑天仪应是东汉张衡所制造的浑仪。据《晋书》卷 11《天文志上》载：

> 至顺帝时，张衡又制浑象，具内外规、南北极、黄赤道，列二十四气、二十八宿中外星官及日月五纬，以漏水转之于殿上室内，星中出没与天相应。⑤

可见，张衡所制之浑仪是中国古代最早用水做动力的仪象，因此苏颂说："水运之法始于汉张衡。"⑥那么，从张衡之后每朝每代都有规格越来越高的浑仪问世，不仅纯技术的设计和制造日趋精美，而且其内在的创作理念也日趋人文化。张衡浑天仪的科学基础是"浑天说"，而在一定意义上说，浑天仪就是一种图化的真实天体，因为它必须尽可能地包容当时人们所认识到的宇宙星辰，如三国王蕃"以古制局小，星辰稠概，衡器伤大，难可转移。更制浑象，以三分为一度"⑦，唐代僧一行的浑象则"具列宿赤道及周天度数"⑧，而北宋初期张思训所造浑象"（上）布三百六十五度，为日、月、五星、紫微宫、列宿、斗建、黄赤道"⑨等。因此，浑象的主要功能就是"以著天体，以布星辰"⑩。在中国古代的文化背景下，"以著天体"有两个思维角度，一是人文的，二是科学的。其人文方面的浑象思想奠基于《周易》一书，《周易·系辞上》云："法象莫大乎天地"⑪，而"八卦成列，象在其中"⑫。又说："易与天地准，故能弥纶天地之道。"⑬正因为八卦之中有天地，所以它才能够成为中国古代的宇宙观和本体论。可能受此影响，苏颂在制作三辰仪双环时，其内侧与二十四节气并列排有六十四卦的图形，这反映了他的天人观。苏颂在制造浑天象之前，北宋已进行了四次大规模的恒星测定工作，其质量明显优于以前任何时代，第一次是宋真宗大中祥符三年（1010），第二次是宋仁宗景祐元年（1034），第三次是

---

① 《史记》卷 27《天官书》注［二］《索隐》引，第 1292 页。
② 《春秋纬·文曜钩》，《纬书集成》，上海：上海古籍出版社，1994 年，第 2099 页；《隋书》卷 19《天文志》，第 516 页。
③ 《隋书》卷 19《天文志》，第 516 页。
④ 《晋书》卷 11《天文志上》，第 284 页。
⑤ 《晋书》卷 11《天文志上》，第 284—285 页。
⑥ （宋）苏颂撰，陆敬严、钱学英译注：《新仪象法要译注》卷上《浑仪》，第 17 页。
⑦ 《宋书》卷 23《天文志一》，第 677 页。
⑧ 《新唐书》卷 31《天文志》，第 807 页。
⑨ 《宋史》卷 48《天文志一》，第 952 页。
⑩ （宋）苏颂撰，陆敬严、钱学英译注：《新仪象法要译注》卷上《进仪象状》，第 5 页。
⑪ 《周易·系辞上》，陈成国点校：《四书五经》上，第 200 页。
⑫ 《周易·系辞下》，陈成国点校：《四书五经》上，第 201 页。
⑬ 《周易·系辞上》，陈成国点校：《四书五经》上，第 196 页。

宋仁宗皇祐年间（1049—1054），第四次是宋神宗元丰年间（1078—1085）；特别是第四次共测得恒星 1464 颗，而欧州在十四世纪以前所测得星数才只有 1022 颗。可见，苏颂所制浑象之星数在当时世界上是最全面和最先进的，它成为苏颂水运仪象台所拥有的最深厚的物质文化资源。如果没有这样一种文化资源作基础，我们很难想象水运仪象台会成为北宋机械技术发展的标志性成就。

经济学讲资源的配置与整合，水运仪象台作为一种历史性的文化工程，它当然是对中国古代浑象和浑仪资源进行重新配置和整合的物质成果，在它身上体现着中国传统技术文化的美学性质，即天人关系的完美统一。在苏颂的思维世界里，天人关系如此和谐、如此完美地结合于一体，的确是很了不起的。难怪南宋人叶梦得惊叹不已地说："颂所修，制之精，远出前古。"[1]

（二）中国古代机械制图学日益完善化与标准化的直接体现

郑樵说：

> 凡器用之属，非图无以制器。[2]

这是对机械制造学最经典的概括和总结。在我国，制图的起源是很古老的，据考在七千年前的母系氏族社会时代人们就懂得绘制正视、俯视和侧视的器物图形了。《周礼·考工记》载："是故规之以视其圜也，万（即'矩'）之以视其匡也。"[3]《汉书·律历志上》更进一步说："规者，所以规圜器械，令得其类也。矩者，所以矩方器械，令不失其形也……百工緜焉，以定法式。"[4]此后，张衡、郑玄、信都芳等都撰有制图著作，显示了我国古代高超的机械制图发展水平。可惜，由于中国传统文化重"文"而不重"图"，致使宋代以前没有完整的制图文献流传下来。从这个角度说，《新仪象法要》共绘图 62 幅，其中纯粹的和专业性的机械制图有 49 幅，约占整个制图的 80%，这个比例是非常惊人的，实开中国机械制图史的先河。

与张衡、信都芳等的制图不同，苏颂《新仪象法要》中的机械图并不是由苏颂个人来完成的，而是由韩公廉、周日严、于太古、张仲宣等共同参与设计的集体智慧之结晶。不仅如此，它还直接得益于北宋发达的"界画"艺术。据《进仪象状》称，苏颂为了"定夺新旧浑仪"，曾"赴翰林天文院"，"论列干证文字"，而苏颂之所以能使《新仪象法要》中的制图达到那么完美的境界，正是因为他吸收了北宋界画艺术的精华，并结合水运仪象台的客观实际加以改造和创新。其最大的创新之处就是苏颂采用侧投影绘出台体与总装图，如"浑仪""水趺""浑象""浑象赤道牙""木阁""天池"等；其次，他还采用具有现代意韵的假想拆去零件的画法，如"昼夜机轮""天衡""升水上下轮"等，这种画法的特征是简明扼要，重点突出；再次，对于多数零部件则采用正投影方法绘制正视图，如"四游

① （清）永瑢等：《四库全书总目》卷 106《子部·天文算法类一》"新仪象法要"条，第 892 页。
② （宋）郑樵撰，王树民点校：《通志二十略·图谱略·明用》，北京：中华书局，1995 年，第 1829 页。
③ 《周礼·考工记》，陈戍国点校：《周礼·仪礼·礼记》，第 119 页。
④ 《汉书》卷 21 上《律历志上》，第 970 页。

仪""天经双环""望筒直距"等，而对有些细小的零件采用"补白法"，直接就绘在了零件装配图上，所以整个制图疏密适度，比例恰当，给人以美的享受。同时又形成了水运仪象台施工的明确完整的技术资料，加上每幅图的说明文字，可以说已经具备了现代工程制图应有的技术事项。更重要的是，苏颂在图与文的搭配上，其字体随图样的大小而变化，动感极强，字图相宜，相互融为一体，使整个版面体现着科学与艺术的完美统一，因而它的科学价值和艺术价值是永恒的。

除了科学的美和艺术的美之外，还有逻辑的美。从《新仪象法要》的图画编排次序来看，其内在的逻辑原则是清晰的和一贯的。其基本的思维逻辑是：先外后内，先整体后局部，即先给出总体图，接着是分部图，最后是零件图。这种逻辑结构符合人的认识规律，而此颇类于剥蒜皮的机械分析法，正是近代机械工程建筑的制图基础。如《新仪象法要》卷下的目次是：水运仪象台、水运仪象制度、木阁、昼夜机轮、机轮轴、天轮、拔牙机轮、木阁第一层、昼时钟鼓轮、木阁第二层、昼夜时初、正司辰轮、木阁第三层、报刻司辰轮、木阁第四层、夜漏金钲轮、夜漏司辰轮、枢轮、退水壶、铁枢轮轴、天柱、天毂、天池、平水壶、天衡、升水上下轮、河车、天河、仪象运水法、浑仪圭表。其中"水运仪象台、水运仪象制度"是卷下的总图，外为"水运仪象台"，内则"水运仪象制度"；"木阁、昼夜机轮、机轮轴"是卷下的分图，外为"木阁"图，是总，内则"八重机轮"即"昼夜机轮"，是分，最后是八重机轮的共轴，是零，这种"简—繁—简"和"合—分—合"的图纸编排原则，非常科学；"天轮"以下为整个水运仪象台的零件图，而到"仪象运水法"则转为总览全图，全面系统地介绍了水运仪象台的工作原理，分水运之制和传动路线两部分，成为我们给水运仪象台定性的科学依据，当然也是其标准化制图的有力证明。

（三）中国古代浑天制造史上的结构革命及其功能意义

通过结构变革而使浑天的功能多元化，是苏颂水运仪象台的主导思想。他在《进仪象状》中说：

> 今依《月令》创为四时中星图，以晓昏之度，附于卷后，将以上备圣主南面之省观此仪象之大用也。又上论浑天仪、铜候仪、浑天象三器不同古人之说，亦有所未尽。陈苗谓：张衡所造，盖亦止在浑象七曜，而何承天莫辨仪、象之异，若但以一名命之，则不能尽其妙用也。今新制备二器，而通三用，当总谓之浑天。恭俟圣鉴，以正其名也。①

这段话的大意是说：水运仪象台的最大用途就是让圣上懂得其精妙的性能和用途，它说明政治的需要是中国古代技术科学发展的动力，这是一层意思。还有一层意思则是说，浑天仪、铜候仪、浑天象作为独立的天文仪器，其功能都是单一的，而欲由单一功能转变为多元功能，就必须对浑天仪与浑天象进行结构变革，因为结构与功能是统一的，其中结构是基本的，结构决定功能，而功能的发挥又会影响实物的结构，故苏颂特别强调水运仪

---

① （宋）苏颂撰，陆敬严、钱学英译注：《新仪象法要译注》卷上《进仪象状》，第 8 页。

象的"妙用",并突出了其"制备二器(即浑仪、浑天)而通三用(即天文观测、天象演示和自动报时)"的使用价值,那么,苏颂的水运仪象台是通过什么机械结构的革新而实现了其功能的重大转变呢?苏颂自己说:

> 备存仪象之器,共置一台中,台有二隔:浑仪置于上,而浑象置于下,枢机轮轴隐于中。钟鼓、时刻、司辰运于轮上,木阁五层蔽于前。司辰击鼓、摇铃、执牌出没于阁内,以水激轮,轮转而仪象皆动,此兼用诸家之法也。浑仪则上候三辰之行度,增黄道为单环,环中日见半体,使望筒常指日,日体常在筒窍中,天西行一周,日东移一度,此出新意也。①

在这里,我们必须强调,苏颂水运仪象台的结构革新首先是科学知识的继承,关于这一点,人类最伟大的航天工程阿波罗登月计划就是一个很典型的例子。据说,其飞船共有300万个零部件,而发射的火箭"土星5号"则达到了560万个零部件;可是正如阿波罗登月计划的总负责人韦伯博士说的那样:"我们没有使用一项别人没有的技术,我们的技术就是科学的组织管理。"同理,在北宋,苏颂亦完全有资格说这样的话,因为从水运仪象台的整个部件结构看,其基本上都是"兼用诸家之法",但在把那些既有的技术成果进行结构重组和整合时,科学管理却使它们发挥出各自功能相加在一起所达不到的威力。如苏颂采用皇祐仪的双重赤道制,因结构上的一些变化,而使其功能亦发生了相应的变化,变化之一是把六合仪上的赤道环与天球子午环及地平固定在一起,用来测量时刻;变化之二是把三辰仪中的赤道环跟黄道一块连在三辰仪的双环上,随天运转,成为观测天体的坐标。其次是技术的创新,创新是科学发展的灵魂,故水运仪象台的成功之处就是苏颂对它进行了大胆的技术变革和结构创新。管成学先生分析说:"四象环"完全是苏颂新增加的一个环,它的环面与极轴重合,并同三辰仪双环一起将天球分为四个象限,其中输入动力由于有了四象环而提高了传动效率;为保证整个浑仪的水平,苏颂对传统的"水趺"进行了新的架构,一是将水趺与水沟的比例设计为1丈4寸比1寸4分,这个比例符合近代流体力学原理,二是在十字水趺的中心开了一个2寸大小的洞,主传动轴从此通过,把动力上传到三辰仪,这是苏颂的原创之作;根据"三位一体"的设计需要,苏颂把传统的鳌云由实心改为中空,内含主传动轴,其"内隐天柱,上属天运环,乃新制也";浑仪的极轴是关键设备,它被安装在六合仪的子午环上,而经过苏颂的改造,不仅子午环、三辰仪双环及四游仪双环都被联结在同一个中心轴上,各自相转,互不牵动,而且三重环的杠轴都被设计为中空,这样观测人员可以借此在安装时用测北极星的方法来为极轴准确定位,"今验天极,亦昼夜运转,其不移处,乃在天极之内一度有半",这是个新的数据,也是正确的结论,只要用望筒从浑仪枢轴杠孔中来瞄准它,就能得到准确的极轴方位;"浑仪置上隔,仪有三重:曰六合仪,曰三辰仪,曰四游仪。其上以脱摘板屋覆之",既然称为"摘板屋",就说明它是可以因实际观测需要而揭去其上的木板,待观测完毕后再重新盖上,这样整个浑仪就免去了终身暴露在外之苦,苏颂的此项创造成为近代天文台自动开合

---

① (宋)苏颂撰,陆敬严、钱学英译注:《新仪象法要译注》卷上《进仪象状》,第7页。

台顶的直接祖先。①

　　天、地、人"合三为一"是中国传统思想的精粹，但在北宋之前，人们始终没有能够创造出完整体现这个思想精粹的实物形态。因为无论是浑象、盖图也好，还是浑仪也罢，在苏颂以前，它们都不过是一些功能单一的孤立实体，如浑仪用于测量星辰，浑象与盖图则用于演示天象，从历史上看，尽管张衡、葛衡、斛兰、李淳风、僧一行等都对浑仪或浑象的结构作过改进，但在功能方面他们却谁也没有实现新的突破。所以苏颂说：

　　　　浑天仪、铜候仪、浑天象三器不同古人之说，亦有所未尽。陈苗谓：张衡所造，盖亦止在浑象七曜，而何承天莫辨仪、象之异，若但以一名命之，则不能尽其妙用也。今新制备二器，而通三用，当总谓之浑天。②

　　可见，由于浑天仪、铜候仪、浑天象的内在结构单一，功用狭隘，故极大地限制了它们的实际应用水平，甚至出现了"浑天象历代罕传"的现象。而为了充分凸显浑天仪、铜候仪及浑天象的科学价值，使其功能由单一性转向多元性，就必须进行结构创新。众所周知，古代与近现代机械制造的最大区别，除了手工制作与机械化生产的差异外，就是近现代机械本身的多功能性质大大地加强了。从这个角度说，苏颂的水运仪象是人类机械制造史上的一次伟大的技术革新。而这次技术革新的价值就在于它实现了机械功能的多种类和多部件组合，并用一种新的管理理念来指导机械生产的科学化发展方向，从现象上看，水运仪象不过是把传统的浑天仪与浑天象重新整合为一个体积更加庞大和结构更加复杂的物质实体，然而，从本质上看，它却是把科技思想与人文理念有机地结合在了一个新的物品里，而这种属于精神层面的意蕴则是后人所无法模拟的，此为北宋之后，人们为什么不能再造一台"水运仪象"的一个重要原因。

　　法国著名汉学家谢和耐曾说，北宋是中国的文艺复兴时代③，这话有道理。因为"文艺复兴"的实质就是科学与人文两种精神的相渗和贯通，而苏颂的水运仪象台恰好体现了这个近代文明的最显著特点。也许是基于这样的认识，所以内藤湖南才将北宋看成是"近世的开始"，尽管内藤湖南的立论在国内学界还存在着歧义，但他所提出的问题与这个问题本身所掀动起来的学术效应，我们当然不能不去认真地对待它，也不能不去好好地研究它和扬弃它。

第二节　钱乙的儿科学思想

　　从魏晋时期的仕女画兴起，到唐代仕女画的独立分科，以及唐宋儿童画的逐渐走俏，它们比较充分地体现了宋代士大夫群体对人类自身身体的审美情趣发生了巨大变化。如定

---

① 管成学、杨荣垓、苏克福：《苏颂与〈新仪象法要〉研究》，第370—373、375—376页。
② （宋）苏颂撰，陆敬严、钱学英译注：《新仪象法要译注》卷上《进仪象状》，第8页。
③ ［法］谢和耐：《中国社会史》，耿昇译，南京：江苏人民出版社，2005年，第243页。

瓷中的"孩儿枕",苏汉臣的《秋庭戏婴图》等,都是北宋婴儿画的代表作。而婴儿画在北宋后期的盛行,实际上是一种十分复杂的文化现象。限于篇幅,我们在此不作具体讨论。我国自汉代始,就有举"童子郎",但只有到了宋代,"童子举"才得到全社会的关注,所以"神童科"异常火爆。如众所知,如何培养一名"神童",并非易事。其中影响因子较多,但无论如何,都必须有一个健康的体质作保证。正是在这样的文化背景下,钱乙才撰写了《小儿药证直诀》这部具有开创性的儿科名著。

钱乙(约 1035—1117①),字仲阳,祖籍浙江钱塘,后来因祖父钱赟北迁至郓,遂为东平郓州(今山东郓城县)人。钱乙性虽简易嗜酒,然其承父志,自幼从吕君习医②,并致力于《颅囟方》的研究,颇有心得,因而显名于世。据载,钱乙曾"至京师视长公主女疾,授翰林医学。皇子病瘛疭,乙进黄土汤而愈"③。于是,宋神宗"擢太医丞,赐金紫。由是公卿宗戚家延致无虚日"④。对于钱乙的医术,《宋史》称其"为方不名一师,于书无不窥,不靳靳守古法。时度越纵舍,卒与法会。尤邃《本草》诸书,辨正阙误。或得异药,问之,必为言生出本末、物色、名貌差别之详,退而考之皆合"⑤。另外,他的弟子刘跂又称:"乙非独其医可称也,其笃行似儒,其奇节似侠,术盛行而身隐约,又类夫有道者。"⑥从这层意义上看,钱乙应属于北宋真正的"有道"之异。

一、宋人"身体观"视域下的儿童体质

(一)"孝道"与宋人的身体观

中国历代封建王朝都推行"以孝治天下"⑦,而宋代更是把"孝道"推上了前所未有的高度:不仅把《孝经》列为科举的必考科目,而且还专门设立了"孝悌廉让"与"孝悌力田"两个人才选拔科目,依此来奖励孝行;同时《宋刑统》还把"不孝"列为"十恶"之首,对"不孝"者严惩不贷。可见,宋代对"孝"的重视程度远远高于汉唐。

然而,如何才能做到"孝"呢?仅从儒家的立场出发,其内容主要包含以下几个方面:

第一,赡养和照料父母。《礼记·内则》讲得非常清楚,一个"孝子"的基本条件是"子事父母",其具体要求是:"鸡初鸣,咸盥漱,栉、縦、笄、总、拂髦、冠、緌缨、端、韠、绅、搢笏。左右佩用,左佩纷帨、刀、砺、小觿、金燧,右佩玦、捍、管、遰、大觿、木燧。逼、屦、著綦。"⑧这段话的内容比较丰富,但宋代的口腔卫生已经从"漱

---

① 史仲序:《中国医学史》,台北:编译馆,1984 年,第 92 页。此外,尚有钱乙生于公元 1032 年,卒于公元 1113 年等说法。

② (宋)刘跂:《钱钟阳传》,李志庸主编:《钱乙、刘昉医学全书》,北京:中国中医药出版社,2015 年,第 6 页。

③ 《宋史》卷 462《钱乙传》,第 13522 页。

④ 《宋史》卷 462《钱乙传》,第 13522 页。

⑤ 《宋史》卷 462《钱乙传》,第 13524 页。

⑥ (宋)刘跂:《钱钟阳传》,李志庸主编:《钱乙、刘昉医学全书》,第 7 页。

⑦ 张志恒主编:《中国传统文化与社会科学发展》上,兰州:甘肃人民出版社,2014 年,第 178 页。

⑧ 《礼记·内则》,陈戍国点校:《四书五经》上,第 532 页。

口"发展到"揩牙"了。如宋人朱端章所撰《卫生家宝方》一书中出现了多首"揩牙乌髭方"①，甚至有人主张一日早晚各揩牙一次②。

第二，用恭敬的态度对待父母。孔子认为，"孝"仅仅停留在"能养"的水平上，那与豢养犬马没有任何区别，而只有做到"孝敬"父母，才能算是一个合格的"孝子"。③故《礼记·祭义》载："孝子之有深爱者，必有和气；有和气者，必有愉色；有愉色者，必有婉容。孝子如执玉，如奉盈，洞洞属属然如弗胜，如将失之。"④

第三，尊重和继承父母的志愿，并且应努力实现父母的愿望。对此，《论语·学而》篇讲得很清楚："父在，观其志；父没，观其行；三年无改于父之道，可谓孝矣。"⑤

第四，"守身"是孝的基本要求，故《孟子》云："事孰为大？事亲为大。守孰为大？守身为大。不失其身而能事其亲者，吾闻之矣；失其身而能事其亲者，吾未之闻也。孰不为事？事亲，事之本也。孰不为守？守身，守之本也。"⑥这里，"守身"是指身体与德行两个方面。诚如清人李毓秀的《弟子规》所言："身有伤，贻亲忧；德有伤，贻亲羞。"⑦文中的"身有伤"，实际上得自《孝经》之教化。因为《孝经》"开宗明义章"曾经指出："身、体、发、肤，受之父母，不敢毁伤，孝之始也。"⑧在宋代，"不敢毁伤"身体不单是做人的原则，而且也是医学这门学科本身发展的基本要求。

如众所知，为了保证身体各种生理结构的相对完好，中医外科手术是十分必要的。早在周代，医学分科中就已经出现了"疡医"。嘉祐五年（1060），北宋政府始按疾病分类设立了医学九科，即大方脉科、风科、小方脉科、产科、眼科、疮肿科、口齿兼咽喉科、金镞兼书禁科、金镞兼折伤科。熙宁九年（1076），又由九科改为三科，即方脉科、针科及伤科。而伤科之下包括了疮肿、折伤与书禁，与《周礼·天官》所言"（疡医）掌肿疡、溃疡、金疡、折疡之祝药劀杀之齐（剂）"⑨的职责基本一致。

当然，在临床上"疡医"会经常遇到对疮口的切开、结扎等多种外治手法，这是因为一旦人们由于各种原因不小心"毁伤"了自己的身体后，施之于必要的手术疗法，促使被"毁伤"的那部分肌体迅速得到恢复，既是治疗疾病的客观需要，更是"孝道"的内在要求。从这个意义上说，中医外科手术既源远流长，同时又特色鲜明。

考《宋史·艺文志》载有外科著作19种，即《痈疽方》、《外科新书》、《膏肓、腧穴灸法》、《五痔方》、《治背疮方》、《治痈疽脓毒方》、《经效痈疽方》、《外科灸法论粹新书》、《炮灸方》、《痈疽论》（2种）、《疗痈疽要诀》、《疮肿论》、《发背论》（3种）、《灸劳法》、《明堂灸法》、《灸经》等。当然，与唐代之前的外科手术相比，"两宋时期的外科手术，特

---

① （宋）朱端章辑，杨雅西等校注：《卫生家宝方》，北京：中国中医药出版社，2015年，第195—196页。
② 陈君慧编著：《影响人类的重大发明》第4册，长春：吉林出版集团有限责任公司，2013年，第649页。
③ 《论语·为政》，陈戌国点校：《四书五经》上，第19页。
④ 《礼记·祭义》，陈戌国点校：《四书五经》上，第604页。
⑤ 《论语·学而》，陈戌国点校：《四书五经》上，第18页。
⑥ 《孟子·离娄上》，陈戌国点校：《四书五经》上，第98页。
⑦ （清）李毓秀、（清）贾存仁：《弟子规全鉴》，蔡践解译，北京：中国纺织出版社，2015年，第43页。
⑧ 《孝经·开宗明义》，（清）纪昀：《四库全书精华》第1册《孝经》，第177页。
⑨ 《周礼·天官》，陈戌国点校：《周礼·仪礼·礼记》，第12页。

别是较大手术已有逐渐衰退之势，保守疗法已日渐发展"①。这种趋势的出现，与孝道的"守身"观似有一定关联。据《宋史·艺文志》所载，宋代刊刻的《孝经》类著作总计 26 部②，其中北宋有 15 种，约占宋代之前已刊《孝经》总数的 58%。尽管王安石执政期间，《孝经》被排出科举考题之外，但由于宋太宗、宋真宗、宋仁宗及宋哲宗的提倡，《孝经》的影响依然"如日中天"。故明人朱鸿在《孝经考》一文中说："宋太宗有御书《孝经》，仁宗有篆隶二体，高宗有真草二刻，复诏邢昺、杜镐为置讲义，是此经之流播宇内，如日中天。诚六经之总会，百王之衡鉴也。"③对于《孝经》的社会价值，范祖禹《孝经说》这样评论说："《孝经》，道之根本，学之基址，其旨远，其守约，其施博。又曰《孝经》自微至显，自小至大，自身体发肤受之父母，至于严父配天；自亲生之膝下，至于天地明察通神。"④《孝经》的教化思想对宋代儿科学的发展不无影响，如宋代绘画中出现了大量以健康活泼之儿童嬉戏为内容的作品，这些作品的出现绝不是偶然现象，它反映了宋人从内心深处是多么祈盼儿童健康快乐成长的那样一种复杂情结。因为北宋的儿童面临着严重的自然灾害和社会灾害，所以儿童的死亡率比较高。如有学者根据出土的墓志统计，宋代宗室及一般官僚家庭的儿童死亡率都超过了四分之一以上。⑤因此，"高出生率、高死亡率，仍是宋代生育情况的基本特点"⑥。基于此，宋人才开始关注儿童的身体健康问题，并刊印了大量有关救治儿童疾病的专著。如王守愚的《小儿眼论》、张文仲的《小儿五疳》、杨大邺的《婴儿论》及《小儿方术论》、王颜的《婴孩方》、穆昌绪的《孩孺杂病方》、朱傅的《孩孺明珠变蒸七疳方》及《小儿秘录集要方》、姚和的《众童延龄至宝方》及《保童方》、钱乙的《小儿药证直诀》、张涣的《小儿医方妙选》、王伯顺的《小儿方》、汉东王先生的《小儿形证方》、栖真子的《婴孩宝鉴方》等。其中唐人姚和所撰《众童延龄至宝方》，颇能反映唐宋时期人们对儿童命运的担忧，可惜此书已佚。此外，专门治疗儿童疾病的"小儿科"，在北宋亦颇引人注目。如有学者分析说：《清明上河图》中出现了两次"小儿科"，"反映了当时中医小儿科的发展盛况"，"成为祖国医学发展史上儿科学发展的鼎盛时期"。⑦

"人疴"（类似两性畸形的人）恐惧症与宋代"婴戏图"形成了强烈的心理反差。考《后汉书·五行志》始有"人疴"一项内容，专门辑录各地出现的两性畸形人。由于古代医学知识的限制，人们当时还认识不到造成两性畸形人的生理原因，所以往往将其与特定的时局变化联系在一起，恐惧症由此而生。如《新唐书·五行志三》载：咸通十三年（872）四月，"太原晋阳民家有婴儿，两头异颈，四手联足。此天下不一之妖"⑧。不过，与唐代之前的"人疴"现象相较，北宋的"人疴"现象明显减少。代之而出现的则是被视

---

① 李经纬、林昭庚主编：《中国医学通史·古代卷》，北京：人民卫生出版社，2000 年，第 354 页。

② 《宋史》卷 202《艺文志一》，第 5066—5067 页。

③ （明）朱鸿：《孝经考》，《孝经总类》未集，《续修四库全书·经部·孝经类》，第 149 页。

④ （宋）范祖禹：《古文孝经说》，《御定孝经衍义·卷首下》，《景印文渊阁四库全书》第 718 册，第 24 页。

⑤ 曲宏实：《墓志所见宋代的人口问题》，郑州大学 2009 年硕士学位论文，第 37 页。

⑥ 曲宏实：《墓志所见宋代的人口问题》，郑州大学 2009 年硕士学位论文，第 39 页。

⑦ 计光辅：《〈清明上河图〉中的诊所和药铺》，《家庭中医药》2006 年第 12 期。

⑧ 《新唐书》卷 36《五行志三》，第 956 页。

为"人民蕃息之验"①的"多胞胎"现象。据《宋史·五行志》统计：

> 自天圣迄治平，妇人生四男者二，生三男者四十四，生二男一女者一；熙宁元年距元丰七年，郡邑民家生三男者八十四，而四男者一，三男一女者一；元丰八年至元符二年，生三男者十八，而四男者二，三男一女者一；元符三年至靖康，生三男者十九，而四男者一。前志以为人民蕃息之验。②

上述的"多胞胎"都是比较健康的婴儿，故此，史家将其看作是一种"吉象"。若从身体史的角度讲，"多胞胎"的生育则有可能会出现以下两种情况：

一是正常状态的婴儿，不赘。

二是非正常状态的婴儿，或称怪胎。这是因为如果单卵双胎在胚胎发育的较晚期才分开，那么在两个胚胎分离尚不完全的条件下，就会出现像"人疴"一样的连体儿，如两头一身、一头双身、两臂相连等。

现在的问题是，宋人所说的"多胞胎"为"人民蕃息之验"，是否有科学依据。医学研究发现，"多胞胎"本是一种特殊的生育文化，它也有规律可寻：

> 多胎妊娠的发生率可用单胎与多胎之比为 $1 : 80^{n-1}$（n代表多胎数）推算：双胎发生率为 $1 : 80$，三胎发生率为 $1 : 6400$，四胎发生率为 $1 : 512\,000$。③

由此可见，从天圣元年（1023）至治平四年（1067）的44年间，婴儿的出生数粗计为 $1\,312\,000$ 人，即 $512\,000 \times 2 = 1\,024\,000$ 人，$6400 \times 45 = 288\,000$ 人。从熙宁元年（1068）至元丰七年（1084）的16年间，婴儿的出生数粗计为 $1\,561\,600$ 人，即 $512\,000 \times 2 = 1\,024\,000$ 人，$6400 \times 84 = 537\,600$ 人。从元丰八年（1085）至元符二年（1099）的14年间，婴儿的出生数粗计为 $1\,651\,200$ 人，即 $512\,000 \times 3 = 1\,536\,000$ 人，$6400 \times 18 = 115\,200$ 人。从元符三年（1100）至靖康二年（1127）的27年间，婴儿的出生数粗计为 $633\,600$ 人，即 $512\,000 \times 1 = 512\,000$ 人，$6400 \times 19 = 121\,600$ 人。用图3-1表示如下：

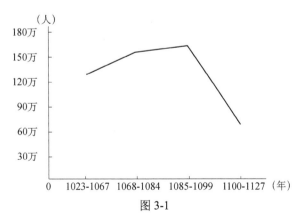

图 3-1

---

① 《宋史》卷62《五行志》，第1369页。
② 《宋史》卷62《五行志》，第1368—1369页。
③ 戴淑凤：《戴淑凤怀孕分娩专家指导》，北京：中国妇女出版社，2015年，第25页。

由图 3-1 可知，从元丰八年（1085）至元符二年（1099）的 14 年间，是北宋人口最繁盛的时期，据王曾瑜先生研究，宋徽宗大观三年（1109）官方所统计的人口约有 4600 多万人，而实际人口应在 1 亿以上[①]，这表明《宋史·五行志》的记载是可靠的。

（二）钱乙的幼儿体质与生理观

幼儿的体质与成人的体质差异较大，一般认为幼儿机体的各个系统和器官发育不全，且新陈代谢旺盛，生长发育快速。因此，倘若对幼儿的生理体质没有充分认识，那么想要诊治幼儿疾病是不可能的。考《小儿药证直诀》卷上有一节专门讨论幼儿体质和生理，其主要观点如下。

1. 幼儿的体质及生理特点是"全而未壮"

钱乙指出："小儿在母腹中，乃生骨气，五脏六腑，成而未全。自生之后，即长骨脉、五脏六腑之神智也。"[②]如前所述，钱乙的小儿生理知识主要来自卫泛的《颅囟方》。故有学者考证云：

> 幼科之书，古盖以颅囟名。《御览》七百二十二，引张仲景方序，有云：卫泛好医术，少师仲景，有才识撰《四逆三部厥经》及《妇人胎脏经》、《小儿颅囟方》三卷。今世所传《颅囟经》，前有序文，托诸黄帝时师巫，论者多斥为荒诞，然《宋志》著录即如是，《千金方》云：古有巫妨者，始立小儿《颅囟经》。则其说初非无因，《宋志·钱乙传》言乙始以《颅囟经》显，则此书盖自古专家相传，至宋而始显于世也。[③]

至于《颅囟方》，《四库全书总目提要》认为同《颅囟经》。其文云：

> 不著撰人名氏。世亦别无传本，独《永乐大典》内载有其书。考历代史志，自《唐·艺文志》以上，皆无此名，至《宋·艺文志》始有师巫《颅囟经》二卷。今检此书，前有序文一篇，称"王母金文，黄帝得之升天，秘藏金匮，名曰《内经》，百姓莫可见之。后穆王贤士师巫，于崆峒山得而释之"云云，其所谓师巫，与《宋志》相合，当即此本，疑是唐末宋初人所为。以王冰《素问注》第七卷内有师氏藏之一语，遂托名师巫，以自神其说耳。其名颅囟者，案首骨曰颅，脑盖曰囟，殆因小儿初生，颅囟未合，证治各别，故取以名其书。首论脉候至数之法，小儿与大人不同。次论受病之本与治疗之术，皆极中肯綮，要言不烦。次论火丹证治，分别十五名目，皆他书所未尝见。其论杂证，亦多秘方，非后世俗医所可及。盖必别有师承，故能精晰如此。[④]

———————

① 王曾瑜：《宋代人口浅谈》，《天津社会科学》1984 年第 6 期；张岫峰、赵保佑、刘潞生编：《一九八四年中国史论文摘要汇编》，河南省社会科学院情报研究所，1985 年，第 122 页。

② （宋）钱乙：《小儿药证直诀》卷上《脉证治法·变蒸》，李志庸主编：《钱乙、刘昉医学全书》，第 13 页。

③ 谢观著，余永燕点校：《中国医学源流论》，福州：福建科学技术出版社，2003 年，第 80 页。

④ （清）永瑢等：《四库全书总目》卷 103《子部·医学类一》"颅囟经"条，第 860 页。

当然，钱乙的《颅囟方》是否就是《千金方》所言之《颅囟经》，目前尚难定论。不过，从"颅囟未合，证治各别"的生理、病理特点看，《颅囟方》与《颅囟经》确有相同之处。如《颅囟经》认为小儿的体质及生理特点是"颅囟未合"，而钱乙更进一步认识到幼儿体质及生理本身则是一个从"成而未全"到"全而未壮"的演变过程，这个认识实际上已经成为钱乙临床诊治小儿病的理论基础和医疗实践的总纲。

2. 明确了幼儿"变蒸"的基本规律

巢元方《诸病源候论》专有"变蒸候"一节内容，与之相较，钱乙的认识虽然在总体上没有超出巢氏之说，但亦有新的发挥，其突出之点就是钱乙把"变蒸日数"与五脏六腑及五行观念对应起来。所以钱乙指出：

> 故以生之日后，三十二日一变。变每毕，即情性有异于前。何者？长生腑脏智意故也。何谓三十二日长骨添精神？人有三百六十五骨，除手足中四十五碎骨外，有三百二十数。自生下，骨一日十段而上之，十日百段。三十二日计三百二十段，为一遍。亦曰一蒸。骨之余气，自脑分入龈中，作三十二齿。而齿牙有不及三十二数者，由变不足其常也。或二十八日即至，长二十八齿，以下仿此。但不过三十二之数也。凡一周遍，乃发虚热，诸病如是。十周则小蒸毕也。计三百二十日生骨气，乃全而未壮也。故初三十二日一变，生肾生志。六十四日再变生膀胱。其发耳与尻冷。肾与膀胀（胱）俱主于水，水数一，故先变。生之九十六日三变。生心喜。一百二十八日四变生小肠。其发汗出而微惊。心为火，火数二，一百六十日五变生肝哭。一百九十二日六变生胆。其发目不开而赤。肝主木，木数三。二百二十四日七变生肺声。二百五十六日八变生大肠。其发肤热而汗或不汗。肺属金，金数四。二百八十八日九变生脾智。三百二十日十变生胃。其发不食，肠痛而吐乳。此后乃齿生，能言知喜怒，故云始全也。①

用表 3-1 表示如下：

表 3-1　钱乙"变蒸日数"与五脏六腑及五行观念对应表

日数（出生后）	五脏六腑	情志	五行	生理特点	变易阶段
32	生肾	恐	水	发耳与尻冷	一变
64	生膀胱				二变
96	生心	喜	火	发汗出而微惊	三变
128	生小肠				四变
160	生肝	哭	木	发目不开而赤	五变
192	生胆				六变
224	生肺	忧	金	发肤热而汗或不汗	七变
256	生大肠				八变
288	生脾	思	土	肠痛而吐乳	九变
320	生胃			能言知喜怒	十变

---

① （宋）钱乙：《小儿药证直诀》卷上《脉证治法·变蒸》，李志庸主编：《钱乙、刘昉医学全书》，第 13 页。

对于巢元方和钱乙所主张的幼儿变蒸说，明清医家有持否定意见者。如张景岳就曾认为："小儿变蒸之说，古所无也，至西晋王叔和始一言之，继自隋唐巢氏以来，则日相传演，其说益繁。然以余观之，则似有未必然者，何也？盖儿胎月足离怀，气质虽未成实，而脏腑已皆完备。及既生之后，凡长养之机，则如月如苗，一息不容有间，百骸齐到，自当时异而日不同，岂复有此先彼后，如一变生肾，二变生膀胱，及每变必三十二日之理乎？"①实际上，钱乙说得很清楚，所谓"变蒸"，从生理上讲，主要是指"五脏六腑之神智"的形成与发展，此与孙思邈"一变竟，辄觉情态有异"②的说法一致。有学者考证说："若形容小儿'变蒸'，当用'变烝'为妥，实指小儿成长过程中不断强壮聪慧之意。"③因此，从发展心理学的角度看，"在变蒸期中所出现的一些证候，不应作为病态看待"④。现代研究表明，"婴幼儿的智能是随机体的成熟而发展的，都受成熟规律的支配，每一个阶段有其一定的模式，达到新的有代表性的成熟阶段时，小儿智能也有一次跃变而具有新的模式。这些年龄阶段，中医称变蒸，西医称枢纽龄。美国 Gesell 通过对大量儿童连续摄取活动电影观察，发现正常儿童各种行为范型的出现与年龄有关，并有一定的规律性，提出了枢纽龄的发育成长动态，以行为推测年龄。枢纽龄学说在一定程度上证实了变蒸学说提出的小儿生长发育呈阶段性显著差异的规律是有科学依据的"⑤。当然，对于在"变蒸"过程中出现的异常现象，最好还是及时就诊，以免造成不良后果。

二、儿科"病证"与处方体系的构建

（一）对儿科各种"病证"的认识

北宋阎季忠在为《小儿药证直诀》所写的序文中说："医之为艺诚难矣，而治小儿为尤难。自六岁以下，黄帝不载其说⑥，始有《颅囟经》，以占寿夭死生之候。则小儿之病，虽黄帝犹难之，其难一也。脉法虽曰八至为和平，十至为有病，然小儿脉微难见，医为持脉，又多惊啼，而不得其审，其难二也。脉既难凭，必资外证。而其骨气未成，形声未正，悲啼喜笑，变态不常，其难三也。问而知之，医之工也。而小儿多未能言，言亦未足取信，其难四也。脏腑柔弱，易虚易实，易寒易热，又所用多犀、珠、龙、麝，医苟难辨，何以已疾？其难五也。种种隐奥，其难固多。"⑦因此之故，小儿科又称"哑科"，意为小儿病为最难事。于是，古人才有"宁治十男子，不治一妇人；宁治十妇人，不治一小

① （明）张介宾著，孙玉信、朱平生校：《景岳全书》卷41《变蒸》，上海：第二军医大学出版社，2006年，第892—893页。

② （唐）孙思邈著，李景荣等校释：《备急千金要方校释》，北京：人民卫生出版社，1998年，第86页。

③ 娄冉、张瑞峰、黄克勤：《小儿'变蒸'辨误及其临床意义》，《上海中医药大学学报》2013年第2期，第26页。

④ 燕国材主编：《中国心理学史资料选编》第2卷，北京：人民教育出版社，1990年，第411页。

⑤ 娄冉、张瑞峰、黄克勤：《小儿'变蒸'辨误及其临床意义》，《上海中医药大学学报》2013年第2期，第27页。

⑥ 此说不确，目前已有学者辨其说之非。参见朱锦善、王学清、路瑜主编：《王伯岳医学全集》，北京：中国中医药出版社，2012年，第249页。

⑦ （宋）阎季忠：《小儿药证直诀·序》，李志庸主编：《钱乙、刘昉医学全书》，第3页。

儿"①的说法。而钱乙花费了 40 年工夫，系统总结了小儿病理的特点和诊治方法，并创立五脏辨证体系，从而奠定了我国儿科学发展的理论基础。

1. 诊断"三法"

如何辨别幼儿的病证，钱乙在长期的临床实践中，提出了诊断小儿病"三法"。

第一法："小儿脉法"。其法："脉乱，不治。气不和，弦急。伤食，沉缓。虚惊，促急。风，浮。冷，沉细。"②对此，有论者说："钱氏论脉，短短 22 字，包括了儿科病的寒热虚实之证。"③这样，针对小儿寸口部位短小的生理特点，执简驭繁，强调对小儿诊脉不与成人相同，遂使繁杂的脉法更加切合于儿科临床实际。

第二法："面上证"。其法："左腮为肝，右腮为肺，额上为心，鼻为脾，颏为肾。赤者，热也，随证治之。"④小儿面部变化比较直观，由表及里，可以诊断疾病所在。如图 3-2 所示，若山根色青则为乳食积滞，承浆色黄则为吐，印堂红则为痰热，等等，临床价值比较大。颜面五部示意图如图 3-2 所示。《黄帝内经·素问·刺热》篇载："肝热病者，左颊先赤；心热病者，颜先赤；脾热病者，鼻先赤；肺热病者，右颊先赤；肾热病者，颐先赤。病虽未发，见赤色者刺之。"⑤可见，钱乙的"面上证"源自《黄帝内经·素问》，但经过钱乙的整理，它已经成为"中医学传统的面部分候五脏的原则。源于《内经》，是面部色诊的基础"⑥。因为"根据现代全息律的观点，任何局部都近似于整体的缩影"，所以"面部望诊，不同颜色可以反应出不同病变，同样，不同的部位也有各自的临床意义"。⑦

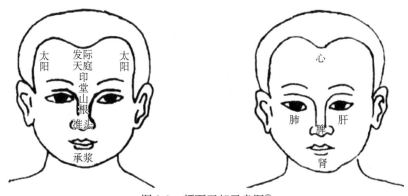

图 3-2　颜面五部示意图⑧

第三法："目内证"。其法："赤者，心热，导赤散主之。淡红者，心虚热，生犀散主

① 张玉才：《新安医学》，合肥：安徽人民出版社，2005 年，第 179 页。
② （宋）钱乙：《小儿药证直诀》卷上《脉证治法》，李志庸主编：《钱乙、刘昉医学全书》，第 13 页。
③ 朱锦善主编：《儿科心鉴》，北京：中国中医药出版社，2007 年，第 681 页。
④ （宋）钱乙：《小儿药证直诀》卷上《脉证治法》，李志庸主编：《钱乙、刘昉医学全书》，第 15 页。
⑤ 《黄帝内经素问》卷 9《刺热》，陈振相、宋贵美编：《中医十大经典全录》，第 51 页。
⑥ 张奇文主编：《儿科基础理论》，济南：山东科学技术出版社，1989 年，第 179 页。
⑦ 张奇文主编：《儿科基础理论》，第 179—180 页。
⑧ 徐荣谦主编：《中医儿科临证必备》，北京：人民军医出版社，2015 年，第 10 页。

之。青者，肝热，泻青丸主之。浅淡者补之。黄者，脾热，泻黄散主之。无精光者，肾虚，地黄丸主之。"①考《黄帝内经·灵枢·五阅五使》篇云："肝病者，眦青；脾病者，唇黄；心病者，舌卷短，颧赤；肾病者，颧与颜黑。"②可见，钱乙不仅继承了《内经》的望诊思想，而且还创造性地发展和充实了诊断五脏热病的察色方法。

2. 五脏辨证

五脏既各自独立又相互联系，以此为前提，钱乙第一次将五脏辨证运用于儿科临床，并形成了独特的中医儿科五脏辨证体系。

1）五脏所主及辨别虚实

关于"五脏所主"，钱乙述：

心主惊。实则叫哭发热，饮水，面摇。虚则卧而悸动不安。

肝主风。实则目直，大叫，呵欠，项急，顿闷。虚则咬牙，多欠气。热则外生气。湿则内生气。

脾主困。实则困睡，身热，饮水。虚则吐泻，生风。

肺主喘。实则闷乱喘促，有饮水者，有不饮水者。虚则哽气，长出气。

肾主虚，无实也。惟疮疹，肾实则变黑陷。③

这里，钱乙把惊、风、困、喘、虚概括为心火、肝木、脾土、肺金、肾水的主要症候，同时用虚实寒热判断脏腑病变，突出了临床表现与五脏关系的描述，从而确立了儿科五脏辨证的纲领。经过长期的临床实践证明，"钱氏这一辨证体系的构成，并不局限于内伤杂病，同时也广泛地适用于六淫外感诸疾"④。

2）关于五脏辨证在诊断与临证过程中的运用

在诊断方面，钱乙认为小儿五脏病的临床特点是："肝病，哭叫，目直，呵欠，顿闷，项急。心病，多叫哭，惊悸，手足动摇，发热饮水。脾病，困睡，泄泻，不思饮食。肺病，闷乱哽气，长出气，气短喘息。肾病，无精光，畏明，体骨重。"⑤对此，学者多有讨论，不赘。

在临证过程中，钱乙注重用五脏分证，主张随脏治之。如"五痫"就分肝、心、脾、肺、肾五证，其中"犬痫：反折，上窜，犬叫，肝也。羊痫：目证，吐舌，羊叫，心也。牛痫：目直视，腹满，牛叫，脾也。鸡痫：惊跳，反折，手纵，鸡叫，肺也。猪痫：如尸，吐沫，猪叫，肾也"⑥。又如"疮疹候"："五脏各有一证：肝脏水疱。肺脏脓疱。心脏斑。脾脏疹，归肾变黑。……小儿在胎十月，食五脏血秽，生下则其毒当出。故疮疹之

① （宋）钱乙：《小儿药证直诀》卷上《脉证治法》，李志庸主编：《钱乙、刘昉医学全书》，第15页。
② 《黄帝内经灵枢经》卷6《五阅五使》，陈振相、宋贵美编：《中医十大经典全录》，第217页。
③ （宋）钱乙：《小儿药证直诀》卷上《脉证治法》，李志庸主编：《钱乙、刘昉医学全书》，第14页。
④ 王永炎、鲁兆麟、任廷革主编：《任应秋医学全集》第5卷《中医各家学说及医案选讲义》，北京：中国中医药出版社，2015年，第2579页。
⑤ （宋）钱乙：《小儿药证直诀》卷上《脉证治法》，李志庸主编：《钱乙、刘昉医学全书》，第14页。
⑥ （宋）钱乙：《小儿药证直诀》卷上《脉证治法》，李志庸主编：《钱乙、刘昉医学全书》，第16页。

状，皆五脏之液。"①此段文献涉及到麻疹、天花及水痘三种传染病的形态鉴别诊断，有论者分析说："这里分别提到天花的脓疱、水痘的水疱与麻疹的疹子。但在病因上，虽认识到与时行有关，却同时又认为系胎毒所致，因此仍是比较笼统模糊的。"②

此外，钱乙还运用五行生克理论，比较详尽地讨论了五脏之间"相兼"为病的问题。如对于"肿病"，钱乙论述道："肾热传于膀胱，膀胱热盛，逆于脾胃，脾胃虚而不能制肾。水反克土，脾随水行，脾主四肢，故流走而身面皆肿也。"③又如钱乙在论述"五脏所主"问题时，专门谈到了五脏之间的"兼病"现象。他说：五脏"更当别虚实证。假如肺病又见肝证，咬牙多呵欠者，易治，肝虚不能胜肺故也。若目直，大叫哭、项急、顿闷者，难治。盖肺久病则虚冷，肝强实而反胜肺也。视病之新久虚实，虚则补母，实则泻子"④。文中"肺久病则虚冷，肝强实而反胜肺"的"相兼"理论，后来成为许叔微论惊病病机的直接思想来源。因此，"钱乙这些以脏腑理论指导儿科临床辨证施治的学说，为前人所未备，对后世医学的发展有重要推动作用，其影响之深远已不限于儿科学的范畴"⑤。

3）调理脾胃的辨证论治理论

前揭钱乙论小儿病证的病机是"惊、风、困、喘、虚"，而造成这些症候的病理原因，在钱乙看来，主要是"脾胃虚怯"所致。

第一，在病因方面，钱乙认为许多病证均与"脾胃虚怯"有关，如"脾脏虚怯"⑥是导致"伤风手足冷""伤风自利""伤风腹胀"等病证的原因；其他如虚赢的病因是由于"脾胃不和，不能食乳"，故"致肌瘦"⑦；"疳皆脾胃病，亡津液之所作也"⑧；"小儿本怯。故胃虚冷，则虫动而心痛，与痫略相似"⑨；"脾胃冷，故不能消化"⑩；"腹胀由脾胃虚，气攻作也"⑪；夜啼则由"脾脏冷而痛"⑫所致，等等。可见，小儿病证的关键在于调理脾胃，从脾胃论治。

第二，既然"脾胃虚衰，四肢不举，诸邪遂生"⑬，且"小儿易为虚实"⑭，那么，治疗小儿病的前提是调理脾胃，先治其本，后治其标。钱乙总结说："凡病先虚，或下

① （宋）钱乙：《小儿药证直诀》卷上《脉证治法》，李志庸主编：《钱乙、刘昉医学全书》，第16页。
② 乌日克编著：《第五发明——中医历史与文化内涵》，长春：北方妇女儿童出版社，2015年，第114页。
③ （宋）钱乙：《小儿药证直诀》卷上《脉证治法》，李志庸主编：《钱乙、刘昉医学全书》，第22页。
④ （宋）钱乙：《小儿药证直诀》卷上《脉证治法》，李志庸主编：《钱乙、刘昉医学全书》，第14页。
⑤ 严世芸主编，朱伟常等编写：《宋代医家学术思想研究》，上海：上海中医学院出版社，1993年，第29—30页。
⑥ （宋）钱乙：《小儿药证直诀》卷上《脉证治法》，李志庸主编：《钱乙、刘昉医学全书》，第17页。
⑦ （宋）钱乙：《小儿药证直诀》卷上《脉证治法》，李志庸主编：《钱乙、刘昉医学全书》，第19页。
⑧ （宋）钱乙：《小儿药证直诀》卷上《脉证治法》，李志庸主编：《钱乙、刘昉医学全书》，第20页。
⑨ （宋）钱乙：《小儿药证直诀》卷上《脉证治法》，李志庸主编：《钱乙、刘昉医学全书》，第21页。
⑩ （宋）钱乙：《小儿药证直诀》卷上《脉证治法》，李志庸主编：《钱乙、刘昉医学全书》，第21页。
⑪ （宋）钱乙：《小儿药证直诀》卷上《脉证治法》，李志庸主编：《钱乙、刘昉医学全书》，第21页。
⑫ （宋）钱乙：《小儿药证直诀》卷上《脉证治法》，李志庸主编：《钱乙、刘昉医学全书》，第21页。
⑬ （宋）钱乙：《小儿药证直诀》卷上《脉证治法》，李志庸主编：《钱乙、刘昉医学全书》，第21页。
⑭ （宋）钱乙：《小儿药证直诀》卷上《脉证治法》，李志庸主编：《钱乙、刘昉医学全书》，第21页。

之，合下者先实其母，然后下之。假令肺虚而痰实，此可下。先当益脾，后方泻肺也。"①具体到"伤风吐泻身热"病症的治疗，钱乙认为："多睡，能食乳，饮水不止，吐痰，大便黄水，此为胃虚热渴吐泻也。当生胃中津液，以止其渴，止后用发散药。止渴多服白术散。发散大青膏主之。"②在钱乙看来，脾胃为五脏之本，它在小儿病的发病、传变及转归上占有重要位置，由此也"为后世脾胃学说的立论开创了先声"③。

（二）钱乙对儿科病处方体系的构建

1. 对小儿寒热证的辨证治疗

钱乙是创立儿科医案的第一人，在他所择取的 23 例病案中，因证制宜，辨明寒热的病案至少有 16 例。如：

> 朱监簿子，三岁，忽发热。医曰：此心热。腮赤而唇红，烦躁引饮。遂用牛黄丸三服，以一物泻心汤下之。来日不愈，反加无力、不能食，又便利黄沫。钱曰：心经虚而有留热在内，必被凉药下之，致此虚劳之病也。钱先用白术散，生胃中津，后以生犀散治之。朱曰：大便黄沫如何？曰：胃气正，即泻自止，此虚热也。朱曰：医用泻心汤何如？钱曰：泻心汤者，黄连性寒，多服则利，能寒脾胃也。坐久众医至，曰实热。钱曰：虚热。若实热，何以泻心汤下之不安，而又加面黄颊赤，五心烦躁，不食而引饮？医曰：既虚热，何大便黄沫？钱笑曰：便黄沫者，服泻心汤多故也。钱后与胡黄连丸治愈。④

这里记载了当时众医会诊的场景，钱乙与其他医者争论的焦点就是如何辨别朱监簿子病的寒热属性。后者认为朱监簿子病热，以大便黄沫为诊断依据，前者则分析了造成朱监簿子大便黄沫的原因，那是因为过度服用泻心汤之缘故。钱乙根据多年治疗小儿虚羸病证的经验，主张大便黄沫并不是热证的表现，而是一种虚热证。因此，钱乙最后用胡黄连丸治愈了朱监簿子的病。

又如：

> 广亲宅四大王宫五太尉，病吐泻不止，水谷不化。众医用补药，言用姜汁调服之。六月中服温药，一日益加喘吐不定。钱曰：当用凉药治之。所以然者？谓伤热在内也。用石膏汤三服，并服之。众医皆言：吐泻多而米谷不化，当补脾，何以用凉药？王信众医，又用丁香散三服。钱后至曰：不可服此。三日外必腹满身热，饮水吐逆。三日外一如所言。所以然者，谓六月热甚，伏入腹中而令引饮，热伤脾胃，即大吐泻。他医又行温药，即上焦亦热，故喘而引饮，三日当死。众医不能治，复召钱至宫中，见有热证，以白虎汤三服，更以白饼子下之。一日减药二分，二日三日，又与

① （宋）钱乙：《小儿药证直诀》卷上《脉证治法》，李志庸主编：《钱乙、刘昉医学全书》，第 23 页。
② （宋）钱乙：《小儿药证直诀》卷上《脉证治法》，李志庸主编：《钱乙、刘昉医学全书》，第 18 页。
③ 朱锦善主编：《儿科心鉴》，第 592 页。
④ （宋）钱乙：《小儿药证直诀》卷中《记尝所治病二十三证》，李志庸主编：《钱乙、刘昉医学全书》，第 26 页。

白虎汤各二服，四日用石膏汤一服。旋合麦门冬、黄芩、脑子、牛黄、天竺黄、茯苓，以朱砂为衣，与五丸竹叶汤化下，热退而安。①

辨寒热确乎是检验医者临证水平的重要手段之一，同样是吐泻，众医认为是虚寒所致，而钱乙却根据当时的气候环境，主张吐泻的病因是伏热在里、热伤脾胃，故应治以寒凉之剂。有论者评论钱乙的临床治验说："钱氏以白虎汤清阳明之燥邪，白饼子（滑石末、轻粉、半夏末、南星末、巴豆、紫苏汤下，以利为度）除胃肠之食积，后又用养阴清肺、凉心安神之药以退其虚热，保其津液，立法精当，并渐次减少药量，以退为进，适可而止，使脏腑血气调和，诸证自平。"②

2. 对小儿虚实证的辨证治疗

钱乙认为小儿生理特点是"易虚易实"，因此，在临证实践中，他主张以"补脾"为治疗小儿虚证的指导原则。如前所述，钱乙提出了"脾主困"③的学说。以此为基础，钱乙强调："凡有可下，量大小虚实而下之。"④又说："实食在内，乃可下之，毕，补脾必愈。"⑤从学理上讲，钱乙的这些临证治验均源于他对脾脏与其他诸脏相互关系的深刻把握。例如，对于"肝病胜肺"，钱乙认为："肝病秋见，肝强胜肺，肺怯不能胜肝，当补脾肺治肝。益脾者，母令子实故也。"⑥对于疮疹的预后，钱乙认为："疮黑而忽泻，便脓血并痂皮者顺，水谷不消者逆。何以然？且疮黑属肾，脾气本强，或旧服补脾药，脾气得实，肾虽用事，脾可制之。今疮入腹为脓血及连痂皮得出，是脾强肾退，即病出而安也。米谷及泻乳不化者，是脾虚不能制肾，故自泄也，此必难治。"⑦对小儿腹胀的辨证，钱乙明确指出："腹胀由脾胃虚，气攻作也。实者闷乱喘满，可下之，用紫霜丸、白饼子。不喘者虚也，不可下。若误下，则脾气虚，上附肺而行，肺与脾于母皆虚。"⑧又说："小儿虚不能食，当补脾，候饮食如故，即泻肺经，病必愈矣。"⑨由此可见，钱乙提出的"脾主困"理论，"并非单纯'困睡倦怠'之意，更多的是指病理。故其提出之后，随即从'虚''实'两方面加以分析，包括了脾胃燥湿、升降、纳化诸方面的失调引起的虚实变化。其治脾（尤其是补脾）强调助运，强调气机的升运，对脾胃学说的形成意义重大"⑩。

3. 善于化裁古方创制新方

有研究者分析说：

---

① （宋）钱乙：《小儿药证直诀》卷中《记尝所治病二十三证》，李志庸主编：《钱乙、刘昉医学全书》，第26—27页。
② 俞景茂：《钱乙学术思想探讨》，中国中医研究院教育处编：《中医硕士研究生论文集》第1辑，北京：中医古籍出版社，1986年，第95页。
③ （宋）钱乙：《小儿药证直诀》卷上《脉证治法》，李志庸主编：《钱乙、刘昉医学全书》，第14页。
④ （宋）钱乙：《小儿药证直诀》卷上《脉证治法》，李志庸主编：《钱乙、刘昉医学全书》，第20页。
⑤ （宋）钱乙：《小儿药证直诀》卷中《记尝所治病二十三证》，李志庸主编：《钱乙、刘昉医学全书》，第27页。
⑥ （宋）钱乙：《小儿药证直诀》卷上《脉证治法》，李志庸主编：《钱乙、刘昉医学全书》，第15页。
⑦ （宋）钱乙：《小儿药证直诀》卷上《脉证治法》，李志庸主编：《钱乙、刘昉医学全书》，第17页。
⑧ （宋）钱乙：《小儿药证直诀》卷上《脉证治法》，李志庸主编：《钱乙、刘昉医学全书》，第21页。
⑨ （宋）钱乙：《小儿药证直诀》卷中《记尝所治病二十三证》，李志庸主编：《钱乙、刘昉医学全书》，第25页。
⑩ 朱锦善主编：《儿科心鉴》，第592页。

　　《小儿药证直诀》所载方药的基本情况：共记载方剂 119 首，均分布在原著下卷。内服方剂 111 首、外用方剂 8 首。共涉及药物 189 味，其中使用最多的为"清热药"34 味，其后依次为"化痰止咳平喘药"12 味，"平肝息风药"11 味，"解表药"10 味，"收涩药"10 味。组成药物最多的是"羌活膏"23 味药物；药味最少的是"泻心汤""止汗散""花火膏""百祥丸""牛李膏""回生散""虎杖散""生犀磨汁"和外用方"天南星散"，均为 1 味药物。①

又说：

　　《小儿药证直诀》所载方剂的功效和主治情况：原著 119 首方剂中使用功效最多的为"清热"76 首，其后依次为"祛痰"40 首、"治风"31 首、"理气"21 首、"消导"18 首。关于主治，119 首方剂中有"热证"者 63 首，其后依次为"痰证"31首，"脾胃同病"28 首，"心病"24 首，"风证"21 首。结果显示，钱乙重视清热法对疾病治疗的重要意义。②

　　纵观钱乙的处方体系，大多方出有源。如"地黄丸"出自《金匮要略》，"豆蔻香连丸"出自《兵部手集方》，"升麻葛根汤"出自《千金要方》，"温中丸"出自《伤寒杂病论》，"异功散"出自《太平惠民和剂局方》等。当然，在临证过程中，钱乙又不拘泥于古方，而是根据小儿的生理、病理特点，灵活运用。例如，"温中丸"宗《伤寒杂病论》之"理中丸"，钱乙用"姜汁"取代原处方中的"干姜"，从而适应了小儿易虚易实、易热易寒的生理、病理特点。又如，"地黄丸"是从《金匮要略》中的"肾气丸"减去桂枝和附子两味药物而成，这样，它就成了专为肾虚而设立的处方，也被后世医家宗为"壮水之主以制阳光之要剂"，而"朱丹溪取其意，创大补阴丸，开拓了滋阴学派的先河"。③

　　诚如前揭，虚实是小儿诸病的根本，因而钱乙创立了一系列五脏补泻方剂，如"泻黄散""益黄散""泻青丸""安神丸""导赤散""六味地黄丸"等。就钱乙的处方用药而言，他非常重视药物之间的相互制衡作用，使之适合小儿的特殊体质。例如，泻黄散泻下脾实，但为了振复脾胃之气机，钱乙在处方中用山栀、石膏泻其积热，以起"脾中泻肺"④之功效，是为方根。另用防风、藿香发脾中伏火，理脾肺之气，清中带散，寒中寓温。⑤而甘草泻火和中以入脾经，并使诸药有泻脾而无伤脾之虑。可见，全方"清散相伍，使清泻不致凉遏伤中，辛散又不助热伐阴，实有相得益彰之妙，此正钱氏处方时时顾护小儿童稚之气之特点"⑥。由此大大提高了我国古代小儿科辨证论治的水平，其所以能

　　① 师梦雅：《钱乙学术思想及其〈小儿药证直诀〉方药配伍研究》，河北医科大学 2017 年硕士学位论文，"摘要"第 1—2 页。
　　② 师梦雅：《钱乙学术思想及其〈小儿药证直诀〉方药配伍研究》，河北医科大学 2017 年硕士学位论文，"摘要"第 2 页。
　　③ 俞景茂：《钱乙学术思想探讨》，中国中医研究院教育处编：《中医硕士研究生论文集》第 1 辑，第 93 页。
　　④ 侯树平编：《名医方论辑义》，北京：中国中医药出版社，2016 年，第 278 页。
　　⑤ 俞景茂：《钱乙学术思想探讨》，中国中医研究院教育处编：《中医硕士研究生论文集》第 1 辑，第 93 页。
　　⑥ 李庆业、高媛主编：《传统方剂手册》，福州：福建科学技术出版社，2005 年，第 104—105 页。

如此者，"首在熟本草，深切了解各药之性能，然后始可融会诸家之法而出之腕下"①。

当然，钱乙的五脏补泻方剂，有时为了病情的需要而不适当地采用金石重镇和毒性猛烈之品，因此我们在临证处方时不能毫无批判地兼收并蓄。但瑕不掩瑜，钱乙所创制的"白术散""六味地黄丸"等处方，补不滞邪，下不伤正，故一直为后世医家所沿用，正如明代医家薛己所评论的那样："钱氏之法，可以日用；钱氏之方，可以时省。"②此论可谓深得钱氏处方立意之精髓，从中更知"儿科之祖"其名不虚矣。

第三节 唐慎微的古典药物学思想及其成就

从科技思想发展的规律看，北宋后期出现了由理学向实证科学转化的变化趋势。当时，以说教为特色的理学逐渐失去了它的社会影响力，因此，实证学风便愈来愈引起学人的注意，而唐慎微的《证类本草》和北宋后期政府的两修《证类本草》（即宋大观二年（1108）的《经史证类大观本草》和政和六年（1116）的《重修政和经史证类备用本草》）以及李诫所著《营造法式》（1100）的刊行，正是这种实证学风的生动反映。

为了体现北宋后期药物学发展的真实状况和实际水平，在此，笔者主要以《重修政和经史证类备用本草》（如下简称《证类本草》）作为立论的依据，这一点有必要先给读者交代清楚。

一、唐慎微的生平与北宋后期的科学思潮

唐慎微，字审元，祖籍蜀州晋原（今四川崇庆市）人，后徙居成都华阳（今属双流县管辖）。元祐年间（1086—1094）应蜀帅李端伯的盛情始到成都行医，并编撰了《证类本草》一书，遂成为蜀中名医。一般认为，唐慎微约生于1056年，而其卒年却分歧较大，史学界主要有如下几种说法：1093年说③；1136年说④；卒年不详说⑤等。由此可以推断，唐慎微卒于北宋后期的说法大概是不会错的。至于他的具体生平事迹，《政类本草》载"翰林学士宇文公书后"云：

> 唐慎微字审元，成都华阳人，貌寝陋，举措语言朴讷而中极明敏。其治病百不失一，语证候不过数言，再问之辄怒不应，其于人不以贵贱，有所召必往，寒暑雨雪不避也。其为士人疗病不取一钱，但以名方秘录为请，以此士人尤喜之，每于经史诸书

① 姜春华：《姜春华论医集》，福州：福建科学技术出版社，1986年，第491页。
② 曹炳章编：《中国医学大成终集（点校本）》26，上海：上海科学技术出版社，2013年，第75页。
③ 中国中医研究院、广州中医学院主编：《中医大辞典》之《医史文献分册》，北京：人民卫生出版社，1981年，第213页；兰石等编著：《历代名医传略》，哈尔滨：黑龙江人民出版社，1985年，第55页，等。
④ 陈远、于首奎、张品兴主编：《中华名著要籍精诠》，北京：中国广播电视出版社，1994年，第149页。
⑤ 北京大学物理学系编：《中国古代科学技术大事记》，北京：人民出版社，1978年，第94页；薛愚主编：《中国药学史料》，北京：人民卫生出版社，1984年，第220页。

中得一药名一方论必录以告，遂集为此书。尚书左丞蒲公傅正欲以执政恩例奏与一官，拒而不受。①

自宋初以来，北宋政府始终比较重视本草学的编修和方剂学的推广、普及工作，如开宝六年（973），宋太祖即诏令刘翰、马志、安自良等9人重修唐代以来的本草传本，是为《开宝重定本草》。可是，该书在印行之后，人们发现其讹误较多，不适于在社会上广为传播，于是宋太祖在开宝七年（974）又诏令李昉、扈蒙等人重新校定，名为《开宝重定本草》。到嘉祐二年（1057），新的药物不断被发现和用于临床，而旧的本草著述显得又不够用了，在此条件之下，宋仁宗不得不再一次令掌禹锡、苏颂等增修《开宝本草》，遂成《嘉祐补注神农本草》。然而，笔者在此所要强调的是，上述所有的修撰工作，无不都以《蜀本草》作为重要参考。如《嘉祐补注神农本草》序云："伪蜀孟昶，亦尝命其学士韩保昇等以唐本《图经》参比为书，稍或增广，世谓之《蜀本草》。"②同时，随着北宋商业和手工业的发展，官办和剂局与民间药坊不断增多，尤其是成都、眉山、梓州（今四川三台县）等地的民间药商异常活跃，如梓州药市从每年的九月初九到九月十一日，名为"重阳药市"，极大地促进了当地药物资源的开采和制药、药品鉴别等技术的发展，更利于药物学知识的普及和提高。由此可以看出，四川药物学的文化底蕴的确是相当深厚的，其知识的传承更是别具特色，因而它就成为成就《证类本草》的一个最根本的知识基础，同时也是其区域文化资源优势在药物学领域里的客观体现和反映。

药物知识的普及当然离不开造纸和印刷技术的进步，就北宋整个造纸技术资源的配置状况看，四川"麻纸"肯定是个非常重要的品牌，其技术的精熟使之成为当时麻纸生产的中心。苏轼《东坡志林》说："川纸取布头机余，经不受纬者治作之，故名布头笺（即麻纸，引者注）。此纸冠天下。"③苏易简《文房四谱·纸谱》更云："蜀中多以麻为纸，有玉屑、屑骨之号。"④四川造纸业的发达，还可以将"交子"（即"纸币"）流通的事实作为客观尺度来确定与衡量。纸币是商品经济发展到一定阶段的产物，是近代商业革命的一个重要标志。学界公认，四川是世界上最早发行纸币的地区，马端临说："初（即宋真宗时期），蜀人以铁钱重，私为券，谓之'交子'，以便贸易，富人十六户主之。其后富人赀稍衰，不能偿所负，争讼数起。寇瑊尝守蜀，乞禁交子。薛田为转运使，议废交子则贸易不便，请官为置务，禁民私造。诏从其请，置交子务于益州。"⑤有了如此坚实的物质基础，四川的刻书与印刷技术亦走在了当时诸州的前列，其整体技术发展水平仅次于杭州，是北宋三大印刷中心之一，如叶梦得《石林燕语》说："今天下印书，以杭州为上，蜀本次之，福建最下。"⑥从历史上看，四川的雕版印刷起步于中唐，是中国古代印刷业的重要发

---

① （宋）唐慎微：《重修政和经史证类备用本草》之"翰林学士宇文公书《证类本草》后"，北京：人民卫生出版社，1982年，第549页。

② （宋）唐慎微：《重修政和经史证类备用本草》卷1《嘉祐补注总叙》，第25页。

③ （宋）苏轼：《东坡志林》卷11，曾枣庄、舒大刚主编：《三苏全书》第5册，第264页。

④ （宋）苏易简：《文房四谱》卷4《纸谱》，《丛书集成初编》，北京：中华书局，1985年，第53页。

⑤ （元）马端临：《文献通考》卷9《钱币二》，第94页。

⑥ （宋）叶梦得：《石林燕语》卷8，《全宋笔记》第2编第10本，第115页。

祥地。据载，唐文宗太和九年（835），东川（今属四川）节度使冯宿上奏说，当时每年在朝廷颁下新历之前，已有"版印历日鬻于市"①。唐僖宗中和三年（883），成都、眉山等地的市面上有许多阴阳占卜如《阴阳杂记》《相宅》《占梦》《九宫》《五纬》之类的书籍出售。②到唐末五代，四川出现了卞家、过家、樊赏家等诸多私坊印卖本，有的版本甚至流传到了日本，所以宋人朱翌说："雕印文字，唐以前无之。唐末，益州始有墨版。"③北宋初期，由于四川雕版印刷有很好的基础，其技术精良，信誉可靠，故宋太祖于开宝四年（971）诏令高品张从信在成都雕造了我国古代第一部木刻本《大藏经》，史称"开宝藏"。而眉山刻印的《册府元龟》、"眉山七史"及私人文集，更是享誉古今学界。因此，史书上便有了"宋时蜀刻甲天下"④的说法。而在北宋的刻书历史上，医书刻板是其重要的组成部分，如嘉祐二年（1057），宋仁宗采纳韩琦的建议，设置校正医书局于编集院，经过掌禹锡、林亿、苏颂等人的艰苦努力，该局征集众本，搜求佚书，并于熙宁年间（1068—1077）陆续刊行了一大批医书。同时，家刻本和坊刻本（即书商所刻的医书）的医书亦在社会上广为流传。所以，在这种文化氛围的熏陶下，当时四川籍的士大夫一般都具有很深的医药学素养，如眉山苏氏、王朴（善脉诊）、史堪（著有《史载之方》）、陈承（著有《重广补注神农本草并图经》）等，因此，唐慎微的《证类本草》正是在四川士人你献一方我出一药的支持和帮助下，才有可能成为继陶弘景《本草经集注》、唐《新修本草》之后中国古代本草学的第三次大总结，并对北宋时期药物知识的普及产生了革命性的影响，正如金人麻革《重修证类本草序》所云：

> 人之所甚重者，生也。卫生之资所甚急者，药也。药之考订使无以乙乱丙、误用妄投之失者，神农家书也。开卷之际，指掌斯见……养老慈幼之家，固当家置一本，况业医者之流乎？⑤

当时是否能做到"家置一本"，不得而知，但民间的尚医之风对北宋后期的施政方略产生了积极影响，则是可以肯定的。据《宋会要辑稿》"崇儒三"之"徽宗崇宁二年（1103）癸未"条载，迫于医药学形势发展的需要，宋徽宗曾组织朝臣商议筹建医学一事，于是讲议司说了下面一段话：

> 臣等窃考熙宁追通三代，遂诏兴建太医局，教养生员，分治三学、诸军疾病，为惠甚博。然未及推行天下，继述其事，正在今日。所有医工，未有奖进之法。盖其流品不高，士人所耻，故无高识清流习尚其事。今欲别置医学，教养上医。切考熙宁、元丰置局，以隶太常寺，今既别兴医学，教养上医，难以更隶太常寺。欲比三学，隶

---

① （宋）王钦若等编纂，周勋初等校订：《册府元龟》卷159《帝王部》之《革弊二》，南京：凤凰出版社，2006年，第1932页。

② （宋）柳玭：《柳氏家训序》，（宋）叶寘：《爱日斋丛抄》卷1，《全宋笔记》第8编第5本，第336页。

③ （宋）朱翌：《猗觉寮杂记》卷下，《全宋笔记》第3编第10本，第96页。

④ 袁庭栋：《巴蜀文化志》，成都：巴蜀书社，2009年，第92页。

⑤ （金）麻革：《重修证类本草序》，（宋）唐慎微：《重修政和经史证类备用本草》，北京：人民出版社，1957年，第2页。

于国子监。仿三学之制，欲置博士四员，分科教导，纠行规矩。①

二、《重修政和经史证类备用本草》的药物学成就及其科技思想

现传本《证类本草》30 卷，载药 1746 种，其中玉石类 253 种，草木类 447 种，人类 25 种，兽类 58 种，禽类 56 种，虫鱼类 187 种，果类 53 种，米谷类 48 种，菜类 65 种。据查，四川省的中药材资源多达 4354 种，而唐慎微在北宋后期就已掌握了其药材资源的近二分之一，故李时珍说："使诸家本草及各药单方，垂之千古，不致沦浸者，皆其功也。"②李约瑟亦说："十二、十三世纪的《大观经史证类本草》的某些版本，要比十五、十六世纪早期欧洲的植物学著作高明得多。"③可见，作为中国古代本草学发展史上一部具有划时代意义的巨著，它的科技思想价值绝不会因为《本草纲目》的出现而失色，相反，在新的历史条件下，它的药物学内容和科技思想必然会更加引人注目，其科学价值亦会随着时代的进步而变得愈来愈高，愈来愈重。

1. 《重修政和经史证类备用本草》的自然观及其"味、气、形"思想

在中国古代，不仅哲学是解释自然的一种方式，而且医药学也是解释自然的一种方式。两者所差，只在于前者的表现形式是抽象的和理论的，而后者的表现形式则是具体的和实证的。《尚书》之《周书》"洪范篇"载箕子的话说："我闻在昔，鲧堙洪水，汨陈其五行。"④像"鲧堙洪水"这样关系民生的重大事情，都不能离开"五行理论"的指导，就更不用说在其他方面了。所以在箕子看来，"五行"应当成为殷人社会生活的根本大法，即"初一曰五行"。箕子又说：

> 五行：一曰水，二曰火，三曰木，四曰金，五曰土。水曰润下，火曰炎上，木曰曲直，金曰从革，土爰稼穑。润下作咸，炎上作苦，曲直作酸，从革作辛，稼穑作甘。⑤

这段话，只要仔细地辨证，就能发现两个问题：

第一是哲学的观念，即五行是构成宇宙万物的基本元素（亦称"五材"），是人们认识自然界的思维范畴，故《国语》卷 16《郑语》云："先王以土与金木水火杂，以成百物。"⑥晋代的张华则进一步解释说："石者金之根甲。石流精以生水，水生木，木含火。"⑦据何新先生训，其"石"即"土"，"石精"即"金"，这样我们就可以把张华所说

① （清）徐松辑，刘琳等校点：《宋会要辑稿》崇儒 3 之 11，第 2793 页。
② （明）李时珍著，陈贵廷等点校：《本草纲目》卷 1《历代诸家本草》，北京：中医古籍出版社，1994 年，第 4 页。
③ ［英］李约瑟：《中国科学技术史》第 1 卷《导论》，何兆武译，北京：科学出版社；上海：上海古籍出版社，1990 年，第 289 页。
④ 《尚书·洪范》，陈成国点校：《四书五经》上，第 246 页。
⑤ 《尚书·洪范》，陈成国点校：《四书五经》上，第 247 页。
⑥ 徐元诰撰，王树民、沈长云点校：《国语集解》，第 470 页。
⑦ （晋）张华：《博物志》卷 1《山》，《百子全书》第 5 册，第 4280 页。

的话，看成是宇宙万物产生和发展的运动过程。①同时，五行说被道家做了更加系统化和理论化的包装，使之成为中国古代最有特色的一种自然观或思维方法，如北宋理学的开山祖周敦颐说："五行阴阳，阴阳太极。四时运行，万物终始。混兮辟兮，其无穷兮。"②在这里，"太极"是体，而"五行"是用，因此，从体用的角度来把握五行的运动规律，并使五行观念哲学化，无疑是北宋理学最重要的创见之一。《重修政和经史证类备用本草》继承了宋初理学的思想成果，化抽象为具体，在唐慎微所撰《经史证类备急本草》的基础上，补入政和六年（1116）成书的《本草衍义》，特别是寇宗奭所撰的三篇序例，其"气本论"的自然哲学思想十分鲜明，既可补唐慎微自身知识之不足，同时亦大大提升了《证类本草》的科学价值和思想内容，有画龙点睛之妙和锦上添花之效，真乃是神来一笔。寇宗奭说："夫天地既判，生万物者，惟五气尔。"③所谓"五气"实即"五行"，"五气"不仅是天地万物产生的根据，而且也是人类生成和发展的物质基础，故"人之生，实阴阳之气所聚耳"④，"天地合气命之曰人，是以阳化气，阴成形也。夫游魂为变者，阳化气也。精气为物者，阴成形也。阴阳气合，神在其中矣"⑤。

第二是科学的观念，即五行外化为五味或五气，而这些物质要素正是人类社会赖以生存的客观前提。对此，西汉伏生《尚书大传》云："水火者，百姓之所饮食也；金木者，百姓之所兴作也；土者，万物之所资生也，是为人用。"⑥在处理人与自然界的关系问题时，中国古代非常强调人的主体性地位，自然万物不过是为人类服务的物质材料，即"是为人用"，而这实际上就是中国古代的一种具有实用特色的价值思想，《春秋左传》"昭公十一年"亦载："且譬之如天，其有五材而将用之，力尽而敝之。"⑦正是在这样的文化层面，《黄帝内经》才从"五材"角度对五行进行了系统化的处理，并使之成为中医学的基本理论之一。其中于生理，《素问》卷2《阴阳应象大论篇》云："水为阴，火为阳，阳为气，阴为味。味归形，形归气，气归精，精归化，精食气，形食味，化生精，气生形。味伤形，气伤精，精化为气，气伤于味。"⑧把"味"看成是形与气存在和变化的中心环节，突出了"味"在人体生理过程中的特殊作用，奠定了中医药学的物质基础；于临床用药，即"五味阴阳之用"，《素问》卷22《至真要大论篇》的回答是："辛甘发散为阳，酸苦涌泄为阴，咸味涌泄为阴，淡味渗泄为阳。六者或收、或散、或缓、或急、或燥、或润、或软、或坚，以所利而行之，调其气使其平也。"⑨从宇宙发生学的层面看，天、地、人所谓的宇宙"三品"，都有共同的物质基础，所以中医学的理法方药，尽管五花八门，但集中

① 何新：《何新集》之《中国哲学研究》，北京：时事出版社，2004年，第146页。
② （宋）周敦颐：《通书》卷16《动静》，长沙：岳麓书社，2002年，第36页。
③ （宋）唐慎微：《重修政和经史证类备用本草》之《新添本草衍义序》，北京：人民卫生出版社，1957年，第43页。
④ （宋）唐慎微：《重修政和经史证类备用本草》之《新添本草衍义序》，第46页。
⑤ （宋）唐慎微：《重修政和经史证类备用本草》之《新添本草衍义序》，第46页。
⑥ （唐）孔颖达：《尚书正义》卷11《周书》，《景印文渊阁四库全书》第54册，第241页。
⑦ 《春秋左传》"昭公十一年"，陈成国点校：《四书五经》下，第1091页
⑧ 《黄帝内经素问》卷2《阴阳应象大论篇》，陈振相、宋贵美编：《中医十大经典全录》，第13页。
⑨ 《黄帝内经素问》卷22《至真要大论篇》，陈振相、宋贵美编：《中医十大经典全录》，第137页。

到一点说就是用味、气与形的相互和谐和相互作用来调动人体自身的功能系统，以助长其机体内的生生之气，从而达到克服病痛、恢复健康的目的。据此，《重修政和经史证类备用本草》借《本草衍义·序例》提出了自己的"味气"理论："五气定位则五味生，五味生则千变万化，至于不可穷已。故曰：生物者气也，成之者味也。以奇生则成而耦，以耦生则成而奇。寒气坚故其味可用以㬊热，气㬊故其味可用以坚风，气散故其味可用以收燥，气收故其味可用以散。土者，冲气之所生，冲气则无所不和，故其味可用以缓，气坚则壮，故苦可以养气，脉㬊则和，故咸可以养脉，骨收则强，故酸可以养骨。筋散则不挛，故辛可以养筋，肉缓则不壅，故甘可以养肉。坚之而后可以㬊，收之而后可以散。"[1]这可以说是北宋在味气理论方面所取得的最高理论成就。

药味理论的形成当然离不开对药用植物、矿物及动物所赖以生长环境的认识。唐慎微虽然没有对药物味气提升到理论的高度，但他以《内经》味、气与形的相互作用原理为前提，在《证类本草》一书中具体、灵活地指明了药物生长环境与味气的关系，因而构成《重修政和经史证类备用本草》整体自然观的有机组成部分。先看无机类药物，也即玉石类药物，唐慎微深刻地认识到了产地对于药性的决定性作用，所以他在每味药物之下都注明其产地，以示它具有相对的不可选择性。如玉屑，味甘平，生蓝田；玉泉，味甘平，生蓝田山谷；石钟乳，味甘温，生少室山谷及太山；矾石，味酸寒，生河西山谷及陇西武都、石门；消石，味苦辛，生益州山谷及武都、陇西、西羌；石胆，味酸辛寒，生羌道山谷、羌里句青山等。[2]次看有机类药物，包括草部、木部、人部、兽部、禽部、虫鱼部、果部、米谷部及菜部等，如积雪草，味苦寒，生荆州川谷；莎草根，味甘微寒，生田野；胡黄连，味苦平，生胡国[3]；茯苓，味甘平，生太山山谷大松下；琥珀，味甘平，生永昌；楮实，味甘寒，生少室山；干漆，味辛温，生汉中川谷；桑上寄生，味苦甘，生弘农川谷桑树上等[4]。过去，我们对自然界中广泛存在的气味化学现象，很少去问个为什么。比如说中医药为什么讲究药物本身的性味？科学家通过大量的研究材料证明，在低等动物中，两性的性活动与性选择的信息主要依靠气味来传递，看来性味本身也是个具有生克关系的矛盾统一体。中药配伍所说的"君臣佐使"亦服从五行的生克规律，其中君臣是以药性的相生关系来决定，这些药物一般要与人体的病理变化形成一种对局，或称为相克关系，这样就构成了中医学的一个具有辨证特征的整体。按照五行的分形规律[5]，五行分形集的各层面包括五味、五色等都具有自相似性特征。如果其五行的层面依照水生木，木生火，火生土，土生金，金生水的次序运动，那么它的次层面五味也必然相应地依照咸生酸，酸生苦，苦生甘，甘生辛的次序变化。唐慎微为了阐明中药配伍的这个规律性的特

① （宋）唐慎微：《重修政和经史证类备用本草》之《新添本草衍义序上》，第43—44页。

② （宋）唐慎微：《重修政和经史证类备用本草》卷3《玉石部上品》，北京：人民卫生出版社，1957年，第81—89页。

③ （宋）唐慎微：《重修政和经史证类备用本草》卷9《草部中品之下》，第233—235页。

④ （宋）唐慎微：《重修政和经史证类备用本草》卷12《木部上品》，第296—297、300—301、304页。

⑤ 邓宇等：《藏象分形五系统的新英译》，《中国中西医结合杂志》1999年第9期；周仁郁主编：《中医药数学模型》，北京：中国中医药出版社，2006年，第61页。

点，他在每味药物的后面都附有一定量的处方，其组方的性味搭配基本上都符合五行的相生律。如治瘰方（采自《广济方》）："取芥子捣碎，以水及蜜和滓傅喉上下，干易之"①，蜜之性味甘平，而芥子的性味则辛温，甘生辛，故芥子与蜂蜜的配伍是和谐的；治产后下血不止（采自《产书》）："昌蒲二两，以酒二升煮，分作两服止。"②《别录》载：酒"味苦，甘辛，大热，有毒"③，而昌蒲的性味辛温，甘生辛，昌蒲与酒的配伍亦是和谐的；治冷腹痛虚泻（采自《经验方》）："硫黄五两，青盐一两，以上衮细研以蒸饼为丸，如绿豆大，每服五丸，热酒空心服"④，在这首处方中，硫黄味酸温，青盐味咸温，而酒"味苦甘辛"，咸生酸，酸生苦，符合五味的相生规律，因而其组方是合理的；治一切痈肿未破疼痛（采自《博济方》）："以生地黄杵如泥，随肿大小摊于布上，掺木香末于中，又再摊地黄一重，贴于肿上，不过三五度"⑤，方中的生地黄味甘苦寒，而木香则味辛温，甘生辛，其药物配伍是和谐的；治卒消渴，小便多（采自《肘后方》）："捣黄连，绢筛蜜和服三十丸，治渴延年"⑥，黄连味苦寒，而蜂蜜味甘平，苦生甘，故黄连与蜂蜜配伍符合五行的相生规律；如此等等，举不胜举。五行的相生次序反映了物质固有的运动规律，而唐慎微的"味、气、形"思想，正是建立在五行相生规律的根基之上，所以他的自然观具有朴素的实证科学色彩。

2. 《重修政和经史证类备用本草》的科学观及其药物学成就

在北宋，由于商业经济的发展，北宋的士大夫阶层已经不单单看重临床药物的消费了，他们亦很注意保健药物的开发和研究。其摄生与养生，几乎已经成为北宋社会各阶层最时髦的消费时尚。这是因为这个时期，儒、道、佛、医之养生理论相互影响和渗透，著述层出不穷，从而把我国古代的养生学推向了新的历史高峰。程颐说："推养之义，大至于天地养育万物，圣人养贤以及万民，与人之养生、养形、养德、养人，皆颐养之道也。"⑦把"养生、养形、养德、养人"统一起来，以"养人"作为摄养学的核心，这是北宋理学养生思想的精华，对北宋医学养生产生了积极的影响。而《重修政和经史证类备用本草》在补入《本草衍义序例上》明确地肯定："天地以生成为德，有生所甚重者，身也。"⑧可见，重身观念的建立与声张是北宋养生热形成的前提。不过，与唐末五代之前的摄生与养生方式不同，北宋的士大夫早已认识到外丹对养生的危害，所以他们拒斥接受服食丹药，转而崇尚绿色的养生方式，即服食纯自然的滋补类药物。故《重修政和经史证类备用本草》在补入《本草衍义序例上》中说："夫善养生者养内，不善养生者养外。"⑨于

① （宋）唐慎微：《重修政和经史证类备用本草》卷27《菜部上品》，第505页。
② （宋）唐慎微：《重修政和经史证类备用本草》卷6《草部上品之上》，第244页。
③ （南朝梁）陶弘景集，尚志钧辑校：《名医别录·中品》卷2《酒》，北京：人民卫生出版社，1986年，第208页。
④ （宋）唐慎微：《重修政和经史证类备用本草》卷4《玉石部中品》，第103页。
⑤ （宋）唐慎微：《重修政和经史证类备用本草》卷6《草部上品之上》，第150页。
⑥ （宋）唐慎微：《重修政和经史证类备用本草》卷7《草部上品之下》，第176页。
⑦ 《周易程氏传》卷2《周易上经下·颐》，（宋）程颢、程颐著，王孝鱼点校：《二程集》下，第832—833页。
⑧ （宋）唐慎微：《重修政和经史证类备用本草·本草衍义序例上》，第42页。
⑨ （宋）唐慎微：《重修政和经史证类备用本草·本草衍义序例上》，第44页。

是，北宋的诸多本草学著作都把具有补益功效的药物放置到一个十分重要的位置上，以满足士大夫群体对保健药物的特殊需求。如《太平圣惠方》载有许多摄生的内容，尤其倡导将药物跟食物结合起来进行养生的方法；《苏沈良方》中对于养生及服食药物等都有极精辟的见解；北宋末年刊行的《圣济总录》更专列"养生"一门，对摄生的内容和方法作了详尽的介绍，而陈直的《养老奉亲书》则是我国古代最负盛名的老年养生学专著。据载，士大夫是唐慎微最重要的医疗对象之一，而对于士大夫的不断升温的养生需求，唐慎微当然不能不认真对待。因此，对养生药物的关注就成为《证类本草》的一个显著特色。

从历史上看，我国已经发现的药用虫草主要有三种：即冬虫夏草、蝉花和蛹虫草。由于四川是我国虫草的主要产地，故北宋的《本草图经》与《证类本草》都对蝉花作了记述，如苏颂的《本草图经》载："今蜀中有一种蝉，其蜕壳头上有一角，如花冠状，谓之蝉花。"[1]但更多的蝉花为寄生昆虫，这是唐慎微的重要发现。据《重修政和经史证类备用本草》卷21《虫鱼部中品》载蝉花："七月采，生苦竹林者良，花出土上。"[2]经研究人员检测证实，蝉花菌子座（草）的多糖含量高于冬虫夏草，其拟青霉中所含氨基酸、多糖、甘露醇与冬虫夏草相似，而所含重金属砷、汞、铅的含量却明显低于冬虫夏草。茶是唐宋士大夫最时尚的一种文化消费产品，唐代讲究煮茶，而北宋盛行点茶，但就点茶需将经加工后的茶末投入盏中搅拌成茶粥这一点来说，北宋的饮茶其实更像"吃茶"。从这个角度看，"吃茶"就是一种药膳。唐慎微在记述茶的性味特征时，十分强调采茶的时节，如唐代的《新修本草》认为茶以"秋"采为良，然《证类本草》却以"春"采更妙。按照宋人的说法，秋采者称"茗"，可作茶饮，而春采者称"茶"，可作"茶粥"。《证类本草》辨析说："唐本注引《尔雅》云：叶可作羹，恐非此也。其嫩者是今之茶芽经年者，又老鞭，二者安可作羹，是知恐非此图经，今闽浙蜀荆江湖淮南山中皆有之。然则性类各异，近世蔡襄蜜学所述极备，闽中唯建州北苑数处产，此性味独与诸方略不同，今亦独名腊茶。研治作饼，日得火愈良……唯鼎州一种芽茶，其性味略类建州，今京师及河北京西等处磨为末，亦冒腊茶名者是也。"[3]

吴宓先生曾说："物质科学，以积累而成，故其发达也"，且"愈晚出愈精妙"[4]，因为只有积累才能创新，所以唐慎微对中药学的贡献不仅在于他保存了许多前人的医药学著述，而且还在于他对前人研究成果的突破。据统计，《证类本草》新增药物716种（还有人统计为660种或628种），创古本草增收新药之冠。其在所新收的17种无机药中，由于玄明粉（化学式为Na_2SO_4）、绿矾（$FeSO_4 \cdot 7H_2O$）等的制备工艺较为复杂，因而引起人们的重视，同时它们入药本身亦说明北宋的制药化学已发展到了一个新的历史高度。如水银粉的制备过程是：将1750克胆矾、1500克食盐放在同一盆内，加约1500克水混合溶解，然后再放入3125克水银，调拌成粥状，和以约10大碗红泥，趁半干半湿时捏成像

---

① （宋）苏颂：《本草图经》，（宋）唐慎微：《重修政和经史证类备用本草》卷21《虫鱼部中品》引，第427页。
② （宋）苏颂：《本草图经》，（宋）唐慎微：《重修政和经史证类备用本草》卷21《虫鱼部中品》引，第427页。
③ （宋）唐慎微：《重修政和经史证类备用本草》卷13《木部中品》，第325页。
④ 吴宓：《论新文化运动》，《学衡》1922年第4期，第3页。

馒头大小的团块。接着，另在平底锅上铺放干砂，将上面的团块物分别放在砂面上，用瓷盆或陶碗覆盖，封严。用 47 公斤木炭煅烧 10—22 小时后开锅，则见锅内附有雪花样结晶，即为水银粉。[①]而对于无名异（软锰矿）、不灰木（石棉）、草节铅（方铅矿）等矿物药的性质和绿矾石的鉴别，唐慎微也都作了比较科学的阐释。如他记述绿矾石的入药过程说："丹绿矾，用火煅通赤，取出用酿醋淬过，复煅，如此三度。"[②]即鉴别绿矾石主要是看其在加热后能否分解并氧化成赤色的氧化铁，客观地讲，这已经是一种初步的定性化学分析方法了。又如无名异，俗名假化石，是锰的氧化物矿物，成分为 MnO_2，呈四方晶系，其晶体结构主要为肾状、结核状或粉末集合体，它是在强烈氧化的条件下形成的，故色铁黑，在我国四川、湖南等地的锰矿床中有大量产出。当时，唐慎微对无名异的化学性质作了这样的描述：无名异"生于石上，状如黑石炭。番人以油炼如黳石，嚼之如饧"[③]。其临床功用"主金疮、折伤、内损、止痛、生肌肉"[④]。临床试验证实，锰是人体必需的微量元素，其总含量虽约为 12—20 毫克，但它参与多种酶的组成，影响酶的活动，如缺锰会引起骨质疏松，易致骨折，因为硫酸软骨素和蛋白质复合物是维持骨骼硬度的重要物质，而锰则参与了活化硫酸软骨素酶合成的酶系，这就是无名异为什么"主金疮、折伤"等骨病的生物学原因。

在《证类本草》中，唐慎微填补了许多古代中药学研究领域的空白，如他发明了用于妇产科的"催生丹"（采自《经验方》），用"兔头二个，腊月内取头中髓，涂于净纸上，令风吹干，通明乳香二两碎入前干兔髓同研"[⑤]。尽管在制备该丹药的实际过程中，唐慎微还带着一定的神秘色彩，但经试验证明，兔脑中确实含有脑垂体后叶催产素，具有促进子宫节律性收缩的作用。松茸，又名阿里红，《证类本草》卷 6《草部上品》则称"紫芝"，亦作"木芝"，是生长在海拔 3000 米以上川西横断山脉雪山上（即高夏山谷）的一种名贵中药材，因其含有多种氨基酸和纤维素以及稀有营养元素而被生物学界称为"菌中之王"。又如，对于栝楼性能的认识，陶宏景《名医别录》称其有"通月水"的功效，而北宋初期成书的《太平圣惠方》则说它还具有"流产"的作用，后来唐慎微综合了北宋医药学家的研究成果，进一步认为栝楼不仅能"通月水"与"堕胎"，而且还能"治乳无汁"和"下乳汁"。[⑥]中医用药很讲究"地道药材"，故唐《新修本草》"孔志约序"说："窃以动植形生，因方桀性；春秋节变，感气殊功。离其本土，其质同而效异。"[⑦]在此基础上，唐慎微又用药物附图并冠以产地名称的形式更加强化了"地道药材"的概念，所以仅就文化的传播方式而言，唐慎微总共为 250 种药物确定了产地，以示地道药材对指导临

① 江苏新医学院：《中药大辞典》下册，上海：上海科学技术出版社，1993 年，第 1639 页。
② （宋）唐慎微：《重修政和经史证类备用本草》卷 3《玉石部上品》，第 96 页。
③ （宋）唐慎微：《重修政和经史证类备用本草》卷 3《玉石部上品》，第 95 页。
④ （宋）唐慎微：《重修政和经史证类备用本草》卷 3《玉石部上品》，第 95 页。
⑤ （宋）唐慎微：《重修政和经史证类备用本草》卷 17《兽部中品》，第 385 页。
⑥ （宋）唐慎微：《重修政和经史证类备用本草》卷 8《草部中品之上》，第 197—198 页。
⑦ （唐）苏敬等撰，尚志钧辑校：《唐·新修本草（辑复本）序》卷 1《孔志约序》，合肥：安徽科学技术出版社，1981 年，第 12 页。

床用药的重要性，这是很不容易的，而这项工作本身就是一个很了不起的创新。

本草学的发展离不开动植物形态与生态学的知识累积和进步。从学科的角度讲，中国古代的本草学诞生于西汉，《汉书》卷 25 下《郊祀志第五》载：汉成帝建始二年（前31），因"百官烦费"①而诏罢"候神方士使者副佐、本草待诏七十余人皆归家"②，师古注云："本草待诏，谓以方药本草而待诏者。"③正是在这样的历史基础上，《神农本草经》才将中国古代的本草真正地变成一门科学。以后随着本草品种的不断增多，为了区分药物的真假，对其形态的鉴别就显得十分重要了，于是唐《新修本草》第一次把药用动植物以图谱的形式加以说明，这对中药鉴别学的产生起到了积极的历史作用。到北宋后期，先是苏颂等在《本草图经》一书中，亦采取有图有说的形式，进一步推进了唐《新修本草》对植物形态的研究，全书 490 多种动植物药每种至少 1 图，多则 10 图，有的可资鉴别科、属或种，接着《证类本草》在《本草图经》的基础上，按类绘图，使当时已知的动植物形态更加完备，因而该书也就成为我国现存最早的和比较完全的动植物形态图，其可据图采集动植物药的方法对后代植物形态学的发展具有重要的价值和作用。如柴胡为常用中药，其形态复杂，既有伞形科柴胡属植物，又有石竹科植物。而《证类本草》绘有 5 幅柴胡图，即丹州柴胡、淄州柴胡、襄州柴胡、江宁府（今南京）柴胡和寿州柴胡。④从图上看，丹州柴胡、淄州柴胡、襄州柴胡和江宁府柴胡均为柴胡属植物，唯寿州柴胡是叶对生，花冠连合成管状，根部肥嫩体长，类似石竹科植物。对此，《本草纲目》载："银州即今延安府神木县，五原城是其废迹。所产柴胡长尺余而微白且软，不易得也。"⑤北宋后期还是很普通的"寿州柴胡"，到明代却出现了药源匮乏的情形，这个事实说明，如果对中药材资源一味地滥采，不注意合理开采和应用，就难免会造成其种类的不能正常繁衍与自我代偿能力失衡的严重后果。又如，何首乌始见于北宋初期所编撰的《开宝本草》一书，"有赤白二种"⑥，《图经本草》载：其"春生苗，叶叶相对如山芋，而不光泽。其茎蔓延竹木墙壁间。夏秋开黄白花⑦，而《证类本草》亦云：何首乌"生必相对，根大如拳，有赤白二种，赤者雄，白者雌"⑧。可见，这是很人格化的一种中药。因此，《本草纲目》凡是以何首乌为主药的补益方，均按赤白各半的原则进行配伍，实乃不愿将其"生必相对"的特性加以人为地割裂。故仙书上说："雌雄相交，夜合昼疏，服之去谷，日居月诸，返老还少。"⑨当然，《证类本草》除了在借鉴图谱鉴别药材方面较前代有了进一步发展外，还在中药材的来源鉴别、性状鉴别、质量鉴别以及中药材真伪优劣的对比鉴别等方面也都有新的发挥。如《证类本草》卷 8 载有 4 种通草，即海州通草（木通科四叶木

① 《汉书》卷 25 下《郊祀志第五》，第 1254 页。
② 《汉书》卷 25 下《郊祀志第五》，第 1258 页。
③ 《汉书》卷 25 下《郊祀志第五》，第 1258 页。
④ （宋）唐慎微：《重修政和经史证类备用本草》卷 6《草部上品之上》，第 155 页。
⑤ （明）李时珍著，陈贵廷等点校：《本草纲目》卷 13《草部》，第 343 页。
⑥ （宋）卢多逊等撰，尚志钧辑校：《开宝本草（辑复本）》，合肥：安徽科学技术出版社，1998 年，第 253 页。
⑦ （宋）唐慎微：《重修政和经史证类备用本草》卷 11《草部下品之下》引《图经本草》，第 262 页。
⑧ （宋）唐慎微：《重修政和经史证类备用本草》卷 11《草部下品之下》，第 262 页。
⑨ （宋）唐慎微：《重修政和经史证类备用本草》卷 11《草部下品之下》引《何首乌传》，第 262—263 页。

通)、兴元府通草（木通科三叶木通）、解州通草（毛茛科木通）和通脱木（五加科通脱木）。在北宋之前，唐《新修本草》及其以前本草收载的木通科都是植物五叶木通，而《证类本草》却出现了三叶木通、白木通和川木通，其木通的品种有了鲜明的变化，毫无疑问，这种变化正是北宋中药植物鉴别已获得空前发展的客观反映和重要的历史依据。

自从人类发明了火和陶器之后，中药炮制才有变生为熟的可能。另外，由于中药炮制直接关系着药物的疗效，因此，历代本草学家都把它作为中医药的特色内容而加以认真地研究与总结。而从《黄帝内经》的有关记载看，我国古代最早出现的中药炮制方法是"炙法"，如《黄帝内经灵枢经》卷10《邪客篇》所载"半夏秫米汤"中的"半夏"明确指出是用"炙半夏"。无可否认，秦汉时期的炼丹术在一定程度上促进了中药炮制学的产生与发展，如汉代的张仲景和晋代的陶弘景就是借助外丹学的升华、蒸馏等方法才创立了比较系统的中药炮制学。尤其是《雷公炮炙论》受魏晋外丹学的影响，并综合五世纪以前中药采集与加工炮制的经验，提出了中药炮制的基本方法，开创了中医药的新分支学科——炮炙学。《证类本草》则经过竭泽而渔式的广收博采，保存和记录了北宋中期以前的所有中药学文献，尤其是通过每种药物之后附录炮制方法的途径保存了《雷公炮炙论》的主要内容，为后世制药业提供了原始的药物炮制资料，如后世所谓的炮、炙、煨、炒、煅、飞、伏等炮制"十七法"，便是在《证类本草》所保存《雷公炮炙论》的原始文献资料基础上，加以系统地概括和总结之后才提出来的。唐慎微把药物的加工炮制与本草的产地、采集、鉴别形态及功能等内容有机地统一起来，并融进同一部著作中，的确是一项了不起的学术创造，由此极大地增强了本草学著作的实用性，使我国本草学从此具备了药物学的规模，故曹孝忠称："《证类本草》诚为治病之总括。"[1]

中医药学在数千年的发展史上，之所以久盛不衰，是因为其始终与世界各国保持着紧密的交往关系。如早在唐代以前，中朝两国之间就形成了互遣医使的传统，入北宋以后两国医使的交往更加频繁，根据史书记载，北宋政府先后共8次计有116人赴朝鲜从医或教授中医药学，他们不仅把中国先进的医术带到了朝鲜，而且北宋政府更将大量中药材输出到朝鲜，与此同时，朝鲜出产的药物亦输入到了中国。据统计，《证类本草》收载有五味子、昆布、芜荑、款冬花、菟丝子、白附子、海松子、延胡索、兰藤、海藻等10余种朝鲜药材。当时，东南亚的交趾国（越南北部）把犀角、玳瑁、乳香、沉香、龙脑、檀香、胡椒等药物源源不断地贡献给中国，阇婆国（印尼的苏门答腊岛和爪哇岛）则贡有槟榔、珍珠、檀香、玳瑁、龙脑、红花、苏木、硫磺、丁香藤等药材，此外，阿拉伯诸国还把拣香、白龙脑、蔷薇水、象牙、腽内脐、龙盐、眼药、舶上五味子、舶上褊桃、白沙糖、千年枣、真珠、缶香、琥珀、犀角及都爹、无名异等药物输入中国，而这些舶来药物不仅极大地丰富了《证类本草》的内容，而且为使唐慎微能够在更高的经济发展水平上对北宋中期以前的中药开发和利用状况进行全面、系统的总结提供了坚实的物质保障。

---

[1] （宋）曹孝忠：《重修政和经史证类备用本草·序》，北京：人民卫生出版社，1957年，第3页。

3. "以方证药"的实证医药学方法

从一定的角度说，中医药学的发展就是依靠方法的不断更新与置换来实现的。如临床治疗分药物方法和非药物方法两大类：首先，大约在原始社会末期，我国古代的劳动人民就发明了非药物性的体育疗法，《吕氏春秋》卷5《仲夏纪第五》之《古乐篇》云：陶唐氏之始，"民气郁阏而滞著，筋骨瑟缩不达，故作为舞以宣导之"①，是为"导引法"；《帝王世纪》卷1载：伏羲氏"乃尝味百药而制九针"②，是为"针法"；西汉成书的《五十二病方》则出现了药浴法、熏法、熨法、按摩法、角法、灸法和砭法；《黄帝内经素问》卷7《血气形志篇》载："病生于不仁，治之以按摩醪药"③；《证类本草》转述了唐代刘禹锡《传信方》中的"蜂蜡疗法"④，据考，由法国萨脱福（Barthe de Sandford）于1909年倡导西医石蜡疗法，较之中国蜂蜡疗法晚1000多年⑤；明代李中梓在《医宗必读》一书中更创立了"心理疗法"⑥，等等。其次，药物疗法则神农"尝百草之滋味"⑦，而伊尹"以为《汤液》"⑧；汉代的《五十二病方》则载有丸剂，而《治百病方》更增加了滴剂、膏剂和栓剂。可见，中医药学正是伴随着一个又一个独特的治法创新，然后才形成了自己的特色，并屹立于世界医学之林的，中医药学因此便具有了很强的实证性。

由于中草药较一般植物更需要分辨真伪，故此，自唐显庆以后，各本草都与"实物图经"相辅而行，并形成中国本草学的传统。不过，唐代之前的本草是以北方为主的，而当时南方的很多中药材始终不为医药学家所知。与唐朝不同，随着社会经济重心由北向南的转移，为了推进本草学的发展，北宋政府曾于嘉祐三年（1058）诏令各郡县将其土产药物，包括植物、动物和矿物，都如实绘图，并送交京都，这是《图经本草》及其北宋中后期药物学发展的实证基础。唐慎微作为个人，当然没有政府那样强的号召力，但他也有自己的优势，那就是他是蜀中最著名的医生，他有来自全国各地的广大患者。为了获得药材实物，唐慎微甚至拿自己的医术去跟患者进行交换，即"其为士人疗病不取一钱，但以名方秘录为请"⑨，在医药实践中，方是方，药是药，两者并不是一回事。诚然，处方是由一味一味的药物组成的，对于处方的临床意义来说，影响处方疗效的因素至少有两个：一是处方用药是否科学，二是药材本身是否地道。而为了保证药材本身的地道和真实，唐慎微采集了很多药材标本，有时候对同一味药物的不同产地，也作实物对照，以便通过考校

① （战国）吕不韦辑：《吕氏春秋》卷5《仲夏纪第五》之《古乐篇》，《百子全书》第3册，第2658页。
② （晋）皇甫谧撰，陆吉点校：《帝王世纪》卷1《自开辟至三皇》，《二十五别史》，济南：齐鲁书社，2000年，第3页。
③ 《黄帝内经素问》卷7《血气形志篇》，陈振相、宋贵美编：《中医十大经典全录》，第42页。
④ （宋）唐慎微：《重修政和经史证类备用本草》卷20《虫鱼部上品》引《传信方》，第410页。
⑤ 房柱：《蜂蜡疗法（一）》，《蜜蜂杂志》1990年第5期。
⑥ （明）李中梓：《医宗必读》卷10，包来发主编：《李中梓医学全书》，北京：中国中医药出版社，2015年，第271—274页。
⑦ （汉）刘安：《淮南子·修务训》，《百子全书》第3册，第2980页。
⑧ （晋）皇甫谧：《黄帝三部针灸甲乙经·序》，李金田主编：《皇甫谧医著集要》，北京：中国中医药出版社，2012年，第49页。
⑨ （宋）宇文虚中：《翰林学士宇文公书〈证类本草〉后》，《重修政和经史证类备用本草》，第549页。

优劣来具体指导临床用药。可以想象，为了取得各地药材的标本，唐慎微不知付出了多少心血和汗水。于是，在此基础上，"政和间，天子留意生人，乃命宏儒名医诠定诸家之说为之图绘，使人验其草木根茎花实之微，与夫玉石金土虫鱼飞走之状，以辨其药之真赝"①。

从历史上看，中药实践本身具有直观性的特点，即人们可以通过五行与五色及五色与五脏的相互关系来采药和用药，故它的群众基础最为深厚，其流传于民间的单方和验方亦十分丰富和可观。甚至有很多方药经长期的临床实践证实其具有特殊的疗效，所以，如何收集和整理散见于民间的这些单验方，使其能为更多的患者服务，不仅是北宋政府格外关注的事情，而且也是唐慎微从医的根本，是"医家奥旨"②之所在，更是"穷理之一事"③的具体体现。在唐慎微之前，所有的医药学著作都把医药跟处方分开来叙述，这样对广大的民众来说，实在是既不经济又不实用，因此，唐慎微根据患者的建议和他自己的医疗实践经验，使得药书的药物讨论紧密地结合临床用药，从而创造了"方药对照"的编写方法，并成为李时珍《本草纲目》的蓝本。

随着时代的进步，人们对中药材资源的开发与利用亦愈来愈广泛和深入，因此，究竟采用什么方法来鉴别中草药有无毒性，就在客观上成为中药学界普遍关心和迫切需要解决的问题。据记载，生活于史前期的神农氏曾为生活所迫而不得不"尝百草之滋味……一日而遇七十毒"④。后来科学发展了，人们学会借助动物活体来试验植物的毒性，便不必再冒死去亲口尝试了，这一步实际上已经标志着中药试验学的诞生。可惜，由于中国古代科学依附于"易学"混沌一体的思辨理论，故没有形成实证的和分析的科技传统，致使中药学受其影响而失去了其独立发展的时机。不过，人们毕竟通过观察动物治病的本能而发现了不少解毒药和毒性药，极大地丰富和拓展了中药学的临床适用范围，进一步提高了人们对有毒植物的认识水平。如《抱朴子》卷17《登涉篇》记载，南人根据蛇畏蜈蚣的观察事实而发明了用蜈蚣末来治疗蛇疮的方法⑤，收效甚佳；《南史》卷1《宋本纪上》载：宋武帝刘寄奴在攻伐获新洲时，用箭射伤一条大蛇，没想到该蛇随后便找到一种草药，敷之伤口处，其箭伤竟奇迹般地愈合了。受此启发，人们遂将这种草命名为"刘寄奴"，"每遇金创，傅之并验"。⑥而唐慎微亦十分重视利用动物试验来开发中药资源，以此来减少有毒植物对人体的伤害。如《证类本草》卷9《草部中品之下》载：蓬莪茂生西戎及广南诸州，"在根下并生一好一恶，恶者有毒，西戎人取之先放羊食，羊不食者弃之"⑦。除此之外，《证类本草》还征引了许多前代本草学著述中有关动物试验的事例，如卷10《草部下品之上》转《百一方》云："有鼠芮草如昌蒲，出山石上，取根药鼠立死尔"⑧；又羊踯躅

① （金）麻革：《重修政和经史证类备用本草·序》，《重修政和经史证类备用本草》，第2页。
② （金）刘祁云：《重修政和经史证类备用本草·跋》，《重修政和经史证类备用本草》，第549页。
③ （金）刘祁云：《重修政和经史证类备用本草·跋》，《重修政和经史证类备用本草》，第550页。
④ （汉）刘安：《淮南子·修务训》，《百子全书》第3册，第2980页。
⑤ （晋）葛洪：《抱朴子》卷4《登涉》，《百子全书》第5册，第4763页。
⑥ 《南史》卷1《宋本纪上》，北京：中华书局，1975年，第2页。
⑦ （宋）唐慎微：《重修政和经史证类备用本草》卷9《草部中品之下》，第232页。
⑧ （宋）唐慎微：《重修政和经史证类备用本草》卷10《草部下品之上》，第260页。

有大毒"陶隐居云，近道诸山皆有之，花苗似鹿葱，羊误食其叶，踯躅而死，故以为名"①，等等。与西方以动物解剖为基础的动物实验学的发展路径不同，中国古代的动物试验仅仅停留在直观、经验的层次上，重写实而轻分析，零碎有余而系统不足，故此，在中医传统观念的支配下，人们没有能够把它推进到真正科学分析的高度，使之（即动物试验）成为中药学发展的物质基础。但我们同时亦必须看到，北宋后期中药试验本身业已取得的历史进步，其主要表现就是唐慎微已具有了一种很坚定的倾向性，即主张用动物来作药物毒性试验而不是用人来作药物毒性试验。

著名科学史家萨顿曾说："由于科学的发展是人类经验中的唯一的一种累积性的和进步性的发展，因此，传统在科学领域中就得到一种和在任何其他领域中完全不同的意义。科学与传统之间不仅不存在任何冲突，而且人们还可以说传统正是科学的生命。"②而唐慎微在中国医药学史上的突出贡献之一就在于他为我们保存了北宋中期之前的传统医药学经典著述，据统计，《证类本草》共征引了 500 多种经史传记、佛书道藏等古代文献，特别是对那些具有独特疗效的药物及其炮制方法，书中记载尤详，成为后人研究北宋中期以前药物学发展的珍贵史料。如火炼秋石法，《证类本草》卷 15《人部》之"秋石还元丹"载：

> 先楮大锅灶一副于空屋内，锅上用深瓦甑接锅口，令高用纸筋杵石灰泥却甑缝并锅口，勿令通风，候干，下小便只可于锅中及七八分巳来灶下用焰火煮，专令人看之，若涌出即添冷小便些小，勿令涌出，候干细研入好合子，内如法固济，入炭炉中煅之，旋取三二两，再研如粉煮枣瓤为丸，如绿豆大。③

从历史上看，火炼秋石始于东汉，盛于唐宋。虽说因火炼秋石之工艺落后，对周围污染较严重，故北宋中期以后人们又发明了"阳炼法"和"阴炼法"，使我国古代的秋石炼制更为先进，但《证类本草》真实地记录了火炼法的基本过程，即包括蒸干与火煅两个阶段，这是实证医药学方法的生动体现。又如蚂蚁疗法，在我国出现得亦比较早，至少汉代民间流传的"金刚丸"就是用蚂蚁的全体制成的，而最先记载该疗法的中药学著作却是唐朝的《本草拾遗》，可惜原书已佚，不过，幸运的是，其佚文竟意外地见载于唐慎微所编撰的《证类本草》一书中，《证类本草》卷 22《虫部下品》载有这样的话："独脚蚁，功用同蜂……出岭南。"④所以，科学既是实证的和精确的，同时又是累积的，这就是科学的基本特征。

三、"唐慎微现象"的历史学诠释

唐慎微是北宋后期的一位优秀平民医药学家。众所周知，北宋是中国近世平民化社会的真正开始。平民化社会的出现当然是城市经济发展的产物。在唐代，为了明确贵族与平

---

① （宋）唐慎微：《重修政和经史证类备用本草》卷 10《草部下品之上》，第 258 页。
② ［美］乔治·萨顿：《科学和传统》，《科学与哲学》1984 年第 4 期。
③ （宋）唐慎微：《重修政和经史证类备用本草》卷 15《人部》，第 365 页。
④ （宋）唐慎微：《重修政和经史证类备用本草》卷 22《虫部下品》，第 457 页。

民的身份，其城市建筑分为政府区与平民区，两者之间用一道高大的夯土墙隔开，墙内是平民住宅，而墙外则是官衙和权贵、官吏的府第及寺院，同时从制度上规定，平民住宅实行夜禁，但权贵、官吏的府第却没有这一限制。至于平民的工商业经营范围仅限定在固定市场内，不允许自由流动。与此相反，北宋则完全打破了城市规划的政治区与平民区的界限，如首都东京就取消了用土墙来包绕和分隔平民住宅和市场的建筑形式，从而使平民的工商业经营扩大到城市的各个角落。据李焘《续资治通鉴长编》卷 92 "天禧二年六月乙巳" 条载："是夕，京师讹言帽妖至自西京入民家食人，相传恐骇，聚族环坐，达旦叫噪，军营中尤甚。"[1]这说明城市之中并没有严格的士、商、工、兵设防，故《东京梦华录》卷 2 "宣德楼前省府宫宇" 载：

> 宣德楼前，左南廊对左掖门，为明堂颁朔布政府，秘书省，右廊南对右掖门，近东则两府八位，西则尚书省，御街大内前南去，左则景灵东宫，右则西宫，近南大晟府，次曰太常寺，州桥曲转大街面南曰左藏库，近东郑太宰宅，青鱼市内行，景灵东宫南门大街以东，南则唐家金银铺，温州漆器什物铺，大相国寺，直至十三间楼，旧宋门，自大内西廊南去，即景灵西宫，南曲对即报慈寺街，都进奏院，百钟圆药铺……御街一直南去，过州桥两边皆居民。[2]

官府与民居的这种近距离接触，确实能够体现出北宋官僚政治本身所内含的那种 "民（指士、农、工、商）吾同胞"[3]理念，而同样的事情却在唐五代之前，于地位、于身份，只能是 "士庶区别，国之章也"[4]，所以，从这个角度讲，出现于北宋时期的 "取士不问家世" 与 "婚姻不问阀阅" 现象，实在是北宋社会文明的一大特征。当然，这样的社会文明又不能不通过某种政治方式来展现其在社会历史进程中所出现的各种新的文化因素。故北宋的科举制造就了一大批来自于庶民家庭的士大夫，而北宋士大夫心目中，实践 "亲民"[5]思想就成为他们政治生命的一个有机组成部分。在北宋这个特定的历史条件下，能够为大多数士大夫所承认和接受的两个实践 "亲民" 理想的途径是仕途和行医，正如《证类本草》"刘祁云跋" 所说："余读沈明远寓简称范文正公，微时尝慨慷语其友曰：吾读书学道，要为宰辅得时行道，可以活天下之命，时不我与，则当读黄帝书，深究医家奥旨，是亦可以活人也，未尝不三复其言而大其有济世志。"[6]在这里，对于 "仕途" 跟 "亲民" 的关系，笔者毋需赘论。不过，对于北宋的士大夫而言，"行医" 这种职业能否被纳入到 "儒学" 的理论框架之内，却经历了一个由否定到肯定的演变过程。《礼记》之 "乐记篇" 云 "德成于上，艺成于下"[7]，这八个字把 "技术" 的社会地位确定好了，因为在儒学的

---

① （宋）李焘：《续资治通鉴长编》卷 92 "天禧二年六月乙巳" 条，第 816 页。
② （宋）孟元老撰，邓之诚注：《东京梦华录注》卷 2《宣德楼前省府宫宇》，北京：中华书局，1982 年，第 52 页。
③ （宋）张载：《正蒙·乾称篇》，（宋）张载著，章锡琛点校：《张载集》，第 62 页。
④ 《南史》卷 23《王球列传》，第 630 页。
⑤ ［美］余英时：《士与中国文化》，上海：上海人民出版社，2003 年，第 444 页。
⑥ （金）刘祁云：《重修政和经史类备用本草·跋》，（宋）唐慎微：《重修政和经史类备用本草》，第 549 页。
⑦ 《礼记·乐记》，陈成国点校：《四书五经》上，第 571 页。

知识体系里，"大学之道，在明明德，在亲民"①。由此可见，"亲民"的关键是"道德实践"，而不是"技术实践"。因此，《礼记》之"王制篇"说："凡执技以事上者，祝、史、射、御、医、卜及百工。"②而从史料记载来看，唐代是我国古代为技术设立官职较完备的王朝，也是有"技术官"之称谓的时期。虽说一向被士族瞧不起的技术职业，这时总算有了抬头之日，但"技术官"不能淆杂士流，如果说"技术官"算得流官，也仅仅是"杂流"，跟属于"清流"的士族还是不可同日而语。在北宋初期，"技术官"的选任制度沿袭唐代，其社会地位依然很低，甚至还有不少士大夫视其为"庸流"③，这种情况到北宋中期便发生了变化，由于范仲淹的倡导和社会舆论的导向，崇尚医学之风气一时兴盛于士大夫这个独特的知识集团之内，行医竟也成了可以跟科举媲美的职业，这无疑是发生在北宋变革时期的一次重要的观念革命。《能改斋漫录》卷13"文正公愿为良医"记述当时的情形说：

> 范文正公微时，尝诣灵祠求祷，曰："他时得位相乎？"不许。复祷之曰："不然，愿为良医。"亦不许。既而叹曰："夫不能利泽生民，非大丈夫平生之志。"他日，有人谓公曰："大丈夫之志于相，理则当然。良医之技，君何愿焉？无乃失于卑耶？"公曰："嗟乎，岂为是哉。古人有云：'常善救人，故无弃人；常善救物，故无弃物。'且大丈夫之于学也，固欲遇神圣之君，得行其道。思天下匹夫匹妇有不被其泽者，若己推而内之沟中。能及小大生民者，固惟相为然。既不可得矣，夫能行救人利物之心者，莫如良医。果能为良医也，上以疗君亲之疾，下以救贫民之厄，中以保身长年。在下而能及小大生民者，舍夫良医，则未之有也。"④

拿"位相"与"良医"对举，这在价值层面上具有极其重要的导向意义，它至少为宋代后期进一步提升医学的政治地位创造了舆论前提，并为"儒医"的出现制造了广泛的社会声势和影响。所以，政和七年（1117）八月十日，臣僚奏云：

> 伏观朝廷兴建医学，教养士类，使习儒术者通《黄》《素》，明诊疗，而施于疾病，谓之儒医，甚大惠也。暨锡命后，人才既成，宜试其能。⑤

无论我们称其"援儒入医"，还是"医儒融合"，北宋后期的医学发展确实跃迁到了宋代医学发展的最高点，这已是不争的事实，而唐慎微正是站在这个最高点的医药学家。也许有人会说，如果没有蔡京所主持的"新政"局面，就不会有唐慎微的《证类本草》，更不会有北宋后期所取得的医药学成就。这话没错，至少在政治文化与科学发展的互动关系中，最后的结果往往如此。尤其是唐慎微的《证类本草》，倘若不是政府的支持，能否流传下来就是问题，更不用说它对金元明医药学发展所产生的决定性影响了。

① 《礼记·大学》，陈戍国点校：《四书五经》上，第661页。
② 《礼记·王制》，陈戍国点校：《四书五经》上，第481页。
③ 包伟民：《宋代技术官制度述略》，《漆侠先生纪念文集》，第219页。
④ （宋）吴曾：《能改斋漫录》卷13《文正公愿为良医》，第381页。
⑤ （清）徐松辑，刘琳等校点：《宋会要辑稿》崇儒3之20，第2800页。

现在的问题是，为什么《证类本草》诞生在四川，而不是在中原或东南沿海地区呢？

中原是北宋的政治和经济中心，按理说，如此重要的本草学著述理应由国家组织人力和物力来编修，而其最佳的编辑之处就是庆历四年（1044）所建的"太医局"。可遗憾的是，这项工作实际上是由唐慎微以个人之力完成的。因此，当我们在钦佩唐慎微的胆量和勇气时，也不能不产生这样的疑问：本来北宋政府已经形成了修撰官方药典的传统，而为何到北宋后期这个传统就突然中断了呢？可以肯定地说，造成这种局面的原因既不是政治的也不是经济的，而只能是思想的和文化的。中原是儒学的母地，因受"德上艺下"观念的影响，且不说读书人关注的是仕途，是科举，他们根本不关心医药之学，即使有通医学者，其于药物也多因袭旧说，罕有创新，这应是中原药物学滞后于医学的主要根源，也是这个文化区域之所以不能出现药学方面的扛鼎之作的真正原因。为方便起见，笔者试将北宋之前的经典药物学著作列表，具体见表 3-2 所示。

表 3-2　北宋之前经典药物学著作

著作名称	成书时代	著者	籍贯
《神农本草经》	西汉	?	?
《桐君采药录》	?	?	?（今已不传）
《李氏药录》	三国魏	李当之	?
《吴普本草》	三国魏	吴普	江苏淮阴
《本草经集注》	南朝	陶弘景	江苏句容或南京
《药总诀》	南朝	陶弘景	江苏句容或南京
《雷公药对》	北朝	徐之才	江苏丹阳
《新修本草》	唐朝	李勣等	
《药性本草》	唐朝	唐甄权	河南扶沟
《本草拾遗》	唐朝	陈藏器	浙江鄞县
《删繁本草》	唐朝	杨损之	?
《食疗本草》	唐朝	孟诜	河南临汝
《胡本草》	唐朝	郑虔	?（今已不传）
《四声本草》	唐朝	萧炳	?
《本草音义》	唐朝	李含光	?
《本草性事类》	唐朝	杜善方	?
《食性本草》	五代南唐		
《海药本草》	五代南齐	李珣	四川三台
《蜀本草》	五代后蜀	韩保升	
《日华子本草》	唐？北宋初期？	日华子	浙江四明
《开宝本草》	北宋初期	陈昭遇等	广东南海
《嘉祐本草》	北宋中期	掌禹锡等	河南郾城
《图经本草》	北宋中期	苏颂	福建同安
《本草别说》	北宋后期	陈承	四川阆中
《证类本草》	北宋后期	唐慎微	四川晋原
《本草衍义》	北宋后期	寇宗奭	

从表 3-2 中不难看出，河南籍的医药学家在北宋除了主持过一次官修本草外，再没有一本个人著作问世，这跟作为北宋都城之所在的文化背景是极不相称的，这不能不说是个很大的历史缺憾。然而，当中原的药学研究出现危机的时候，远离文化中心的四川却掀起了学习药物学的热潮。药学是一门纯粹的自然科学，在社会意识形式中属于非意识形态，因此它本身没有阶级性，所以它也就很少被卷入到封建王朝的流血冲突之中，而作为一种学术研究，其整个的文化环境亦应当具有相对的独立性和封闭性，这是区域性文化重心形成的必要条件。依据这样的思路，我们发现四川的区域文化在北宋后期明显地形成了如下几个特点：

首先，以药市作为其奢侈消费的经济基础。《宋史》卷 89《地理志》载：川峡四路"地狭而腴，民勤耕作，无寸土之旷，岁三四收。其所获多为遨游之费，踏青、药市之集尤盛焉，动至连月。好音乐，少愁苦，尚奢靡，性轻扬，喜虚称。庠塾聚学者众，然怀土罕趋仕进"[①]。好学者众，且不趋仕进，人们不禁会问，有那么多的士人喜好"遨游"，他们的资本从何而来？答案是他们中的大多数极有可能都参与了药市交易，如若不然，就不会出现蜀中士者踊跃向唐慎微献方献药的情形了，也就是说，四川的士人既不缺药物也不缺知识。这便是唐慎微成就其《证类本草》的文化基础。

其次，社会秩序良好，四川的利州路与夔州路竟然没有禁军驻守，是全国著名的"道院"之地。北宋中后期，社会矛盾愈益激化，从统治者的角度看，有所谓"重法地"和"道院地"之分，前者指那些社会治安相对混乱的地区。根据《续资治通鉴长编》卷 394"元祐二年正月乙亥"统计，当时全国被宣布为"重法地"的府路有开封府、京西路、京东路、河北路、淮南路和福建路；可见，中原地区是最为严重的"重法地"，这说明到北宋后期中原地区的治安状况已经开始出现严重恶化的趋势了。相反，两浙路、江东路、江西路、广东路、四川的成都路和潼川路等则被宣布为狱讼稀少的"道院地"。苏轼曾说：他的家乡四川眉山更是"虽薄刑小罪，终身有不敢犯者"[②]的淳静之地。如此之地，当然不需要以禁军的气势来对其驻地居民进行武力恐怖和军事威慑了。

最后，四川是由东面巫山，南面长江，西面横断山脉及北面秦岭所围成的天然盆地，这里与外界联系较少，具有割据的地理优势，故三国时之蜀汉政权（刘备），西晋后期之成汉政权（李雄），东晋时之蜀政权（谯纵），五代时之前、后蜀政权等，都是历史上著名的割据政权。不过，与其他的割据政权有所不同，上述几个建立在四川的割据政权都非常注重文化建设，尤其是后蜀政权先后存在了约四十年，在其统治蜀地期间，积极奖励农桑，肇兴文教，其崇文意识极浓，经济更是获得了空前发展，真可用"民殷国富"四个字来形容。正因为有这样的前提条件，所以后蜀主孟昶才能写出"新年纳余庆，嘉节号长春"的新年对联，亦才有可能启发宋太祖立志像后蜀主一样给百姓带来富足与安乐。所以，一方面孟昶是宋太祖以最高规格礼遇的一位亡国之君[③]，并且宋太祖还潜意识地将其

① 《宋史》卷 89《地理志》，第 2230 页。
② （宋）苏轼：《眉州远景楼记》，《苏东坡全集》第 3 册，第 1522 页。
③ （宋）叶梦得著，侯忠义点校：《石林燕语》卷 1，北京：中华书局，1984 年，第 1 页。

生日定为"国庆"，称"长春节"；另一方面，北宋在灭亡后蜀时，面对其盈实充足的国库，宋太祖却失去了理智，他不仅纵容将士公然在成都进行抢夺，而且还下令把后蜀的财富统统敛至东京。与此同时，宋太祖还不顾后果地在金融方面迫使当地百姓改流通铜钱为铁钱，并实行贸易垄断，从而导致四川地区出现了空前的钱荒局面，结果使四川的经济形势一落千丈，民怨沸腾，后来终于酿成了王小波、李顺之乱。好在宋太宗及时调整了对四川的经济和文化政策，如茶叶是四川的最主要经济作物，其栽培历史悠久，群众基础十分雄厚。据《华阳国志》之"巴志"载，早在西周初期，川茶就被列为贡品。《广雅》亦说："荆巴间采叶作饼，叶老者饼成，以米膏出之。"[1]所以在北宋中期以前，多数茶区都实行茶榷，而政府为了充分调动四川茶农的生产积极性，特许四川民众在其境内自由从事茶叶交易而不受政府榷茶制的限制；即使后来由于宋夏战争的需要，北宋在熙宁七年（1074）始对四川茶叶实行"榷茶销蕃"之策，政府也没有完全垄断茶叶市场。而这种官民共同经营茶叶贸易的经济形式，在客观上进一步刺激了川茶的发展，其中最有力的证据就是四川茶利由未榷之前的 30 万贯增加到元丰五年（1082）的 100 万贯，从而使四川在北宋后期仍然保持着全国茶叶生产的中心地位。在文化方面，四川人的宗教意识可谓根深蒂固，如象征利禄功名的文昌星就是从北宋后期的四川开始走向全国各地的，而位于四川梓潼县的七曲山文昌庙乃是中国古代文昌星的祖庭。青城山则完全为道教盘踞，形成一个独特的文化区。[2]因此，生活在这样一个地理和文化都相对闭塞的区域之内，唐慎微的思想深处不可能不被打上宗教文化的烙印。如《证类本草》卷 12《木部上品》"菌桂条"中转引《抱朴子》的话说："桂可以合葱涕蒸作水，亦可以竹沥合饵之，亦可以龟脑和而服之，七年能步行水上，长生不死。又云：赵池子服桂二十年，足下毛生，日行五百里，力举千斤。"[3]显然，这些处方都是没有科学根据的，是神仙方士的胡言乱语，但唐慎微却深信不疑。所以李时珍对此十分气恼地说："方士谬言，类多如此，唐氏收入本草，恐误后人，故详记。"[4]然而，即使如此，我们也应当承认，北宋政府对四川所采取的一系列经济和文化保护措施，确实促进了四川地区经济和文化的发展，使四川经济具有了某种"特区"的性质。若没有这样的社会条件，我们就很难想象唐慎微能以个人之力来完成这项伟大的药物学编撰工程。

第四节　李诫的建筑学思想及其科学成就

在古代中国，建筑技术具有广泛的群众性，这是不言而喻的社会存在，但"群众性"是不是意味着人人都懂建筑，这却不是一下子就能够说清楚的问题。若从经验的层面说，

---

① （宋）张辑：《广雅》，（唐）陆羽：《茶经》卷下《七之事》引，杭州：西泠印社，2003 年，第 18 页。
② 程民生：《宋代地域文化》，第 289 页。
③ （宋）唐慎微：《重修政和经史证类备用本草》卷 12《木部上品》，第 290 页。
④ （明）李时珍著，陈贵廷等点校：《本草纲目》卷 34《木部一》，第 823 页。

的确可以讲，"百工、群有司、市井、田野之人，莫不预焉"①。在广大的城市和农村，大多数劳动者都有土木建筑经验；若从理论的层面说，情况可就不同了，建筑毕竟既是一门科学，又是一门艺术，如何去构建物化或凝固化人文理念，特别是能够做到在建筑客观对象的同时亦建筑自身，则并不是每个有建筑经历的人都能做到的。仅此而言，在现实生活中，真正懂得建筑艺术的人，则恐怕是少之又少了。

北宋是个求理定法的社会时代，其中就立法状况来说，北宋的法律内容比较完备，如北宋曾颁布了《咸平编敕》《元丰断例》等通法，《货造酒曲律》《元丰广州市舶条法》等专门法，《重法地法》《伪造交子法》《盗贼重法》等特别法。法，作为一种上层建筑和精神文明形式，是其整个社会现实和物质文明发展的客观产物，是时代进步的反映，尤其是随着商品经济的发展和城市建设步伐的加快，土木建筑遂成为北宋中后期最抢手的专业。比如，从纵向看，唐代负责营缮宫室的将作监，其所隶官属有大匠、左校署、百工等 6 个部门②，而北宋则细化为修内司、东西八作司、竹木务、事材场、丹粉所等 10 个部门③；从横向看，则在北宋所有的技术性职官中，以将作监的职能最多，分工最细。所以，土木建筑作为经济生活的重要组成部分，北宋的楼观宫寺等建设从中期开始更是日趋火爆，如方勺说："熙宁末，天下寺观宫院四万六百十三所"④，据陈襄的不完全统计，到嘉祐三年（1058），"在京、诸道州军寺观，计有三万八千九百余所"⑤。这么大数量的宫观建筑当然不能各行其是，想怎么建就怎么建，想盖多大就盖多大，尤其在"君臣之为定理"的等级社会里，建筑的规格更是有着严格的规范，这就是《营造法式》为什么从熙宁中开始编撰的现实原因，《四库全书》提要说："初，熙宁中敕将作监官编修《营造法式》，至元祐六年（1091）成书。绍圣四年（1097）以所修之本只是料状，别无变造，制度难以行用"⑥，于是"命诚别加撰辑"⑦。而李诚编撰《营造法式》的主要目的，就是研究在实行标准化的基础上如何使建筑用材更加规范和更加经济。从这种意义上说，《营造法式》是王安石"变风俗，立法度"的直接产物，是应对财政危机的积极举措，因而它既是我国古代建筑学方面的百科全书，同时又是带有建筑法规性质的专著。

一、李诚的主要生平事迹、学术来源及其中国古代建筑的总特征

李诚生活在宋徽宗当朝时期，他以杰出的创造才能赢得了徽宗的信任，升为将作监，"凡土木工匠板筑造作之政令总焉"⑧，并参与设计了规模宏大的皇家园林工程——"艮岳

---

① （宋）沈括：《长兴集》卷 7《上欧阳参政书》，杨渭生新编：《沈括全集》上编，第 51 页。
② 《旧唐书》卷 44《职官三》，第 1895—1896 页。
③ 《宋史》卷 165《职官五》，第 3919 页。
④ （宋）方勺撰，许沛藻、杨立扬点校：《泊宅编》卷 10，北京：中华书局，1983 年，第 57 页。
⑤ （宋）陈襄：《上仁宗乞止绝臣寮陈乞创寺观度僧道》，（宋）赵汝愚编：《宋朝诸臣奏议》卷 84《儒学门·释老》，上海：上海古籍出版社，1999 年，第 905 页。
⑥ （清）永瑢等：《四库全书总目》卷 82《史部·政书类二》"营造法式"条，第 712 页。
⑦ （清）永瑢等：《四库全书总目》卷 82《史部·政书类二》"营造法式"条，第 712 页。
⑧ 《宋史》卷 165《职官五》，第 3918 页。

寿山"（直至北宋灭亡，修建工程也没有完成），由此引发了败家亡国的"花石纲"事件。当然，"花石纲"事件罪魁祸首在于蔡京集团的专权固宠和"丰、亨、豫、大"之说，而身为小小的将作监根本不可能左右北宋的政局；可是李诫毕竟是"艮岳寿山"的总设计师，他多少应对"花石纲"事件负有间接的管理责任。不过，瑕不掩瑜，李诫的功绩是主要的，他对中国建筑学的伟大贡献将永垂青史。

《营造法式》是中国古代建筑学开始大转折的标志，是一部关于中国古建筑方面最详尽、最全面和最系统的辞书，它的突出之点就是对中国古代建筑的总特征进行了科学的总结和概括。梁思成先生从物质和思想文化两个层面对它作了阐释，其中从物质实体结构的角度看，特征有四：以木材为主要构材；历用构架制之结构原则；以斗拱为结构之关键，并为度量单位；外部轮廓之特异。而从思想文化的角度看则表现出不求原物长存之观念和着重布置之规制及建筑活动受道德观念之制裁的特点。[1]这些特点有利也有弊，也就是说中国古代建筑在长期的实践过程中虽然形成了自己独特的建筑类型与风格，有其优秀的文化传统，但同时他存在着利用资源不合理的弊端，即中国古建筑只会用木而不会用石，所以北宋因大规模的营建活动而对森林资源的破坏是相当严重的。对此，我们在探讨《营造法式》的历史地位时不能不加以认真的考虑。

（一）李诫的主要生平事迹和学术来源

李诫（1035？—1110），字明仲，河南管城（今郑州市）人。他出生于一个官僚世家，其曾祖李惟寅官尚书虞部员外郎，掌山泽苑囿，祖李惇裕官尚书祠部员外郎，掌祠祀、天文、漏刻、国忌、庙讳、卜祝、医药等，父李南公官户部尚书，"历知永兴军、成都、真定、河南府、郑州，擢龙图阁直学士，为吏六十年，干局明锐"[2]，由此可见，李南公为官期间的口碑不错。所以借他父亲的荣光，李诫于元丰八年（1085）恩补了一个"郊社斋郎"的小官，旋即调曹州济阴县尉。不过，在崇尚科举的北宋，非进士出身的官吏格外被士大夫所瞧不起，故《宋史》没有给李诫立传，明清地方志亦不给李诫传扬声名的机会。

在李诫的职业生涯里，他虽为官吏，但其一生却以建筑工程为主业，成绩显赫，且在北宋建筑界里享有极高的声誉。如元符中他主持修建了"五王邸"（即赵似、赵佶、赵俣、赵似、赵偲五个王侯的宫邸），崇宁二年（1103）他负责建造了专为皇上祭祀之用的辟雍，随后他又组织兴建了一系列大型的宫廷建筑如朱雀门、景龙门、九城殿、开封府廨、太庙、钦慈太后佛寺等，同时他还主持了皇家园林龙德宫的建筑活动，据《宋史》卷38《地理志一》载："景龙江北有龙德宫。初，元符三年，以懿亲宅潜邸为之，及作景龙江，江夹岸皆奇花珍木，殿宇比比对峙，中途曰壶春堂，绝岸至龙德宫。其地岁时次第展拓，后尽都城一隅焉，名曰撷芳园，山水美秀，林麓畅茂，楼观参差，犹艮岳、延福

① 梁思成：《中国建筑史》，天津：百花文艺出版社，1998年，第13—15、18—19页。
② （宋）程俱：《北山小集》卷33《宋故中散大夫知赣州军州管句学事兼管内劝农使赐紫金鱼袋李公墓志铭》，四部丛刊。

也。"①

当然，使李诫享有极高声誉的倒不是因为他曾建筑了那些规模宏丽的皇家园林，而是因为他编撰了一部集材料力学、化学、工程结构学、建筑学、测量学等诸多学科于一体的科学名著——《营造法式》，这使他成为中国古代建筑学的真正终结者。所以，傅冲益在记述李诫编写《营造法式》的过程时说：

> 初，熙宁中敕将作监编修《营造法式》，至元祐六年成书。绍圣四年，以元祐《营造法式》只是料状，别无变造、用材制度，其间工料太宽，关防无术，敕诫重别编修。诫建五王邸成，其考工庀事，必究利害，坚窳之制，堂构之方，与绳墨之运，皆已了然在心，遂乃考究群书，并与人匠逐一讲说，分别类例，以元符三年成书，奏上。崇宁二年颁印。《营造法式》凡三十卷，前二卷为总释，其后曰制度，曰功限，曰料例，曰图样，而壕寨、石作、大小木、雕、旋、锯作、泥瓦、彩画、砖窑，又各分类，匠事备矣。世谓喻皓《木经》极为精详，此书盖过之。②

在这段话里，我们大致可以从如下两个方面来理解《营造法式》的学术来源：

其一，实践来源。它具体可分为两个部分：第一是传统的建筑实物，如浙江宁波保国寺大殿，是宋初所建的一座木架建筑，其用拼合法制作内柱的方式为《营造法式》所继承；宋初存在于江南的各种竹楼，则是《营造法式》"竹作制度"的直接来源和客观依据；而宋初所建之浙江杭州灵隐寺双石塔及闸口白塔、江苏吴县的罗汉院双塔及虎丘塔等③，其塔的斗拱、柱、枋等诸部与《营造法式》所载相符合，说明《营造法式》受到了江南建筑的广泛影响；《营造法式》卷4《飞昂》条在阐释上昂制度时，讲到了仅见于南方寺塔建筑中所采用的"连珠斗"式样，如苏州虎丘云岩寺塔第三层内槽斗拱上就用了这种斗。第二是试验工程，李诫在编写《营造法式》之前已经主持了多项重大的皇家建筑工程，如辟雍、龙德门、棣华宅、景龙门、五王邸等，而在他之前，更有喻皓在开封建造了开宝寺，从当时的文献资料记载来看，上述这些建筑都具有南方的建筑风格，显然是他们把南方的建筑形式合规律地移植到了北方开封的结果，当然，移植的过程实际上是再创造的过程。如喻皓所建之木构型开宝寺塔就是仿浙江灵隐寺石塔而建造的，而"徽宗崇宁初，又建辟雍（即李诫所建）于城南，外圆内方，为屋千八百七十二楹"④，其整个建筑的布局具有南方园林的气势。此外，北宋所建太原晋祠圣母庙是将南方园林成功移植于北方祠庙建筑之中的典范，它为《营造法式》所谓"副阶周匝"形式提供了实例，其"在外观上这殿角柱生起颇为显著，而上檐柱尤甚，使整座建筑具有柔和的外形，与唐代建筑雄朴的风格不同"⑤。故陈明达先生亦说，《营造法式》中所出现的厅堂式木构架建筑应是南

① 《宋史》卷85《地理志一》，第2100—2101页。
② （宋）程俱：《北山小集》卷33《宋故中散大夫知虢州军州管句学事兼管内劝农使赐紫金鱼袋李公墓志铭》，四部丛刊。
③ 梁思成：《中国建筑史》，第203—205页。
④ （明）李濂撰，周宝珠、程民生点校：《汴京遗迹志》卷3《太学》，北京：中华书局，1999年，第47页。
⑤ 刘敦桢主编：《中国古代建筑学》，北京：中国建筑工业出版社，1987年，第197页。

方穿斗式木构架建筑与北方殿阁式土木混合结构相互影响的历史产物。[①]可见，北宋中后期之北方建筑风格是愈来愈趋于妩媚和柔丽了，因而逐渐脱去了宋初建筑的那种阳刚之气。正如梁思成先生所说："徽宗崇宁二年（1103），李诫作《营造法式》，其中所定建筑规制，较与宋辽早期手法，已迥然不同。盖宋初禀承唐末五代作风，结构犹硕健质朴。太宗太平兴国（976）以后，至徽宗即位之初（1101），百余年间，营建旺盛，木造规制已迅速变更；崇宁所定，多去前之硕大，易以纤靡，其趋势乃刻意修饰而不重魁伟矣。"[②]

其二，理论来源。根据《宋史》卷 207《艺文志》记载，李诫除撰著《营造法式》一书外，尚著有《新集木书》一卷。可惜该书早已失传，其所集究竟有哪些书籍？我们已不得而知，但从专业的需要考虑，它很可能包括有《考工记》、《唐六典》和喻皓《木经》这三部著作在内。而通过检索《营造法式》我们不难看出，李诫至少在下列 8 个方面取法于《考工记》，即"殿""城""墙""定平""取正""阳马""举折""窗"等。如《考工记》载："匠人为沟洫……墙厚三尺，崇三之。"[③]依此则"筑墙之制"："每墙厚三尺，则高九尺；其上斜收，比厚减半。若高增三尺，则厚加一尺，减亦如之。"[④]又如《考工记》说："匠人建国，水地以县（悬）。"[⑤]郑司农注云："于四角立植而垂以水望其高下，高下既定乃为位而平地。"[⑥]以此则"定平之制"：

> 既正四方，据其位置于四角各立一表当心安水平，其水平长二尺四寸，广二寸五分，高二寸。下施立椿长四尺（安口在内），上面横坐水平，两头各开池方一寸七分，深一寸三分（或中心更开池者方深同），身内开槽子广深各五分，令水通过于两头，池子内各用水浮子一枚，方一寸五分，高一寸二分，刻上头令侧薄其厚一分，浮于池内望两头水浮子之首，遥对立表处于表身内画记即知地之高下。[⑦]

《唐六典》是唐玄宗时期以《周礼》为模式而编撰的一部详记唐代官制的典制文献。在这里，不管它在唐代是否真正地实行过，其为《营造法式》所取法则是可以肯定的。如《唐六典》载："凡役有轻重，功有短长。"[⑧]注云："以四月、五月、六月、七月为长功；以二月、三月、八月、九月为中功；以十月、十一月、十二月、正月为短功。"[⑨]依此，李诫说："诸称功者谓中功，以十分为率，长功加一分，短功减一分。"[⑩]而相对于《考工记》和《唐六典》来说，喻皓的《木经》是否构成了《营造法式》的直接理论来源？现在还是个问题，因为《营造法式》所开列的参考书中并没有喻皓的《木经》，但喻皓的《木

① 陈明达：《中国古代木结构建筑技术（战国—北宋）》，北京：文物出版社，1990 年，第 13—14 页。
② 梁思成：《中国建筑史》，第 148 页。
③ 《周礼·冬官考工记》，陈成国点校：《周礼·仪礼·礼记》，第 130—131 页。
④ （宋）李诫撰，邹其昌点校：《营造法式》卷 3《壕寨制度》，北京：人民出版社，2007 年，第 20 页。
⑤ 《周礼·冬官考工记》，陈成国点校：《周礼·仪礼·礼记》，第 129 页。
⑥ （汉）郑玄注：《周礼注疏》卷 41，济南：山东画报出版社，2004 年，第 1181 页。
⑦ （宋）李诫撰，邹其昌点校：《营造法式》卷 3《壕寨制度》，第 19 页。
⑧ （宋）李诫撰，邹其昌点校：《营造法式·补遗》，第 417 页。
⑨ （宋）李诫撰，邹其昌点校：《营造法式·补遗》，第 417 页。
⑩ （宋）李诫撰，邹其昌点校：《营造法式·补遗》，第 417 页。

经》的确不仅在北宋初年就已刻板行世，而且还产生了比较广泛的影响。关于这一点，沈括《梦溪笔谈》卷 18《技艺》与欧阳修《归田录》均有记载，如《归田录》卷上说："开宝寺塔在京师诸塔中最高，而制度甚精，都料匠预浩（即喻皓）所造也……国朝（即北宋）以来木工，一人（指喻皓）而已。至今木工皆以预都料为法。有《木经》三卷行于世。"①而宋人晁公武（约 1105—1180）所撰《郡斋读书志》后志卷 1《经类》中称喻皓《木经》"极为精详"②，想来晁氏一定看过其书，这说明喻皓《木经》至少南宋时还在流行。另外，南宋时人周密在《齐东野语》卷 8 载有下面一则故事，他说：

> 魏收有"逋峭难为"之语，人多不知其义。熙宁间，苏子容丞相奉使契丹，道北京。时文潞公为留守，燕款从容，因扣"逋峭"之义。苏公曰："向闻之宋元宪云：'事见《木经》。'盖梁上小柱名，取其有折势之义耳。"乃就用此事作诗为谢云："自知伯起难逋峭，不及淳于善滑稽。"而齐、魏间人有仪矩可喜者，则谓之"庸峭"。《集韵》曰："庸庺，屋不平也。庸，奔模反；庺，同都反。今造屈势有曲折者，谓之'庸峭'云。"③

这段话有两点值得我们注意：一是周密所说的《木经》当指喻皓《木经》，因为在北宋熙宁年间（1068—1077）刻板流行的土木建筑著作仅有喻皓所著《木经》一书，所以唯其如此，欧阳修才敢断言"至今木工皆以预都料（即喻皓）为法"，按欧阳修《归田录》为其晚年寓居颍州时（1071—1072）所作，当时正是喻皓《木经》在北宋中期风行之时，像"逋峭"一类名词，甚至已为《集韵》所收，而文潞公居然连基本的建筑常识都不懂，足见他孤陋寡闻到什么程度。二是宋人丁度所撰《集韵》一书完成于宝元二年（1039），而《木经》成书于开宝年间（968—976），两者间隔至少在 63 年以上，不难想象，《集韵》将《木经》中所出现的词条收入其中，应当说既是当时文化交流和时代发展的客观需要，同时又是《木经》本身的社会影响所致。

还有一例亦能证明喻皓《木经》在北宋士大夫阶层确曾发生过巨大的社会影响。据北宋士人李格非《洛阳名园记》（1095）之"刘氏园"云："刘给事园凉堂，高卑制度适惬可人意。有知《木经》者见之且云：'近世建造，率务峻立故居者，不便而易坏，唯此堂正与法合。'西南有台一区尤工致，方十许丈地，而楼横堂列，廊庑回缭，关楯（阑楯）周接，木映花承，无不妍稳。"④按《洛阳名园记》成书时，李诫的《营造法式》尚未刊行，因此，李格非所言之懂《木经》者，当是喻皓《木经》。

上述事实与李诫在"札子"中所讲其"勒人匠逐一讲说"的实际相符合，凡"人匠"皆是些既有经验又有理论的建筑师，也就是说，这些匠师对《木经》的理论应是相当谙熟的，那么，既然如此，《营造法式》为什么不直接引用《木经》的成果呢？这主要是因为

① （宋）欧阳修：《归田录》卷 1，《欧阳修集编年笺注》卷 127，第 104 页。
② （宋）晁公武撰，孙猛校证：《郡斋读书志校证》卷 7《职官类》，第 324 页。
③ （宋）周密撰，黄益元校点：《齐东野语》卷 8《庸峭》，上海：上海古籍出版社，2012 年，第 73 页。
④ （宋）李格非：《洛阳名园记·刘氏园》，《说郛》卷 28，《笔记小说大观》第 25 编，台北：新兴书局有限公司，1984 年，第 460 页。

两书的适用对象不同，其建筑标准和建筑用材也不一样，前者主要以皇家建筑为对象，而后者则主要以民间建筑为对象，所以《营造法式》只能以《木经》为参照，而不能直接套用，故在具体编撰《营造法式》的过程中，李诫只能与匠师们"逐一讲说"了。潘谷西先生在分析《营造法式》的性质时，亦曾讲到了李诫为凸显官式建筑的特征而舍弃了民间建筑许多细节问题，如"阑干""梁柱""单斗只替"等，这些建筑构件大量适用于民间和官府之附属性或低级的建筑中，不合皇家建筑的要求，故在《营造法式》里或者略去不谈或者只列条目而不作解释，其倾向性十分鲜明。为了说明《木经》与《营造法式》的不同，潘谷西先生举"踏道"以为比较。① 《木经》作为一部完整的建筑专著，虽然从明代之后便失传了，但《梦溪笔谈》卷 18《技艺》篇中却保存着《木经》的少数几条内容，其中"踏道"条云："阶级（即踏道）有峻、平、慢三等。宫中则以御辇为法，凡自下而登，前竿垂尽臂，后竿展尽臂，为'峻道'；前竿平肘，后竿平肩，为'慢道'；前竿垂手，后竿平肩，为'平道'。"② 可见，《木经》重在对踏道作定性研究，而不作量的规定。然同是踏道，《营造法式》却作了这样的阐述：

> 造踏道之制，长随间之广，每阶高一尺作二踏，每踏厚五寸，广一尺，两边副子各广一尺八寸，厚与第一层象眼同，两头象眼，如阶高四尺五寸至五尺者，三层；高六尺至八尺者，五层或六层，皆以外周为第一层，其内深二寸又为一层，至平地施土衬石，其广同踏。③

可见，与《木经》的着眼点不同，李诫重对踏道作量化标准，而不重定性研究，体现了《营造法式》的编写目的无非就是为政府制定一套行之有效的工料估算方法，以此来控制工程预算定额和抑制虚报冒估行为的发生。

另外，《四库全书》收录有《木经》（包括"取正""定平""举折""定功""沈括跋"五个条目）一书，署名李诫。考《北山小集》所附《李诫传》的著述中，并没有《木经》一书，且沈括之跋跟《梦溪笔谈》卷 18《技艺》篇所述喻皓《木经》的内容相同，可见，《四库全书》所收《木经》应为喻皓《木经》中的一部分，同时亦说明《营造法式》之"取正""定平""举折""定功"诸条均直接源自喻皓《木经》。但李诫《营造法式》之各种工程"图样"部分则是他的创造，是他高于喻皓的地方，故《营造法式》一书开创了图文并茂的先河，其书中不仅有工程图，而且也有彩画画稿，既有分件图，又有总体图，而喻皓《木经》失传的原因可能跟它缺少图解有关，而从大众传播的角度说，图谱是土木建筑最重要的信息载体，没有了它，要想在大众中传播那肯定成问题。

李诫的界画水平很高，《营造法式》保存着他的许多界画作品，即是明证。《韵石斋笔谈》卷下《延陵十字碑》载："精于界画者，不但以笔墨从事，兼通《木经》、算法，方能

---

① 潘谷西：《关于〈营造法式〉的性质、特点、研究方法——〈营造法式〉初探之四》，《东南大学学报（自然科学版）》1990 年第 5 期。

② （宋）沈括著，侯真平校点：《梦溪笔谈》卷 18《技艺》，长沙：岳麓书社，1998 年，第 143 页。

③ （宋）李诫撰，邹其昌点校：《营造法式》卷 3《石作制度》，第 22 页。

为之空绣之制，至明已失其传。"①而《李诚传》则比较详细地记述了李诚在绘画方面的成就：

> 博学多艺能，家藏书数万卷，其手抄者数千卷。工篆籀草隶，皆入能品。尝纂《重修朱雀门记》，以小篆书丹以进，有旨勒石朱雀门下。善画，得古人笔法。上闻之，遣中贵人谕旨，以《五马图》进，睿鉴称善。喜著书，有《续山海经》十卷，《续同姓名录》二卷，《琵琶录》三卷，《马经》三卷，《六博经》三卷，《古篆说文》十卷。②

尽管上述绘画作品或著作均已失传，但《营造法式》录有李诚所撰写的《进新修〈营造法式〉序》，则是迄今所能见到的李诚唯一一篇散文作品，很是难得，其文总计350个字，篇幅虽短却颇见功底，其造语高奇，振厉有声，字字句句闪耀着作者非凡的才华，而李诚那豪爽明快的个性亦一下子全都跃然纸上。其序文云：

> 臣闻"上栋下宇"，《易》为"大壮"之时；"正位辨方"，《礼》实太平之典，"共工"命于舜日；"大匠"始于汉朝。各有司存，按为功绪。况神畿之千里，加禁阙之九重；内财宫寝之宜，外定庙朝之次；蝉联庶府，棋列百司。櫼栌枅柱之相枝，规矩准绳之先治；五材并用，百堵皆兴。惟时鸠僝之工，遂考翚飞之室。而斲轮之手，巧或失真；董役之官，才非兼技，不知以"材"而定"分"，乃或倍斗而取长。弊积因循，法疏检察。非有治"三宫"之精识，岂能新一代之成规？温诏下颁，成书入奏。空靡岁月，无补涓尘。恭惟皇帝陛下，仁俭生知，睿明天纵。渊静而百姓定，纲举而众目张。官得其人，事为之制。丹楹刻桷，淫巧既除；菲食卑宫，淳风斯复。乃诏百工之事，更资千虑之愚。臣考阅旧章，稽参众智。功分三等，第为精粗之差；役辨四时，用度长短之晷。以至木议刚柔，而理无不顺；土评远迩，而力易以供。类例相从，条章俱在。研精覃思，顾述者之非工；按牒披图，或将来之有补。③

宋徽宗从大观元年（1107）以后，即开始广兴土木，尤其是"艮岳"役起，民怨沸腾，其腐败之象早已昭彰于天下，故李诚说宋徽宗"淫巧既除，菲食卑宫"并不符合实际，显然是谄媚之辞。不过，李诚站在建筑师的立场，根据当时的建筑实际，以专业技术为短长来评论是非，虽粉言饰辞，却情有可原。因为他毕竟是个科学家，而不是政治思想家。

（二）中国古代建筑的总特征

关于中国建筑的起源，《世本作篇》载："倕作规矩准绳。倕，舜臣。"④至夏则"鲧作

---

① （清）姜绍书：《韵石斋笔谈》卷下《延陵十字碑》，邓实：《中国古代美术丛书》第10册《二集》第10辑，北京：国际文化出版公司，1993年，第215页。
② 阙勋吾主编：《中国古代科学家传记选注·李诚》，长沙：岳麓书社，1984年，第149页。
③ （宋）李诫撰，邹其昌点校：《营造法式·进新修〈营造法式〉序》，第2页。
④ 佚名撰，周渭卿点校：《世本·作篇·舜》，《二十五别史》，第69页。

城郭。鲧作郭。禹作宫室。禹作宫"①。而《帝王世纪》更说：夏桀"为琼室瑶台，金柱三千，始以瓦为屋"②。这表明夏代不仅开始出现木构建筑，而且已能建筑宏大的豪华型宫殿了。目前，从商代偃师二里头遗址的发掘情况看，它是以木构架为特点，使用纵架形式，这是中国古代建筑进一步向前发展的物质基础。进而战国的城市规划开始出现台榭型建筑，到西汉时，台榭型建筑逐渐为楼阁建筑所取代，且在结构上已采用横架。此时，与楼阁建筑相适应的井拱结构获得了迅速发展，同时在井拱结构的基础上各柱间又出现了"人字拱"的斗拱，如四川牧马山、山东高唐出土的汉明器陶楼上均能看出这个细部特征。经过魏晋南北朝的发展，唐代更创造出由斗、拱、枋组合成的"铺作"形式，这是中国木结构建筑发展到成熟期的重要标志。后来，北宋的《营造法式》对此作了比较系统的总结，并加以制度化和标准化，遂成为中国古代建筑的基本法典和建筑模式。

《营造法式》就整体内容来说，可分成四个部分，即大木作、小木作、彩绘和官式建筑之要素，其中每一部分都深刻地体现着中国古代建筑的基本特征。

第一，从结构上讲，是以斗拱为中心的架构制。《营造法式》卷1和卷2给出了官式建筑（包括民舍在内）的基本构件，计有柱础、栱、飞昂、枓、铺作、梁、柱、阳马、侏儒柱、斜柱、栋、两际、搏风、桴、椽、檐等，而作为架构制的基础是柱与梁，其枓与栱是核心。跟以墙为受力载体的现代建筑理念不同，中国古代架构制建筑是以柱和梁枋为受力载体，使之建筑物上部荷载经由梁架、立柱传递至基础，墙壁则不承受荷载。所谓"铺作"是指若干枓（斗）与栱（亦作拱）的组合，而在建筑实践中，栱具体分为五种，即华栱、泥道栱、瓜子栱、令栱和慢栱③，枓则分四种，即栌枓、交互枓、齐心枓和散枓④。当然，在这个枓栱构架体系中，"其最重要者为集中全铺作重量之栌斗，及由栌斗向前后出跳之华栱"⑤。此外，由于一个建筑组群可细分为殿阁、厅堂和配屋等不同的建筑单位，因而各建筑单位的架构要求亦不尽相同。如殿阁使用平棋与藻井将殿堂分隔成上下两部分，平棋以上被遮蔽了起来，故其架构的随意性较强，而平棋以下则显露于外，故其要求取材宏壮规整，专修华美；厅堂一般不用平棋与藻井，其内柱高低不一，皆随屋顶举势而变化，凡主外侧短梁均插入内柱柱身，起增强整体稳定性的作用。

第二，从构材上讲，以木材为主，并使之达到穷形极化的境界。古希腊先民在长期的建筑实践中，创造性地把柱式木结构发展为石结构，因而成为欧洲建筑的主导形式和风格。后来古罗马匠师发现天然混凝土（即火山灰与石灰石的混合物）具有更强的凝聚力，于是他们又发明了用混凝土来建造大跨度拱券，这就突破了木材的局限，而使建筑物的内部空间获得了空前的拓展。不过，为了更充分地体现建筑物本身的美观，古罗马匠师借鉴了古希腊的柱式建筑经验，用柱式来装饰墙体，从而实现了拱券结构跟梁柱结构的结合，

① 佚名撰，周渭卿点校：《世本·作篇·夏》，《二十五别史》，第70页。
② （晋）皇甫谧撰，陆吉点校：《帝王世纪·夏》，《二十五别史》，第26页。
③ （宋）李诫撰，邹其昌点校：《营造法式》卷4《大木作制度一》，第27页。
④ （宋）李诫撰，邹其昌点校：《营造法式》卷4《大木作制度一》，第29页。
⑤ 梁思成：《中国建筑史》，第27页。

并在建筑上使罗马城成为真正的"永恒之都"。与古希腊、罗马的建筑用材不同，中国古建筑形成了使用木材作为主要结构材料的传统和技术规范，所以人们才有"土木工程"之说。前面说过，斗拱是木构架的核心与灵魂，而制作斗拱之拱的木材称之为"材"，它在《营造法式》一书中占据着十分特殊的地位，如《营造法式》卷4《大木作制度一》云："凡构屋之制，皆以材为祖，材有八等，度屋之大小，因而用之。"[①]具体言之，"材"既可看成是一个标准构件，又可看成是一个长度计算单位，而与中国古代的等级制社会相适应，"材"亦被划分为8个等级：第一等材高9寸，宽6寸；第二等材高8.25寸，宽5.5寸；第三等材高7.5寸，宽5寸；第四等材高7.2寸，宽4.8寸；第五等材高6.6寸，宽4.4寸；第六等材高6寸，宽4寸；第七等材高5.25寸，宽3.5寸；第八等材高4.5寸，宽3寸。可见，中国古代建筑之采用木构制较石构制更能适应统治者的需要，而且在特定的历史条件下，只有木材才能更有效地满足统治者那见异思迁的居住心理。也只有木材才能创造出"万楹丛倚，磊砢相扶"这般"穷奇极妙"的艺术效果。[②]另外，树木在自然界中具有通天接地的本领，用它来建筑宫殿必然内含着石材所无法比拟的价值优势，故"象曰：地中生木，升君子以顺德，积小以高大"[③]，且"君乘木而王者，其政升则草木丰盛"[④]。

第三，从布局上讲，以院落为单位，形成左右对称的建筑组群。李诫在《营造法式》卷1《总释上》引《尔雅》对"宫"的解释说："宫谓之室，室谓之宫。室有东西厢曰庙，无东西厢有室曰寝，西南隅谓之奥，西北隅谓之屋漏，东北隅谓之宧，东南隅谓之窔。"[⑤]《礼记·儒行》亦说："儒有一亩之宫，环堵之室。"[⑥]一般而言，以室为分界，室外有堂，在朝廷殿就是堂，如《苍颉篇》说："殿，大堂也。"[⑦]堂前设东西两阶，西阶为尊而东阶为卑，堂外建庭，而堂相对于庭为尊，庭相对于堂则为卑；室内四角为隅，四角以"奥"为最尊，如《礼记·曲礼上》载："夫为人子者，居不主奥。"因此，李诫仍然以中国古代传统的家族型社会为其建筑思想的根基。不过，在以家族为社会轴心的历史条件下，脱离院落群体而孤立的单体建筑并不能成为完整的艺术形象，也不能凸显中国古代建筑的真正内涵。梁思成先生指出："中国建筑物之完整印象，必须并与其院落合观之。国画中之宫殿楼阁，常为登高俯视鸟瞰之图。其故殆亦为此耶。"[⑧]从这个视角看，中国古代建筑作为一种传统的文化形式，说到底不过是人们观念的一种物化，是与以等级序列为特征的社会现实相适应的物质载体，是一种凝固化的和生动具体的社会伦理模型。从李诫所讲的建筑规格、用材等级、中心建筑与附属建筑的方位布局等内容来看，院落的建筑特征

---

① （宋）李诫撰，邹其昌点校：《营造法式》卷4《大木作制度一》，第26页。
② （汉）王逸：《鲁灵光殿赋》，《文选》上册，长沙：岳麓书社，2002年，第346—347页。
③ 《周易·升》，陈成国点校：《四书五经》上，第180页。
④ 陈大章：《诗传名物集览》卷11《木》之"集于灌木"，上海：商务印书馆，1937年，第273页。
⑤ （宋）李诫撰，邹其昌点校：《营造法式》卷1《总释上·宫》引，第3页。
⑥ 《礼记·儒行》，陈成国点校：《四书五经》上，第659页。
⑦ （宋）李诫撰，邹其昌点校：《营造法式》卷1《总释上·殿》引，第4页。
⑧ 梁思成：《中国建筑史》，第16页。

是以正房的中线为轴心，将整个建筑群组合成左右对称、错落有序的布局，而这种布局从外部看则往往能让人产生一种平安的感觉和向心的效果。

第四，从装饰上讲，油饰和彩画是美化建筑的重要手段和人文价值载体。原始绘画是巫术之一种，从发生学的角度看，人类最初的绘画是画在劳动工具上的，后来则出现了文身和壁画，而把建筑与绘画结合起来应当是较为晚近的事情。据有人推测，商代的建筑物可能出现了某些雕饰。①而到春秋战国时期，其宫室建筑物中饰彩和绘画似才有了明确的记载，如《论语》卷5《公冶长》载子曰："臧文仲居蔡，山节藻棁。"②孔颖达疏："山节谓刻柱，头为斗拱，形如山也；藻棁者，谓画梁上短柱为藻文也。"③当时，对建筑物所施之色彩亦有规定"丹桓宫楹"："礼：天子、诸侯黝垩，大夫仓，士黈。丹楹，非礼也。"④故北宋后期的建筑装饰及雕绘，不仅因画院派的影响而趋于富贵和靡丽，而且又因宋徽宗崇尚道释而趋于神秘和玄虚，如《东京梦华录》卷3《相国寺内万姓交易》载：寺内有"东西塔院……大殿两廊，皆国朝名公笔迹，左壁画炽盛光佛降九曜鬼百戏，右壁佛降鬼子母揭盂。殿庭供献乐部马队之类。大殿朵廊，皆壁隐楼殿人物，莫非精妙"⑤。而正是在这样的历史背景下，李诫才不得不在《营造法式》卷14《彩画作制度》、卷25《诸作功限二》及卷27《诸作料例二》等章节中对建筑物上的彩画用料及方法作了尽可能详尽的总结和说明。所以，我们在考察中国古代建筑的特征时，绝对不能忽略下面这两个既相互区别又相互联系的问题，那就是：第一，特定建筑构件的彩画包含着一定的等级内容；第二，特殊的建筑局部必然隐藏着的一种写生似的图腾文化表征。而关于这两个专门问题，笔者将放在下面再作进一步的论述和考察。

二、《营造法式》的建筑学思想及其科学成就

（一）用建筑标准化和制度化的方法来降低物耗、节约成本的效率思想

有北宋一代究竟因土木建筑而损耗了多少国家资财，没有人能说得清楚。宋太祖初立，为了礼遇和安置那些亡国之君，如钱俶、孟昶等，先是"诏有司于右掖门外，临汴水起大第五百间"以赠孟昶⑥，接着又在"薰风门外起大第一区，器用储偫之物悉备，以待钱俶，仍赐礼贤宅"⑦；宋太宗则因"斧声烛影"可能与道教神话存在着某种关系⑧，故而他对道教符箓派的降神说倍加推崇，并于终南山下建上清太平宫。邵博曾记其事说：开宝九年（976）"十月十九日，命内侍王继恩就建隆观降神，神有'晋王有仁心'等语。明

---

①　刘敦桢主编：《中国古代建筑学》，第32页。

②　《论语·公冶长》，陈成国点校：《四书五经》上，第25页。

③　陈成国导读，陈成国校注：《礼记》上，长沙：岳麓书社，2019年，第160页。

④　《春秋谷梁传·庄公二十三年》，陈成国点校：《四书五经》下，第1481页。

⑤　（宋）孟元老著，王莹注译：《东京梦华录》卷3《相国寺内万姓交易》，北京：中国画报出版社，2016年，第75页。

⑥　《宋史》卷479《世家二·西蜀孟氏》，第13878页。

⑦　（清）徐松辑，刘琳等校点：《宋会要辑稿》礼52之3，第1909页。

⑧　（宋）邵博撰，刘德权、李剑雄点校：《邵氏闻见后录》卷1，第2页。

日太祖晏驾，晋王即位，是谓太宗。诏筑上清太平宫于终南山下"①，其宫"建千二百座堂殿"②。自此，北宋的道观建筑就始终没有中断。宋真宗更造玉清昭应宫"作于大中祥符元年至七年"③，"凡役工日三四万"④，计有"二千六百一十楹"⑤，其"制度宏丽，屋宇少不中程式，虽金碧已具，必令毁而更造，有司莫敢较其费"⑥。后玉清昭应宫遭雷火，朝官王旦便上奏说："今玉清之兴，不合经义，先帝信方士邪巧之说，蠹耗财用无纪，今天焚之，乃戒其侈而不经也"⑦；宋仁宗时，他虽然没有大造新宫，但其多务重修的费用，亦足以使国家的财政危机更加严重，以至于欧阳修在《上仁宗论京师土木劳费》一文中不得不一再陈述：

> 臣伏见近年政令乖错，纲纪隳颓，上下因循，未能整绪，唯务崇修祠庙，广兴土木，百役兴作，无一日暂息。方今民力困贫，国用窘急。小人不识大计，不思爱君，但欲广耗国财，务为己利。……开先殿初因修柱损，今所用材植物料共一万七千五百有零，睦亲宅神御殿，所用物料又八十四万七千，又有醴泉、福胜等处，工料不可悉数。此外军营、库务合行修造者，又有百余处。使厚地不生他物，唯产木材，亦不能供此广费。⑧

所以有鉴于此，宋神宗才于熙宁年间诏令将作监编撰《营造法式》，其目的就是想通过对营造行业的标准化管理而减少用材成本，提高建筑质量。可是，当元祐六年（1091）成书以后，它却因控制不了工料而"难以行用"，于是宋哲宗令李诚重新撰写《营造法式》，以解决建筑工程无章可循和主管官员在营建过程中偷工减料的问题。对此，李诚在《札子》中说道："营造制度、工限等，关防功料，最为切要，内外皆合通行。"⑨而从《营造法式》的整个内容布局看，"功限"与"料例"两卷也确实是全书的精髓所在。

首先，他提出了"以所用材之分以为制度"⑩的模数制思想。其中"材"是一个包含了广和厚两个数据的双向模数⑪，具体内容可分成三类：第一类，每一建筑物中所用枋子、梁等构件的断面为一标准化的尺寸，即统一成 3∶2 的比例；第二类，为了使建筑物呈现出丰富的个性特征，李诚以"分"作为一种补充模数，称为"分"，他说："各以其材

---

① （宋）邵博撰，刘德权、李剑雄点校：《邵氏闻见后录》卷1，第2页。
② （宋）李攸：《宋朝事实》卷7《道释》，《景印文渊阁四库全书》第608册，第90页。
③ （宋）李攸：《宋朝事实》卷7《道释》，《景印文渊阁四库全书》第608册，第85页。
④ （宋）李攸：《宋朝事实》卷7《道释》，《景印文渊阁四库全书》第608册，第84页。
⑤ （宋）李攸：《宋朝事实》卷7《道释》，《景印文渊阁四库全书》第608册，第85页。
⑥ （明）李濂撰，周宝珠、程民生点校：《汴京遗迹志》卷8《宫室·玉清昭应宫》，第112页。
⑦ （宋）罗从彦：《罗豫章先生文集》卷4《遵尧录四·仁宗》，《罗豫章集》第1册，北京：中华书局，1985年，第41页。
⑧ （宋）欧阳修：《上仁宗论土木之功劳费》，（宋）赵汝愚编：《宋朝诸臣奏议》卷128《营造》，第1410—1411页。
⑨ （宋）李诚撰，邹其昌点校：《营造法式·札子》，第1页。
⑩ （宋）李诚撰，邹其昌点校：《营造法式》卷4《大木作制度一》，第26页。
⑪ 郭黛姮：《论中国古代木构建筑的模数制》，《建筑史论文集》第5辑，北京：清华大学出版社，1981年，第31—47页。

之广，分为十五分，以十分为其厚"①；第三类，被称作"栔"的模数，用李诚的话说就是"栔广六分，厚四分，材上加栔者，谓之足材"②。那么，李诚提出的模数制思想究竟有何实际意义呢？郭黛姮先生指出，与近代欧洲的建筑力学成就相比，李诚的模数制使建筑构件的断面统一成 3∶2 的比例，这较英国科学家汤姆士·杨（1773—1829）的同类成就早 600 年，而比李诚晚三个多世纪的近代科学之父伽利略则只是建立了建筑构件之断面高宽比对构件强度影响的定性概念，却没有定量。与之相比，李诚在《营造法式》中所规定的构件用材尺寸，由于采用了等距离的原则而都具有相对接近的安全度，这表明李诚在建筑结构力学方面已取得了当时世界上的最高成就；材分模数制不仅使建筑物的节点标准化，而且它更将中国古代工匠在建筑实践中对节点构造处理的暗手法和隐概念进一步明朗化了；"材有八等，度屋之大小，因而用之"③，这种多等级模数制可以让都料匠在最大的幅度内进行自主的创造，同时还克服了繁复的尺寸记忆，它对于提高建筑效率是很有帮助的，所以"李诚所总结的用材制度，在当时的生产力、生产关系的条件下，无愧为一种完美的模数制"④。

其次，模式思想构成《营造法式》的基本内核。《考工记》云："匠人营国，方九里，旁三门，国中九经九纬，经涂九轨，左祖右社，面朝后市，市朝一夫。"⑤这是中国古代城市结构模式的雏形，因此，春秋以后历代都城的规划，大体上都以此为准绳，形成以宫室为中心的南北轴线布局，而李诚的《营造法式》则进一步丰富和完善了中国古代官式建筑的模式和规范。按照现代设计模式理论，模式的四个要素是模式名称、问题、解决方案和效果，不过，李诚用他自己的思维方法和叙述语言也表达了同样的思想，只要我们仔细对比，就不难发现，《营造法式》所说的"释名"相当于"模式名称"，给出了模式的概念；其"各作制度"相当于"问题"，它说明了究竟应当如何有效地使用模式；"功限"相当于"效果"，它记述了模式应用的功效和使用模式应权衡的问题；"料例"与"图样"相当于"解决方案"，是解决所给出问题的一种配置。实际上，在创建模式的过程中，如何有效地利用自然资源是中国古代建筑模式的关键。如《营造法式》没有"硬山"的记载，这是因为"硬山"这种屋顶建筑形式是与砖墙实体相适应的，而北宋时期的墙体尚以土为主。又如，木材较石材不仅取材容易，而且加工亦方便，此外，木材还能满足设计者的多种审美需求，所以中国古代建筑的灵魂就在于大量使用"斗拱"这个木构件。众所周知，北宋的皇家建筑已日趋奢靡，其最能反映和表现奢靡这种审美心理的建筑构件就是"斗拱"。据潘谷西先生考证，在北宋，斗拱的装饰已被夸张起来，重拱计心造风靡宫殿、庙宇等高档类建筑；室内纵横罗列的大量斗拱，仅仅是起着承载天花与烘托皇权和神灵的至高无上的作用。而李诚的《营造法式》为了适应官式建筑追求精巧华丽的趋势，亦不得不着眼于那

---

① （宋）李诚撰，邹其昌点校：《营造法式》卷 4《大木作制度一》，第 26 页。
② （宋）李诚撰，邹其昌点校：《营造法式》卷 4《大木作制度一》，第 26 页。
③ （宋）李诚撰，邹其昌点校：《营造法式》卷 4《大木作制度一》，第 26 页。
④ 郭黛姮：《李诚》，杜石然主编：《中国古代科学家传记》上集，北京：科学出版社，1993 年，第 535—544 页。
⑤ 《周礼·冬官考工记》，陈成国点校：《周礼·仪礼·礼记》，第 129 页。

些装饰性强的重拱全计心铺作。①

（二）把图形语言作为表达建筑思想的主要工具，开创了图文并茂的先河

凡物皆有形，而形是图的基础和先在，反过来，图又是描述形的工具和承当形的载体。《尔雅·释言》云："画，形也。"②可见，图形本身就是最原始的绘画形式，故"《周官》教国子以六书，其三曰象形，则画之意也"③。而作为建筑图形的基本工具，《考工记》中已经出现了规、矩、绳墨、悬等仪器，这说明当时的建筑工匠在土木工程的实践过程中已经学会绘制简单的建筑图样了，只是在理论上还不够成熟，如 1977 年河北省平山县的一座战国墓中出土了一幅用正投影法绘制的建筑平面图。后来，随着我国古代绘画领域的不断拓展和画技水平的提高，一种专门以描绘建筑物为特征的绘画形式——屋木画终于在东晋出现了，如顾恺之在《魏晋胜流画赞》中说："台榭一定器耳，难成而易好，不待迁想妙得也。"④这就是说，像台榭一类的东西在画家手里最易于表现，故到南北朝时便出现了"屋木画"的名家，有所谓"陆探微屋木居第一"⑤的说法，唐代张彦远在《历代名画记·论山水树石》中亦说："国初二阎，擅美匠学，杨、展精意宫观。"⑥入北宋后，屋木画始进入真正的繁荣时期，出现了诸如《黄鹤楼》《滕王阁图》等屋木画（或称界画）精品，宋人邓椿说："画院界作最工，专以新意相尚。"⑦在北宋后期，屋木画不仅成为画院的考试科目和必修课，而且屋木画家的政治地位在画院里亦最高，备受帝王和臣僚的推崇。正是在这样的历史背景下，屋木画的画理与技法均达到了极高的水准，如《宣和画谱》卷 8《宫室叙论》对屋木画的技法作了如下评论：

> 宫室有量，台门有制，而山节藻棁，虽文仲不得以滥也。画者取此而备之形容，岂徒为是台榭、户牖之壮观者哉？虽一点一笔，必求诸绳矩，比他画为难工，故自晋宋迄于梁隋，未闻其工者。⑧

同卷《尹继昭传》又说："至其作《姑苏台》《阿房宫》等，不无劝戒，非俗画所能到，而千栋万柱，曲折广狭之制，皆有次第。又隐算学家乘除法于其间，亦可谓之能事矣。"⑨

李诫《营造法式》充分吸收了北宋以前屋木画的技术成就，他除自己"善画，得古人

---

① 潘谷西：《〈营造法式〉初探（三）》，《南京工学院学报》1985 年第 1 期。
② 黄侃点校：《尔雅·释言》，《黄侃手批白文十三经》，上海：上海古籍出版社，1983 年，第 5 页。
③ （唐）张彦远：《历代名画记》卷 1《叙画之源流》，北京：中华书局，1985 年，第 7 页。
④ （晋）顾恺之：《魏晋胜流画赞》，潘运告注：《中国历代画论选》上，长沙：湖南美术出版社，2007 年，第 5 页。
⑤ 朱景云：《唐朝名画录序》，倪志云：《中国画论名篇通释》，上海：上海人民美术出版社，2015 年，第 182 页。
⑥ （唐）张彦远：《历代名画记·论山水树石》，俞剑华编著：《中国古代画论类编》上，北京：人民美术出版社，2004 年，第 603 页。
⑦ （宋）邓椿：《画继》卷 10《杂说·论近》，（宋）邓椿、（元）庄肃：《画继·画继补遗》，北京：人民美术出版社，1964 年，第 124 页。
⑧ 潘运告主编，岳仁译注：《宣和画谱》卷 8《宫室叙论》，长沙：湖南美术出版社，1999 年，第 170 页。
⑨ 潘运告主编，岳仁译注：《宣和画谱》卷 8《郭忠恕传》，第 173 页。

笔法"①外，还把以描写建筑物为主的界画图样引入书中，从而使《营造法式》成为中国有史以来第一部绘制有建筑工程图的著作。其图样内容可分成七类，即建筑的平、立、剖面图；构架节点大样图；构件单体图；门、窗、栏杆大样图；佛龛、藏经经橱图；彩画及雕刻纹样图；测量仪器图。②这些图既有分件图，又有总体图；按几何性质，《营造法式》中的界画图样则可分为平面图、轴测图、透视图和正投影图四类。从现代画法几何的理论讲，李诚虽然没有提出画法几何的经典理论，但是如果没有画法几何的基础，李诚就不可能绘制出那么多的轴测图和透视图，可见他至少还是具有画法几何的潜意识的。众所周知，所谓投影法就是源于光线照射空间形体后在平面上留下阴影的一种物理现象。其投影方法可分为中心投影法（所有投影线均经过某一投影中心点）和平行投影法（所有投影线均互相平行）两种。在绘制建筑图样时，采用中心投影法可画出透视图，而采用平行投影法则可画出轴测图，李诚正是通过这两种立体感极强的投影图，不仅很好地保存了北宋建筑的高超技术，而且还把中国古代建筑工程图的设计水平推向了一个新的历史高度。

（三）在建筑实践中坚持了原则性与灵活性的统一

李诚在《营造法式》中提出了"比类增减"的建筑理论，他说："诸造作并依功限。即长广各有增减法者，各随所用细计；如不载增减者，各以本等合得功限内计分数增减；诸营缮计料，并于式内指定一等，随法算计，若非泛抛降，或制度有异，应与式不同，及该载不尽各色等第者，并比类增减。"③在这里，李诚从标准化和规范化的角度对"功限""料例"等都作出了理论规定，这是原则性的一面。然而，任何理论都不能穷尽人类实践的具体内容，由于建筑实践受地理环境、历史传统、经济条件等诸多因素的影响，所以当具体的建筑实践与建筑理论发生矛盾时，终究还要根据实际情况来解决问题，这是灵活性的一面，也是"比类增减"的基本指导思想。如对于间广和柱高，《营造法式》就没有作出硬性规定，潘谷西先生认为造成这种情况有两种可能性：一是李诚实事求是地反映了当时建筑业的没有统一间广与柱高标准的客观实际状况；二是故意不在条文上定死，以免造成实际工作中的困难。④又比如，《营造法式》卷5《用椽之制》对椽平长作了极限值的规定："椽每架平不过六尺，若殿阁，或加五寸至一尺五寸，径九分至十分"⑤，而"这种只作极限值规定，而不定出具体材分的办法，使房屋设计有较多灵活余地"⑥。

《营造法式》的编写宗旨就是为节约建筑成本而对工时和劳动定额作出规定，作为朝廷所颁行的一部建筑法规，李诚完全可以从法律的角度对此作出强制性的规定，但他没有那样作，因为在李诚看来，具体的建筑工时和劳动定额是个可变量，它会随着工匠本身的技术水平、木质的软硬、取土运输的实际距离等因素的变化而变化。所以，李诚在《营造

---

① 阙勋吾主编：《中国古代科学家传记选注》，第149页。
② 郭黛姮：《李诫》，杜石然主编：《中国古代科学家传记》上集。
③ （宋）李诫撰，邹其昌点校：《营造法式》卷2《总释下·总例》，第18页。
④ 潘谷西：《〈营造法式〉初探（三）》，《南京工学院学报》1985年第1期。
⑤ （宋）李诫撰，邹其昌点校：《营造法式》卷5《大木作制度二·椽》，第37页。
⑥ 潘谷西、何建中：《〈营造法式〉解读》，南京：南京大学出版社，2005年，第52页。

法式》第 16 至 25 卷依照各种制度的内容和建筑实际，规定了各工种构件的劳动日定额和计算方法及各工种所需辅助工数量和舟、车、人力等运输所需装卸、架放、牵拽等工额，其中尤为可贵的是书中记录了当时测定各种材料的容重。如计算劳动日定额，首先按四季日的长短分中工（春、秋）、长工（夏）和短工（冬）。工值以中工为准，长、短工各增或减 10%，军工和雇工亦有不同定额。其次，对每一工种的构件，按照等级、大小和质量要求——如运输远近距离、水流的顺流或逆流、加工的木材的软硬等，都规定了工值的计算方法。①因此，《营造法式》中有关"功限"的内容应是我国古代第一部关于劳动定额的历史文献。

三、人文价值与艺术创造的完美统一

从自然观的角度说，建筑不过是一门研究和创造人类居住空间的具体科学，故奈尔维（1891—1979 年）认为："所谓建筑，就是利用固体材料来造出一个空间，以适用于特定的功能要求和遮避外界风雨。"②而西方著名的建筑理论家赛维则干脆说："空间——空的部分——应当是建筑的'主角'"③；但若从历史观的角度讲，建筑则又是一部包含着丰富多彩的社会发展轨迹和制度演变的厚书，是一个国家、民族历史变迁的见证者，李泽厚先生说："建筑的平面铺开的有机群体，实际已把空间意识转化为时间进程"，而"中国建筑的平面纵深空间，使人慢慢游历在一个复杂多样楼台亭阁的不断进程中，感受到生活的安适和对环境的和谐。瞬间直观把握的巨大空间感受，在这里变成长久漫游的时间历程。实用的、入世的、理智的、历史的因素在这里占着明显的优势，从而排斥了反理性的迷狂意识"。④

首先，对特定居住空间的占有具有等级性，建筑不仅具有自然的属性，而且还具有社会的属性。《周易·系辞下》云："上古穴居而野处，后世圣人易之以宫室，上栋下宇，以待风雨，盖取诸《大壮》。"⑤其中"栋"即"屋梁"，"宇"即"墙壁"，所谓"上栋下宇"就是人为了"以待风雨"而创造的一种生活空间。《周易正义》说："壮者，强盛之名。以阳称大，阳长既多，是大者盛壮，故曰'大壮'。"⑥其实"大壮"绝不仅仅是"壮固之意"，它本身还含有"正大而天地之情可见矣"及"君子以非礼弗履"的卦德。⑦所以，在阶级社会里，人们对建筑空间的占有从来都不是随意的。《礼记·王制》载："天子七庙：三昭三穆，与大祖之庙而七。诸侯五庙：二昭二穆，与大祖之庙而五。大夫三庙：一昭一

① 英侠：《影响中国的 100 部书》之《营造法式》，"重庆大学民主湖论坛"，2005 年 3 月 10 日。
② ［意］奈尔维著，周卜颐校：《建筑的艺术与技术》，黄运昇译，北京：中国建筑工业出版社，1981 年，第 1 页。
③ ［意］布鲁诺·赛维：《建筑空间论——如何品评建筑》，张似赞译，北京：中国建筑工业出版社，1985 年，第 19 页。
④ 李泽厚：《美的历程》，天津：天津社会科学院出版社，2001 年，第 103—106 页。
⑤ 《周易·系辞下》，陈成国点校：《四书五经》上，第 202 页。
⑥ （唐）孔颖达疏，余培德点校：《周易正义》卷 4《大壮》，北京：九州出版社，2004 年，第 205 页。
⑦ 《周易·大壮》，陈成国点校：《四书五经》上，第 170 页。

穆，与大祖之庙而三。士一庙。庶人祭于寝。"①而李诚在《营造法式》卷1《总释上》"殿"名中引《礼记》的话说："天子之堂九尺，诸侯七尺，大夫五尺，士三尺。"②与此相应，他在卷4《大木作制度一》中又特别提出了"材有八等"的思想，而这种通过对建筑用材的规定，实际上是把建筑空间等级化了。如第一等，"殿身九间至十一间则用之"；第二等，"殿身五间至七间则用之"；第三等，"殿身三间至殿五间或堂七间则用之"；第四等，"殿三间，厅堂五间则用之"；第五等，"殿小三间，厅堂大三间则用之"；第六等，"亭榭或小厅堂皆用之"；第七等，"小殿及亭榭等用之"；第八等，"殿内藻井或小亭榭施铺作多则用之"。③据潘谷西先生研究，在北宋，即使屋顶式样亦存在着实际的等级制，如重檐适用于"殿身九间至十一间"的殿堂，四阿殿（庑殿）适用于"殿身五间至七间"的殿堂，九脊殿（歇山）适用于"殿身三间至五间"的殿阁，厦两头造（歇山）适用于"厅堂五间"或"堂七间"的厅堂和亭榭，不厦两头造（悬山）适用于"厅堂五间"或"堂七间"的厅堂，撮尖（攒尖）适用于四角、八角的亭子。④

其次，空间方位也被礼制化了。《营造法式》卷1《总释上》引《墨子》的话说："宫墙之高，足以别男女之礼。"⑤按《周易·系辞上》及《春秋繁露》卷34的记载，"天尊地卑"与"阳尊阴卑"或称"男尊女卑"则是"别男女之礼"⑥的根本大法，故建筑空间也必然为了迎合这种观念而"卑高以陈，贵贱位矣"⑦。如中国古代室屋建筑除堂基高低与房主人的身份地位相关外，堂室的空间方位亦有尊卑之分，其室内以东向为上，次为南向、北向和西向。故《礼记·仲尼燕居》说："室而无奥阼，则乱于堂室也。"⑧《尔雅》云：室内"西南隅谓之奥。"⑨可见，居室内是以西南向为尊的。考张择端《清明上河图》，其中画有北宋开封城市的四合院住宅，而四合院集中体现着中国传统文化的礼制思想，其建筑空间由北房（即正房）、东西厢房、南房及垂花门和大门组成，而垂花门又将整个建筑布局分割为内与外两个院落，以"别男女之礼"，妇女住内院，男人住外院，于是这种生活现实就形成了北宋"女子居内"和"女子无外事"观念的物质基础。根据文献记载，北宋东京建有三重城，其宫城位于内城的中央而稍偏西北，在宫城南北轴线的东侧排列着外朝的主要宫殿，其西侧则建有文德和垂拱二组殿堂，而太后宫亦建在南北轴线的西侧。⑩《考工记·匠人》说："匠人营国……内有九室，九嫔居之；外有九室，九卿朝焉。"⑪可

① 《礼记·王制》，陈戍国点校：《四书五经》上，第479页。
② （宋）李诚撰，邹其昌点校：《营造法式》卷1《总释上》，第4页。
③ （宋）李诚撰，邹其昌点校：《营造法式》卷4《大木作制度一》，第26页。
④ 潘谷西：《〈营造法式〉初探（三）》，《南京工学院学报》1985年第1期。
⑤ （宋）李诚撰，邹其昌点校：《营造法式》卷1《总释上》引《墨子》，第3页。
⑥ 《周易·系辞上》，陈戍国点校：《四书五经》上，第195页；（汉）董仲舒：《春秋繁露》卷11《阳尊阴卑》，上海：上海古籍出版社，1991年，第66页。
⑦ 《周易·系辞上》，陈戍国点校：《四书五经》上，第195页。
⑧ 《礼记·仲尼燕居》，陈戍国点校：《四书五经》上，第622页。
⑨ 黄侃点校：《尔雅·释宫》，《黄侃手批白文十三经》，第10页。
⑩ 刘敦桢：《中国古代建筑学》，北京：中国建筑工业出版社，1987年，第179页。
⑪ 《考工记·匠人》，陈戍国点校：《周礼·仪礼·礼记》，第129页。

见，北宋的建筑理念从宫殿到民宅仍然以内外有别、尊卑序次为特点，而正因为这个缘故，所以它本身很自然地就变成了既充满阳刚之气又富有阴柔之美的一种伦理型的物质结合体，因而具有极强的人文性和位序观。

最后，空间布局具有情感化的色彩。中国古代的宫殿为什么都非常重视藻井这个空间的布局与构造？理由不外乎两条：一是便于采光，二是作为房主情感化的一种对象性存在。所谓藻井是指室内顶棚向上凹进如井状，四周饰花纹的结构部位，东汉张衡（78—139年）《两京赋》中写道："亘雄虹之长梁，结棼橑以相接。蒂倒茄于藻井，披红葩之狎猎，饰华榱与璧珰，流景曜之韡晔。"①注称："藻井当栋中，交木如井，画以藻文，饰以莲茎，缀其根于井中，其华下垂，故云倒也。"②是谓"藻井"，其"蒂倒茄于藻井"不仅仅是说在藻井之中深植藕根，而且它还含有以水生之物来压火的意思，故《风俗通义》载："井者，东井之像也；藻（亦作菱荷），水中之物，皆取以压火灾也。"③由于藻井是人们情感的所寄之处，所以六朝以后，藻井逐渐成为匠师们展现其巧思和技艺的舞台，其功能也从初始的纯实用形态转而成为一种华丽的象征和情感化的装饰构件。在北宋，李诫把由方井、八角井和斗八（八根角梁组成的八棱锥顶）三层叠合而成的藻井叫作"斗八藻井"，仅有八角井和斗八的藻井则称为"小斗八藻井"。他说："造斗八藻井之制，共高五尺三寸……其中曰八角井，径六尺四寸，高二尺二寸，其上曰斗八径四尺二寸，高一尺五寸，于顶心之下施垂莲或雕华云卷，皆内安明镜。"④而"明镜"的功能除了增强室内的亮度外，恐怕还含有"镇邪"的精神性作用，如赵自励说："执明镜者无所私其照，对明镜者无所隐其质。"⑤而天井的运用则更是人类情感的投入之处，它本身具有人学结构上的深层意义，是一种敬天敬神的物质语言，它本身不仅有"四水归堂"的意蕴，而且从中所培育之植物往往会演变成房主个人品质的象征。房中的立柱由于其负重的关系，人们很少对它进行雕饰，但为了凸显立柱的独特地位，人们便在它身上创造出"楹联"这种艺术表现形式，并成为中国传统文化的重要组成部分，因为人们通常所说的"楹联"，就是悬挂在厅堂前部柱子上的对联，它是主人抒发和寄托情怀的主要建筑载体之一。

在中国古代，蕴含于建筑构件之中的社会伦理观念，并不是孤立地呈现出来的，它跟所承载它的各种装饰艺术紧紧地结合为一体，从而使中国古代的建筑装饰技术具有了更加丰富的内涵和伦理价值。

从结构上讲，居室建筑大致可分成屋顶、门窗及柱础三个装饰主体，而从空间方位来说，建筑装修则分为室外装修与室内装修两个部分。其室外装修的建筑构件主要有门窗、

---

① （汉）张衡：《两京赋》，见（清）曾国藩纂，孙雍长标点：《经史百家杂钞（上）》，长沙：岳麓书社，1987年，第205页。

② （宋）李诫撰，邹其昌点校：《营造法式》卷2《总释下》，第15页。

③ （唐）温庭筠著，（清）曾益笺注：《温飞卿诗集笺注》卷3《长安寺》注引《风俗通义》，上海：上海古籍出版社，1980年，第56页。

④ （宋）李诫撰，邹其昌点校：《营造法式》卷8《小木作制度三》，第55页。

⑤ （唐）赵自励：《八月五日花萼楼赐百官明镜赋》，周绍良主编：《全唐文新编》卷401《赵自励》，长春：吉林文史出版社，2000年，第4623页。

栏杆、楣子等，而室内装修的建筑构件主要有屋顶、楼梯、隔扇、罩等。李诫在《营造法式》一书中将它们称为"小木作"。据考古证明，人类最初是在屋子的墙壁及顶部进行带有宗教性质的着色和图画，后来由于建筑装修或装饰和艺术表达形式的多元化，如雕作、镶嵌、绘画等艺术形式的出现，才逐渐使建筑装饰技术独立成为一种专业的技术。中国古代的建筑特征是木构架，但木材较石材易于腐烂，故为了延长木构件的使用寿命，人们便在梁、枋、柱、斗拱等结构构件上施以油漆彩画，所以建筑装饰从根源上说应是实用性和艺术性的统一。

首先，柱础的装饰益形细致。李诫说："柱础，其名有六，一曰础，二曰礩，三曰舄，四曰踬，五曰碱，六曰磩，今谓之石碇。"①我国历史上最早的柱础实物是安阳殷墟出土的雕刻有人像的石础②，严格地说，础与礩是两个不同的概念，其中在柱子底下承受压力的部分叫"础"，而在础与柱子之间的部分则称为"礩"。《营造法式》卷3《壕寨制度》载："造柱础之制，其方倍柱之径，方一尺四寸以下者，每方一尺厚八寸，方三尺以上者，厚减方之半；方四尺以上者，以厚三尺为率。若造覆盆，每方一尺覆盆高一寸，每覆盆高一寸盆，唇厚一分；如仰覆莲华，其高加覆盆一倍，如素平及覆盆，用减地平钑，压地隐起华，剔地起突，亦有施减地平钑及压地隐起于莲华瓣上者，谓之宝装莲华。"③可见，北宋的匠师对柱础的装饰是非常讲究的，根据李诫的记载，宋代对柱础有四种雕刻技法：一、素平，即平面细琢，是指把础表面打磨光滑平整的技法，这是一种很原始的石刻方法；二、减地平钑，即平面浅浮雕，这种雕法是先把础表面打磨光平，然后向下平刻出各式花纹图案和各种题材，在雕刻史上，这是一种阴刻技法；三、压地隐起，即浅浮雕，这种雕法是先把础表面打磨光平，然后刻去不需要的部分，留出需要的各式花纹图案和各种题材，一般称之为阳刻；四、剔地起突，即圆雕和高浮雕，这种雕法是先把础表面打磨光平，然后按照浮雕主题将被雕物体近表面刻成高低起伏，具有明显隆起突出的立体图案，由于它本身对雕法的要求很高，故李诫称其为"第一等雕法"。至于础面所雕之华文图案，李诫总结了"十一品"："一曰海石榴花，二曰宝相花，三曰牡丹花，四曰蕙草，五曰云文，六曰水浪，七曰宝山，八曰宝阶，九曰铺地莲华，十曰仰覆莲华，十一曰宝装莲花。"④从目前保存下来的北宋柱础实物来看，当时的础雕确实已经达到了很高的艺术水准，其柱础的建造形式和雕刻亦趋向于多样化，如佛光寺文殊殿内柱础用莲瓣覆盆，山东长清灵岩寺大殿柱础覆盆雕山水龙纹，苏州双塔寺大殿柱础覆盆雕卷草花纹等等，这些雕刻作品采用动静结合、虚实相间的艺术手法，使整个图案布局与柱身融为一体，显示出建造者极其高超的艺术水平和审美意境。

其次，屋顶的装饰更加讲究。中国木构架建筑中最富于变化的地方大概就是屋顶了，也许正是因为这个缘故，古代的帝王才对它格外关注，并强制性地作出了严格的等级规

---

① （宋）李诫撰，邹其昌点校：《营造法式》卷3《石作制度》，第21页。
② 梁思成：《中国建筑史》，第35页。
③ （宋）李诫撰，邹其昌点校：《营造法式》卷3《石作制度》，第21页。
④ 梁思成、刘致平：《中国建筑艺术图集》，天津：百花文艺出版社，2007年，第249页。

定，其最高贵的一种屋顶形式是庑殿或重檐庑殿顶，依次为歇山或重檐歇山顶，悬山顶，攒尖顶和硬山顶。而从装饰的角度看，建筑师对屋顶的处理有天花和藻井两种艺术手法。所谓天花即是在木框里置放较大的木板，板下施彩绘或贴以有彩色图案的纸的做法，而藻井则是天花的一种高级形式。李诫在《营造法式》卷 5《大木作制度二》中给出了平暗和平棋两种天花形式。其中平暗是指为了不露出建筑的梁架，在梁下用天花枋组成木框，框内放置密且小的木方格的做法，而平棋则是指在矩形的木框放一块较大的木板（即天花板），板下往往施以彩绘或贴以彩色图画的做法。至于藻井，因它制作工艺要求很高，故一般只适用于官式建筑。而《营造法式》所讨论的建筑议题主要是北宋的官式建筑，所以李诫对斗拱和藻井的叙述最为详尽，而目前所见属于北宋时期的殿堂藻井，其雕绘的作品无论是构图还是色彩运用都已达到了十分纯熟的艺术高度，如山西应县净土寺大雄宝殿内部的天宫楼阁藻井、山西晋城二仙庙佛道帐、山西侯马董氏砖墓顶部的八角藻井、浙江宁波保国寺斗八藻井、浙江普陀山法雨禅寺观音殿的"九龙盘栱"藻井、四川江油云岩寺飞天藏以及河北承德普乐寺旭光阁藻井等，都是模仿木构建筑形式而雕刻华美细致的精品。[1]梁思成先生曾说："屋顶为实际必需之一部，其在中国建筑中，至迟自殷代始，已极受注意，历代匠师不殚烦难，集中构造之努力于此。依梁架层叠及'举折'之法，以及角梁、翼角，椽及飞椽，脊吻等之应用，遂形成屋顶坡面，脊端，及檐边，转角各种曲线，柔和壮丽，为中国建筑物之冠冕，而被视为神秘风格之特征，其功用且收'上尊而宇卑，则吐水疾而霤远'之实效。"[2]

最后，门窗的装饰异彩纷呈。中国人有讲究门面的传统，加之古代建筑的木构特征，其门与墙皆无负重之压力，所以门窗之装饰更富表现力，且为匠师提供了比较广阔的自由创造空间。在北宋，门式可分成"版门"和"隔扇门"或称"格子门"两种。在形式上，版门通常作相互对称的两扇，而根据门面装饰的特点，版门又有棋盘版门和镜面版门之分，但不管是棋盘版门还是镜面版门，《营造法式》规定每扇版门的高宽比为 2∶1，最大不超过 5∶2，李诫说："造版门之制，高七尺至二丈四尺，广与高方（谓门高一丈则每扇之广不得过五尺之类）。"[3]格子门始见于唐代，一般可作为建筑的外门或内部隔断。据《营造法式》卷 7《小木作制度二》载："造格子门之制，有六等：一曰四混，中心出双线，入混内出单线（或混内不出线）；二曰破瓣双混，平地出双线（或单混出单线）；三曰通混出双线（或单线）；四曰通混压边线；五曰素通混（以上并钻尖入卯）；六曰方直破瓣（或钻尖或义瓣造）。高六尺至一丈二尺，每间分作四扇（如梢间狭促者，只分作二扇）。"[4]一般来说，隔扇用以隔断，它由边梃和抹头组成，分花心和裙版二部，其中花心是通风透光的部分，而裙版雕刻图案文字，是装饰的重点所在。窗，与唐代的直棂窗相

---

① 鲍家声、倪波：《中国佛教百科全书》之建筑、名山名寺卷，上海：上海古籍出版社，2001 年，第 34 页；刘敦桢主编：《中国古代建筑史》，第 249 页。

② 梁思成：《中国建筑史》，第 15 页。

③ （宋）李诫撰，邹其昌点校：《营造法式》卷 6《小木作制度一》，第 40 页。

④ （宋）李诫撰，邹其昌点校：《营造法式》卷 7《小木作制度二》，第 48 页。

比，北宋的开关窗逐渐形成建筑的主流，且在类型和外观上亦有很大的发展，出现了槛窗、支摘窗和横披等形式。顾名思义，支摘窗就是可以支撑和摘卸的窗。罩，是用硬木浮雕或透雕雕成图案而在室内起隔断和装饰的作用。

由上所述，不难发现，北宋殿堂装饰的关键是如何对各建筑构件进行精雕细刻，以展示建筑者不同凡响的艺术魅力和创造才华，而丰富多彩的殿堂雕饰实际上就构成了中国古代建筑艺术的精髓。熙宁变法之后，随着北宋政治形势的逐渐好转和经济生活的不断提高，建筑雕刻在匠师们的劳动实践中已自觉地形成了一种制度，并由李诫记载于《营造法式》里。《营造法式》卷12《雕作制度》将北宋所出现的"雕饰"制度按形式分为四种，即混作、雕插写生华、起突卷叶华、剔地洼叶华，按当今的雕法即为圆雕、线雕、隐雕、剔雕、透雕。李诫认为：雕混作之制有八品，一曰神仙，二曰飞仙，三曰化生，四曰拂菻，五曰凤凰，六曰师子，七曰角神，八曰缠柱；雕插写生华之制有五品，一曰牡丹华，二曰芍药华，三曰黄葵华，四曰芙蓉华，五曰莲荷华；雕刻起突卷叶华之制有三品，一曰海石榴华，二曰宝牙华，三曰宝相华；雕剔地洼叶华之制有六品，一曰海石榴华，二曰牡丹华，三曰莲荷华，四曰万岁藤，五曰卷头蕙草，六曰蛮云。从《营造法式》所绘制的各种雕刻图案看，李诫运用中国古代传统绘画中的线描，通过不同的木质去着力表现木雕的结构与透视变化，从而将绘画的线与雕刻的面融为一体，具体地说，《营造法式》中的雕作制度有以下几个特点：一是雕法精细，由于受到北宋中后期画院画渐趋于精细的工笔花鸟之影响，建筑雕刻亦以表现热烈、祥和的题材为主，一草一木，一花一叶，刀琢斧削，巧夺天工，无论是花瓣的张合还是叶片的折展，都给人一种线条圆浑柔媚之感；二是雕作内容巧密繁缛，跟北宋后期整个社会崇尚奢侈的风气相适应，李诫试图用纹饰越繁缛示意其财富越丰厚的表现手法来将北宋的建筑雕饰程式化，所以在这样的审美前提下，其雕饰工程费时长、功效大就是必然的结果了，但建筑匠师在创造雕饰的奢华景象时也显示了他们非凡的工艺技巧和审美表现力；三是既注意建筑部件的个性需要又照顾到整个建筑构架的整体效果，如门窗雕饰多以相同形状的窗扇为单元，把定型的纹样与浮雕结合起来，因而使得每一扇窗门基本上都协调一致，整齐划一，然而具体到每一处窗扇却又不雷同，不重复，而是各具特色，做到了多样性的统一。因此，从整个建筑实体来讲，《营造法式》所说之斗拱、梁枋、踏道、格扇、柱础、雀替、藻井、门窗等，它们既是重要的建筑构件，又是表现力极强的艺术品，它们凝重而多变，坚实而飘逸，建筑匠师在这些部位竭尽雕刻之能事，因材施刀，细镂如画，既凝结着强烈的审美意识，也雕刻着热情的审美情趣，细细地想来，哪一件雕刻作品不是建筑匠师人文精神的体现和艺术才华的展示呢？

小　结

受到北宋后期①"党祸"的影响，许多颇有才华的士大夫纷纷被迫从政治舞台上退居幕后，他们转而潜心著书立说，从而使北宋的科技理论创造，不仅没有衰落，反而出现了一个高潮。作为北宋科技思想的杰出代表，如沈括、苏颂、李诫、钱乙、唐慎微等，都主要生活在北宋后期。本章重点介绍苏颂、李诫、钱乙和唐慎微的科技成就。

作为"熙宁三舍人"之一的苏颂，尽管没有公开反对变法，但由于在任用李定的问题上与王安石意见不合，遂被撤职。元丰八年（1085），苏颂与韩公廉一起制定了修造水运仪象台的方案。其《新仪象法要》一书"文字虽不多，却是我国 11 世纪前天文学伟大成就的巡礼，是中国古代天文仪器制造技术的展览，同时也反映了古代在静力学、动力学、光学、数学、机械制造学和自动控制等许多领域的辉煌成果"②。李诫的《营造法式》分名例、制度、功限料例和图样 4 个组成部分，它是我国古代第一部官颁土木营造文献，对后世建筑技术的标准化和规范化建设产生了深远影响。

宋代重视医学教育，编刊了《太平圣惠方》等一大批医书，太医局分九科传授医学，从而使北宋医学发展到一个空前的水平。在儿科领域，钱乙的《小儿药证直诀》根据小儿生理病理特点，第一次系统总结了对小儿的辨证施治法，并使古代医学界视为"哑科"的儿科自始便发展成为独立的一门学科③，钱乙亦由此而被后世奉为"儿科之圣"④。唐慎微出身世医之家，擅长经方，曾应蜀帅李端伯之邀，在成都行医多年。据传，其貌虽"寝陋"，举止朴拙，但却"疗疾如神"⑤。他的《经史证类备急本草》集前人本草著作之大成，收录药物达 1748 味（其中新增药物 600 余种），附图谱 294 幅，囊括了北宋以前主要本草的精华，保存了大量古代的珍贵本草文献，使我国本草从此具备了药物学的规模，尤其是书中首创且沿用至今的"方药对照"的编写方法⑥，各药之后共附单方和验方 3000 余首，成为后世本草著作的编写范式。所以该书一经问世，数次作为国家法定本草颁行，享誉四方，遂将我国本草学推向了一个新的历史高度。

---

① 北宋后期从宋英宗治平四年（1067）至宋钦宗靖康元年（1126），前后总共 60 年（参见李华瑞：《论北宋后期六十年的改革》，罗家祥主编：《华中国学·2017 年 春之卷》，武汉：华中科技大学出版社，2017 年，第 190 页。）

② 贺威：《宋元福建科技史研究》，厦门：厦门大学出版社，2019 年，第 211 页。

③ 方祝元、陈四清：《医案圭臬——历代名医脉案范例赏析》，北京：中国中医药出版社，2019 年，第 3 页。

④ 高艺航：《中国医学》，长春：时代文艺出版社，2009 年，第 157 页。

⑤ 四川省崇庆县志编纂委员会编纂：《崇庆县志》，成都：四川人民出版社，1991 年，第 837 页。

⑥ 四川省崇庆县志编纂委员会编纂：《崇庆县志》，第 838 页。

第四章　北宋科技思想发展的历史总结与局限性

第一节　北宋科技思想发展的历史总结

北宋历经百余年的社会发展，其科学思想在中国乃至世界古代科学史上所达到的历史高度亦渐渐为世人所承认和首肯。事实上，早在 17 世纪末德国著名的数学家和哲学家莱布尼茨就曾被周敦颐所发明的"太极图说"所震惊，甚至他把当时的中国称为"东方的欧洲"[①]。无独有偶，在 20 世纪 50 年代，英国的科学史家李约瑟亦把他的研究视点聚焦于周敦颐这个历史人物上，并将其"无极而太极"一句话作为有机论的经典命题来看待，同时还认为中国古代的有机哲学应当就是现代科学的先导。[②]由此可见，北宋理学对欧洲近现代科学思想界的影响是客观存在的，所以，为了从总体上更加直观地去理解和把握北宋诸学派科技思想发展的历史特点，笔者试就北宋诸学派科技思想的发展脉络做点梳理、回顾和总结性的工作。

一、北宋诸学派科技思想的异同

按照中国古代科学思想的特色来划分，并以本书为限，北宋诸多学派和人物大体可分作四个类别：第一类属"自然哲学派"[③]，它包括曾公亮、沈括、苏颂、唐慎微和李诫等科学家；第二类属"实学派"，它包括胡瑗的安定学派、王安石的荆公学派及李觏等人；第三类属"理学派"，它主要包括刘牧的图书学派、张载的横渠学派、邵雍的百源学派、二程的洛学派；第四类属"心学派"，它包括释智圆的山外派、苏轼的蜀学派和张伯端的紫阳学派。当然，这个分类不是严格意义上的分类，尽管如此，但在这个分类中，人们还是能够直观地看出，跟北宋比较宽松的政治气候相联系，其思想界确实呈现出异彩纷呈和各领风骚的历史局面。

首先，从个性的层面讲，则各个学派确实表现出了不同的风格和特色。

"自然哲学派"立足于对宇宙的观察，因而他们都格外地关注自然物的存在形态，并

---

① ［德］莱布尼茨：《〈中国近事〉序言：以中国最近情况阐释我们时代的历史》，［德］夏瑞春编：《德国思想家论中国》，陈爱政等译，南京：江苏人民出版社，1997 年，第 1 页。

② ［英］李约瑟：《中国古代科学思想史》，陈立夫等译，第 421 页。

③ ［英］李约瑟：《四海之内：东方和西方的对话》，劳陇译，北京：生活·读书·新知三联书店，1987 年，第 91 页。

试图用一种科学范式去刻画和描述各种自然物之间的内在联系，所以，在科学思想方面，这个学派真正地代表着古代中国所能达到的最高成就和水平。如沈括说："近岁延州永宁关大河岸崩入地数十尺，土下得竹笋一林，凡数百茎，根干相连，悉化为石。适有中人过，亦取数茎去，云欲进呈。延郡素无竹，此入在数十尺土下不知其何代物。无乃旷古以前地卑气湿而宜竹耶？"①这种通过观察分析"竹笋化石"而得出延州在远古为"湿地"的结论，已为现代科学研究所证实：此文中的"竹笋化石"属于三叠纪（2.5 亿至 2 亿年前的一个地质时代）的新芦木。又如唐慎微引《图经》的话说："蜡密，脾底也。初时香嫩，重煮治乃成。药家应用白蜡更须煎炼，水中烊十数过，即白。古人荒岁多食蜡以度饥，欲啖当合大枣咀嚼即易烂也。刘禹锡《传信方》云：甘少府，治脚转筋兼暴风，通身水冷如缓者，取蜡半斤，以旧帛绝绢并得约阔五六寸，看所患大小加减阔狭，先销蜡涂于帛上，看冷热但不过烧人，便承热缠脚，仍须当脚心便著機裹脚，待冷即便易之。亦治心躁惊悸如觉，是风毒兼裹两手心。"②其中"蜡密"就是由工蜂的蜡腺分泌出来的一种脂肪性的物质，而蜡疗则是利用加热的蜡密敷贴在身体患处的一种近乎天然的绿色疗法，加之"蜡密"资源比较充足，疗效亦可靠，故深受患者的青睐。另外，从文献资料的角度看，这段话也是唐慎微依据对蜡疗的仔细观察和可反复验证的临床效果而对蜂蜡疗法的最客观和最真实的记载。

"实学派"不同于"自然哲学派"，前者从社会功利的效果与目的出发，非常强调科学技术对于人类生活的实际意义与价值，若以行动观之和验之，则"实学派"也可称作"实践派"或"功利派"。如熙宁二年（1069）十一月十三日制置三司条例司颁布的《农田利害条约》规定："有能知土地所宜、种植之法，及可以完复陂湖河港；或不可兴复，只可召人耕佃；或元无陂塘、圩埠、陂堰、沟洫，而即令可以耕修；或水利可及众，而为之占擅；或田土去众用河港不远，为人地界所隔，可以相度均济疏通者：但干农田水利事件，并许经管勾官或所属州县陈述。管勾官与本路提刑或转运商量，或委官按视如是利便，即付州县施行。有碍条贯及计工浩大或事关数州，即奏取旨。其言事人，并籍姓名、事件、候施行乞，随功利大小酬奖；其兴利至大者，当议量材录用。内有意在利赏人不希恩泽者，听从其便。"③这是王安石变法的一项基本内容，而这项基本内容则集中体现了北宋"实学派"的共同思想特征，因而"实学派"的思想实际上就成了北宋科技发展的轴心意识。

由于北宋社会政治的特殊性，侧重于数理分析的"理学派"虽说没有能够成为北宋意识形态的主流，但它在"本质上是科学性的，伴随而来的是纯粹科学和应用科学本身的各种活动的史无前例的繁盛"④。具体地讲，北宋理学又可细分为数术、狭义的理学和气学三个流派，而从科技思想史的角度看，这三个流派都把数理或"际天人"作为其研究的对

① （宋）沈括著，侯真平校点：《梦溪笔谈》卷 21，第 178 页。
② （宋）唐慎微：《重修政和经史证类备用本草》卷 20《石密》，北京：人民卫生出版社，1957 年，第 410 页。
③ （清）徐松辑，刘琳等校点：《宋会要辑稿》食货 63 之 183—184，第 7709—7710 页。
④ ［英］李约瑟：《中国科学技术史》第 2 卷《科学思想史》，何兆武译，北京：科学出版社；上海：上海古籍出版社，1990 年，第 527 页。

象，如邵雍曾说："学不际天人，不足以谓之学"①，而"君子从天不从人"②，所以，"理学派"将"天人感应"作为其哲学思想的基础，如邵雍说："天与人相为表里。"③程颐亦云："天地之间，只有一个感与应而已，更有甚事？"④因此，这派思想家的侧重在于对物理学（即天道）的研究与阐释。所以，"理学派"与"实学派"之间的思想差异还是比较明显的，对此，二程有一个很经典的总结："或问：'介甫有言，尽人道谓之仁，尽天道谓之圣。'子曰：'言乎一事，必分为二，介甫之学也。道一也，未有尽人而不尽天者也。以天人为二，非道也。子云谓通天地而不通人曰伎，亦犹是也。或曰：乾天道也，坤地道也，论其体则天尊地卑，其道则无二也。岂有通天地而不通人？如止云通天文地理，虽不能之，何害为儒？'"⑤在特定的历史条件下，把天道与人道区别开来，是科技发展的重要前提，而王安石倡导优先发展与人类生活和社会发展密切相关的那些实用性的科学技术，如医学、农学等，因而重视专业人才的培养和教育就成为"实学派"的核心意识，这一点可能会让"天理"没有市场，从而使那些只追求"天道"的所谓道德性人才失去立足的根基。所以，二程讲"道一"的最终目的还是以"天道"代"人道"，进而使"人道"服从于"天道"。

"心学派"与一定的宗教人生相关联，所以这派思想家非常注重人之作为一个独立个体的心性修炼。可是，由于心性修炼一般都讲求人与自然的和谐与统一，故这派思想家的社会政治观虽然大多趋向于保守，但他们在生命科学与生态学这两个方面，还是颇有建树的。如《中庸》云："万物并育而不相害，道并行而不相悖。"⑥这句话则反复为苏轼和苏辙所引用⑦，几乎成了他们"科学人道主义"的基本理念。与"实学派"相比，"心学派"注重追求人的个体价值而不是社会价值的实现，这一点跟"理学派"十分接近，如二程说："成己须是仁，推成己之道成物便是智。"⑧这里所说的"成己之道"也是以人的个体为中心的。所以，由于"实学派"着眼于人的社会价值和国家的整体利益，故当人的社会价值与个体价值发生冲突和矛盾的时候，主张以牺牲人的个体价值来保证人的社会价值的优先地位；与此不同，"心学派"则主张人的个体价值高于其社会价值，因此，当人的社会价值与个体价值发生冲突和矛盾的时候，应该以牺牲人的社会价值来换取人的个体价值的优先地位。如张伯端说："节气既周，脱胎神化，名题仙籍，位号真人，此乃大丈夫功成名遂之时也。"⑨这种"真人意识"与尼采的"超人意识"很相像，两者都以张扬人的个

---

① （清）黄宗羲原著，（清）全祖望补修，陈金生、梁运华点校：《宋元学案》卷9《百源学案上·观物外篇》，第382页。

② （宋）邵雍撰，王从心整理，李一忻点校：《皇极经世》卷13《观物外篇三》，第584页。

③ （宋）邵雍撰，王从心整理，李一忻点校：《皇极经世》卷12《观物篇》，第412页。

④ 《河南程氏粹言》卷1《论道篇》，（宋）程颢、程颐著，王孝鱼点校：《二程集》下，第1170页。

⑤ 《河南程氏粹言》卷1《论道篇》，（宋）程颢、程颐著，王孝鱼点校：《二程集》下，第1170页。

⑥ 《中庸》，陈戍国点校：《四书五经》上，第13页。

⑦ （宋）苏轼：《苏东坡全集》卷58《思堂记》，第1532页；（宋）苏辙：《栾城后集》卷10《梁武帝》，《摛藻堂景印四库全书荟要》，台北：世界书局，1985年，第14页。

⑧ 《河南程氏遗书》卷6，（宋）程颢、程颐著，王孝鱼点校：《二程集》上，第82页。

⑨ （宋）张伯端：《悟真篇》，《道藏》第2册，第914页。

体价值为特色，老实说，"心学派"之所以能够在北宋那个历史时代找到它的生长环境，是因为当时的商业经济正悄然兴起，而商业经济恰好给"真人意识"提供了生存的条件，从这层意义上讲，"心学派"跟"实学派"又有相通之处。

其次，从共性的层面讲，则各个学派在保持自身之特色的前提下亦必然包含着相互统一的要素。

北宋是一个充满了文化气息的时代，在某种意义上说，也是一个科学昌明的历史时期。虽然，从侧面看，上述各学派对北宋科技进步的作用力有所不同，如"理学派"在北宋数学和物理学的研究方面，较"实学派"和"心学派"就具有明显的优势；而"实学派"在农业和军器制造技术方面所起的作用则又是"心学派"和"理学派"所无法比拟的；至于"心学派"对养生学和生态学的研究，不仅形成了自己的专业特色，而且比"理学派"和"实学派"更主动和更有力地推动着北宋生物学的发展；但是这仅仅是问题的一个方面。其实，如果没有诸学派的相互支持和相互贯通，并形成一种社会合力，那么北宋就不可能产生出那么巨大的科技生产力，如在王安石变法期间，针对"今天下甲胄弓弩以千万计，而无一坚利者"[1]的局面，王雱建议国家设立军器监，实行规模化的专业生产，"敛数州之所作而聚以为一，若今钱监又比，择知工之臣使典其职，且募良工为匠师"[2]，下设 11 个专业作坊，此外，还设有御前军器所，其役工匠亦逾万人，可见其生产规模之大。在农业生产方面，则水稻不仅实施了双季栽培，而且其种植区域已从江南向北跨过秦岭与淮河而进一步扩展到了黄河流域，而这种农业战略的实现既需要政策的引导也需要观念的转变；在农业工具方面，南方在推广曲辕犁的过程中，人们在原来结构的基础上新创造了"鉴刀"装置，从而极大地提高了垦荒效率；北方则由于缺乏耕牛而采用"踏犁"，其效"可代牛耕之功半，比擾耕之功则倍"[3]，如此等等。由于采用了先进生产工具，故北宋的农业和工商业才有可能进入到中国古代历史上的"黄金时期"，其农村经济和城市经济均较唐代有了显著进步。对此，北宋诸学派虽然在政见上"异论相搅"，但在科技研究方面，无不为之投入一定的心血，尽管科学研究并不是他们的主业。

从学术研究的渊源上说，北宋各学派有着共同的学术背景和文化土壤。前面讲过，《易》是中国古代科技发展的理论基础，而探究宇宙现象背后的"秩序"原理就自然成为北宋所有思想家的源头。《易经·系辞上》说："《易》有太极，是生两仪。"[4]这句话实际上就是中国古代关于宇宙生成的原理，而周敦颐把它演变为太极图生化模式，自此，北宋科技思想就在继承与创新的这个结合点上逐步形成了自己鲜明的时代特色。根据《宋元学案》和《宋史》本传的记载，北宋诸学派在《易》学方面的研究专著非常丰富，其中每个代表人物几乎都有一两部易学专著，粗计有：胡瑗《易解》12 卷，《周易口义》10 卷及《系辞说卦》3 卷，李觏《易论》13 篇、《删定易图序论》6 篇，刘牧《新注周易》11 卷、

---

① （宋）陈均：《九朝编年备要》卷 19《神宗皇帝》，《景印文渊阁四库全书》第 328 册，第 505 页。

② （宋）陈均：《九朝编年备要》卷 19《神宗皇帝》，《景印文渊阁四库全书》第 328 册，第 505 页。

③ （清）徐松辑，刘琳等校点：《宋会要辑稿》食货 1 之 16—17，第 5946 页。

④ 《易经·系辞上》，陈戌国点校：《四书五经》上，第 199—120 页。

《卦德通论》1 卷、《易数钩隐图》1 卷，邵雍《皇极经世》12 卷、《叙篇系述》2 卷、《观物外篇》6 卷及《观物内篇》2 卷，王安石《易解》14 卷，苏轼《易传》9 卷，程颐《易传》9 卷和《易系辞解》1 卷，张载《易说》10 卷，等等。其他虽无专著，但对《易》却亦用心不少。如沈括在《梦溪笔谈》卷 7《象数一》中就用了不少篇幅来探讨《易》学问题，他说："《易》有'纳甲'之法，未知起于何时。予尝考之，可以推见天地胎育之理。"[①] 苏颂则颇欣赏《周易》所说"几者动之微"[②] 一句话，同时他对羲和作《易》亦甚是钦佩，他说："羲《易》穷神，合五位而象布。"[③] 故"天人之际，因以明焉"[④]。可见，易学仍然是北宋科学家用以"际天人"的一种不可或缺的理论工具。

与北宋的整个社会变革相适应，不管是早期的思想家，还是中期和后期的思想家，只要他们在北宋这个文化历史舞台上一露面，就会毫无造作地表现出一种轩气昂然的精神气质来。如《宋元学案序录》对北宋的几个主要学派这样评论道："宋世学术之盛，安定、泰山为之先河"[⑤]；"康节之学，别为一家"[⑥]；"伊洛既出，诸儒各有所承"[⑦]，"横渠先生勇于造道，其门户虽微有殊于伊洛，而大本则一也"[⑧]，"荆公《淮南杂说》初出，见者以为孟子"[⑨]，且"《三经新义》累数十年而始废，而蜀学亦遂为敌国"[⑩]。的确，北宋学派的产生和传承不能没有矛盾和冲突；事实上，正是由于各学派之间的矛盾和冲突，才铸就了北宋那自主创新的学术风范，同时亦才造成了北宋文化"发展到登峰造极的地步"[⑪] 的这种历史局面。

二、北宋科技思想发展的历史特点

（1）科技发展与学校教育相结合，因而使科技思想的传播具有与之基本相适应的社会条件和物质基础。在中国古代的历史发展长河中，北宋是学校教育做得最好的历史时期之一。以范仲淹庆历新政为标志，当时出现了官学与私学并行的多渠道办学模式和格局。随

①　（宋）沈括著，侯真平校点：《梦溪笔谈》卷 7《象数一》，第 67 页。
②　（宋）苏颂：《苏魏公集》卷 72《杂著》，北京：中华书局，2004 年，第 1094 页。
③　（宋）苏颂：《苏魏公集》卷 72《杂著》，第 1090 页。
④　（宋）苏颂：《苏魏公集》卷 72《杂著》，第 1090 页。
⑤　（清）黄宗羲原著，（清）全祖望补修，陈金生、梁运华点校：《宋元学案》卷 1《安定学案·序录》，第 23 页。
⑥　（清）黄宗羲原著，（清）全祖望补修，陈金生、梁运华点校：《宋元学案》卷 9《百源学案上·序录》，第 365 页。
⑦　（清）黄宗羲原著，（清）全祖望补修，陈金生、梁运华点校：《宋元学案》卷首《宋元儒学案·序录》，第 9 页。
⑧　（清）黄宗羲原著，（清）全祖望补修，陈金生、梁运华点校：《宋元学案》卷 17《横渠学案·序录》，第 662 页。
⑨　（清）黄宗羲原著，（清）全祖望补修，陈金生、梁运华点校：《宋元学案》卷 98《荆公新学略·序录》，第 3237 页。
⑩　（清）黄宗羲原著，（清）全祖望补修，陈金生、梁运华点校：《宋元学案》卷 98《荆公新学略·序录》，第 3237 页。
⑪　漆侠：《宋学的发展和演变》，第 3 页。

后，学校教育从南到北，从东到西，在全国范围内兴起了一股办学热潮，据《宋史》卷167《职官七》载："自是州郡无不有学。"①欧阳修在《吉州学记》一文中也说："海隅徼塞，四方万里之外，莫不皆有学。"②可见，在那个时候，北宋的整体教育形势是多么喜人。如东南沿海一带是学校教育最为发达的地区，被陈青之先生称为"活的教育"的胡瑗先在苏州开办私学，后主持苏州郡学，他所创立的"分斋教学法"成为后代官学教育的基本模式，对明清的学校教育产生了深远影响，故《苏州府志》卷26《学校篇》云："天下郡县学莫盛于宋，然其始亦由于吴中。"③四川是北宋所辖领域的最西端，再向西就属于吐蕃的统治范围了。由于历史文化的长期积淀，四川在北宋即出现了书卷风流的人文气象，如宋初成都华阳人彭乘家有万卷藏书④；梓州路荣州杨处士更筑室百楹，用于藏书⑤；宋神宗时签书益州判官沈立则"悉以公粟售书，积卷数万"⑥，等等。与此相应，四川的印书业也处于领先地位，如宋人王明清《挥麈录余话》卷2载有官印图书以"蜀中为最"⑦的话，而北宋《开宝藏》在成都的印行则进一步奠定了四川在全国印刷业中的龙头地位。有了这样的文化基础，四川的教育呈现出异军突起的态势就不难理解了。如梓州路的普州在北宋前"鲜知学者"⑧，宋仁宗以后"俗遂变"⑨；其"乡学"与"山学"教育形成特色，尤其是对出现在眉州、普州等地的"山学"，宋人赵与时直率地承认"余未之闻"⑩。地处岭南的两广教育尽管起步较晚，但借庆历厉学兴校之东风，州学、县学及私学相继在广州、柳州、雷州等地出现，对此，宋人余靖在《武溪集》卷6中破例用4个篇章来描述岭南的教育发展状况。作为北宋都城之所在地，东京开封、京西路及京东路，学校教育更是空前发达，据统计，至大观二年（1108）仅京西路一地的官学就达到了"三千三百余区，教养生徒三千三百余人"⑪，其教育的普及率在全国来说应当是比较高的。借此，北宋的技术教育开始向制度化和规范化的方向发展。胡瑗所创"分斋教学法"的实质就是把学问分成经义和治事两斋，前者以六经为主，后者以专业技术培训为要。不过，在地位上，经义是主科，治事是副科，副科共分治兵、治民、水利和算术四类。虽然从总体上

---

① 《宋史》卷167《职官七》，第3976页。

② （宋）欧阳修：《欧阳修集》卷18《吉州学记》，北京：中国戏剧出版社，2002年，第229页。

③ （元）郑元祐撰，徐永明校点：《郑元祐集》卷7《吴县儒学门铭》，杭州：浙江大学出版社，2010年，第153页。

④ 《宋史》卷298《彭乘传》，第9900页。

⑤ （宋）文同著，胡问涛、罗琴校注：《文同全集编年校注》卷23《荣州杨处士墓志铭》，成都：巴蜀书社，1999年，第735页。

⑥ 《宋史》卷333《沈立传》，第10699页。

⑦ （宋）王明清撰，王松清点校：《挥麈录余话》卷2，上海：上海古籍出版社，2012年，第205页。

⑧ （宋）李焘：《续资治通鉴长编》卷109"天圣八年正月辛巳"条，第973页。

⑨ （宋）李焘：《续资治通鉴长编》卷109"天圣八年正月辛巳"条，第973页。

⑩ （宋）赵与时撰，齐治平校点：《宾退录》卷1，上海：上海古籍出版社，1983年，第7—8页。原文云："嘉、眉多士之乡，凡一成之聚，必相与合力建夫子庙，春秋释奠，士子私讲礼焉，名之曰乡校。亦有养士者，谓之小学。眉州四县，凡十有三所。嘉定府五县，凡十有八所。他郡惟遂宁四所，普州二所，余谓之闻。"

⑪ （清）黄以周等辑注，顾吉辰点校：《续资治通鉴长编拾补》卷28"徽宗大观二年五月庚戌"条，《续资治通鉴长编拾补》第2册，北京：中华书局，2004年，第939页。

说，北宋"与士大夫治天下"的家法并没有给予技术官以应有的政治地位，甚至在士大夫的观念中还存在着"应伎术官不得与士大夫齿，贱之也"①的认识误区和政治偏见，但它却为民间技术的规范化教育开辟了一条新路，尤其是对民间培养既懂技术理论又有专业实践经验的技术人才具有积极的指导作用。所以，从这个层面讲，《武经总要》《营造法式》《证类本草》《新仪象法要》等这几部重要的技术著作，实际上都是为了行业规范而编写的教材。如李诚在《进新修〈营造法式〉序》中针对建筑领域所存在的"董役之官，才非兼技，不知以材而定分"②现象，提出"事为之制"③的主张，这"制"既是政府对建筑工程所制定的行业法规，也是民间建筑技术教育的范本和教材。而苏颂水运仪象制造技术的失传，实在跟北宋忽视这项世界级技术教育的社会现实有着密切关系。

（2）在天道与人道的相互渗透中萌发出一定的科学思想和科学意识，因而北宋的科技发展就具有了多源性和模糊性的特征。从北宋科学思想发展的实际情况看，尤其是就各学派所探讨的许多具体问题来说，诸多学派真的是很难在科学与非科学这两者之间进行简单而明确的定位，更不可能有充足理由去断言各个学派的最后归属，即它们中的哪一个学派属于科学，哪一个学派属于非科学。如二程的"理学派"，我们就不能用科学还是非科学的语词来做生硬的处理，因为科学的发展是"历境主义"的，也就是说，北宋的社会现实跟近现代欧洲的社会现实不同，因而北宋科技思想的产生条件与表现形式亦就会跟近现代欧洲科技思想的产生条件和表现形式有所不同。科学，从本质上说，就是人类解释自然的一种知识体系，它具有历史性与历境性。所以，就其具有历史性而言，科学思想有一个从不成熟到逐渐成熟的过程；但就其具有历境性而言，科学思想则有一个自此地向彼地不断转移与融合的过程，最终实现由局域到全域的飞跃。古希腊的科学思想就完成了从局域到全域的飞跃，因而它本身已经打破了地域的限制，并具有了世界意义。然而，北宋的科技成果虽亦曾打破地域所限，由亚洲西传欧洲，且对欧洲近代社会的形成发挥了积极作用，但北宋的科技思想却没有相应地变成世界性的财富，成为各国科学家共享性的思想资源，从这个角度说，北宋科技思想的解释效力是受限的，因为它仍然停留在"局域"的阶段。而作为"局域性"的北宋科技思想与作为"全域性"的西方近现代科技思想相比照，两者之间当然既有相契合的一面，又有不相契合的一面；一般地说，凡是两者相契合的一面，对北宋的思想而言，就可以说是"科学"，而两者不相契合的一面，则对北宋的思想而言，就是"非科学"的了。但这种比较，不是历史的比较和客观的比较，因而不是全面的比较和动态的比较。所以，判断北宋各学派对特定自然现象的解释是不是科学，就必须把握住其"局域性"的特点，应考虑到它曾经所具有的那种"局域性"的解释效力。比如，关于五行生数与成数的问题，这是自《洪范》以来历朝历代的思想家都不能回避的问题，而且是一个非常具有"局域性"解释效力的问题。因此，在北宋这个特定的历史时期，五

---

① （宋）王林：《燕翼诒谋录》卷 2，《中华野史》编委会编：《中华野史》卷 4《宋朝卷》上，西安：三秦出版社，2000 年，第 2282 页。

② （宋）李诚撰，邹其昌点校：《营造法式·进新修〈营造法式〉序》，第 2 页。

③ （宋）李诚撰，邹其昌点校：《营造法式·进新修〈营造法式〉序》，第 2 页。

行的生成数问题就是一个科学问题，因而对它的各种解释就理所应当属于科学思想的范畴。对此，沈括说：

> 《洪范》"五行"数，自一至五。先儒谓之此五行生数，各益以土数，以为成数。以谓五行非土不成，故水生一而成六，火生二而成七，木生三而成八，金生四而成九，土生五而成十，合之为五十有五。唯《黄帝素问》土生数五，成数亦五，盖水火木金皆待土而成，土更无所待，故止一五而已。画而为图，其理可见。为之图者，设木于东，设金于西，火居南，水居北，土居中央，四方自为生数，各并中央之土以为成数。土自居其位，更无所并，自然止有五数，盖土不须更待土而成也。合"五行"之数为五十，则"大衍之数"也。此亦有理。①

从这段记述里，我们不难看出，对五行生成数的解释是存在歧义的，而沈括认为歧异方的解释都各有道理。由于当时没有"科学"这个词，故沈括代之以"有理"，而从理论上讲，"有理"的内涵跟"科学"的内涵应该是相通的。不过，北宋各派思想家所关注的问题并不一定都是科学问题，而他们的科学思想亦并不一定都源自科学问题。因为所谓"科学问题"是指"基于一定科学知识的完成、积累，为解决某种未知而提出的任务"②，它本身可分为科学问题和非科学问题、真实问题和虚假问题、待解问题和无知问题等。社会生活中的非科学问题很多，如政治问题、经济问题、伦理问题，如此等等。从理论上讲，科学思想应来源于科学问题，但是在现实的社会运动中，科学思想也可以从非科学问题中产生出来，例如，北宋的许多科技思想就是从伦理问题中产生出来的。如，周敦颐说："惟人也，得其秀而最灵。形既生矣，神发知矣，五性感动而善恶分，万事出矣。"③从这里不难看出，北宋理学派所理解的人是道德的人，但是人们为了阐明作为道德的人的存在意义，就必须去探讨人的非道德性的一面，而非道德性的一面往往都是一些具体的实物性问题或者是一些人们在日常生活中经常要面临的科学问题，对这些问题的回答则当然地引导出一定的科技思想来。所以，北宋的科技思想大都附属于道德伦理的问题，这也是北宋科技思想发展的一个重要特点。

（3）因受中国传统"经学思维"的局限，北宋的科技思想缺乏基本的理论论证，从而无法对分散的思想要素进行必要的综合性研究，并使之发生由经验向理性的质的飞跃。回顾中国古代的学术发展史，从汉学到宋学，再到朴学，尽管时代不断地演进，但是其以经学为主导的思维模式始终没有从根本上改变。梁启超曾经指出：

> 我国人所谓"德成而上，艺成而下"之旧观念，因袭已久，本不易骤然解放，其对于自然界物象之研究，素乏趣味，不能为讳也。科学上之发明，亦何代无之？然皆带秘密的性质，故终不能光大，或不旋踵而绝，即如医学上证治与药剂，其因秘而失

---

① （宋）沈括著，侯真平校点：《梦溪笔谈》卷7《历象一》，第55—56页。
② [日]岩崎允胤、[日]宫原将平：《科学认识论》，于书亭、徐之梦、张景环等译，哈尔滨：黑龙江人民出版社，1984年，第312页。
③ （宋）周敦颐著，谭松林、尹红整理：《周敦颐集·太极图说》，第7页。

传者，盖不少矣。凡发明之业，往往出于偶然。发明者或并不能言其所以然，或言之而非其真，及以其发明之结果公之于世，多数人用各种方法向各种方面研究之，然后偶然之事实，变为必然之法则。①

所以"德成而上，艺成而下"就是"经学思维模式"的基本构架，"德"者何？知、仁、圣、义、忠、和是也。李觏解释说："知，明于事。仁，爱人以及物。圣，通而先识。义，能断时宜。忠，言以中心。和，不刚不柔。"②"艺"者何？礼、乐、射、御、书、数是也。具体地说，则"礼，五礼之义。乐，六乐之歌舞。射，五射之法。御，五御之节。书，六书之品。数，九数之计"③。追本溯源，《周礼·地官司徒》早有大司徒"颁职事十有二于邦国都鄙，使以登万民"④的训条，凡"职事十有二"即稼穑、树艺、作材、阜蕃、饬材、通财、化材、敛材、生材、学艺、世事、服事。其中"学艺"，按汉郑玄注，是为"学道艺"。宋人易祓说："六德蕴于内，六行形于外，随所寓而见皆可得而指言之。惟道隐于六艺之中不可以指言，故总而名之曰道艺。"⑤因此，善于作表面文章的士大夫便把他们人生中最有限的时间用于修炼德行以成就儒者的大业。宋代学者真德秀说："儒者之学有二：曰性命道德之学，曰古今世变之学，其致一也。"⑥在这里，"儒者之学"本身并没有错，而最可怕的是由"儒者之学"给士人造成的那种自恃清高的安贫乐道心态。《论语》卷7《雍也第六》载："子曰：贤哉回也。一箪食，一瓢饮，在陋巷，人不堪其忧，回也不改其乐，贤哉回也！"⑦宋人吕南公说："昔者颜渊见赏于孔子，而生不免于贫贱。"⑧然而颜渊的人格魅力却深刻地影响着宋人的思想意识，如晁说之云："颜渊年二十有九，颓然陋巷之中，有为邦之志。"⑨李复则诗曰："后稷勤稼穑，颜渊甘箪食，行己在一时，流芳播万世。"⑩周敦颐更把颜渊标榜为士大夫学习的"大贤"，主张"志伊尹之所志，学颜子之所学"⑪。那么，宋人为什么会形成这么一种心态呢？元人方回作了这样的回答，他说："虽然熟于一艺，闾阎之人足以养其身，研于性命道德之学而熟于仁，乃不免颜原之贱贫，呜呼！吾宁熟于此而贱贫，不愿熟于彼而为闾阎之人。"⑫"熟于一艺"不仅可以"养其身"，而且还能为社会创造更多的物质财富，这是科技进步的基础，亦是

---

① 梁启超：《清代学术概论》，成都：四川人民出版社，2018年，第136—137页。

② （宋）李觏撰，王国轩校点：《李觏集》卷13《教道第一》，第111页。

③ （宋）李觏撰，王国轩校点：《李觏集》卷13《教道第一》，第111页。

④ 《周礼·地官司徒》，陈戌国点校：《周礼·仪礼·礼记》，长沙：岳麓书社，1995年，第29页。

⑤ （宋）易祓：《周官总义》卷7《地官司徒》，《景印文渊阁四库全书》第92册，第356页。

⑥ （宋）真德秀：《西山先生真文忠公文集》卷28《周敬甫晋评序》，王云五主编：《万有文库》第2集第700种第456册，上海：商务印书馆，1935年，第492页。

⑦ 《论语·雍也第六》，陈戌国点校：《四书五经》上，第27页。

⑧ （宋）吕南公：《上参政书》，曾枣庄、刘琳主编：《全宋文》卷2366《吕南公二》，第210页。

⑨ （宋）晁说之：《邢惇夫墓表》，曾枣庄、刘琳主编：《全宋文》卷2818《晁说之二》，第308页。

⑩ （宋）李复：《潏水集》卷9《杂诗》，傅璇琮等：《全宋诗》，北京：北京大学出版社，1991年—1998年，第12405页。

⑪ （宋）周敦颐著，谭松林、尹红整理：《周敦颐集·通书》，第29页。

⑫ （元）方回：《桐江续集》卷29《熟斋箴》，《景印文渊阁四库全书》第1193册，第618页。

科技型社会的重要标志。北宋虽然不是科技型社会，但是其商业经济的发展，在客观上又为北宋从传统的伦理型社会向科技型的转进，提供了物质条件。可惜，由于士大夫"宁熟于此而贱贫，不愿熟于彼而为闾阎之人"，结果使这种转进没有变为现实。实际上，北宋的科技创造活力就蕴藏在广大的民众之中，他们的创造成果绝不是《梦溪笔谈》一部书所能容纳得了的。然而，我们从北宋所传世的著述中，却只能看到《梦溪笔谈》一部真正的科技著作；这个事实说明，在北宋"熟于一艺"的士大夫还真是少见。既然不能"熟于一艺"，那他们就根本无法去发掘蕴藏于属"艺"的经验事实之中的那些科学思想和科学原理。因而我们看到的北宋科技思想，多是零散的和不系统的片言只语，如二程语录、张子语录等，并且这些片言只语也因其缺乏逻辑论证而往往给后人造成理解上的不一致，严重妨碍了这些科技思想的传播和升华。故谭嗣同先生说："西人格致之学，日新日奇，至于不可思议，实皆中国所固有。"①谭嗣同是不是太狂妄自大了呢？不是的，他说的确实是真心话，因为从中国古代文献的片言只语来看，我们的确能够为西方的很多科学发现找到是中国人先于西方人发现其真理的依据。但是，仅此而已。就北宋科技思想的发展实际说，中国古代不缺乏发现科学问题的人，而真正缺乏的是对科学问题进行理论论证的人。

第二节　北宋科技思想发展的历史局限性

如果我们把北宋的科技思想看成一个整体，那么它的优势是不言而喻的，关于这一点，中国学界之梁启超、胡适、陈寅恪诸前辈，外国之李约瑟、席文、尤里达、寺地遵、山田庆儿等学者，都已作出了肯定的回答和阐释，笔者不必多言。然而，就科技思想的三个组成部分来说，北宋的科技思想与西方的科技思想相比较，在微观方面，其本身所具有的历史局限性还是很明显的。比如，在自然观方面，古希腊于公元前五世纪就提出了原子论的思想，而中国古代从公元前一直到北宋末年，也没有人能达到这个理论高度；在方法论方面，中国古代缺少一套严密的逻辑运算规则和科学实验体系，因而限制了其系统化和理论化的总结和提高；在科学观方面，基础科学与应用科学的发展不同步，其中应用科学独树一帜，可惜由于政治制度和社会观念方面的原因，人们对于先进的技术成果，缺乏理论性概括和系统性的阐释，除了数学与天文学这两个领域，中国古代包括北宋在内，其在自然科学的其他领域几乎没有任何理论创新，最典型的例子就是北宋已经发明了指南针并在航海上有了实际的应用，但是人们却没有进一步提出磁学理论，而当指南针传入欧洲后，帕雷格里纳斯与吉尔伯特即先后展开对磁针性质的研究，后来吉尔伯特在《论磁》一书中提出了"一个均匀磁石的磁力强度与其质量成正比"②的磁学原理。所以，我们将这些属于历史域内的局限性组成一个问题集，就变成了"李约瑟难题"。这个难题的主要内

---

① 谭嗣同著，蔡尚思、方行编：《谭嗣同全集》，北京：中华书局，1998年，第124页。
② 吴国盛：《科学的历程》，第204页。

容是："为什么传统的中国科学技术比西方进步，但现代科学却不出自中国？"①

众所周知，"李约瑟难题"的解并不是唯一的，事实上，"李约瑟难题"的解存在于每个学科或专业之中，换言之，每个学科或专业都能给出"李约瑟难题"的一个或几个解，而且这些解都具有客观性和真实性。在此，笔者根据北宋科技思想内部发展的矛盾性，仅以北宋文化的发展模式为例，对"李约瑟难题"提出一种具体的微观解法。

一、天人相分与天人合一观念的矛盾

天人相分与天人合一是存在于自然观内部的两个矛盾着的方面，其中"天人相分"是指自然观中人与自然相对立的方面，而"天人合一"则是指自然观中人与自然相统一的方面。作为自然观的两个既有区别又有联系的命题，它们对立的焦点实际上就是谁主宰谁的问题，即是人类主宰自然界还是自然界主宰人类，根据人们对这个问题的不同回答而分成"天人相分"与"天人合一"两个思想流派。从世界范围来看，由古希腊所形成的西方科学文明属于"天人相分"一派，而中国古代所形成的科技思想传统则属于"天人合一"一派。

古希腊的科技思想是以自然知识为特征的，随着雅典奴隶制民主的高涨与社会经济的繁荣，以知识为荣誉的智者学派很快成为古希腊学术的主流，形成了普罗泰戈拉的人本主义思想与柏拉图、亚里士多德的知识论。在普罗泰戈拉看来，"知识就是感觉"②，人没有天赋的道德知识，于是针对古希腊传统的自然神崇拜，他提出了"人是万物的尺度"③的人本主义命题，而这个命题让普罗泰戈拉背上了"不敬神"的罪名，还差点被判处死刑。所以，天与人的对立，并由此而确立起来的"人类中心"观念，尽管用现在的眼光看，它给整个人类生存造成了相当严重的负面作用，但当时它却给古希腊带来了科学的解放和知识的进步，并最终使欧洲迎来近代工业革命的伟大时代，因而与它的负面作用相比，其历史功绩是主要的。之后，经过苏格拉底和柏拉图的积极努力，知识的理性化进程不断加快，科学的分化已成定势，故亚里士多德不仅为科学研究建立了逻辑学，而且还对科学作了认真的分类。他根据古希腊科学发展的实际状况，将科学知识分为实用科学（如建筑学、诗学等）、实践科学（如经济学、政治学等）和理论科学（如物理学、数学等），于是在逻辑学的引导下，人类知识便一步步地走向了理性的殿堂，人们从对自然神的崇拜转而对人类自身理性力量的崇拜，以至于培根在他的《沉思录》中提出了"知识就是力量"的命题。借此，笛卡儿则强调：科学知识真正地"使我们成为自然界的主人和所有者"④。接着，康德又论证说："理智（即自然科学，引者注）的法则不是理智从自然界得来的，而是理智给自然界规定的。"⑤所以"人是自然界的最高立法者"，而"人的目的是绝对价

① 杜石然、范楚玉等：《中国科学技术史》下册，北京：科学出版社，1984年，第329页。
② 北京大学哲学系外国哲学史教研室编译：《古希腊罗马哲学》，北京：商务印书馆，1962年，第134页。
③ 北京大学哲学系外国哲学史教研室编译：《西方哲学原著选读》上卷，北京：商务印书馆，1981年，第54页。
④ 周辅成编：《西方伦理学名著选辑》上卷，北京：商务印书馆，1996年，第593页。
⑤ ［德］康德：《未来形而上学导论》，庞景仁译，北京：商务印书馆，1978年，第93页。

值"，康德上述命题的提出不仅标志着传统人类中心主义的最终形成，而且人类由此开始了对自然界的疯狂占有与掠夺。这时，人与自然的对立已经极端化为人类对自然界的独占，而人类所创造的先进技术也转变为某些国家进行殖民地扩张的工具，特别是两次世界大战和地球生态环境告急以后，人们渐渐地从痛苦的灾难中醒来，并开始重新审视和反思古希腊的知识传统，物极必反，在以"主、客二分"为特点的"天人相分"观念遭到"非人道主义"怀疑的同时，以"天人合一"为立人和立国之本的中国古代思想在今天则大有取代古希腊"天人相分"的观念而成为一种世界性思想潮流的趋势。

其实，在中国古代的传统思想体系中，亦有"天人相分"的因素和成分，只是它没有发展和成熟起来。如《黄帝四经·国次》篇中载有"人强朕（胜）天"①的话，后来，战国晚期的唯物主义哲学家荀子进一步说："大天而思之，孰与物畜而制之？从天而颂之，孰与制天命而用之？望时而待之，孰与应时而使之？因物而多之，孰与骋能而化之？思物而物之，孰与理物而勿失之也？"②在这里，荀子的立意很明确，在他看来，人之为人的本质特点就是运用人类的主观能动性来驾驭和制服自然界，他说："凡以知，人之性也；可以知，物之理也。"③据此，荀子批评庄子的"无为"思想是"蔽于天而不知人"④。东汉的王充则针对西汉以来所流行的"天人感应"说，提出"人，物也，万物之中有智慧者也"⑤，但"智慧"不仅仅局限于感性认识，王充在我国古代科技思想史上的重要贡献就在于他强调了"理性认识"的作用，主张"以心而原物"⑥。魏晋以至隋唐，佛、道盛行，科学形势面临着极其严峻的挑战，故为了振兴科学以明"天人之分"⑦，刘禹锡在《天论》一文中根据唐代科学技术的发展状况而明确提出了"天与人交相胜"的论点，他说："天，有形之大者也；人，动物之尤者也。天之能，人固不能也；人之能，天亦有所不能也。故余曰：天与人交相胜耳。"⑧又说："倮虫之长，为智最大。能执人理，与天交胜。"⑨可见，刘禹锡既看到了自然界具有独立于人类的特性，同时又看到了人类具有驾驭自然界的本领，用他的话说就是："天之所能者，生万物也；人之所能者，治万物也。"⑩而刘禹锡对于天人关系的这种"二重性"论证，实际上成了北宋"天人相分"与"天人合一"两派思想的直接理论来源。

过去，人们在探讨北宋科技高度发展的历史原因时，多着眼于"天人合一"说，似乎"天人相分"思想对北宋科技进步已无多少促动作用。实际上，北宋学界不仅没有失去对"天人相分"说的舆论支持，而且还在原有的基础上，又向前推进了一大步，其最明显的

---

① 余明光：《黄帝四经新注新译》，长沙：岳麓书社，2016年，第56页。

② （战国）荀况撰，（唐）杨倞注：《荀子》卷11《天论》，《宋本荀子》第3册，第47—48页。

③ （战国）荀况撰，（唐）杨倞注：《荀子》卷15《解蔽》，《宋本荀子》第3册，第199页。

④ （战国）荀况撰，（唐）杨倞注：《荀子》卷15《解蔽》，《宋本荀子》第3册，第178页。

⑤ 《论衡》卷24《辨崇》，《百子全书》第4册，第3456页。

⑥ 《论衡》卷23《薄葬》，《百子全书》第4册，第3443页。

⑦ 北京大学哲学系中国哲学史教研室编：《中国哲学史》上册，北京：中华书局，1980年，第404页。

⑧ （唐）刘禹锡：《刘禹锡集》卷5《天论》上，上海：上海人民出版社，1975年，第51页。

⑨ （唐）刘禹锡：《刘禹锡集》卷5《天论》下，第55页。

⑩ （唐）刘禹锡：《刘禹锡集》卷5《天论》上，第52页。

标志就是王安石提出了"天变不足畏"的思想。后来，南宋的词人刘过更在《襄阳歌》中写出了"人定兮胜天"①这样激心荡肠的词句。先是，张载直接继承刘禹锡的"天人相分"思想，对天人关系作了新的理论论证。他说："天地之雷霆草木，人莫能为之，人之陶冶舟车，天地亦莫能为之。"②这不仅是对刘禹锡"天人交相胜"思想的具体化，而且还把"陶冶舟车"作为人类之能动力量，"于是分出［天］人之道。［人］不可［以］混天"③。接着，王安石也通过对科学技术价值的积极认同，进而肯定了"修人事"的重要性。他说："星历之数，天地之法，人物之所，皆前世致精好学圣人者之所建也。"④科学技术是战胜自然灾害的物质手段，"是故天至高也，日月星辰阴阳之气可端策而数也；地至大也，山川丘陵万物之形、人之常产可指籍而定也"⑤。到北宋中后期，由于熙宁变法的失败，一些拥护变法的朝野人士，相继遭到旧党在政治上的排斥和打击。然而，政治上的排斥和打击仅仅能封杀他们的仕途，却并不能也不可能封杀他们的思想，甚至他们的思想反而在遭受排斥与打击之后更加激进和活跃，如沈括就是最典型的一个例子。《梦溪笔谈》是沈括晚年谪居润州（今江苏镇江）时撰成，而他在书中所提出的一系列科技思想便是他坚持"天人相分"观的生动写照和反映。沈括作为一代科学宗师，正是由于他出色的科学创造与发明，才使得中国古代的"天人相分"传统具有了科学的内容和意义。如沈括在论述浑天仪的科学功能时说："度在器，则日月五星可抟乎器中，而天无所豫也。天无所豫，则在天者不为难知也。"⑥他进一步又说："天地之变，寒暑风雨，水旱螟蝗，率皆有法。"⑦然而，究竟怎样去理解和诠释"法"？沈括并没有给予理性的回答。当然，对于这个"法"，沈括不是不想回答，而是北宋乃至整个中国古代始终都没有给他提供这样的机会。因此，通过沈括这个个案分析，并与古希腊和欧洲科学发展的历史过程与内部特征相比较，我们不难发现，北宋在"天人相分"问题上所暴露出来的主要缺陷有如下三点：

第一，"天人相分"观念没有逻辑学的支持。从科学技术自身的发展规律看，"天人相分"是科学独立发展的前提，而科学理论又必须以逻辑学为其存在与发展的形式。在欧洲"天人相分"的思想发展史上，无论是古希腊还是近代英法等国家的科学家，他们在阐释"天人相分"的理论问题时，都自觉地应用特定的逻辑范畴来支撑他们的思想学说，从而在"天人相分"的基础上，形成逻辑学、认识论和自然观三位一体的思想体系，而这个体系也就成为自然科学赖以发展的理论根基。如亚里士多德是公认的欧洲形式逻辑的奠基者，他在欧洲哲学史上第一个提出"范畴"这一思维形式，并且制定了一个完整的范畴系统⑧；他讨论了命题学说和推理学说，尤其是他的三段论演绎推理，至今仍然是科学研究

① （宋）刘过：《龙洲集》卷 1《襄阳歌》，上海：上海古籍出版社，1978 年，第 1 页。
② （宋）张载：《性理拾遗》，（宋）张载著，章锡琛点校：《张载集》，第 373 页。
③ （宋）张载：《横渠易说·系辞上》，（宋）张载著，章锡琛点校：《张载集》，第 189 页。
④ （宋）王安石著，宁波等校点：《王安石全集》卷 66《论议·礼乐论》，第 716 页。
⑤ （宋）王安石著，宁波等校点：《王安石全集》卷 66《论议·礼乐论》，第 715—716 页。
⑥ 《宋史》卷 48《天文一》，第 955 页。
⑦ （宋）沈括著，侯真平校点：《梦溪笔谈》卷 7《象数一》，第 61 页。
⑧ 冒从虎等：《欧洲哲学通史》上册，天津：南开大学出版社，2000 年，第 157 页。

的基本方法之一。恩格斯指出："由于进化论的成就，有机界的全部分类都脱离了归纳法而回到'演绎法'。"①而演绎推理是从一般原理推出个别结论的思维方法，在推理的形式合乎逻辑的条件下，只要运用演绎法从真实的前提出发就一定能推出真实的结论，因此，演绎推理是一种必然性推理。不过，随着人类科学的发展，尤其是实验科学的兴起，演绎推理已经不能满足科学研究的客观需要了，于是培根又提出了归纳逻辑，作为演绎逻辑的补充。与此相反，中国古代的"天人相分"思想仅仅停留在经验推理的层面，并没有自觉地去寻求科学发现与逻辑推理之间的必然联系，因而中国古代特别是北宋的科学技术在其发展的历史过程中不能不面对这样的困境：那就是尽管人们所发现和创造的经验事实和科学现象不少，甚至在很多方面还达到了领先于世界的水平，但因缺乏逻辑方法，所以它几乎不能取得世界公认的重大理论突破，当然也就更无法去承担"文艺复兴"的历史使命和实现近代科学革命的目标。

第二，"天人相分"的社会基础不是纯粹的和职业化的学者而是集官僚与学者为一体的士大夫，这种社会现实实际上已经形成了阻碍北宋科技发展的一种惰性力量。由于中国古代社会的官本位意识根深蒂固，故北宋的士大夫亦不能不为之"奔竞干进"②，因而凝集在士大夫身上之"为官"的力量显然超过了其"为学"的力量，一面是为官之欲的膨胀，一面则是为学之欲的萎缩，久而久之，便形成了士风萎靡的局面。如沈括的《梦溪笔谈》就是在他仕竞不利而退隐润州梦溪园时所著；苏轼的经学三书（即《苏氏易传》《东坡书传》《论语说》）及两部专业科技著作（即《格物粗谈》与《物类相感志》，两书共记录了1200多条科技知识），亦都是在贬官之后所写。本来，科学技术应是一项独立自由的学术事业，因此科学研究需要职业化和专业化。在欧洲，科学研究职业化的历史可谓源远流长，如古希腊的柏拉图学院就是纯粹的科学研究组织；相传，学院门口立有"不懂数学者不得入内"的牌子，显示了科学研究作为一种职业是多么的崇高与神圣！而柏拉图本人就是一位典型的学者。亚里士多德跟他的老师柏拉图一样，也是终身以科学研究为职业的。可是，在中国古代一向以儒家学说为精神支柱的所谓科学家，其实大多应该称为"儒者"。"儒者"虽然亦有从事科学研究的，但他们不是纯粹的学者，而是"士大夫"，因为他们必须靠"俸禄"而生存。所以，"士大夫"是中国古代所特有的社会现象，是一种在特定历史条件下所出现的官僚型学者。如张载于宋仁宗嘉祐二年（1057）举进士，先后历祁州司法参军、丹州云严县令、著作佐郎、渭州签书军事判官等；王安石于庆历二年（1042）举进士，任地方官多年，后因给皇帝上万言书而引起朝廷重视，遂于熙宁二年（1069）出任参知政事，接着又升任宰相，在此期间，他主持和领导了著名的熙宁变法运动；沈括为嘉祐八年（1063）进士，授扬州司理参军，后任太子中允、翰林学士、鄜延路经略使等。由此可见，仕途的跋涉不能不给他们的科学研究产生这样或那样的消极影响。所以，杨振宁先生将"科举制度"看成是"近代科学没有在中国"发生的五大社会根源之

① ［德］恩格斯：《自然辩证法》，于光远等译，北京：人民出版社，1957年，第189页。
② 陈得芝：《论宋元之际江南士人的思想和政治动向》，《南京大学学报（哲学·人文科学·社会科学版）》1997年第2期。

一。而据现任李约瑟研究所所长的古克礼教授介绍，李约瑟对"近代科学没有在中国"发生这个问题的结论也归根于中国古代的官僚制度本身。在李约瑟看来，这种制度产生了两种效应，其正面效应是，中国通过科举制度选拔了大批聪明的、受过良好教育的人；而负面效应则是，由于权力高度集中，再加上通过科举选拔人才的做法，使得新观念很难被社会所接受，技术开发领域几乎没有竞争从而不能形成工业革命的先导。[①]

第三，"天人相分"无法引导科学家走以创新为主的科技发展之路。与汉、唐等历史朝代相比较，北宋的科技创造与发明应当说是最多的。[②]但经比较分析之后，其中有许多的创造和发明实属是对传统成果的改造，甚至有的科技成果因受礼制的影响而延续了一千余年，仍在改进不止，其费时之长，耗资之大，在欧洲的科技发展史上是绝对看不到的。如火药的发明是在唐代，唐末开始用于军事方面，而北宋只是在唐代的基础上有所普及和提高。至于说指南针，历朝历代都在重复发明，又重复革新，像悬磁法指南鱼，晋代就已经有了。可惜中国王朝的周期性崩溃，使得很多先进的技术和工艺没办法流传下来。又如浑天仪至迟在春秋时代就出现了，当时称"璇玑玉衡"。沈括在《梦溪笔谈》卷7《象数一》中说："天文学家有浑仪，测天之器，设于崇台，以候垂象者，即古玑衡是也。"[③]而苏颂则明确地说："四游仪。《舜典》曰璇玑。"[④]南宋的程大昌在《演繁露》中亦云："尧世已有浑仪，璇玑玉衡是也。"[⑤]自从浑仪问世以后，历代改进者不断，先是西汉的落下闳因制定太初历之需而改进了它，后来耿寿昌、傅安、张衡、王蕃、陆绩、孔定、晁崇、斛兰、李淳风、僧一行、梁令瓒等亦都制造和改进过浑仪，入北宋后，据《宋史》卷48《天文一》之"仪象"条载，先后制造过浑仪者有如下诸人：

太平兴国四年（979）正月，巴中人张思训创作以献。太宗召工造于禁中，逾年而成，诏置于文明殿东鼓楼下。[⑥]

铜候仪，司天冬官正韩显符所造，其要本淳风及僧一行之遗法。[⑦]

元祐间苏颂更作者，上置浑仪，中设浑象，旁设昏晓更筹，激水以运之。三器一机，吻合躔度，最为奇巧。[⑧]

不可否认，苏颂的水运仪象台以其"三器一机，吻合躔度，最为奇巧"的特征而达到了领先世界的科技水平，但近代科技发展的根本特点在于它跟生产实践的密切联系性，培根在《新工具》一书中说："农业的发明是人类的第一次革命，而依靠把科学应用于工业，正在导致人类文明的第二次革命。"[⑨]以此为基准，阿瑟·扬在1788年首先将人类所

---

① 姜岩：《中国近代为何没有科学革命？李约瑟难题年内破解》，中新网，2003年3月19日。

② 杨渭生：《宋代科学技术述略》，《漆侠先生纪念文集》，第476页。

③ （宋）沈括著，侯真平校点：《梦溪笔谈》卷7《象数一》，第58页。

④ （宋）苏颂撰，胡维佳译注：《新仪象法要》卷上《四游仪》，沈阳：辽宁教育出版社，1997年，第143页。

⑤ （宋）苏轼：《东坡志林》卷7《浑仪浑象》，北京：京华出版社，2000年，第329页。

⑥ 《宋史》卷48《天文一》，第952页。

⑦ 《宋史》卷48《天文一》，第952页。

⑧ 《宋史》卷48《天文一》，第965页。

⑨ ［英］弗兰西斯·培根：《人生论·译者前言》，何新译，长沙：湖南人民出版社，1987年，第14页。

发明的棉纺机械被应用于羊毛工业这一历史现象，称为"工业革命"。而以蒸汽机和棉纺机械为标志的第一次工业革命，其关键之处就在于它在生产过程中用机器取代了人力，因而凸显了工业革命的效益性原则。诚然，中国古代的四大发明确实给人类进步作出了巨大的历史贡献，可惜却没有一项发明被应用于工业。而从劳动成本的角度看，水运仪象台经历了那么长的发展历史，国家投入了那么多的人力和物力，那就更不要说推动社会经济的巨大进步进而去引导工业革命的产生了。

那么，在中国古代为什么会形成这种状况呢？具体地讲，究竟是什么因素制约着中国古代科技不能够被应用于工业之中呢？

从中国古代科技的内部矛盾运动过程来说，制约着中国古代科技不能够被应用于工业之中的主要因素就是"天人相分"的对立面，即"天人合一"观念；杨振宁先生在考察中国古代科技的基本特征时，也特别强调了这一点。与"天人相分"观念相比，"天人合一"观念不仅根深蒂固，而且从本质上说，"天人合一"思想无疑是中国文化传统的精髓。

从目前已知的文献记载看，"天人合一"观念肇始于子思的"天人相通"说。《中庸》道："唯天下至诚，为能尽其性；能尽其性，则能尽人之性；能尽人之性，则能尽物之性；能尽物之性，则可以赞天地之化育；可以赞天地之化育，则可以与天地参矣。"①而"赞天地之化育"和"与天地参"思想即是"天人合一"观的雏形。后来，西汉的大儒董仲舒进一步把"与天地参"思想扩展为"天人之际，合而为一"②的哲学命题，他说："以类合之，天人一也。"③自此，"天人合一"说便成为历代儒者论证专制政权具有合理性的主要理论依据。到北宋张载《正蒙》出，才根据儒释道三教归一的社会现实正式提出"天人合一"的思想命题，张载说："儒者则因明致诚，因诚致明，故天人合一，致学而可以成圣，得天而未始遗人，《易》所谓不遗、不流、不过者也。"④根据宫雄飞先生在《唯光论与"天人合一"的中西比较》一文中的分析，张载"天人合一"思想主要包括以下三个方面的内容：其一，人是自然界的一部分，如张载非常肯定地说："人但物中之一物耳。"⑤其二，自然界存在着客观规律，人在自然规律面前"欲一之而不能"；在这里，张载具有明显的悲观主义哲学倾向，他说："若阴阳之气，则循环迭至，聚散相荡，升降相求，绸缊相揉，盖相兼相制，欲一之而不能，此其所以屈伸无方，运行不息，莫或使之，不曰性命之理，谓之何哉？"⑥其三，与自然和谐相处是人类社会发展的目标和人生理想，用张载阐释《易经》的话说就是"范围天地之化而不过，曲成万物而不遗"⑦。

岂止儒者大谈"天人合一"，道家又何尝不以"天人合一"相标榜呢！《老子》第二十

①　《中庸》，陈戍国点校：《四书五经》上，第11页。
②　(汉)董仲舒：《春秋繁露》卷10《深察名号》，第60页。
③　(汉)董仲舒：《春秋繁露》卷12《阴阳义》，第71页。
④　(宋)张载：《正蒙·乾称》，(宋)张载著，章锡琛点校：《张载集》，第65页。
⑤　(宋)张载：《张子语录》上，(宋)张载著，章锡琛点校：《张载集》，第313页。
⑥　(宋)张载：《正蒙·参两第二》，(宋)张载著，章锡琛点校：《张载集》，第12页。
⑦　(宋)张载：《横渠易说·系辞上》，(宋)张载著，章锡琛点校：《张载集》，第185页。

五章在阐述人与自然的关系问题时说："人法地，地法天，天法道，道法自然。"①"法"是依从和尊重的意思，这就是说，人类源于自然并统一于自然，人只有在自然所给予的环境条件下才能生存与发展，所以人类应当尊重自然法则，与天、地、自然互为一体，如《老子》第二十五章说："道大，天大，地大，人亦大。域中有四大，而人居其一焉。"②这就是说，宇宙是个相互联系和相互依存的统一整体，人仅仅是这个整体的一部分。之后，庄子亦表达了同样的思想，他说："天地与我并生，而万物与我为一。"③《太平经》亦说："夫天地人三统，相须而立，相形而成。"④宋人夏元鼎更说："天人一心，机道同辙。"⑤在前工业革命时期，由于人类的社会生产力水平较低，对自然环境的利用率不高，故此人们似乎并没感到老、庄的思想有何特别之处。可是当人类真正进入工业革命以后，尤其随着人类工业对自然环境的严重破坏，人与自然的矛盾从来没有像今天这样尖锐和紧迫，只有到这时，人们才发现道家的思想原来竟如此深刻，他们的精神境界竟是那么的高远！以至于李约瑟不得不将其称为"科学的人文主义"⑥。

在中国，不独儒家和道家讲"天人合一"，释家亦讲"天人合一"。如"瑜伽"就是一种"天人合一"的方法，它本身可分为"行动""虔敬""知识""专一"等不同的修炼层次，最终达到修炼主体与宇宙本体的"合一"境界。故季羡林先生明确指出："天人合一不限于中国。在印度也是讲天人合一的，讲个人与宇宙是统一的"，因而"东方文化的特点是天人合一"。⑦可见，儒、释、道三教在北宋的合流与归一，从内因来看，是有其共同的思想文化基础的。作为中国古代社会的一种支配性意识形态，天人合一不仅渗透到社会科学的各个领域，而且也成了各门自然科学和技术科学发展的理论模式。如《周易·乾卦·文言》载有这样一段话："夫'大人'者，与天地合其德，与日月台其明，与四时合其序，与鬼神合其吉凶。先天而天弗违，后天而奉天时"⑧，这是"天人合一"思想的具体表述，依此，《黄帝内经灵枢》卷3《经水》提出了"人与天地相参"⑨的命题。而《黄帝内经素问》卷1《上古天真论篇》则又衍生出"精神内守"的概念，说："夫上古圣人之教下也，皆谓之虚邪贼风，避之有时；恬淡虚无，真气从之，精神内守，病安从来。"⑩在这里，所谓"精神内守"其实说的就是天、地、人的统一与和谐，是养生之本，用宋人杨简的话说即"三才一气，三才一体，是故人与天地不可相违"⑪，而明代的著名医学家

① 陈鼓应注译：《老子今注今译》，北京：商务印书馆，2016年，第169页。
② 陈鼓应注译：《老子今注今译》，第169页。
③ （战国）庄周：《庄子南华真经内篇·齐物论》，《百子全书》，第4532页。
④ 王明编：《太平经合校》卷92《万二千国始火始气诀》，北京：中华书局，1960年，第373页。
⑤ （宋）夏元鼎：《阴符经讲义》卷1，周止礼、常秉义批点：《黄帝阴符经集注》，北京：中国戏剧出版社，1999年，第95页。
⑥ 葛荣晋主编：《道家文化与现代文明》，北京：中国人民大学出版社，1991年，第256页。
⑦ 季羡林：《天人合一，文理互补》，《人民日报》海外版，第二版，2002年1月8日。
⑧ 《周易·乾》，陈戍国点校：《四书五经》上，长沙：岳麓书社，2014年，第143页。
⑨ 《黄帝内经灵枢》卷3《经水》，陈振相、宋贵美编：《中医十大经典全录》，第191页。
⑩ 《黄帝内经素问》卷1《上古天真论篇》，陈振相、宋贵美编：《中医十大经典全录》，第7页。
⑪ （宋）杨简：《杨氏易传》卷9《复》，杨军主编：《十八名家解周易》第5辑，长春：长春出版社，2009年，第196页。

孙一奎又进一步说："天地万物，本为一体。所谓一体者，太极之理在焉。"①因此，"三才一体"就成为中医学存在和发展的根本特征；中国古代建筑的最高境界亦是"天人合一"，所以无论宫廷殿堂还是普通民宅，都以阴阳八卦的宇宙图式来规划和营造居室环境，这样一来，《易传》所说的"法天象地"原则也就成为中国古代营建学的基本指导思想。而为了方便操作，王嘉《拾遗记》卷1又将它具体化为"规天为图，矩地取法"②八字方针，于是"法天象地"就成了中国古代建筑的一种制度和规矩，如《三辅黄图》卷1《咸阳故城》载秦朝咸阳宫取法天象的建筑事实：

> （始皇）二十七年作信宫渭南，已而更命信宫为极庙，象天极。自极庙道骊山，作甘泉前殿，筑甬道，自咸阳属之。始皇穷极奢侈，筑咸阳宫，因北陵营殿，端门四达，以则紫宫，象帝居。渭水贯都，以象天汉；横桥南渡，以法牵牛。③

又如，始建于北宋大中祥符二年（1009）的泉州清净寺，其构思、设计、布局亦遵守"法天象地"的建筑原则，其寺"有上下层，以西向为尊，临街之门从南入，砌石三圜以象天，三左右壁各六，合若九门，追琢皆九九数，取苍穹九天之义。内圆顶象天为望月，台下两门相峙而中方取地方象，入门转西级而上，曰下楼石壁门，从东入正西之座曰奉天坛，中圜象太极，左右二门象两仪，西四门象四象，南八门象八卦，北一门以象乾元，天开柱子，故曰天门。柱十有二象十二月，上楼之正东视圣亭，亭之南为塔，西圜柱于石城设二十四窗，象二十四气"④。

由此可见，"天人合一"思想在特定的历史时期里切实促进了中国古代科学技术的发展，而北宋科技成就的取得在某种意义上可以说就是"天人合一"之经世功能的具体体现。《阴符经》云："是故圣人知自然之道不可违，因而制之。"⑤在这里，"制"的内涵不是"征服"而是"遵从"和"利用"，所以以"天人合一"为特征的思维方式跟以"天人相分"为根本的思维方式在性质上是不同的，而季羡林先生在分析中西方文化差异的问题时，亦非常强调这一点。当然，我们不能因为近代科技革命发生在欧洲，就以欧洲的"天人相分"思维方式来贬低中国的"天人合一"文化传统，反过来，我们也不能因为中国古代的科学技术曾经领先于世界，就以此而鄙视欧洲"天人相分"的文化传统。不论西方还是东方，任何文化传统都有"二重性"，有利也有弊。"天人合一"在北宋被推向了意识形态的顶端，与此同时，与"天人合一"相关联的各门具体科学，如医学、建筑学、天文学、化工学等都达到了当时世界的较高水平，所以李约瑟在《中国科学技术史·总论》一书中说，整个人类中世纪科学技术发展的主焦点在北宋，而这个主焦点恰巧跟北宋"天人

① （明）孙一奎撰，韩学杰、张印生校注：《医旨绪余》卷上《太极图抄引》，北京：中国中医药出版社，2008年，第1页。
② （汉）王嘉：《拾遗记》卷1《春皇庖牺》，《百子全书》第5册，第4094页。
③ 陈直校证：《三辅黄图校证》卷1《咸阳故城》，西安：陕西人民出版社，1980年，第6页。
④ （明）李光缙：《重修清净寺碑记》，答振益、安永汉主编：《中国南方回族碑刻匾联选编》，银川：宁夏人民出版社，1999年，第129页。
⑤ 《阴符经》，房立中主编：《兵书观止》，北京：北京广播学院出版社，1994年，第7页。

合一"思潮涨落的重心叠合在了一起，因而形成了一道独特的科学技术景观。因此，"天人合一"作为一种观念的意识形态，可能已有上千年的历史，然而，"天人合一"作为一个特定的概念，到北宋才出现，张载是首先使用"天人合一"这个概念的思想家。而二程则真正地使"天人合一"变成社会发展的一种主导潮流。在学界，人们一直为"天人合一"的实际内容争论不休，其分歧的关键就是"天"是不是指"自然界"？笔者承认，"天"在中国古代是最有歧义的一个哲学概念，甚至熊十力先生把它称之为中国哲学史上的"两件魔物"之一。①但不管怎么说，"天"的概念是历史的，而在一定的历史时期内，其内容具有确定性。比如，钱穆、季羡林等前辈都非常肯定地指出，"天人合一"之中的"天人"指的就是人与自然的关系，而李申、吴蓓等人却明确表示，反对将"天人合一"之中的"天人"解释为"人与自然"的关系。比如，李申在检索了《四库全书》有关"天人合一"的条目后，经过认真分析，发现"天"的含义共包含五项内容：①天是可以与人发生感应关系的存在；②天是赋予人以吉凶祸福的存在；③天是人们敬畏、侍奉的对象；④天是主宰人、王朝命运的存在；⑤天是赋予人仁义礼智本性的存在，但认为"天人合一"就是"人与自然合一"的内容，一条也没有。②从历史上看，北宋之前，人们对"天"的解释侧重于道德的属性，如《左传》成公十三年载刘康公的话说："民受天地之中以生，所谓命也。是以有动作礼仪威仪之则，以定命也。"③很显然，《左传》将"礼仪"看成是"天命"的一部分了。此后，孔子、孟子、董仲舒一直到北宋的周敦颐、邵雍、二程等都沿袭了《左传》的说法，尤其是二程坚决反对在"道德"之外赋予"天"以更多的内容，在二程看来，心便是天，天非外在，如程颢说："只心便是天，尽之便知性，知性便知天，当处便认取，更不可外求。"④故"天人本无二，不必言合"⑤，而程颢之所以反对言"合"，是因为张载认为："由太虚，有天之名；由气化，有道之名；合虚与气，有性之名；合性与知觉，有心之名。"⑥把"天"解释为"太虚"，即整个自然界，虽然为二程所不容，但却是张载对传统"天人合一"概念的重大突破。自此，在二程哲学尚未形成官方意识形态的北宋，其科学技术的发展在客观上便受到"天人相分"观念的主导，而按照古希腊"天人相分"之主客二分法，张载也积极地主张"客感客形"说⑦，其所谓"客感"是指人类的知识，即"主体"，用他自己的话说就是"有识有知，物交之客感尔"⑧，而"客形"则是指宇宙空间，即"客体"，用他自己的话说就是"太虚无形，气之本体，其聚其散，变化之客形尔"⑨。在这里，我们真正看到了张载对自然科学研究的关注和张扬，看到了一种试图将此岸经验世界和彼岸超验世界存在加以严格区分的努力，而这种努

① 熊十力论《易经》，蔡尚思主编：《十家论易》，上海：上海人民出版社，2006年，第289页。
② 周伊平：《易学"天人合一"与现代宇宙观》，《中国青年报》2005年1月17日。
③ 《十三年传》，陈戍国点校：《四书五经》下，第916页。
④ （宋）程颢、程颐著，王孝鱼点校：《二程集》上，第15页。
⑤ （宋）程颢、程颐著，王孝鱼点校：《二程集》上，第81页。
⑥ （宋）张载：《正蒙·太和篇》，（宋）张载著，章锡琛点校：《张载集》，第9页。
⑦ （宋）张载：《正蒙·太和篇》，（宋）张载著，章锡琛点校：《张载集》，第7页。
⑧ （宋）张载：《正蒙·太和篇》，（宋）张载著，章锡琛点校：《张载集》，第7页。
⑨ （宋）张载：《正蒙·太和篇》，（宋）张载著，章锡琛点校：《张载集》，第7页。

力对于科学技术的发展是相当重要的。由此反观，"天人合一"这种思维模式本身的确还存在着一定的局限性，所以杨振宁、何祚庥等国内外著名科学家，从现代科学发展的特征来批判中国"天人合一"的文化传统，则不能说没有一点道理。

二、经济生活的多样性与思想一元化的冲突

经济生活的单一性，不能产生丰富的科技思想，这是不证自明的铁的定律。

马克思主义认为，思想意识形态（包括科技思想）根源于人类的社会经济活动，是人类通过物质生产劳动而对自然、社会、思维等客观对象的一种认识成果。自人类诞生以来，随着人类生产实践的不断深入，依次经历了农业、手工业和商业这三次大的社会分工，极大地丰富了人类社会的实践内容。而更为重要的是，农业、手工业和商业又一起构成了人类经济生活多样性的物质基础，成为人类科学技术发展的物质前提。从历史上看，人类三次社会分工对每个国家和地区所产生的影响和所造成的社会后果是不同的。如在古希腊的文明发展史上，爱琴文明的经济基础是金属工具，而雅典文明的经济基础则是由腓尼基人导入的商业活动和自由贸易。事实上，依靠航海的技术优势与商人的支持，雅典在两次希波战争后不仅取得了在希腊诸城邦中的霸主地位，而且促进了奴隶制民主的发展和科学文化的繁荣。因此，这一时期所形成的以亚里士多德为标志的科学体系就成了西方近代科学诞生的真正母地，是一种全新的追求真理的理性精神。与此相对，位于伯罗奔尼撒半岛东南部的斯巴达城邦，因其以农为主，商业很不发达，故其本来就十分脆弱的科技思想也完全被那强硬的军事寡头政治制度所窒息了。亚里士多德在《形而上学》一书中曾说：科学诞生的前提是，其一，要有好奇心与求知欲，即"惊异"；其二，要有优裕的生活和时间，即"闲暇"；其三，要有良好的精神自由的空间，即"自由"。这三者组合在一起就自然而然地建构成一种多样性的经济生活类型，如雅典出现了奥林匹克运动、智者运动，公民们可以在公民大会上对城邦的大事发表演说，由于手工业奴隶劳动的普遍化，从而使工商业奴隶主占有了更多的自由时间，亚里士多德说："迨技术发明日渐增多，有些丰富了生活必需品，有些则增加了人类的娱乐；后一类发明家又自然地被认为较前一类更敏慧，因为这些知识不以实用为目的。在所有这些发明相继建立以后，又出现了既不为生活所必需，也不以人世快乐为目的的一些知识，这些知识最先出现于人们开始有闲暇的地方。"[1]马克思则更进一步指出："衡量财富的价值尺度将由劳动时间转变为自由时间。因为增加自由时间即增加使个人得到充分发展的时间"，而"自由时间，可以支配的时间就是财富本身"。[2]在马克思看来，其"自由时间"则主要"用于发展不追求任何实践目的的人的能力和社会的潜力（艺术等等，科学）"。[3]由此可见，科学技术的繁荣和科技思想的发展，最主要的还在于人们能否占有自由时间和占有自由时间的多少。

---

① ［古希腊］亚里士多德：《形而上学》卷1，庞景仁译，北京：商务印书馆，1997年，第3页。
② 《马克思恩格斯全集》第26卷，第280—282页。
③ 《马克思恩格斯全集》第47卷，第215页。

其实，我们在考察古希腊科技思想与经济生活之间的关系问题时，不能忽视奴隶制度本身的作用。在古希腊，奴隶制政治已经发展到很成熟的阶段，而同样的制度在东方尤其是在中国则并不发达，甚至有人否认中国古代曾经有过奴隶制社会这个历史阶段。①就考古所见而言，它给后人所提供的几乎都是一种被极端化了的社会形态，而不是完整意义上的奴隶制，这在学术界已是不争的事实。如果对古希腊的奴隶制文明用一句话来概括，那就是它造就了一种崇尚自由和追求知识而不是追求政治权力的精神传统，而这也是近代科学革命的本质力量。

然而，在中国古代，一方面，实用技术因有利可图而被畸形地发展起来；另一方面，理论科学却因其无利可图而被封建官僚政治所遏制，结果中国古代的技术进步就被牢牢地限制在经验的水平而无法实现其理论的突破。因此，古希腊的雅典时期与中国古代的春秋战国时期在科学技术的发展路径上还是有明显差异的。如从社会后果来讲，古希腊的雅典时期和中国古代的春秋战国时期分别造成了两种不同的历史文化现象，如由古希腊雅典时期所开创的启蒙思想是智者运动，其最显著的思维特征就是"二分法"，而这种"二分法"实际上则是一个知识的纯化过程，用亚里士多德的话说就是"研究原因的学术"②；相反，由春秋战国时期师法的传统思想则是"士志于道"③，而所谓"道"，孟子云："仁义而已矣。"④由于"道"不是一个纯粹的学术问题，故由"道"所形成的"道统"与由"君"所构成的"政统"之间就有一种"不治而议论"⑤的说法。但其"议论"的对象并不是自然之理而是治国之道，故余英时先生称其为"言责"⑥，而在"言责"之下，其纯粹的自然科学研究反倒成了他们的一种非正当职业。而春秋战国时期的科学技术之所以在士者"不治而议论"的历史条件下能取得辉煌成就，除了生产力本身的原因外，实得益于当时的政统和道统都还没有"定于一"这个社会现实，尤其是思想上尚未独尊一家这个极其重要的历史前提。

秦汉以后的封建历史，主要是以政治上的统一为其特色的，而政治上的统一又必然伴随着思想的一元化进程，与此相连，在多样性经济生活中起主导作用的那个商人集团却被看作是与农业社会相拮抗的"末业"而受到严重打击，至于作为"有闲"者在"自由时间"里所从事的科学技术研究亦被当作"末流"而备受封建官僚政治制度的歧视。如《商子》卷3《壹言第八》云："治国能持民力而壹民务者强，能事本而禁末者富。"⑦据此，秦始皇在琅琊台刻石辞中声称："皇帝之功，勤劳本事，上农除末，黔首是富。"⑧而为了防止商人势力向社会各个阶层扩延，秦朝专门为商人建立"市籍"，以与农民的"户籍"

① 沈长云：《中国古代没有奴隶社会——对中国古代史分期讨论的反思》，《天津社会科学》1989年第4期。
② ［古希腊］亚里士多德：《形而上学》卷1，庞景仁译，第4页。
③ 《论语·里仁》，陈成国点校：《四书五经》上，第22页。
④ 《孟子·尽心上》，陈成国点校：《四书五经》上，第130页。
⑤ 《史记》卷46《田敬仲完世家》，第1895页。
⑥ ［美］余英时：《士与中国文化》，上海：上海人民出版社，2004年，第96页。
⑦ （战国）商鞅：《商子》卷3《壹言第八》，《百子全书》第2册，第1561页。
⑧ 《史记》卷6《秦始皇本纪》，第245页。

相区别。不仅如此,秦始皇三十三年(前 214 年)秦朝政府又进一步颁布了让商人及其后代到边疆谪戍的条例[1],这样,秦朝便从法律上视经商为犯罪了。此后,"重农抑商遂为中国历史上根本之国策"[2]。如《史记》卷 30《平准书》载:"(汉初)天下已平,高祖乃令贾人不得衣丝乘车,重租税以困辱之。"[3]东汉桓谭亦说:"夫理国之道,举本业而抑末利,是以先帝禁人二业,锢商贾不得宦为吏,此所以抑并兼长廉耻也。"[4]文中注云:"高祖时,令贾人不得衣丝乘车,市井子孙不得宦为吏。"[5]甚至汉元帝时,御史大夫贡禹更上书云:"孝文皇帝时,贵廉洁,贱贪污,贾人、赘婿及吏坐赃者,皆禁锢不得为吏。"[6]在汉朝,人们把女家招婿上门的婚姻现象称为"赘婿",而汉朝将商贾、赘婿与贪官污吏并列,不仅终身禁止他们为官,而且还在法律上限制他们的政治权利和民事权利,这在世界历史上恐怕也是绝无仅有的政治现象了。唐《选举令》规定:"身与同居大功以上亲自执工商,家专其业者不得仕。"[7]入北宋以后,商人的社会历史出现了新的转机,并真正地揭开了中国古代商人历史的新篇章。如李觏就曾明确指出,抑末的对象只能是"竞作机巧"和"竞通珍异"[8]的富商大贾及逃避农业生产的小商小贩,而对一般工商业者,国家则应"平其徭役,不专取以安之"[9],且"听其自为"[10],很明显,这是对重本抑末论的一种修正。接着,欧阳修在物质利益方面呼吁国家与"商贾共利",实行"诱商"为上、"制商"为下的新经济政策,他说:"夫欲诱商而通货,莫若与之共利,此术之上也;欲制商使其不得不从,莫若痛裁之使无积货,此术之下也。"[11]王安石则更进一步认为:"'一人之身而百工之所为备',则宜有商贾以资之。"[12]在他看来,商业的发展既要防其过热,也要避免其萧条,所谓"恶其盛,盛则人去本者众;又恶其衰,衰则货不通。故制法以权之"[13]是也,所以北宋商人从北宋中后期开始,其社会地位较前代已有所提高。首先,在观念上,宋代商人已经"同是一等齐民"[14]了,因而职业商人越来越受到社会的尊重,以至于出现了"贾区多于白社,力田鲜于驵侩(指"居间商")"[15]的社会气象,甚至作为社会地位最

---

① 《史记》卷 6《秦始皇本纪》,第 253 页。

② 蒙文通:《蒙文通文集》第 5 辑《古史甄微》,成都:巴蜀书社,1999 年,第 248 页。

③ 《史记》卷 30《平准书》,第 1418 页。

④ 《后汉书》卷 28 上《桓谭传》,第 958 页。

⑤ 《后汉书》卷 28 上《桓谭传》,第 959 页。

⑥ 《汉书》卷 72《贡禹传》,第 3077 页。

⑦ (唐)长孙无忌等撰,刘俊文点校:《唐律疏议》卷 25《诈伪》第 7 条"诈假官假与人官"疏引,北京:法律出版社,1999 年,第 497 页。

⑧ (宋)李觏撰,王国轩校点:《李觏集》卷 16《富国策第四》,第 138 页。

⑨ (宋)李觏撰,王国轩校点:《李觏集》卷 8《国用第十六》,第 90 页。

⑩ (宋)李觏撰,王国轩校点:《李觏集》卷 16《富国策第十》,第 149 页。

⑪ (宋)赵汝愚编:《宋朝诸臣奏议》卷 132《上仁宗论庙算三事》,上海:上海古籍出版社,1999 年,第 1461 页。

⑫ (宋)王安石著,杨小召校点:《周官新义》卷 1《天官一》,成都:四川大学出版社,2016 年,第 16 页。

⑬ (宋)王安石:《王文公文集》卷 7《答韩求仁书》,上海:上海人民出版社,1974 年,第 81 页。

⑭ (宋)黄震:《黄氏日抄》卷 78《又晓谕假手代笔榜》,张伟、何忠礼主编:《黄震全集》第 7 册,杭州:浙江大学出版社,2013 年,第 2197 页。

⑮ (宋)夏竦:《贱商贾》,曾枣庄、刘琳主编,四川大学古籍整理研究所编:《全宋文》卷 345《夏竦一三》,成都:巴蜀书社,1990 年,第 49 页。

高的"仕宦之人粗有节行者"①，在宋朝初期还"皆以营利为耻"②，但到中期以后则"不然，纡朱怀金，专为商旅之业者有之。兴贩禁物茶、盐、香草之类，动以舟车懋迁往来，日取富足"③。其次，与汉唐相比，北宋最大的社会变化就是商人及其子弟被允许参加科举考试和出任官职。如《宋会要辑稿・选举》淳化三年（992）载，宋太宗诏曰："工商杂类人内有奇才异行、卓然不群者，亦许解送。"④ 而当时的商人子鄂州江夏人冯京，不仅考取了状元，而且还在宋神宗时登上了参知政事之位，颇可称吕不韦第二。故清人沈垚在《费席山先生七十双寿序》中说：

> 宋太祖乃尽收天下之利权归于官，于是士大夫始必兼农桑之业，方得赡家，一切与古异矣。仕者既与小民争利，未仕者又必先有农桑之业方得给朝夕，以专事进取，于是货殖之事益急，商贾之势益重。非父兄先营事业于前，子弟即无由读书以致身通显。是故古者四民分，后世四民不分。古者士之子恒为士，后世商之子方能为士，此宋、元、明以来变迁之大较也。⑤

虽然从微观上看，北宋政府对商人的经营活动并没有全部开放，而且在人们的观念中，商人似乎也没有像欧洲那样特别地为全社会所尊重，如北宋时期统治者仍然推崇晁错的入粟拜爵论，即是其压抑商人社会势力的典型史例。《国语》云："公食贡，大夫食邑，士食田，庶人食力，工商食官"⑥，而"工商食官"四个字几乎成了中国封建社会处理士大夫与商人关系的一条不移的铁则。所以北宋的商业资本尽管从宏观上看较汉唐为发达，且商人的经济生活亦日益多样化，可是北宋却未能由此形成重商主义的社会思潮，并使商业经济像在欧洲那样得到蓬勃发展，并最终发展成为资本主义。那么，在商品社会比较发达的北宋，究竟是什么因素限制了重商主义思想的产生呢？从欧洲的社会发展状况看，多样性的经济生活必然要求一个多样性的思想上层建筑与之相适应，而文艺复兴运动实际上就是在思想内容方面来为欧洲资本主义经济基础的建立创造条件和作准备的。文艺复兴的主要精髓是解放思想，物竞天择。恩格斯曾说："从十五世纪中叶起的整个文艺复兴时代，在本质上是城市的从而是市民阶级的产物，同样，从那时起重新觉醒的哲学也是如此。哲学的内容本质上仅仅是那些和中小市民阶级发展为大资产阶级的过程相适应的思想的哲学表现。"⑦作为人类历史的一次最伟大的思想解放运动，欧洲文艺复兴给欧洲社会带来了一系列新的意识形态方面的变革：引发了人们对传统价值观念的变革，尤其是激发起人们对现实的人和世界的探索与科学研究；结束了神学一统天下的历史局面，代之而起的

---

① （宋）蔡襄撰，陈庆元、欧明俊、陈贻庭校注：《蔡襄全集》卷18《国论要目・废贪赃》，福州：福建人民出版社，1999年，第428页。

② （宋）蔡襄撰，陈庆元、欧明俊、陈贻庭校注：《蔡襄全集》卷18《国论要目・废贪赃》，第429页。

③ （宋）蔡襄撰，陈庆元、欧明俊、陈贻庭校注：《蔡襄全集》卷18《国论要目・废贪赃》，第429页。

④ （清）徐松辑，刘琳等校点：《宋会要辑稿》选举14之15、16。

⑤ （清）沈垚：《落帆楼文选》卷24《费席山先生七十双寿序》，《续修四库全书・集部・别集类》第1525册，上海：上海古籍出版社，2002年，第663页。

⑥ 徐元诰撰，王树民、沈长云点校：《国语集解》，第350页。

⑦ 《马克思恩格斯选集》第4卷，第249—250页。

是各种趋向于直接现实、尘世享乐和尘世利益的世俗思想的兴起和发展；促使欧洲人从以神为中心过渡到以人为中心，从而唤醒了人们积极进取的精神、创造精神和科学实验精神；提倡个性解放和思想自由，等等。

如果把北宋的社会经济生活跟欧洲文艺复兴时期的经济生活相比较，我们确实能够发现两者在很多方面的一致性。如科技发明达到了一个高潮，社会经济文化特别繁荣，经学由重师法、疏不破注变为疑古，以己意解经成为一时风尚；文学则由重形式改为重自由表达①；商品经济是一种以市场为导向的经济形式，讲求利益是其内在规定，因此，针对传统的"贵义贱利"观，北宋的思想家们公然声称"义利、利义相为用"②的义利观，甚至王安石明确主张"义固为利"③的"惟利主义思想"，所以国外有的历史学家将北宋称之为"中国的文艺复兴"④（Chinese Renaissance）。但是，欧洲文艺复兴的直接思想成果是民主政治日渐深入人心，而北宋中期变法在意识形态方面的后果却是"一道德"。因"一道德"所关注的世界观、价值观以及人生观多集中在政治问题、社会问题和伦理道德上。如程朱虽然讲"致知格物"，但"格物"并不是对自然物的研究，而是"格心"。如美国汉学家费正清就曾指出："'格物'这个词的意思并非指科学观察，而是指研究人事。中国人治学一直以社会和人与人之间的关系为中心，而不是研究人如何征服自然。"⑤这段话，可以说比较准确地概括了"致知格物"的内在特征，尽管儒家思想体系中并不排除人们对自然界的观察和认识。

从北宋中期开始形成的"一道德"，因其带有很深的专制色彩，故最后终于在意识形态领域酿成了"元祐党祸"。王安石在《乞改科条制札子》一文开头便说："古之取士，皆本于学校，故道德一于上，而习俗成于下，其人材皆足以有为于世。"⑥同时，他又认为，北宋缺乏创造性人才的根源就在于在意识形态方面没有"一道德"。王安石说："今人材乏少，且其学术不一，异论纷然，不能一道德故也。"⑦而所谓"一道德"说到底无非就是以国家意识形态统一士大夫思想，据《续资治通鉴长编》卷229载，熙宁五年（1072）春正月戊戌神宗对王安石说："经术，今人人乖异，何以一道德？卿有所著可以颁行，令学者定于一。"⑧显然，这是宋神宗有意要将王安石的一家之学独尊为国家的正统意识形态，以"令学者定于一"，而这种思想专制所造成的社会后果是相当可怕的，正如马端临在《文献通考》卷31《选举四》中所说：

---

① [日]内藤湖南：《概括的唐宋时代观》，黄约瑟译，《日本学者研究中国史论著选译》第1卷《通论》，第10页。

② （宋）苏洵：《利者义之和论》，曾枣庄、刘琳主编，四川大学古籍整理研究所编：《全宋文》卷926《苏洵九》，成都：巴蜀书社，1990年，第154页。

③ （宋）李焘：《续资治通鉴长编》卷219"熙宁四年正月壬辰"条，第2038页。

④ Gernet, Jacques, *History of Chinese Civilization*, Cambridge: Cambridge University Press, 1996, p.330.

⑤ [美]费正清：《美国与中国》（第4版），张理京译，北京：世界知识出版社，1999年，第72页。

⑥ （宋）王安石著，宁波等校点：《王安石全集》卷42《乞改科条制札子》，长春：吉林人民出版社，1996年，第438页。

⑦ 《宋史》卷155《选举志一》，第3617页。

⑧ （宋）李焘：《续资治通鉴长编》卷229"熙宁五年春正月戊戌"条，第2135页。

介甫之所谓"一道德"者，乃是欲以其学使天下比而同之以取科第。夫其书纵尽善无可议，然使学者以干利之故，皓首专门，雷同蹈袭，不得尽其博学详说之功，而稍求深造自得之趣，则其拘牵浅陋，去墨义无几矣，况所著未必尽善乎？至所谓学术不一，十人十义，朝廷欲有所为，异论纷然，莫肯承听，此则李斯所以建焚书之议也，是何言欤！ ①

马端临批评王安石的"一道德"实践，也许言辞过于激烈，但北宋向来被学界视为思想和学术相对自由的时代，诸多学派共同构建了学术思想多元而繁荣的格局。可是，这种格局却被"一道德"之文化政策给彻底打破了。特别是到北宋后期，蔡京等人在政治上以王安石新学为幌子，党同伐异，禁毁元祐学术与文章，树立"元祐党人碑"，酿成了北宋开朝以来最黑暗的思想专制局面，如宋钦宗时的谏官程瑀说："洎王安石用事已来，专以摧折台谏为事。然当时人材承累朝养育，而砥砺名节之风不衰，论议风生，以斥逐为荣，未为安石下也。至蔡京用事，师法安石，而残狠过之，议己者置之死地。台臣引用私党，藉为鹰犬，博噬正士。"②同期，右正言崔鷃亦说："王安石除异己之人，著《三经》之说以取士，天下靡然雷同，陵夷至于大乱，此无异论之效也。京又以学校之法驭士人，如军法之驭卒伍，一有异论，累及学官。若苏轼、黄庭坚之文，范镇、沈括之杂说，悉以严刑重赏，禁其收藏，其苛锢多士，亦已密矣。"③结果是北宋最杰出的科学发明都无法转化为直接的生产力，而人们的精神生产在"一道德"的前提下亦无法获得真正的解放。所以，从历史的内在发展脉络看，由"一道德"到"元祐党祸"，王安石本人的学术观念确实在北宋学术由多元转向一元及政治生态环境和学术思想环境由自由转向专制的过程中起到了关节性的作用。

当然，"一道德"在政治上具有强化君权的作用，因而是宋代学者的共同追求。所以，在北宋中后期，"天之道"与"人之道"就在"一道德"的形式下重新被统一了起来，并成为一种新的"天人合一"说。如陈瓘说："其所谓'一道德'者，亦以性命之理而一之也；其所谓'同风俗'者，亦以性命之理而同之也。不习性命之理谓之流俗，黜流俗则窜其人，怒曲学则火其书，故自卞等用事以来，其所谓国是者皆出性命之理；不可得而动摇也。"④可惜，关于"一道德"与"性命之理"的关系问题，以往史学界似乎关注得还不够，学术讨论亦不多。而作为一种新的研究视角，余英时先生在他的《朱熹的历史世界》一书中创见性地把朱熹时代称之为"后王安石时代"，他说：那时"王安石的幽灵也依然依附在许多士大夫身上作祟"⑤，这个论断应当说是相当深刻的。然而，由于学界对他的这个论断尚缺乏足够的认识和深入的理解，故有人将其改为"后范仲淹时代"或"后程颐时代"。其实，从王安石的"一道德"到朱熹的"理学"，

---

① （元）马端临：《文献通考》卷 31《选举四》，第 293 页。
② （宋）程瑀：《上钦宗乞内中置籍录台谏章疏》，（宋）赵汝愚编：《宋朝诸臣奏议》卷 55《程瑀》，第 616 页。
③ 《宋史》卷 356《崔鷃传》，第 11216 页。
④ （宋）邵博撰，李剑雄、刘德权点校：《邵氏闻见后录》卷 23 引，北京：中华书局，1997 年，第 179—180 页。
⑤ ［美］余英时：《朱熹的历史世界》上册，北京：生活·读书·新知三联书店，2004 年，第 18 页。

两者间有一种逻辑的必然。特别是在朱熹"理学"的"一道德"地位确立以后，北宋时期所开拓的那个科学昌明的时代便一去不复返了。而当理学家们正侈谈那些空洞的"性命之学"的时候，欧洲人已经开始寻找如何将地球撬起来的支点了。所以，李约瑟先生说："目睹中国的技术革新一旦在欧洲大陆上落地生根，就给欧洲社会制度带来了惊天动地的巨大变革，的确令人惊心动魄，然而相比之下中国社会却几乎全无变化。""正是由于中国科学技术坚持以缓慢的速度持续发展，故而西方文艺复兴时期现代科学诞生之后，其进步速度大大超越了中国。据说，最行之有效的发现方法本身就是在文艺复兴时期、……处理了大量有关自然界的假想问题，并不断求助科学实验来验证这些假想。"①

小　结

北宋思想变化极速，学派林立，它在客观上反映了宋代学术具有相对开放的特点。由于这个特点，我们大体上把北宋时期的主要科技人物分成四种类型：自然哲学派、实学派、理学派及心学派。当然，这种划分对本书研究的需要，未必适当。

如众所知，北宋科技发展水平已经达到了中国古代历史的巅峰，因此，认真总结北宋时期所取得的众多科技思想成就，既是科技创新规律的要求，同时又是理解现代科学发展的渊源。例如，莱布尼茨发明的二进制与邵雍先天六十四卦图的耦合，吴文俊的机械化证明源自包括秦九韶在内的传统机械化思想，等等。诚如普利高津所言："中国的思想对于那些想扩大西方科学范围的科学家和哲学家始终是个启迪的源泉。"②

北宋科技思想的特点主要表现在科技发展与学校教育相结合、在天道与人道的相互渗透中萌发科学思想、科学意识以及受"经学思维"的局限等，其中北宋各派代表人物在科技思想的表达上几乎都带有比较强烈的天道与人道相互渗透色彩。北宋科技思想发达的同时，也不可避免其局限性，在诸多局限性中尤以天人合一与天人相分的矛盾冲突最为典型。北宋已经出现了西方文艺复兴时期所具有的诸多思想因素，但这些因素却没有能够汇聚成一个引发近代科技革命的强大动力。原因何在？本书并没有提供最终的答案，而正像日本江户时代数学中的"遗题继承"一样，希望后来者能够在此基础上找出一个更加完备的答案。

---

①　[英]李约瑟：《中国古代科学》，李彦译，上海：上海书店出版社，2001年，第154—155页。

②　[比利时]伊·普利高津、[法]伊·斯唐热：《从浑沌到有序：人与自然的新对话》，上海：上海译文出版社，1989年，第1页。

结　　论

北宋的科技思想发展具有典型的儒释道三教合一特征，也就是说，北宋的科技思想正是以儒释道三教合一为骨架，以自然观、科学观和方法论为内容相互交织而成有机体系。

从北宋科技思想发展的内在逻辑来看，有两条线索格外清晰：一条是"天人相分"的认识理路，另一条则是"天人合一"的认识理路。前者由于中国古代的专制性而不是民主性的政治环境的影响，因而没有像欧洲那样成为社会发展的主体文化和逻辑思维方法。后者则完全成了中国文化生长的基点，而《周易》为它的存在和发展提供了思维的沃土和道德范式。所以，《周易》的思维范畴对于中国古代科技思想的形成与发展具有"二重性"，首先，从积极的方面看，《周易》有助于中国古代科技思想形成自己的鲜明个性，并在一定的历史条件下，取得它所能达到的最高成就；其次，从消极的方面看，《周易》又不可避免地带有原始思维的某些痕迹，其中直观思维严重局限了中国古代科技思想由经验型向实验型的转化，于是出现了中国古代的理论科学远远落后于技术科学的发展状况，而中国古代的技术发明水平很高，但却终究不能实现生产的机械化，恐怕原因就在于理论科学的不成熟或者说中国古代科学从本质上就缺乏一种科学的理论思维。不过，北宋在"积弱"的历史背景下，却能把当时的科学技术推向中国古代历史的最高峰，当然是多种因素相互作用的结果，但《周易》的范式思维在里面起到了不可替代的关键作用，这一点无论如何也是不能否认的。

北宋在一种特殊的政治环境中，去求生存和发展，其艰难的程度可想而知。而为了求生存，北宋出现了两种相互冲突的求生之路，即"功利"与"义理"的对立。以王安石为代表的"功利"一派，从经济改革入手，以变法图强为手段，追求国家利益的最大化，因而使北宋的应用技术获得了迅速的发展，并为沈括科技思想的产生创造了条件；与此相反，以司马光、二程为代表的"义理"一派，则从知识教育入手，强调个人作为社会主体意识的重要性，鼓动求理高于求利的价值观，引导人们去追求自然（天）与社会（人）的"合一"境界，从而使人们在"自诚而明"路径下走向科学自觉。因为在二程看来，科学从本质上说是内在于人类自我的一种自主意识，是"理与心一"[①]的一种"心之自得"性的真知。程颐说："物我一理，才明彼即晓此，合内外之道也，语其大，至天地之高厚，语其小，至一物之所以然，学者皆当理会。"[②]从这个角度讲，二程的理学思想跟科学所追求的终极目标是一致的。

---

① （宋）程颢、程颐著，王孝鱼点校：《二程集》上，第76页。
② （宋）程颢、程颐著，王孝鱼点校：《二程集》上，第193页。

当然，由于二程理学在北宋的意识形态领域尚未取得主导地位，所以它对北宋的科学发展实际上并没有产生多大作用，包括积极的作用和消极的作用。而真正对北宋科学发展起支配作用的是北宋生产力的发展和社会需要。如王安石不仅继承了胡瑗的"治事"传统，而且还把跟"治事"紧密相关的技术科学如农田水利、医药、印刷、火药、造船、矿冶等推向了中国古代历史的最高水平，创造了许多人间奇迹，充分显示了科学技术作为力量型知识的社会价值和作用。

可惜，从元祐更化之后，整个北宋的社会意识开始由"外王"转向"内圣"，因而作为力量型知识的科学技术越来越不受人们的重视，甚至科技人员当时被士大夫嗤之以"贱"，比如成书于南宋宝庆三年（1227）的《燕翼诒谋录》卷 2 就载有北宋"应伎术官不得与士大夫齿，贱之也"的社会现象，而元祐旧党更以算学"于国事无补"[1]为由，完全放弃了理论科学的研究。因此，北宋的科学技术尽管取得了突出成就，但由于理论科学的相对落后而无法实现质的飞跃，这就在一定程度上阻碍了中国古代的科学技术向近代科学的转进。众所周知，欧洲近代科学的核心是实验科学，而实验科学的方法论基础则是数学。伽利略在他的《关于两门新科学的对话》一书中所说："这部书是用数学语言写出的……没有数学的帮助，就连一个字也不会认识。"[2]可是，北宋的决策者却在其科学技术本身发展到最需要数学的时候竟然抛弃了数学，所以数学教育的相对滞后是造成北宋的科学技术不能向近代科学转化的重要因素之一。

内藤湖南在《概括的唐宋时代观》一文中曾把"科举制"看作是"宋代近世化"的一条最重要理由，而杨振宁博士却将它看成是阻碍中国古代科学技术走向近代化的一个关键因素。两人的观点截然相左，褒贬不一。实际上，科举制在中国历史上的出现，完全具有现实的合理性，因为科举制作为"九品中正制"的对立物，它对于保证中国封建社会在世界上的先进性起到了极其关键的作用。首先，通过科举，统治者把官吏的选拔权彻底收归朝廷，打破了官僚世家倚仗门荫势力对政权的垄断，从而为中小地主乃至平民开辟了入仕途径；其次，他从根本上保证了官僚队伍的知识化水平，强化了社会思想与统治思想的融合，起到了稳定社会的积极作用。但是，由于科举制本身不讲究知识的完整性，甚至仅仅以经学为取舍的标准，这就把士大夫引向了片面和歧途，并由此而导致了整个社会在价值取向方面的畸形化，甚至到北宋后期还衍生出了统治者对技术官的身份歧视现象。[3]在欧洲，至少从 11 世纪之后各种近代意义上综合大学应运而生，大学不仅是传播知识的场所，而且更是创造知识的王国。与此相反，中国的大学只是一种培养官僚的工具，为此，年轻的学子必须将全部的生命投入到科举考试之中，相应地他们用于科学研究的时间就十分有限了。况且，由科举制而形成的那种考试思维模式，亦非常不利于充分发挥人的自主意识和创造潜能。所以，科举制发展到北宋后期，就在客观上已经转变为延误中国科学技术近代化的一种社会力量了。

---

① （宋）李焘：《续资治通鉴长编》卷 381 "元祐元年六月甲寅"条，第 3590 页。
② 转引自关士续：《科学认识的方法》，哈尔滨：黑龙江人民出版社，1984 年，第 199 页。
③ 包伟民：《宋代技术官制度述略》，《漆侠先生纪念文集》，第 226 页。

　　最后，至于说北宋那些带有很大冲击性的思想意识为什么到南宋发生了转变，因而从南宋以降中国历史为什么不能迅速地进入到一个"科技型"的社会发展阶段，诸如此类问题，笔者将在本书的姐妹篇《中国传统科学技术思想史研究·南宋卷》一书中再作回答，在此恕不赘言。

主要参考文献

一、古籍

（春秋）孔子：《论语》，《黄侃手批白文十三经》上海：上海古籍出版社，1986 年。

（春秋）左丘明：《春秋左传》，《黄侃手批白文十三经》上海：上海古籍出版社，1986 年。

（春秋）卜子夏：《子夏易传》，《景印文渊阁四库全书》，台北：台湾商务印书馆，1986 年。

（春秋战国）：《黄帝内经素问》，《中医十大经典全录》北京：学苑出版社，1995 年。

（战国）孟轲：《孟子》，《四书集注》，长沙：岳麓书社，1987 年。

（战国）佚名：《世本作篇》，《二十五别史》济南：齐鲁书社，2000 年。

（战国）荀况：《荀子》，《百子全书》，长沙：岳麓书社，1993 年。

（战国）庄周：《庄子》，《百子全书》，长沙：岳麓书社，1993 年。

（战国）吕不韦：《吕氏春秋》，北京：学林出版社，1984 年。

（秦）商鞅：《商子》，《百子全书》，长沙：岳麓书社，1993 年。

（西汉）刘安：《淮南子》，北京：华夏出版社，2000 年。

（西汉）张良注：《阴符经》，《百子全书》，长沙：岳麓书社，1993 年。

（西汉）司马迁：《史记》，北京：中华书局，1959 年。

（西汉）董仲舒：《春秋繁露》，上海：上海古籍出版社，1985 年。

（西汉）桓宽：《盐铁论》，《百子全书》，长沙：岳麓书社，1993 年。

（西汉）贾谊：《新书》，《百子全书》，长沙：岳麓书社，1993 年。

（东汉）王充：《论衡》，《百子全书》，长沙：岳麓书社，1993 年。

（东汉）许慎：《说文解字》，北京：中华书局，1987 年。

（东汉）班固：《汉书》，北京：中华书局，1983 年。

（东汉）郑玄笺，（唐）孔颖达疏：《毛诗注疏》，《景印文渊阁四库全书》，台北：台湾商务印书馆，1986 年。

（三国吴）韦昭注：《国语》，上海：上海古籍出版社，1978 年。

（魏晋）皇甫谧：《帝王世纪》，《二十五别史》，济南：齐鲁书社，2000 年。

（晋）葛洪：《抱朴子》，北京：中华书局，1987 年。

（晋）张华：《博物志》，《百子全书》，长沙：岳麓书社，1993 年。

（刘宋）范晔：《后汉书》，北京：中华书局，1987 年。

（梁）萧统：《文选》，长沙：岳麓书社，2002 年。

（唐）孙思邈：《千金翼方》，北京：人民卫生出版社，2000 年。

（唐）房玄龄等：《晋书》，北京：中华书局，1987 年。

（唐）魏征、长孙无忌等：《隋书》，中华书局，1987 年。

（唐）陆淳：《春秋集传纂例》，《景印文渊阁四库全书》，台北：台湾商务印书馆，1986 年。

（唐）孔颖达：《尚书正义》，《景印文渊阁四库全书》，台北：台湾商务印书馆，1986 年。

（唐）释道宣：《续高僧传》，《大正大藏经》本。

（唐）释道宣：《添品妙法莲花经》，《大正大藏经》本。

（唐）苏敬等：《新修本草》，合肥：安徽科学技术出版社，1981 年。

（唐）杜佑：《通典》，长沙：岳麓书社，1995 年。

（唐）张彦远：《历代名画记》，《丛书集成》初编本。

（唐）孟浩然：《孟浩然集》，《景印文渊阁四库全书》，台北：台湾商务印书馆，1986 年。

（唐）刘禹锡：《刘宾客文集》，西安：陕西人民出版社，1974 年。

（唐）长孙无忌等：《唐律疏义》，北京：中华书局，1983 年。

（唐）宗密：《华严原人论》，《大正大藏经》第 45 册。

（五代后晋）刘昫：《旧唐书》，北京：中华书局，1975 年。

（宋）周敦颐：《周敦颐集》，长沙：岳麓书社，2002 年。

（宋）刘翰：《开宝本草》，合肥：安徽科学技术出版社，1998 年。

（宋）欧阳修：《新唐书》，北京：中华书局，1987 年。

（宋）李觏：《李觏集》，北京：中华书局，1981 年。

（宋）王安石：《王安石全集》，上海：上海古籍出版社，1999 年。

（宋）胡瑗：《周易口义》，《景印文渊阁四库全书》，台北：台湾商务印书馆，1986 年。

（宋）阮逸、胡瑗：《黄祐新乐图记》，《景印文渊阁四库全书》，台北：台湾商务印书馆，1986 年。

（宋）胡瑗：《洪范口义》，《景印文渊阁四库全书》，台北：台湾商务印书馆，1986 年。

（宋）石介：《徂徕石先生文集》，北京：中华书局，1984 年。

（宋）孙复：《春秋尊王发微》，《景印文渊阁四库全书》，台北：台湾商务印书馆，1986 年。

（宋）邵雍：《皇极经世书》，《景印文渊阁四库全书》，台北：台湾商务印书馆，1986 年。

（宋）邵雍：《击壤集》，《景印文渊阁四库全书》，台北：台湾商务印书馆，1986 年。

（宋）邵雍：《渔樵问答》，《说郛》本。

（宋）刘牧：《易数钩隐图》，正统《道藏》本，第 3 册。

（宋）刘牧：《易数钩隐图遗事九论》，正统《道藏》本，第 3 册。

（宋）夏竦：《文庄集》，《景印文渊阁四库全书》，台北：台湾商务印书馆，1986 年。

（宋）蔡襄：《端明集》，《景印文渊阁四库全书》，台北：台湾商务印书馆，1986 年。

（宋）程颢、程颐：《程集》，北京：中华书局，2004 年。

（宋）程颢、程颐：《二程外书》，上海：上海古籍出版社，1995 年。

（宋）张载：《张子全书》，《景印文渊阁四库全书》，台北：台湾商务印书馆，1986 年。

（宋）张载：《张子语录》，《张载集》北京：中华书局，1978 年。

（宋）张载：《横渠易说》，通志堂经解本。

（宋）谢良佐：《上蔡先生语录》，《丛书集成》初编本。

（宋）黄裳：《演山集》，《景印文渊阁四库全书》，台北：台湾商务印书馆，1986 年。

（宋）秦观：《淮海集》，《四部丛刊》初编本。

（宋）范仲淹：《范文正公文集》，《四部丛刊》初编本。

（宋）范仲淹：《范文正公文集政府奏议》，《四部丛刊》初编本。

（宋）苏洵：《嘉祐集》，《四部丛刊》初编本。

（宋）苏辙：《栾城集》，《景印文渊阁四库全书》，台北：台湾商务印书馆，1986 年。

（宋）苏辙：《颖滨先生诗集传》，《诗经要籍集成》，北京：学苑出版社，2002 年。

（宋）柳开：《河东先生集》，《四部丛刊》初编本。

（宋）欧阳修：《欧阳文忠公文集》，《四部丛刊》初编本。

（宋）欧阳修：《欧阳文忠公文集外》，《景印文渊阁四库全书》，台北：台湾商务印书馆，1986 年。

（宋）欧阳修：《新五代史》，北京：中华书局，1986 年。

（宋）王安石：《临川文集》，《景印文渊阁四库全书》，台北：台湾商务印书馆，1986 年。

（宋）韩琦：《安阳集》，《景印文渊阁四库全书》，台北：台湾商务印书馆，1986 年。

（宋）曾公亮、丁度：《武经总要》，《景印文渊阁四库全书》，台北：台湾商务印书馆，1986 年。

（宋）游酢：《游豸山集》，《景印文渊阁四库全书》，台北：台湾商务印书馆，1986 年。

（宋）李焘：《续资治通鉴长编》，上海：上海古籍出版社，1985 年。

（宋）释智圆：《请观音经疏阐义钞》，《新修大藏经》第 37 卷经疏部五。

（宋）释智圆：《涅槃玄义发源机要》，《新修大藏经》第 38 卷经疏部六。

（宋）释智圆：《维摩经略疏垂裕记》，《新修大藏经》第 38 卷经疏部六。

（宋）赞宁：《宋高僧传》，北京：中华书局，1996 年。

（宋）谢良佐：《上蔡语录》，《景印文渊阁四库全书》，台北：台湾商务印书馆，1986 年。

（宋）易祓：《周官总义》，《景印文渊阁四库全书》，台北：台湾商务印书馆，1986 年。

（宋）苏轼：《苏轼全集》，《景印文渊阁四库全书》，台北：台湾商务印书馆，1986 年。

（宋）苏轼：《东坡七集》，《景印文渊阁四库全书》，台北：台湾商务印书馆，1986 年。

（宋）苏轼：《东坡易传》，《景印文渊阁四库全书》，台北：台湾商务印书馆，1986 年。

（宋）苏轼：《东坡志林》，北京：中华书局，1981 年。

（宋）王十朋注：《东坡诗集注》，《景印文渊阁四库全书》，台北：台湾商务印书馆，1986 年。

（宋）张方平：《乐全集》，《景印文渊阁四库全书》，台北：台湾商务印书馆，1986 年。

（宋）张耒：《柯山集》，《丛书集成》初编本。

（宋）沈括：《梦溪笔谈》，长沙：岳麓书社，1998 年。

（宋）司马光：《资治通鉴》，上海：上海古籍出版社，1988 年。

（宋）王钦若：《册府元龟》，北京：中华书局，1982 年。

（宋）王怀隐等：《太平圣惠方》，北京：人民卫生出版社，1959 年。

（宋）赵佶敕撰：《圣济总录》，北京：人民卫生出版社，1962 年。

（宋）苏轼、沈括：《苏沈良方》，北京：人民卫生出版社，1956 年。

（宋）苏颂：《本草图经》，合肥：安徽科学技术出版社，1994 年。

（宋）王得臣：《麈史》，上海：上海古籍出版社，1986 年。

（宋）张伯端：《悟真篇注疏及悟真篇三注拾遗》，翁葆光注：正统《道藏》本第 4 册。

（宋）张伯端：《玉清金笥青华秘文金宝内炼丹诀》，正统《道藏》本第 4 册。

（宋）梅尧臣：《梅尧臣诗选》，北京：人民出版社，1997 年。

（宋）苏颂：《苏魏公集》，北京：中华书局，2004 年。

（宋）邵伯温撰，李剑雄、刘德权点校：《邵氏闻见录》，北京：中华书局，1983 年。

（宋）晁说之：《景迂生集》，《景印文渊阁四库全书》，台北：台湾商务印书馆，1986 年。

（宋）苏颂：《新仪象法要》，《景印文渊阁四库全书》，台北：台湾商务印书馆，1986 年。

（宋）唐慎微：《重修政和经史证类备用本草》，北京：人民卫生出版社，1982 年。

（宋）寇宗奭：《本草衍义》，北京：中国中医药出版社，1997 年。

（宋）李诫：《营造法式》，《景印文渊阁四库全书》，台北：台湾商务印书馆，1986 年。

（宋）程俱：《北山小集》，《四部丛刊》续编本。

（宋）佚名：《宣和画谱》，《丛书集成》初编本。

（宋）孟元老：《东京梦华录》，北京：中华书局，1982 年。

（宋）李衡：《周易义海撮要》，《景印文渊阁四库全书》，台北：台湾商务印书馆，1986 年。

（宋）杨简：《杨氏易传》，《景印文渊阁四库全书》，台北：台湾商务印书馆，1986 年。

（宋）王与之：《周礼订义》，《景印文渊阁四库全书》，台北：台湾商务印书馆，1986 年。

（宋）楼钥：《攻媿集》，《景印文渊阁四库全书》，台北：台湾商务印书馆，1986 年。

（宋）黎清德编：《朱子语类》，北京：中华书局，1986 年。

（宋）陈振孙：《直斋书录解题》，《景印文渊阁四库全书》，台北：台湾商务印书馆，1986 年。

（宋）赵汝愚：《宋名臣奏议》，《景印文渊阁四库全书》，台北：台湾商务印书馆，1986 年。

（宋）叶适：《水心别集》，《景印文渊阁四库全书》，台北：台湾商务印书馆，1986 年。

（宋）吴曾：《能改斋漫录》，上海：上海古籍出版社，1984 年。

（宋）李攸：《宋朝事实》，《丛书集成》初编本。

（宋）王应麟：《玉海》，扬州：广陵书社，2003 年。

（宋）魏了翁：《鹤山全集》，《景印文渊阁四库全书》，台北：台湾商务印书馆，1986 年。

（宋）邵博撰，刘德权、李剑雄点校：《邵氏闻见后录》，北京：中华书局，1997 年。

（宋）江少虞：《宋朝事实类苑》，上海：上海古籍出版社，1981 年。

（宋）王应麟：《困学纪闻》，《景印文渊阁四库全书》，台北：台湾商务印书馆，1986 年。

（宋）晁公武：《郡斋读书志》，《景印文渊阁四库全书》，台北：台湾商务印书馆，1986 年。

（宋）赵希弁：《郡斋读书志后志》，《景印文渊阁四库全书》，台北：台湾商务印书馆，1986 年。

（宋）章定：《名贤氏族言行类稿》，上海：上海古籍出版社，1994 年。

（宋）叶梦得：《石林诗话》，《景印文渊阁四库全书》，台北：台湾商务印书馆，1986 年。

（宋）周密：《齐东野语》，北京：中华书局，1997 年。

（宋）陆游：《老学庵笔记》，北京：学苑出版社，1998 年。

（宋）朱熹：《朱子语类》，北京：中华书局，2004 年。

（宋）朱熹撰，郭齐、尹波点校：《朱熹集》，成都：四川教育出版社，1996 年。

（宋）朱熹：《伊洛渊源录》，上海：商务印书馆，1936 年。

（宋）洪迈：《夷坚志》，北京：中华书局，1981 年。

（宋）彭耜：《道德经集注》，正统《道藏》本。

（宋）郑樵：《通志》，北京：中华书局，1995 年。

（宋）俞琰：《读易举要》，《景印文渊阁四库全书》，台北：台湾商务印书馆，1986 年。

（金）王若虚：《滹南遗老集》，《四部丛刊》初编本。

（元）马端临：《文献通考》，北京：中华书局，1999 年。

（元）脱脱等：《宋史》，北京：中华书局，1985 年。

（元）佚名：《宋史全文》，哈尔滨：黑龙江人民出版社，2004 年。

（元）李冶：《敬斋古今黈》，《景印文渊阁四库全书》，台北：台湾商务印书馆，

1986 年。

（明）宋濂等：《元史》，北京：《元史》，北京：中华书局，1976 年。

（明）孙一奎：《医旨绪余》，北京：中国中医药出版社，1996 年。

（明）倪元璐：《儿易外仪》，《景印文渊阁四库全书》，台北：台湾商务印书馆，1986 年。

（明）吕柟：《张子抄释》，《景印文渊阁四库全书》，台北：台湾商务印书馆，1986 年。

（明）李中梓：《医宗必读》，北京：中国书店，1987 年。

（明）黄綰：《明道编》，北京：中华书局，1959 年。

（明）孙谷：《古微书》，《景印文渊阁四库全书》，台北：台湾商务印书馆，1986 年。

（明）冯从吾：《冯少墟集》，《景印文渊阁四库全书》，台北：台湾商务印书馆，1986 年。

（明）邢云路：《古今律历考》，《景印文渊阁四库全书》，台北：台湾商务印书馆，1986 年。

（清）王夫之：《张子正蒙注》，北京：中华书局，1975 年。

（清）翟均廉：《海塘录》，《景印文渊阁四库全书》，台北：台湾商务印书馆，1986 年。

（清）章学诚：《文史通义》，长沙：岳麓书社，1995 年。

（清）永瑢等：《四库全书总目》，北京：中华书局，2003 年。

（清）黄宗羲原著，（清）全祖望补修，陈金生、梁运华点校：《宋元学案》，北京：中华书局，1986 年。

（清）嵇璜、刘墉等：《钦定续文献通考》，《景印文渊阁四库全书》，台北：台湾商务印书馆，1986 年。

（清）徐松辑，刘琳等校点：《宋会要辑稿》，北京：中华书局，2014 年。

（清）李铭皖、谭钧培修，冯桂芬纂：《同治苏州府志》，南京：江苏古籍出版社，1991 年。

（清）丁宝书：《安定言行录》，月河精舍丛钞本。

（清）陈大章：《诗传名物集览》，《景印文渊阁四库全书》，台北：台湾商务印书馆，1986 年。

（清）王昶：《金石萃编》，北京：中国书店，1985 年。

（清）宫懋猷：《万寿盛典初集》，《景印文渊阁四库全书》，台北：台湾商务印书馆，1986 年。

《太平经》，正统《道藏》本，第 24 册。

二、国外学者的研究论著

［澳］查尔默斯：《科学究竟是什么》，北京：商务印书馆，1982 年。

［德］恩格斯：《自然辩证法》，于光远等译，北京：人民出版社，1984 年。

［德］黑格尔：《哲学史讲演录》，北京：商务印书馆，1997 年。

［德］康德：《未来形而上学导论》，庞景仁译，北京：商务印书馆，1978 年。

［德］康德：《宇宙发展史概论》，上海：上海人民出版社，1972 年。

［德］马克思、恩格斯：《德谟克利特的自然哲学与伊壁鸠鲁的自然哲学的差别》，北京：人民出版社，1973 年。

［德］马克思、恩格斯：《马克思恩格斯全集》，北京：人民出版社，1975 年。

［德］马克思：《资本论》，北京：人民出版社，1975 年。

［德］普朗克：《从近代物理学来看宇宙》，何清译，北京：商务印书馆，1959 年。

［法］贝尔纳著，郭庆全校：《实验医学研究导论》，夏康农、管光东译，北京：商务印书馆，1996 年。

［古希腊］亚里士多德：《物理学》，北京：商务印书馆，1997 年。

［古希腊］亚里士多德：《形而上学》，庞景仁译，北京：商务印书馆，1996 年。

［美］爱因斯坦：《爱因斯坦文集》，许良英等编译，北京：商务印书馆，1994 年。

［美］霍夫曼：《相同与不相同》，长春：吉林人民出版社，1998 年。

［美］科恩：《科学革命史》，杨爱华等译，北京：军事科学出版社，1992 年。

［美］杨振宁：《杨振宁演讲集》，天津：南开大学出版社，1989 年。

［美］余英时：《士与中国文化》，上海：上海人民出版社，2004 年。

［美］余英时：《朱熹的历史世界》，北京：生活·读书·新知三联书店，2004 年。

［日］内藤湖南：《概括的唐宋时代观》，黄约瑟译，《日本学者研究中国史论著选译》第 1 卷，北京：中华书局，1992 年。

［日］山田庆儿：《模式·认识·制造——中国科学的思想风土》，《古代东亚哲学与科技文化——山田庆儿论文集》，沈阳：辽宁教育出版社，1996 年。

［意］伽利略：《关于两门新科学的对话》，沈阳：辽宁教育出版社，2004 年。

［英］贝尔纳：《科学的社会功能》，陈体芳译，北京：商务印书馆，1982 年。

［英］波普尔：《猜想与反驳——科学知识的增长》，傅季重等译，上海：上海译文出版社，1986 年。

［英］波普尔：《客观知识：一个进化论的研究》，舒炜光等译，上海：上海译文出版社，1987 年。

［英］丹皮尔著，张今校：《科学史及其与哲学和宗教的关系》，李珩译，北京：商务印书馆，1997 年。

［英］弗雷泽：《金枝：巫术与宗教研究》，北京：中国民间文学出版社，1987 年。

［英］霍布斯：《论物体》，《十六——十八世纪西欧各国哲学》，北京：商务印书馆，1975 年。

［英］霍金：《时间简史——从大爆炸到黑洞》，许明贤、吴忠超译，长沙：湖南科学技术出版社，2000 年。

［英］李约瑟：《中国古代科学思想史》，陈立夫等译，南昌：江西人民出版社，1999 年。

［英］李约瑟：《中国科学史要略》，李乔译，台北：华冈出版部，1972 年。

［英］罗素：《西方哲学史》，北京：商务印书馆，1976 年。

［英］洛克：《人类理解论》，北京：商务印书馆，1997 年。

三、研究论著

鲍家声等：《中国佛教百科全书》，上海：上海古籍出版社，2001 年。

北京大学哲学系：《古希腊罗马哲学》，北京：商务印书馆，1962 年。

北京大学哲学系：《中国哲学史》，北京：中华书局，1980 年。

北京大学哲学系外哲史室编：《西方哲学原著选读》，北京：商务印书馆，1981 年。

蔡宾牟、袁运开主编：《物理学史讲义——中国古代部分》，北京：高等教育出版社，1985 年。

蔡元培：《中国伦理学史》，上海：商务印书馆，2010 年。

陈来：《宋明理学》，上海：华东师范大学出版社，2005 年。

陈青之：《中国教育史》，《民国丛书》，1989 年。

陈修斋：《欧洲哲学史》，武汉：湖北人民出版社，1984 年。

陈钟凡：《两宋思想述评》，上海：商务印书馆，1933 年。

程民生：《宋代地域文化》，开封：河南大学出版社，1997 年。

程宜山：《张载哲学的系统分析》，北京：学林出版社，1989 年。

戴念祖：《中华文化通志第七典科学技术之物理与机械志》，上海：上海人民出版社，1998 年。

杜明通：《古典文学储存信息备览》，西安：陕西人民出版社，1988 年。

杜石然：《数学·历史·社会》，沈阳：辽宁教育出版社，2003 年。

杜石然等：《中国科学技术史》，北京：科学出版社，1984 年。

方祝元、陈四清：《医案圭臬——历代名医脉案范例赏析》，北京：中国中医药出版社，2019 年。

冯契：《中国古代哲学的逻辑发展》，上海：华东师范大学出版社，1997 年。

冯友兰：《中国哲学史》，上海：商务印书馆，1947 年。

葛荣晋：《道家文化与现代文明》，北京：中国人民大学出版社，1991 年。

葛荣晋：《中国实学思想史》，北京：首都师范大学出版社，1994 年。

葛兆光：《中国思想史》，上海：复旦大学出版社，2001 年。

顾颉刚：《古史辨自序》，石家庄：河北教育出版社，2002 年。

管成学等：《苏颂与〈新仪象法要〉研究》，长春：吉林文史出版社，1991 年。

韩钟文：《中国儒学史——宋元卷》，广州：广东教育出版社，1998 年。

贺威：《宋元福建科技史研究》，厦门：厦门大学出版社，2019 年。

侯外庐等：《宋明理学史》，北京：人民出版社，1997 年。

胡道静：《〈梦溪笔谈〉校证》，上海：古典文学出版社，1957 年。

胡道静：《中国古代典籍十讲》，上海：复旦大学出版社，2004 年。

胡适：《〈胡适文存〉二集》，上海：亚东图书馆，1924 年。

胡适：《胡适精品集》，北京：光明日报出版社，1998 年。

江国樑：《周易原理》，厦门：鹭江出版社，1990 年。

姜声调：《苏轼的庄子学》，台北：文津出版社，1999 年。

金生杨：《〈苏氏易传〉研究》，成都：巴蜀书社，2002 年。

李华瑞：《宋代酒的生产和征榷》，保定：河北大学出版社，2001 年。

李申：《中国古代哲学与自然科学》，北京：中国社会科学出版社，1993 年。

李泽厚：《美的历程》，天津：天津社会科学出版社，2002 年。

李泽厚：《世纪新梦》，合肥：安徽文艺出版社，1998 年。

李泽厚：《己卯五说》，北京：中国电影出版社，1999 年。

李泽厚：《中国古代思想史论》，北京：人民出版社，1986 年。

梁启超：《清代学术概论》，《梁启超论清学史二种》，上海：复旦大学出版社，1985 年。

梁启超：《饮冰室合集》，北京：中华书局，1989 年。

梁思成：《中国建筑史》，天津：百花文艺出版社，2004 年。

林语堂：《苏东坡传》，上海：上海书店出版社，1989 年。

刘敦桢：《中国古代建筑学》，北京：中国建筑工业出版社，1987 年。

刘永海：《宋代军事技术理论与实践》，北京：人民出版社，2019 年。

罗志希：《科学与玄学》，北京：商务印书馆，1999 年。

吕思勉：《理学纲要》，上海：商务印书馆，1934 年。

冒从虎：《欧洲哲学通史》，天津：南开大学出版社，2000 年。

蒙文通：《蒙文通文集》，成都：巴蜀书社，1999 年。

牟宗三：《牟宗三全集》，台北：台湾联合报系文化基金会，2003 年。

牟宗三：《宋明儒学的问题与发展》，上海：华东师范大学出版社，2004 年。

漆侠：《宋学的发展与演变》，石家庄：河北人民出版社，2002 年。

漆侠：《中国经济通史——宋代经济卷》，保定：经济日报出版社，1999 年。

钱穆：《国史大纲》，北京：商务印书馆，1994 年。

钱穆：《中国近三百年学术史》，北京：东方出版社，1996 年。

钱学森：《人体科学与现代科技发展纵横观》，北京：人民出版社，1996 年。

阙勋吾主编：《中国古代科学家传记选注》，长沙：岳麓书社，1983 年。

任继愈：《中国哲学史》，北京：人民出版社，1979 年。

任继愈主编：《道藏提要》，北京：中国社会科学出版社，1991 年。

沈清松：《儒学和科技——过去的检讨与未来的展望》，北京：中华书局，1991 年。

沈子丞：《历代论画名著汇编》，北京：文物出版社，1982 年。

苏湛编著：《中国古代科技》，济南：山东科学技术出版社，2017 年。

粟品孝：《朱熹与宋代蜀学》，北京：高等教育出版社，1998 年。

孙国中：《河图洛书解析》，北京：学苑出版社，1990 年。

谭嗣同：《谭嗣同全集》，北京：中华书局，1998 年。

汤用彤：《汤用彤全集》，石家庄：河北人民出版社，2000 年。

唐明邦：《邵雍评传》，南京：南京大学出版社，2001 年。

汪典基：《中国逻辑思想史》，台北：明文书局，1995 年。

王伯祥、周振甫：《中国学术思想演进史》，上海：亚细书局，1935 年。

王鸿生：《中国历史上的技术和科学》，北京：中国人民大学出版社，1991 年。

王友胜：《听雨楼文辑》，上海：上海古籍出版社，2018 年。

王治心：《中国学术体系》，福州：福建协和大学，1934 年。

吴国盛：《科学的历程》，北京：北京大学出版社，2002 年。

席泽宗：《科学史十论》，上海：复旦大学出版社，2003 年。

夏君虞：《宋学概要》，《民国丛书》第 2 编，上海：上海书店出版社，1990 年。

夏甄陶：《中国认识论思想史稿》，北京：中国人民大学出版社，1996 年。

肖萐父、李锦全主编：《中国哲学史》，北京：人民出版社，1983 年。

徐荣盘：《张伯端教术数学思想研究》，北京：宗教文化出版社，2019 年。

徐元诰撰，王树民、沈长云点校：《国语集解》，北京：中华书局，2002 年。

牙含章、王友三主编：《中国无神论史》，北京：中国社会科学出版社，1992 年。

叶鸿洒：《北宋科技发展之研究》，台北：台湾银禾文化事业有限公司，1991 年。

叶继业：《易理述要》，台北：台湾黎明文化事业股份有限公司，1988 年。

余敦康：《内圣外王的贯通——北宋易学的现代阐释》，北京：学林出版社，1997 年。

余敦康：《内圣外王的贯通——北宋易学的现代阐释》，北京：学林出版社，1997 年。

乐爱国：《儒家文化与中国古代科技》，北京：中华书局，2002 年。

张岱年：《张岱年全集》，石家庄：河北人民出版社，1996 年。

张君劢：《新儒家思想史》，台北：弘文馆出版社，1986 年。

张立文：《宋明理学研究》，北京：中国人民大学出版社，1985 年。

张世英：《天人之际——中西哲学的困惑与选择》，北京：人民出版社，2005 年。

张子高：《中国化学史稿——古代之部》，北京：科学出版社，1964 年。

赵纪彬：《中国哲学思想史》，北京：中华书局，1948 年。

中国科学院自然科学史研究所编：《钱宝琮科学史论文选集》，北京：科学出版社，1983 年。

周辅成：《西方伦理学名著选辑》，北京：商务印书馆，1996 年。

周嘉华：《中华文化通志第七典科学技术之化学与化工志》，上海：上海人民出版社，1998 年。

周伟民、唐玲玲：《苏轼思想研究》，台北：文史哲出版社，1998 年。

朱伯崑：《易哲学史》，北京：北京大学出版社，1988 年。

朱汉民：《经典诠释与义理体认——中国哲学建构历程片论》，北京：新星出版社，

2015 年。

朱建民：《张载思想研究》，北京：中华书局，2020 年。

四、论文

包伟民：《宋代技术官制度述略》，《漆侠先生纪念文集》，保定：河北大学出版社，2002 年。

陈睿超：《张载"气论"哲学的"两一"架构》，《中国哲学史》2021 年第 1 期。

陈文彦：《从布衣入仕论北宋布衣阶层的社会流动》，《思与言》1972 年第 4 号。

邓广铭：《论宋学的博大精深》，《新宋学》，上海：上海辞书出版社，2003 年。

邓宇等：《藏象分形五系统的新英译》，《中国中西医结合杂志》1998 年第 2 期。

董光璧：《中国自然哲学大略》，吴国盛主编：《自然哲学》第 1 辑，北京：中国社会科学出版社，1994 年。

杜石然主编：《中国古代科学家传记》，北京：科学出版社，1993 年。

范立舟：《论荆公新学的思想特质、历史地位及其与理学思潮之关系》，《西北师范大学学报》2003 年第 3 期。

方豪：《宋代佛教对泉源之开发与维护》，《宋史研究集》第 11 辑，台北：编译馆，1979 年。

方豪：《宋代佛教对中国印刷及造纸之贡献》，《宋史研究集》第 7 辑，台北：编译馆，1974 年。

方豪：《宋代僧徒对造桥的贡献》，《宋史研究集》第 13 辑，台北：编译馆，1981 年。

冯友兰：《为什么中国没有科学——对中国哲学的历史及其后果的一种解释》，《国际伦理学杂志》1922 年。

郭黛姮：《论中国木结构建筑的模数制》，《建筑史论文选》第 5 辑，北京：清华大学出版社，1981 年。

郭彧：《〈皇极经史〉与〈夏商周年表〉》，《国际易学研究》第 7 辑。

郭彧：《〈易数钩隐图〉作者等问题辨》，《周易研究》2003 年第 2 期。

黄克剑：《〈周易〉"经"、"传"与儒、道、阴阳家学缘探究》，《中国文化》1995 年第 12 期。

黄生财：《从中国古代思想观念谈李约瑟命题》，《自然辩证法通讯》1999 年第 6 期。

季羡林：《天人合一，文理互补》，《人民日报》海外版，2002 年 1 月 8 日。

孔令宏：《张伯端的性命思想研究》，《复旦学报》2001 年第 1 期。

李华瑞：《20 世纪中日"唐宋变革"观研究述评》，《史学理论研究》2003 年第 4 期。

李零：《"式"与中国古代的宇宙模式》，《中国文化》1991 年第 4 期。

李申：《巫术与科学》，《人民日报》1997 年 3 月 5 日。

李泽厚：《宋明理学片断》，《中国社会科学》1982 年第 1 期。

倪南：《易学与科学简论》，《自然辩证法通讯》2002 年第 1 期。

潘谷西：《〈营造法式〉初探》，《南京工学院学报》1985 年第 1 期。

潘谷西：《关于〈营造法式〉的性质、特点、研究方法》，《东南大学学报》1990 年第 5 期。

钱学森：《关于思维科学》，《自然杂志》1983 年第 8 期。

任鸿隽：《科学精神论》，《科学通论》1934 年。

任鸿隽：《说中国无科学的原因》，《科学》杂志创刊号，1915 年。

王风：《刘牧的学术渊源及其学术创新》，《道学研究》2005 年第 2 辑。

王曾瑜：《宋朝户口分类制度略论》，《中日宋史研讨会中方论文选编》，保定：河北大学出版社，1991 年。

吴国盛：《气功的真理》，《方法》1997 年第 5 期。

吴宓：《论新文化运动》，《学衡》1922 年第 4 期。

徐宗良：《科学与价值关系的再认识》，《光明日报》2005 年 6 月 21 日。

杨渭生：《宋代科学技术述略》，《漆侠先生纪念文集》，保定：河北大学出版社，2002 年。

叶鸿洒：《北宋儒者的自然观》，《国际宋史研讨会论文选集》，保定：河北大学出版社，1992 年。

俞佩琛：《达尔文主义遇到的新问题》，《自然杂志》1982 年第 1 期。

曾振宇：《论张载气学的特点及其人文关怀》，《哲学研究》2017 年第 5 期。

郑宗义：《论张载气学研究的三种路径》，《学术月刊》2021 年第 5 期。

周伊平：《易学"天人合一"与现代宇宙观》，《中国青年报》2005 年 1 月 17 日。

朱伯崑：《易学与中国传统科技思维》，《自然辩证法研究》1996 年第 5 期。